Springer-Lehrbuch

T0220215

Springer
Berlin
Heidelberg
New York
Hongkong
London
Mailand
Paris
Tokio

Dietlinde Lau

Algebra und Diskrete Mathematik 2

Lineare Optimierung,
Graphen und Algorithmen,
Algebraische Strukturen und
Allgemeine Algebra mit
Anwendungen

 Springer

Professor Dr. Dietlinde Lau
Universität Rostock
FB Mathematik
Universitätsplatz 1
18055 Rostock
Deutschland
e-mail: dietlinde.lau@mathematik.uni-rostock.de

Mathematics Subject Classification (2000): 68Rxx, 08-01

Die Deutsche Bibliothek – CIP-Einheitsaufnahme

Bibliografische Information Der Deutschen Bibliothek
Die Deutsche Bibliothek verzeichnet diese Publikation in der Deutschen Nationalbibliografie;
detaillierte bibliografische Daten sind im Internet über <http://dnb.ddb.de> abrufbar.

ISBN 3-540-20398-2   Springer-Verlag Berlin Heidelberg New York

Dieses Werk ist urheberrechtlich geschützt. Die dadurch begründeten Rechte, insbesondere die der Übersetzung, des Nachdrucks, des Vortrags, der Entnahme von Abbildungen und Tabellen, der Funksendung, der Mikroverfilmung oder der Vervielfältigung auf anderen Wegen und der Speicherung in Datenverarbeitungsanlagen, bleiben, auch bei nur auszugsweiser Verwertung, vorbehalten. Eine Vervielfältigung dieses Werkes oder von Teilen dieses Werkes ist auch im Einzelfall nur in den Grenzen der gesetzlichen Bestimmungen des Urheberrechtsgesetzes der Bundesrepublik Deutschland vom 9. September 1965 in der jeweils geltenden Fassung zulässig. Sie ist grundsätzlich vergütungspflichtig. Zuwiderhandlungen unterliegen den Strafbestimmungen des Urheberrechtsgesetzes.

Springer-Verlag ist ein Unternehmen von Springer Science+Business Media

springer.de

© Springer-Verlag Berlin Heidelberg 2004
Printed in Germany

Die Wiedergabe von Gebrauchsnamen, Handelsnamen, Warenbezeichnungen usw. in diesem Werk berechtigt auch ohne besondere Kennzeichnung nicht zu der Annahme, daß solche Namen im Sinne der Warenzeichen- und Markenschutz-Gesetzgebung als frei zu betrachten wären und daher von jedermann benutzt werden dürften.

Satz: Datenerstellung durch den Autor
Einbandgestaltung: *design & production* GmbH, Heidelberg

Gedruckt auf säurefreiem Papier   44/3142ck - 5 4 3 2 1 0

Vorwort

In Fortsetzung von Band 1 in der Reihe „Algebra und Diskrete Mathematik"
behandelt dieses Buch (in drei Teile untergliedert) die Gebiete

- Lineare Optimierung
- Graphen und Algorithmen   sowie
- Algebraische Strukturen und Allgemeine Algebra mit Anwendungen.

Teil I zeigt insbesondere, wie gut der mathematische Apparat der Linearen
Algebra aus Band 1 zum Lösen von Linearen Optimierungsaufgaben, die sich
aus vielen praktischen Aufgaben ergeben, geeignet ist.

Auch die im Teil II behandelten Gebiete der Graphentheorie sind durch eine
Reihe von praktischen Aufgaben motiviert und Schwerpunkte dieses Teils sind
Lösungsalgorithmen für diese Aufgaben.

Teil III setzt das Studium algebraischer Strukturen aus Band 1 im Rahmen
einer Einführung in die Allgemeine Algebra fort, wobei in Form von Beispielen zu Sätzen der Allgemeinen Algebra wichtige Teile der Gruppen-, Ring-,
Körper- und der Verbandstheorie (einschließlich der Theorie der Booleschen
Algebren) behandelt werden. Die Auswahl des hier dargebotenen Stoffes wird
bestimmt durch die Anwendungen, die viele Teile des hier gebotenen Stoffes in anderen Teilen der Mathematik und Informatik haben. Da es über die
Allgemeine Algebra nur wenige (und oft auch nicht für Studenten der ersten
Semester geschriebene) Lehrbücher gibt, kann Teil III als Nachschlagewerk
beim Lesen weiterführender Literatur benutzt werden.

Obwohl dieses Buch dem (verständlichen) Wunsch der Leser nach angewand-
ter Mathematik Rechnung trägt, möchte ich den Lesern von Teil III aber auch
etwas von der Leistungsfähigkeit und der Schönheit algebraischen Denkens
vermitteln, was z.B. durch das Begründen der Unlösbarkeit gewisser (teilweise aus der Antike stammender) Probleme geschieht.

Ausführlichere Informationen über die Bedeutung der in diesem Buch behandelten mathematischen Gebiete und einen Überblick über die behandelten

Stoffkomplexe findet der Leser nachfolgend zu Beginn eines jeden Teils und zu Beginn der einzelnen Kapitel.

Entstanden ist das vorliegende Buch aus Vorlesungen, die ich für Informatik-Studenten im Rahmen eines Grundkurses im Fach Mathematik und eines Vorlesungszyklus über Allgemeine Algebra und Mathematische Logik für Informatik- und Mathematik-Studenten gehalten hat.

Während die ersten beiden Teile (mehr oder weniger umfangreich) Bestandteil einer Grundkurs-Vorlesung über Mathematik sind, die für Informatik-Studenten gehalten werden, ist der dritte Teil für Informatik-Studenten geschrieben worden, die das Nebenfach Mathematik belegt haben bzw. sich für solche Gebiete der Mathematik interessieren, die ein vertieftes Einarbeiten in die Theoretische Informatik ermöglichen.
Ich hoffe jedoch, daß sich auch Mathematik-Studenten und Studenten anderer naturwissenschaftlichen Richtungen sowie Praktiker für dieses Buch interessieren.
Um verschiedene Leserkreise anzusprechen, sind die drei Teile dieses Buches und die Kapitel der einzelnen Teile so aufgeschrieben worden, daß man die Teile in beliebiger Reihenfolge lesen kann und ein Übergehen einzelner Kapitel bzw. ein sich auf die Grundbegriffe beschränkendes Lesen der Kapitel es trotzdem ermöglicht, ohne Kenntnis der vorhergehenden Kapitel die nachfolgenden zu verstehen.

Während die Teile I und II Stoff für jeweils einen einsemestrigen Kurs enthalten, läßt sich mit dem Stoff von Teil III eine dreisemestrige Vorlesung (a 4 Semesterwochenstunden) halten, wobei durch eine Kombination einzelner Kapitel beliebig kleine Vorlesungen zusammenstellbar sind.

Wie im Band 1 sind mit ÜA Übungsaufgaben gekenzeichnet, die — neben den in einzelnen Kapiteln (am Ende eines jeden Teils) zusammengestellten Aufgaben — dem Leser zwecks Vertiefung des Stoffes empfohlen seien.   ∎ kennzeichnet wie üblich das Ende eines Beweises. Bezeichnungen und Begriffe, die oft im Band 1 Verwendung fanden, werden hier als bekannt vorausgesetzt.

Nicht versäumen möchte ich es, mich bei meinen Rostocker Kollegen Prof. Dr. K. Engel und Prof. Dr. H.-D. Gronau für das Korrekturlesen und die wertvollen Hinweise zu den Teilen I und II zu bedanken. Herrn Dr. F. Börner (Universität Potsdam) gilt mein besonderer Dank für das Zusenden seines Vorlesungsmanuskripts zur Graphentheorie und das Aufspüren einiger Fehler in einer alten Fassung vom Teil II.
Eine erste Fassung des Teils über Allgemeine Algebra hatte sich Herr Prof. Dr. L. Berg (Rostock) vor einigen Jahren angesehen, für dessen Hinweise und Verbesserungsvorschläge ich mich an dieser Stelle nochmals bedanken möchte.
Da ich einige meiner Schreibfehler oft erst bemerke, wenn zwischen Schreiben und nochmaligem Lesen viel Zeit vergangen ist, bin ich den Herren

Dr. W. Bannuscher (Rostock), Dr. F. Börner (Potsdam) und Dr. W. Harnau (Dresden) sehr dankbar, daß sie mir beim Korrekturlesen der vorletzten Fassung von Teil III sehr geholfen haben und mich davon überzeugten, gewisse Beweisdetails abzuändern.

Rostock, im November 2003   Dietlinde Lau

Inhaltsverzeichnis

Teil II Graphen und Algorithmen

Teil I

Lineare Optimierung

1

Einführung in die Lineare Optimierung

In diesem und in vier weiteren Kapiteln wollen wir uns mit der Lösung **linearer Extremwertaufgaben** beschäftigen. Gegeben ist dabei eine gewisse (lineare) n-stellige Funktion $f : \mathbb{R}^n \longrightarrow \mathbb{R}$ mit

$$f(x_1, x_2, \ldots, x_n) := c_1 \cdot x_1 + c_2 \cdot x_2 + \ldots + c_n \cdot x_n,$$

($c_1, \ldots, c_n \in \mathbb{R}$ gewisse Konstanten), die zu maximieren oder zu minimieren ist, wobei die x_1, x_2, $\ldots$, x_n gewissen Nebenbedingungen unterworfen sind. Diese Nebenbedingungen sind in der Form von linearen Gleichungen oder Ungleichungen gegeben. Außerdem wird gefordert, daß die Werte der Variablen stets nicht negativ sein sollen. Wie wir im Abschnitt 1.2 sehen werden, gibt es eine Reihe von praktischen Aufgaben, die sich mathematisch auf diese Weise beschreiben lassen.

Nachfolgend werden wir das oben kurz geschilderte Problem noch einmal ausführlich als sogenanntes Lineares Optimierungsproblem (kurz: LOP) formulieren und uns konkrete Aufgaben ansehen, die als LOP aufschreibbar sind. Anschließend überlegen wir uns einige Umformungsschritte für LOP, die diese in eine gewisse Normalform überführen.

Für LOP, in denen höchstens zwei Unbekannte x_1, x_2 vorkommen, werden wir uns dann ein geometrisches Lösungsverfahren überlegen. Die dabei gemachten Beobachtungen über das Lösungsverhalten von LOP werden anschließend im Abschnitt über die theoretischen Grundlagen der *Simplexmethode* verallgemeinert. Mit der danach behandelten Simplexmethode wird die bekannteste Lösungsmethode für unser LOP in Normalform vorgestellt, die von G. Dantzig[1] 1947 entwickelt wurde.

---

[1] G. Dantzig (geb. 1914) war 1941 - 1952 Statistiker bei der US Air Force. Er ist einer der Pioniere der Linearen Optimierung. Neben der Entwicklung des Simplex-Algorithmus verdankt man ihm auch die Initiierung der Stochastischen Optimierung. Der von Dantzig entwickelte Simplex-Algorithmus wurde z.B. zum Lösen von Transportproblemen 1948/49 bei der Berlin-Luftbrücke erfolgreich benutzt.

Im Abschnitt über das Dualitätsprinzip behandeln wir einen interessanten Zusammenhang zwischen einem LOP und dem diesen LOP zugeordneten dualen LOP, der nicht nur dazu benutzt werden kann, aus der Lösung des Ausgangs–LOP eine für das duale LOP zu erhalten, sondern auch zur Herleitung der — von C. E. Lembke[2] stammenden — dualen Simplexmethode dient. Benutzen werden wir die duale Simplexmethode beim Gomory-Verfahren, das zum Lösen ganzzahliger LOP von R. E. Gomory in [Gom 58] entwickelt wurde.

Um zu zeigen, daß es in vielen Fällen günstig ist, sich für spezielle LOP besondere (auf das Problem zugeschnittene) Verfahren zu überlegen, die dem allgemeinen Verfahren (nämlich der Simplexmethode) überlegen sind, behandeln wir abschließend ein Verfahren (den sogenannten *Transportalgorithmus*) zum Lösen des Transportproblems.

Es sei noch bemerkt, daß einige Probleme der Graphentheorie, mit der wir uns im nächsten Teil beschäftigen, als lineare Optimierungsprobleme formulierbar sind, so daß man – neben den im Teil II entwickelten Methoden – auch die in diesem Teil nachfolgend angegebenen Verfahren zum Lösen dieser Probleme benutzen kann.

1.1 Das Lineare Optimierungsproblem

Die nachfolgend beschriebene Aufgabe nennen wir **Lineares Optimierungsproblem** (kurz: **LOP**).

Gegeben:

$$f : \mathbb{R}^n \longrightarrow \mathbb{R},$$
$$f(x_1, x_2, \ldots, x_n) := c_1 \cdot x_1 + c_2 \cdot x_2 + \ldots + c_n \cdot x_n$$

(„**Zielfunktion**")

Kurzschreibweise:

$$f(\mathfrak{x}) := \mathfrak{c}^T \cdot \mathfrak{x}$$
$$(\mathfrak{x} := (x_1, x_2, \ldots, x_n)^T, \ \mathfrak{c} := (c_1, c_2, \ldots, c_n)^T)$$

$$g_i(\mathfrak{x}) := g_i(x_1, x_2, \ldots, x_n)$$
$$:= a_{i0} + a_{i1} \cdot x_1 + a_{i2} \cdot x_2 + \ldots + a_{in} \cdot x_n$$
$$(i = 1, 2, \ldots, m)$$

(„**Restriktionsfunktionen**")

---

[2] Siehe [Lem 54].

Gesucht: $\mathfrak{x}_* \in \mathbb{R}^{n \times 1}$ mit der Eigenschaft

$$f(\mathfrak{x}_*) = \min_{\mathfrak{x} \in M} f(\mathfrak{x})$$
$$(\text{bzw. } f(\mathfrak{x}_*) = \max_{\mathfrak{x} \in M} f(\mathfrak{x})),$$

wobei

$$M := \{\mathfrak{x} \in \mathbb{R}^{n \times 1} \mid \ (\forall i \in \{1, 2, \ldots, r\} : g_i(\mathfrak{x}) \leq 0) \wedge$$
$$(\forall j \in \{r + 1, \ldots, m\} : g_j(\mathfrak{x}) = 0) \wedge$$
$$(\forall i \in \{1, 2, \ldots, n\} : x_i \geq 0) \}$$

Unter Verwendung der Schreibweise

$$\mathfrak{x} \geq \mathfrak{o} \ :\Longleftrightarrow \ \forall i : x_i \geq 0$$

werden wir ein solches Problem nachfolgend auch wie folgt aufschreiben:

$$f(x_1, x_2, \ldots, x_n) = c_1 \cdot x_1 + c_2 \cdot x_2 + \ldots + c_n \cdot x_n \ \longrightarrow \ Min.$$
$$(\text{bzw. } f(x_1, x_2, \ldots, x_n) = c_1 \cdot x_1 + c_2 \cdot x_2 + \ldots + c_n \cdot x_n \ \longrightarrow \ Max.)$$
$$g_1(\mathfrak{x}) \geq 0$$
$$\vdots$$
$$g_r(\mathfrak{x}) \geq 0 \tag{1.1}$$
$$g_{r+1}(\mathfrak{x}) = 0$$
$$\vdots$$
$$g_m(\mathfrak{x}) = 0$$
$$\mathfrak{x} \geq \mathfrak{o}$$

Es gibt eine Reihe von praktischen Aufgaben, die sich mathematisch als LOP formulieren lassen.
Einige (einfache) **Beispiele** dazu:

(1.) Ein Fütterungsproblem

Ein Schwein soll mit Kartoffeln und Rüben gemästet werden. Dabei kommt es auf den Gehalt des Futters an Kohlenhydraten, Eiweiß und Mineralstoffen an. Einige Zahlen dazu (bezogen auf eine gewisse Menge):

	Kartoffeln	Rüben	Bedarf des Schweins
Kohlenhydrate	140	40	560
Eiweiß	10	8	80
Mineralstoffe	4	8	48

Werden nun x Einheiten Kartoffeln und y Einheiten Rüben an das Schwein verfüttert, so ist der Bedarf des Schweins gedeckt, wenn die folgenden Ungleichungen erfüllt sind:

$$140x + 40y \geq 560$$
$$10x + 8y \geq 80$$
$$4x + 8y \geq 48$$
$$x \geq 0$$
$$y \geq 0.$$

Falls der Preis für Kartoffeln pro Einheit 10 € und der für Rüben 4 € beträgt, so lassen sich die Fütterungskosten, die natürlich minimal gehalten werden sollen, mit Hilfe der Funktion

$$f(x, y) := 10x + 4y$$

beschreiben. Damit haben wir das folgende LOP erhalten:

$$f(x, y) = 10x + 4y \longrightarrow Min.$$
$$140x + 40y \geq 560$$
$$10x + 8y \geq 80$$
$$4x + 8y \geq 48 \tag{1.2}$$
$$x \geq 0$$
$$y \geq 0.$$

Lösen läßt sich dieses LOP mit der im Abschnitt 1.3 vorgestellten Methode (ÜA).

(2.) Ein Produktionsproblem

In einem Betrieb werden zwei Erzeugnisse, die wir mit E und F bezeichnen wollen, in 4 Abteilungen A_1, A_2, A_3, A_4 hergestellt. Außerdem sei bekannt:

Abtei- lung	benötigte Zeit in h in A_i zum Herstellen von		Zur Verfügung stehende Zeit in h in Abteilung A_i
	E	F	
A_1	1	2	14
A_2	2	1	16
A_3	-	2	12
A_4	3	-	21

Der Gewinn beim Erzeugnis E bzw. F beträgt 3 € bzw 4 €. Gefragt ist nach den Stückzahlen x (für E) und y (für F), die einen maximalen Gewinn ermöglichen.

Die mathematische Beschreibung dieses LOP lautet dann:

$$f(x, y) = 3x + 4y \longrightarrow Max.$$
$$x + 2y \leq 14$$
$$2x + y \leq 16$$
$$2y \leq 12 \tag{1.3}$$
$$3x \leq 21$$
$$x \geq 0, \ y \geq 0.$$

Diese Problem läßt sich ebenfalls mit dem im Abschnitt 1.3 behandelten Verfahren lösen (ÜA).

(3.) Ein Transportproblem

Von zwei Erzeugern E_1, E_2 eines gewissen Produktes werden drei Verbraucher V_1, V_2, V_3 beliefert. Es sollen x_{ij} Einheiten des Produkts von E_i nach V_j ($i \in \{1,2\}$, $j \in \{1,2,3\}$) transportiert werden. Die Produktion in E_1 beträgt 80 und die in E_2 140 Einheiten des Produktes. Bei V_1 liegt ein Bedarf von 80, bei V_2 ein Bedarf von 50 und bei V_3 ein Bedarf von 90 Einheiten des Produktes vor. Die Kosten für den Transport pro Einheit von E_i nach V_j seien mit c_{ij} bezeichnet und in der folgenden „Kostenmatrix" zusammengefaßt:

$$(c_{ij})_{2,3} := \begin{pmatrix} 1 & 3 & 6 \\ 4 & 2 & 7 \end{pmatrix}.$$

Ziel ist es, den Bedarf der Verbraucher zu decken und dabei die Gesamttransportkosten minimal zu halten.
Mathematisch beschreiben läßt sich dieses Problem wie folgt:

$$f(x_{11}, x_{12}, x_{13}, x_{21}, x_{22}, x_{23}) := $$
$$x_{11} + 3 \cdot x_{12} + 6 \cdot x_{13} + 4 \cdot x_{21} + 2 \cdot x_{22} + 7 \cdot x_{23} \longrightarrow Min.$$

$$
\begin{aligned}
x_{11} + x_{12} + x_{13} &&&= 80 \\
&x_{21} + x_{22} + x_{23} &&= 140 \\
x_{11} &+ x_{21} &&= 80 \\
x_{12} &+ x_{22} &&= 50 \\
x_{13} &+ x_{23} &&= 90
\end{aligned}
\tag{1.4}
$$

$$\forall i, j : \quad x_{i,j} \geq 0 \ \wedge \ x_{i,j} \in \mathbb{N}_0$$

Ein einfaches Lösungsverfahren für dieses LOP behandeln wir im Kapitel 5.

Weitere Beispiele findet man z.B. in [Vaj 62], [Sei-M 72] oder [Pie 62].

1.2 Die Normalform eines LOP

Das LOP

$$f(x_1, x_2, \ldots, x_n) = c_1 \cdot x_1 + c_2 \cdot x_2 + \ldots + c_n \cdot x_n \longrightarrow Min.$$
$$(\text{kurz:} f(\mathfrak{x}) = \mathfrak{c}^T \cdot \mathfrak{x} \longrightarrow Min.)$$
$$\mathfrak{A} \cdot \mathfrak{x} = \mathfrak{b}$$
$$\mathfrak{x} \geq \mathfrak{o}$$
$$\tag{1.5}$$

wollen wir LOP in **Normalform** nennen. Die Funktion f heißt **Zielfunktion** (kurz: **ZF**) und

$$\mathfrak{A} \cdot \mathfrak{x} = \mathfrak{b}$$
$$\mathfrak{x} \geq \mathfrak{o},$$

wobei $\mathfrak{A} := (a_{ij})_{m,n} \in \mathbb{R}^{m \times n}$, $\mathfrak{x} := (x_1, x_2, \ldots, x_n)^T \in \mathbb{R}^{n \times 1}$ und $\mathfrak{b} := (b_1, b_2, \ldots, b_m)^T \in \mathbb{R}^{m \times 1}$, nennt man **Nebenbedingungen** (kurz: **NB**) des LOP.

Die Lösungen $\mathfrak{x}$ von $\mathfrak{A} \cdot \mathfrak{x} = \mathfrak{b}$, die der Nichtnegativitätsbedingung $\mathfrak{x} \geq \mathfrak{o}$ genügen, heißen **zulässige Lösungen** des LGS. Die Menge aller zulässigen Lösungen wird **zulässiger Bereich** des LGS genannt.

Wir wollen zwei LOP **äquivalent** nennen, wenn sie die gleichen Lösungsmengen besitzen.

Nebenbedingungen sollen äquivalent (bez. einer gegebenen ZF f) heißen, wenn sie denselben Definitionsbereich für f charakterisieren.

Nachfolgend werden einige Umformungen angegeben, mit denen man ein beliebiges LOP in ein LOP in Normalform überführen kann. Die erhaltene Normalform ist dabei entweder zum Ausgangs-LOP äquivalent oder ist ein LOP, aus dessen Lösungen unmittelbar auch solche für das Ausgangs-LOP ablesbar sind.

1. Umformung: Überführung einer Maximierungs- in eine Minimierungsaufgabe

Offenbar ist die Maximierung einer linearen Funktion

$$f(x_1, x_2, \ldots, x_n) := c_1 \cdot x_1 + c_2 \cdot x_2 + \ldots + c_n \cdot x_n$$

äquivalent mit der Minimierung der Funktion

$$f^*(x_1, x_2, \ldots, x_n) := -c_1 \cdot x_1 - c_2 \cdot x_2 - \ldots - c_n \cdot x_n.$$

2. Umformung: Überführung von Ungleichungen in Gleichungen

Die Nebenbedingung

$$\alpha_1 \cdot x_1 + \alpha_2 \cdot x_2 + \ldots + \alpha_n \cdot x_n \leq b \tag{1.6}$$

für die Funktion $f(x_1, \ldots, x_n)$ ist mit der Bedingung

$$\alpha_1 \cdot x_1 + \alpha_2 \cdot x_2 + \ldots + \alpha_n \cdot x_n + x_{n+1} = b \text{ und } x_{n+1} \geq 0 \tag{1.7}$$

äquivalent. Die neue Variable x_{n+1} nennen wir **Schlupfvariable**.
Analog gilt:
Die Nebenbedingung

$$\alpha_1 \cdot x_1 + \alpha_2 \cdot x_2 + \ldots + \alpha_n \cdot x_n \geq b \tag{1.8}$$

für die Funktion $f(x_1, \ldots, x_n)$ ist mit der Bedingung

$$\alpha_1 \cdot x_1 + \alpha_2 \cdot x_2 + \ldots + \alpha_n \cdot x_n - x_{n+1} = b \text{ und } x_{n+1} \geq 0 \tag{1.9}$$

äquivalent.

3. Umformung: Einführung von Nichtnegativitätsbedingungen

Falls die Variable x_i auch negative Werte annehmen darf, ersetzen wir x_i durch die Differenz zweier nichtnegativer Variablen:

$$x_i := x_i' - x_i'' \text{ mit } x_i' \geq 0, \ x_i'' \geq 0. \tag{1.10}$$

Diese Ersetzung ist möglich, da, wenn x_i' und x_i'' unabhängig voneinander alle nichtnegativen Werte durchlaufen, x_i jeden Wert aus $\mathbb{R}$ annimmt.

Beispiel Das LOP

$$\begin{aligned} f(x_1, x_2) := 2x_1 - 3x_2 &\longrightarrow Max. \\ x_1 + 2x_2 &\leq 40 \\ 2x_1 + x_2 &= 10 \\ x_1 + x_2 &\geq 5 \\ x_1 &\geq 0 \end{aligned} \tag{1.11}$$

läßt sich gemäß der oben beschriebenen Umformungen in das folgende LOP in Normalform überführen:

$$\begin{aligned} f^*(x_1, x_2', x_2'', x_3, x_4) := -2x_1 + 3(x_2' - x_2'') &\longrightarrow Min. \\ x_1 + 2(x_2' - x_2'') + x_3 &= 40 \\ 2x_1 + (x_2' - x_2'') &= 10 \\ x_1 + (x_2' - x_2'') - x_4 &= 5 \\ x_1 \geq 0, \ x_2' \geq 0, \ x_2'' \geq 0, \ x_3 \geq 0, \ x_4 \geq 0, \end{aligned} \tag{1.12}$$

wobei aus einer Lösung für (1.12) leicht eine für (1.11) zu erhalten ist.

Nachfolgend werden wir — bis auf LOP mit zwei Variablen — immer annehmen, daß unser LOP bereits in Normalform vorliegt. Außerdem werden wir o.B.d.A. voraussetzen, daß

$$rg(\mathfrak{A}) = m < n$$

gilt, da in den sonst noch möglichen Fällen entweder das LGS der Nebenbedingungen überflüssige Gleichungen enthält, oder, falls das LGS keine oder genau eine Lösung hat, keine interessante Optimierungsaufgabe vorliegt.

LOP mit nur zwei Variablen können wir bei unseren weiteren allgemeinen Untersuchungen vernachlässigen, da – wie der nächste Abschnitt zeigt – für diese LOP ein einfaches geometrisches Lösungsverfahren existiert.

1.3 Graphische Lösungsmethoden für LOP mit nur zwei Unbekannten

Bekanntlich läßt sich eine Gleichung der Form

$$ax + by = c$$

als Gesamtheit der Punkte auf einer Geraden in der Ebene deuten und eine Ungleichung der Gestalt

$$ax + by \leq c$$

als Gesamtheit aller Punkte der Ebene, die auf der Geraden $ax + by = c$ liegen oder sich in einer der beiden Halbebenen befinden, in die die Gerade $ax + by = c$ die Ebene teilt. (Um herauszufinden, welche der Halbebenen durch die Ungleichung charakterisiert wird, hat man z.B. nur zu überprüfen, ob der Koordinatenursprung (oder ein beliebiger anderer Punkt) der Ungleichung genügt oder nicht.) In einem x, y-Koordinatensystem werden wir zur Kennzeichnung der Halbebene die Gerade $ax + by = c$ zeichnen und einen Pfeil so auf der Geraden senkrecht plazieren, daß er zur Seite der zu charakterisierenden Halbebene weist. Mehrere Ungleichungen bestimmen auf diese Weise ein gewisses Gebiet, das Durchschnitt solcher Halbebenen ist. In Zeichnungen werden wir dieses Gebiet punktieren.

Beispiel   Haben wir als Nebenbedingungen eines LOP die vier Ungleichungen

$$\begin{aligned} -x + y &\leq 3 \\ x + 2y &\leq 8 \\ x &\geq 0 \\ y &\geq 0, \end{aligned}$$ (1.13)

so lassen sich die (x, y), die diesen Ungleichungen genügen, als Koordinaten von Punkten der Ebene deuten, die im punktierten Gebiet G liegen (siehe Abbildung 1.1). Die Zielfunktion $f(x, y) := c_1 x + c_2 y$ eines LOP läßt sich

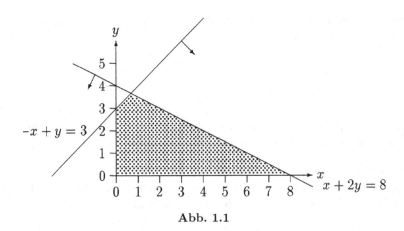

Abb. 1.1

geometrisch als Gesamtheit aller Punkte des Raumes mit den Koordinaten $(x, y, f(x, y))$ deuten. Wegen der linearen Struktur der Zielfunktion ist dies eine Ebene des Raumes. Geometrisch läßt sich also unser LOP mit zwei Variablen in einem x, y, z-Koordinatensysten des Raumes wie folgt beschreiben: Durch die Nebenbedingungen wird ein gewisses Gebiet G in der x, y-Ebene festgelegt, über dem wir nur den Teil der Ebene $z = f(x,y)$ mit $(x,y) \in G$ betrachten. Gesucht sind solche $(x,y) \in G$, für die der Abstand zur Ebene minimal (bzw. maximal) ist.

Aus dieser geometrischen Interpretation eines LOP ist übrigens auch ablesbar, daß das Problem ohne Nebenbedingungen sinnlos ist, da (bis auf den Fall, wo die Ebene parallel zur x,y-Ebene liegt) die lineare Funktion f nicht beschränkt ist und damit Maximum wie auch Minimum von f nicht existieren. Ebenfalls aus der geometrischen Interpretation unseres LOP ist erkennbar, daß die Lösungen, falls sie existieren und f nicht parallel zur x,y-Ebene liegt, sich nur auf dem Rand von G befinden können.

Um eine Vorstellung vom Wachsen bzw. Fallen der Zielfunktion zu bekommen, führen wir für die x,y−Ebene sogenannte **Niveaulinien** $f(x,y) = \alpha$ ($\alpha \in \mathbb{R}$ eine beliebig wählbare Konstante) der Zielfunktion ein. Da eine Niveaulinie $f(x,y) = \alpha$ gerade all diejenigen Punkte zu einer Geraden zusammenfaßt, die denselben Abstand α zur Ebene haben, genügt es, sich für zwei verschiedene α die Niveaulinien in die x,y-Ebene einzuzeichnen, um die Richtung des Fallens (bzw. Wachsens) der Zielfunktion zu ermitteln.

Beispiel Zu den oben in (1.13) angegebenen Nebenbedingungen betrachten wir die Zielfunktion

$$f(x,y) = 3x - y, \tag{1.14}$$

für die wir sowohl die Minimum- als auch die Maximumaufgabe lösen wollen. Zeichnet man z.B. die Niveaulinien $3x - y = 0$ und $3x - y = 2$, so ist der Abbildung 1.2 zu entnehmen, daß für $x = 0$ und $y = 3$ die Funktion $f(x,y)$ minimal und für $x = 8$ und $y = 0$ maximal wird.

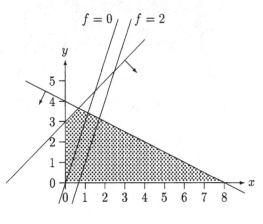

Abb. 1.2

Hätte man z.B. zu (1.13) die Zielfunktion

$$g(x,y) := 2x + 4y \longrightarrow Max. \tag{1.15}$$

gewählt, so würden alle Punkte auf der Verbindungsstrecke zwischen den Punkten $(\frac{2}{3}, \frac{11}{3})$ und $(8, 0)$ Lösungen diese LOP sein.

Die bisher angegebenen Beispiele für LOP sind solche mit zulässigen Bereichen, die beschränkt sind. Wir werden später sehen, daß dies eine hinreichende Bedingung für die Existenz von Lösungen eines LOP ist. Es gibt aber auch lösbare LOP, wo der Definitionsbereich der Zielfunktion nicht beschränkt ist. Ein einfaches Beispiel dafür ist das LOP

$$f(x, y) = 3x - y \longrightarrow Min.$$
$$-x + y \leq 3$$
$$x \geq 0, \ y \geq 0, \tag{1.16}$$

das aus (1.13) und (1.14) durch Weglassen der Ungleichung $x+2y \leq 8$ in (1.13) gebildet wurde. Der Abbildung 1.3 ist nun zu entnehmen, daß $(x, y) := (3, 0)$ eine Lösung von (1.16) ist. Jedoch hat die analoge Maximumaufgabe keine Lösung, da in diesem Fall die Zielfunktion f nicht beschränkt ist.

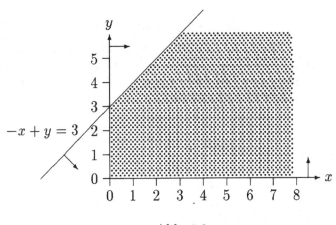

Abb. 1.3

2

Die Simplexmethode

2.1 Die theoretischen Grundlagen der Simplexmethode

Unter der Simplexmethode[1] versteht man eine Methode zum Lösen eines LOP in Normalform:

$$f(\mathfrak{x}) = \mathfrak{c}^T \cdot \mathfrak{x} \longrightarrow Min.$$
$$\mathfrak{A} \cdot \mathfrak{x} = \mathfrak{b} \qquad\qquad (2.1)$$
$$\mathfrak{x} \geq \mathfrak{o}.$$

Nachfolgend sollen einige Begriffe (wie z.B. konvexe Menge, Eckpunkt, ...) bereitgestellt werden, mit deren Hilfe wir anschließend einige Aussagen zusammenstellen werden, die unsere Erkenntnisse aus Abschnitt 1.3 verallgemeinern. Geometrisch werden wir uns die $\mathfrak{x}$ als Punkte eines n−dimensionalen euklidischen Raumes R_n deuten und mit ihnen wie mit Vektoren rechnen bzw. wir denken uns die Punkte durch ihre Koordinatenvektoren $\mathfrak{x}$ gegeben.

Definition   Sei $M \subseteq \mathbb{R}^{n \times 1}$.

M heißt **konvex** $:\Longleftrightarrow$ $\forall \mathfrak{x}, \mathfrak{x}' \in \mathbb{R}^{n \times 1} \; \forall \lambda \in \mathbb{R} :$

$$0 \leq \lambda \leq 1 \implies \lambda \cdot \mathfrak{x} + (1 - \lambda) \cdot \mathfrak{x}' \in M.$$

Geometrisch läßt sich eine konvexe Menge M wie folgt deuten:
Interpretiert man die Elemente von M als Punkte eines Raumes, so ist die Menge M genau dann konvex, wenn zu je zwei Punkten aus M auch stets die Punkte auf der Verbindungsstrecke dieser beiden Punkte zu M gehören (siehe Abbildung 2.1).

---

[1] Die Bezeichnung Simplex stammt aus der Topologie und ihre Verwendung in der Linearen Optimierung rührt daher, daß man bei der anfänglichen geometrischen Betrachtungsweise nur solche Lösungen suchte, die innerhalb von gewissen Simplexen lagen.

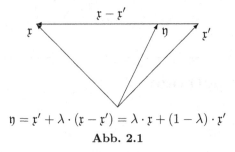

$$\mathfrak{y} = \mathfrak{x}' + \lambda \cdot (\mathfrak{x} - \mathfrak{x}') = \lambda \cdot \mathfrak{x} + (1 - \lambda) \cdot \mathfrak{x}'$$

Abb. 2.1

Beispiele für konvexe bzw. nicht konvexe Mengen sind in Abbildung 2.2 angegeben.

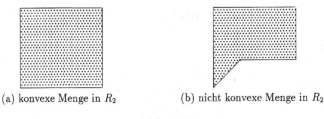

(a) konvexe Menge in R_2　　　　(b) nicht konvexe Menge in R_2

Abb. 2.2

Offenbar ist der Durchschnitt von konvexen Mengen wieder eine konvexe Menge.

Satz 2.1.1 *Seien* $\mathfrak{A} \in \mathbb{R}^{m \times n}$ *und* $\mathfrak{b} \in \mathbb{R}^{m \times 1}$. *Dann ist die Menge*

$$M := \{\mathfrak{x} \in \mathbb{R}^{n \times 1} \mid \mathfrak{A} \cdot \mathfrak{x} = \mathfrak{b} \wedge \mathfrak{x} \geq \mathfrak{o}\}$$

konvex.

Beweis. Seien $\mathfrak{x}, \mathfrak{x}' \in M$ und $\lambda \in \mathbb{R}$ mit $0 \leq \lambda \leq 1$. Dann gilt

$$\mathfrak{A} \cdot (\lambda \cdot \mathfrak{x} + (1 - \lambda) \cdot \mathfrak{x}') = \lambda \cdot \underbrace{\mathfrak{A} \cdot \mathfrak{x}}_{= \mathfrak{b}} + (1 - \lambda) \cdot \underbrace{\mathfrak{A} \cdot \mathfrak{x}'}_{= \mathfrak{b}} = \lambda \cdot \mathfrak{b} + (1 - \lambda) \cdot \mathfrak{b} = \mathfrak{b}.$$

Also ist $\lambda \cdot \mathfrak{x} + (1 - \lambda) \cdot \mathfrak{x}'$ eine Lösung von $\mathfrak{A} \cdot \mathfrak{x} = \mathfrak{b}$. Außerdem haben wir $\lambda \cdot \mathfrak{x} + (1 - \lambda) \cdot \mathfrak{x}' \geq \mathfrak{o}$, da $\mathfrak{x}, \mathfrak{x}' \geq \mathfrak{o}$ und $\lambda, 1 - \lambda \geq 0$. Folglich gehört $\lambda \cdot \mathfrak{x} + (1 - \lambda) \cdot \mathfrak{x}'$ zu M. ∎

Definitionen　Seien $\mathfrak{x}_1, \mathfrak{x}_2, \ldots, \mathfrak{x}_t \in \mathbb{R}^{n \times 1}$, $\lambda_1, \lambda_2, \ldots, \lambda_t \in \mathbb{R}$ und es gelte

$$(\forall i \in \{1, 2, \ldots, t\} : 0 \leq \lambda_i \leq 1) \wedge \sum_{i=1}^{t} \lambda_i = 1.$$

Dann nennt man

$$\lambda_1 \cdot \mathfrak{x}_1 + \lambda_2 \cdot \mathfrak{x}_2 + \ldots + \lambda_t \cdot \mathfrak{x}_t \tag{2.2}$$

eine **konvexe Linearkombination** der $\mathfrak{x}_1, \mathfrak{x}_2, \ldots, \mathfrak{x}_t$.

Wir sagen, (2.2) ist eine **echte** konvexe Linearkombination, falls nicht alle Koeffizienten λ_i in (2.2) zu $\{0, 1\}$ gehören.

Definitionen   Sei $M \subseteq \mathbb{R}^{n \times 1}$. Die Menge

$$\overline{M} := \{\mathfrak{x} \in \mathbb{R}^{n \times 1} \mid \exists t \in \mathbb{N}\, \exists \lambda_1, \ldots, \lambda_t \in \mathbb{R}\, \exists \mathfrak{x}_1, \ldots, \mathfrak{x}_t \in M :$$
$$(\forall i : 0 \leq \lambda_i \leq 1) \wedge \textstyle\sum_{i=1}^t \lambda_i = 1 \wedge \mathfrak{x} = \sum_{i=1}^t \lambda_i \cdot \mathfrak{x}_i \}$$

heißt **konvexe Hülle von** M.

Die konvexe Hülle von M ist offenbar die kleinste konvexe Menge, die M enthält.

Beispiele   Die konvexe Hülle zweier Punkte P und Q besteht aus allen Punkten, die auf der Verbindungsstrecke von P nach Q (einschließlich P und Q) liegen.

Eine weitere Bildung einer konvexen Hülle ist der Abbildung 2.3 zu entnehmen.

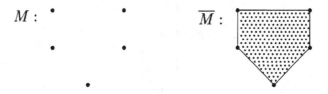

$M :$ $\qquad$ $\overline{M} :$

Abb. 2.3

Durch vollständige Induktion läßt sich für jede konvexe Menge M

$$\overline{M} = M$$

beweisen.

Definition   Seien M konvex und $\mathfrak{x} \in M$.

$\mathfrak{x}$ heißt **Eckpunkt** (oder kurz **Ecke**) von M $:\Longleftrightarrow$

$$\neg(\exists \mathfrak{x}_1, \mathfrak{x}_2 \in M \backslash \{\mathfrak{x}\}\, \exists \lambda \in \mathbb{R} : 0 < \lambda < 1 \wedge \mathfrak{x} = \lambda \cdot \mathfrak{x}_1 + (1 - \lambda) \cdot \mathfrak{x}_2).$$

(D.h., $\mathfrak{x}$ ist genau dann Ecke von M, wenn sich $\mathfrak{x}$ nicht als echte konvexe Linearkombination zweier $\mathfrak{x}_1, \mathfrak{x}_2 \in M \backslash \{\mathfrak{x}\}$ darstellen läßt.)

Beispiele   Besteht die Menge M aus allen Punkten eines Quadrates einschließlich des Randes, so sind die Eckpunkte des Quadrates genau die Ecken von M. Betrachtet man die Menge aller Punkte einer Kreisfläche einschließlich der Peripherie, so ist jeder Punkt der Peripherie ein Eckpunkt dieser Menge.

Satz 2.1.2 (Eckenkriterium)
Es sei
$$\mathfrak{A} := (\mathfrak{a}_1, \mathfrak{a}_2, \ldots, \mathfrak{a}_n) \in \mathbb{R}^{m \times n}$$
und
$$M := \{\mathfrak{x} \in \mathbb{R}^{n \times 1} \mid \mathfrak{A} \cdot \mathfrak{x} = \mathfrak{b} \wedge \mathfrak{x} \geq \mathfrak{o}\}.$$
Für $\mathfrak{x} := (x_1, x_2, \ldots, x_n)^T \in M \backslash \{\mathfrak{o}\}$ sei außerdem
$$I_{\mathfrak{x}} := \{i \in \{1, 2, \ldots, n\} \mid x_i > 0\}.$$

Dann gilt:

$\mathfrak{x} \in M \backslash \{\mathfrak{o}\}$ *ist Ecke von* $M \iff \mathfrak{a}_i (i \in I_{\mathfrak{x}})$ *sind linear unabhängig.*

Beweis. „$\Longrightarrow$": O.B.d.A. sei

$$\mathfrak{x} = \begin{pmatrix} \alpha_1 \\ \alpha_2 \\ \vdots \\ \alpha_t \\ 0 \\ \vdots \\ 0 \end{pmatrix}$$

eine Ecke von M, wobei $\alpha_1 > 0$, $\alpha_2 > 0$, $\ldots$, $\alpha_t > 0$ sind. Wir haben zu zeigen, daß die ersten t Spalten $\mathfrak{a}_1, \mathfrak{a}_2, \ldots, \mathfrak{a}_t$ von $\mathfrak{A}$ linear unabhängig sind. Angenommen, dies ist falsch, d.h., es existieren gewisse reelle Zahlen $\lambda_1, \lambda_2, \ldots, \lambda_t$ mit

$$\lambda_1 \cdot \mathfrak{a}_1 + \lambda_2 \cdot \mathfrak{a}_2 + \ldots + \lambda_t \cdot \mathfrak{a}_t = \mathfrak{o}$$

und (o.B.d.A.) $\lambda_1 \neq 0$. Folglich haben wir

$$\forall \gamma \in \mathbb{R}: \ \gamma \cdot (\lambda_1 \cdot \mathfrak{a}_1 + \lambda_2 \cdot \mathfrak{a}_2 + \ldots + \lambda_t \cdot \mathfrak{a}_t) = \mathfrak{o}$$

und, da $\mathfrak{x}$ eine Lösung von $\mathfrak{A} \cdot \mathfrak{x} = \mathfrak{b}$ ist, außerdem:

$$\alpha_1 \cdot \mathfrak{a}_1 + \alpha_2 \cdot \mathfrak{a}_2 + \ldots + \alpha_t \cdot \mathfrak{a}_t = \mathfrak{b}.$$

Addiert bzw. subtrahiert man die eben erhaltenen Gleichungen, so ergibt sich:

$$(\alpha_1 \pm \gamma \cdot \lambda_1) \cdot \mathfrak{a}_1 + (\alpha_2 \pm \gamma \cdot \lambda_2) \cdot \mathfrak{a}_2 + \ldots + (\alpha_t \pm \gamma \cdot \lambda_t) \cdot \mathfrak{a}_t = \mathfrak{b}.$$

Folglich sind

$$\mathfrak{x}_1 = \begin{pmatrix} \alpha_1 + \gamma \cdot \lambda_1 \\ \alpha_2 + \gamma \cdot \lambda_2 \\ \vdots \\ \alpha_t + \gamma \cdot \lambda_t \\ 0 \\ \vdots \\ 0 \end{pmatrix} \quad \text{und} \quad \mathfrak{x}_2 = \begin{pmatrix} \alpha_1 - \gamma \cdot \lambda_1 \\ \alpha_2 - \gamma \cdot \lambda_2 \\ \vdots \\ \alpha_t - \gamma \cdot \lambda_t \\ 0 \\ \vdots \\ 0 \end{pmatrix}$$

Lösungen von $\mathfrak{A} \cdot \mathfrak{x} = \mathfrak{b}$. Der Faktor γ läßt sich stets so wählen, daß sowohl $\mathfrak{x}_1$ als auch $\mathfrak{x}_2$ von $\mathfrak{x}$ verschieden ist und $\mathfrak{x}_1 \geq \mathfrak{o}$ sowie $\mathfrak{x}_2 \geq \mathfrak{o}$ gilt. Außerdem haben wir nach Konstruktion:

$$\frac{1}{2} \cdot \mathfrak{x}_1 + \frac{1}{2} \cdot \mathfrak{x}_2 = \mathfrak{x},$$

Zusammenfassend ergibt sich hieraus ein Widerspruch zur Voraussetzung, daß $\mathfrak{x}$ eine Ecke von M ist.

„$\Longleftarrow$": Es sei (o.B.d.A.)

$$\mathfrak{x} = \begin{pmatrix} \alpha_1 \\ \alpha_2 \\ \vdots \\ \alpha_t \\ 0 \\ \vdots \\ 0 \end{pmatrix},$$

$\alpha_1 > 0$, $\alpha_2 > 0$, ..., $\alpha_t > 0$ und $\mathfrak{a}_1$, $\mathfrak{a}_2$, ..., $\mathfrak{a}_t$ linear unabhängig. Wir haben zu zeigen, daß $\mathfrak{x}$ eine Ecke von M ist. Angenommen, $\mathfrak{x}$ ist keine Ecke von M. Dann existieren gewisse $\mathfrak{x}_1$, $\mathfrak{x}_2 \in M \backslash \{\mathfrak{x}\}$ und ein $\lambda \in \mathbb{R}$ mit den Eigenschaften $\mathfrak{x} = \lambda \cdot \mathfrak{x}_1 + (1 - \lambda) \cdot \mathfrak{x}_2$ und $0 < \lambda < 1$:

$$\underbrace{\begin{pmatrix} \alpha_1 \\ \alpha_1 \\ \vdots \\ \alpha_1 \\ 0 \\ \vdots \\ 0 \end{pmatrix}}_{\mathfrak{x}} = \lambda \cdot \underbrace{\begin{pmatrix} x_{11} \\ x_{21} \\ \vdots \\ x_{t1} \\ x_{t+1,1} \\ \vdots \\ x_{n1} \end{pmatrix}}_{\mathfrak{x}_1} + (1 - \lambda) \cdot \underbrace{\begin{pmatrix} x_{12} \\ x_{22} \\ \vdots \\ x_{t2} \\ x_{t+1,2} \\ \vdots \\ x_{n2} \end{pmatrix}}_{\mathfrak{x}_2}.$$

Wegen $\lambda > 0$, $1 - \lambda > 0$ und $x_{ij} \geq 0$ folgt hieraus:

$$x_{t+1,1} = x_{t+2,1} = \ldots = x_{n1} = 0,$$
$$x_{t+1,2} = x_{t+2,2} = \ldots = x_{n2} = 0.$$

Da $\mathfrak{x}_1$, $\mathfrak{x}_2 \in M$, haben wir außerdem

$$x_{11} \cdot \mathfrak{a}_1 + x_{21} \cdot \mathfrak{a}_2 + \ldots + x_{t1} \cdot \mathfrak{a}_t = \mathfrak{b},$$
$$x_{12} \cdot \mathfrak{a}_1 + x_{22} \cdot \mathfrak{a}_2 + \ldots + x_{t2} \cdot \mathfrak{a}_t = \mathfrak{b},$$

woraus sich

$$(x_{11} - x_{12}) \cdot \mathfrak{a}_1 + (x_{21} - x_{22}) \cdot \mathfrak{a}_2 + \ldots + (x_{t1} - x_{t2}) \cdot \mathfrak{a}_t = \mathfrak{o}$$

ergibt. Die letzte Gleichung kann jedoch wegen der linearen Unabhängigkeit von $\mathfrak{a}_1$, $\mathfrak{a}_2$, ..., $\mathfrak{a}_t$ nur für $x_{11} = x_{12}$, $x_{21} = x_{22}$, ..., $x_{t1} = x_{t2}$ gelten, woraus wir $\mathfrak{x}_1 = \mathfrak{x}_2 = \mathfrak{x}$ erhalten, im Widerspruch zu unserer Voraussetzung $\mathfrak{x}_1, \mathfrak{x}_2 \in M \backslash \{\mathfrak{x}\}$. ∎

Beispiel Wir wählen als LGS $\mathfrak{A} \cdot \mathfrak{x} = \mathfrak{b}$:

$$\begin{pmatrix} 1 & 0 & 0 & 2 \\ 0 & 3 & 0 & 3 \\ 0 & 0 & 4 & 5 \end{pmatrix} \cdot \begin{pmatrix} x_1 \\ x_2 \\ x_3 \\ x_4 \end{pmatrix} = \begin{pmatrix} 3 \\ 6 \\ 9 \end{pmatrix}$$

Dieses LGS hat z.B. die zulässigen Lösungen:

$$\mathfrak{x}_1 = \begin{pmatrix} 3 \\ 2 \\ \frac{9}{4} \\ 0 \end{pmatrix}$$

und

$$\mathfrak{x}_2 = \begin{pmatrix} 1 \\ 1 \\ 1 \\ 1 \end{pmatrix}.$$

Die zugehörigen Indexmengen lauten dann: $I_{\mathfrak{x}_1} = \{1, 2, 3\}$ und $I_{\mathfrak{x}_2} = \{1, 2, 3, 4\}$. $\mathfrak{x}_1$ ist nach unserem Eckenkriterium eine Ecke von M, da $\mathfrak{a}_1$, $\mathfrak{a}_2$, $\mathfrak{a}_3$ offenbar linear unabhängig sind. Dagegen sind $\mathfrak{a}_1$, $\mathfrak{a}_2$, $\mathfrak{a}_3$, $\mathfrak{a}_4$ linear abhängig, womit $\mathfrak{x}_2$ keine Ecke von M bildet.

Vor weiteren Überlegungen zunächst einige Ergänzungen zu dem bisher Gezeigten, die im folgenden Lemma zusammengefaßt sind (Beweis: ÜA).

Lemma 2.1.3 *Sei*

$$M := \{\mathfrak{x} \in \mathbb{R}^{n \times 1} \mid \mathfrak{A} \cdot \mathfrak{x} = \mathfrak{b} \wedge \mathfrak{x} \geq \mathfrak{o}\}.$$

Dann gilt:

(1) Gehört $\mathfrak{o}$ zu M (nur möglich für $\mathfrak{b} = \mathfrak{o}$), so ist $\mathfrak{o}$ eine Ecke von M.

(2) Hat $\mathfrak{A} \in \mathbb{R}^{m \times n}$ die Gestalt

$$\begin{pmatrix} 1 & 0 & 0 & \ldots & 0 & a_{1,m+1} & a_{1,m+2} & \ldots & a_{1n} \\ 0 & 1 & 0 & \ldots & 0 & a_{2,m+1} & a_{2,m+2} & \ldots & a_{2n} \\ \multicolumn{9}{c}{\ldots\ldots\ldots\ldots\ldots\ldots\ldots\ldots\ldots\ldots\ldots\ldots\ldots} \\ 0 & 0 & 0 & \ldots & 1 & a_{m,m+1} & a_{m,m+2} & \ldots & a_{mn} \end{pmatrix},$$

so ist

$$\mathfrak{x}_0 := \begin{pmatrix} b_1 \\ b_2 \\ \vdots \\ b_m \\ 0 \\ \vdots \\ 0 \end{pmatrix}$$

eine Ecke von M, falls $\mathfrak{b} \geq \mathfrak{o}$ gilt.   ■

Beispiel Wählt man als $\mathfrak{A} \cdot \mathfrak{x} = \mathfrak{b}$ das LGS

$$\begin{array}{rcrcrcrcl} x_1 & & & + & 2x_4 & & & = & 3 \\ & & x_2 & - & x_4 & & & = & 4 \\ & & & & x_3 & + & x_4 & - & x_5 = 7, \end{array} \qquad (2.3)$$

so ist

$$\mathfrak{x}_0 := \begin{pmatrix} 3 \\ 4 \\ 7 \\ 0 \\ 0 \end{pmatrix}$$

als Ecke von M ablesbar.

In Vorbereitung auf den Satz 2.2.1 wollen wir uns an dieser Stelle bereits überlegen, wie man eine weitere Ecke des zulässigen Bereiches von (2.3) bestimmen
kann. Dazu schreiben wir (2.3) in Form der Matrixgleichung

$$\underbrace{\begin{pmatrix} 2 & 0 & 0 \\ -1 & 1 & 0 \\ 1 & 0 & 1 \end{pmatrix}}_{=: \, \mathfrak{B}} \cdot \begin{pmatrix} x_4 \\ x_2 \\ x_3 \end{pmatrix} + x_1 \cdot \begin{pmatrix} 1 \\ 0 \\ 0 \end{pmatrix} + x_5 \cdot \begin{pmatrix} 0 \\ 0 \\ -1 \end{pmatrix} = \begin{pmatrix} 3 \\ 4 \\ 7 \end{pmatrix} \qquad (2.4)$$

auf und multiplizieren diese Gleichung mit $\mathfrak{B}^{-1}$. Man erhält auf diese Weise
ein zum LGS (2.3) äquivalentes LGS der Gestalt

$$
\begin{pmatrix} 1 & 0 & 0 \\ 0 & 1 & 0 \\ 0 & 0 & 1 \end{pmatrix} \cdot \begin{pmatrix} x_4 \\ x_2 \\ x_3 \end{pmatrix} + x_1 \cdot \mathfrak{B}^{-1} \begin{pmatrix} 1 \\ 0 \\ 0 \end{pmatrix} + x_5 \cdot \mathfrak{B}^{-1} \begin{pmatrix} 0 \\ 0 \\ -1 \end{pmatrix}
$$

$$
= \mathfrak{B}^{-1} \cdot \begin{pmatrix} 3 \\ 4 \\ 7 \end{pmatrix} = \begin{pmatrix} \frac{3}{2} \\ \frac{11}{2} \\ \frac{11}{2} \end{pmatrix},
$$

$$(2.5)$$

aus dem wiederum eine (von $\mathfrak{x}_0$ verschiedene) Ecke der Menge M ablesbar ist:

$$
\mathfrak{x}_1 := \begin{pmatrix} 0 \\ \frac{11}{2} \\ \frac{11}{2} \\ \frac{3}{2} \\ 0 \end{pmatrix}.
$$

Es sei noch bemerkt, daß durch die Multiplikation des LGS mit einer gewissen inversen Matrix auf der rechten Seite des neu gebildeten LGS auch negative Zahlen entstehen können, womit die aus dem umgeformten LGS ablesbare Lösung nicht zulässig ist. In Beweis von Satz 2.2.1 wird später gezeigt werden, unter welchen Bedingungen die oben geschilderte Umformung eine zulässige Lösung ergibt. Außerdem ist die spätere Konstruktion dieser Ecke so angelegt, daß sie einen kleineren Wert als die Ausgangsecke bei der Zielfunktion liefert.

Satz 2.1.4 *Sei* $M := \{ \mathfrak{x} \in \mathbb{R}^{n \times 1} \mid \mathfrak{A} \cdot \mathfrak{x} = \mathfrak{b} \wedge \mathfrak{x} \geq \mathfrak{o} \} \neq \emptyset$. *Dann gilt:*

(1) Zu jeder Auswahl von t linear unabhängigen Spalten $\mathfrak{a}_i$ ($i \in I$) der Matrix $\mathfrak{A}$ gehört höchstens eine Ecke $\mathfrak{x} := (x_1, \ldots, x_n)^T$ mit $\leq t$ Koordinaten > 0 und der Eigenschaft: $\forall\, i : x_i > 0 \implies i \in I$.

(2) M besitzt nur endlich viele Ecken.

(3) Falls M beschränkt ist, d.h., wenn gewisse Konstanten γ_i ($i = 1, 2, \ldots, n$) mit der Eigenschaft existieren, daß für jedes $\mathfrak{x} := (x_1, \ldots, x_n)^T \in M$ stets $|x_i| \leq \gamma_i$ ($i = 1, 2, \ldots, n$) gilt, ist M die konvexe Hülle ihrer Eckpunkte. Genauer: Sind $\mathfrak{x}_1, \mathfrak{x}_2, \ldots, \mathfrak{x}_r$ die Ecken von M, so ist ein beliebiges $\mathfrak{x} \in M$ in der Form $\mathfrak{x} = \lambda_1 \cdot \mathfrak{x}_1 + \lambda_2 \cdot \mathfrak{x}_2 + \ldots + \lambda_r \cdot \mathfrak{x}_r$ darstellbar, wobei $0 \leq \lambda_i \leq 1$ für alle $i \in \{1, 2, \ldots, n\}$ gilt und $\lambda_1 + \ldots + \lambda_r = 1$ ist.

Beweis. (1), (2): Bezeichne $\mathfrak{x}$ eine Ecke von M und sei o.B.d.A.

$$\mathfrak{x} := \begin{pmatrix} \alpha_1 \\ \alpha_2 \\ \vdots \\ \alpha_t \\ 0 \\ \vdots \\ 0 \end{pmatrix},$$

wobei $\alpha_1 > 0$, $\alpha_2 > 0$, ..., $\alpha_t > 0$ seien. Nach Satz 2.1.2 sind dann die Spalten $\mathfrak{a}_1$, $\mathfrak{a}_2$, ..., $\mathfrak{a}_t$ von $\mathfrak{A} := (\mathfrak{a}_1, \mathfrak{a}_2, ..., \mathfrak{a}_n)$ linear unabhängig. Zu diesen t Spalten kann es keine weitere von $\mathfrak{x}$ verschiedene Ecke $\mathfrak{x}' \in M$ mit

$$\mathfrak{x}' := \begin{pmatrix} \beta_1 \\ \beta_2 \\ \vdots \\ \beta_t \\ 0 \\ \vdots \\ 0 \end{pmatrix}$$

geben, da aus $\mathfrak{x}$, $\mathfrak{x}' \in M$ die Gleichungen

$$\alpha_1 \cdot \mathfrak{x}_1 + \alpha_2 \cdot \mathfrak{x}_2 + \ldots + \alpha_t \cdot \mathfrak{x}_t = \mathfrak{b}$$
$$\beta_1 \cdot \mathfrak{x}_1 + \beta_2 \cdot \mathfrak{x}_2 + \ldots + \beta_t \cdot \mathfrak{x}_t = \mathfrak{b}$$

folgen und sich hieraus

$$(\alpha_1 - \beta_1) \cdot \mathfrak{a}_1 + (\alpha_2 - \beta_2) \cdot \mathfrak{a}_2 + \ldots + (\alpha_t - \beta_t) \cdot \mathfrak{a}_t = \mathfrak{o}$$

ergibt, was $\alpha_1 = \beta_1$, $\alpha_2 = \beta_2$, ..., $\alpha_t = \beta_t$ und damit $\mathfrak{x} = \mathfrak{x}'$ (wegen der linearen Unabhängigkeit von $\mathfrak{a}_1$, $\mathfrak{a}_2$, ..., $\mathfrak{a}_t$) zur Folge hat. Also gehört zu jeder Menge von linear unabhängigen Spalten von $\mathfrak{A}$ höchstens eine Ecke, womit M nur endlich viele Ecken besitzen kann.

(3): Bezeichne t die Dimension des kleinsten affinen Unterraums des R_n, der die Menge M enthält. Die Behauptung läßt sich durch vollständige Induktion über t zeigen. Nachfolgend soll nur die Beweisidee erläutert werden.
Offenbar ist die Behauptung für $t = 1$ richtig. Angenommen, unsere Behauptung ist für $t - 1 \geq 1$ bereits gezeigt. Sei $\mathfrak{x} \in M$. Durch $\mathfrak{x}$ kann man eine Gerade g legen. Da M laut Voraussetzung beschränkt ist, schneidet g die in $(t-1)$-dimensionale Unterräume einbettbaren Begrenzungsflächen in gewissen Punkten $\mathfrak{x}_1$, $\mathfrak{x}_2$ (siehe Abbildung 2.4).

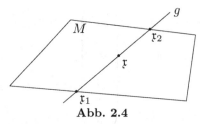
Abb. 2.4

$\mathfrak{x}$ ist dann eine konvexe Linearkombination von $\mathfrak{x}_1$, $\mathfrak{x}_2$: $\mathfrak{x} = \lambda \cdot \mathfrak{x}_1 + (1-\lambda) \cdot \mathfrak{x}_2$. Nach Induktionsvoraussetzung sind $\mathfrak{x}_1$, $\mathfrak{x}_2$ konvexe Linearkombinationen gewisser Ecken $\mathfrak{x}_3$, $\mathfrak{x}_4$, ..., $\mathfrak{x}_q$ ($\mathfrak{x}_1 = \lambda_3 \mathfrak{x}_3 + \ldots + \lambda_q \mathfrak{x}_q$, $\mathfrak{x}_2 = \mu_3 \mathfrak{x}_3 + \ldots + \mu_q \mathfrak{x}_q$). Dann ist auch $\mathfrak{x}$ eine konvexe Linearkombination dieser Ecken, wie man wie folgt leicht nachrechnen kann:

$$\begin{aligned}
\mathfrak{x} &= \lambda \cdot \mathfrak{x}_1 + (1-\lambda) \cdot \mathfrak{x}_2 \\
&= \lambda \cdot (\lambda_3 \cdot \mathfrak{x}_3 + \lambda_4 \cdot \mathfrak{x}_4 + \ldots + \lambda_q \cdot \mathfrak{x}_q) + (1-\lambda) \cdot (\mu_3 \cdot \mathfrak{x}_3 + \ldots + \mu_q \cdot \mathfrak{x}_q),
\end{aligned}$$

wobei $1 \geq \lambda \cdot \lambda_i \geq 0$, $1 \geq (1-\lambda) \cdot \mu_i \geq 0$ ($i = 1, 2, \ldots, q$) und

$$\lambda \cdot \underbrace{(\lambda_3 + \ldots + \lambda_q)}_{= 1} + (1-\lambda) \cdot \underbrace{(\mu_3 + \ldots + \mu_q)}_{= 1} = \lambda + (1-\lambda) = 1.$$

∎

Satz 2.1.5 *Sei $M \subseteq \mathbb{R}^{n \times 1}$ eine konvexe, nichtleere und beschränkte Menge. Außerdem bezeichne f eine durch $f(\mathfrak{x}) = \mathfrak{c}^T \cdot \mathfrak{x}$ für $\mathfrak{x} \in M$ definierte lineare Funktion. Dann gilt:*

(1) Das Minimum und Maximum von f existieren, d.h., es gibt gewisse $\mathfrak{x}_*$, $\mathfrak{x}_{**} \in M$ mit

$$f(\mathfrak{x}_*) = \min_{\mathfrak{x} \in M} f(\mathfrak{x})$$

und

$$f(\mathfrak{x}_{**}) = \max_{\mathfrak{x} \in M} f(\mathfrak{x}).$$

(2) Nimmt die lineare Funktion f ihr Minimum (bzw. ihr Maximum) auf mehr als einen Punkt an, so nimmt sie es auf der gesamten konvexen Hülle dieser Punkte an.

Beweis. (1): Da M beschränkt ist, besitzt M nach Satz 2.1.4, (2) nur endlich viele Ecken $\mathfrak{x}_1$, ..., $\mathfrak{x}_t$. Folglich existiert ein $\mathfrak{y} \in \{\mathfrak{x}_1, ..., \mathfrak{x}_t\}$ mit $f(\mathfrak{y}) := \min\{f(\mathfrak{x}_1), ..., f(\mathfrak{x}_t)\}$. Wir zeigen, daß $f(\mathfrak{y}) = \min_{\mathfrak{x} \in M} f(\mathfrak{x})$ ist. Sei dazu $\mathfrak{x} \in M$ beliebig gewählt. Nach Satz 2.1.4, (3) existieren dann gewisse nichtnegative Zahlen $\lambda_1, ..., \lambda_t \in \mathbb{R}$ mit $\mathfrak{x} = \lambda_1 \cdot \mathfrak{x}_1 + ... + \lambda_t \cdot \mathfrak{x}_t$ und $\lambda_1 + ... + \lambda_t = 1$. Folglich gilt:

$$f(\mathfrak{x}) = f(\lambda_1 \cdot \mathfrak{x}_1 + \ldots + \lambda_t \cdot \mathfrak{x}_t)$$

$$= \lambda_1 \cdot f(\mathfrak{x}_1) + \ldots + \lambda_t \cdot f(\mathfrak{x}_t)$$

$$\geq \underbrace{(\lambda_1 + \ldots + \lambda_t)}_{=1} \cdot f(\mathfrak{y}),$$

womit $f(\mathfrak{y}) = \min_{\mathfrak{x} \in M} f(\mathfrak{x})$ ist. Analog zeigt man die Existenz von $\max_{\mathfrak{x} \in M} f(\mathfrak{x})$.

(2): O.B.d.A. genügt es, die Behauptung für den Fall, daß die Funktion f auf $t \geq 2$ Punkten ihr Minimum annimmt, zu beweisen. Sei also $\min_{\mathfrak{x} \in M} f(\mathfrak{x}) = f(\mathfrak{x}_1) = f(\mathfrak{x}_2) = \ldots = f(\mathfrak{x}_t)$ für gewisse $\mathfrak{x}_1, \mathfrak{x}_2, \ldots, \mathfrak{x}_t \in M$. Dann gilt für alle $\mathfrak{y} := \lambda_1 \cdot \mathfrak{x}_1 + \lambda_2 \cdot \mathfrak{x}_2 + \ldots + \lambda_t \cdot \mathfrak{x}_t$ aus der konvexen Hülle von $\{\mathfrak{x}_1, \mathfrak{x}_2, \ldots, \mathfrak{x}_t\}$:

$$f(\mathfrak{y}) = \mathfrak{c}^T \cdot \mathfrak{y}$$

$$= \mathfrak{c}^T \cdot (\lambda_1 \cdot \mathfrak{x}_1 + \lambda_2 \cdot \mathfrak{x}_2 + \ldots + \lambda_t \cdot \mathfrak{x}_t)$$

$$= \lambda_1 \cdot \underbrace{\mathfrak{c}^T \cdot \mathfrak{x}_1}_{= f(\mathfrak{x}_1)} + \lambda_2 \cdot \underbrace{\mathfrak{c}^T \cdot \mathfrak{x}_2}_{= f(\mathfrak{x}_2)} + \ldots + \lambda_t \cdot \underbrace{\mathfrak{c}^T \cdot \mathfrak{x}_t}_{= f(\mathfrak{x}_t)}$$

$$= \underbrace{(\lambda_1 + \lambda_2 + \ldots + \lambda_t)}_{= 1} \cdot (\min_{\mathfrak{x} \in M} f(\mathfrak{x}))$$

$$= \min_{\mathfrak{x} \in M} f(\mathfrak{x})$$

∎

Zusammengefaßt haben wir also auch in einem beliebigen $(n+1)$–dimensionalen Raum eine analoge Situation wie im dreidimensionalen Raum (im Anschauungsraum) vorliegen:

Durch die Nebenbedingungen wird eine gewisse konvexe Menge M im n–dimensionalen Unterraum als Definitionsbereich der Zielfunktion festgelegt. Die Zielfunktion kann man sich dann als eine über diesem Definitionbereich liegenden Teil einer Hyperebene vorstellen. Gesucht sind gewisse Punkte aus dem Definitionsbereich der Zielfunktion, von denen aus der Abstand zur Hyperebene minimal (oder maximal) ist. Falls man nur an einer Lösung des LOP existiert ist, genügt es, die Ecken des Definitionsbereichs auf diese Eigenschaft hin zu untersuchen. Da die Ecken durch gewisse Auswahlen linear unabhängiger Spalten der Koeffizientenmatrix des LGS der Nebenbedingungen eindeutig bestimmt sind, kann es nur endlich viele von ihnen geben.

Falls also unser LOP eine Lösung besitzt[2], hat man zwecks Ermittlung einer Lösung des LOP nur sämtliche Ecken von M durchzumustern und eine solche Ecke $\mathfrak{x}$ auszuwählen, für die $f(\mathfrak{x})$ minimal (oder maximal) wird. Da dieses Durchmustern sehr aufwendig werden kann, überlegen wir uns im nächsten Kapitel ein Verfahren für LOP in Normalform, das — ausgehend von einer gewissen Anfangsecke — eine Folge von Ecken liefert, für die die zugehörige Folge der Werte der Zielfunktion monoton fallend ist.

---

[2] Dies ist stets der Fall, wenn der Definitionsbereich M der Zielfunktion nichtleer und beschränkt ist.

2.2 Herleitung des Simplexalgorithmus

Der in diesem Abschnitt zunächst hergeleitete Lösungsalgorithmus für LOP ist nur auf LOP anwendbar, die nicht nur in Normalform vorliegen, sondern auch noch die nachfolgenden Bedingungen (I), (II), (III) und (IV) erfüllen. Mit einigen wenigen Zusatzüberlegungen wird aber später gezeigt werden können, daß die (auf den ersten Blick sehr weitgehenden) Voraussetzungen zum Teil überflüssig sind bzw. durch gewisse Abänderungen an der Zielfunktion und am LGS der Nebenbedingungen sowie durch geringfügige Modifikationen des Lösungsalgorithmus leicht erreichbar sind. Unser Algorithmus wird übrigens auch so angelegt werden, daß man im Laufe der Rechnung merkt, ob das LOP überhaupt lösbar ist.

Sämtliche nachfolgenden Überlegungen beziehen sich *zunächst* nur auf das LOP

$$\left\{ \begin{array}{c} f(\mathfrak{x}) = \mathfrak{c}^T \cdot \mathfrak{x} \longrightarrow Min. \\ \mathfrak{A} \cdot \mathfrak{x} = \mathfrak{b} \\ \mathfrak{x} \geq \mathfrak{o} \\ (\mathfrak{A} := (a_{ij})_{m,n} \in \mathbb{R}^{m \times n}, \\ \mathfrak{x} := (x_1, x_2, ..., x_n)^T \in \mathbb{R}^{n \times 1}, \ \mathfrak{b} := (b_1, b_2, ..., b_m)^T \in \mathbb{R}^{m \times 1}; \\ \mathrm{rg}\, \mathfrak{A} = m < n), \end{array} \right. \tag{2.6}$$

für das wir außerdem voraussetzen:

(I) $M := \{\mathfrak{x} \in \mathbb{R}^{n \times 1} \mid \mathfrak{A} \cdot \mathfrak{x} = \mathfrak{b} \ \wedge \ \mathfrak{x} \geq \mathfrak{o}\}$ ist nichtleer und beschränkt.
(Nach Satz 2.1.5 besitzt damit unser LOP (2.6) eine Lösung.)

(II) Jede Ecke von M hat genau m von Null verschiedene Koordinaten.
Man sagt in diesem Fall: Das LOP ist **nicht ausgeartet**.

(III)

$$\mathfrak{A} := (\mathfrak{a}_1, ..., \mathfrak{a}_n) := \begin{pmatrix} 1 & 0 & 0 & ... & 0 & a_{1,m+1} & a_{1,m+2} & \cdots & a_{1n} \\ 0 & 1 & 0 & ... & 0 & a_{2,m+1} & a_{2,m+2} & \cdots & a_{2n} \\ \hdotsfor{9} \\ 0 & 0 & 0 & ... & 1 & a_{m,m+1} & a_{m,m+2} & \cdots & a_{mn} \end{pmatrix}.$$

(IV) Für alle $i \in \{1, 2, ..., m\}$ gilt $b_i > 0$.
(Nach Lemma 2.1.3, (2) folgt hieraus und aus (III), daß

$$\mathfrak{x}_0 := (b_1, b_2, ..., b_m, 0, 0, ..., 0)^T$$

eine Ecke von M ist.)

Dieses LOP läßt sich schematisch auch wie folgt aufschreiben:

		x_{m+1}	x_{m+2}		x_n	
		c_{m+1}	c_{m+2}	$\cdots$	c_n	
x_1	c_1	$a_{1,m+1}$	$a_{1,m+2}$	$\cdots$	a_n	b_1
x_2	c_2	$a_{2,m+1}$	$a_{2,m+2}$	$\cdots$	a_n	b_2
$\vdots$	$\vdots$	$\cdots\cdots\cdots\cdots\cdots$				$\vdots$
x_m	c_m	$a_{m,m+1}$	$a_{m,m+2}$	$\cdots$	a_n	b_m

Die Variablen x_1, x_2, ..., x_m, deren Koeffizienten zu einer Einheitsmatrix zusammengefaßt werden können und die wir oben links neben der Tabelle angeordnet haben, heißen **Basisvariable** (kurz: **BV**). Die restlichen Vaiablen werden dann **Nichtbasisvariable** (kurz: **NBV**) genannt.

Beispiel Das LOP

$$\begin{cases} f(x_1, x_2, x_3, x_4) = -x_3 + x_4 \longrightarrow Min. \\ x_1 \quad\quad - x_3 + x_4 = 3 \\ x_2 + x_3 + 2x_4 = 8 \end{cases} \tag{2.7}$$

ist nach obigen Vereinbarungen in der Form

		x_3	x_4	
		-1	4	
x_1	0	-1	1	3
x_2	0	1	2	8

aufschreibbar.

Um feststellen zu können, ob

$$\mathfrak{x}_0 := \begin{pmatrix} b_1 \\ b_2 \\ \vdots \\ b_m \\ 0 \\ \vdots \\ 0 \end{pmatrix}$$

bereits eine Lösung des LOP (2.6) ist, werden wir das obige Schema etwas vergrößern. Wenn nachfolgend von Zeilen oder Spalten dieses Schemas die Rede ist, sind stets nur die eingerahmten Teile (also nicht die oberste Zeile der NBV und nicht die erste Spalte der BV) gemeint.

$$
\begin{array}{cc}
& x_{m+1} \quad x_{m+2} \quad \cdots \quad x_n \\
\end{array}
$$

	-1	c_{m+1}	c_{m+2}	$\cdots$	c_n	0
x_1	c_1	$a_{1,m+1}$	$a_{1,m+2}$	$\cdots$	a_n	b_1
x_2	c_2	$a_{2,m+1}$	$a_{2,m+2}$	$\cdots$	a_n	b_2
$\vdots$	$\vdots$	$\cdots\cdots\cdots\cdots\cdots\cdots$				$\vdots$
x_m	c_m	$a_{m,m+1}$	$a_{m,m+2}$	$\cdots$	a_n	b_m
		g_{m+1}	g_{m+2}	$\cdots$	g_m	$f(\mathfrak{x}_0)$

(2.8)

Die Indizes der Elemente (ungleich dem letzten Element) der letzten Zeile —
nachfolgend auch **G–Zeile** genannt — sind wie die Indizes der oben stehenden NBV gewählt. Die letzte Spalte des Schemas (2.8) werden wir später noch
ausfüllen. Die neu eingetragenen Werte -1 und 0 in der ersten (eingerahmten) Zeile des Schemas sind Hilfsgrößen zur Berechnung von g_j ($j = m + 1$,
$m + 2, \ldots, n$) und von $f(\mathfrak{x}_0)$ in der letzten Zeile, die man wiederum nach
folgenden Vorschriften erhält:

$$
\begin{aligned}
g_j &:= (\text{erste Spalte})^T \cdot (\text{über } g_j \text{ stehende Spalte}) \\
&= -c_j + c_1 \cdot a_{1j} + c_2 \cdot a_{2j} + \ldots + c_m \cdot a_{mj}
\end{aligned}
\tag{2.9}
$$

und

$$
\begin{aligned}
f(\mathfrak{x}_0) &= (\text{erste Spalte})^T \cdot (\text{letzte Spalte}) \\
&= c_1 \cdot b_1 + c_2 \cdot b_2 + \ldots + c_m \cdot b_m.
\end{aligned}
\tag{2.10}
$$

Beispiel Für das LOP (2.7) erhalten wir

$$
\begin{array}{cc}
& x_3 \quad x_4 \\
\end{array}
$$

	-1	-1	4	0
x_1	0	-1	1	3
x_2	0	1	2	8
		$g_3 = 1$	$g_4 = -4$	$f(\mathfrak{x}_0) = 0$

Wir werden in Satz 2.2.4 beweisen, daß $\mathfrak{x}_0$ genau dann eine Lösung des LOP
ist, wenn alle g_j aus der letzten Zeile nicht positiv sind. Im Fall, daß ein $g_j > 0$
existiert, gibt der Beweis des nachfolgenden Satzes an, wie man das LGS der
Nebenbedingungen umzuformen hat, damit aus dem neuen LGS, das ebenfalls
als Schema aufschreibbar ist, eine Ecke $\mathfrak{x}_1$ von M mit $f(\mathfrak{x}_1) < f(\mathfrak{x}_0)$ ablesbar
ist. Da M nur endlich viele Ecken besitzen kann und die Zielfunktion f ihr
Minimum stets auch auf einer Ecke annimmt[3], erhält man durch wiederholtes
Anwenden dieser Umformungen nach endlich vielen Schritten eine Lösung von
(2.6).

---

[3] Siehe Satz 2.1.5.

Satz 2.2.1 (Hauptsatz der Simplexmethode)
Gibt es ein $j \in \{m+1, m+2, \ldots, n\}$ mit

$$g_j > 0 \tag{2.11}$$

und zu dem j ein $i \in \{1, 2, \ldots, m\}$ mit

$$\frac{b_i}{a_{ij}} = \min_{1 \leq k \leq m, a_{kj} > 0} \frac{b_k}{a_{kj}}, \tag{2.12}$$

*so existiert zu den linear unabhängigen Spalten $\mathfrak{a}_1$, $\mathfrak{a}_2$, $\mathfrak{a}_{i-1}$, $\mathfrak{a}_j$, $\mathfrak{a}_{i+1}$, ..., $\mathfrak{a}_m$
von $\mathfrak{A} := (\mathfrak{a}_1, \mathfrak{a}_2, \ldots, \mathfrak{a}_n)$ ein Eckpunkt $\mathfrak{x}_1 \in M$, für den*

$$f(\mathfrak{x}_0) > f(\mathfrak{x}_1) \tag{2.13}$$

gilt.

Beweis. Wegen der Voraussetzung (III) läßt sich das LGS $\mathfrak{A} \cdot \mathfrak{x} = \mathfrak{b}$ der Nebenbedingungen auch wie folgt aufschreiben:

$$
\left\{ \mathfrak{B} \cdot \underbrace{\begin{pmatrix} x_1 \\ x_2 \\ \vdots \\ x_{i-1} \\ x_j \\ x_{i+1} \\ \vdots \\ x_m \end{pmatrix}}_{=: \, \mathfrak{y}} + x_{m+1} \cdot \underbrace{\begin{pmatrix} a_{1,m+1} \\ a_{2,m+1} \\ \vdots \\ a_{i-1,m+1} \\ a_{i,m+1} \\ a_{i+1,m+1} \\ \vdots \\ a_{m,m+1} \end{pmatrix}}_{= \, \mathfrak{a}_{m+1}} + \ldots + x_{j-1} \cdot \underbrace{\begin{pmatrix} a_{1,j-1} \\ a_{2,j-1} \\ \vdots \\ a_{i-1,j-1} \\ a_{i,j-1} \\ a_{i+1,j-1} \\ \vdots \\ a_{m,j-1} \end{pmatrix}}_{= \, \mathfrak{a}_{j-1}} +
$$

$$
x_i \cdot \underbrace{\begin{pmatrix} 0 \\ 0 \\ \vdots \\ 0 \\ 1 \\ 0 \\ \vdots \\ 0 \end{pmatrix}}_{= \, \mathfrak{a}_i} + x_{j+1} \cdot \underbrace{\begin{pmatrix} a_{1,j+1} \\ a_{2,j+1} \\ \vdots \\ a_{i-1,j+1} \\ a_{i,j+1} \\ a_{i+1,j+1} \\ \vdots \\ a_{m,j+1} \end{pmatrix}}_{= \, \mathfrak{a}_{j+1}} \ldots x_n \cdot \underbrace{\begin{pmatrix} a_{1,n} \\ a_{2,n} \\ \vdots \\ a_{i-1,n} \\ a_{i,n} \\ a_{i+1,n} \\ \vdots \\ a_{m,n} \end{pmatrix}}_{= \, \mathfrak{a}_n} = \mathfrak{b},
\right.
$$

$$\tag{2.14}$$

wobei $\mathfrak{B}$ eine Matrix bezeichnet, die aus der Einheitsmatrix des Typs (m, m) durch Ersetzen der i-ten Spalte durch die Spalte

$$\mathfrak{a}_j = \begin{pmatrix} a_{1j} \\ a_{2j} \\ \vdots \\ a_{mj} \end{pmatrix}$$

entsteht:

$$\mathfrak{B} := \begin{pmatrix} 1 & 0 & \ldots & 0 & a_{1j} & 0 & \ldots & 0 \\ 0 & 1 & \ldots & 0 & a_{2j} & 0 & \ldots & 0 \\ \multicolumn{8}{c}{\dotfill} \\ 0 & 0 & \ldots & 1 & a_{i-1,j} & 0 & \ldots & 0 \\ 0 & 0 & \ldots & 0 & a_{ij} & 0 & \ldots & 0 \\ 0 & 0 & \ldots & 0 & a_{i+1,j} & 1 & \ldots & 0 \\ \multicolumn{8}{c}{\dotfill} \\ 0 & 0 & \ldots & 0 & a_{mj} & 0 & \ldots & 1 \end{pmatrix}. \tag{2.15}$$

Da wegen $a_{ij} > 0$ offenbar $|\mathfrak{B}| \neq 0$ ist, existiert zu $\mathfrak{B}$ die inverse Matrix, für die gilt:

$$\mathfrak{B}^{-1} := \begin{pmatrix} 1 & 0 & \ldots & 0 & -\frac{a_{1j}}{a_{ij}} & 0 & \ldots & 0 \\ 0 & 1 & \ldots & 0 & -\frac{a_{2j}}{a_{ij}} & 0 & \ldots & 0 \\ \multicolumn{8}{c}{\dotfill} \\ 0 & 0 & \ldots & 1 & -\frac{a_{i-1,j}}{a_{ij}} & 0 & \ldots & 0 \\ 0 & 0 & \ldots & 0 & \frac{1}{a_{ij}} & 0 & \ldots & 0 \\ 0 & 0 & \ldots & 0 & -\frac{a_{i+1,j}}{a_{ij}} & 1 & \ldots & 0 \\ \multicolumn{8}{c}{\dotfill} \\ 0 & 0 & \ldots & 0 & -\frac{a_{mj}}{a_{ij}} & 0 & \ldots & 1 \end{pmatrix}. \tag{2.16}$$

$$\underbrace{}_{i\text{-te Spalte}}$$

Multipliziert man nun die Gleichung (2.14) mit $\mathfrak{B}^{-1}$, so erhält man

$$\mathfrak{B}^{-1} \cdot \mathfrak{b} = \mathfrak{E} \cdot \mathfrak{y} + x_{m+1} \cdot \mathfrak{B}^{-1} \cdot \mathfrak{a}_{m+1} + \ldots + x_{j-1} \cdot \mathfrak{B}^{-1} \cdot \mathfrak{a}_{j-1} +$$
$$x_i \cdot \mathfrak{B}^{-1} \cdot \mathfrak{a}_i + x_{j+1} \cdot \mathfrak{B}^{-1} \cdot \mathfrak{a}_{j+1} + \ldots + x_n \cdot \mathfrak{B}^{-1} \cdot \mathfrak{a}_n, \tag{2.17}$$

wobei sich die neuen Spalten der Koeffizienten der Variablen bzw. die neue rechte Seite von (2.17) wie folgt mit Hilfe von (2.16) berechnen lassen:

$$\mathfrak{B}^{-1} \cdot \mathfrak{a}_l = \begin{pmatrix} a_{1l} - a_{il} \cdot \frac{a_{1j}}{a_{ij}} \\ a_{2l} - a_{il} \cdot \frac{a_{2j}}{a_{ij}} \\ \vdots \\ a_{i-1,l} - a_{il} \cdot \frac{a_{i-1,j}}{a_{ij}} \\ \frac{a_{il}}{a_{ij}} \\ a_{i+1,l} - a_{il} \cdot \frac{a_{i+1,j}}{a_{ij}} \\ \vdots \\ a_{ml} - a_{il} \cdot \frac{a_{mj}}{a_{ij}} \end{pmatrix} \tag{2.18}$$

$(l = m + 1, m + 2, \ldots, j - 1, i, j + 1, j + 2, \ldots, n)$ und

$$
\mathfrak{B}^{-1} \cdot \mathfrak{b} = \begin{pmatrix} b_1 - b_i \cdot \frac{a_{1j}}{a_{ij}} \\ b_2 - b_i \cdot \frac{a_{2j}}{a_{ij}} \\ \vdots \\ b_{i-1} - b_i \cdot \frac{a_{i-1,j}}{a_{ij}} \\ \frac{b_i}{a_{ij}} \\ b_{i+1} - b_i \cdot \frac{a_{i+1,j}}{a_{ij}} \\ \vdots \\ b_m - b_i \cdot \frac{a_{mj}}{a_{ij}} \end{pmatrix} .
\tag{2.19}
$$

Wählt man nun in (2.17) $x_{m+1} = \ldots = x_{j-1} = x_i = x_{j+1} = \ldots = x_n = 0$, so kann man aus (2.17) und (2.19) die folgende Lösung $\mathfrak{x}_1$ von $\mathfrak{A} \cdot \mathfrak{x} = \mathfrak{b}$ ablesen:

$$
\mathfrak{x}_1 := \begin{pmatrix} b_1 - b_i \cdot \frac{a_{1j}}{a_{ij}} \\ b_2 - b_i \cdot \frac{a_{2j}}{a_{ij}} \\ \vdots \\ b_{i-1} - b_i \cdot \frac{a_{i-1,j}}{a_{ij}} \\ 0 \\ b_{i+1} - b_i \cdot \frac{a_{i+1,j}}{a_{ij}} \\ \vdots \\ b_m - b_i \cdot \frac{a_{mj}}{a_{ij}} \\ 0 \\ \vdots \\ 0 \\ \frac{b_i}{a_{ij}} \\ 0 \\ \vdots \\ 0 \end{pmatrix} .
\tag{2.20}
$$

Die Zahl $\frac{b_i}{a_{ij}}$ steht dabei in der j-ten Zeile von (2.20).

Wegen (2.12) ist $\mathfrak{x}_1$ eine zulässige Lösung von $\mathfrak{A} \cdot \mathfrak{x} = \mathfrak{b}$, die außerdem nach Satz 2.1.2 eine Ecke von M ist. Zum Beweis unseres Satzes fehlt uns also nur noch der Nachweis, daß $f(\mathfrak{x}_1) > f(\mathfrak{x}_0)$ ist. Wir betrachten dazu die Differenz $f(\mathfrak{x}_0) - f(\mathfrak{x}_1)$, die sich wie folgt berechnen läßt:

$$f(\mathfrak{x}_0) - f(\mathfrak{x}_1)$$

$$= \sum_{k=1}^{m} c_k \cdot b_k - \sum_{k=1}^{i-1} c_k \cdot \left(b_k - b_i \cdot \frac{a_{kj}}{a_{ij}}\right) - \sum_{k=i+1}^{m} c_k \cdot \left(b_k - b_i \cdot \frac{a_{kj}}{a_{ij}}\right) - c_j \cdot \frac{b_i}{a_{ij}}$$

$$= \frac{b_i}{a_{ij}} \cdot (c_1 \cdot a_{1j} + c_2 \cdot a_{2j} + \ldots + c_m \cdot a_{mj} - c_j)$$

$$= \frac{b_i}{a_{ij}} \cdot g_j. \tag{2.21}$$

Da nach unseren Voraussetzungen (2.12) und (2.11) sowohl $\frac{b_i}{a_{ij}} > 0$ als auch $g_j > 0$ sind, gilt $f(\mathfrak{x}_0) - f(\mathfrak{x}_1) > 0$, d.h., $f(\mathfrak{x}_1) < f(\mathfrak{x}_0)$. ∎

Die im obigen Beweis durchgeführten Rechnungen, die unser Ausgangs-LGS, aus der die Ecke $\mathfrak{x}_0$ ablesbar war, so umformten, daß aus dem neuen LGS die (bessere) Ecke $\mathfrak{x}_1$ abgelesen werden konnte, lassen sich in gewisse Regeln fassen. Um die Rechnungen möglichst effektiv zu gestalten, benutzen wir dabei das bereits eingangs eingeführte Schema (2.8) für LOP, in denen auch gewisse Hilfsgrößen (wie etwa die g_j) eingetragen wurden. Erfüllt unser LOP (2.6) die Voraussetzungen von Satz 2.2.1, so tragen wir jetzt in die in (2.8) noch nicht ausgefüllte rechte Spalte genau dann $\frac{b_k}{a_{kj}}$ in der k-ten Zeile ein, falls $a_{kj} > 0$ ist. Im Fall $a_{kj} \leq 0$ erfolgt keine Eintragung bzw. man macht diesen Fall durch Eintragen eines Striches kenntlich. Als Abkürzung im folgenden Schema verwenden wir die Bezeichnungen h_k mit $1 \leq k \leq m$, d.h., es gilt

$$h_k := \begin{cases} \frac{b_k}{a_{kj}} & \text{für } a_{kj} > 0, \\ - & \text{für } a_{kj} \leq 0. \end{cases} \tag{2.22}$$

Unser um die Elemente h_k, die zusammen die sogenannte **H–Spalte** bilden, erweitertes Schema sieht damit, falls (2.12) erfüllt ist, wie folgt aus:

		x_{m+1}	$\cdots$	x_{j-1}	$\boldsymbol{x_j}$	x_{j+1}	$\cdots$	x_n		
	-1	c_{m+1}	$\cdots$	c_{j-1}	c_j	c_{j+1}	$\cdots$	c_n	0	
x_1	c_1	$a_{1,m+1}$	$\cdots$	$a_{1,j-1}$	$\boldsymbol{a_{1j}}$	$a_{1,j+1}$	$\cdots$	a_{1n}	b_1	h_1
x_2	c_2	$a_{2,m+1}$	$\cdots$	$a_{2,j-1}$	$\boldsymbol{a_{2j}}$	$a_{2,j+1}$	$\cdots$	a_{2n}	b_2	h_2
$\vdots$	$\vdots$								$\vdots$	$\vdots$
x_{i-1}	c_{i-1}	$a_{i-1,m+1}$	$\cdots$	$a_{i-1,j-1}$	$\boldsymbol{a_{i-1,j}}$	$a_{i-1,j+1}$	$\cdots$	$a_{i-1,n}$	b_{i-1}	h_{i-1}
$\boldsymbol{x_i}$	c_i	$a_{i,m+1}$	$\cdots$	$a_{i,j-1}$	$\boldsymbol{a_{ij}}$	$a_{i,j+1}$	$\cdots$	a_{in}	b_i	$\boldsymbol{h_i = \frac{b_i}{a_{ij}}}$
x_{i+1}	c_{i+1}	$a_{i+1,m+1}$	$\cdots$	$a_{i+1,j-1}$	$\boldsymbol{a_{i+1,j}}$	$a_{i+1,j+1}$	$\cdots$	$a_{i+1,n}$	b_{i+1}	h_{i+1}
$\vdots$	$\vdots$								$\vdots$	$\vdots$
x_m	c_m	$a_{m,m+1}$	$\cdots$	$a_{m,j-1}$	$\boldsymbol{a_{mj}}$	$a_{m,j+1}$	$\cdots$	a_{mn}	b_m	h_m
		g_{m+1}	$\cdots$	g_{j-1}	$\boldsymbol{g_j}$	g_{j+1}	$\cdots$	g_m	$f(\mathfrak{x}_0)$	

$$\tag{2.23}$$

Wie dem Beweis von Satz 2.2.1 zu entnehmen ist, läßt sich dann das LGS der Nebenbedingungen so umformen, daß eine neue Ecke $\mathfrak{x}_1$ ablesbar ist. Sämtliche Informationen über das LOP mit der neuen Form der Nebenbedingungen lassen sich dann wieder in Form eines Schemas

		x_{m+1}	$\cdots$	x_{j-1}	$\boldsymbol{x_i}$	x_{j+1}	$\cdots$	x_n	
	-1	c_{m+1}	$\cdots$	c_{j-1}	c_i	c_{j+1}	$\cdots$	c_n	0
x_1	c_1	$a^\star_{1,m+1}$	$\cdots$	$a^\star_{1,j-1}$	$-\frac{a_{1j}}{a_{ij}}$	$a^\star_{1,j+1}$	$\cdots$	$a^\star_{1n}$	$b^\star_1$
x_2	c_2	$a^\star_{2,m+1}$	$\cdots$	$a^\star_{2,j-1}$	$-\frac{a_{2j}}{a_{ij}}$	$a^\star_{2,j+1}$	$\cdots$	$a^\star_{2n}$	$b^\star_2$
$\vdots$	$\vdots$	$\cdots\cdots\cdots\cdots\cdots\cdots\cdots\cdots\cdots\cdots$							$\vdots$
x_{i-1}	c_{i-1}	$a^\star_{i-1,m+1}$	$\cdots$	$a^\star_{i-1,j-1}$	$-\frac{a_{i-1,j}}{a_{ij}}$	$a^\star_{i-1,j+1}$	$\cdots$	$a^\star_{i-1,n}$	$b^\star_{i-1}$
$\boldsymbol{x_j}$	c_j	$\frac{a_{i,m+1}}{a_{ij}}$	$\cdots$	$\frac{a_{i,j-1}}{a_{ij}}$	$\frac{1}{a_{ij}}$	$\frac{a_{i,j+1}}{a_{ij}}$	$\cdots$	$\frac{a_{in}}{a_{ij}}$	$\frac{b_i}{a_{ij}}$
x_{i+1}	c_{i+1}	$a^\star_{i+1,m+1}$	$\cdots$	$a^\star_{i+1,j-1}$	$-\frac{a_{i+1,j}}{a_{ij}}$	$a^\star_{i+1,j+1}$	$\cdots$	$a^\star_{i+1,n}$	$b^\star_{i+1}$
$\vdots$	$\vdots$	$\cdots\cdots\cdots\cdots\cdots\cdots\cdots\cdots\cdots\cdots$							$\vdots$
x_m	c_m	$a^\star_{m,m+1}$	$\cdots$	$a^\star_{m,j-1}$	$-\frac{a_{mj}}{a_{ij}}$	$a^\star_{m,j+1}$	$\cdots$	$a^\star_{mn}$	$b^\star_m$
									$f(\mathfrak{x}_1)$

$$(2.24)$$

aufschreiben, wobei die Umrechnungen von (2.23) zu (2.24) nach folgenden Regeln, die sich aus (2.18) und (2.19) ergeben, ausführbar sind:

- Auf den Platz (i,j) kommt

$$\frac{1}{a_{ij}}.$$

- Die restlichen Elemente der j-ten Spalte des Schemas (2.23) werden mit

$$-\frac{1}{a_{ij}}$$

multipliziert und das Ergebnis in (2.24) eingetragen.

- Die restlichen Elemente der i-ten Zeile des Schemas (2.23) werden mit

$$\frac{1}{a_{ij}}$$

multipliziert und das Ergebnis in (2.24) eingetragen.

- Auf den Platz (k,l) $(k \neq i,\ l \neq j)$ aus dem Innern des Schemas bzw. auf den Platz k der vorletzten Spalte von (2.24) kommt

$$a^\star_{kl} := a_{kl} - a_{il} \cdot \frac{a_{kj}}{a_{ij}}$$
$$\text{bzw.}$$
$$b^\star_k := b_k - b_i \cdot \frac{b_k}{a_{ij}}$$

$$(2.25)$$

Für die Handrechnung bietet sich eine spaltenweise Berechnung dieser neuen Koeffizienten $a^\star_{kl}$ bzw. $b^\star_k$ nach folgender Regel an:

$$\begin{pmatrix} \text{neue} \\ l - \text{te Spalte} \\ (\text{ohne } i\text{-te} \\ \text{Zeile}) \end{pmatrix} := \begin{pmatrix} \text{alte} \\ l - \text{te Spalte} \\ (\text{ohne } i\text{-te} \\ \text{Zeile}) \end{pmatrix} + a_{il} \cdot \begin{pmatrix} \text{neue} \\ j - \text{te Spalte} \\ (\text{ohne } i\text{-te} \\ \text{Zeile}) \end{pmatrix}$$

bzw.

$$\begin{pmatrix} \text{neue vor-} \\ \text{letzte Spalte} \\ (\text{ohne } i\text{-te} \\ \text{Zeile}) \end{pmatrix} := \begin{pmatrix} \text{alte vor-} \\ \text{letzte Spalte} \\ (\text{ohne } i\text{-te} \\ \text{Zeile}) \end{pmatrix} + b_{i} \cdot \begin{pmatrix} \text{neue} \\ j - \text{te Spalte} \\ (\text{ohne } i\text{-te} \\ \text{Zeile}) \end{pmatrix}$$

Die Werte der G-Zeile werden dann wieder nach den in (2.9) und (2.10) angegebenen Vorschriften berechnet. Als Bezeichnung für die in diese Spalte einzutragenden Werte verwenden wir wieder g_j, wobei der Index j mit dem Index der über dieser Spalte stehenden Variablen übereinstimmt.

Beispiel

$$f(x_1, x_2, x_3, x_4, x_5, x_6) := x_1 + 2x_3 + 3x_4 + x_5 - 3x_6 \longrightarrow Min.$$
$$\begin{array}{rrrrl} x_1 & & + 7x_5 & + 2x_6 & = 5 \\ & x_2 & + x_5 & - 6x_6 & = 9 \\ & x_3 & - 10x_5 & + 4x_6 & = 20 \\ & x_4 - & x_5 & & = 8 \end{array} \qquad (2.26)$$
$$\mathfrak{x} \geq \mathfrak{o}$$

Dieses LOP läßt sich wie folgt mit Hilfe des oben vereinbarten Schemas aufschreiben:

$$\begin{array}{c|cc|c} & & x_5 & x_6 \\ \hline & -1 & 1 & -3 & 0 \\ \hline x_1 & 1 & 7 & 2 & 5 \\ x_2 & 0 & 1 & -6 & 9 \\ x_3 & 2 & -10 & 4 & 20 \\ x_4 & 3 & -1 & 0 & 8 \\ \hline & & -17 & 13 & 69 \end{array} \qquad (2.27)$$

Wegen $g_6 = 13$ ist die aus diesem Schema bzw. aus dem obigen LGS ablesbare Ecke

$$\mathfrak{x}_0 := \begin{pmatrix} 5 \\ 9 \\ 20 \\ 8 \\ 0 \\ 0 \end{pmatrix} \qquad (2.28)$$

noch keine Lösung des LOP (2.26) und wir können, indem wir $j := 6$ setzen, nach obigen Regeln zunächst die rechte Spalte des Schemas zur Ermittlung eines i ausfüllen:

$$x_5 \quad \boldsymbol{x_6}$$

	-1	1	-3	0	
x_1	1	7	2	5	$\frac{5}{2}$
x_2	0	1	-6	9	$-$
x_3	2	-10	4	20	5
x_4	3	-1	0	8	$-$
		-17	13	69	

$$(2.29)$$

Wir erhalten $i = 1$ und können jetzt nach obigen Regeln den Tausch der Basis-variablen x_1 mit der Nichtbasisvariablen x_6 vornehmen (was inhaltlich nichts anderes bedeutet, als Multiplikation des (als Matrixgleichung aufgeschriebenen) LGS $\mathfrak{A} \cdot \mathfrak{x} = \mathfrak{b}$ der Nebenbedingungen mit der Matrix $(\mathfrak{a}_6, \mathfrak{a}_2, \mathfrak{a}_3, \mathfrak{a}_4)^{-1}$ und anschließendes Aufschreiben des neuen LGS der Nebenbedingungen und der Zielfunktion in Form des oben vereinbarten Schemas). Wir beginnen mit dem Ausfüllen der i-te Zeile und der j-ten Spalte:

$$x_5 \quad x_1$$

	-1	1	1	0	
x_6	-3	$\frac{7}{2}$	$\frac{1}{2}$	$\frac{5}{2}$	
x_2	0		3		
x_3	2		-2		
x_4	3		0		
		-17	13	69	

$$(2.30)$$

Anschließend berechnen wir die fehlenden Werte spaltenweise. Die neue Spalte der Koeffizienten von x_5 (ohne erste Zeile) erhält man durch

$$\begin{pmatrix} 1 \\ -10 \\ -1 \end{pmatrix} + 7 \cdot \begin{pmatrix} 3 \\ -2 \\ 0 \end{pmatrix} = \begin{pmatrix} 22 \\ -24 \\ -1 \end{pmatrix}$$

und die der rechten Seite des neuen LGS durch

$$\begin{pmatrix} 9 \\ 20 \\ 8 \end{pmatrix} + 5 \cdot \begin{pmatrix} 3 \\ -2 \\ 0 \end{pmatrix} = \begin{pmatrix} 24 \\ 10 \\ 8 \end{pmatrix}$$

Eintragen dieser Werte in (2.30) und Berechnen der neuen g-Werte der letzten Spalte liefert:

$$x_5 \quad x_1$$

	-1	1	1	0
x_6	-3	$\frac{7}{2}$	$\frac{1}{2}$	$\frac{5}{2}$
x_2	0	22	3	24
x_3	2	-24	-2	10
x_4	3	-1	0	8
		<0	<0	$\frac{73}{2}$

$$(2.31)$$

Da die Zahlen g_5 und g_1 negativ sind, ist eine Wiederholung der eben durchgeführten Umformungen nicht möglich. Wie wir später sehen werden (siehe Satz 2.2.4), ist damit die aus (2.31) ablesbare Ecke

$$\mathfrak{x}_1 := \begin{pmatrix} 0 \\ 24 \\ 10 \\ 8 \\ 0 \\ \frac{5}{2} \end{pmatrix} \qquad (2.32)$$

eine Lösung des LOP (2.26) und der minimale Wert der Zielfunktion beträgt $\frac{73}{2}$.

Einige

Bemerkungen

- Erfüllt das LOP (2.6) nur die Voraussetzungen (III) und (IV), so gilt der Satz 2.2.1 ebenfalls.
- Ersetzt man (IV) durch

$$(\mathbf{IV'}) \qquad \mathfrak{b} \geq \mathfrak{o}, \ \mathfrak{b} \neq \mathfrak{o},$$

so kann man, falls die Voraussetzungen von Satz 2.2.1 erfüllt sind, für die im Beweis des Satzes konstruierte Ecke $\mathfrak{x}_1$ nur $f(\mathfrak{x}_1) \leq f(\mathfrak{x}_0)$ zeigen. Wir werden später sehen, daß in diesem Fall bei der wiederholten Anwendung der Konstruktionen aus Satz 2.2.1 Zyklen entstehen können.
- Ist das i aus Satz 2.2.1 nicht eindeutig bestimmt, so ist das LOP **ausgeartet**, d.h., nicht alle Ecken von M haben die gleiche Anzahl m von Koordinaten > 0.
- Die nachfolgenden Sätze 2.2.2 und 2.2.4 benötigen von den obigen Voraussetzungen nur die Voraussetzungen (III) und (IV').

Satz 2.2.2 (Unbeschränktheitskriterium)
Gibt es für das LOP (2.6), das nur die Bedingungen (III) und (IV') erfüllt, ein $j \in \{m+1, m+2, \ldots, n\}$ mit

$$g_j := -c_j + c_1 a_{1j} + c_2 a_{1j} + \ldots + c_m a_{mj} > 0 \qquad (2.33)$$

und

$$(a_{1j}, a_{2j}, \ldots, a_{mj})^T \leq \mathfrak{o}, \qquad (2.34)$$

so ist die Zielfunktion $f(\mathfrak{x})$ für $\mathfrak{x} \in M$ nicht nach unten beschränkt, d.h., unser LOP (2.6) hat keine Lösung.

Beweis. O.B.d.A. sei $j = m+1$. Da unser LGS der Nebenbedingungen $\mathfrak{A} \cdot \mathfrak{x} = \mathfrak{b}$ die Struktur

$$
\begin{array}{llllll}
x_1 & & + \ a_{1,m+1} x_{m+1} & + \ldots + & a_{1n} x_n & = b_1 \\
& x_2 & + \ a_{2,m+1} x_{m+1} & + \ldots + & a_{2n} x_n & = b_2 \\
\multicolumn{6}{c}{\dotfill} \\
& x_m & + \ a_{m,m+1} x_{m+1} & + \ldots + & a_{mn} x_n & = b_m
\end{array}
$$

hat, folgt aus (2.34), daß für alle $\alpha \in \mathbb{R}$ mit $\alpha > 0$ die

$$
\mathfrak{x}_\alpha := \begin{pmatrix}
b_1 - a_{1,m+1} \cdot \alpha \\
b_2 - a_{2,m+1} \cdot \alpha \\
\vdots \\
b_m - a_{m,m+1} \cdot \alpha \\
\alpha \\
0 \\
\vdots \\
0
\end{pmatrix}
$$

zulässige Lösungen dieses LGS sind. Bildet man nun

$$
\begin{aligned}
f(\mathfrak{x}_\alpha) &= c_1 b_1 + c_2 b_2 + \ldots + c_m b_m \\
&\quad - \alpha \cdot (-c_{m+1} + a_{1,m+1} c_1 + a_{2,m+1} c_2 + \ldots + a_{m,m+1} c_m) \\
&= c_1 b_1 + c_2 b_2 + \ldots + c_m b_m - \alpha \cdot \underbrace{g_j}_{> 0}
\end{aligned}
$$

so sieht man, daß, falls $\alpha \longrightarrow \infty$, $f(\mathfrak{x}_\alpha)$ gegen $-\infty$ strebt. Folglich ist f nicht nach unten beschränkt. ∎

Folgerung 2.2.3 *Ist der zulässige Bereich des LOP (2.6) beschränkt, so findet man zu einem $j \in \{m+1, m+2, \ldots, n\}$ mit $g_j > 0$ stets ein i mit*

$$
\frac{b_i}{a_{ij}} = \min_{1 \leq k \leq m, a_{kj} > 0} \frac{b_k}{a_{kj}}.
$$

Satz 2.2.4 (Simplexkriterium)
Gilt für das LOP (2.6), das nur die Bedingungen (III) und (IV') erfüllt,

$$g_{m+1} \leq 0, \ g_{m+2} \leq 0, \ \ldots, g_n \leq 0, \tag{2.35}$$

so ist die aus (2.6) ablesbare Ecke $\mathfrak{x}_0 := (b_1, b_2, \ldots, b_m, 0, \ldots, 0)^T$ *eine Lösung des LOP.*

Beweis.   Bezeichne

$$\mathfrak{x}' := \begin{pmatrix} x_1' \\ x_2' \\ \vdots \\ x_n' \end{pmatrix}$$

eine Lösung des LOP. Da $\mathfrak{a}_i = (0, 0, \ldots, 0, \underbrace{1}_{i\text{-te Stelle}}, 0, \ldots, 0)^T$ für $1 \leq i \leq m$

vorausgesetzt ist, haben wir

$$b_i = x_i' + a_{i,m+1} x_{m+1}' + \ldots + a_{in} x_n' \ (i = 1, 2, \ldots, m). \tag{2.36}$$

Aus (2.36) (unter Verwendung von (2.35) und (2.9)) folgt nun

$$
\begin{aligned}
f(\mathfrak{x}_0) &= c_1 \cdot b_1 + c_2 \cdot b_2 + \ldots + c_m \cdot b_m \\
&= c_1 \cdot (x_1' + \ldots) + c_2 \cdot (x_2' + \ldots) + \ldots + c_m \cdot (x_m' + \ldots) \\
&= c_1 \cdot x_1' + c_2 \cdot x_2' + \ldots + c_m \cdot x_m' + \\
&\quad \underbrace{(c_1 \cdot a_{1,m+1} + \ldots + c_m \cdot a_{m,m+1})}_{\leq c_{m+1}} \cdot x_{m+1}' \\
&\quad + \ldots + \\
&\quad \underbrace{(c_1 \cdot a_{1n} + \ldots + c_m \cdot a_{mn})}_{\leq c_n} \cdot x_n' \\
&\leq c_1 \cdot x_1' + c_2 \cdot x_2' + \ldots + c_n \cdot x_n' = f(\mathfrak{x}'),
\end{aligned}
$$

womit $\mathfrak{x}_0$ eine Lösung des LOP ist.   ∎

2.3 Der Simplex-Algorithmus und einige seiner Modifikationen

Aus den Sätzen 2.2.1 – 2.2.4 ergibt sich der

Simplex-Algorithmus

zur Lösung des LOP (2.6), das die Voraussetzungen (I) – (IV) erfüllt:

1. Schritt: Aufstellen des Schemas (2.23).
Es sind folgende zwei Fälle möglich:
Fall 1: $\forall j \in \{m+1, m+2, \ldots, n\} : g_j \leq 0$.
Nach Satz 2.2.4 ist $\mathfrak{x}_0 := (b_1, b_2, \ldots, b_m, 0, \ldots, 0)^T$ eine Lösung des LOP (2.6).
Fall 2: $\exists j \in \{m+1, m+2, \ldots, n\} : g_j > 0$.
Unter den j, die die Voraussetzung dieses Falls erfüllen, wähle man ein j mit $g_j = \max_{l, g_l > 0} g_l$. Zum gewählten j wird dann die rechte Spalte des Schemas nach der Vorschrift (2.22) ausgefüllt.
Folgende drei Fälle sind denkbar:
Fall 2.1: Alle a_{rj} $(r = 1, 2, \ldots, m)$ sind nicht positiv, d.h., wir haben $h_r = -$ für alle r.
Nach Satz 2.2.2 ist in diesem Fall die Menge M nicht beschränkt, was der Voraussetzung (I) widerspricht. Also kann Fall 2.1 nicht auftreten.
Fall 2.2: $\exists s, t \in \{1, 2, \ldots, m\} : \dfrac{b_s}{a_{sj}} = \dfrac{b_t}{a_{tj}} = \min\limits_{1 \leq k \leq m,\, a_{kj} > 0} \dfrac{b_k}{a_{kj}} \wedge s \neq t$.
Berechnet man in einem solchen Fall für ein willkürlich gewähltes i, das der Voraussetzung dieses Falls entspricht, das Schema (2.24) aus, so ist die aus diesem neuen Schema ablesbare Ecke ausgeartet, d.h., sie hat weniger als m Koordinaten, die > 0 sind (Zum Beweis siehe (2.20).). Wegen der Voraussetzung (II) kann also auch der Fall 2.1 nicht auftreten.
Fall 2.3: Es existiert genau ein $i \in \{1, 2, \ldots, m\}$ mit $\dfrac{b_i}{a_{ij}} = \min\limits_{1 \leq k \leq m,\, a_{kj} > 0} \dfrac{b_k}{a_{kj}}$.
Weiter mit dem 2. Schritt.
2. Schritt: Aufstellen des Schemas (2.24) nach den auf Seite 31 angegebenen Regeln und dann weiter wie unter Schritt 1.

Das oben beschriebene Verfahren liefert eine Folge von Ecken

$$\mathfrak{x}_0, \ \mathfrak{x}_1, \ \mathfrak{x}_2, \ \ldots$$

aus M mit

$$f(\mathfrak{x}_0) \ > \ f(\mathfrak{x}_1) \ > \ f(\mathfrak{x}_2) \ > \ \ldots .$$

Da nach Satz 2.1.4 die Menge M nur endlich viele Ecken besitzt, bricht das Verfahren nach endlich vielen Schritten bei einer Ecke, die Lösung ist, ab.

Man überlegt sich leicht, daß, falls unser LOP nur die Voraussetzungen (II) – (IV) erfüllt, obiges Verfahren auch eine Lösung liefert oder im Laufe der Rechnung mit Hilfe des Unbeschränktheitskriteriums 2.2.2 nachweisbar ist, daß unser LOP keine Lösung besitzt.

Auch der

Ausartungsfall

ist mit einigen Ergänzungen wie der oben geschilderte Nicht-Ausartungsfall zu behandeln.

Wie wir bereits oben erläutert haben, stellt man meist erst im Laufe der Rechnung fest, daß nicht alle Ecken dieselbe Anzahl von Koordinaten $\neq 0$ besitzen. In solchen Fällen ist natürlich der Simplex-Algorithmus weiter zur Berechnung einer neuen Ecke anwendbar, jedoch erhält man oft nur Ecken, deren Wert der Zielfunktion nicht kleiner ist, als der Wert der Zielfunktion der bereits berechneten Ecken. Das Nichtfallen der Zielfunktion ermöglicht das Auftreten von Zyklen, d.h., man erhält nach einer gewissen Anzahl von Schritten wieder ein Schema, das man bereits schon einmal berechnet hat, ohne bei einer Ecke zu sein, auf der die Zielfunktion minimal ist. Ein Beispiel dazu findet man unter den Übungsaufgaben (siehe A.2.4). Entgegen der Meinung vieler Autoren von LOP-Büchern gaben Kotick und Steinberg bereits 1978 Beispiele aus der Praxis an, wo Zyklen auftraten (siehe [Kot-S 78]). Mit dem folgenden

Algorithmus von Bland[4]

kann man jedoch Zyklen vermeiden:

Simplex-Algorithmus mit den folgenden Zusätzen:

(1.) Unter allen möglichen j mit $g_j > 0$ wähle man dasjenige aus, das zu einer NBV mit kleinstem Index gehört.

(2.) Unter allen möglichen i (für bereits gewähltes j) mit

$$\frac{b_i}{a_{ij}} = \min_{1 \leq k \leq m,\, a_{kj} > 0} \frac{b_k}{a_{kj}}$$

wähle man dasjenige aus, das zu einer BV mit kleinstem Index gehört.

Um den Simplex-Algorithmus auf beliebige LOP in Normalform anwenden zu können, haben wir uns nur noch zu überlegen, wie man das LGS der Nebenbedingungen $\mathfrak{A} \cdot \mathfrak{x} = \mathfrak{b}$ umzuformen hat, damit aus dem neuen LGS sofort eine Ecke ablesbar ist bzw. die Koeffizientenmatrix des neuen LGS der

---

[4] Publiziert in [Bla 77].

Bedingung (III) genügt. Würde man eine gewisse Ecke von M kennen, ist dies leicht durch Multiplikation von $\mathfrak{A} \cdot \mathfrak{x} = \mathfrak{b}$ mit einer gewissen (m, m)-Matrix $\mathfrak{B}^{-1}$ möglich, wobei $\mathfrak{B}$ aus denjenigen Spalten von $\mathfrak{A}$ gebildet werden kann, die zu den von Null verschiedenen Koordinaten der Ecke gehören (siehe Beweis der Sätze 2.1.2 und 2.1.4). In der Literatur findet man einige Verfahren zur Ermittlung einer ersten Ecke. Allen Verfahren gemeinsam ist, daß sie sehr aufwendig sind oder die Anzahl der Variablen in LGS der Nebenbedingungen erhöhen. Hier soll nur ein

Verfahren zur Bestimmung einer ersten Ecke von M

vorgestellt werden.

Ist das LOP (2.1) gegeben, so bilde man zunächst durch eventuelle Multiplikation gewisser Gleichungen des LGS der Nebenbedingungen mit -1 ein LGS $\mathfrak{A}' \cdot \mathfrak{x} = \mathfrak{b}'$ mit $\mathfrak{b}' \geq \mathfrak{o}$. Anschließend gehe man zum LGS

$$(\mathfrak{A}', \mathfrak{E}) \cdot (x_1, x_2, \ldots, x_n, x_{n+1}, \ldots, x_{n+m})^T = \mathfrak{b}' \qquad (2.37)$$

bzw.

$$
\begin{aligned}
a'_{11}x_1 + a'_{12}x_2 + \ldots + a'_{1n}x_n + x_{n+1} &&&= b'_1 \\
a'_{21}x_1 + a'_{22}x_2 + \ldots + a'_{2n}x_n && + x_{n+2} &= b'_2 \\
&\cdots\cdots\cdots\cdots\cdots\cdots\cdots\cdots\cdots\cdots \\
a'_{m1}x_1 + a'_{m2}x_2 + \ldots + a'_{mn}x_n &&& + x_{n+m} = b'_m
\end{aligned}
$$
$$(2.38)$$

über und ändere die Zielfunktion $f(\mathfrak{x}) = \mathfrak{c}^T \cdot \mathfrak{x}$ zu

$$
\begin{aligned}
f_1(x_1, x_2, \ldots, &x_n, x_{n+1}, \ldots, x_{n+m}) \\
:= c_1 x_1 + c_2 &x_2 + \ldots + c_n x_n + \tau \cdot (x_{n+1} + \ldots + x_{n+m}) \\
\longrightarrow &\ Min.
\end{aligned}
$$
$$(2.39)$$

ab, wobei τ eine nicht näher interessierende sehr große Zahl bezeichne. Das auf diese Weise gebildete LOP mit der ZF (2.39), dem LGS der Nebenbedingungen (2.38) und der Nichtnegativitätsforderung $(x_1, \ldots, x_n, x_{n+1}, \ldots, x_{n+m})^T \geq \mathfrak{o}$ ist mit Hilfe des oben angegebenen (modifizierten) Simplex-Algorithmus auf eine Lösung hin untersuchbar und eine Lösung von diesem LOP hat — wegen τ sehr groß — sicher die Eigenschaft

$$x_{n+1} = x_{n+2} = \ldots = x_{n+m} = 0,$$

womit die erhaltene Lösung auch eine für das Ausgangs-LOP liefert.

Beispiel

$$f(x_1, x_2, x_3, x_4) := 3x_1 - x_2 + x_3 + 4x_4 \longrightarrow Max.$$

$$
\begin{array}{rcrcrcrcr}
x_1 & + & x_2 & + & x_3 & - & x_4 & = & 2 \\
2x_1 & & & - & x_3 & - & 3x_4 & = & -1 \\
\end{array}
$$

$$\mathfrak{x} \geq \mathfrak{o}$$

$$(2.40)$$

Die Normalform für dieses LOP lautet:

$$f_1(x_1, x_2, x_3, x_4) := -3x_1 + x_2 - x_3 - 4x_4 \longrightarrow Min.$$

$$
\begin{array}{rcrcrcrcr}
x_1 & + & x_2 & + & x_3 & - & x_4 & = & 2 \\
-2x_1 & & & + & x_3 & + & 3x_4 & = & 1 \\
\end{array}
$$

$$\mathfrak{x} \geq \mathfrak{o},$$

$$(2.41)$$

die wiederum durch Einführen einer neuen Variablen x_5 in die Form

$$f_2(x_1, x_2, x_3, x_4, x_5) := -3x_1 + x_2 - x_3 - 4x_4 + \tau \cdot x_5 \longrightarrow Min.$$

$$
\begin{array}{rcrcrcrcr}
x_2 & + & & x_1 & + & x_3 & - & x_4 & = & 2 \\
x_5 & - & 2x_1 & & + & x_3 & + & 3x_4 & = & 1 \\
\end{array}
$$

$$\mathfrak{x} \geq \mathfrak{o}$$

$$(2.42)$$

gebracht werden kann, die Ausgangspunkt des Simplex-Algorithmus ist. τ bezeichnet dabei eine sehr große Zahl. Indem man nacheinander j gleich 4, 3, 1, und 4 wählt, wobei sich als i die Zahlen 5, 4, 2 und 3 ergeben, erhält man die folgenden 5 Tabellen:

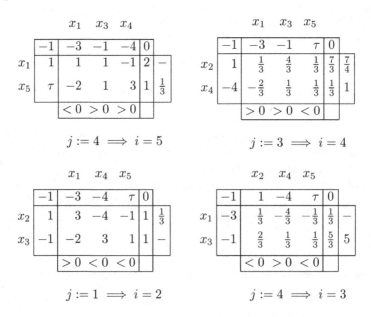

$$j := 4 \implies i = 5$$

$$j := 3 \implies i = 4$$

$$j := 1 \implies i = 2$$

$$j := 4 \implies i = 3$$

$$
\begin{array}{cccc}
 & x_2 & x_3 & x_5
\end{array}
$$

	-1	1	-1	τ	0
x_1	-3	3	4	1	7
x_4	-4	2	3	1	5
		<0	<0	<0	

Eine Lösung des LOP (2.42) ist folglich

$$
\begin{pmatrix} x_1 \\ x_2 \\ x_3 \\ x_4 \\ x_5 \end{pmatrix} = \begin{pmatrix} 7 \\ 0 \\ 0 \\ 5 \\ 0 \end{pmatrix}, \tag{2.43}
$$

aus der sich als Lösung des Ausgangs-LOP (2.40)

$$
\begin{pmatrix} x_1 \\ x_2 \\ x_3 \\ x_4 \end{pmatrix} = \begin{pmatrix} 7 \\ 0 \\ 0 \\ 5 \end{pmatrix} \tag{2.44}
$$

ergibt.

Eine abschließende **Bemerkung zum Simplex–Algorithmus**:
Betrachtet man den Gesamtaufwand (gemessen in elementaren arithmetischen Operationen), der im ungünstigsten Fall zur Lösung eines LOP erforderlich ist, so stellt sich heraus, daß beim Simplex–Algorithmus dieser Aufwand exponentiell von der Dimension des LOP abhängt. Es gibt aber auch Verfahren (wie zum Beispiel das Verfahren von Karmarkar), wo der Aufwand nur polynomial ist. Mehr dazu kann man z.B. in [Spe 93], S. 261–282 oder in [Häm-H 91], Seite 420–430 nachlesen.

3

Das Dualitätsprinzip

3.1 Primale und duale LOP

In diesem Kapitel nennen wir unser LOP (2.1)

$$f(\mathfrak{x}) = \mathfrak{c}^T \cdot \mathfrak{x} \longrightarrow Min.$$
$$\mathfrak{A} \cdot \mathfrak{x} = \mathfrak{b} \tag{3.1}$$
$$\mathfrak{x} \geq \mathfrak{o},$$

für das wir $\mathfrak{b} \geq \mathfrak{o}$ annehmen, das **primale LOP**.
Diesem LOP kann man nun ein LOP der Form

$$g(\mathfrak{y}) = \mathfrak{b}^T \cdot \mathfrak{y} \longrightarrow Max.$$
$$\mathfrak{A}^T \cdot \mathfrak{y} \leq \mathfrak{c} \tag{3.2}$$

zuordnen, das wir das zu (3.1) **duale LOP** nennen wollen.
Man beachte, daß in (3.2) keine Nichtnegativitätsbedingungen für die Variablen vorkommen!

Beispiel Das zum LOP

$$f(x_1, x_2, x_3, x_4, x_5) := x_1 - x_2 + 2x_3 + 2x_4 + 8x_5 \longrightarrow Min.$$

$$\begin{array}{rcrcrcl}
x_1 & & & - & 7x_4 & + & 6x_5 & = & 12 \\
& x_2 & & + & 3x_4 & - & 12x_5 & = & 1 \\
& & x_3 & - & 3x_4 & + & 3x_5 & = & 3
\end{array} \tag{3.3}$$

$$x_1 \geq 0, x_2 \geq 0, x_3 \geq 0, x_4 \geq 0, x_5 \geq 0$$

gehörende duale LOP lautet:

$$g(y_1, y_2, y_3) := 12y_1 + y_2 + 3y_3 \longrightarrow Max.$$

$$\begin{array}{rcrcrcl}
y_1 & & & & & \leq & 1 \\
& y_2 & & & & \leq & -1 \\
& & y_3 & & & \leq & 2 \\
-7y_1 & + & 3y_2 & - & 3y_3 & \leq & 2 \\
6y_1 & - & 12y_2 & + & 3y_3 & \leq & 8
\end{array} \tag{3.4}$$

Bemerkung Die Dualität von LOP läßt sich auch etwas „symmetrischer"
definieren. Z.B. könnte man dem (wieder als primalen LOP bezeichneten)
LOP

$$f(\mathfrak{x}) = \mathfrak{c}^T \cdot \mathfrak{x} \longrightarrow Min.$$
$$\mathfrak{A} \cdot \mathfrak{x} \geq \mathfrak{b} \tag{3.5}$$
$$\mathfrak{x} \geq \mathfrak{o},$$

als duales LOP

$$g(\mathfrak{y}) = \mathfrak{b}^T \cdot \mathfrak{y} \longrightarrow Max.$$
$$\mathfrak{A}^T \cdot \mathfrak{y} \leq \mathfrak{c} \tag{3.6}$$
$$\mathfrak{y} \geq \mathfrak{o},$$

zuordnen. Einprägen ließe sich dann der Übergang von (3.5) zu (3.6) und
umgekehrt durch

$$\mathfrak{A} \longleftrightarrow \mathfrak{A}^T$$
$$\mathfrak{b} \longleftrightarrow -\mathfrak{c}$$
$$\mathfrak{c} \longleftrightarrow -\mathfrak{b}$$
$$\mathfrak{x} \longleftrightarrow \mathfrak{y}.$$

Auch für diese LOP läßt sich der nachfolgende Dualitätssatz beweisen, indem man auf den eingangs definierten Fall zurückgeht, so daß dieser als der
natürlichere erscheint.

3.2 Der Dualitätssatz

Mit dem Dualitätssatz soll gezeigt werden, daß das primale LOP (3.1) genau
dann Lösungen besitzt, wenn das zugeordnete duale LOP Lösungen hat. Außerdem ist es möglich, aus einer gegebenen Lösung für (3.1) eine für (3.2) zu
berechnen[1].
Genauer:

Satz 3.2.1 *Seien* $\mathfrak{A} \in \mathbb{R}^{m \times n}$, $\mathfrak{b}, \mathfrak{y} \in \mathbb{R}^{m \times 1}$, $\mathfrak{c}, \mathfrak{x} \in \mathbb{R}^{n \times 1}$, $f(\mathfrak{x}) := \mathfrak{c}^T \cdot \mathfrak{x}$, $g(\mathfrak{y}) :=$
$\mathfrak{b}^T \cdot \mathfrak{y}$, $rg\mathfrak{A} = m$,

$$M := \{\, \mathfrak{x} \in \mathbb{R}^{n \times 1} \mid \mathfrak{A} \cdot \mathfrak{x} = \mathfrak{b} \wedge \mathfrak{x} \geq \mathfrak{o} \,\} \tag{3.7}$$

und

$$N := \{\, \mathfrak{y} \in \mathbb{R}^{m \times 1} \mid \mathfrak{A}^T \cdot \mathfrak{y} \leq \mathfrak{c} \,\}. \tag{3.8}$$

Dann gilt:

---

[1] Es ist auch möglich, ausgehend von einer Lösung von (3.2), eine für (3.1) zu
berechnen. Da wir diese Möglichkeit für eine erste Einführung in die Lineare
Optimierung nicht benötigen, verzichten wir auf eine nähere Ausführung dazu
und verweisen den interessierten Leser auf die Literatur (z.B. [Sei-M 72]).

(1) Existiert

$$\min_{\mathfrak{x} \in M} f(\mathfrak{x}) \tag{3.9}$$

oder

$$\max_{\mathfrak{y} \in N} g(\mathfrak{y}), \tag{3.10}$$

so gilt dies auch für den anderen Wert und es ist, falls $\min_{\mathfrak{x} \in M} f(\mathfrak{x})$ existiert,

$$\min_{\mathfrak{x} \in M} f(\mathfrak{x}) = \max_{\mathfrak{y} \in N} g(\mathfrak{y}). \tag{3.11}$$

(2) Bezeichne $\mathfrak{x}_0 := (x_1^{(0)}, x_2^{(0)}, \ldots, x_n^{(0)})^T$ eine Lösung des primalen Problems (3.1) mit genau m Koordinaten größer als Null, deren Indizes wir mit der Menge $I := \{i_1, i_2, \ldots, i_m\} := \{i \in \{1, 2, \ldots, n\} \mid x_i^{(0)} > 0\}$ erfassen. Es sei außerdem $\mathfrak{B}_1 := (\mathfrak{a}_{i_1}, \mathfrak{a}_{i_2}, \ldots, \mathfrak{a}_{i_m})$ eine Matrix, die aus den (linear unabhängigen) Spalten der Matrix $\mathfrak{A}$ mit den Nummern aus I gebildet wurde, $\mathfrak{B} := \mathfrak{B}_1^{-1}$ und $\mathfrak{c}_* := (c_{i_1}, c_{i_2}, \ldots, c_{i_m})^T$. Dann erhält man durch

$$\mathfrak{y}_0 := \mathfrak{B}^T \cdot \mathfrak{c}_* \tag{3.12}$$

eine Lösung des zu (3.1) dualen LOP (3.2).

Beweis. (1): Für beliebige $\mathfrak{x} \in M$ und beliebige $\mathfrak{y} \in N$ gilt

$$g(\mathfrak{y}) = \mathfrak{b}^T \cdot \mathfrak{y} = (\mathfrak{A} \cdot \mathfrak{x})^T \cdot \mathfrak{y} = (\mathfrak{x}^T \cdot \mathfrak{A}^T) \cdot \mathfrak{y} = \mathfrak{x}^T \cdot (\mathfrak{A}^T \cdot \mathfrak{y}) \leq \mathfrak{x}^T \cdot \mathfrak{c} = \mathfrak{c}^T \cdot \mathfrak{x} = f(\mathfrak{x}) \tag{3.13}$$

Folglich haben wir

$$\forall \mathfrak{x} \in M \; \forall \mathfrak{y} \in N : \; g(\mathfrak{y}) \leq f(\mathfrak{x}). \tag{3.14}$$

Wegen (3.14) ist das primale Problem genau dann nach unten beschränkt, wenn das zugehörige duale Problem nach oben beschränkt ist. Mit Hilfe von Satz 2.1.5 folgt hieraus, daß das primale Problem genau dann Lösungen hat, wenn das duale Problem welche besitzt.

Sei $f(\mathfrak{x}_0) = \min_{\mathfrak{x} \in M} f(\mathfrak{x})$ für ein gewisses $\mathfrak{x}_0 \in M$. Wegen (3.14) genügt für den Beweis von (3.11) der Nachweis der Existenz eines $\mathfrak{y}_0 \in N$ mit

$$g(\mathfrak{y}_0) = f(\mathfrak{x}_0) \; (= \min_{\mathfrak{x} \in M} f(\mathfrak{x})). \tag{3.15}$$

O.B.d.A. seien genau die ersten m Koordinaten von $\mathfrak{x}_0$ echt größer als Null. Dann sind die ersten m Spalten $\mathfrak{a}_1, \mathfrak{a}_2, \ldots, \mathfrak{a}_m$ von der Matrix $\mathfrak{A}$ nach Satz 2.1.2 linear unabhängig, so daß man die Matrix

$$\mathfrak{B} := (\mathfrak{a}_1, \mathfrak{a}_2, \ldots, \mathfrak{a}_m)^{-1} \tag{3.16}$$

und folglich — unter Verwendung der Bezeichnung $\mathfrak{c}_* := (c_1, \ldots, c_m)^T$ — auch

$$\mathfrak{y}_0 := \mathfrak{B}^T \cdot \mathfrak{c}_* \tag{3.17}$$

bilden kann[2]. Zum Beweis von (3.15) zeigen wir zunächst, daß $\mathfrak{y}_0$ zu N gehört. Da wir $\mathfrak{x}_0$ als Lösung des primalen Problems angenommen haben, gilt:

$$
\begin{aligned}
-c_{m+1} + \mathfrak{a}_{m+1}^T \cdot \mathfrak{B}^T \cdot \mathfrak{c}_* &= g_{m+1} \leq 0 \\
-c_{m+2} + \mathfrak{a}_{m+2}^T \cdot \mathfrak{B}^T \cdot \mathfrak{c}_* &= g_{m+2} \leq 0 \\
&\;\;\vdots \\
-c_n + \mathfrak{a}_n^T \cdot \mathfrak{B}^T \cdot \mathfrak{c}_* &= g_n \quad\;\; \leq 0.
\end{aligned}
\tag{3.18}
$$

(Siehe dazu Beweis von Satz 2.2.1 und Satz 2.2.4). Unter Verwendung von (3.18) rechnet man nun leicht nach, daß

$$
\begin{aligned}
\mathfrak{A}^T \cdot \mathfrak{y}_0 &= \mathfrak{A}^T \cdot \mathfrak{B}^T \cdot \mathfrak{c}_* = (\mathfrak{B} \cdot \mathfrak{A})^T \cdot \mathfrak{c}_* \\
&= (\mathfrak{E}_m, \mathfrak{B} \cdot \mathfrak{a}_{m+1}, \mathfrak{B} \cdot \mathfrak{a}_{m+2}, \ldots, \mathfrak{B} \cdot \mathfrak{a}_n)^T \cdot \mathfrak{c}_* \\
&= (c_1, c_2, \ldots, c_m, \mathfrak{a}_{m+1}^T \cdot \mathfrak{B}^T \cdot \mathfrak{c}_*, \mathfrak{a}_{m+2}^T \cdot \mathfrak{B}^T \cdot \mathfrak{c}_*, \ldots, \mathfrak{a}_n^T \cdot \mathfrak{B}^T \cdot \mathfrak{c}_*)^T \\
&\leq (c_1, c_2, \ldots, c_m, c_{m+1}, c_{m+2}, \ldots, c_n)^T
\end{aligned}
\tag{3.19}
$$

gilt, womit $\mathfrak{y}_0$ das Ungleichungssystem der Nebenbedingungen von (3.2) erfüllt und damit zu N gehört. Indem wir

$$\mathfrak{x}_0 := (\alpha_1, \ldots, \alpha_m, 0, \ldots, 0)^T$$

verwenden, erhalten wir

$$
\begin{aligned}
g(\mathfrak{y}_0) &= \mathfrak{b}^T \cdot \mathfrak{y}_0 = \mathfrak{y}_0^T \cdot \mathfrak{b} = (\mathfrak{B}^T \cdot \mathfrak{c}_*)^T \cdot \mathfrak{b} = \mathfrak{c}_*^T \cdot (\mathfrak{B} \cdot \mathfrak{b}) \\
&= (c_1, \ldots, c_m) \cdot (\alpha_1, \ldots, \alpha_m)^T \\
&= f(\mathfrak{x}_0).
\end{aligned}
\tag{3.20}
$$

Also gilt (3.15).

(2): Die unter (2) angegebenen Aussagen sind leichte Verallgemeinerungen unseren Überlegungen aus dem Beweis von (1). ∎

Beispiel Zur Illustration von Aussage (2) aus Satz 3.2.1 wollen wir zunächst eine Lösung des LOP (3.3) berechnen und dann hieraus eine für das duale LOP (3.4).

Das LOP (3.3) ist — wie in Abschnitt 2.2 vereinbart — durch das nachfolgende Schema aufschreibbar. In das Rechenschema sind außerdem in der letzten Zeile die Zahlen g_4 und g_5 eingetragen, aus denen sich (nach Wahl von $j := 5$) die in die rechte Spalte eingetragenen Werte für h_1, h_2 und h_3 ergeben:

---

[2] Falls $\mathfrak{x}_0$ weniger als m Koordinaten > 0 hat, sind die zu diesen Koordinaten gehörenden Spalten von $\mathfrak{A}$ durch gewisse linear unabhängige Spalten von $\mathfrak{A}$ so zu ergänzen, daß m linear unabhängige Spalten zur Bildung der Matrix $\mathfrak{B}$ vorliegen. Möglich ist dies, weil wir $rg\mathfrak{A} = m$ vorausgesetzt haben.

$$x_4 \quad x_5$$

	-1	2	8	0	
x_1	1	-7	6	12	2
x_2	-1	3	-12	1	$-$
x_3	2	-3	3	3	1
		-18	16	17	

Also ist die BV x_3 mit der NBV x_5 zu tauschen, wobei sich als neues Schema ergibt:

$$x_4 \quad x_3$$

	-1	2	2	0
x_1	1	-1	-2	6
x_2	-1	-9	4	13
x_5	8	-1	$\frac{1}{3}$	1
		-2	$\frac{-16}{3}$	1

Da die neu ausgerechneten Werte für g_4 und g_3 beide negativ sind, ist die aus dem letzten Schema ablesbare Ecke

$$\mathfrak{x}_0 := \begin{pmatrix} 6 \\ 13 \\ 0 \\ 0 \\ 1 \end{pmatrix} \tag{3.21}$$

eine Lösung des primalen LOP (3.3) mit $f(\mathfrak{x}_0) = 1$. Eine Lösung $\mathfrak{y}_0$ des zugehörigen dualen LOP erhält man gemäß der Formel (3.12) durch

$$\begin{aligned}
\mathfrak{y}_0 &:= \left((\mathfrak{a}_1, \mathfrak{a}_2, \mathfrak{a}_5)^{-1} \right)^T \cdot \begin{pmatrix} c_1 \\ c_2 \\ c_5 \end{pmatrix} \\
&= \left(\begin{pmatrix} 1 & 0 & 6 \\ 0 & 1 & -12 \\ 0 & 0 & 3 \end{pmatrix}^{-1} \right)^T \cdot \begin{pmatrix} 1 \\ -1 \\ 8 \end{pmatrix} \\
&= \begin{pmatrix} 1 \\ -1 \\ -\frac{10}{3} \end{pmatrix}.
\end{aligned} \tag{3.22}$$

3.3 Die duale Simplexmethode

Den in 3.1 behandelten Dualitätssatz kann man dazu benutzen, die sogenannte **duale Simplexmethode** herzuleiten. Die Idee dieser Methode besteht i.w. darin, daß man das duale Problem mit dem Simplex–Algorithmus löst, dabei aber immer die gesuchten Größen des primalen Problems betrachtet. Wir benötigen diese Methode im nächsten Abschnitt, um dort den Rechenaufwand in einem Beispiel gering zu halten. Behandeln wollen wir deshalb auch nur eine der möglichen Varianten der dualen Simplexmethode und wir verzichten außerdem auf eine Herleitung dieses Verfahrens[3].

Lösen wollen wir mit der dualen Simplexmethode das LOP (3.1), für das wir diesmal **nicht** $b \geq o$ voraussetzen. Früher hatten wir in einem solchen Fall gewisse Gleichungen des LGS der Nebenbedingungen mit -1 multipliziert, um nichtnegative rechte Seiten der Gleichungen zu erhalten. Bei einer solchen Vorgehensweise mußten wir aber in Kauf nehmen, daß gewisse Teile der in der Koeffizientenmatrix vorhandenen Einheitsmatrix, deren Existenz wiederum eine wichtige Voraussetzung zum Start des Simplex–Algorithmus war, zerstört wurden, was wir bisher nur durch Hinzunahme von Variablen ausgleichen konnten. Das nachfolgend beschriebene Verfahren zeigt nun, wie man — bei Beibehaltung der negativen Seiten des LGS der Nebenbedingungen — ein LOP, das die Bedingung (III) (S. 24) sowie die nachfolgende Bedingung (3.23) erfüllt, auf die Existenz von Lösungen hin (analog zum Simplex–Algorithmus) umformen kann.

Wie beim Simplex–Algorithmus stellt man zunächst für das LOP (3.1), das (III) erfüllt, das in (2.2) vereinbarte Schema auf, wobei wir die rechte Spalte für die Werte h_1, h_2, ..., h_m weglassen. Die duale Simplexmethode ist anwendbar, wenn

$$\forall t \in \{m+1, m+2, \ldots, n\} : g_t \leq 0 \ \wedge \ \exists i \in \{1, 2, \ldots, m\} : b_i < 0 \qquad (3.23)$$

gilt[4]. Ziel ist es wieder, eine gewisse BV x_i gegen eine NBV x_j nach den bekannten Regeln des Simplex–Algorithmus zu tauschen. Bei der dualen Simplex–Methode bestimmt man zuerst x_i und dann erst (in Abhängigkeit von i) x_j.

Den Index i wählt man so aus, daß $b_i < 0$ ist. Empfohlen sei außerdem noch, ein solches i zu wählen, so daß b_i die kleinste negative Zahl unter den möglichen negativen rechten Seiten des LGS der Nebenbedingungen bildet.

Nach der Wahl des i ergänzt man das Schema durch eine neue letzte Zeile mit den Elementen q_{m+1}, q_{m+2}, ..., q_n, die durch

$$q_k := \begin{cases} \dfrac{g_k}{a_{ik}} & \text{für } a_{ik} < 0, \\ - & \text{für } a_{ik} \geq 0. \end{cases} \qquad (3.24)$$

definiert sind.

Im Fall, daß nicht ein einziges Element der i–ten Zeile negativ ist, hat das LOP (3.1) keine Lösung. Falls mindestens eine negative Zahl in der i–ten Zeile steht, wird der Index j dann so gewählt, daß

---

[3] Eine ausführliche Behandlung der dualen Simplex–Methode mit Beispielen zur Herleitung findet man z.B. in [Sei-M 72].
Beweise und Ergänzungen zu der hier vorgestellten Variante entnehme man [Pie 62], S. 48–57.

[4] Bei unseren Beispielen in Kapitel 4 ist diese Voraussetzung nach Konstruktion erfüllt. Im allgemeinen Fall kann man durch Hinzunahme gewisser Gleichungen, die auch neue Variable enthalten, diese Voraussetzung erhalten (siehe z.B. [Pie 62], S. 53).

$$q_j = \min_{k,\, a_{ik}<0} g_k \qquad (3.25)$$

ist. Das auf diese Weise erhaltene Schema

	-1	x_{m+1}	$\cdots$	x_{j-1}	$\mathbf{x_j}$	x_{j+1}	$\cdots$	x_n	0
	-1	c_{m+1}	$\cdots$	c_{j-1}	c_j	c_{j+1}	$\cdots$	c_n	0
x_1	c_1	$a_{1,m+1}$	$\cdots$	$a_{1,j-1}$	a_{1j}	$a_{1,j+1}$	$\cdots$	a_{1n}	b_1
x_2	c_2	$a_{2,m+1}$	$\cdots$	$a_{2,j-1}$	a_{2j}	$a_{2,j+1}$	$\cdots$	a_{2n}	b_2
$\vdots$	$\vdots$								$\vdots$
x_{i-1}	c_{i-1}	$a_{i-1,m+1}$	$\cdots$	$a_{i-1,j-1}$	$a_{i-1,j}$	$a_{i-1,j+1}$	$\cdots$	$a_{i-1,n}$	b_{i-1}
$\mathbf{x_i}$	c_i	$\mathbf{a_{i,m+1}}$	$\cdots$	$\mathbf{a_{i,j-1}}$	$\mathbf{a_{ij}}$	$\mathbf{a_{i,j+1}}$	$\cdots$	$\mathbf{a_{in}}$	$\mathbf{b_i}$
x_{i+1}	c_{i+1}	$a_{i+1,m+1}$	$\cdots$	$a_{i+1,j-1}$	$a_{i+1,j}$	$a_{i+1,j+1}$	$\cdots$	$a_{i+1,n}$	b_{i+1}
$\vdots$	$\vdots$								$\vdots$
x_m	c_m	$a_{m,m+1}$	$\cdots$	$a_{m,j-1}$	a_{mj}	$a_{m,j+1}$	$\cdots$	a_{mn}	b_m
		g_{m+1}	$\cdots$	g_{j-1}	g_j	g_{j+1}	$\cdots$	g_m	$f(\mathfrak{r}_0)$
		q_{m+1}	$\cdots$	q_{j-1}	$\mathbf{q_j}$	q_{j+1}	$\cdots$	q_m	

$$(3.26)$$

wird nun genau so wie (2.23) in (2.24) nach den auf S. 31 angegebenen Regeln transformiert, wobei x_i eine NBV und x_j eine BV wird. Wir erhalten (unter Verwendung der Bezeichnungen (2.25))

	-1	x_{m+1}	$\cdots$	x_{j-1}	$\mathbf{x_i}$	x_{j+1}	$\cdots$	x_n	0
	-1	c_{m+1}	$\cdots$	c_{j-1}	c_i	c_{j+1}	$\cdots$	c_n	0
x_1	c_1	$a^\star_{1,m+1}$	$\cdots$	$a^\star_{1,j-1}$	$-\dfrac{a_{1j}}{a_{ij}}$	$a^\star_{1,j+1}$	$\cdots$	$a^\star_{1n}$	$b^\star_1$
x_2	c_2	$a^\star_{2,m+1}$	$\cdots$	$a^\star_{2,j-1}$	$-\dfrac{a_{2j}}{a_{ij}}$	$a^\star_{2,j+1}$	$\cdots$	$a^\star_{2n}$	$b^\star_2$
$\vdots$	$\vdots$								$\vdots$
x_{i-1}	c_{i-1}	$a^\star_{i-1,m+1}$	$\cdots$	$a^\star_{i-1,j-1}$	$-\dfrac{a_{i-1,j}}{a_{ij}}$	$a^\star_{i-1,j+1}$	$\cdots$	$a^\star_{i-1,n}$	$b^\star_{i-1}$
$\mathbf{x_j}$	c_j	$\dfrac{a_{i,m+1}}{a_{ij}}$	$\cdots$	$\dfrac{a_{i,j-1}}{a_{ij}}$	$\dfrac{1}{a_{ij}}$	$\dfrac{a_{i,j+1}}{a_{ij}}$	$\cdots$	$\dfrac{a_{in}}{a_{ij}}$	$\dfrac{b_i}{a_{ij}}$
x_{i+1}	c_{i+1}	$a^\star_{i+1,m+1}$	$\cdots$	$a^\star_{i+1,j-1}$	$-\dfrac{a_{i+1,j}}{a_{ij}}$	$a^\star_{i+1,j+1}$	$\cdots$	$a^\star_{i+1,n}$	$b^\star_{i+1}$
$\vdots$	$\vdots$								$\vdots$
x_m	c_m	$a^\star_{m,m+1}$	$\cdots$	$a^\star_{m,j-1}$	$-\dfrac{a_{mj}}{a_{ij}}$	$a^\star_{m,j+1}$	$\cdots$	$a^\star_{mn}$	$b^\star_m$
									$f(\mathfrak{r}_1)$

$$(3.27)$$

Die neu auszurechnenden g_t-Werte der vorletzten Zeile sind wieder nichtpositiv. Sind außerdem sämtliche $b^\star_k$ nichtnegativ, so ist die aus (3.27) ablesbare Ecke eine

Lösung von (3.1). Eine Wiederholung des oben beschriebenen Schrittes der dualen Simplexmethode ist erforderlich, wenn noch gewisse $b_k^\star$ negativ sind.

Auch bei diesem Verfahren sind im Ausartungsfall Zyklen möglich, die man wieder durch den (etwas modifizierten) Bland–Algorithmus vermeiden kann. Beispiele zur dualen Simplexmethode findet man im nächsten Abschnitt.

4

Ganzzahlige Lineare Optimierung

4.1 Problemstellung

Es gibt eine Reihe von Optimierungsaufgaben mit der Zusatzforderung

$$\forall\, i:\ x_i \in \mathbb{N}_0, \tag{4.1}$$

da die Variablen x_i des LOP oft gewisse Anzahlen bezeichnen.

Ein um die Bedingung (4.1) erweitertes LOP heißt **ganzzahliges LOP** (kurz: **GLOP**).

Auch in diesem Abschnitt werden wir der Einfachheit halber von einem GLOP in Normalform ausgehen:

$$\begin{aligned}
f(\mathfrak{x}) = \mathfrak{c}^T \cdot \mathfrak{x} &\longrightarrow Min. \\
\mathfrak{A} \cdot \mathfrak{x} &= \mathfrak{b} \\
\forall\, i:\ x_i &\in \mathbb{N}_0.
\end{aligned} \tag{4.2}$$

Denkbar wäre nun folgendes Lösungsverfahren für ein GLOP:

Man löst zunächst das LOP ohne Ganzzahligkeitsforderung und ändert die erhaltenen Werte durch Auf- bzw. Abrunden auf die nächstgelegenen ganzen Zahlen so ab, daß sie die Nebenbedingungen erfüllen.

Leider werden wir durch das folgende Beispiel zeigen können, daß diese Methode i.allg. nicht zu einer Lösung führt, so daß man für GLOP andere (meist recht aufwendige) Verfahren benötigt.

Beispiel Das GLOP

$$\begin{aligned}
f(x,y) = -8x - 4y &\longrightarrow Min. \\
-2x + 3y &\leq 6 \\
8x + 3y &\leq 20 \\
x, y &\in \mathbb{N}_0.
\end{aligned} \tag{4.3}$$

läßt sich mit Hilfe unserer im Abschnitt 1.3 behandelten graphischen Methoden leicht lösen, indem man zunächst den zulässigen Bereich

$$M := \{(0,0), (0,1), (0,2), (1,0), (1,1), (1,2), (2,0), (2,2)\} \qquad (4.4)$$

des GLOP (4.1) bestimmt (siehe Abbildung 4.1) und dann (durch Durchmustern der 8 Möglichkeiten für die Lösung)

$$\min_{(x,y)\in M} f(x,y) = f(2,1) = -20 \qquad (4.5)$$

zeigt. Löst man nun das Problem ohne die Forderung $x, y \in \mathbb{N}_0$ — z.B. indem

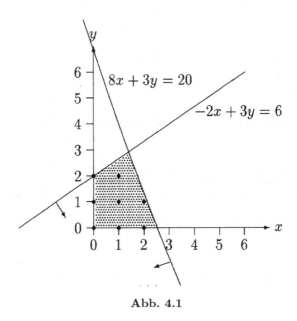

Abb. 4.1

man in obige Skizze zwei Niveaulinien einzeichnet (siehe Abbildung 4.2) und
erkennt, daß die ZF f in Richtung des Schnittpunktes der Geraden mit den
Gleichungen $-2x + 3y = 6$ und $8x + 3y = 20$ fällt, so erhält man

$$x = \frac{21}{15}, \ y = \frac{44}{15}, \ f\left(\frac{21}{15}, \frac{44}{15}\right) \approx -23. \qquad (4.6)$$

Rundet man die Werte für x und y aus (4.6) zu den nächstgelegenen ganzen
Zahlen so ab bzw. auf, daß sie die Nebenbedingungen erfüllen, erhält man die
Werte

$$x = 1, \ y = 2, \ f(1,2) = -16, \qquad (4.7)$$

die erheblich von der wahren Lösung (4.5) abweichen.

Von den in der Literatur vorhandenen Verfahren soll im nächsten Abschnitt

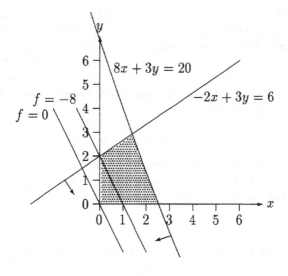

Abb. 4.2

nur ein einziges — das sogenannte Gomory–Verfahren — erläutert werden, das nach seinem Erfinder R. E. Gomory benannt wird.

4.2 Das Gomory–Verfahren

Angenommen, unser LOP (4.2) ist ohne Ganzzahligkeitsforderung bereits gelöst und das LGS der Nebenbedingungen so umgeformt, daß aus ihm eine Lösung ablesbar ist:

$$
\begin{array}{rl}
x_1 \quad + a_{1,m+1}x_{m+1} + a_{1,m+2}x_{m+2} + \cdots + a_{1n}x_n &= b_1 \\
x_2 \quad + a_{2,m+1}x_{m+1} + a_{2,m+2}x_{m+2} + \cdots + a_{2n}x_n &= b_2 \\
\cdots\cdots\cdots\cdots\cdots\cdots\cdots\cdots\cdots\cdots\cdots\cdots\cdots\cdots\cdots\cdots\cdots\cdots\cdots\cdots \\
x_m + a_{m,m+1}x_{m+1} + a_{m,m+2}x_{m+2} + \cdots + a_{mn}x_n &= b_m
\end{array}
\tag{4.8}
$$

Die aus (4.8) ablesbare Lösung des LOP sei mit

$$
\mathfrak{x}_0 := \begin{pmatrix} b_1 \\ b_2 \\ \vdots \\ b_m \\ 0 \\ \vdots \\ 0 \end{pmatrix}
\tag{4.9}
$$

bezeichnet. Falls nun die $b_1, \ldots, b_m$ noch nicht alle ganzzahlig sind, führen wir eine neue Nebenbedingung ein, die von der gefundenen Lösung (4.9) nicht erfüllt wird, jedoch von allen möglichen ganzzahligen Lösungen des LGS der Nebenbedingungen. Eine Lösung dieses erweiterten LOP ist dann entweder auch eine für unser Ausgangs–GLOP oder läßt sich durch nochmalige Hinzunahme einer neuen Nebenbedingung — wie bereits geschildert — weiter bearbeiten. Zu den Einzelheiten:
Sei

$$b_i \notin \mathbb{N}_0. \tag{4.10}$$

Wir ergänzen dann unsere Variablen durch die Variable x_{n+i}, die ebenfalls nur nichtnegative Werte annehmen darf, und — indem wir die Bezeichnungen $\lfloor a \rfloor$ für die größte ganze Zahl, die kleiner oder gleich $a \in \mathbb{R}$ ist, und

$$\bar{a} := a - \lfloor a \rfloor \;^1 \tag{4.11}$$

verwenden — führen wir außerdem die neue Nebenbedingung

$$-\bar{a}_{i,m+1}x_{m+1} - \bar{a}_{i,m+2}x_{m+2} - \ldots - \bar{a}_{i,n}x_n + x_{n+i} = -\bar{b}_i \tag{4.12}$$

ein. (Einprägen kann man sich (4.12) wie folgt:
Die Koeffizienten vor den Variablen und die rechte Seite der i-te Gleichung

$$x_i + a_{i,m+1}x_{m+1} + a_{i,m+2}x_{m+2} + \ldots + a_{in}x_n = b_i$$

des LGS (4.8) werden mit je einen Querstrich versehen[2], die erhaltene Gleichung wird mit -1 multipliziert und abschließend wird auf der linken Seite der Gleichung x_{n+i} addiert.) Die Gleichung (4.12) ist so gewählt, daß sie für kein x_{n+i} von $\mathfrak{x}_0$ (wegen $-\bar{b}_i < 0$ und $x_{n+i} \geq 0$) erfüllt wird. Als nächstes soll nun gezeigt werden, daß zu jeder zulässigen ganzzahligen Lösung

$$\mathfrak{g}_0 := \begin{pmatrix} \gamma_1 \\ \gamma_2 \\ \vdots \\ \gamma_n \end{pmatrix} \tag{4.13}$$

von (4.8) ein $\gamma_{n+i} \in \mathbb{N}_0$ so existiert, daß

$$-\bar{a}_{i,m+1}\gamma_{m+1} - \bar{a}_{i,m+2}\gamma_{m+2} - \ldots - \bar{a}_{i,n}\gamma_n + \gamma_{n+i} = -\bar{b}_i \tag{4.14}$$

ist. Wählt man

$$\gamma_{n+i} := -\bar{b}_i + \bar{a}_{i,m+1}\gamma_{m+1} + \bar{a}_{i,m+2}\gamma_{m+2} + \ldots + \bar{a}_{i,n}\gamma_n, \tag{4.15}$$

ergibt sich die Ganzzahligkeit von γ_{n+i} aus den folgenden Umformungen von (4.15):

---

[1] Für alle $a \in \mathbb{R}$ gilt $0 \leq \bar{a} < 1$.
[2] Man beachte dabei, daß $\bar{1} = 0$ und damit auch $-\bar{1}x_i = 0$ ist.

$$\gamma_{n+i} = -(b_i - \lfloor b_i \rfloor) + (a_{i,m+1} - \lfloor a_{i,m+1} \rfloor) \cdot \gamma_{m+1} + \ldots + (a_{in} - \lfloor a_{in} \rfloor) \cdot \gamma_n$$

$$= \underbrace{-b_i + a_{i,m+1}\gamma_{m+1} + \ldots + a_{in}\gamma_n}_{= -\gamma_i \in \mathbb{Z}} +$$

$$\underbrace{\lfloor b_i \rfloor - \lfloor a_{i,m+1} \rfloor \cdot \gamma_{m+1} - \ldots - \lfloor a_{i,n} \rfloor \cdot \gamma_n}_{\in \mathbb{Z}} \cdot$$

$$(4.16)$$

Da $\gamma_k \geq 0$ (für alle $k \in \{1, 2, \ldots, n\}$) und für beliebige i, j auch $\overline{a}_{ij} \geq 0$ ist, folgt aus (4.15) die Abschätzung

$$-1 < -\overline{b}_i \leq \gamma_{n+i}, \qquad (4.17)$$

die, weil γ_{n+i} ganzzahlig ist, nur für $\gamma_{n+i} \geq 0$ erfüllt sein kann.

Also sind alle ganzzahligen, zulässigen Lösungen von (4.8) auch zu ganzzahligen, zulässigen Lösungen der Gleichung (4.12) ergänzbar.

Ermittelt man eine Lösung des um die Gleichung (4.12) erweiterten LOP und ist diese Lösung ganzzahlig, so hat man auf diese Weise eine Lösung für das GLOP erhalten. Anderenfalls muß eine neue Variable x_{n+j} eingeführt werden, falls z.B. der Wert für x_j nicht ganzzahlig ist, und das Verfahren wiederholt werden.

Unter Beachtung gewisser Zusatzbedingungen läßt sich die Endlichkeit dieses Verfahrens nachweisen. Einzelheiten und Beweise dazu entnehme man der Spezialliteratur.

Abschließend soll das Gomory–Verfahren noch durch ein Beispiel illustriert werden. Um den Rechenaufwand möglichst gering zu halten, kommt hierbei auch die im Abschnitt 3.3 kurz vorgestellte duale Simplexmethode zum Einsatz.

Beispiel[3] Das GLOP

$$\begin{aligned} f(x, y) = -y &\longrightarrow Min. \\ -2x + 2y &\leq 1 \\ 7x - 2y &\leq 14 \\ x, y &\in \mathbb{N}_0 \end{aligned} \qquad (4.18)$$

hat — wie man der Abbildung 4.3 entnehmen kann — die Lösung

$$x = 2, \; y = 2, \; f(2, 2) = -2 \qquad (4.19)$$

---

[3] Nach [Pie 62], Seite 87–89.

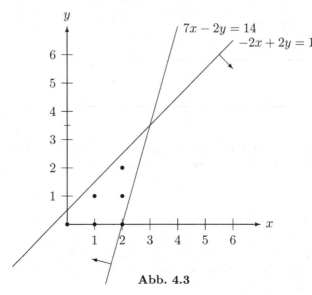

Abb. 4.3

Die Lösung (4.19) von (4.18) wollen wir jetzt auch mit Hilfe des Gomory–Verfahren berechnen. Dazu lassen wir zunächst die Ganzzahligkeitsforderung in (4.18) weg, überführen den Rest in die Normalform

$$
\begin{aligned}
f_1(x_1, x_2, x_3, x_4) &:= -x_2 \longrightarrow Min. \\
-2x_1 + 2x_2 + x_3 &\qquad\qquad = 1 \\
7x_1 - 2x_2 \qquad\quad + x_4 &= 14 \\
x_1,\, x_2,\, x_3,\, x_4 &\geq 0
\end{aligned}
\tag{4.20}
$$

und lösen (4.20) mit Hilfe des Simplex–Algorithmus, indem wir (j, i) zunächst $(3, 2)$ und dann $(4, 1)$ wählen:

		x_1	x_2		
	-1	0	-1	0	
x_3	0	-2	2	1	$\frac{1}{2}$
x_4	0	7	-2	14	$-$
		0	1	0	

		x_1	x_3		
	-1	0	0	0	
x_2	-1	-1	$\frac{1}{2}$	$\frac{1}{2}$	$-$
x_4	0	5	1	15	3
		1	$-\frac{1}{2}$	$-\frac{1}{2}$	

$$x_4 \quad x_3$$

		-1	0	0	0
x_2	-1	$\frac{1}{5}$	$\frac{7}{10}$	$\frac{7}{2}$
x_1	0	$\frac{1}{5}$	$\frac{1}{5}$	3
		$-\frac{1}{5}$	$-\frac{7}{10}$	$-\frac{7}{2}$

Die Lösung von (4.20) ist also

$$x_1 = 3, \ x_2 = \frac{7}{2}, \ x_3 = x_4 = 0. \tag{4.21}$$

und ein zu (4.20) äquivalentes LOP, aus dem diese Lösung ablesbar ist, lautet:

$$f_1(x_1, x_2, x_3, x_4) := -x_2 \longrightarrow Min.$$

$$
\begin{aligned}
x_1 \qquad + \ \frac{1}{5}x_3 + \frac{1}{5}x_4 &= 3 \\
x_2 + \frac{7}{10}x_3 + \frac{1}{5}x_4 &= \frac{7}{2} \\
x_1, \ x_2, \ x_3, \ x_4 &\geq 0.
\end{aligned}
\tag{4.22}
$$

Da x_2 in (4.21) nicht ganzzahlig ist, führen wir gemäß (4.12) die neue Nebenbedingung

$$- \underbrace{\frac{7}{10}}_{\frac{7}{10}} \cdot x_3 - \underbrace{\frac{1}{5}}_{\frac{1}{5}} \cdot x_4 + x_6 = - \underbrace{\frac{7}{2}}_{\frac{1}{2}}$$

ein und lösen das LOP

$$f_2(x_1, x_2, x_3, x_4, x_6) := -x_2 \longrightarrow Min.$$

$$
\begin{aligned}
x_1 \qquad + \ \frac{1}{5}x_3 + \frac{1}{5}x_4 \qquad\quad &= 3 \\
x_2 + \frac{7}{10}x_3 + \frac{1}{5}x_4 \qquad\quad &= \frac{7}{2} \\
- \frac{7}{10}x_3 - \frac{1}{5}x_4 + x_6 &= -\frac{1}{2} \\
x_1, \ x_2, \ x_3, \ x_4 \ x_6 &\geq 0
\end{aligned}
\tag{4.23}
$$

mit der im Abschnitt 3.3 beschriebenen dualen Simplexmethode. Aufstellen des Schemas der dualen Simplexmethode (siehe (3.26)) zeigt, daß die Voraussetzungen für die Durchführung eines „dualen Simplex–Schrittes" mit $i := 6$ und der sich (nach Ausfüllen der letzten Zeile gemäß (3.24)) daraus ergebenen Wahl von $j := 3$ möglich ist:

$$x_3 \quad x_4$$

	-1	0	0	0
x_1	0	$\frac{1}{5}$	$\frac{1}{5}$	3
x_2	-1	$\frac{7}{10}$	$\frac{1}{5}$	$\frac{7}{2}$
$\boldsymbol{x_6}$	0	$-\frac{7}{10}$	$-\frac{1}{5}$	$-\frac{1}{2}$
		$-\frac{7}{10}$	$-\frac{1}{5}$	
		1	1	

Nach dem Durchführen des Simplex–Schrittes, der den Tausch der BV x_6 mit der Nichtbasisvariablen x_3 realisiert, erhalten wir das Schema

$$x_6 \quad x_4$$

	-1	0	0	0
x_1	0	$\frac{2}{7}$	$\frac{1}{7}$	$\frac{20}{7}$
x_2	-1	1	0	3
x_3	0	$-\frac{10}{7}$	$\frac{2}{7}$	$\frac{5}{7}$
		-1	0	

$$(4.24)$$

Aus (4.24) ist die Lösung

$$x_1 = \frac{20}{7}, \ x_2 = 3, \ x_3 = \frac{5}{7}, \ x_4 = x_6 = 0 \qquad (4.25)$$

für (4.23) ablesbar.

Da der Wert für x_1 in (4.25) nicht ganzzahlig ist, ergänzen wir das aus (4.24) ablesbare (und zu (4.23) äquivalente) LOP durch die neue Nebenbedingung

$$-\underbrace{\frac{2}{7}}_{\frac{2}{7}} \cdot x_6 - \underbrace{\frac{1}{7}}_{\frac{1}{7}} \cdot x_4 + x_5 = -\underbrace{\frac{20}{7}}_{\frac{6}{7}}$$

und erhalten:

$$f_3(x_1, x_2, x_3, x_4, x_5, x_6) := -x_2 \longrightarrow Min.$$

$$
\begin{aligned}
x_1 &&&+ \ \frac{2}{7}x_6 &+ \ \frac{1}{7}x_4 && &= \ \frac{20}{7} \\
& x_2 &&+ \ x_6 && && &= \ 3 \\
&& x_3 &- \ \frac{10}{7}x_6 &+ \ \frac{2}{7}x_4 && &= \ \frac{5}{7} \\
&&& - \ \frac{2}{7}x_6 &- \ \frac{1}{7}x_4 &+ \ x_5 &= -\frac{6}{7}
\end{aligned}
$$

$$x_1, \, x_2, \, x_3, \, x_4, \, x_5, \, x_6 \geq 0$$

$$(4.26)$$

In Form eines Schemas aufgeschrieben lautet (4.26):

$$x_6 \quad x_4$$

	-1	0	0	0
x_1	0	$\frac{2}{7}$	$\frac{1}{7}$	$\frac{20}{7}$
x_2	-1	1	0	3
x_3	0	$-\frac{10}{7}$	$\frac{2}{7}$	$\frac{5}{7}$
x_5	0	$-\frac{2}{7}$	$-\frac{1}{7}$	$-\frac{6}{7}$
		-1	0	
		$\frac{2}{7}$	0	

(4.27)

Die duale Simplexmethode zunächst mit $i := 5$ und $j := 4$ auf (4.27) angewandt und dann noch einmal mit $i := 3$ und $j := 6$ durchgeführt, liefert:

$$\mathbf{x_6} \quad x_5$$

	-1	0	0	0
x_1	0	0	1	2
x_2	-1	1	0	3
$\mathbf{x_3}$	0	-2	2	-1
x_4	0	2	-7	6
		-1	0	
		$\frac{1}{2}$	$-$	

(4.28)

und

$$x_3 \quad x_5$$

	-1	0	0	0
x_1	0	0	1	2
x_2	-1	$\frac{1}{2}$	1	$\frac{5}{2}$
x_6	0	$-\frac{1}{2}$	-1	$\frac{1}{2}$
x_4	0	1	-5	5
		$-\frac{1}{2}$	-5	

(4.29)

Wir erhalten als Lösung des LOP (4.26):

$$x_1 = 2, \; x_2 = \frac{5}{2}, \; x_4 = 5, \; x_6 = \frac{1}{2}, \; x_3 = x_5 = 0. \qquad (4.30)$$

Da x_6 nur eine Hilfsvariable ist und sie nach obiger Rechnung eine Basisvariable wurde, kann die Gleichung, in der x_6 vorkommt, wieder weggelassen werden. Weil jedoch x_2 in (4.30) immer noch nicht ganzzahlig ist, führen wir eine neue Nebenbedingung mit einer **neuen** Variablen x_6 gemäß (4.12) ein:

$$-\underbrace{\overline{\frac{1}{2}}}_{\frac{1}{2}}\cdot x_3 - \underbrace{\overline{1}}_{0}\cdot x_5 + x_6 = -\underbrace{\overline{\frac{1}{2}}}_{\frac{1}{2}}.$$

Das auf diese Weise aus dem LOP (4.29) hervorgegangene LOP

$$f_3(x_1, x_2, x_3, x_4, x_5, x_6) := -x_2 \longrightarrow Min.$$

$$
\begin{aligned}
x_1 \qquad\qquad\quad + \; x_5 \qquad\qquad &= \; 2 \\
x_2 \;\; + \frac{1}{2}x_3 + \; x_5 \qquad\qquad &= \; \frac{5}{2} \\
x_4 + \;\; x_3 \; - 5x_5 \qquad\qquad &= \; 5 \\
- \frac{1}{2}x_3 \qquad\quad + \; x_6 &= -\frac{1}{2} \\
x_1, \, x_2, \, x_3, \, x_4, \, x_5, \, x_6 \; \ge \; 0
\end{aligned}
$$

(4.31)

läßt sich wieder in Form eines Startschemas der dualen Simplexmethode aufschreiben und in einem Schritt lösen:

$$x_3 \quad x_5$$

	-1	0	0	0
x_1	0	0	1	2
x_2	-1	$\frac{1}{2}$	1	$\frac{5}{2}$
x_4	0	1	-5	5
$\boldsymbol{x_6}$	0	$-\frac{1}{2}$	0	$-\frac{1}{2}$
		$-\frac{1}{2}$	-1	
		1	$-$	

(4.32)

$$x_6 \quad x_5$$

	-1	0	0	0
x_1	0	0	1	2
x_2	-1	1	1	2
x_4	0	2	-5	4
x_3	0	-2	0	1
		-1	-1	

(4.33)

Damit haben wir endlich auch mit den Gomory–Verfahren die bereits oben berechnete ganzzahlige Lösung unseres LOP (4.5) erhalten.

Das Beispiel illustriert recht gut, wie aufwendig in der Regel mit Hilfe des Gomory–Verfahrens das Lösen eines GLOP abläuft. Für praktische Aufgaben ist deshalb dieses Verfahren nicht effektiv genug. Andere Verfahren entnehme man der Literatur (z.B. [Neu 75]). Zumeist erhält man nur dann halbwegs effektive Verfahren, wenn sie auf spezielle Problemklassen zugeschnitten sind. Ein Beispiel für einen solchen Fall, wo sich sogar die Ganzzahligkeitsforderung als überflüssig herausstellt, falls gewisse Anfangsbedingungen erfüllt sind, behandeln wir im nächsten Kapitel.

5

Das Transportproblem

5.1 Problemstellung und mathematische Modellierung

In Verallgemeinerung unseres im Abschnitt 1.1 betrachteten Beispiel wollen wir in diesem Kapitel folgendes **Transportproblem** (kurz **TP** genannt) lösen:

Gegeben: m Erzeuger $E_1, E_2, \ldots, E_m$
und
n Verbraucher $V_1, V_2, \ldots, V_n$;
E_i stellt a_i Einheiten eines Produktes her $(i = 1, 2, \ldots, m)$,
V_j benötigt b_j Einheiten des Produktes $(j = 1, 2, \ldots, n)$;
c_{ij} seien die Kosten, die anfallen, wenn man von E_i nach V_j eine Einheit des Produktes transportiert
(k Einheiten verursachen dann die Kosten $k \cdot c_{ij}$);
$\sum_{i=1}^{m} a_i = \sum_{j=1}^{n} b_j$.

Gesucht: Anzahlen x_{ij} $(i = 1, 2, \ldots, m; \, j = 1, 2, \ldots, n)$ des Produktes, die von E_i nach V_j transportiert werden, so daß der Bedarf der Verbraucher gedeckt wird und dabei die Gesamtkosten des Transports

$$\sum_{i=1}^{m} \sum_{j=1}^{n} c_{ij} \cdot x_{ij}$$

minimal sind.

Veranschaulichen werden wir uns dieses Problem durch einen sogenannten **paaren Graphen**

$$K_{m,n} := (V, E),$$

wobei $V := \{E_1, E_2, \ldots, E_m, V_1, V_2, \ldots, V_n\}$ die Knotenmenge[1] bezeichnet
und die Kantenmenge $E := \{\, \{E_i, V_j\} \mid i \in \{1, 2, \ldots, m\} \wedge j \in \{1, 2, \ldots, n\}\,\}$
sei.

Ordnet man den Kanten $\{E_i, V_j\}$ die (gesuchten) Zahlen x_{ij} zu, so erhält man
folgendes Bild:

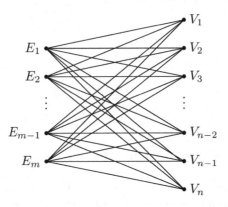

Wir werden später diese Graphen auch benutzen, um gewisse Transportzahlen
x_{ij} zu veranschaulichen, die — bis auf die Minimalitätsbedingung — eine
Lösung für obiges Problem bilden. Kanten, die dabei die Belegung 0 erhalten,
werden in solchen Graphen weggelassen.

Ganz kurz lassen sich die Ausgangsdaten unseres Transportproblem in Form
einer **Transporttabelle**

	b_1	b_2	b_3	$\ldots$	b_n
a_1					
a_2					
$\vdots$					
a_m					

und einer **Kostenmatrix**

$$\mathfrak{C} := (c_{ij})_{m,n} = \begin{pmatrix} c_{11} & c_{12} & \ldots & c_{1n} \\ c_{21} & c_{22} & \ldots & c_{2n} \\ \ldots\ldots\ldots\ldots\ldots \\ c_{m1} & c_{m2} & \ldots & c_{mn} \end{pmatrix}$$

aufschreiben.

---

[1] Im Teil II über Graphentheorie werden wir anstelle der Bezeichnung „Knoten"
die Bezeichnung „Ecke" für ein Element aus V verwenden. Damit der Leser in
diesem Teil den Eckenbegriff aus der Graphentheorie nicht mit dem Eckenbegriff
aus der linearen Optimierung verwechselt, wird in diesem Kapitel die Bezeichnung
„Knoten" anstelle von „Ecke" benutzt.

Die Zahlen y_{ij}, die angeben, wie viele Einheiten des Produkts von E_i nach V_j transportiert werden, so daß der Bedarf der Verbraucher gedeckt ist und kein Erzeuger mehr sein Produkt behält, tragen wir in die Transporttabelle auf folgende Weise ein:

	b_1	b_2	b_3	$\ldots$	b_n
a_1	y_{11}	y_{12}	y_{13}	$\cdots$	y_{1n}
a_2	y_{21}	y_{22}	y_{23}	$\cdots$	y_{2n}
$\vdots$	$\vdots$	$\vdots$	$\vdots$	$\ldots$	$\vdots$
a_m	y_{m1}	y_{m2}	y_{m3}	$\cdots$	y_{mn}

Summiert man die in der Tabelle angegebenen Zahlen zeilenweise auf, so erhält man die Zahlen der linken Spalte. Aufsummieren der Elemente der Spalten aus dem Innern der Tabelle liefert dagegen die in der ersten Zeile der Tabelle stehenden Zahlen.

Als LOP läßt sich unser eingangs angegebenes Problem wie folgt aufschreiben:

$$f(x_{11}, x_{12}, \ldots, x_{1n}, x_{21}, x_{22}, \ldots, x_{2n}, \ldots, x_{m1}, \ldots, x_{mn}) :=$$

$$\sum_{i=1}^{m} \sum_{j=1}^{n} c_{ij} \cdot x_{ij} \longrightarrow Min.$$

$$\sum_{j=1}^{n} x_{ij} = a_i \ (i = 1, 2, \ldots, m) \tag{5.1}$$

$$\sum_{i=1}^{m} x_{ij} = b_j \ (j = 1, 2, \ldots, n)$$

$$\forall \, i, j : x_{ij} \geq 0$$

Es sei noch einmal daran erinnert, daß wir außerdem noch die — bereits oben angegebene — Voraussetzung

$$\sum_{i=1}^{m} a_i = \sum_{j=1}^{n} b_j \tag{5.2}$$

für (5.1) haben.

Außerdem ergibt sich aus der Aufgabenstellung

$$\forall \, i : a_i \geq 0, \ \forall \, j : b_j \geq 0. \tag{5.3}$$

Die außerdem noch für bestimmte Transportprobleme denkbare Bedingung:

$$\forall \, i, j : \ x_{ij} \in \mathbb{N}_0 \tag{5.4}$$

wird sich (wie wir in der Folgerung 5.2.3 sehen werden) als überflüssig herausstellen, falls man

$$\forall \, i : a_i \in \mathbb{N}_0 \ \wedge \ \forall \, j : b_j \in \mathbb{N}_0 \tag{5.5}$$

voraussetzt.

Die Koeffizientenmatrix $\mathfrak{A}$ des LGS der Nebenbedingungen des TP (5.1) schreiben wir wie folgt auf: Die Koeffizienten der Variablen x_{ij} werden zur Spalte

$$\mathfrak{a}_{ij} := (0,\ldots,0,\ \underbrace{1}_{i\text{-te Stelle}}\ ,0,\ldots,0,\ \underbrace{1}_{(m+j)\text{-te Stelle}}\ ,0,\ldots,0)^T \qquad (5.6)$$

$(1 \le i \le m,\ 1 \le j \le n)$ zusammengefaßt und aus diesen Spalten

$$\mathfrak{A} :=$$

$$(\mathfrak{a}_{11},\mathfrak{a}_{12},\ldots,\mathfrak{a}_{1n},\mathfrak{a}_{21},\mathfrak{a}_{22},\ldots,\mathfrak{a}_{2n},\ldots\ldots,\mathfrak{a}_{m1},\mathfrak{a}_{m2},\ldots,\mathfrak{a}_{mn}) =$$

$$\begin{pmatrix}
1 & 1 & 1 & \ldots & 1 & 0 & 0 & 0 & \ldots & 0 & \ldots\ldots & 0 & 0 & 0 & \ldots & 0 \\
0 & 0 & 0 & \ldots & 0 & 1 & 1 & 1 & \ldots & 1 & \ldots\ldots & 0 & 0 & 0 & \ldots & 0 \\
0 & 0 & 0 & \ldots & 0 & 0 & 0 & 0 & \ldots & 0 & \ldots\ldots & 0 & 0 & 0 & \ldots & 0 \\
 & & & & & \ldots\ldots\ldots\ldots\ldots\ldots\ldots\ldots\ldots\ldots & & & & & \\
0 & 0 & 0 & \ldots & 0 & 0 & 0 & 0 & \ldots & 0 & \ldots\ldots & 1 & 1 & 1 & \ldots & 1 \\
1 & 0 & 0 & \ldots & 0 & 1 & 0 & 0 & \ldots & 0 & \ldots\ldots & 1 & 0 & 0 & \ldots & 0 \\
0 & 1 & 0 & \ldots & 0 & 0 & 1 & 0 & \ldots & 0 & \ldots\ldots & 0 & 1 & 0 & \ldots & 0 \\
0 & 0 & 1 & \ldots & 0 & 0 & 0 & 1 & \ldots & 0 & \ldots\ldots & 0 & 0 & 1 & \ldots & 0 \\
 & & & & & \ldots\ldots\ldots\ldots\ldots\ldots\ldots\ldots\ldots\ldots & & & & & \\
0 & 0 & 0 & \ldots & 1 & 0 & 0 & 0 & \ldots & 1 & \ldots\ldots & 0 & 0 & 0 & \ldots & 1
\end{pmatrix} \qquad (5.7)$$

gebildet.
Vereinbart man noch

$$\begin{pmatrix} \mathfrak{a} \\ \mathfrak{b} \end{pmatrix} := (a_1,a_2,\ldots,a_m,b_1,b_2,\ldots,b_n)^T \qquad (5.8)$$

und

$$\mathfrak{x} := (x_{11},x_{12},\ldots,x_{1n},x_{21},x_{22},\ldots,x_{2n},\ldots\ldots,x_{m1},x_{m2},\ldots,x_{mn})^T, \quad (5.9)$$

so läßt sich das LGS der Nebenbedingungen von (5.1) auch in der Form

$$\mathfrak{A} \cdot \mathfrak{x} = \begin{pmatrix} \mathfrak{a} \\ \mathfrak{b} \end{pmatrix} \qquad (5.10)$$

aufschreiben.
Der besseren Übersicht wegen schreiben wir die zulässigen Lösungen des LGS $\mathfrak{x}$ von (5.1) oft auch in Form einer Matrix $(x_{ij})_{m,n}$ auf und verwenden dann dafür die Bezeichnung

$$\mathfrak{X} := (x_{ij})_{m,n}.$$

5.2 Einige Sätze zum Transportproblem

Natürlich kann man das obige TP (5.1) mit Hilfe des Simplex–Algorithmus lösen. Es ist jedoch günstiger, die spezielle Struktur des Problems zum Verringern des Rechenaufwandes zu nutzen.[2] Dazu gibt eine Reihe von Verfahren. Hier soll jedoch nur ein Verfahren — der sogenannte Transportalgorithmus — vorgestellt werden. Zum besseren Verständnis dieses Algorithmus werden wir ihn unabhängig vom Simplex–Algorithmus herleiten. Nachfolgend wird zunächst gezeigt, daß jedes TP (5.1), das den Bedingungen (5.2) und (5.3) genügt, eine Lösung hat. Anschließend überlegen wir uns ein neues Ecken–Kriterium, stellen zwei Verfahren zur Konstruktion von Anfangs–Ecken vor und überlegen uns abschließend eine notwendige und hinreichende Bedingung dafür, ob eine Ecke Lösung des TP ist oder nicht. Die zur Begründung der Sätze benutzten Methoden lassen sich dann im Abschnitt 5.3 zum Transportalgorithmus „zusammenbauen".

Lemma 5.2.1 (mit Definition) *Für das zum TP gehörende LGS (5.10), das (5.2) erfüllt, gilt:*

(1) (5.10) besitzt zulässige Lösungen.

(2) $rg\,\mathfrak{A} = m + n - 1$.

*(3) Die Matrix $\mathfrak{A}$ ist **unimodular**, d.h., für jede Unterdeterminante U von $\mathfrak{A}$ gilt $U \in \{0, 1, -1\}$.*

Beweis. Seien $a := \sum_{i=1}^{m} a_i$ und $x_{ij} := \frac{a_i \cdot b_j}{a}$. Wegen (5.2) gilt dann

$$\sum_{j=1}^{n} x_{ij} = \sum_{j=1}^{n} \frac{a_i \cdot b_j}{a} = \frac{a_i}{a} \cdot \underbrace{\sum_{j=1}^{n} b_j}_{= a} = a_i$$

$$\sum_{i=1}^{m} x_{ij} = \sum_{i=1}^{m} \frac{a_i \cdot b_j}{a} = \frac{b_j}{a} \cdot \underbrace{\sum_{i=1}^{m} a_i}_{= a} = b_j$$

$(i = 1, 2, \ldots, m;\ j = 1, 2, \ldots, n)$. Also ist (1) richtig.

(2): Da offenbar die Summe der ersten m Zeilen von $\mathfrak{A}$ gleich der Summe der letzten n Zeilen von $\mathfrak{A}$ ist (siehe (5.7)), kann der Rang von $\mathfrak{A}$ höchstens $m+n-1$ sein. Da man leicht Unterdeterminanten von $\mathfrak{A}$ der Ordnung $m+n-1$ finden kann, die ungleich Null sind (ÜA), gilt (2).

(3): Die Unimodularität von $\mathfrak{A}$ läßt sich durch vollständige Induktion über die Ordnung k der Unterdeterminanten von $\mathfrak{A}$ zeigen:

(I): Im Fall $k = 1$ ist unsere Behauptung richtig, da jede Unterdeterminante der Ordnung 1 von $\mathfrak{A}$ den Wert 0 oder 1 hat.

---

[2] Dem Leser sei empfohlen, sich dies z.B. an dem im Abschnitt 1.1 angegebenen Beispiel klarzumachen, indem einmal dieses Problem mit dem Simplex–Algorithmus gelöst wird und anschließend mit dem im Abschnitt 5.3 vorgestellten Verfahren.

(II): Angenommen, die Behauptung ist richtig für Unterdeterminanten der Ordnung k ($k \geq 1$) von $\mathfrak{A}$. Bezeichne außerdem U eine Unterdeterminante der Ordnung $k + 1$ von $\mathfrak{A}$. Folgende drei Fälle sind möglich:

Fall 1: U besitzt eine Spalte mit genau einer 1.

In disem Fall kann man U nach dieser Spalte entwickeln und erhält mit Hilfe der Induktionsannahme die Behauptung.

Fall 2: Jede Spalte von U enthält genau zwei Einsen.

Man prüft leicht nach, daß dann die Summe der Zeilen mit Indizes aus $\{1, 2, \ldots, m\}$ gleich der Summe der Zeilen mit Indizes aus $\{m + 1, m + 2, \ldots, m + n\}$ ist, womit eine lineare Abhängigkeit zwischen den Zeilen von U besteht und damit $U = 0$ gilt.

Fall 3: U enthält eine Null–Spalte.

Offenbar ist dann $U = 0$. ∎

Satz 5.2.2 *Der Definitionsbereich der Zielfunktion des TP (5.1) (mit (5.2))*

$$M := \left\{ \mathfrak{x} \in \mathbb{R}^{(m \cdot n) \times 1} \,\middle|\, \mathfrak{A} \cdot \mathfrak{x} = \begin{pmatrix} \mathfrak{a} \\ \mathfrak{b} \end{pmatrix} \wedge \mathfrak{x} \geq \mathfrak{o} \right\} \tag{5.11}$$

ist beschränkt und jede Ecke von M hat stets nur Koordinaten aus $\mathbb{N}_0$, falls außerdem noch (5.5) vorausgesetzt wird.

Beweis. Offenbar gilt für alle zulässigen x_{ij}, die das LGS der Nebenbedingungen von (5.1) erfüllen, die Ungleichung

$$x_{ij} \leq \min\{a_i, b_j\}.$$

Folglich ist M eine beschränkte Menge, die wegen Lemma 5.2.1, (1) nicht leer ist.

Dem Beweis von Lemma 5.2.1, (2) ist zu entnehmen, daß jeweils genau eine der Gleichungen des LGS (5.10) linear abhängig von den restlichen Gleichungen ist. Folglich kann man eine der Gleichungen streichen und erhält als neues LGS der Nebenbedingungen

$$\mathfrak{A}' \cdot \mathfrak{x} = \begin{pmatrix} \mathfrak{a}' \\ \mathfrak{b}' \end{pmatrix}. \tag{5.12}$$

Zu einer Ecke von M kommt man nun durch Multiplikation dieses LGS mit der Inversen einer gewissen Matrix $\mathfrak{B}$, deren Spalten gerade eine gewisse (zur betrachteten Ecke gehörende) Auswahl linear unabhängige Spalten von $\mathfrak{A}'$ sind[3], und durch anschließendes Ablesen der Koordinaten der Ecke aus diesem umgeformten LGS. Da $\mathfrak{A}$ und natürlich auch $\mathfrak{A}'$ nach Lemma 5.2.1, (3) unimodular sind, sind die Elemente der Matrix $\mathfrak{B}$ alle ganzzahlig und damit,

---

[3] Siehe Eckenkriterium 2.1.2.

falls die rechte Seite des LGS (5.5) erfüllt, gehören die Koordinaten der Ecke zu $\mathbb{N}_0$. ∎

Unmittelbar aus den Sätzen 2.1.5 und 5.2.2 ergibt sich die

Folgerung 5.2.3

(1) Das TP (5.1) ist lösbar, falls (5.2) vorausgesetzt wird.
(2) Eventuelle Ganzzahligkeitsforderungen an die Unbekannten x_{ij} sind, falls (5.5) vorausgesetzt wird, überflüssig. ∎

Satz 5.2.4 *Jede Ecke aus dem Definitionsbereich M (siehe (5.11)) der Zielfunktion unseres TP (5.1) hat höchstens $m + n - 1$ Koordinaten, die von Null verschieden sind.*

Beweis. Ergibt sich aus Satz 2.1.2 und Lemma 5.2.1, (2). ∎

Wie üblich werden wir das TP (5.1) **ausgeartet** nennen, wenn es eine Ecke in M (siehe (5.11)) mit weniger als $m + n - 1$ Koordinaten > 0 gibt.

Der Einfachheit halber nehmen wir nachfolgend an, daß unser TP nicht ausgeartet ist!

Sei $\mathfrak{x} \in M$. Zwecks Feststellung, ob $\mathfrak{x}$ eine Ecke von M ist, ordnen wir $\mathfrak{x}$ einen gewissen Untergraphen

$$G_{\mathfrak{x}}$$

von $K_{m,n}$ (siehe S. 63) auf folgende Weise zu:
Die Menge V der Knoten von $G_{\mathfrak{x}}$ sei gleich der Menge der Knoten von $K_{m,n}$:

$$V := \{E_1, \ldots, E_m, V_1, \ldots, V_n\}$$

Als Kantenmenge von $G_{\mathfrak{x}}$ definieren wir:

$$\{ \{E_i, V_j\} \in E \mid x_{ij} > 0 \}.$$

Beispiel Gibt man sich als Transporttabelle

	$b_1 = 15$	$b_2 = 30$	$b_3 = 5$
$a_1 = 30$			
$a_2 = 5$			
$a_3 = 15$			

vor, so ist offenbar

	$b_1 = 15$	$b_2 = 30$	$b_3 = 5$
$a_1 = 30$	10	20	0
$a_2 = 5$	0	0	5
$a_3 = 15$	5	10	0

ein Transportplan, aus dessen Innern — wie oben vereinbart — eine Lösung $\mathfrak{x}$ des LGS der Nebenbedingungen ablesbar ist. Der zu dieser Lösung gehörende Graph $G_{\mathfrak{x}}$ ist dann:

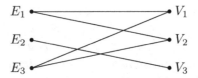

Anhand des Graphen $G_{\mathfrak{x}}$ ist erkennbar, ob $\mathfrak{x}$ eine Ecke ist oder nicht. Es gilt nämlich der

Satz 5.2.5 *Sei $\mathfrak{x}$ aus dem Definitionsbereich M der Zielfunktion des TP (5.1). Dann gilt*

(1) $\mathfrak{x}$ ist Ecke $\Longleftrightarrow$ $G_{\mathfrak{x}}$ enthält keinen Kreis (d.h., keinen geschlossenen Kantenzug).

(2) $\mathfrak{x}$ ist Ecke mit genau $m + n - 1$ positiven Koordinaten $\Longleftrightarrow$ $G_{\mathfrak{x}}$ ist ein zusammenhängender Graph ohne Kreise, d.h., ein sogenannter Baum.

Beweis. (1) „$\Longrightarrow$": Angenommen, $G_{\mathfrak{x}}$ enthält einen Kreis. Folglich existieren gewisse Knoten E_{i_1}, E_{i_2}, ..., E_{i_t}, V_{j_1}, V_{j_2}, ..., V_{j_t} des Graphen $G_{\mathfrak{x}}$, die in $G_{\mathfrak{x}}$ durch einen geschlossenen Kantenzug miteinander verbunden sind:

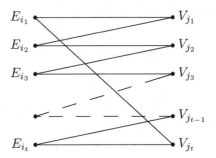

Betrachtet man nun die Spalten

$$\mathfrak{a}_{i_1,j_1}, \mathfrak{a}_{i_2,j_1}, \mathfrak{a}_{i_2,j_2}, \mathfrak{a}_{i_3,j_2}, \ldots, \mathfrak{a}_{i_1,j_t} \tag{5.13}$$

von $\mathfrak{A}$ (siehe (5.6)), die sämtlich zu Koordinaten > 0 von $\mathfrak{x}$ gehören, so rechnet man leicht nach, daß

$$\mathfrak{a}_{i_1,j_1} - \mathfrak{a}_{i_2,j_1} + \mathfrak{a}_{i_2,j_2} - \mathfrak{a}_{i_3,j_2} + - \ldots - \mathfrak{a}_{i_1,j_t} = \mathfrak{o}$$

gilt. Folglich sind die Spalten aus (5.13) linear abhängig, im Widerspruch zu Satz 2.1.2.

(1) „$\Longleftarrow$“: Angenommen, $\mathfrak{x}$ ist keine Ecke. Dann sind die zu den von Null verschiedenen Koordinaten der Ecke gehörenden Spalten $\mathfrak{a}_{ij}$ der Matrix $\mathfrak{A}$ linear abhängig, d.h., es existiert eine nichttriviale Linearkombination

$$\sum_{i,j;\ x_{ij}>0} \lambda_{ij} \cdot x_{ij} = \mathfrak{o}. \tag{5.14}$$

Wir betrachtet nun denjenigen Teilgraphen $G'_{\mathfrak{x}}$ von $G_{\mathfrak{x}}$, der durch Weglassen derjenigen Kanten aus $G_{\mathfrak{x}}$ entsteht, die zu denjenigen $\mathfrak{a}_{ij}$ gehören, für die in (5.14) $\lambda_{ij} = 0$ ist. Wegen der Bauart der $\mathfrak{a}_{ij}$ (siehe (5.6)) tritt in

$$\sum_{i,j;\ x_{ij}>0,\ \lambda_{ij}>0} \lambda_{ij} \cdot x_{ij} = \mathfrak{o}. \tag{5.15}$$

jeder Index doppelt auf. Für den Graphen $G'_{\mathfrak{x}}$ hat (5.15) die Konsequenz, daß von den nicht isolierten Knoten mindestens zwei Kanten ausgehen, womit $G_{\mathfrak{x}}$ einen Kreis enthält.

(2) folgt aus dem folgenden Satz der Graphentheorie, indem man $k = m+n-1$ setzt:

Satz *Ein Graph G mit $k+1$ Knoten und k Kanten, der keine Kreise enthält, ist zusammenhängend.*

Beweisen läßt sich dieser Satz durch vollständige Induktion über $k \in \mathbb{N}$:

(I): Falls $k = 1$ ist, gibt es für G nur die Möglichkeit

$$G: \quad \bullet\!\!-\!\!-\!\!-\!\!-\!\!\bullet$$

und dieser Graph G ist zusammenhängend.

(II): Angenommen, die Behauptung ist für Graphen mit $k + 1$ Knoten und k Kanten, die keine Kreise enthalten, richtig. Wir betrachten nun einen Graphen G mit $k+2$ Knoten und $k+1$ Kanten ohne Kreise. G enthält mindestens einen Knoten v, von dem aus nur eine Kante κ ausgeht. Den durch Wegnahme der Kante κ und den Knoten v gebildeten Untergraphen von G bezeichnen wir mit $\widetilde{G}$:

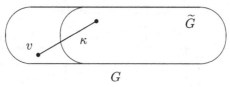

$$G$$

$\widetilde{G}$ ist laut Annahme zusammenhängend, womit offenbar auch G zusammenhängend ist. ∎

Aus dem eben bewiesenen Satz ergeben sich

Methoden zur Bestimmung von „Startecken"

zwecks Lösung des TP. Die einfachste Methode ist wohl die sogenannte

„Nordwestecken–Regel" (kurz: **NWR**):

Werte x_{ij} einer Ecke $\mathfrak{X} := (x_{ij})_{m,n}$ des TP (5.1) erhält man auf folgende Wege durch schrittweises Eintragen der x_{ij} in die Transporttabelle von (5.1):

In die linke obere Ecke (im „äußersten Nordwesten") wird $x_{11} := \min\{a_1, b_1\}$ eingetragen. Es sind dann folgende drei Fälle möglich:

Fall 1: $a_1 < b_1$.

Dann seien

$$x_{11} := a_1, \quad x_{12} := x_{13} := \ldots := x_{1n} := 0.$$

Wir ersetzen außerdem b_1 durch $b_1^{(1)} := b_1 - a_1$ und schließen die erste Zeile bei den weiteren Betrachtungen aus.

Fall 2: $a_1 > b_1$.

Dann seien

$$x_{11} := b_1, \quad x_{21} := x_{31} := \ldots := x_{m1} := 0.$$

Wir ersetzen außerdem a_1 durch $a_1^{(1)} := a_1 - b_1$ und schließen die erste Spalte bei den weiteren Betrachtungen aus.

Fall 3: $a_1 = b_1$.

Gilt $m \geq 2$ und $n \geq 2$, so seien

$$x_{11} := a_1, \quad x_{12} := x_{13} := \ldots := x_{1n} := x_{21} := x_{31} := \ldots := x_{m1} := 0.$$

Im Fall $m = 1$ oder $n = 1$ hat man entsprechend weniger Werte 0 zu setzen. Dieses Verfahren wird nun iterativ fortgesetzt, wobei sich das neu festzulegende $x_{ij} := \min\{a_i^{(t)}, b_j^{(t)}\}$ so weit wie möglich links oben (also im „Nord–Westen") befinden muß.

Wir erhalten auf diese Weise für die x_{ij} höchstens $m+n-1$ Werte > 0 und der diesen Werten zugeordnete Graph $G_{\mathfrak{r}}$ kann keinen Kreis enthalten, denn mit jedem Schritt wächst die Spalten– oder die Zeilennummer der eingetragenen Werte $x_{ij} > 0$ bzw. bleibt konstant.

Beispiel Für das TP mit der Transporttabelle

	$b_1 = 20$	$b_2 = 20$	$b_3 = 40$	$b_4 = 10$
$a_1 = 5$				
$a_2 = 15$				
$a_3 = 40$				
$a_4 = 30$				

erhält man nach NWR die Ecke

$$\mathfrak{X}_0 := \begin{pmatrix} 5 & 0 & 0 & 0 \\ 15 & 0 & 0 & 0 \\ 0 & 20 & 20 & 0 \\ 0 & 0 & 20 & 10 \end{pmatrix}.$$

Dabei auftretende Zwischenschritte sind:

	15	20	40	10
0	5	0	0	0
15				
40				
30				

,

	0	20	40	10
0	5	0	0	0
0	15	0	0	0
40	0			
30	0			

,

	0	**0**	40	10
0	5	0	0	0
0	15	0	0	0
20	0	20		
30	0	0		

,

	0	**0**	**20**	10
0	5	0	0	0
0	15	0	0	0
0	0	20	20	0
30	0	0		

,

	0	**0**	**0**	**0**
0	5	0	0	0
0	15	0	0	0
0	0	20	20	0
0	0	0	20	10

.

Noch zwei **Bemerkungen** zu der Nordwestecken–Regel:

- Die Festlegung bei der NWR „so weit wie möglich im Nord–Westen" neue Werte in die Tabelle einzutragen, ist recht willkürlich. Man könnte genausogut nach einer „Nord–Ost–" oder „Süd–West–Regel" verfahren.
- Die NWR ist unabhängig von der Kostenmatrix $\mathfrak{C}$. Damit wird i.allg. eine „schlechte" Ecke konstruiert.

Bessere Ergebnisse liefert deshalb meist die sogenannte

Methode des kleinsten Elements,

mit der wie uns jetzt befassen wollen.

Bei dieser Regel werden in die Transporttabelle Werte in Abhängigkeit von der Kostenmatrix eingetragen. Man beginnt auf einem Platz, wo in der entsprechenden Zeile und Spalte der Kostenmatrix das kleinste Element dieser Matrix steht. Auf diesen Platz trägt man genau so wie bei der NWR einen Wert ein und füllt dann — analog zur Vorgehensweise bei der NWR — eine sich aus den eingetragenen Wert ergebene Spalte oder Zeile mit Nullen aus. Ebenso wie bei der NWR werden dann die a_i– und b_j–Werte abgeändert.

Bei den weiteren Betrachtungen wird dann die Zeile oder Spalte, die jetzt vollständig ausgefüllt ist bzw. deren Werte für die weitere Rechnung uninteressant sind, sowohl in der Transporttabelle als auch in der Kostenmatrix nicht mehr berücksichtigt.

Anschließend sucht man sich wieder einen Platz, wo sich auf dem gleichindizierten Platz in der Kostenmatrix ein minimales Element befindet.

Wir verzichten hier auf eine genaue Beschreibung, die dem Leser als ÜA empfohlen sei, und erläutern die Vorgehensweise nochmals anhand eines **Beispiels** zur Methode des kleinsten Elements:

Gegeben sei das TP mit der Transporttabelle

	$b_1 = 5$	$b_2 = 9$	$b_3 = 9$	$b_4 = 7$
$a_1 = 11$				
$a_2 = 11$				
$a_3 = 8$				

und der Kostenmatrix

$$\mathfrak{C} := \begin{pmatrix} 7 & 8 & 5 & 3 \\ 2 & 4 & 5 & 9 \\ 6 & 3 & 1 & 2 \end{pmatrix}.$$

Über die folgenden Zwischenschritte läßt sich nun in Abhängigkeit von $\mathfrak{C}$ eine erste Ecke des TP ermitteln:

$$\begin{pmatrix} 7 & 8 & 5 & 3 \\ 2 & 4 & 5 & 9 \\ 6 & 3 & 1 & 2 \end{pmatrix}$$

	5	9	1	7
11				
11				
0	0	0	8	0

$$\begin{pmatrix} 7 & 8 & 5 & 3 \\ 2 & 4 & 5 & 9 \\ . & . & . & . \end{pmatrix}$$

	0	9	1	7
11	0			
6	5			
0	0	0	8	0

$$\begin{pmatrix} . & 8 & 5 & 3 \\ . & 4 & 5 & 9 \\ . & . & . & . \end{pmatrix}$$

	0	9	1	0
4	0			7
6	5			0
0	0	0	8	0

$$\begin{pmatrix} \cdot & 8 & 5 & \cdot \\ \cdot & 4 & 5 & \cdot \\ \cdot & \cdot & \cdot & \cdot \end{pmatrix} \quad \begin{array}{c|cccc} & 0 & 3 & 1 & 0 \\ \hline 4 & 0 & & & 7 \\ 0 & 5 & 6 & 0 & 0 \\ 0 & 0 & 0 & 8 & 0 \end{array}$$

$$\begin{pmatrix} \cdot & 8 & 5 & \cdot \\ \cdot & \cdot & \cdot & \cdot \\ \cdot & \cdot & \cdot & \cdot \end{pmatrix} \quad \begin{array}{c|cccc} & 0 & 3 & 0 & 0 \\ \hline 3 & 0 & & 1 & 7 \\ 0 & 5 & 6 & 0 & 0 \\ 0 & 0 & 0 & 8 & 0 \end{array}$$

$$\begin{pmatrix} \cdot & 8 & \cdot & \cdot \\ \cdot & \cdot & \cdot & \cdot \\ \cdot & \cdot & \cdot & \cdot \end{pmatrix} \quad \begin{array}{c|cccc} & 0 & 0 & 0 & 0 \\ \hline 0 & 0 & 3 & 1 & 7 \\ 0 & 5 & 6 & 0 & 0 \\ 0 & 0 & 0 & 8 & 0 \end{array}$$

Also ist

$$\mathfrak{X}_0 := \begin{pmatrix} 0 & 3 & 1 & 7 \\ 5 & 6 & 0 & 0 \\ 0 & 0 & 8 & 0 \end{pmatrix}$$

eine Ecke des obigen TP.

Der Wert der Zielfunktion auf dieser Ecke beträgt übrigens 92. Zum Vergleich: Eine mit der NWR konstruierte Ecke liefert dagegen 163.

Wie kann man aber nun erkennen, ob eine konstruierte Ecke eine Lösung des TP ist? Dazu die folgende Überlegung.

Satz 5.2.6 (mit Definition) *Seien*

$$\mathfrak{C} := (c_{ij})_{m,n}$$

und

$$\overline{\mathfrak{C}} := (\overline{c}_{ij})_{m,n}$$

*zwei sogenannte **äquivalente Kostenmatrizen**, d.h., zwischen diesen beiden Matrizen besteht der folgende Zusammenhang:*

$$\forall i\, \exists\, p_i\ \forall j\, \exists\, q_j : \overline{c}_{ij} = c_{ij} + p_i + q_j. \tag{5.16}$$

Außerdem bezeichnen $f_{\mathfrak{C}}$ bzw. $f_{\overline{\mathfrak{C}}}$ die zu $\mathfrak{C}$ bzw. $\overline{\mathfrak{C}}$ gehörenden Zielfunktionen. Dann gilt:
Eine zulässige Lösung $\mathfrak{x}$ von (5.10) ist genau dann eine Lösung des TP mit der ZF $f_{\mathfrak{C}}$, wenn sie Lösung des TP mit der Zielfunktion $f_{\overline{\mathfrak{C}}}$ ist.

Beweis.   Man rechnet leicht nach, daß sich $f_{\overline{\mathfrak{C}}}(\mathfrak{x})$ und $f_{\mathfrak{C}}(\mathfrak{x})$ für beliebiges $\mathfrak{x} = (x_{11}, \ldots, x_{mn})^T$ nur um eine (von $\mathfrak{x}$ unabhängige) Konstante unterscheiden, woraus sich unmittelbar unsere Behauptung ergibt:

$$f_{\overline{\mathfrak{C}}}(\mathfrak{x}) = \sum_{i=1}^{m} \sum_{j=1}^{n} \overline{c}_{ij} \cdot x_{ij}$$

$$= \sum_{i=1}^{m} \sum_{j=1}^{n} (c_{ij} + p_i + q_j) \cdot x_{ij}$$

$$= \underbrace{\sum_{i=1}^{m} \sum_{j=1}^{n} c_{ij} \cdot x_{ij}}_{} + \underbrace{\sum_{i=1}^{m} \sum_{j=1}^{n} p_i \cdot x_{ij}}_{} + \underbrace{\sum_{i=1}^{m} \sum_{j=1}^{n} q_j \cdot x_{ij}}_{}$$

$$= f_{\mathfrak{C}}(\mathfrak{x}) \qquad + \sum_{i=1}^{m} p_i \cdot \underbrace{\sum_{j=1}^{n} x_{ij}}_{= a_i} + \underbrace{\sum_{j=1}^{n} \sum_{i=1}^{m} q_j \cdot x_{ij}}_{}$$

$$= \sum_{j=1}^{m} q_j \cdot \underbrace{\sum_{i=1}^{m} x_{ij}}_{= b_j}$$

$$= f_{\mathfrak{C}}(\mathfrak{x}) \qquad + \qquad \underbrace{\qquad\qquad\qquad\qquad \text{Konstante} \qquad\qquad\qquad\qquad}_{}$$

∎

Satz 5.2.7 *Das TP (5.1) sei nicht ausgeartet.*
Eine zulässige Lösung $\mathfrak{x}_0$ von (5.10) ist genau dann eine Lösung des TP (5.1), wenn $f(\mathfrak{x}_0) = 0$ ist und die folgende Bedingung gilt:

$$\exists\, p_i, q_j \in \mathbb{R}: \ \overline{\mathfrak{C}} = (c_{ij})_{m,n} := (c_{ij} + p_i + q_j)_{m,n} \geq \mathfrak{O}_{m,n} \ ^4 \tag{5.17}$$

Beweis.   „$\Longleftarrow$": Wenn $\overline{\mathfrak{C}} \geq \mathfrak{O}_{m,n}$ ist, haben wir $f_{\overline{\mathfrak{C}}}(\mathfrak{x}) \geq 0$ für alle $\mathfrak{x} \geq \mathfrak{o}$. Folglich ist jedes $\mathfrak{x}_0$ mit $f_{\overline{\mathfrak{C}}}(\mathfrak{x}_0) = 0$ eine Lösung des TP mit den Nebenbedingungen (5.10) und der Kostenmatrix $\overline{\mathfrak{C}}$. Mit Hilfe von Satz 5.2.6 folgt hieraus unsere Behauptung.
„$\Longrightarrow$": Bezeichne $\mathfrak{X}_0 := (x_{ij}^{(0)})_{m,n}$ eine Lösung des TP (5.1).
Wir wollen zunächst zeigen, daß gewisse p_i, q_j mit der Eigenschaft

$$\forall i \in \{1, 2, \ldots, m\} \ \forall j \in \{1, 2, \ldots, n\}: \ x_{ij}^{(0)} > 0 \implies c_{ij} + p_i + q_j = 0 \tag{5.18}$$

existieren. (5.18) liefert ein LGS, deren Gleichungen in Matrizenform mittels

$$\underbrace{(0, \ldots, 0, \overset{i}{\overbrace{1}}, 0, \ldots, 0, \overset{m+j}{\overbrace{1}}, 0, \ldots, 0)}_{= \mathfrak{a}_{ij}} \cdot (p_1, \ldots, p_m, q_1, \ldots, q_n)^T = -c_{ij}$$

$$\tag{5.19}$$

---

^{4} $\mathfrak{O}_{m,n}$ bezeichnet die Nullmatrix des Typs (m, n) und $\overline{\mathfrak{C}} \geq \mathfrak{O}_{m,n}$ bedeutet, daß alle Elemente der Matrix $\overline{\mathfrak{C}}$ nichtnegativ sind.

beschreibbar sind. Da wir das TP (5.1) als nicht ausgeartet vorausgesetzt haben, besteht (5.18) aus genau $m + n - 1$ Gleichungen der Form (5.19), deren Koeffizientenmatrix den Rang $m + n - 1$ hat. Folglich besitzt (5.18) Lösungen. Es gibt sogar unendlich viele Lösungen, da wir in (5.18) $n + m$ Unbekannte haben.[5]

Mit Hilfe der p_i und q_j, die (5.18) erfüllen, läßt sich nun eine Matrix $\overline{\mathfrak{C}} := (c_{ij} + p_i + q_j)_{m,n}$ bilden, für die nach Konstruktion

$$f_{\overline{\mathfrak{C}}}(x_{11}^{(0)}, x_{12}^{(0)}, \ldots, x_{1n}^{(0)}, x_{21}^{(0)}, x_{22}^{(0)}, \ldots, x_{2n}^{(0)}, \ldots, x_{m1}^{(0)}, x_{m2}^{(0)}, \ldots, x_{mn}^{(0)}) = 0 \quad (5.20)$$

gilt. Zum Beweis unserer Behauptung haben wir also nur noch $\overline{\mathfrak{C}} \geq \mathfrak{O}_{m,n}$ zu zeigen. Angenommen, in der Matrix $\overline{\mathfrak{C}}$ findet man ein gewisses Element $\overline{c}_{\alpha\beta}$ mit

$$\overline{c}_{\alpha\beta} < 0. \qquad (5.21)$$

Wir konstruieren nun aus der Ecke $\mathfrak{X}_0 = (x_{ij}^{(0)})_{m,n}$, die eine Lösung für das TP (5.1) ist, eine Ecke $\mathfrak{X}_1 := (x_{ij}^{(1)})_{m,n}$[6] des zulässigen Bereiches des TP mit

$$f_{\overline{\mathfrak{C}}}(\mathfrak{x}_1) < f_{\overline{\mathfrak{C}}}(\mathfrak{x}_0) = 0. \qquad (5.22)$$

Da dies dem Satz 5.2.6 widerspricht, würde hieraus ein Widerspruch zu unserer Annahme (5.21) folgen und unser Satz wäre bewiesen.

Zwecks Konstruktion von $\mathfrak{x}_1$ ergänzen wir den Graphen $G_{\mathfrak{x}_0}$ durch die Kante $\{E_\alpha, V_\beta\}$. Es entsteht der Graph $G_{\mathfrak{x}_0}^*$. Da $G_{\mathfrak{x}_0}^*$ $m + n$ Kanten besitzt, muß $G_{\mathfrak{x}_0}^*$ (wegen Satz 5.2.5) einen Kreis enthalten. Beschreiben läßt sich dieser Kreis wie folgt:

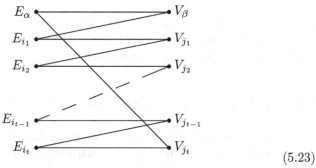

$$(5.23)$$

Wählt man nun für ein gewisses δ

---

[5] Jedoch ist die mit Hilfe der p_i und q_j gebildete Matrix $\overline{\mathfrak{C}}$ eindeutig bestimmt.

[6] Ist die Ecke in Form einer Spalte aufgeschrieben, verwenden wir die Bezeichnung $\mathfrak{x}_1$.

$$x_{\alpha\beta}^{(1)} := x_{\alpha\beta}^{(0)} + \delta,$$

$$x_{i_1\beta}^{(1)} := x_{i_1\beta}^{(0)} - \delta,$$

$$x_{i_1 j_1}^{(1)} := x_{i_1 j_1}^{(0)} + \delta,$$

$$x_{i_2 j_1}^{(1)} := x_{i_2 j_1}^{(0)} - \delta,$$

$$x_{i_2 j_2}^{(1)} := x_{i_2 j_2}^{(0)} + \delta,$$

$$\vdots$$

$$x_{i_{t-1} j_{t-1}}^{(1)} := x_{i_{t-1} j_{t-1}}^{(0)} + \delta,$$

$$x_{i_t j_{t-1}}^{(1)} := x_{i_t j_{t-1}}^{(0)} - \delta,$$

$$x_{i_t j_t}^{(1)} := x_{i_t j_t}^{(0)} + \delta,$$

$$x_{\alpha j_t}^{(1)} := x_{\alpha j_t}^{(0)} - \delta$$

$$(5.24)$$

(siehe dazu auch (5.23)) und legt außerdem

$$\forall\,(k,l) \notin \{(\alpha,\beta),(i_1,\beta),(i_1,j_1),(i_2,j_1),(i_2,j_2),\ldots,(i_t,j_t),(\alpha,j_t)\}:$$
$$x_{kl}^{(1)} := x_{kl}^{(0)},$$

$$(5.25)$$

fest, so sieht man, daß bei Wahl von

$$\delta := \min\left\{ x_{i_1\beta}^{(0)}, x_{i_2 j_1}^{(0)}, \ldots, x_{i_t j_{t-1}}^{(0)}, x_{\alpha j_t}^{(0)} \right\} \qquad (5.26)$$

die auf diese Weise bestimmte Lösung $\mathfrak{x}_1$ des LGS (5.10) zulässig ist. Da — wie man leicht nachprüft — $f_{\overline{\mathfrak{c}}}(\mathfrak{x}_1) = \delta \cdot \overline{c}_{\alpha\beta} < 0$ gilt, haben wir den oben bereits angekündigten Widerspruch erhalten. ∎

5.3 Der Transportalgorithmus

Den Sätzen 5.2.6 und 5.2.7 sowie ihren Beweisen ist ein Lösungsverfahren für TP zu entnehmen, das **Transportalgorithmus** oder auch **Potentialmethode** genannt wird. Dieses Verfahren soll nachfolgend anhand eines Beispiels erläutert werden, wobei dabei auch auf den Ausartungsfall eingegangen wird. Im Beispiel wählen wir als Transporttabelle

	$b_1 = 20$	$b_2 = 5$	$b_3 = 10$	$b_4 = 10$	$b_5 = 5$
$a_1 = 15$					
$a_2 = 15$					
$a_3 = 20$					

$$(5.27)$$

und als Kostenmatrix

$$\mathfrak{C} := \begin{pmatrix} 5 & 6 & 6 & 5 & 9 \\ 6 & 4 & 7 & 3 & 5 \\ 2 & 5 & 3 & 1 & 8 \end{pmatrix}. \tag{5.28}$$

Ausgangspunkt des Transportalgorithmus ist eine (auf irgendeine Weise konstruierte) Ecke des zulässigen Bereiches des TP. Wir wählen für unser Beispiel eine nach NWR konstruierte Ecke:[7]

$$\mathfrak{X}_0 := \begin{pmatrix} 15 & 0 & 0 & 0 & 0 \\ 5 & 5 & 5 & 0 & 0 \\ 0 & 0 & 5 & 10 & 5 \end{pmatrix}, \tag{5.29}$$

für die $f(\mathfrak{x}_0) = 225$ gilt.

1. Schritt:
Zwecks Feststellung, ob $\mathfrak{X}_0$ bereits eine Lösung des TP ist bzw. zwecks Kostruktion einer neuen Ecke, die einen kleineren Wert der ZF liefert, falls $\mathfrak{X}_0$ noch keine Lösung ist, bilden wir die Matrix

$$\overline{\mathfrak{C}} := (\overline{c}_{ij})_{m,n} := (c_{ij} + p_i + q_j)_{m,n}, \tag{5.30}$$

die (5.18) erfüllt. In unserem Beispiel hieße dies:

$$\overline{\mathfrak{C}} = \begin{pmatrix} 0 & \overline{c}_{12} & \overline{c}_{13} & \overline{c}_{14} & \overline{c}_{15} \\ 0 & 0 & 0 & \overline{c}_{24} & \overline{c}_{25} \\ \overline{c}_{31} & \overline{c}_{32} & 0 & 0 & 0 \end{pmatrix}. \tag{5.31}$$

($\overline{\mathfrak{C}}$ ist so gewählt, daß $f_{\overline{\mathfrak{C}}}(\mathfrak{x}_0) = 0$ gilt.)
Um die Zahlen p_i und q_j, die (5.31) liefern, zu berechnen, schreiben wir uns die Kostenmatrix (5.28) nur an solchen Stellen auf, die zu Stellen gehören, an denen in (5.29) Werte > 0 stehen, und „rändern" diese Matrix wie folgt:

$$\begin{matrix} = p_1 \\ = p_2 \\ = p_3 \end{matrix} \begin{pmatrix} 5 & & & & \\ 6 & 4 & 7 & & \\ & & 3 & 1 & 8 \end{pmatrix} \tag{5.32}$$
$$q_1 = \quad q_2 = \quad q_3 = \quad q_4 = \quad q_5 =$$

Die Zahlen p_i und q_j werden jetzt so bestimmt, daß sie zu dem Element in der i–ten Zeile und j–ten Spalte von (5.32) addiert 0 ergeben. Da — wie wir uns im Beweis von Satz 5.2.7 überlegt haben — das zu dieser Rechnung gehörende LGS unendlich viele Lösungen besitzt, können wir eine der Unbekannten willkürlich wählen und dann die restlichen Unbekannten ausrechnen. Nachfolgend setzen wir stets

$$q_1 := 0 \tag{5.33}$$

---

[7] Besser wäre natürlich eine nach der Methode des kleinsten Elements konstruierte Ecke. Die nach NWR konstruierte Ecke wurde hier nur gewählt, damit an diesem Beispiel die verschiedenen Vorgehensweisen (z.B. auch die für den Ausartungsfall) erläutert werden können.

(Im Nichtausartungsfall sind übrigens dadurch die anderen p_i und q_j eindeutig bestimmt. Falls das Problem ausgeartet ist, hat man eventuell noch mehrmals bestimmte Unbekannte willkürlich zu wählen.)

Für unser Beispiel erhalten wir:

$$
\begin{array}{l}
-5 = p_1 \\
-6 = p_2 \\
-2 = p_3
\end{array}
\begin{pmatrix}
5 & \cdot & \cdot & \cdot & \cdot \\
6 & 4 & 7 & \cdot & \cdot \\
\cdot & \cdot & 3 & 1 & 8
\end{pmatrix}
\tag{5.34}
$$
$$
q_1 := 0 \quad q_2 = 2 \quad q_3 = -1 \quad q_4 = 1 \quad q_5 = -6
$$

Anschließend werden in (5.33) die restlichen Werte der Kostenmatrix (5.27) eingetragen:

$$
\begin{array}{l}
-5 = p_1 \\
-6 = p_2 \\
-2 = p_3
\end{array}
\begin{pmatrix}
5 & 6 & 6 & 5 & 9 \\
6 & 4 & 7 & 3 & 5 \\
2 & 5 & 3 & 1 & 8
\end{pmatrix}
\tag{5.35}
$$
$$
q_1 := 0 \quad q_2 = 2 \quad q_3 = -1 \quad q_4 = 1 \quad q_5 = -6
$$

und dann $\overline{\mathfrak{C}}$ ausgerechnet:

$$
\overline{\mathfrak{C}} = \begin{pmatrix}
0 & 3 & 0 & 1 & -2 \\
0 & 0 & 0 & -2 & -7 \\
0 & 5 & 0 & 0 & 0
\end{pmatrix}.
\tag{5.36}
$$

Da die Matrix $\overline{\mathfrak{C}}$ auch negative Zahlen enthält, ist unsere Startecke $\mathfrak{X}_0$ keine Lösung des TP.

2. Schritt:
Wir werden jetzt $\mathfrak{X}_0$ so abändern, daß eine Ecke $\mathfrak{X}_1$ mit

$$
f_{\overline{\mathfrak{C}}}(\mathfrak{x}_1) < f_{\overline{\mathfrak{C}}}(\mathfrak{x}_0) = 0
\tag{5.37}
$$

entsteht. Es bietet sich an, das an den Stellen von $\mathfrak{X}_0$ zu versuchen, wo sich an den entsprechenden Stellen in der Kostenmatrix $\overline{\mathfrak{C}}$ negative Zahlen befinden, die außerdem betragsmäßig sehr groß sind. Wir wählen einen solchen Platz aus. In unserem Beispiel ist dies der Platz $(2,5)$, an den wir anstelle von 0 den Wert δ eintragen und die restlichen Werte wie in $\mathfrak{X}_0$ wählen. Wir erhalten:

$$
\mathfrak{X}_1' := \begin{pmatrix}
15 & 0 & 0 & 0 & 0 \\
5 & 5 & 5 & 0 & \delta \\
0 & 0 & 5 & 10 & 5
\end{pmatrix}.
\tag{5.38}
$$

Da $\mathfrak{X}_1'$ für $\delta \neq 0$ nicht das LGS der Nebenbedingungen erfüllt, haben wir noch an weiteren Stellen gewisse Abänderungen vorzunehmen. Um herauszubekommen, welche Stellen dies sind, bilden wir einen Graphen, der aus $G_{\mathfrak{x}_0}$ durch Hinzunahme einer Kante, die E_2 mit V_5 verbindet, entsteht:

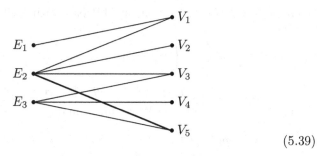

$$(5.39)$$

Da (5.38) für $\delta > 0$ keine Ecke ist, enthält (5.39) einen Kreis:

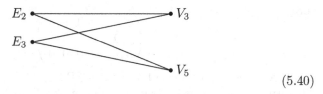

$$(5.40)$$

Dieser Kreis gibt uns nun an, wie man (5.38) abzuändern hat, damit $\mathfrak{X}_1''$ zunächst das LGS der Nebenbedingungen erfüllt (siehe dazu (5.24)):

$$\mathfrak{X}_1'' := \begin{pmatrix} 15 & 0 & 0 & 0 & 0 \\ 5 & 5 & 5-\delta & 0 & \delta \\ 0 & 0 & 5+\delta & 10 & 5-\delta \end{pmatrix}. \qquad (5.41)$$

Wählt man nun δ gemäß (5.26) (also in unserem Beispiel: $\delta = 5$), so wird der Kreis (5.40) unterbrochen und man erhält als neue Ecke des zulässigen Bereiches des TP:

$$\mathfrak{X}_1 := \begin{pmatrix} 15 & 0 & 0 & 0 & 0 \\ 5 & 5 & 0 & 0 & 5 \\ 0 & 0 & 10 & 10 & 0 \end{pmatrix}. \qquad (5.42)$$

(Da $f_{\overline{\mathfrak{C}}}(\mathfrak{x}_1) = \delta \cdot \overline{c}_{2,5} = -35$ ist, erfüllt die so konstruierte Ecke (5.37).) Der Wert der Zielfunktion unseres Ausgangs–TP beträgt für diese Ecke 190.

3. Schritt:

Wie oben haben wir als nächstes zu klären, ob $\mathfrak{x}_1$ bereits Lösung des TP ist. Da $\mathfrak{x}_1$ weniger als 7 Koordinaten > 0 hat, ist unser Problem ausgeartet. Dies wäre nicht der Fall gewesen, wenn sich z.B. auf den Platz $(3,5)$ von $\mathfrak{X}_0$ eine Zahl größer als 5 befunden hätte. Um möglichst wenig von unserer obigen Verfahrensweise abweichen zu müssen, werden wir jetzt die Null auf dem Platz $(3,5)$ wie eine — möglichst klein gedachte — Zahl, die größer als Null ist, behandeln. Wir hätten natürlich auch jede andere Null auf einen gewissen Platz (k, l) nehmen können, deren zugehörige Kante $\{E_k, V_l\}$ den Graphen $G_{\mathfrak{x}_1}$ zusammenhängend macht, ohne daß Kreise entstehen. Wir testen nun — analog zur der Vorgehensweise mit der Ecke $\mathfrak{x}_0$ — durch Konstruktion einer neuen Matrix $\overline{\mathfrak{C}}$, ob $\mathfrak{x}_1$ Lösung des TP ist. Dazu stellen wir zunächst das Schema

$$\begin{matrix} = p_1 \\ = p_2 \\ = p_3 \end{matrix} \begin{pmatrix} 5 & . & . & . & . \\ 6 & 4 & . & . & 5 \\ . & . & 3 & 1 & 8 \end{pmatrix}$$
$$q_1 = \quad q_2 = \quad q_3 = \quad q_4 = \quad q_5 = \tag{5.43}$$

auf und berechnen die neuen Werte für p_i und q_j:

$$\begin{matrix} -5 = p_1 \\ -6 = p_2 \\ -9 = p_3 \end{matrix} \begin{pmatrix} 5 & . & . & . & . \\ 6 & 4 & . & . & 5 \\ . & . & 3 & 1 & 8 \end{pmatrix},$$
$$q_1 := 0 \;\; q_2 = 2 \;\; q_3 = 6 \;\; q_4 = 8 \;\; q_5 = 1 \tag{5.44}$$

woraus sich

$$\overline{\mathfrak{C}} = \begin{pmatrix} 0 & 3 & 4 & 8 & 5 \\ 0 & 0 & 7 & 5 & 0 \\ -7 & -2 & 0 & 0 & 0 \end{pmatrix} \tag{5.45}$$

ergibt. Also ist $\mathfrak{x}_1$ noch keine Lösung des TP.

Wir beginnen mit der Konstruktion einer neuen Ecke. Die Wahl des Platzes $(5,1)$ zum Abändern von einer Null in $\mathfrak{X}_1$ zu δ führt zunächst zu

$$\mathfrak{X}_1' := \begin{pmatrix} 15 & 0 & 0 & 0 & 0 \\ 5 & 5 & 0 & 0 & 5 \\ \delta & 0 & 10 & 10 & \mathbf{0} \end{pmatrix} \tag{5.46}$$

mit dem zugehörigen Graphen

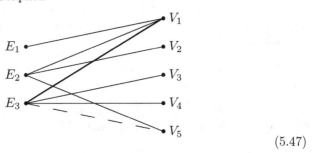

$$\tag{5.47}$$

Da (5.46) für $\delta > 0$ keine Ecke ist, enthält (5.47) einen Kreis:

$$\tag{5.48}$$

Die sich hieraus nach (5.24) und (5.25) ergebenen Forderungen für δ sind nur für $\delta = 0$ erfüllbar, womit wir mit dieser Art der Wahl einer Zusatzkante keinen Erfolg hatten. Wir starten einen neuen Versuch, indem wir als neue Kante, die den Graphen $G_{\mathfrak{x}_1}$ zusammenhängend macht, $\{E_1, V_3\}$ wählen. Wir erhalten den neuen Graphen

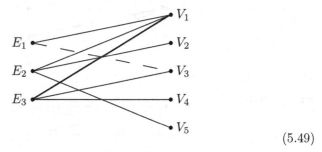

$$(5.49)$$

mit dem Kreis:

$$
\begin{array}{c}
E_1 \bullet\!\!\!-\!\!\!-\!\!\!-\!\!\!-\!\!\!-\!\!\!-\!\!\!\bullet V_1 \\
E_3 \bullet\!\!\!-\!\!\!-\!\!\!-\!\!\!-\!\!\!-\!\!\!-\!\!\!\bullet V_3
\end{array}
\quad ,
$$

$$(5.50)$$

der $\delta = 10$ und die neue Ecke

$$
\mathfrak{X}_2 := \begin{pmatrix} 5 & 0 & 10 & 0 & 0 \\ 5 & 5 & 0 & 0 & 5 \\ 10 & 0 & 0 & 10 & 0 \end{pmatrix}
\tag{5.51}
$$

mit $f_{\mathfrak{C}}(\mathfrak{x}_2) = 190$ liefert.[8]

4. Schritt:
Erneutes Aufstellen eines Schemas zur Berechnung einer zu $\mathfrak{X}_2$ gehörenden Matrix $\overline{\mathfrak{C}}$:

$$
\begin{array}{l}
-5 = p_1 \\
-6 = p_2 \\
-2 = p_3
\end{array}
\begin{pmatrix} 5 & \cdot & 6 & \cdot & \cdot \\ 6 & 4 & \cdot & \cdot & 5 \\ 2 & \cdot & \cdot & 1 & \cdot \end{pmatrix}
\tag{5.52}
$$

$$
q_1 := 0 \quad q_2 = 2 \quad q_3 = -1 \quad q_4 = 1 \quad q_5 = 1
$$

ergibt

$$
\overline{\mathfrak{C}} = \begin{pmatrix} 0 & 3 & 0 & 1 & 5 \\ 0 & 0 & 0 & -2 & 0 \\ 0 & 5 & 0 & 0 & 7 \end{pmatrix}.
\tag{5.53}
$$

Der Platz $(2,4)$ wird jetzt in (5.51) zu δ abgeändert und wir erhalten aus dem Graphen

---

[8] Der Wert der Zielfunktion hat sich also beim Übergang von der Ecke $\mathfrak{X}_1$ zur Ecke $\mathfrak{X}_2$ nicht geändert. Damit besteht die Gefahr von Zyklen, die man bei etwas komplizierteren Beispielen durch einen — auf das TP zugeschnittenen — Bland–Algorithmus vermeiden kann.

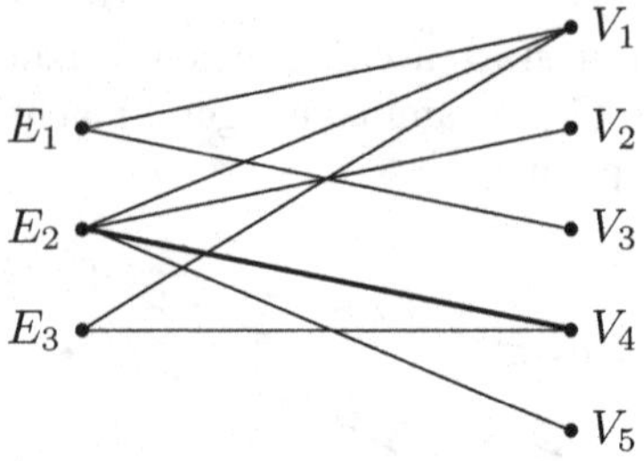

(5.54)

mit dem Kreis

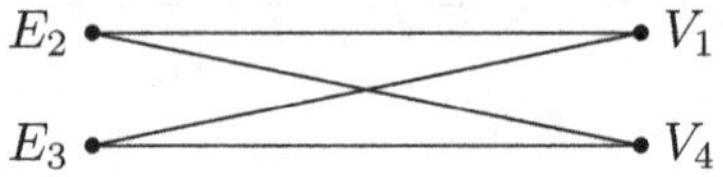

(5.55)

für δ den Wert 5 und die neue Ecke

$$\mathfrak{X}_3 := \begin{pmatrix} 5 & 0 & 10 & 0 & 0 \\ 0 & 5 & 0 & 5 & 5 \\ 15 & 0 & 0 & 5 & 0 \end{pmatrix} \tag{5.56}$$

mit $f_{\mathfrak{C}}(\mathfrak{x}_3) = 150$.

5. Schritt:
Aufstellen eines Schemas der Gestalt

$$\begin{array}{rcl} -5 &=& p_1 \\ -4 &=& p_2 \\ -2 &=& p_3 \end{array} \begin{pmatrix} 5 & . & 6 & . & . \\ . & 4 & . & 3 & 5 \\ 2 & . & . & 1 & . \end{pmatrix} \tag{5.57}$$
$$q_1 := 0 \quad q_2 = 0 \quad q_3 = -1 \quad q_4 = 1 \quad q_5 = -1$$

liefert

$$\overline{\mathfrak{C}} = \begin{pmatrix} 0 & 1 & 0 & 1 & 3 \\ 2 & 0 & 2 & 0 & 0 \\ 0 & 3 & 0 & 0 & 5 \end{pmatrix}. \tag{5.58}$$

Da unsere zuletzt ausgerechnete Matrix $\overline{\mathfrak{C}}$ keine negativen Zahlen mehr enthält, ist $\mathfrak{X}_3$ eine Lösung des TP.

Aufgaben zum Teil I

6.1 Aufgaben zum Kapitel 1

A.1.1 Für die folgende Aufgabe gebe man ein mathematisches Modell (in Form eines LOP) an:
Der 24stündige Arbeitstag sei in 4 Schichten zu je 6 Stunden eingeteilt, wobei die 1. Schicht um 0 Uhr beginnt. Die Mindestanzahl der Besetzung mit Arbeitskräften ist pro Schicht unterschiedlich, und zwar 4, 8, 8, 6. Jeder Arbeiter hat zwei Schichten hintereinander zu arbeiten und darf nicht an zwei aufeinanderfolgenden Tagen eingesetzt werden. Mit welcher Mindestanzahl von Arbeitskräften kann dieser Schichtplan erfüllt werden?
Hinweis: Man wähle x_i $(i = 1, 2, 3, 4)$ als Anzahl der Arbeiter, die in der Schicht i anfangen, wobei $x_4 = 0$.

A.1.2 Man beschreibe die folgende Aufgabe als LOP:
Zur Herstellung eines bestimmten Gegenstandes G werden drei Stäbe benötigt. Zwei dieser Stäbe müssen je $2m$, der dritte $2.50m$ lang sein. Zur Verfügung stehen 100 Stäbe zu je $5m$ und 140 Stäbe zu je $4m$ Länge. Wie sind diese Stäbe zu zerschneiden, damit eine möglichst große Stückzahl des Gegenstandes G hergestellt wird?
Hinweis: Man überlege sich die Möglichkeiten M_i des Zerlegens eines $4m$- bzw. $5m$-Stabes in Stäbe der gewünschten Länge und wähle als Unbekannte x_i die Anzahl der nach Möglichkeit M_i zugeschnittenen Stäbe der Länge $4m$ bzw. $5m$.

A.1.3 Für $(\alpha, \beta) \in \{(1, 1), (6, 4)\}$ löse man das LOP

$$f(x, y) = \alpha \cdot x + \beta \cdot y \longrightarrow Max.$$

$$
\begin{aligned}
3x + 2y &\leq 16 \\
2x + y &\leq 6 \\
x - y &\geq -5 \\
0 \leq y &\leq 5.
\end{aligned}
$$

Außerdem gebe man eine Normalform des obigen LOP an.

A.1.4 Man löse die folgenden LOP auf geometrischem Wege:

(a)

$$f(x,y) = x + y \longrightarrow Max.$$

$$
\begin{array}{rrcr}
2x & + & y & \geq & 4 \\
-2x & + & y & \geq & -10 \\
& & y & \leq & 4 \\
& x, & y & \geq & 0
\end{array}
$$

(b)

$$f(x,y) = 10x + 4y \longrightarrow Min.$$

$$
\begin{array}{rcrcr}
140x & + & 40y & \geq & 560 \\
10x & + & 8y & \geq & 80 \\
4x & + & 8y & \geq & 48 \\
& & x,\, y & \geq & 0
\end{array}
$$

(c)

$$f(x,y) = 3x + 4y \longrightarrow Max.$$

$$
\begin{array}{rcrcr}
x & + & 2y & \leq & 14 \\
2x & + & y & \leq & 16 \\
& & 2y & \leq & 12 \\
3x & & & \leq & 21 \\
& & x,\, y & \geq & 0 \\
& & x,\, y & \in & \mathbb{N}_0
\end{array}
$$

6.2 Aufgaben zum Kapitel 2

A.2.1 Man beweise, daß der Durchschnitt von beliebig vielen konvexen Mengen wieder eine konvexe Menge ist. Gilt eine entsprechende Aussage auch für die Vereinigung konvexer Mengen?

A.2.2 Man löse das LOP

$$f(x,y) = 2x - 4y \longrightarrow Max.$$

$$-x + y \leq 3$$

$$y \leq 5 \tag{6.1}$$

$$-2x + 3y \geq 3$$

auf geometrischem Wege. Außerdem forme man das LOP (6.1) so um, daß es möglich ist, das Problem (6.1) mit Hilfe des Simplex-Algorithmus zu lösen und gebe die Starttabelle dieses Verfahrens an.

A.2.3 Man löse das LOP
(a)

$$f(x_1, ..., x_5) = x_1 + 2x_2 - x_3 - 3x_4 + 5x_5 \longrightarrow Min.,$$

$$\begin{pmatrix} 1 & 0 & 0 & -4 & 0 \\ 0 & 1 & 0 & 2 & 1 \\ 0 & 0 & 1 & 2 & -10 \end{pmatrix} \cdot \mathfrak{x} = \begin{pmatrix} 3 \\ 4 \\ 2 \end{pmatrix}, \quad \mathfrak{x} \geq \mathfrak{o}$$

(b)

$$f(x_1, ..., x_5) = 2x_1 + 2x_2 - x_3 + x_4 \longrightarrow Min$$

$$\begin{pmatrix} 1 & -1 & 0 & 3 & 0 \\ 0 & 3 & 1 & -4 & 0 \\ 0 & 5 & 0 & 1 & 1 \end{pmatrix} \cdot \begin{pmatrix} x_1 \\ x_2 \\ x_3 \\ x_4 \\ x_5 \end{pmatrix} = \begin{pmatrix} 9 \\ 17 \\ 2 \end{pmatrix}, \quad \mathfrak{x} \geq \mathfrak{o}$$

(c)

$$f(\mathfrak{x}) = (-2, -1, -2, 1, -15)^T \cdot \mathfrak{x} \longrightarrow Min.$$

$$\begin{pmatrix} 1 & 0 & 0 & -4 & -1 \\ 0 & 1 & 0 & 1 & 2 \\ 0 & 0 & 1 & 1 & -3 \end{pmatrix} \cdot \mathfrak{x} = \begin{pmatrix} 2 \\ 1 \\ 3 \end{pmatrix}, \quad \mathfrak{x} \geq \mathfrak{o}$$

A.2.4 Man zeige, daß bei einer gewissen Anwendung von Simplexschritten zwecks Lösung des LOP

$$f(\mathfrak{x}) = (0, 0, -1, 1, -1, 1, 0)^T \cdot \mathfrak{x} \longrightarrow Min.$$

$$\begin{pmatrix} 1 & 0 & 1 & -2 & -3 & 4 & 0 \\ 0 & 1 & 4 & -3 & -2 & 1 & 0 \\ 0 & 0 & 1 & 1 & 1 & 1 & 1 \end{pmatrix} \cdot \mathfrak{x} = \begin{pmatrix} 0 \\ 0 \\ 1 \end{pmatrix}, \mathfrak{x} \geq \mathfrak{o}.$$

ein Zyklus entsteht.
(Hinweis: Man wähle der Reihe nach (j, i) wie folgt: $(3, 1)$, $(4, 2)$, $(5, 3)$, $(6, 4)$, $(1, 5)$, $(2, 6)$.)

A.2.5 Man löse das LOP

$$f(\mathfrak{x}) = (4, -1, -2)^T \cdot \mathfrak{x} \longrightarrow Min.$$

$$\begin{pmatrix} 2 & 1 & 1 \\ -1 & 3 & -1 \end{pmatrix} \cdot \mathfrak{x} = \begin{pmatrix} 5 \\ -3 \end{pmatrix}, \mathfrak{x} \geq \mathfrak{o}.$$

A.2.6 Man bestimme die Ecken der zulässigen Menge von

$$\begin{pmatrix} -2 & 4 & 6 & 2 \\ 4 & -2 & -6 & 0 \\ 8 & 4 & 0 & 0 \end{pmatrix} \cdot \mathfrak{x} = \begin{pmatrix} 32 \\ 4 \\ 16 \end{pmatrix}, \mathfrak{x} \geq \mathfrak{o}.$$

A.2.7 Man gebe gewisse a und b aus $\mathbb{R}$ an, für die das LOP

$$f(x_1, ..., x_5) = x_1 - 2x_2 + 4x_3 + x_4 + x_5 \longrightarrow Min.$$

$$\begin{pmatrix} 1 & 0 & 0 & 1 & -2 \\ 0 & 1 & 0 & 0 & a \\ 0 & 0 & 1 & b & -1 \end{pmatrix} \cdot \mathfrak{x} = \begin{pmatrix} 1 \\ 5 \\ 3 \end{pmatrix} , \ \mathfrak{x} \geq \mathfrak{o}.$$

keine Lösungen besitzt (Begründung!).

A.2.8 Man überführe das folgende LOP in eine Form, die die Durchführung des Simplex-Algorithmus ermöglicht, und löse dieses LOP.

$$f(x_1, x_2, x_3) = x_1 - x_2 - 4x_3 \longrightarrow Max,$$

$$-x_1 - x_2 - 2x_3 = -4,$$
$$3x_2 \leq 6,$$
$$x_2 - x_3 = 1,$$
$$\mathfrak{x} \geq \mathfrak{o}.$$

6.3 Aufgaben zum Kapitel 3

A.3.1 $\mathfrak{x}_0 := (0, 2, 1, 0)^T$ ist eine Lösung des LOP

$$f(x_1, x_2, x_3, x_4) = 3x_1 + x_2 + 2x_3 + 2x_4 \longrightarrow Min.$$

$$3x_1 + x_2 + 2x_3 + x_4 = 4 \qquad\qquad (6.2)$$
$$-x_1 + x_2 + x_3 = 3, \qquad \mathfrak{x} \geq \mathfrak{o}.$$

Man gebe das zu (6.2) duale LOP an und löse dieses duale LOP.

A.3.2 Mit Hilfe des Dualitätssatzes begründe man, daß das LOP

$$g(x, y, z) = 7x + 3y + z \longrightarrow Max.,$$

$$x \leq 1,$$
$$-3x + y + z \leq 4,$$
$$-2x - y - 5z \leq 2,$$
$$y \leq 2,$$
$$z \leq -3$$

keine Lösung hat.

A.3.3 Für das LOP

$$f(\mathfrak{x}) = (2, -3, -7, 1)^T \cdot \mathfrak{x} \longrightarrow Min.$$

$$\begin{pmatrix} 1 & 0 & -1 & 2 \\ 0 & 1 & 3 & -1 \\ 0 & 0 & 2 & 1 \end{pmatrix} \cdot \mathfrak{x} = \begin{pmatrix} 5 \\ 1 \\ 3 \end{pmatrix} , \ \mathfrak{x} \geq \mathfrak{o}.$$

berechne man eine Lösung, gebe das zum LOP gehörende duale LOP an und bestimme mit Hilfe der für das Ausgangs-LOP ermittelten Lösung eine für das duale LOP.

6.4 Aufgaben zum Kapitel 4

A.4.1 Man löse das GLOP

$$f(x,y,z) = -9x + 13z \longrightarrow Min.$$

$$
\begin{aligned}
x - y - z &\leq 2 \\
2y - z &\leq 2 \\
x + 2y - 2z &\leq 4 \\
2x + y - 2z &\leq 7 \\
x, y, z &\geq 0 \\
x, y, z &\in \mathbb{N}_0
\end{aligned}
$$

zunächst ohne die Bedingung $x, y, z \in \mathbb{N}_0$ und dann mit Hilfe des Gomory-Verfahrens. Ist das gerundete erste Ergebnis eine Lösung des GLOP?

6.5 Aufgaben zum Kapitel 5

A.5.1 Für die nachfolgenden Transportprobleme bestimme man jeweils eine Ecke $\mathfrak{x}_1$ nach der NW-Regel und eine Ecke $\mathfrak{x}_2$ nach der Methode des kleinsten Elements (einschließlich des Nachweises, daß wirklich eine Ecke vorliegt!). Man vergleiche außerdem $f_{\mathfrak{C}}(\mathfrak{x}_1)$ mit $f_{\mathfrak{C}}(\mathfrak{x}_2)$.

(a)

$$
\begin{array}{c|ccccc}
 & 5 & 3 & 2 & 12 & 18 \\
\hline
14 & & & & & \\
6 & & & & & \\
20 & & & & &
\end{array}
\quad , \quad
\mathfrak{C} = \begin{pmatrix} 7 & 4 & 9 & 2 & 2 \\ 8 & 3 & 11 & 3 & 8 \\ 1 & 10 & 4 & 5 & 6 \end{pmatrix}
$$

(b)

$$
\begin{array}{c|ccc}
 & 10 & 20 & 20 \\
\hline
15 & & & \\
7 & & & \\
13 & & & \\
15 & & &
\end{array}
\quad , \quad
\mathfrak{C} = \begin{pmatrix} 1 & 6 & 3 \\ 2 & 5 & 11 \\ 3 & 9 & 8 \\ 4 & 7 & 10 \end{pmatrix} .
$$

A.5.2 Man löse das Transportproblem

(a)

$$
\begin{array}{c|cccc}
 & 5 & 4 & 8 & 13 \\
\hline
9 & & & & \\
10 & & & & \\
11 & & & &
\end{array}
\quad
\mathfrak{C} = \begin{pmatrix} 4 & 3 & 6 & 3 \\ 2 & 1 & 18 & 11 \\ 9 & 10 & 8 & 6 \end{pmatrix}
$$

(b)

$$\begin{array}{c|cccc} & 5 & 9 & 9 & 7 \\ \hline 11 & & & & \\ 11 & & & & \\ 8 & & & & \end{array} \quad , \quad \mathfrak{C} = \begin{pmatrix} 7 & 8 & 5 & 3 \\ 2 & 4 & 5 & 9 \\ 6 & 3 & 1 & 2 \end{pmatrix},$$

indem man von einer nach NWR konstruierten Ecke ausgeht.

A.5.3 Man löse das folgende Transportproblem

$$\begin{array}{c|ccccc} & 5 & 3 & 2 & 12 & 18 \\ \hline 14 & & & & & \\ 6 & & & & & \\ 20 & & & & & \end{array} \quad , \quad \mathfrak{C} = \begin{pmatrix} 7 & 4 & 9 & 2 & 2 \\ 8 & 3 & 11 & 3 & 8 \\ 1 & 10 & 4 & 5 & 6 \end{pmatrix}$$

durch Ermittlung aller Startecken, die mit der Methode des kleinsten Elements konstruierbar sind, und Anwendung des Transportalgorithmus auf eine dieser Ecke, die noch nicht Lösung des TP ist.

A.5.4 Man bestimme für das folgende Transportproblem

$$\begin{array}{c|ccc} & 14 & 8 & 28 \\ \hline 5 & & & \\ 15 & & & \\ 10 & & & \\ 20 & & & \end{array} \qquad \begin{pmatrix} 2 & 10 & 5 \\ 4 & 1 & 7 \\ 7 & 6 & 8 \\ 9 & 11 & 12 \end{pmatrix}$$

eine Ecke
(a) nach der NW-Regel,
(b) mit Hilfe der Methode des kleinsten Elements,
und lösen das Problem, indem man von der nach (b) bestimmten Ecke ausgeht.

Teil II

Graphen und Algorithmen

Nachdem bereits im Band 1 und dann auch vereinzelt in den vorangegangenen Kapiteln immer mal wieder Graphen behandelt wurden, soll nun in den folgenden 6 Kapiteln eine ausführlichere Einführung in die Graphentheorie gegeben werden. Vorgestellt werden solche Teile, für die durch einleitende Beispiele sofort klar ist, daß man mit ihnen praktische Probleme lösen kann, und solche, die für Entwicklung der Graphentheorie wichtig waren und sind. Wie bereits in Band 1 erläutert, treten Graphen bei der mathematischen Modellierung von Sachverhalten immer dann auf, wenn zwischen gewissen Objekten (zusammengefaßt zu einer Menge) gewisse Beziehungen (beschrieben durch eine gewisse binäre Relation) bestehen, die geometrisch durch das Zeichnen von Punkten (*„Ecken"*) und Strichen (*„Kanten"* bzw. *„gerichtete Kanten"*) verdeutlicht werden können. Modellierbar sind auf diese Weise Verkehrssysteme, Programmstrukturen, Schaltungen, Verwandtschaftsbeziehungen, chemische Verbindungen und vieles mehr. Dabei geht es natürlich nicht nur um die Beschreibung von Sachverhalten, sondern darum, gewisse Optimierungsaufgaben zu lösen. So ist man z.B. bei Verkehrssystemen nicht nur daran interessiert durch eine Zeichnung Verbindungen zwischen einzelnen Orten anzugeben, sondern man interessiert sich für Verfahren, mit denen sich kürzeste (oder kostengünstigste) Verbindungen zwischen den Orten ermitteln lassen.

Obwohl die Anfänge der Graphentheorie bis ins 18. Jahrhundert zurückreichen[1], hat sich die Graphentheorie stürmisch erst im 20. Jahrhundert als umfangreiches Kerngebiet der Diskreten Mathematik mit vielen Anwendungen in den Wirtschaftswissenschaften, der Technik oder der Informatik entwickelt.

Das erste Lehrbuch zur Graphentheorie „Theorie der endlichen und unendlichen Graphen" wurde vom ungarischen Mathematiker Dénes König im Jahre 1936 publiziert.[2] Inzwischen ist die Literatur zur Graphentheorie fast unüberschaubar geworden und keines der in den letzten Jahren herausgegebenen Graphentheoriebücher (egal wie dick) erhebt den Anspruch, sämtliche Gebiete der Graphentheorie zu erfassen. Eine kleine Auswahl aktueller Lehrbücher findet der Leser im Literaturverzeichnis. Insbesondere die Bücher von [Jun 94], [Vol 96] und [Die 2000] sind für ein weiterführendes Studium der Graphentheorie zu empfehlen.

Gegenstand der nachfolgenden Einführung in die Graphentheorie sind nur die *endlichen Graphen*, von denen vorrangig die ungerichteten behandelt werden, da eine Übertragung vieler Ergebnisse über ungerichtete Graphen auf gerichtete keine große Mühe macht. Für die Lösung praktischer Aufgaben sind natürlich gewisse Existenzaussagen über Lösungen nur von geringem Interesse, so daß hier das Entwickeln von Algorithmen zum Lösen der Aufgaben an erster Stelle steht. Die Beschreibung der meisten Algorithmen erfolgt soweit, daß Anwendungen per Handrechnung keine Mühe bereiten sollten und ein geübter Programmierer sie ohne viel Aufwand in ein Computerprogramm

---

[1] Siehe Kapitel 10, Eulers „Königsberger Brückenproblem".

[2] Das Wort „Graph" im heutigen Sinne benutzte erstmalig Sylvester 1878.

umschreiben kann. Auf die zusätzliche Angabe der Algorithmen in Pseudo-pascal oder Pascal, wie in einigen Büchern üblich, wird verzichtet, da man dies z.B. in [Jun 94], [Läu 91] oder [Bör 2003] finden kann.

Hier werden nun im *Kapitel 7* zunächst die Grundbegriffe der Graphentheorie zusammengestellt und Verfahren entwickelt, wie man kürzeste Wege in Gra-phen finden kann.

Kapitel 8 befaßt sich mit einer der einfachsten Graphenklassen, nämlich der der *Bäume*. Als praktische Aufgabe lösen wir u.a. in diesem Kapitel das *Pro-blem der Bestimmung eines Minimalgerüstes*, d.h., das Problem ein Leitungs-netz zwischen gewissen Orten so zu planen, daß die Baukosten minimal ge-halten werden.

Kapitel 9 behandelt *planare Graphen* und *Färbungsprobleme*. Geklärt wird zu-nächst, unter welchen Bedingungen Graphen in der Ebene ohne Überschnei-dungen ihrer Kanten gezeichnet werden können. Anschließend wird unter-sucht, wie viele Farben man benötigt, um eine Landkarte so einzufärben, daß benachbarte Länder nicht dieselbe Farbe haben. Es wird gezeigt, daß dies mit 5 Farben stets möglich ist, jedoch 3 Farben in der Regel nicht ausreichen. Die nahe liegende Frage, was nun aber mit 4 Farben möglich ist, beantwortet der berühmte *Vierfarbensatz*, dessen Geschichte und Bedeutung für die Graphen-theorie ebenfalls im Kapitel 9 erläutert wird.

Kapitel 10 behandelt Tourenprobleme. Graphen dienen in diesem Kapitel zur Beschreibung von Verkehrsnetzen, die von einer Person bereist werden sol-len, wobei gewisse Zusatzbedingungen beachtet werden müssen. Unterschieden wird in kantenbezogene und eckenbezogene Aufgaben. Behandelt wird u.a. das *Königsberger Brückenproblem* und seine Verallgemeinerungen, Hamiltonsche Wege und ein Spezialfall des sogenannten *Problems des Handlungsreisenden*.

Kapitel 11 befaßt sich mit dem Bestimmen von *maximalen Matchings* von Graphen und *maximalen Flüssen* in *Netzwerken*. Motive für diese Teile der Graphentheorie sind das *Jobzuordnungsproblem* und die Aufgabe, in einem Leitungsnetz (beschrieben durch einen Graphen und gewissen Angaben zur Kapazität der einzelnen Leitungen) einen maximalen *Fluß* von Gütern von einer sogenannten *Quelle* zu einer sogenannten *Senke* zu finden.

Kapitel 12 beschäftigt sich mit einigen allgemeinen Fragen, die mit *Algorith-men* in Verbindung stehen. Da viele Algorithmen das Sortieren der Elemente gewisser Mengen als Teilschritt enthalten, werden zunächst zwei Methoden zum Sortieren vorgestellt. Anschließend wird eine Idee zum Lösen eines all-gemeinen Optimierungsproblems, die bereits in vorangegangenen Kapitels in Spezialfällen funktionierte, zum sogenannten *Greedy-Algorithmus* verallgemei-nert und geklärt, unter welchen Bedingungen dieser Algorithmus stets eine Lösung des Problems liefert. Kurz wird auch auf den allgemeinen Algorithmus-Begriff eingegangen und erläutert, wie man die Kompliziertheit von Algorith-men erfassen kann. Für sämtliche vorher behandelten Algorithmen wird deren Kompliziertheit angegeben und an einem Beispiel erläutert, mit Hilfe welcher Methoden dies begründbar ist.

In *Kapitel 13* findet man eine Sammlung von Übungsaufgaben, mit deren Hilfe der Leser testen kann, ob er den durchgearbeiteten Stoff von den Grundlagen her beherrscht. Wie auch in den anderen Teilen dieses Buches sind mit ÜA weitere Übungsaufgaben in den Kapiteln 7 – 12 gekennzeichnet.

Grundbegriffe und einige Eigenschaften von Graphen

In diesem Kapitel werden nochmals *gerichtete* und *ungerichtete* Graphen (kurz *Graphen* genannt) definiert, sowie die bereits im Band 1 eingeführten Grundbegriffe zu Graphen wiederholt und ergänzt. Außerdem werden einige Lemmata und Sätze über Eigenschaften von Graphen bewiesen, die direkte Folgerungen aus den vorangegangenen Definitionen sind.

Die meisten der eingeführten Begriffe orientieren sich an der Veranschaulichung von Graphen durch sogenannte Diagramme (aus Punkten und Strichen bzw. Pfeilen bestehend). Dem Leser sei deshalb empfohlen, falls aus Platzgründen kein Beispiel angegeben ist, sich diese Begriffe durch Zeichnungen zu veranschaulichen.

Da ein Schwerpunkt der hier vorgestellten Teile der Graphentheorie Algorithmen zum Lösen gewisser Probleme der Graphentheorie sind, findet man in diesem Kapitel bereits einige Algorithmen, die oft Teile weiterführender Verfahren sind.

Auch behandelt werden Matrizen, mit denen man Graphen bis auf Isomorphie beschreiben kann, und mit deren Hilfe sich später interessante Eigenschaften von Graphen beweisen lassen.

7.1 Gerichtete und ungerichtete Graphen

Definitionen   Ein **ungerichteter Graph** G ist ein Tripel (V, E, f), bestehend aus einer nichtleeren Menge V von **Ecken** (bzw. **Knoten**; (engl.: vertices)), einer dazu disjunkten Menge E von **Kanten** (engl.: edges) und einer Abbildung

$$f : E \longrightarrow \{\{x,y\} \mid x,y \in V\}, \ e \mapsto \{x,y\},$$

die jeder Kante $e \in E$ ein ungeordnetes Paar $\{x, y\}$ ($x = y$ möglich!) zuordnet, falls $E \neq \emptyset$ ist. Im Fall $E = \emptyset$ sei $f = \emptyset$.

Die Eckenmenge V eines Graphen $G = (V, E, f)$ wird auch mit

$$\mathcal{V}(G),$$

die Kantenmenge E mit

$$\mathcal{E}(G)$$

und f mit

$$f_G$$

bezeichnet.

Gilt $f_G(e) = \{x, y\}$, so heißen die Ecken x, y von G die **Endecken der Kante** e.

Für Teilmengen $E_0 \subseteq \mathcal{E}(G)$ sei

$$\mathcal{V}_G(E_0) := \{x \in \mathcal{V}(G) \mid \exists e \in \mathcal{E}(G) : \ x \in f_G(e)\}.$$

Per definitionem sei auch $(\emptyset, \emptyset, \emptyset)$ ein Graph, der sogenannte **leere Graph**. Der ungerichtete Graph G heißt **endlich**, wenn $\mathcal{V}(G)$ und $\mathcal{E}(G)$ endliche Mengen sind. Ein nicht endlicher Graph wird **unendlicher** Graph genannt.

Wir vereinbaren, nachfolgend nur endliche ungerichtete Graphen zu betrachten.[1]

Zur Veranschaulichung eines endlichen ungerichteten Graphen G gibt man G durch eine Zeichnung (auch **Diagramm** genannt) an, in denen die Ecken von G gewissen Punkten der Ebene und die Kanten gewissen Linien zwischen diesen Punkten entsprechen. Eine Linie, die der Kante $e \in \mathcal{E}(G)$ entspricht, wird zwischen zwei den Ecken $v, w \in \mathcal{V}(G)$ entsprechenden Punkten genau dann gezogen, wenn $f_G(e) = \{u, v\}$ ist. Auf welche Weise die Linien in einer solchen Zeichnung gezogen werden, ist eine Frage des persönlichen Geschmacks und der Zweckmäßigkeit. Bevorzugen werden wir jedoch gerade Linien, die sich nicht kreuzen, falls dies möglich ist. Zwei von unendlich vielen Diagrammen, die den Graphen $G := (\{1, 2, 3, 4\}, \{\{i, j\} \in \{1, 2, 3, 4\} \mid i \neq j\}, f)$, wobei f die identische Abbildung von $\mathcal{E}(G)$ auf $\mathcal{E}(G)$ ist, veranschaulichen, gibt die folgende Zeichnung an:

---

[1] An vielen Stellen dieser Einführung in die Graphentheorie ist dies eine überflüssige Voraussetzung. Da wir jedoch vorrangig an Algorithmen zum Lösen gewisser graphentheoretischer Probleme interessiert sind, bei denen sich die Endlichkeit der Graphen aus der Aufgabenstellung ergibt, erspart diese Annahme einiges an Schreibarbeit.

Zeichnungen, die aus Punkten und Linien zwischen den Punkten bestehen, können natürlich zur Definition von Graphen herangezogen werden, wenn die Punkte und Linien mit den Bezeichnungen für Punkte und Kanten versehen sind. Falls die konkrete Bezeichnung der Ecken und der Kanten für das behandelte Problem nicht wesentlich ist, werden wir sie weglassen.

Viele Begriffe und Bezeichnungen (und natürlich auch die Anwendungen der Graphentheorie) orientieren sich an dieser geometrischen Interpretation der Graphen. Nachfolgend einige solcher Bezeichnungen:

Definitionen Es sei G ein ungerichteter Graph, $e, e' \in \mathcal{E}(G)$, $x, y \in \mathcal{V}(G)$, $V \subseteq \mathcal{V}(G)$ und $E \subseteq \mathcal{E}(G)$. Dann sagt man:

- e ist **Schlinge** $:\Longleftrightarrow |f_G(e)| = 1$;

- e ist **Mehrfachkante** $:\Longleftrightarrow \exists e' \in \mathcal{E}(G) \backslash \{e\} : f_G(e) = f_G(e')$;

- G ist **schlicht** $:\Longleftrightarrow G$ besitzt keine Schlinge und keine Mehrfachkante;

- G ist **Multigraph** $:\Longleftrightarrow G$ besitzt keine Schlingen;

- e **verbindet** x und y (bzw. e ist **inzident** mit x und y) $:\Longleftrightarrow f_G(e) = \{x, y\}$;

- x und y sind **benachbart** (bzw. **adjazent** bzw. x ist **Nachbar** von y) $:\Longleftrightarrow x \neq y \wedge \exists (e \in \mathcal{E}(G) : f_G(e) = \{x, y\})$;

- e und e' sind **benachbart** $:\Longleftrightarrow e \neq e' \wedge f_G(e) \cap f_G(e') \neq \emptyset$;

- V heißt **unabhängig** $:\Longleftrightarrow$ je zwei verschiedene Ecken aus V sind nicht benachbart;

- E heißt **unabhängig** $:\Longleftrightarrow$ je zwei verschiedene Kanten aus E sind nicht benachbart.

Ungerichtete Graphen G, die keine Mehrfachkanten besitzen, lassen sich ohne die Abbildung f_G definieren, indem man $\mathcal{E}(G) := W(f_G)$ und $G := (\mathcal{V}(G), \mathcal{E}(G))$ setzt.

Wir vereinbaren, daß durch das Paar

$$(V, E)$$

mit

$$E \subseteq \{\{x, y\} \mid x, y \in V\}$$

stets ein ungerichteter Graph $G := (V, E, f)$ mit $f = id_E$, definiert ist.

Definitionen Es sei G ein ungerichteter Graph und $x \in \mathcal{V}(G)$. Bezeichnet $s_G(x)$ die Anzahl der mit x inzidierenden Schlingen und $t_G(x)$ die Anzahl der mit x inzidierenden Kanten, die keine Schlingen sind, so heißt

$$d_G(x) := 2 \cdot s_G(x) + t_G(x)$$

der **Grad** von x. Falls aus dem Zusammenhang klar ist, welcher Graph G gemeint ist, schreiben wir anstelle von $s_G(x)$, $t_G(x)$, $d_G(x)$ nur $s(x)$, $n(x)$ bzw. $d(x)$.

Man sagt:

- x ist **isolierte Ecke von** $G :\Longleftrightarrow d_G(x) = 0$;

- x ist **Endecke von** $G :\Longleftrightarrow d_G(x) = 1$;

- G ist **regulär** $:\Longleftrightarrow \exists k \in \mathbb{N}_0 \; \forall v \in \mathcal{V}(G) : \; d_G(x) = k$;
- G ist k-**regulär** $:\Longleftrightarrow \forall v \in \mathcal{V}(G) : \; d_G(x) = k$.

Zwischen den Eckengraden eines endlichen ungerichteten Graphen G und der Kantenzahl von G besteht folgende einfache Beziehung:

Lemma 7.1.1 [2]

$$\sum_{x \in \mathcal{V}(G)} d(x) = 2 \cdot |\mathcal{E}(G)|.$$

Beweis.   Da eine Kante genau zwei Endecken hat, liefert jede Kante zur links stehenden Summe genau zweimal den Beitrag 1.   ∎

Die obige Gleichung hat folgende Folgerung:

Lemma 7.1.2 *In jedem Graphen G ist die Anzahl der Ecken vom ungeraden Grad gerade.*

Beweis.   Sei $V_1 := \{x \in \mathcal{V}(G) \mid d(x) \text{ ungerade}\}$ und $V_2 := \mathcal{V}(G) \backslash V_1$. Dann gilt $2 \cdot \mathcal{E}(G) = \sum_{x \in V_1} d(x) + \sum_{x \in V_2} d(x)$. Da $2 \cdot |\mathcal{E}(G)|$ und $\sum_{x \in V_2} d(x)$ gerade sind, ergibt sich hieraus unmittelbar die Behauptung.   ∎

Wie oben bereits erwähnt, gibt es Modelle von Systemen, in denen anstelle von Linien Pfeile Verwendung finden. Z.B.

---

[2] Sogenanntes Handschlagslemma. Man stelle sich $\mathcal{V}(G)$ als Gruppe von Personen vor und $\mathcal{E}(G)$ als Paare von Personen, die sich per Handschlag begrüßen.

Mathematisch kann man eine solche Zeichnung mit Hilfe der oben eingeführten Begriffe wie folgt beschreiben:

$$G = \{\{x_1, x_2, x_3, x_4\}, \{e_1, e_2, e_3, e_4, e_5\}, f_G), \quad \text{wobei}$$

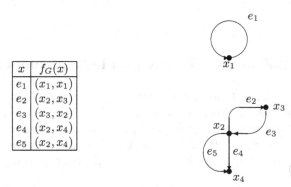

x	$f_G(x)$
e_1	(x_1, x_1)
e_2	(x_2, x_3)
e_3	(x_3, x_2)
e_4	(x_2, x_4)
e_5	(x_2, x_4)

Verallgemeinern läßt sich dieses Beispiel wie folgt:

Definition Ein **gerichteter Graph** (bzw. **Digraph**) ist ein Tripel

$$(\mathcal{V}(G), \mathcal{E}(G), f_G),$$

bestehend aus der nichtleeren **Eckenmenge** $\mathcal{V}(G)$, der Menge der **gerichteten Kanten (Bögen)** und der **Inzidenzabbildung** f_G, die jeder gerichteten Kante e ein geordnetes Paar $(x, y) \in \mathcal{V}(G) \times \mathcal{V}(G)$ zuordnet. Falls $f_G(e) = (x, y)$, so nennt man x **Anfangsecke** von e und y **Endecke** von e.

Auch für gerichtete Graphen vereinbaren wir, nur endliche Graphen, d.h., solche mit endlicher Ecken- und Kantenmengen, zu betrachten.

Ist G ein gerichteter Graph, so erhält man durch $G' := (\mathcal{V}(G), \mathcal{E}(G), f_{G'})$ mit

$$\forall e \in \mathcal{E}(G): \ f_{G'}(e) = \{x, y\} \ :\Longleftrightarrow \ f_G(e) = (x, y)$$

einen ungerichteten Graphen. Man sagt in einem solchen Fall „G' ist aus G durch **Weglassen der Orientierung** der Kanten entstanden".

Die obigen Begriffe und Bezeichnungen für ungerichtete Graphen lassen sich fast alle ohne Mühe auf gerichtete Graphen übertragen. Wir verzichten hier auf deren konkrete Angabe. Änderungen ergeben sich jedoch beim Eckengrad. Wir legen fest:

$$d^+(x) \ := \ (\text{Anzahl der von } x \text{ wegführenden Kanten})$$
$$|\{e \in \mathcal{E}(G) \mid \exists y : f_G(e) = (x, y)\}| \ (\text{„\textbf{Außengrad}"}),$$

$$d^-(x) \ := \ (\text{Anzahl der bei } x \text{ ankommenden Kanten})$$
$$|\{e \in \mathcal{E}(G) \mid \exists y : f_G(e) = (y, x)\}| \ (\text{„\textbf{Innengrad}"}),$$

$$d(x) \ := \ d^+(x) + d^-(x) \ (\text{ „\textbf{Grad von } G"}).$$

Lemma 7.1.3 *In jedem gerichteten endlichen Graphen G gilt:*

$$|\mathcal{E}(G)| = \sum_{x \in \mathcal{V}(G)} d^+(x) = \sum_{x \in \mathcal{V}(G)} d^-(x).$$

■

7.2 Teilgraphen von Graphen und Graphenoperationen

Für die nachfolgende Definition sei daran erinnert, daß man eine Abbildung $f : A \longrightarrow B$ auch als Korrespondenz $F := \{(x, f(x)) \mid x \in A\}$ aufschreiben kann. Die Schreibweise $f \subseteq g$ für Abbildungen f, g bedeutet dann, daß die Mengeninklusion $F \subseteq G$ für die zugehörigen Korrespondenzen F und G gilt. Außerdem schreiben wir $f \circ g$ für $\circ \in \{\cap, \cup, \setminus, \Delta\}$, wo eigentlich $F \circ G$ gemeint ist.

Definitionen   Sei G ein ungerichteter (bzw. gerichteter Graph). Dann heißt

- G' **Teilgraph** von G (Bezeichnung: $G' \subseteq G$) $:\Longleftrightarrow \mathcal{V}(G') \subseteq \mathcal{V}(G) \wedge \mathcal{E}(G') \subseteq \mathcal{E}(G) \wedge f_{G'} \subseteq f_G$;

- G' **spannender Teilgraph** von G $:\Longleftrightarrow G'$ Teilgraph von $G \wedge \mathcal{V}(G) = V(G')$;

- G' **Untergraph** von G $:\Longleftrightarrow G'$ Teilgraph von G und für jedes $e \in \mathcal{E}(G)$ mit
$$f_G(e) \begin{cases} \subseteq \mathcal{V}(G'), & \text{falls } G \text{ ungerichtet,} \\ \in \mathcal{V}(G') \times \mathcal{V}(G'), & \text{falls } G \text{ gerichtet,} \end{cases}$$
gilt stets $e \in \mathcal{E}(G')$;

- G' **von V_0 in G induzierter Graph** (bzw. **von V_0 in G aufgespannter Graph**) $:\Longleftrightarrow \mathcal{V}(G') = V_0 \subseteq \mathcal{V}(G) \wedge G'$ ist Untergraph von G.
  Ein von V_0 in G induzierter Graph enthält also alle Kanten von G, die Ecken aus V_0 verbinden. Bezeichnet wird ein solcher Graph von uns nachfolgend mit $G[V_0]$.

Beispiele   Für die durch die Zeichnungen

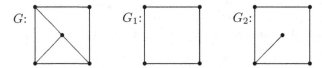

definierten ungerichteten Graphen G, G_1 und G_2 gilt (mit passend gewählten Bezeichnungen der Ecken und Kanten): G_1 und G_2 sind Teilgraphen von G, G_2 ist spannender Teilgraph von G, jedoch ist nur G_1 ein (echter) Untergraph von G.

Definitionen Es sei G ein ungerichteter (bzw. gerichteter) Graph, $V_0 \subseteq \mathcal{V}(G)$ und $E_0 \subseteq \mathcal{E}(G)$. Dann sei

$$G - V_0 := G[\mathcal{V}(G) \setminus V_0],$$

d.h., der Graph $G - V_0$ entsteht aus G durch Löschen sämtlicher zu V_0 gehörenden Ecken und sämtlicher mit Ecken aus V_0 inzidenten Kanten.
Weiter sei

$$G - E_0 := (\mathcal{V}(G), \mathcal{E}(G) \setminus E_0, \{(e, f_G(e)) \mid e \in \mathcal{E}(G) \setminus E_0\}),$$

d.h., der Graph $G - E_0$ entsteht aus G durch Löschen sämtlicher in E_0 enthaltenen Kanten.

Definitionen Seien G_1 und G_2 zwei ungerichtete (bzw. gerichtete) Teilgraphen eines Graphen G. Dann heißt

- $G_1 \cap G_2 := (\mathcal{V}(G_1) \cap \mathcal{V}(G_2), \mathcal{E}(G_1) \cap \mathcal{E}(G_2), f_{G_1} \cap f_{G_2})$ **Durchschnitt** der Graphen G_1 und G_2;
- $G_1 \cup G_2 := (\mathcal{V}(G_1) \cup \mathcal{V}(G_2), \mathcal{E}(G_1) \cup \mathcal{E}(G_2), f_{G_1} \cup f_{G_2})$ **Vereinigung** der Graphen G_1 und G_2;
- $G_1 \setminus G_2 := (\mathcal{V}(G_1) \setminus \mathcal{V}(G_2), \mathcal{E}(G_1) \setminus \mathcal{E}(G_2), f_{G_1} \setminus f_{G_2})$ **Differenz** der Graphen G_1 und G_2.

Analog lassen sich auch der Durchschnitt und die Vereinigung von beliebig vielen Graphen definieren sowie die symmetrische Differenz von zwei Graphen.

Definition Sei G ein schlichter Graph. Das **Komplement von** G (Bezeichnung: $\overline{G}$) ist dann ein schlichter Graph mit $\mathcal{V}(\overline{G}) = \mathcal{V}(G)$ und der Eigenschaft, daß zwei verschiedene Ecken von $\overline{G}$ genau dann durch eine Kante (Bogen) verbunden sind, wenn sie es in G nicht sind.

7.3 Isomorphie von Graphen

Definition Seien G und G' gerichtete oder ungerichtete Graphen. Dann heißt G **isomorph** zu G', wenn es eine bijektive Abbildung g von $\mathcal{V}(G)$ auf $\mathcal{V}(G')$ und eine bijektive Abbildung h von $\mathcal{E}(G)$ auf $\mathcal{E}(G')$ mit der Eigenschaft

$$\forall e \in \mathcal{E}(G): \ f_G(e) = \{x, y\} \ (\text{bzw. } f_G(e) = (x, y)) \quad \Longrightarrow$$

$$f_{G'}(h(e)) = \{g(x), g(y)\} \ (\text{bzw. } f_{G'}(h(e)) = (g(e), g(y)))$$

gibt. Ist G zu G' isomorph, so schreiben wir $G \cong G'$. Die Relation $\cong$ ist offenbar eine Äquivalenzrelation auf einer Menge von Graphen.
Mit der Sprechweise „G ist isomorph zu G'" erfaßt man Graphen, die bis auf die Bezeichnung ihrer Ecken und Kanten identisch sind.
Beispiel G und G' seien durch folgende Diagramme definierte Graphen:

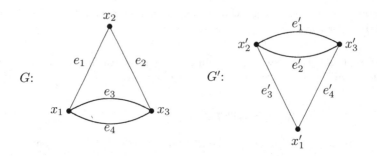

G ist zu G' isomorph, da obige Definition für die Abbildungen

$$g: \quad x_1 \mapsto x_3' \qquad \begin{array}{l} h: \quad e_1 \mapsto e_3' \\ \quad e_2 \mapsto e_4' \end{array}$$
$$x_2 \mapsto x_1' \qquad \quad e_3 \mapsto e_1'$$
$$x_3 \mapsto x_2' \qquad \quad e_4 \mapsto e_2'$$

erfüllt ist.

7.4 Beschreibung von Graphen durch Matrizen

Nachfolgend einige Definitionen von Matrizen, die nicht nur dazu dienen, Graphen zu beschreiben, sondern die – wie sich in den Sätzen 7.5.4 und 8.2.4 herausstellen wird – zum Herleiten von Eigenschaften der zugehörigen Graphen sehr nützlich sind.

Definitionen   Es sei G ein (gerichteter oder ungerichteter) Graph mit $\mathcal{V}(G) := \{v_1, ..., v_n\}$ und $\mathcal{E}(G) := \{e_1, ..., e_m\}$. Sei

$$a_{i,j} := \begin{cases} \text{die Anzahl der Kanten, die } v_i \text{ mit } v_j \text{ verbinden,} & \text{falls } i \neq j, \\ \text{die doppelte Anzahl der Kanten, die } v_i \text{ mit } v_j \text{ verbinden,} & \text{falls } i = j, \end{cases}$$

$(i, j \in \{1, 2, ..., n\})$.
Die Matrix

$$\mathfrak{A}_G := (a_{ij})_{n,n}$$

heißt dann **Adjazenzmatrix** von G.
Falls G ungerichtet ist, sei

$$i_{rs} := \begin{cases} 0, & \text{falls } v_r \text{ und } e_s \text{ nicht inzident,} \\ 1, & \text{falls } v_r \text{ und } e_s \text{ inzident und } e_s \text{ keine Schlinge,} \\ 2, & \text{falls } v_r \text{ und } e_s \text{ inzident und } e_s \text{ eine Schlinge ist} \end{cases}$$

$(r \in \{1, 2, ..., n\}, s \in \{1, 2, ..., m\})$.
Ist G ein gerichteter Graph, setzen wir

$$i_{rs} := \begin{cases} 0, & \text{falls } v_r \text{ und } e_s \text{ nicht inzident,} \\ 1, & \text{falls } v_r \text{ Anfangsecke von } e_s \text{ und } e_s \text{ keine Schlinge,} \\ -1, & \text{falls } v_r \text{ Endecke von } e_s \text{ und } e_s \text{ keine Schlinge,} \\ -0 & \text{sonst} \end{cases}$$

(-0 soll Schlingen kennzeichnen). Die Matrix

$$\mathfrak{I}_G := (i_{rs})_{n,m}$$

heißt dann **Inzidenzmatrix** von G.
Die Diagonalmatrix

$$\mathfrak{V}_G := (v_{i,j})_{n,n},$$

wobei $v_{ij} = 0$ für $i \neq j$ und v_{ii} die Anzahl der Kanten ist, die von der Ecke i ausgehen und Schlingen dabei doppelt gezählt werden, heißt **Valenzmatrix** von G.
Mit Hilfe der Matrizen $\mathfrak{A}_G$ und $\mathfrak{V}_G$ läßt sich dann die **Admittanzmatrix** $\mathfrak{T}_G = (t_{ij})_{n,n}$ von G wie folgt einführen:

$$\mathfrak{T}_G := \mathfrak{V}_G - \mathfrak{A}_G,$$

d.h., es gilt

$$t_{ij} := \begin{cases} -a_{ij} & \text{falls } i \neq j, \\ \sum_{k=1,\, k \neq i}^{n} a_{ik} & \text{falls } i = j. \end{cases}$$

Beispiel Für den Graphen

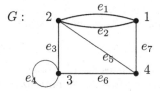

$$G: \quad$$

erhält man die folgenden Matrizen:

$$\mathfrak{A}_G = \begin{pmatrix} 0 & 2 & 0 & 1 \\ 2 & 0 & 1 & 1 \\ 0 & 1 & 2 & 1 \\ 1 & 1 & 1 & 0 \end{pmatrix}$$

$$\mathfrak{I}_G = \begin{pmatrix} 1 & 1 & 0 & 0 & 0 & 0 & 1 \\ 1 & 1 & 1 & 0 & 1 & 0 & 0 \\ 0 & 0 & 1 & 2 & 0 & 1 & 0 \\ 0 & 0 & 0 & 0 & 1 & 1 & 1 \end{pmatrix}$$

$$\mathfrak{V}_G = \begin{pmatrix} 3 & 0 & 0 & 0 \\ 0 & 4 & 0 & 0 \\ 0 & 0 & 4 & 0 \\ 0 & 0 & 0 & 3 \end{pmatrix}$$

$$\mathfrak{T}_G = \begin{pmatrix} 3 & -2 & 0 & -1 \\ -2 & 4 & -1 & -1 \\ 0 & -1 & 2 & -1 \\ -1 & -1 & -1 & 3 \end{pmatrix}$$

Offenbar gilt:

Satz 7.4.1 *Sowohl die Adjazenz- als auch die Inzidenzmatrix eines Graphen G bestimmt diesen bis auf Isomorphie.* ∎

Einige elementare Eigenschaften von Adjazenz- und Inzidenzmatrizen faßt das folgende Lemma zusammen:

Lemma 7.4.2 *Sei G ein Graph mit $\mathcal{V}(G) = \{v_1, ..., v_n\}$ und $\mathcal{E}(G) = \{e_1, ..., e_m\}$.*

Falls G ungerichtet ist, gilt:

(a) *Die Adjazenzmatrix $\mathfrak{A}_G$ ist symmetrisch.*
(b) *In $\mathfrak{A}_G$ ergibt die Summe der Elemente der i-ten Zeile (bzw. i-ten Spalte) den Eckengrad $d_G(v_i)$, $1 \leq i \leq n$.*
(c) *In $\mathfrak{I}_G$ ergibt die Summe der Elemente der i-ten Zeile den Eckengrad $d_G(v_i)$.*
(d) *In $\mathfrak{I}_G$ ist die Summe der Elemente jeder Spalte gleich 2.*

Falls G gerichtet ist, gilt:

(e) *Die Summe der Elemente der i-ten Zeile (bzw. i-ten Spalte) in $\mathfrak{A}_G$ ist gleich $d_G^+(v_i)$ (bzw. $d_G^-(v_i)$), $1 \leq i \leq n$.*
(f) *In $\mathfrak{I}_G$ ist die Summe der Elemente jeder Spalte gleich 0.*

Beweis. ÜA. ∎

Für den Beweis des Matrix-Gerüst-Satzes 8.2.4 benötigen wir die im nachfolgenden Lemma zusammengefaßten Eigenschaften der Admittanzmatrizen eines ungerichteten Graphen:

Lemma 7.4.3

(a) *Ungerichtete Graphen, die durch Weglassen oder Hinzufügen von Schlingen ineinander überführt werden können, haben die gleiche Admittanzmatrizen.*
(b) *Die Summe der Spaltenmatrizen der Admittanzmatrix eines ungerichteten Graphen ergibt stets die Nullspalte.*
(c) *Besitzt ein schlingenloser, ungerichteter Graph G eine isolierte Ecke, so enthält die Admittanzmatrix $\mathfrak{T}_G$ eine Nullzeile (bzw. Nullspalte).*

Beweis. ÜA. ∎

7.5 Kantenfolgen und Zusammenhang von Graphen

Auch die nachfolgenden fundamentalen Begriffe der Graphentheorie ergeben sich aus der Veranschaulichung von Graphen durch Diagramme:

Definitionen   Es sei G ein Graph, $v_0, ..., v_n \in \mathcal{V}(G)$ und $e_1, ..., e_n \in \mathcal{E}(G)$. Dann heißt das Tupel

$$K := (v_0, e_1, v_1, e_2, v_2, e_3, v_3, \ldots, e_n, v_n) \qquad (7.1)$$

Kantenfolge (bzw. **(gerichtete) Kantenfolge**) von v_0 nach v_n der **Länge** n des ungerichteten Graphen (bzw. des gerichteten Graphen) G $:\Longleftrightarrow$

$$\forall i \in \{1, 2, \ldots, n\}: \quad f_G(e_i) = \{v_{i-1}, v_i\}$$
$$(\text{bzw. } f_G(e_i) = (v_{i-1}, v_i)).$$

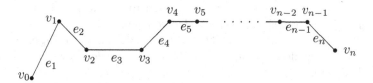

Anstelle von „K ist Kantenfolge von v_0 nach v_n" nennen wir K kurz $v_0 v_n$-**Kantenfolge**.

Die Kantenfolge (7.1) nennt man **offen**, wenn $v_0 \neq v_n$. Sie heißt **geschlossen**, wenn $v_0 = v_n$ ist.

Sind in (7.1) alle Kanten $e_1, ..., e_n$ paarweise verschieden, so heißt (7.1) **Kantenzug**.

Man nennt die Kantenfolge (bzw. gerichtete Kantenfolge) (7.1) **Weg** (bzw. **gerichteten Weg** oder **Bahn**), wenn sie offen ist und alle $v_0, \ldots, v_n$ paarweise verschieden sind. Besteht ein Weg nur aus einer Ecke, so wird er **Nullweg** genannt.

Eine Kantenfolge (bzw. gerichtete Kantenfolge) wird **Kreis** (bzw. **gerichteter Kreis** oder **Zyklus**) genannt, wenn sie geschlossen ist und alle $v_0, \ldots, v_{n-1}$ paarweise verschieden sind.

Anstelle von (7.1) schreiben wir für eine Kantenfolge manchmal auch

$$(e_1, e_2, ..., e_n) \text{ (bzw. kurz: } e_1 e_2 ... e_n)$$

oder, falls der Graph G keine Mehrfachkanten besitzt:

$$(v_0, v_1, ..., v_n) \text{ (bzw. kurz: } v_0 v_1 ... v_n).$$

Offenbar wird durch eine Kantenfolge (7.1) des Graphen G ein Teilgraph T von G mit $\mathcal{V}(T) = \{v_0, ..., v_n\}$ und $\mathcal{E}(T) = \{e_1, ..., e_n\}$ bestimmt. Wir vereinbaren, diesen Teilgraphen wie die Kantenfolge zu bezeichnen, falls für die Kantenfolge aus Abkürzungsgründen eine Bezeichnung eingeführt wurde.

Die folgenden Eigenschaften prüft man leicht nach (ÜA):

Satz 7.5.1 *Es sei G ein Graph und K eine Kantenfolge von v_0 nach v_n des Graphen G. Dann gilt:*

(a) *Ist K offen, so existiert in G ein Weg W von v_0 nach v_n mit $\mathcal{E}(W) \subseteq \mathcal{E}(K)$.*

(b) *Ist K geschlossen und $\mathcal{E}(K) \neq \emptyset$, so gibt es für jedes $v \in \mathcal{V}(K)$ einen Kreis K_v mit $v \in \mathcal{V}(K_v)$ und $\mathcal{E}(K_v) \subseteq \mathcal{E}(K)$.*

(c) *Zu beliebigen paarweise verschiedenen Ecken u, v, w von G, für die ein Weg W_{uv} von u nach v und ein Weg W_{vw} von v nach w existiert, gibt es einen Weg W_{uw} von u nach w mit $\mathcal{E}(W_{uw}) \subseteq \mathcal{E}(W_{uv}) \cup \mathcal{E}(W_{vw})$.*

(d) *Zu je zwei verschiedenen Ecken u, v von G, für die zwei verschiedene Wege W_1 und W_2 von u nach v existieren, gibt es einen Kreis C von G mit $\mathcal{E}(C) \subseteq \mathcal{E}(W_1) \cup \mathcal{E}(W_2)$.*   ∎

Definitionen

- Ein ungerichteter Graph G heißt **zusammenhängend** $:\Longleftrightarrow$
  $\forall x, y \in \mathcal{V}(G) \; \exists$ Kantenfolge von x nach y.
- Ein gerichteter Graph G heißt **stark zusammenhängend** $:\Longleftrightarrow$
  $\forall x, y \in \mathcal{V}(G) \; \exists$ gerichtete Kantenfolge von x nach y.[3]
- Ein gerichteter Graph G heißt **schwach zusammenhängend** $:\Longleftrightarrow$
  der aus G gebildete Graph ohne Orientierung der Kanten ist zusammenhängend.
- Zwei Ecken u, v eines ungerichteten Graphen G heißen **zusammenhängend** $:\Longleftrightarrow$ $\exists$ Kantenfolge von u nach v in G.
- Zwei Ecken u, v eines gerichteten Graphen heißen **stark zusammenhängend** $:\Longleftrightarrow$ $\exists$ gerichtete Kantenfolge von u nach v in G.

Offenbar ist die Relation

$$R := \{(u, v) \in (\mathcal{V}(G))^2 \mid \exists \text{ Kantenfolge von } u \text{ nach } v\}$$

eine Äquivalenzrelation auf der Eckenmenge eines ungerichteten Graphen G. Jeder von einer Äquivalenzklasse von R induzierte Teilgraph von G heißt **Zusammenhangskomponente** (kurz: **Komponente**) von G.

Die Anzahl der Komponenten eines ungerichteten Graphen sei mit

$$\kappa(G)$$

bezeichnet.

Beispiel Für den durch das Diagramm

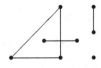

definierten Graphen G gilt $\kappa(G) = 4$.

---

[3] Etwas ausführlicher: Ein gerichteter Graph heißt **stark zusammenhängend**, wenn zu je zwei beliebig ausgewählten Ecken x, y von G sowohl eine gerichtete Kantenfolge von x nach y als auch eine von y nach x existiert.

Eine Kante e eines ungerichteten Graphen G heißt **Brücke**, wenn sich $\kappa(G)$ durch Weglassen von e ändert.

Offenbar ist ein ungerichteter Graph mit $\kappa(G) = 1$ zusammenhängend. Elementare Eigenschaften von $\kappa(G)$ faßt der folgende Satz zusammen.

Satz 7.5.2 *Es sei G ein ungerichteter Graph. Dann gilt:*

(a) Entsteht der Graph G' aus G durch Weglassen einer Kante e von G, so ist $\kappa(G) \leq \kappa(G') \leq \kappa(G) + 1$, und es ist $\kappa(G) = \kappa(G')$ genau dann, wenn e zu einem Kreis von G gehört.

(b) Eine Kante e von G ist genau dann eine Brücke von G, wenn sie zu keinem Kreis von G gehört.

(c) $\kappa(G) \geq |\mathcal{V}(G)| - |\mathcal{E}(G)|$.

Beweis. (a), (b): ÜA.

(c): Angenommen, G hat n Ecken und m Kanten. Wir beweisen (c) durch vollständige Induktion über m.

(I): Für $m = 0$ hat G offenbar n Komponenten und (c) gilt.

(II) $m \longrightarrow m + 1$: Sei G ein Graph mit n Ecken und $m + 1$ Kanten. Bildet man aus G den Graphen G' durch Weglassen einer Kante e, so gilt nach Induktionsannahme $\kappa(G') \geq |\mathcal{V}(G')| - |\mathcal{E}(G')|$. Wegen (a) ist $\kappa(G) + 1 \geq \kappa(G')$, woraus $\kappa(G) \geq |\mathcal{V}(G)| - |\mathcal{E}(G)|$ folgt. ∎

Satz 7.5.3 *Es sei G ein ungerichteter Graph mit*

$$\delta(G) := \min\{d_G(v) \mid v \in \mathcal{V}(G)\} \geq 2.$$

Dann gilt:

(a) G besitzt mindestens einen Kreis.

(b) Ist G schlicht, so besitzt G einen Kreis der Länge $l \geq \delta(G) + 1$.

Beweis. Hat der Graph G eine Schlinge oder Mehrfachkante, so besitzt er offenbar einen Kreis. Wir können deshalb nachfolgend voraussetzen, daß G schlicht ist. Wegen der Endlichkeit von G findet man in G einen gewissen Weg $W :=$ $(v_0, e_1, v_1, e_2, v_2, ..., e_n, v_n)$ maximaler Länge. Da laut Voraussetzung $d_G(v_n) \geq 2$ ist, muß folglich v_n zu einer gewissen Ecke v_i mit $i \in \{v_0, ..., v_{n-1}\}$ benachbart sein, womit wir einen Kreis gefunden haben und (a) bewiesen ist. Zum Beweis von (b) betrachten wir nochmals den Weg W. v_n ist offenbar höchstens mit allen Ecken aus $\{v_0, v_1, .., v_{n-1}\}$ und mindestens mit $\delta(G)$ Ecken aus $\{v_0, v_1, .., v_{n-1}\}$ benachbart. Sei t der kleinste Index einer Ecke aus $\{v_0, v_1, .., v_{n-1}\}$, die mit v_n (durch die Kante e) benachbart ist. Dann gilt $n - t \geq \delta(G)$ und

$$(v_t, e_t, v_{t+1}, e_{t+1}, ..., v_n, e_n, e, v_t)$$

ist ein Kreis der gewünschten Länge $\geq \delta(G) + 1$. ∎

Satz 7.5.4 *Es sei G ein ungerichteter (bzw. gerichteter) Graph ohne Schlingen mit der Adjazenzmatrix $\mathfrak{A}_G \subseteq \mathbb{R}^{n \times n}$. Sei außerdem die k-te Potenz von $\mathfrak{A}$*

$$\mathfrak{A}_G^k = (a_{ij}^{(k)})_{n,n},$$

$k \in \mathbb{N}$. *Dann gibt $a_{ij}^{(k)}$ die Anzahl der Kantenfolgen (bzw. gerichteten Kantenfolgen) von der Ecke v_i zur Ecke v_j des Graphen G an.*

Beweis. Sei G zunächst ungerichtet. Wir beweisen die Behauptung des Satzes durch vollständige Induktion über k.

(I): $k = 1$. Nach Definition der Adjazenzmatrix gibt $a_{ij} = a_{ij}^{(1)}$ die Anzahl der Kanten zwischen den Ecken v_i und v_j an, falls $i \neq j$ ist, womit die Behauptung für $i \neq j$ und $k = 1$ gilt. Da G nach Voraussetzung keine Schlingen besitzt, ist $a_{ii} = 0$ für alle $i \in \{1, ..., n\}$. Folglich ist die Behauptung auch für $i = j$ und $k = 1$ richtig.

(II) $k \longrightarrow k + 1$: Angenommen, die Behauptung ist für ein fixiertes $k \in \mathbb{N}$ richtig. Wir bilden $\mathfrak{A}_G^{k+1} = \mathfrak{A}_G^k \cdot \mathfrak{A}_G$. Dann gilt für beliebige $i, j \in \{1, ..., n\}$

$$a_{ij}^{(k+1)} = \sum_{t=1}^{n} a_{it}^{(k)} \cdot a_{tj}.$$

Nach Induktionsannahme gibt es genau $a_{it}^{(k)}$ Kantenfolgen von der Ecke v_i zur Ecke v_t der Länge k. Für jede dieser Kantenfolgen gibt es a_{tj} Möglichkeiten, sie um eine Kante zur Ecke v_j zu einer Kantenfolge der Länge $k+1$ zu verlängern. Insgesamt gibt es also $\sum_{t=1}^{n} a_{it}^{(k)} \cdot a_{tj}$ Möglichkeiten, Kantenfolgen der Länge $k + 1$ von v_i nach v_j zu bilden.

Für gerichtete Graphen beweist man die Behauptung des Satzes analog. ■

7.6 Abstände in Graphen und bewertete Graphen

Der Einfachheit halber betrachten wir in diesem Abschnitt nur ungerichtete Graphen. Eine Übertragung der nachfolgenden Begriffe auf gerichtete Graphen sei dem Leser überlassen.

Wir benötigen nachfolgend eine Erweiterung der üblichen Addition $+$ und der Ordnung $\leq$ auf reellen Zahlen für die Menge $\mathbb{R} \cup \{\infty\}$. Falls $\infty \in \{x, y\}$, sei $x + y := \infty$. Außerdem setzen wir $x \leq \infty$ für alle $x \in \mathbb{R} \cup \{\infty\}$.

Mit Hilfe der im vorangegangenen Abschnitt definierten Wegen in Graphen lassen sich jetzt in nahe liegender Weise Abstände von Ecken in Graphen definieren:

Definition Es sei G ein ungerichteter Graph und $u, v \in \mathcal{V}(G)$. Liegen u und v in verschiedenen Komponenten von G, so setzen wir $\mathrm{D}_G(u, v) := \infty$. Sind die Ecken u, v von G verschieden und existiert ein Weg von u nach v, so sei

$$\mathrm{D}_G(u, v)$$

die Länge eines kürzesten Weges in G von u nach v. Im Fall $u = v$ setzen wir $\mathrm{D}_G(u, v) := 0$. $\mathrm{D}_G(u, v)$ heißt **Abstand** von u und v.

Wie man leicht nachprüft (ÜA), ist D_G eine Metrik[4].

Mit Hilfe der Metrik D_G lassen sich die folgenden Kompliziertheitsmaße und ein Zentrum für Graphen definieren:

---

[4] Zum Begriff Metrik siehe Band 1, Abschnitt 6.3.

$E_G(v) := \max\{D_G(x,v) \mid x \in \mathcal{V}(G)\}$ (**Exzentrizität der Ecke** $v \in \mathcal{V}(G)$),

$Dm(G) := \max\{E_G(v) \mid v \in \mathcal{V}(G)\}$ (**Durchmesser von** G),

$R(G) := \min\{E_G(v) \mid v \in \mathcal{V}(G)\}$ (**Radius von** G),

$Z(G) := \{v \in \mathcal{V}(G) \mid E_G(v) = R(G)\}$ (**Zentrum von** G).

Beispiele
(1.) Für nicht zusammenhängende, ungerichtete Graphen ist sowohl die Exzentrizität jeder Ecke als auch der Durchmesser und der Radius gleich ∞.
(2.) Sind in einem ungerichteten Graphen G je zwei verschiedene Ecken durch eine Kante verbunden, so gilt $Dm(G) = R(G) = 1$.
(3.) Ist der Graph G ein Weg der Länge $2 \cdot n$, so gilt $Dm(G) = 2 \cdot n$ und $R(G) = n$.

Satz 7.6.1 *Es sei G ein ungerichteter und zusammenhängender Graph. Dann gilt:*

$$R(G) \leq Dm(G) \leq 2 \cdot R(G), \qquad (7.2)$$

und diese Ungleichungen lassen sich i.allg. nicht verbessern.

Beweis. Die erste Ungleichung ergibt sich aus der Definition von $R(G)$ und $Dm(G)$. Für den Beweis der zweiten Ungleichung wählen wir $u,v \in \mathcal{V}(G)$ mit $D_G(u,v) = Dm(G)$. Da D_G eine Metrik ist, ist folglich für $x \in Z(G)$:

$$Dm(G) = D_G(u,v) \leq D_G(u,x) + D_G(x,v) \leq 2 \cdot E_G(x) = 2 \cdot R(G),$$

d.h., auch die zweite behauptete Ungleichung gilt.
(7.2) läßt sich für beliebige Graphen G nicht verbessern, weil mit Hilfe der Beispiele (2.) und (3.) von oben gezeigt wurde, daß es Graphen gibt, für die in (7.2) = anstelle von $\leq$ steht.   ∎

In vielen Anwendungen der Graphentheorie sind die Kanten Modelle für Strecken mit gewissen Längen oder den Kanten sind Zeiten, Gewinne oder Kosten zugeordnet. Mathematisch läßt sich dies mit Hilfe einer Abbildung wie folgt beschreiben:
Definitionen   Es sei G ein Graph und

$$\varrho : \mathcal{E}(G) \longrightarrow \mathbb{R}$$

eine Abbildung. Dann heißt das Paar (G, ϱ) ein **bewerteter Graph** (genauer: **kantenbewerteter Graph**) und die Abbildung ϱ heißt **Bewertungsfunktion** (bzw. **Gewichtsfunktion**) von G.

Falls ein Graph G durch ein Diagramm gegeben ist, vereinbaren wir, die Werte der Gewichtsfunktion an die Kanten zu schreiben.

Für jedes $e \in \mathcal{E}(G)$ sei $\varrho(e)$ die **Bewertung** (bzw. das **Gewicht** bzw. die **Länge**) der Kante e.

Ist $K := (v_0, e_1, v_1, e_2, v_2, ..., e_n, v_n)$ eine Kantenfolge des bewerteten Graphen (G, ϱ), so heißt

$$\varrho(K) := \sum_{i=1}^{n} \varrho(e_i)$$

die ϱ-**Länge von** K (kurz: **Länge** von K).

Mit Hilfe der oben eingeführten Begriffe läßt sich die eingangs definierte Metrik D_G auf $\mathcal{E}(G)$ wie folgt verallgemeinern:

Definition Es sei (G, ϱ) ein gewichteter, ungerichteter Graph und $u, v \in \mathcal{V}(G)$. Falls $u = v$, sei $D_{G,\varrho}(u, v) := 0$. Sind u und v nicht durch eine Kantenfolge verbunden, so sei $D_{G,\varrho}(u, v) := \infty$. Ist $u \neq v$ und existiert eine Kantenfolge von u nach v, so sei $D_{G,\varrho}(u, v)$ die minimale ϱ-Länge aller Wege von u nach v. Dann heißt $D_{G,\varrho}(u, v)$ der ϱ-**Abstand von** u **und** v.

Setzt man $\varrho(e) := 1$ für jedes $e \in \mathcal{E}(G)$, so gilt offenbar $D_{G,\varrho}(u, v) = D_G(u, v)$.

Mit Hilfe von $D_{G,\varrho}$ anstelle von D_G lassen sich die oben definierten Begriffe Exzentrizität von Ecken, Durchmesser, Radius und Zentrum von Graphen verallgemeinern. Wir überlassen dies dem Leser und wenden uns jetzt graphentheoretischen Lösungsmethoden für lineare Optimierungsprobleme zu, die wir mit den oben bereit gestellten Begriffen beschreiben und lösen können.

7.7 Algorithmen zum Bestimmen optimaler Wege in Graphen

In diesem Abschnitt findet man drei Algorithmen zum Bestimmen kürzester Wege (Bahnen) zwischen den Ecken eines Graphen. Dem Leser sei empfohlen, sich zunächst selber einige Gedanken über Lösungsalgorithmen zum Thema zu machen, um dann zu erkennen, daß mit den beiden folgenden zwei Algorithmen recht nahe liegende Ideen zum Bestimmen kürzester Wege zwischen zwei Ecken eines Graphen verwirklicht wurden.

Breitensuche zum Bestimmen des kürzesten Weges zwischen zwei Ecken eines Graphen

Gegeben sei ein ungerichteter, schlichter Graph G sowie zwei verschiedene Ecken u und v von G. Die Länge eines kürzesten Weges von u nach v erhält man durch Abarbeiten der folgenden Schritte:

(1.) Man kennzeichne die Ecke u mit 0 und setze $l := 0$.

(2.) Zu den mit l gekennzeichneten Ecken bestimme man alle nicht gekennzeichneten Nachbarecken. Falls es solche Nachbarn nicht gibt, existiert kein Weg von u nach v. Falls es solche Nachbarn gibt, kennzeichne man sie mit $l + 1$ und weiter mit Schritt (3.).

(3.) Ist v mit $l + 1$ gekennzeichnet, so STOP. Der kürzeste Weg von u nach v hat die Länge $l + 1$. Ist v noch nicht gekennzeichnet, so weiter mit (2.).

Mit Hilfe der oben erzeugten Kennzeichnungen einiger Ecken von G läßt sich auch ein Weg

$$v_0 v_1 v_2 v_3 .... v_l v_{l+1} \quad mit \quad v_0 = u, \ v_{l+1} := v$$

kürzester Länge $l + 1$ (beginnend mit v_{l+1}) auf folgende Weise bestimmen:

(1.) Man setze $\lambda := l + 1$ und $v_\lambda := v$.

(2.) Falls $\lambda > 1$, wähle man eine mit $\lambda - 1$ gekennzeichnete Nachbarecke w von v_λ aus und setze $v_{\lambda-1} := w$.

(3.) Falls $\lambda = 1$, so STOP. Für $\lambda > 1$ ersetze man λ durch $\lambda - 1$ und weiter mit (2.).

Beipiel Im Diagramm des folgenden Graphen sind zwei Ecken u und v besonders gekennzeichnet und die zwecks Bestimmung des kürzesten Weges von u nach v vorzunehmenden Markierungen eingetragen. Ausgehend von v erhält man dann mit Hilfe der Markierungen auch den kürzesten Weg von v nach u, der im Diagramm durch eine größere Strichbreite gekennzeichnet ist.

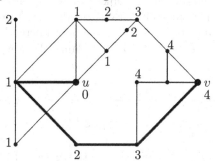

Algorithmus von E. W. Dijkstra

(Algorithmus zum Bestimmen minimaler $v_0 v$-Wege in Graphen mit positiv bewerteten Kanten)

Gegeben seien ein ungerichteter, schlichter Graph G, eine Gewichtsfunktion $L : \mathcal{E}(G) \longrightarrow \mathbb{R}^+$ und eine Ecke $v_0 \in \mathcal{V}(G)$. Durch Abarbeiten der folgenden Schritte wird für jede Ecke $v \in \mathcal{V}(G)$ die Länge

$$\varrho(v)$$

eines Weges von v_0 nach v mit kleinster Bewertung berechnet, falls ein solcher Weg existiert. Für den Fall, daß kein solcher Weg existiert, liefert der Algorithmus $\varrho(v) = \infty$.

(1.) Man setze $\varrho(v_0) := 0$, $\varrho(v) := \infty$ für alle $v \in \mathcal{V}(G)\backslash\{v_0\}$ und $U := \mathcal{V}(G)$.
(2.) Falls $U = \emptyset$, so STOP.
(3.) Falls $U \neq \emptyset$, bestimme man ein $u \in U$ für das $\varrho(u)$ minimal ist. Für sämtliche Nachbarecken v von u ersetze man dann $\varrho(v)$ durch $\min\{\varrho(v), \varrho(u) + L(\{u, v\})\}$. Außerdem ersetze man U durch $U\backslash\{u\}$. Weiter mit (2.).

Beispiel Der gewichtete Graph G sei durch folgendes Diagramm definiert:

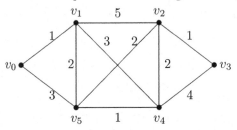

In der folgenden Tabelle sind die im Dijkstra-Algorithmus zu absolvierenden 7 Durchläufe der obigen Schritte (1.) – (3.) bzw. (2.) – (3.) zusammengefaßt. Mit $\varrho_t(v_i)$ sind dabei die im t-ten Durchlauf neu berechneten Werte $\varrho(v_i)$ bezeichnet. Die Zahl $\varrho_7(v_i)$, $i \in \{0, 1, ..., 5\}$, gibt damit die Länge eines minimalen Weges von v_0 nach v_i.

i	0	1	2	3	4	5	U	u
$\varrho_1(v_i)$	0	∞	∞	∞	∞	∞	$\{v_0, ..., v_5\}$	v_0
$\varrho_2(v_i)$	0	1	∞	∞	∞	3	$\{v_1, ..., v_5\}$	v_1
$\varrho_3(v_i)$	0	1	6	∞	4	3	$\{v_2, ..., v_5\}$	v_5
$\varrho_4(v_i)$	0	1	5	∞	4	3	$\{v_2, v_3, v_4\}$	v_4
$\varrho_5(v_i)$	0	1	5	8	4	3	$\{v_2, v_3\}$	v_2
$\varrho_6(v_i)$	0	1	5	6	4	3	$\{v_3\}$	v_3
$\varrho_7(v_i)$	0	1	5	6	4	3	$\emptyset$	

Bemerkung (ohne Beweis) Der Algorithmus von Dijkstra funktioniert auch für gerichtete Graphen mit nichtnegativen Bogenbewertungen, er versagt jedoch bei negativen Kantenbewertungen[5]. Außerdem ist er ein Spezialfall des Greedy-Algorithmus (siehe Kapitel 12).

Abschließend wird weiter unten noch ohne Beweis ein Algorithmus angegeben, der sowohl die Länge kürzester Bahnen zwischen allen Eckenpaaren eines gerichteten, schlichten Graphen mit n Ecken bestimmt als auch jeweils eine solche kürzeste Bahn pro Eckenpaar, falls sie existiert. Der Algorithmus ist leicht programmierbar, jedoch für die Handrechnung nur für Graphen mit wenigen Ecken geeignet.

---

[5] Siehe dazu auch die ÜA A.7.10.

Algorithmus von R. W. Floyd und S. Warshall

Gegeben ist ein einfacher, gerichteter Graph G mit n Ecken $v_1, ..., v_n$ und eine Bewertung $L : \mathcal{E}(G) \longrightarrow \mathbb{R}^+$.[6] Man setze

$$d_{ij}^{(0)} := \begin{cases} L(e), & \text{falls} \quad e = (v_i, v_j) \in \mathcal{E}(G), \\ 0, & \text{falls} \quad i = j, \\ \infty & \text{sonst}, \end{cases}$$

$$t_{ij}^{(0)} := 0$$

und

$$\mathfrak{D}_k := (d_{ij}^{(k)})_{n,n}, \ \mathfrak{T}_k := (t_{ij}^{(k)})_{n,n}$$

für $k \in \{0, 1, ..., n\}$. Ausgehend von $\mathfrak{D}_0$ und $\mathfrak{T}_0$ wird dann eine Matrizenfolge

$$\mathfrak{D}_1, \mathfrak{T}_1, \mathfrak{D}_2, \mathfrak{T}_2, \mathfrak{D}_3, \mathfrak{T}_3, ..., \mathfrak{D} := \mathfrak{D}_n, \mathfrak{T} := \mathfrak{T}_n,$$

gemäß der Formeln

$$\forall k \in \{1, 2, ..., n\} :$$

$$\forall i \in \{1, ..., n\} \, \forall j \in \{1, 2, ..., n\} \backslash \{k\} : \ d_{ij}^{(k)} := \min\{d_{ij}^{(k-1)}, d_{ik}^{(k-1)} + d_{kj}^{(k-1)}\}$$

$$\forall i, j \in \{1, ..., n\} : t_{ij}^{(k)} := \begin{cases} k, & \text{falls} \quad d_{ij}^{(k)} \neq d_{ij}^{(k-1)}, \\ t_{ij}^{(k-1)} & \text{sonst} \end{cases}$$

berechnet.[7]
Ist $d_{ij}^{(n)} = \infty$, so existiert kein Weg von v_i zu v_j. Falls $d_{ij}^{(n)} \in \mathbb{N}_0$ ist, gibt diese Zahl die Länge des kürzesten Weges von der Ecke v_i zur Ecke v_j an. Einen dieser kürzesten Wege erhält man dann mit Hilfe der Elemente der Matrix $\mathfrak{T}_n$, da $t_{ij}^{(n)}$ gleich dem größten Index der Ecken eines minimalen Weges von v_i nach v_j ist, auf folgende Weise: Falls $t_{ij}^{(n)} = 0$, so ist $v_i v_j$ der kürzeste Weg von v_i zu v_j. Falls $r := t_{ij}^{(n)} \neq 0$, so enthält ein minimaler $v_i v_j$-Weg die Ecke v_r:

$$v_i ... v_r ... v_j.$$

---

[6] Der Algorithmus funktioniert auch, wenn der Graph keine Kreise mit negativer Kantenbewertungssumme besitzt. Ergänzt man den Algorithmus durch: „Abbruch, falls $d_{ii}^{(k)} < 0$", so kann man ihn für Graphen mit beliebigen Bewertungen benutzen, da im Abbruchfall ein Kreis mit negativer Gesamtlänge gefunden wurde.

[7] $d_{ij}^{(k)}$ ist gleich der Länge einer kürzesten $v_i v_j$-Bahn, die nur Zwischenecken mit einem Index $\leq k$ enthält.

Für den Fall $t_{ir}^{(n)} = 0$ (bzw. $t_{rj}^{(n)} = 0$) ist $v_i v_r$ (bzw. $v_r v_j$) ein bereits konstruiertes Teilstück eines minimalen $v_i v_j$-Weges. Falls die Zahlen $p := t_{ir}^{(n)}$ und $q := t_{rj}^{(n)}$ ungleich 0 sind, enthält ein minimaler $v_i v_j$-Weg die Ecken v_p und v_q:

$$v_i...v_p...v_r...v_q...v_j,$$

usw.

Beispiel Für den durch das folgende Diagramm definierten bewerteten, gerichteten Graphen G

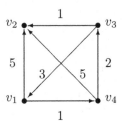

erhält man als Startmatrizen für den Floyd-Warshall-Algorithmus:

$$\mathfrak{D}_0 = \begin{pmatrix} 0 & 5 & \infty & 1 \\ \infty & 0 & \infty & \infty \\ 3 & 1 & 0 & \infty \\ \infty & 5 & 2 & 0 \end{pmatrix} \qquad \mathfrak{T}_0 = \begin{pmatrix} 0 & 0 & 0 & 0 \\ 0 & 0 & 0 & 0 \\ 0 & 0 & 0 & 0 \\ 0 & 0 & 0 & 0 \end{pmatrix}$$

Anwenden des Algorithmus liefert die Matrizen:

$$\mathfrak{D}_1 = \mathfrak{D}_2 = \begin{pmatrix} 0 & 5 & \infty & 1 \\ \infty & 0 & \infty & \infty \\ 3 & 1 & 0 & 4 \\ \infty & 5 & 2 & 0 \end{pmatrix} \qquad \mathfrak{T}_1 = \mathfrak{T}_2 = \begin{pmatrix} 0 & 0 & 0 & 0 \\ 0 & 0 & 0 & 0 \\ 0 & 0 & 0 & 1 \\ 0 & 0 & 0 & 0 \end{pmatrix}$$

$$\mathfrak{D}_3 = \begin{pmatrix} 0 & 5 & \infty & 1 \\ \infty & 0 & \infty & \infty \\ 3 & 1 & 0 & \infty \\ 5 & 3 & 2 & 0 \end{pmatrix} \qquad \mathfrak{T}_3 = \begin{pmatrix} 0 & 0 & 0 & 0 \\ 0 & 0 & 0 & 0 \\ 0 & 0 & 0 & 1 \\ 3 & 3 & 0 & 0 \end{pmatrix}$$

$$\mathfrak{D}_4 = \begin{pmatrix} 0 & 4 & 3 & 1 \\ \infty & 0 & \infty & \infty \\ 3 & 1 & 0 & \infty \\ 5 & 3 & 2 & 0 \end{pmatrix} \qquad \mathfrak{T}_4 = \begin{pmatrix} 0 & 4 & 4 & 0 \\ 0 & 0 & 0 & 0 \\ 0 & 0 & 0 & 1 \\ 3 & 3 & 0 & 0 \end{pmatrix}$$

Aus der Matrix $\mathfrak{D}_4$ folgt z.B., daß ein minimaler $v_1 v_2$-Weg die Länge $d_{12}^{(4)} = 4$ hat. Mit Hilfe von $\mathfrak{T}_4$ läßt sich ein solcher Weg W schrittweise wie folgt bilden:

Wegen $t_{12}^{(4)} = 4$ hat der Weg die Struktur $W = v_1...v_4...v_2$. Aus $t_{14}^{(4)} = 0$ folgt $W = v_1v_4...v_2$ und wegen $t_{42}^{(4)} = 3$ sowie $t_{32}^{(4)} = 0$ gilt $W = v_1v_4v_3v_2$.

7.8 Definitionen einiger spezieller Graphen

In diesem kurzen Abschnitt wollen wir einige Bezeichnungen für öfter auftretende schlichte und ungerichtete Graphen einführen. Da für die Anwendungen meist nicht wichtig ist, wie die Ecken und Kanten bezeichnet sind, wählen wir, falls nicht anders angegeben, für sämtliche nachfolgend definierten Graphen G

$$\mathcal{V}(G) := \{1, 2, 3, ..., n\}$$

und

$$\mathcal{E}(G) \subseteq (\mathcal{V}(G))^2$$

mit geeignetem $n \in \mathbb{N}$.

P_m bezeichne einen Weg der Länge m, $m \in \mathbb{N}_0$.

C_m bezeichne einen Kreis der Länge m, $m \in \mathbb{N}$.

K_n bezeichne einen schlichten Graphen mit n Ecken, in der je zwei verschiedene Ecken durch ein Kante verbunden sind. K_n wird **vollständiger Graph** genannt.

Beispiel   Diagramme des K_n für $n \in \{1, 2, 3, 4\}$ sind:

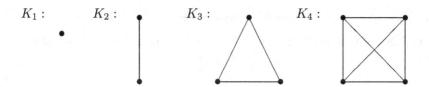

Der vollständige Graph K_n mit $n \in \mathbb{N}$ besitzt offenbar $\frac{1}{2} \cdot n \cdot (n - 1)$ Kanten.

Sei $r \in \mathbb{N} \setminus \{1\}$. Ein schlichter, ungerichteter Graph G heißt r-**partit**, wenn es eine Zerlegung von $\mathcal{V}(G)$ in r Blocks (bzw. Äquivalenzklassen) gibt, so daß die Endecken jeder Kante von G in verschiedenen Blocks liegen. Ecken aus dem gleichen Block dürfen nicht benachbart sein.

Ein 2-partiter Graph heißt auch **bipartit** (bzw. **paar**).

Beispiel   Durch das folgende Diagramm, in dem die zu unterschiedlichen Blocks gehörenden Ecken unterschiedlich gezeichnet sind, wird ein 3-partiter Graph beschrieben:

Ist G ein r-partiter Graph, in dem je zwei Ecken aus verschiedenen Blocks der Zerlegung benachbart sind, so heißt G **vollständig** r-**partit**.

Sind B_1, ..., B_t mit $|B_1| = n_1$, ..., $|B_t| = n_t$ die Blocks eines vollständigen, t-partiten Graphen, so sei dieser Graph mit $K_{n_1, n_2, ..., n_t}$ bezeichnet.

Beispiel Der Graph $K_{2,3}$ läßt sich durch das folgende Diagramm veranschaulichen:

Nachfolgend noch eine nützliche Charakterisierung bipartiter Graphen:

Satz 7.8.1 *Ein ungerichteter Graph G mit mindestens zwei Ecken ist genau dann bipartit, wenn alle Kreise von G gerade Länge haben.*

Beweis. ÜA.[8]   ∎

Zur Erinnerung (siehe 7.1): Ein ungerichteter Graph heißt r-**regulär**, falls jede Ecke von G den Grad r hat.

Beispiele Die Komponenten eines 1-regulären Graphen bestehen offenbar aus zwei Ecken und der sie verbindenden Kante. Ein Kreis C_n ist 2-regulär und der vollständige Graph K_n $(n-1)$-regulär. Der Graph $K_{n,n}$ ist n-regulär.

Definitionen Sei G ein ungerichteter, schlichter Graph.

Ein Untergraph U von G heißt r-**Faktor**, wenn U ein aufspannender r-regulärer Untergraph ist.

Existieren für G gewisse r-Faktoren U_i $(i = 1, ..., t)$, so daß

$$\mathcal{E}(E) = \bigcup_{i=1}^{t} \mathcal{E}(U_i)$$

---

[8] Siehe dazu auch Satz 9.2.1.

und
$$\mathcal{E}(U_1), ..., \mathcal{E}(U_t)$$

paarweise disjunkt sind (also $\{\mathcal{E}(U_1), ..., \mathcal{E}(U_t)\}$ eine Zerlegung von $\mathcal{E}(G)$ bildet), so heißt G r-**faktorisierbar** und $\{\mathcal{E}(U_1), ..., \mathcal{E}(U_t)\}$ eine r-**Faktorisierung** von G.

Eine 1-Faktorisierung von G wird kurz nur **Faktorisierung** (oder **Auflösung**) von G genannt.

Ein 1-Faktor eines Graphen G kann offenbar nur dann existieren, wenn $|\mathcal{V}(G)| = n$ gerade ist, und der 1-Faktor ist die Vereinigung von $\frac{n}{2}$ unabhängigen Kanten von G.[9]

Mit Hilfe der im Kapitel 11 angegebenen Algorithmen zum Bestimmen von maximalen Matchings eines Graphen läßt sich sowohl die Existenz von 1-Faktoren feststellen als auch solche 1-Faktoren bestimmen. Wir verzichten deshalb an dieser Stelle auf Beispiele und erläutern nur noch, daß die (noch zu bestimmenden) Faktorisierungen des vollständigen Graphen K_{2n} ($n \in \mathbb{N}$) benutzt werden können, um

Spielpläne für Turniere von $2n$ Mannschaften $M_1, M_2, ..., M_{2n}$ (z.B. beim Fußball, Handball, ...) aufzustellen, wo jede Mannschaft mit jeder anderen Mannschaft genau einmal spielen soll.

Wie dies genau geht, wird nach dem Beweis des folgenden Satzes erklärt:

Satz 7.8.2 *Es sei* $\{0, 1, 2, ..., 2n - 1\}$ *die Eckenmenge des* K_{2n}. *Dann ist*

$$F_k := \{\{0, k\}\} \cup \{\{i, j\} \in \mathcal{E}(K_{2n}) | \{i, j\} \subseteq \{1, 2, ...2n - 1\} \ \wedge$$
$$(i + j = 2 \cdot k \,(mod\, 2n - 1)\,)\}$$

für jedes $k \in \{1, 2, ..., 2n - 1\}$ *die Kantenmenge eines 1-Faktors des* K_{2n} *und* $\{F_1, F_2, ..., F_{2n-1}\}$ *eine Faktorisierung des* K_{2n}, *d.h., der* K_{2n} *ist 1-faktorisierbar.*[10]

Beweis. Bezeichne $[x]_{2n-1}$ die Restklasse modulo $2n - 1$, in der $x \in \mathbb{Z}$ liegt. Da $2n - 1$ ungerade ist, gilt $\{[2 \cdot k]_{2n-1} | k \in \{1, 2, ..., 2n - 1\}\} = \mathbb{Z}_{2n-1}$ (Ausführlich: ÜA). Folglich sind die Mengen $F_1, ..., F_{2n-1}$ paarweise disjunkt. Da die Gleichung $i + j = 2 \cdot k \,(mod\, 2n - 1)$ für beliebig gegebene $i, k \in \{1, 2, ..., 2n - 1\}$ eine eindeutig bestimmte Lösung in $\mathbb{Z}_{2n-1}$ hat, prüft man leicht nach, daß F_k ein 1-Faktor des K_{2n} ist. Die Vereinigung der paarweise disjunkten Mengen $F_1, ..., F_{2n-1}$ besteht folglich aus $n \cdot (2n-1)$ Kanten, womit aus Anzahlgründen $\{F_1, ..., F_{2n-1}\}$ eine 1-Faktorisierung des K_{2n} ist. ∎

---

[9] In Kapitel 11 nennen wir einen 1-Faktor von G auch *perfektes Matching* von G.
[10] Dem Leser sei empfohlen, sich die Aussage des Satzes für den K_4 und den K_6 durch Diagramme zu veranschaulichen.

Deutet man nun die Kante $e := \{u, v\}$ des K_{2n} als Spiel zwischen den Mannschaften M_u und M_v und ordnet man dieses Spiel genau dann der k-ten Runde des Turniers zu, wenn $e \in F_k$ gilt, so erhält man den Plan eines Turnier aus $2n - 1$ Runden, wobei jede Runde aus n Spielen besteht.

Mehr zu Turnierplanungen (z.B. für die Fußballbundesliga), wobei auch Hin- und Rückrunden sowie Heim- und Auswärtsspiele geplant werden, findet man z.B. in [Jun 94].

Notwendige und hinreichende Kriterien für die Existenz von r-Faktoren eines Graphen (z.B. die Sätze von Tutte) und eine Einführung in die Faktortheorie von Graphen kann man z.B. in [Vol 96] finden.

8

Wälder, Bäume und Gerüste

Wichtige Spezialfälle von ungerichteten Graphen sind kreisfreie Graphen, die wir in diesem Kapitel behandeln wollen. In der Informatik (aber nicht nur dort) werden sie verwendet, um Abläufe von Programmen zu verdeutlichen sowie die logische und syntaktische Struktur von Programmen zu erfassen.

Wegen ihrer Einfachheit sind kreisfreie Graphen aber auch gute Testobjekte, wenn man auf der Suche nach allgemeinen Resultaten über Graphen ist.

In Abschnitt 8.1 werden wir uns (nach Einführung einiger Begriffe) mit zusammenhängenden kreisfreien Graphen, den sogenannten *Bäumen*, befassen. Insbesondere geben wir eine Reihe von äquivalenten Bedingungen an, die Bäume charakterisieren.

Wichtig für Anwendungen sind aufspannende Bäume, die sogenannten *Gerüste*, für Graphen, die Gegenstand von Abschnitt 8.2 sind. Insbesondere wird durch den Matrix-Gerüst-Satz geklärt, wie man mit Hilfe der Admittanzmatrix eines Graphen feststellen kann, wie viele Gerüste dieser Graph besitzt. Eine Folgerung aus diesem Satz wird die Anzahl der möglichen Bäume mit der Eckenmenge $\{1, 2, ..., n\}$ sein.

Eine mögliche Anwendungsaufgabe, die mit Gerüsten zusammenhängt, ist die folgende:

Gegeben sind gewisse Orte, die durch Straßen (bzw. Leitungen) miteinander verbunden werden sollen. Bekannt sind für je zwei verschiedene Orte, ob eine direkte Verbindung möglich ist und wie hoch die Kosten für das Herstellen einer Verbindung im Verbindungsfall sind. Gesucht ist ein Straßennetz (bzw. ein Leitungsnetz), das den folgenden Bedingungen genügt:

- Je zwei Orte sind entweder direkt oder durch Verbindungen, die über andere Orte führen, miteinander verbunden.
- Verzweigungspunkte des Netzes befinden sich nur in den Orten.
- Unter allen Netzen die den ersten zwei Bedingungen genügen, ist dasjenige zu finden, das die geringsten Baukosten bzw. die geringste Länge aufweist.

In die Sprache der Graphentheorie übersetzt sind die Orte Ecken eines bewerteten Graphen G, mögliche Verbindungen von zwei Orten sind durch die

Kanten von G charakterisiert und die Baukosten (bzw. die Länge der Verbindungen) sind die Bewertungen der Kanten. Gesucht ist dann ein sogenanntes *Minimalgerüst* des Graphen G.
Einen Algorithmus zum Lösen obigen Problems findet man im Abschnitt 8.3.

8.1 Wälder und Bäume

Definitionen   Ein ungerichteter Graph ohne Kreis heißt ein **Wald**. Ein Wald, der zusammenhängend ist, heißt **Baum**. Eine Ecke vom Grad 1 eines Baumes wird **Blatt** des Graphen genannt.
Beispiele   Bis auf Isomorphie gibt die folgende Zeichnung alle Bäume mit maximal 5 Ecken an.

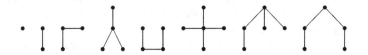

Offenbar sind die Zusammenhangskomponenten eines Waldes Bäume. Jeder Baum mit mindestens einer Kante besitzt mindestens zwei Blätter (z.B. die Endecken eines längsten Weges im Baum). Entfernt man in einem Baum ein Blatt, so ist der Rest immer noch ein Baum.

Satz 8.1.1 *Für einen Graphen* $G := (V, E)$ *mit* n *Ecken sind folgende Aussagen äquivalent:*

(a) G ist ein Baum.
(b) Je zwei Ecken von G sind durch genau einen Weg verbunden.
(c) G ist zusammenhängend und für jede Kante $e \in E$ ist der Graph $(V, E\backslash\{e\})$ nicht zusammenhängend, d.h., jede Kante von G ist eine Brücke.
(d) G ist zusammenhängend und hat genau $n - 1$ Kanten.
(e) G ist kreisfrei und hat genau $n - 1$ Kanten.
(f) G ist kreisfrei, aber für je zwei nicht benachbarte Ecken $v, w \in V$ enthält der Graph $(V, E \cup \{\{v, w\}\})$ genau einen Kreis.

Beweis.   (a)$\Longrightarrow$(b): Sei G ein Baum. Dann sind zwei Ecken von G durch mindestens einen Weg verbunden. Falls es zwei verschiedene Wege gibt, die zwei Ecken von G miteinander verbinden, enthält G nach Satz 7.5.1, (d) einen Kreis, im Widerspruch dazu, daß G ein Baum ist.

(b)$\Longrightarrow$(c): Der Graph G erfülle (b). Dann ist G offenbar zusammenhängend. Da jede Kante $e := \{u, v\}$ ein Weg zwischen ihren Endecken u, v ist und nach Voraussetzung nur ein Weg zwischen u und v existiert, zerstört das Weglassen von e den Zusammenhang von G.

(c)$\Longrightarrow$(d): Da bei dieser Implikation G als zusammenhängend vorausgesetzt ist, hat jede Ecke von G mindestens den Grad 1. Falls alle Ecken mindestens den Grad 2 besitzen, kann jeder Weg in G stets so fortgesetzt werden, daß keine Kante unmittelbar hintereinander im Weg auftritt. Wegen der Endlichkeit von G läßt sich folglich ein Weg in G konstruieren, der eine Ecke von G doppelt durchläuft, womit in G ein Kreis existiert. Kanten, die zu einem Kreis gehören, können jedoch keine Brücken sein. Also muß G mindestens eine Kante des Grades 1 besitzen oder G hat nur eine Ecke und keine Kanten. Hat G mindestens zwei Ecken, so erhält man durch Weglassen einer Ecke des Grades 1 und der mit dieser Ecke inzidierenden Kante, einen Graphen G', der wie G zusammenhängend ist und dessen Kanten alle Brücken sind. Da auch G' mindestens eine Ecke des Grades 1 besitzt, kann man den oben beschriebenen Übergang von G zu G' solange wiederholen, bis ein zu K_1 isomorpher Graph entsteht. Dabei wurden genau so viele Ecken wie Kanten weggelassen, so daß die Anzahl n der Ecken von G um 1 größer gewesen sein muß als die Anzahl der Kanten von G.

(d)$\Longrightarrow$(e): Es sei G ein zusammenhängender Graph G mit $n - 1$ Kanten. Angenommen, G besitzt einen Kreis K aus k Kanten (bzw. Ecken). Da G zusammenhängend ist, gibt es Kantenverbindungen von den Ecken des Kreises zu den restlichen $n - k$ Ecken von G. Da jede Kante, die eine Ecke von K mit einer Ecke außerhalb von K verbindet, eine Verbindung zu genau einer Ecke außerhalb von K schafft, muß G folglich mindestens $k + (n - k) = n$ Kanten besitzen, was unserer Voraussetzung widerspricht.

(e)$\Longrightarrow$(f): G erfülle (e). Wir überlegen uns zunächst, daß G zusammenhängend ist. Bildet man G schrittweise aus dem Graphen $G_0 := (V, \emptyset)$ durch schrittweise Hinzunahme von jeweils einer Kante von G, so reduziert sich die Anzahl der Zusammenhangskomponenten jeweils um 1, so daß am Ende G nur aus einer Zusammenhangskomponente besteht. Also ist G ein Baum. Sei nun G' aus G durch Hinzufügen der Kante $\{u, v\}$ gebildet, die zwei beliebig gewählte Ecken aus G verbindet. Wegen „$(a) \Longrightarrow (b)$" gibt es genau einen Weg in G, der u mit v verbindet. Ergänzt man diesen Weg durch die Kante $\{u, v\}$, so erhält man einen Kreis in G'. Falls es noch einen zweiten Kreis in G' geben würde, der $\{u, v\}$ enthält, enthält die Vereinigung dieser beiden Kreise ohne die Kante $\{u, v\}$ einen Kreis, im Widerspruch dazu, daß G kreisfrei ist.

(f)$\Longrightarrow$(a): G erfülle (f). Zu zeigen ist nur, daß G zusammenhängend ist. Angenommen, die Ecken u, v von G liegen in verschiedenen Zusammenhangskomponenten von G. Ergänzt man G durch die Kante $\{u, v\}$, so kann jedoch dieser Graph keinen Kreis enthalten, im Widerspruch zur Voraussetzung. ∎

Mit Hilfe des obigen Satzes ist der folgende Satz beweisbar:

Satz 8.1.2 *Ein Wald mit n Ecken und k Zusammenhangskomponenten hat genau $n - k$ Kanten.*

Beweis. ÜA. ∎

Eine Folgerung aus Satz 8.2.5, (a) wird der folgende Satz sein:

Satz 8.1.3 *Es gibt genau n^{n-2} verschiedene Bäume mit der Eckenmenge $\{1, ..., n\}$.*

8.2 Gerüste

Definition Sei G ein ungerichteter Graph. Dann heißt ein Teilgraph T von G ein **Gerüst** (bzw. **spannender Baum**) von G, wenn T ein Baum mit $\mathcal{V}(T) = \mathcal{V}(G)$ ist.

Satz 8.2.1 *Ein ungerichteter Graph besitzt genau dann ein Gerüst, wenn er zusammenhängend ist.*

Beweis. „$\Longrightarrow$" ist trivial.

„$\Longleftarrow$": Sei G ein ungerichteter zusammenhängender Graph. O.B.d.A. sei G schlicht.

Hat G nur eine Ecke, so ist diese Ecke auch das Gerüst von G. Enthält G keine Kreise, so ist G ein Baum und damit Gerüst von sich selber. Wir können uns also nachfolgend auf den Fall $|\mathcal{V}(G)| \geq 2$ und G enthält einen Kreis C beschränken. Ein Gerüst von G erhält man dann durch schrittweises Entfernen von Kanten aus G, ohne dabei den Zusammenhang zu zerstören wie folgt: Man entferne eine Kante e aus C. Nach Satz 7.5.2, (a) ist dann $G_1 := G - \{e\}$ zusammenhängend. Enthält G_1 keinen Kreis, so ist G_1 das gesuchte Gerüst. Im Fall der Existenz eines Kreises wiederhole man die Konstruktion, usw. Da wir nur endliche Graphen betrachten, liefert dieses Verfahren nach endlich vielen Schritten ein Gerüst von G. ∎

Es sei noch bemerkt, daß das im obigen Beweis angegebene Verfahren zur Konstruktion eines Gerüstes eines Graphen G nicht effektiv ist, falls die Kantenzahl von G groß ist. Ein besseres Verfahren erhält man aus dem Algorithmus von Kruskal (siehe 8.3).

Zunächst wollen wir jedoch den Matrix-Gerüst-Satz 8.2.4 beweisen, der angibt wie viele Gerüste ein Graph besitzt. In Vorbereitung auf den Beweis dieses Satzes werden im nachfolgenden Lemma einige Bezeichnungen für Matrizen eingeführt und einige Eigenschaften dieser Matrizen angegeben.

Lemma 8.2.2 *Es sei $\mathfrak{M} := (m_{ij})_{n,n}$ eine Matrix des Typs (n, n) (über dem Körper der reellen Zahlen). Die durch Streichen der i-ten Zeile und i-ten Spalte aus $\mathfrak{M}$ gebildete Matrix sei mit $\mathfrak{M}_i$ bezeichnet, wobei die Numerierung der Zeilen und Spalten von $\mathfrak{M}$ für $\mathfrak{M}_i$ beibehalten wird. Für $i \neq j$ sei $\mathfrak{M}_{ij}$ die Matrix, die aus $\mathfrak{M}$ durch Streichen der Zeilen und Spalten der Nummern i und j entsteht. Die Matrix $\mathfrak{M}_i^\star$ sei aus $\mathfrak{M}$ durch Ersetzen von m_{ii} durch 1 und m_{ki} durch 0 für alle $k \neq i$ gebildet. Die Matrix $\mathfrak{M}^{(i)}$ entstehe aus $\mathfrak{M}$ durch Ersetzen von m_{ii} durch $m_{ii} - 1$. Dann gilt für diese Matrizen bzw. ihren Determinanten:*

(a) $\mathfrak{M}_{ij} = (\mathfrak{M}_i)_j$ für $i \neq j$,

(b) $|\mathfrak{M}_i| = |\mathfrak{M}_i^\star|$,

(c) $(\mathfrak{M}_i)^{(j)} = (\mathfrak{M}_j)^{(i)}$ für $i \neq j$,

(d) $|\mathfrak{M}_i| = |(\mathfrak{M}_i)^{(j)}| + |(\mathfrak{M}_i)^*_j|$,

(e) $|\mathfrak{M}_i| = |(\mathfrak{M}_i)^{(j)}| + |\mathfrak{M}_{ij}|$.

Beweis. Beweist man leicht unter Verwendung der Sätze 3.1.4 – 3.1.10 aus Band 1 mit Eigenschaften von Determinanten (ÜA). ∎

Lemma 8.2.3 *Es sei G ein ungerichteter Graph und e eine Kante von G, die die Ecken u und v von G verbindet. Der Graph G^e entstehe aus G, indem sämtliche u mit v verbindenden Kanten weggelassen und die Ecken u, v zur Ecke v zusammengezogen werden. Der Graph G_e entstehe aus G durch Weglassen der Kante e. $zg(H)$ bezeichne die Anzahl der Gerüste eines Graphen H. Dann gilt:*

$$zg(G) = zg(G_e) + zg(G^e). \tag{8.1}$$

Bezeichnet man mit $\mathfrak{T}^{[e]}$ und $\mathfrak{T}_{[e]}$ die Admittanzmatrizen der Graphen G^e bzw. G_e sowie mit $\mathfrak{T}$ die Admittanzmatrix von G, so gilt außerdem (unter Verwendung der Bezeichnungen aus Lemma 8.2.2)

$$(\mathfrak{T}^{[e]})_v = (\mathfrak{T}_u)_v = \mathfrak{T}_{uv} \tag{8.2}$$

und

$$(\mathfrak{T}_{[e]})_u = (\mathfrak{T}_u)^{(v)} = \mathfrak{T}_u^{(v)}. \tag{8.3}$$

Beweis. Die folgenden zwei Aussagen prüft man leicht nach:
Es existiert eine bijektive Abbildung von der Menge aller Gerüste von G_e auf die Menge aller Gerüste von G, die die Kante e nicht enthalten.
Es existiert eine bijektive Abbildung von der Menge aller Gerüste von G^e auf die Menge aller Gerüste von G, die die Kante e enthalten.
Hieraus folgt dann (8.1).
(8.2) und (8.3) folgen unmittelbar aus der Definition einer Admittanzmatrix und der Bildungsvorschriften von $G^{[e]}$ und $G_{[e]}$ sowie Lemma 8.2.2, (a) . ∎

Satz 8.2.4 (Matrix-Gerüst-Satz[1])
Es sei $G := (V, E)$ ein ungerichteter Graph mit $n \geq 2$ Ecken und $m \geq 0$ Kanten. Sei außerdem $\mathfrak{T} := \mathfrak{T}_G$ die Admittanzmatrix von G. Für jedes $i \in \{1, 2, ..., n\}$ gibt dann die Adjunkte T_{ii} der Determinante $T := |\mathfrak{T}|$ die Anzahl der Gerüste des Graphen G an.

Beweis. Wir beginnen mit den Spezialfällen $m = 0$ ($n \geq 2$ beliebig) und $n = 2$ (m beliebig):
(I_1): Sei G ein Graph ohne Kanten.
In diesem Fall ist $\mathfrak{T}_G$ eine Nullmatrix, und wegen $n \geq 2$ kann G keine Gerüste besitzen. Folglich gilt $zg(G) = 0 = T_{ii}$ für alle i.

(I_2): Sei G ein Graph mit $n = 2$ Ecken und m Kanten. ($m \in \mathbb{N}$ beliebig).
O.B.d.A. habe G keine Schlingen. Dann gilt offenbar $zg(G) = m$ und die Admittanzmatrix von G hat die Gestalt:

---

[1] In einigen Büchern auch Satz von Kirchhoff-Trent genannt.

$$\begin{pmatrix} m & -m \\ -m & m \end{pmatrix},$$

womit $|\mathfrak{T}_{11}| = |\mathfrak{T}_{22}| = m$, d.h., unser Satz gilt.

Für beliebige Graphen G läßt sich nach diesen Vorbereitungen der Matrix-Gerüst-Satz durch vollständige Induktion über $t := |V(G)| + |E(G)| \in \mathbb{N}\backslash\{1\}$ beweisen.
(I) $t \in \{2, 3\}$:
Diese Fälle wurde bereits in (I_1) und (I_2) begründet.
(II): Angenommen, alle Graphen G' mit $|V(G')| + |E(G')| < t$ besitzen die im obigen Satz behaupteten Eigenschaften.
Sei nun G ein Graph mit n Ecken und m Kanten, für den $t = n + m$ gilt. Wegen Lemma 7.4.3, (a) können wir o.B.d.A. annehmen, daß G keine Schlingen besitzt.
Für eine beliebig gewählte Ecke u unterscheiden wir zwei Fälle:
Fall 1: u ist eine isolierte Ecke.
In diesem Fall besitzt G keine Gerüste und mittels Lemma 7.4.3, (c) überlegt man sich leicht, daß $|\mathfrak{T}_{uu}| = 0$ gilt.
Fall 2: u ist keine isolierte Ecke.
In diesem Fall existiert eine Kante e mit $f(e) = \{u, v\}$ und es lassen sich die im Lemma 8.2.3 beschriebenen Graphen $G^{[e]}$ und $G_{[e]}$ bilden, für die die Induktionsannahme zutrifft, d.h., es gilt $anz(G^{[e]}) = |(\mathfrak{T}^{[e]})_v|$ und $anz(G_{[e]}) = |(\mathfrak{T}_{[e]})_u|$. Mit Hilfe von (8.1) – (8.3) folgt hieraus

$$anz(G) = anz(G^{[e]}) + anz(G_{[e]}) = |\mathfrak{T}_{uv}| + |(\mathfrak{T}_u)^{(v)}|.$$

Mittels Lemma 8.2.2, (e) ergibt sich hieraus die Behauptung $anz(G) = anz(G^{[e]}) + anz(G_{[e]}) = |\mathfrak{T}_u| = T_{uu}$.   ∎

Mit Hilfe des Matrix-Gerüst-Satz läßt sich nun leicht der folgende Satz beweisen:

Satz 8.2.5

(a) *Der vollständige Graph K_n besitzt genau n^{n-2} verschiedene Gerüste.*

(b) *Es gibt genau n^{n-2} paarweise verschieden Bäume mit der Eckenmenge $V = \{1, 2, ..., n\}$.*

Beweis. (a): Nach Satz 8.2.4 ist die Anzahl der Gerüste des vollständigen Graphen K_n gleich der folgenden Determinante $(n-1)$-ter Ordnung:

$$\begin{vmatrix} n-1 & -1 & -1 & \dots & -1 \\ -1 & n-1 & -1 & \dots & -1 \\ -1 & -1 & n-1 & \dots & -1 \\ \dots & \dots & \dots & \dots & \dots \\ -1 & -1 & -1 & \dots & n-1 \end{vmatrix}$$

Subtrahiert man in dieser Determinante die erste Spalte von allen anderen, so ergibt sich:

$$\begin{vmatrix} n-1 & -n & -n & \ldots & -n \\ -1 & n & 0 & \ldots & 0 \\ -1 & 0 & n & \ldots & 0 \\ \multicolumn{5}{c}{\dotfill} \\ -1 & 0 & 0 & \ldots & n \end{vmatrix}$$

Addiert man in dieser Determinante zur ersten Zeile alle anderen Zeilen, erhält man die Determinante $(n-1)$-ter Ordnung

$$\begin{vmatrix} 1 & 0 & 0 & \ldots & 0 \\ -1 & n & 0 & \ldots & 0 \\ -1 & 0 & n & \ldots & 0 \\ \multicolumn{5}{c}{\dotfill} \\ -1 & 0 & 0 & \ldots & n \end{vmatrix},$$

die offenbar gleich n^{n-2} ist.

(b) ist eine Folgerung aus (a). ∎

8.3 Minimalgerüste

Definitionen   Sei (G, ϱ) ein bewerteter, schlichter, zusammenhängender Graph. Unter der **Länge** (bzw. **Gewicht**) eines Teilgraphen von G verstehen wir dann die Zahl

$$\varrho(T) := \sum_{k \in \mathcal{E}(T)} \varrho(e).$$

Ein Teilgraph T von G heißt **Minimalgerüst**, wenn für alle Gerüste T' von G stets $\varrho(T) \le \varrho(T')$ gilt, d.h., T ist ein Gerüst minimaler Länge.

Der bekannteste Algorithmus zum Bestimmen eines Minimalgerüstes wurde von J. B. Kruskal 1956 publiziert.[2] Im Kapitel 12 werden wir sehen, daß dieser Algorithmus ein Spezialfall des Greedy-Algorithmus ist, so daß wir hier auf den Nachweis der Korrektheit des Algorithmus verzichten können.

Algorithmus von J. B. Kruskal
zum Bestimmen eines Minimalgerüstes

Es sei (G, ϱ) ein bewerteter, schlichter, ungerichteter und zusammenhängender Graph mit mindestens zwei Ecken. Die Kantenmenge T eines Minimalgerüstes erhält man dann durch Abarbeiten der folgenden Schritte:

---

[2] Bereits 1926 publizierte O. Boruvka ein ähnliches Verfahren für Graphen, deren Kantengewichte paarweise verschieden sind.

(1.) Man setze $T := \emptyset$ und numeriere die Kanten von G nach aufsteigender Länge. Ergebnis:

$$e_1, e_2, e_3, ..., e_m$$

mit $\varrho(e_1) \leq \varrho(e_2) \leq ... \leq \varrho(e_m)$.
(2.) Für $i = 1, ..., m$ ersetze man T durch

$$\begin{cases} T \cup \{e_i\}, & \text{falls} \quad T \cup \{e_i\} \text{ keinen Kreis enthält,} \\ T & \text{sonst.} \end{cases}$$

Bemerkung Will man obigen Algorithmus programmieren, so ist folgende Idee zum Abändern von Schritt (2.) recht hilfreich:
Vor Beginn des Algorithmus werden alle Ecken von G durch die bijektive Abbildung $\nu : \mathcal{V}(G) \longrightarrow \{1, 2, ..., |\mathcal{V}(G)|\}$ durchnumeriert. Eine Kante $e_i = \{a, b\}$ darf genau dann zur Menge T hinzugefügt werden, wenn $\nu(a) < \nu(b)$ ist. Anschließend wird die Abbildung ν wie folgt abgeändert: Für alle $x \in \mathcal{V}(G)$ mit $\nu(x) = \nu(b)$ sei $\nu(x) := \nu(a)$. Am Ende des Algorithmus gilt $\nu(v) = 1$ für alle $v \in \mathcal{V}(G)$.
Der auf diese Weise modifizierte Kruskal-Algorithmus kann dann auch auf nicht zusammenhängende, schlichte Graphen G angewendet werden. Ergebnis des Kruskal-Algorithmus sind dann Gerüste für die einzelnen Komponenten des Graphen, wobei die zu einer Zusammenhangskomponente gehörenden Ecken das gleiche Bild bei der Abbildung ν besitzen.

Ein Beispiel zum Kruskal-Algorithmus wurde bereits im Band 1 angegeben. Dort findet man auch ein weiteres Verfahren zum Bestimmen eines Minimalgerüstes. Weitere Algorithmen zum Bestimmen eines Minimalgerüsts und auch einige Ideen, die zu effektiveren Computerprogrammen dieser Algorithmen führen, entnehme man [Jun 94] oder [Vol 96], wo auch weitere Literaturhinweise zu finden sind.

In [Jun 94], ab S. 152 findet man außerdem Anwendungsbeispiele (z.B. die *Optimierung eines Informationsnetzwerkes*) für das Problem des Bestimmens eines Maximalgerüstes eines Graphen. Einen Lösungsalgorithmus zum Auffinden eines Gerüstes mit maximaler Kantengewichtssumme erhält man aus dem Kruskal-Algorithmus, indem man die Kanten nach absteigendem Gewicht ordnet.

Planare Graphen und Färbungen

In diesem Kapitel wollen wir uns zunächst überlegen, unter welchen Bedingungen es gelingt, ein zu einem Graphen gehörendes Diagramm ohne Überschneidungen der Kanten zu zeichnen. Im Anschauungsraum ist dies ganz einfach: Will man ein solches Diagramm eines Graphen G mit n Ecken $v_1, ..., v_n$ und m Kanten zeichnen, so wähle man eine Gerade g im Raum aus, auf denen die Ecken von G eingezeichnet werden. Zum Zeichnen der m Kanten $e_1, ..., e_m$ von G wähle man dann m paarweise verschiedene Ebenen $E_1, ..., E_m$ des Raumes, die alle g enthalten. Ist e_i eine Schlinge der Ecke v_j, so zeichne man in E_i einen Kreis, der g nur im Punkt v_j schneidet. Verbindet e_i die verschiedenen Ecken v_r und v_s, so zeichne man einen Halbkreisbogen in der Ebene E_i, der die Punkte v_r und v_s verbindet. Das so erhaltene Diagramm von G hat sicher die Eigenschaft, daß sich zwei verschiedene Kanten dieses Diagramms höchstens in den Ecken schneiden.

Wie weiter unten durch Beispiele belegt wird, ist es in der Anschauungsebene nicht für alle Graphen möglich, Diagramme ohne Kantenüberschneidungen zu zeichnen. Graphen, bei denen dies jedoch gelingt, werden wir *planar* nennen und ein Kriterium für die Eigenschaft planar zu sein, angeben.

Außerdem leiten wir einige Eigenschaften von planaren Graphen her, die zum Teil Hilfsaussagen für die nachfolgende Behandlung sogenannten *Färbungsprobleme* sind. Ausgangspunkt für diese Teile der Graphentheorie war die folgende Frage: Wie viele Farben sind mindestens erforderlich, um eine (in der Ebene gezeichnete) Landkarte so einzufärben, daß benachbarte Länder nicht die gleiche Farbe erhalten? Nach dem Übersetzen dieser Frage in die Sprache der Graphentheorie werden wir sehen, daß es nicht weiter schwierig ist, zu beweisen, daß 3 Farben zwar nicht ausreichen, jedoch mit 5 Farben das gewünschte Einfärben gelingt. Seit 1976 weiß man auch, daß 4 Farben genügen, jedoch ist dieser Beweis sehr schwierig gewesen und hat einige Generationen von Mathematikern beschäftigt. Mehr dazu am Ende vom Abschnitt 9.2.
Betrachtet werden nachfolgend nur ungerichtete Graphen.

9.1 Planare Graphen

Planare Graphen und ihre Eigenschaften gehören zu der sogenannten topologischen Graphentheorie, die – wenn man sämtliche Begriffe und Beweise ohne Anleihen an die Anschauung aufschreiben wollte – in der Regel Sätze aus der Topologie benutzt, die wiederum aus Platzgründen hier nicht behandelt werden können. Notgedrungen muß deshalb der interessierte Leser auf die Literatur (z.B. [Die 2000]) verwiesen werden. Dem Leser, der jetzt bereits vorhat, diesen Abschnitt zu überblättern, sei jedoch versprochen, daß die nachfolgend eingeführten Begriffe und auch die Beweise sehr anschaulich sind.

Definition   Ein Graph G heißt **planar**, wenn man ihn so in einer Ebene zeichnen kann, daß sich keine zwei verschiedenen Kanten (außer eventuell in den Ecken) schneiden.

Beispiele für planare Graphen sind Bäume, Wälder und Kreise. Um ohne viel Aufwand nachweisen zu können, daß die Graphen K_5 und $K_{3,3}$ nicht planar sind, benötigen wir einen Klassiker aus der Graphentheorie, den sich L. Euler 1752 überlegt hat:[1]

Satz 9.1.1 (Eulersche Polyederformel)

Sei G ein planarer zusammenhängender Graph mit $n \in \mathbb{N}$ Ecken und $m \in \mathbb{N}_0$ Kanten. Das Diagramm von G zerlege außerdem die Zeichenebene in f Flächen. Dann gilt:

$$n + f = m + 2. \tag{9.1}$$

Beweis.   Wir beweisen (9.1) durch Induktion über m.

(I) $m = 0$:
Da G zusammenhängend ist, gilt in diesem Fall $n = 1$ und folglich ist $f = 1$, womit $n + f = 2 = m + 2$ gilt.

(II) $m - 1 \longrightarrow m$:
Angenommen, für alle zusammenhängenden planaren Graphen mit n Ecken und höchstens $m - 1$ Kanten gilt (9.1). Für den Graphen G mit m Kanten unterscheiden wir zwei Fälle:

Fall 1: G ist ein Baum.
Nach Satz 8.1.1, (d) gilt in diesem Fall $n = m + 1$. Außerdem gilt offenbar $f = 1$, womit $n + f = m + 2$ ist.

Fall 2: G ist kein Baum.
In diesem Fall besitzt G einen Kreis und das Weglassen einer Kante e dieses Kreises liefert einen Untergraphen G' von G, für den die Induktionsannahme zutrifft, d.h., es gilt $n + f' = m + 1$, wobei f' die Anzahl der Flächen bezeichnet,

---

[1] Das Eulersche Original beschäftigte sich mit dem Zusammenhang zwischen der Anzahl der Ecken, der Kanten und der Seitenflächen eines konvexen Polyeders. In dieser Fassung war die Eulersche Formel aber bereits Descartes bekannt.

die durch ein Diagramm von G' in der Zeichenebene entstehen. Anschaulich kann man sich nun überlegen, daß beim Zeichnen eines Diagramms für G durch Ergänzen des Diagramms von G' durch Zeichnen von e eine Fläche von G' in zwei Teile geteilt wird.[2] Also haben wir $f = f' + 1$, womit für G die Formel (9.1) gilt. ∎

Das nachfolgende Lemma faßt einige Folgerungen aus der Eulerschen Polyederformel zusammen, die wir später benötigen.

Lemma 9.1.2 *Sei G ein zusammenhängender planarer Graph mit $n \geq 3$ Ecken und m Kanten, wobei keine Kante mehrfach auftritt. Dann gilt:*

(a) $m \leq 3 \cdot n - 6$.
(b) Falls jeder Kreis von G aus mindestens 4 Kanten besteht, gilt $m \leq 2 \cdot n - 4$.
(c) G besitzt eine Ecke, die höchstens den Grad 5 hat.

Beweis. (a): Wir denken uns G als ebenes Diagramm gezeichnet, wobei die Ebene in die f Flächen $F_1, ..., F_f$ zerlegt sei. Die m Kanten von G seien mit $e_1, ..., e_m$ bezeichnet. Dann läßt sich eine Matrix $\mathfrak{A} := (a_{ij})_{m,f}$ wie folgt definieren:

$$a_{ij} := \begin{cases} 1 & \text{falls die Kante } e_i \text{ zum Rand der Fläche } F_j \text{ gehört,} \\ 0 & \text{sonst.} \end{cases}$$

Da jede Kante zum Rand von höchstens zwei Flächen gehören kann, enthält jede Zeile von $\mathfrak{A}$ höchstens zwei Einsen. Zählt man also zeilenweise die Einsen von $\mathfrak{A}$ ab, so erhält man höchstens $2 \cdot m$ Einsen. Als nächstes zählen wir die Einsen von $\mathfrak{A}$ spaltenweise ab. Da wir Mehrfachkanten ausgeschlossen hatten und $m \geq 3$ vorausgesetzt ist, wird jede Fläche, die stets von einem Kreis von G begrenzt ist, von mindestens drei Kanten berandet. Folglich gibt es (beim Abzählen der Einsen in den Spalten) mindestens $3 \cdot f$ Einsen. Es gilt also $3f \leq 2m$. Wegen (9.1) haben wir außerdem $f = m + 2 - n$. Folglich gilt $3m + 6 - 3n \leq 2m$, woraus sich unmittelbar (a) ergibt.

(b) beweist man analog zu (a), indem anstelle von $m \geq 3$ die Ungleichung $m \geq 4$ benutzt (ÜA).

(c): Angenommen, für alle Ecken v von G gilt $d(v) \geq 6$. Mit Hilfe des Handschlaglemmas 7.1.1 folgt hieraus

$$2 \cdot m = \sum_{v \in \mathcal{V}(G)} d(v) \geq 6 \cdot n.$$

Die sich hieraus ergebende Ungleichung $3 \cdot n \leq m$ führt jedoch mit Hilfe von (a) auf den Widerspruch $3n \leq 3n - 6$. ∎

Lemma 9.1.3 *Die Graphen K_5 und $K_{3,3}$ sind nicht planar.*

---

[2] Will man dies formal begründen, benötigt man z.B. den Jordanschen Kurvensatz aus der Topologie.

Beweis. Unter der Annahme, daß K_5 planar ist, erhält man mit Hilfe von Lemma 9.1.2, (a) einen Widerspruch. Analog beweist man das Nichtplanarsein von $K_{3,3}$ mit Hilfe von Lemma 9.1.2, (b). ∎

Definitionen Es sei $G := (V, E)$ ein Graph, $e := \{x, y\} \in E$ eine Kante von G und $z \notin V$ beliebig gewählt. Man sagt dann, daß der Graph

$$(V \cup \{z\}, (E \backslash \{e\}) \cup \{\{x, z\}, \{z, y\}\})$$

aus G **durch Einfügen der Ecke** x **in die Kante** e entstanden ist.
Ein Graph H heißt **Unterteilung** des Graphen G, wenn er schrittweise aus G durch Einfügen von einer endlichen Anzahl von Ecken gebildet werden kann.

Das bekannteste Planaritätskriterium wurde 1930 von K. Kuratowski[3] gefunden:

Satz 9.1.4 (Satz von Kuratowski)
Ein Graph G ist genau dann planar, wenn er keinen Untergraphen besitzt, der
(a) zu K_5 oder $K_{3,3}$ isomorph ist,
oder
(b) isomorph ist zu einem Graphen, der aus K_5 oder $K_{3,3}$ durch Unterteilung gebildet werden kann.

Beweis. Falls der Graph G planar ist, folgt aus Lemma 9.1.3, daß G keinen Untergraphen mit den in (a) und (b) angegebenen Eigenschaften besitzen kann. Für den aufwendigen Beweis der Rückrichtung sei z.B. auf [Vol 96] verwiesen. ∎

Weitere Planaritätskriterien findet man z.B. in [Die 2000]. Ein recht komplizierter, jedoch schneller Planaritätstest wurde 1974 von Hopcroft und Tarjan publiziert. Eine gut lesbare Einführung dazu sowie Literaturhinweise findet man in [Läu 91].

9.2 Färbungen

Es gibt eine Reihe von praktischen Aufgaben, die sich in der Sprache der Graphentheorie wie folgt allgemein formulieren lassen:
Gegeben ist eine Graph G. Gesucht ist eine Zerlegung von $\mathcal{V}(G)$ in Äquivalenzklassen, so daß zwei beliebige adjazente Ecken von G stets zu verschiedenen Äquivalenzklassen gehören und die Anzahl der Äquivalenzklassen minimal ist.
Nachfolgend zwei praktische Aufgaben, die auf die oben allgemein beschriebene Aufgabe führen:
(1.) Die Ecken von G seien Sender (z.B. für den Mobilfunk) und die Kanten

---

[3] Kazimierz Kuratowski (1896 - 1980), polnischer Mathematiker

von G geben an, ob die Sender benachbart sind. Gesucht ist eine Zuordnung von Frequenzen an die Sender, so daß benachbarte Sender unterschiedliche Frequenzen aufweisen, jedoch die Anzahl der Frequenzen minimal ist.

(**2.**) Gegeben sei eine Landkarte, in der Ländergrenzen eingezeichnet sind, wobei jedes Land aus einem zusammenhängenden Territorium bestehe. Gesucht ist eine Einfärbung der Länder unter Verwendung möglichst weniger Farben, so daß keine zwei benachbarten Länder die gleiche Farbe erhalten, ausgenommen sie haben nur einen gemeinsamen Punkt als Grenze. Denkt man sich die Länder als Ecken eines Graphen und verbindet man jeweils zwei Ecken dieses Graphen durch eine Kante genau dann, wenn sie benachbarten Ländern (mit einer Grenze, die von einem Punkt verschieden ist) entsprechen, ist auch diese Aufgabe vom oben beschriebenen allgemeinem Typ, wobei der gebildete Graph planar ist.

Die zuletzt gestellte Aufgabe hat – wie bereits eingangs erwähnt – die Graphentheoretiker lange beschäftigt und zu gewissen Begriffen und Bezeichnungen geführt, von denen nachfolgend einige behandelt werden sollen.

Definitionen   Es sei G ein Graph und

$$c : \mathcal{V}(G) \longrightarrow \{1, 2, ..., k\}$$

eine Abbildung, die den Ecken von G gewisse natürlichen Zahlen (unter denen man sich gewisse Farben vorstellen kann) zuordnet. c heißt dann k-**Färbung** (bzw. kurz **Färbung**) von G. Ist die Abbildung c surjektiv und gilt $c(u) \neq c(v)$ für alle adjazenten Ecken u, v von G, so heißt c **zulässige** k-**Färbung** von G. Unter der **chromatischen Zahl** $\chi(G)$ versteht man die kleinste Zahl k, für die G eine zulässige k-Färbung besitzt. Ist $\chi(G) = k$, so heißt G auch k-**färbbar** (oder k-**chromatisch**).

Beispiele

(**1.**) Ein ungerichteter Graph ist offenbar genau dann 1-färbbar, wenn er keine Kanten, jedoch mindestens eine Ecke besitzt.

(**2.**) Ein Kreis, der aus mindestens zwei Kanten besteht, ist offenbar genau dann 2-färbbar, wenn er eine gerade Länge ≥ 2 hat. Kreise ungerader Länge und aus mindestens 3 Kanten bestehend, sind 3-färbbar.

(**3.**) Ein bipartiter Graph mit mindestens einer Kante ist 2-färbbar.

(**4.**) Man prüft leicht nach, daß der Graph K_4 mit dem Diagramm

die chromatische Zahl 4 hat, d.h., zum Färben von beliebigen Landkarten werden mindestens 4 Farben benötigt. Allgemein gilt $\chi(K_n) = n$.

Satz 9.2.1 *Sei G ein ungerichteter Graph. Dann ist G genau dann 2-färbbar, wenn G keine Kreise ungerader Länge enthält. Mit anderen Worten und unter Verwendung von Satz 7.8.1: G ist genau dann 2-färbbar, wenn $\mathcal{E}(G) \neq \emptyset$ und G bipartit ist.*

Beweis. „$\Longrightarrow$": Sei G 2-färbbar. Falls G einen Kreis besitzt, sind zwei benachbarte Ecken dieses Kreises jeweils unterschiedlich färbbar. Da nur zwei Farben dafür benötigt werden, muß die Länge des Kreises gerade sein.
„$\Longleftarrow$": G enthalte keine Kreise ungerader Länge. Jede Zusammenhangskomponente Z von G läßt sich dann mittels der Abbildung $c_Z : \mathcal{V}(Z) \longrightarrow \{0,1\}$ wie folgt färben: Man wählt ein $z \in \mathcal{V}(Z)$ und legt fest:

$$c_Z(x) := 0 \iff \exists k \in \mathbb{N}_0 : \mathrm{D}_G(z,x) = 2 \cdot k.$$

Angenommen, c_Z ist keine zulässige 2-Färbung. Dann gibt es adjazente Ecken u, v von Z mit $c_Z(u) = c_Z(v)$. Dies geht nach Definition von c_Z nur, wenn die Zahlen $\mathrm{D}_G(z,u)$ und $\mathrm{D}_G(z,v)$ beide gerade oder beide ungerade sind. Damit gelingt jedoch die Konstruktion einer geschlossenen Kantenfolge ungerader Länge, indem man einen kürzesten Weg von z nach u um die Kante $\{u,v\}$ verlängert und dann die Kantenfolge durch einen kürzesten Weg von v nach z schließt. Als ÜA überlege man sich, daß diese geschlossene Kantenfolge e einen Kreis ungerader Länge enthält, im Widerspruch zur Voraussetzung. ∎

Das folgende tiefliegende Resultat wurde 1959 von H. Grötzsch publiziert.

Satz 9.2.2 *Jeder planare Graph, der keinen Kreis der Länge 3 enthält, ist höchstens 3-färbbar.*

Beweis. Siehe z.B. [Sac 72]. ∎

Satz 9.2.2 konnte von B. Grünbaum in folgender Form verallgemeinert werden:

Satz 9.2.3 *Jeder planare Graph, der nicht mehr als drei Kreise der Länge 3 besitzt, ist höchstens 3-färbbar.*

Beweis. Siehe z.B. [Sac 72]. ∎

Satz 9.2.4 *Jeder planare Graph ist höchstens 5-färbbar.*

Beweis. Sei $G := (V, E)$ ein planarer Graph mit $n := |V|$ Ecken, $n \in \mathbb{N}$. Wir beweisen $\chi(G) \leq 5$ durch vollständige Induktion über n.
(I) Für $n \leq 5$ gilt die Behauptung offensichtlich.
(II) Angenommen, planare Graphen mit höchstens $n-1$ Ecken sind 5-färbbar. Nach Lemma 9.1.3 besitzt der Graph G eine Ecke $v \in V$ mit höchstens 5 Nachbarecken. Seien die Nachbarecken von v zur Menge N zusammengefaßt, und sei der aus G durch Weglassen von v und der mit v inzidierenden Kanten bildbare Untergraph von G nachfolgend mit $G' := (V', E')$ bezeichnet. Nach Induktionsannahme gibt es nun eine Abbildung („Färbung")

$$c : V' \longrightarrow \{1, 2, 3, 4, 5\}$$

mit $c(x) \neq c(y)$ für je zwei benachbarte Ecken x und y aus V'. Folgende Fälle sind dann möglich:

Fall 1: $|\{c(w) \mid w \in N\}| \leq 4$.

In diesem Fall gibt es ein $j \in \{1,2,3,4,5\}$, das nicht Farbe eines Nachbarn von v ist, und durch die Festlegung $c(v) := j$ erhält man als Fortsetzung von c eine Färbung für G.

Fall 2: $|\{c(w) \mid w \in N\}| = 5$.

Die mit der Farbe i gefärbte Nachbarecke von v sei mit v_i bezeichnet, $i = 1,2,3,4,5$. Außerdem können wir o.B.d.A. die folgende Anordnung der Ecken $v, v_1, ..., v_5$ annehmen:

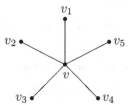

Mit $G_{i,j}$ bezeichnen wir nun für $(i,j) \in \{(1,3),(2,4)\}$ einen Untergraphen von G, der von den Ecken $x \in V$ mit $c(x) \in \{i,j\}$ aufgespannt wird. Wir unterscheiden wieder zwei Fälle:

Fall 2.1: Es existiert ein $(i,j) \in \{(1,3),(2,4)\}$, so daß von v_i nach v_j in $G_{i,j}$ kein Weg führt.

In diesem Fall liegen v_i und v_j in verschiedenen Zusammenhangskomponenten von $G_{i,j}$. Bezeichne Z die Zusammenhangskomponente von $G_{i,j}$, in der v_i liegt. Offenbar ist dann die durch Vertauschen der Farbe i mit der Farbe j in Z gewonnene Färbung $c_{i,j} : V' \longrightarrow \{1,2,3,4,5\}$ mit

$$c_{i,j}(x) = \begin{cases} j, & \text{falls} \quad x \in Z \wedge c(x) = i, \\ i, & \text{falls} \quad x \in Z \wedge c(x) = j, \\ c(x) & \text{sonst} \end{cases}$$

ebenfalls eine Färbung von G', die jedoch die Ecken aus N nur noch mit 4 Farben (genauer: ohne die Farbe i) färbt. Da kein Weg von v_i nach v_j führt, läßt sich nun $c(v) := i$ festlegen und diese Fortsetzung von c ist eine Färbung von G.

Fall 2.2: Für jedes $(i,j) \in \{(1,3),(2,4)\}$ gibt es von v_i nach v_j in $G_{i,j}$ einen Weg.

Wir betrachten die Ecken v_1 und v_3. Diese Ecken sind nach der Voraussetzung im betrachteten Fall durch einen Weg verbunden, dessen Ecken nur mit den Farben 1 und 3 gefärbt sind. Da G planar ist, bildet dieser Weg zusammen mit dem Weg (v_3, v, v_1) einen Kreis, der entweder die Ecke v_2 oder die Ecken v_4 und v_5 einschließt:

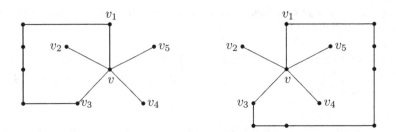

In beiden Fällen existiert jedoch kein Weg zwischen v_2 und v_4, im Widerspruch zur Voraussetzung im Fall 2.2.   ■

Kommen wir nun zu dem wohl berühmtesten Satz der Graphentheorie.

Satz 9.2.5 (Vierfarbensatz; *ohne Beweis***)**

Jeder planare Graph ist höchstens 4-färbbar.

Einige Bemerkungen zur Geschichte dieses Satzes und zum Beweis:

Das Vierfarbenproblem, ob die Länder einer beliebigen Landkarte stets mit höchstens 4 Farben gefärbt werden können, so daß keine zwei benachbarten Länder gleich gefärbt sind, war die Frage eines gewissen Francis Guthrie 1852 an seinen Bruder Frederick (einem Mathematikstudenten in Cambridge), der das Problem seinem Lehrer Augustus de Morgan vorlegte. Bekannt wurde das Problem durch einen Vortrag von Arthur Cayley auf einer Sitzung der Londoner Mathematischen Gesellschaft im Jahre 1878 und einer 1879 publizierten Note, in der Cayley die Schwierigkeiten des Problems erläuterte.

Den ersten Beweis für den Vierfarbensatz glaubte bereits 1878 A. B. Kempe, ein Rechtsanwalt und Mitglied der Londoner Mathematischen Gesellschaft, gefunden zu haben. Von P. J. Heawood wurde jedoch 1890 gezeigt, daß die Beweisidee von Kempe nur zum Beweis eines 5-Farbensatzes ausreicht.

Der erste weitgehend akzeptierte Beweis des Vierfarbensatzes stammt von K. Appel und W. Haken aus dem Jahre 1976. Als der Computer eines Rechenzentrums in Illinois am 22. Juli 1976 – nachdem er etwa 1200 Stunden gerechnet und rund 10 Milliarden Entscheidungen getroffen hatte – stehen blieb und das Ende des von ihm abgearbeiteten Programms anzeigte, konnte der Welt verkündet werden: „4 Farben reichen" (Sonderstempel der amerikanischen Post). Über den genauen Beweishergang von Appel und Haken (inklusive einigen Korrekturen ihres ersten Beweises) kann man sich in [App-H 89] (741 Seiten!) informieren. Einen wesentlich kürzeren und einfacheren Beweis des Vierfarbensatzes von Robertson, Sanders, Seymour und Thomas findet man in [Rob-S-S-T 97], obwohl auch hier Computerunterstützung für das Durchmustern gewisser Fälle erforderlich ist.

Wer mehr über das Vierfarbenproblem wissen möchte, dem sei [Aig 84] empfohlen. Dieses Buch zeigt insbesondere, wie sich große Teile der Graphentheorie aus der Behandlung des Vierfarbenproblems heraus entwickelten.

Abschließend sei noch bemerkt, daß man anstelle von Eckenfärbungen natürlich auch Kantenfärbungen vornehmen kann. Mehr dazu entnehme man z.B. [Vol 96].

10

Tourenprobleme

Die in diesem Kapitel behandelten Graphen sind stets zusammenhängend und ungerichtet. Sie dienen uns als Beschreibungen von Wegenetzen, die von einer Person bereist werden sollen. Je nach dem, ob bei diesen Reisen alle Kanten oder alle Ecken genau einmal passiert werden sollen, unterscheiden wir verschiedene Aufgaben, wobei eventuell noch Kanten- bzw. Eckenbewertungen dazukommen.

Anstelle einer Person kann man sich natürlich auch einen Schneepflug vorstellen, der ein bestimmtes Wegenetz reinigen soll, ohne dabei einen Weg mehrmals zu befahren. In die Sprache der Graphentheorie übersetzt (eine Ecke entspricht dabei einem Wegende, einer Wegeinmündung oder einer Wegkreuzung; Wege werden durch Kanten charakterisiert) wäre dies eine kantenbezogene Aufgabe.

Ein Beispiel für eine eckenbezogene Aufgabe, bei der Bewertungen der Kanten eine Rolle spielen, ist die folgende: Ein Punktschweißroboter soll auf möglichst kurzem Wege über die Oberfläche eines Werkstücks so geführt werden, daß sämtliche vorgegebenen Schweißpunkte genau einmal berührt werden.

10.1 Kantenbezogene Aufgaben

10.1.1 Eulertouren

Das in diesem Abschnitt als einleitendes Beispiel behandelte Problem (das sogenannte *Königsberger Brückenproblem*) geht auf die (wahrscheinlich) älteste graphentheoretische Publikation zurück. In dieser Publikation stellte L. Euler 1736 u.a. die Frage, ob es möglich ist, einen Spaziergang durch Königsberg so zu unternehmen, daß jede der 7 Brücken über den Fluss Pregel, die 4 Stadtgebiete miteinander verbinden, genau einmal überquert wird. Euler verallgemeinerte die Fragestellung und gab allgemein eine notwendige Bedingung für die Lösbarkeit des Problems an. Die Vorgehensweise von Euler kann man wie folgt in unsere graphentheoretische Sprechweise übersetzen:[1]

Die Königsberger Stadtgebiete werden durch die Ecken A, B, C, D eines Graphen symbolisiert, die 7 Brücken entsprechen den Zahlen 1,2, ..., 7 und zwei Ecken dieses Graphen werden genau dann durch die Kante $i \in \{1, 2, ..., 7\}$ verbunden, falls die entsprechenden Stadtgebiete durch die Brücke i verbunden sind. Man erhält auf diese Weise den ungerichteten Graphen

$$G := (\{A, B, C, D\}, \{1, 2, ..., 7\}, f_G)$$

mit dem Diagramm:

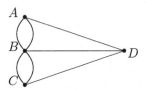

Gesucht ist ein Weg von G, der jede Kante von G genau einmal durchläuft. Mit Hilfe des weiter unten bewiesenen Satzes 10.1.1.1 wird sich leicht begründen lassen, daß das Königsberger Brückenproblem unlösbar ist. Zunächst jedoch:

Definitionen

- Ein geschlossener Kantenzug, der jede Kante eines Graphen enthält, heißt eine **Eulertour**.
- Ein Graph, der eine Eulertour besitzt, wird **eulersch** genannt.
- Ein Kantenzug, der jede Kante eines Graphen enthält, jedoch nicht geschlossen ist, heißt **Eulerpfad** (oder auch **eulerscher Weg**).

Beispiel Durch die Zahlen 1, 2, ..., 10 ist im folgenden Graphen eine Eulertour kenntlich gemacht:

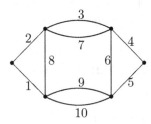

Satz 10.1.1.1 *Sei G ein zusammenhängender ungerichteter Graph mit mindestens einer Kante. Dann gilt:*

(a) G besitzt genau dann eine Eulertour, wenn jede Ecke einen geraden Grad besitzt.

---

[1] Das Eulerschen Original findet man z.B. in [Vol 96] ausführlich erläutert.

(b) G besitzt genau dann einen Eulerpfad, wenn genau zwei seiner Ecken einen ungeraden Grad besitzen. Die Ecken mit den ungeraden Graden bilden den Anfang und das Ende dieses Pfades.

Beweis. (a): „$\Longrightarrow$": G besitze eine Eulertour T. Wegen des Zusammenhangs von G gilt $\mathcal{V}(T) = \mathcal{V}(G)$. Durchläuft man nun die Eulertour T von einer gewissen Ecke $v \in \mathcal{V}(G)$ nach v, so liefert jeder Durchlauf durch eine Ecke $x \in \mathcal{V}(G)$ den Beitrag 2 zu $d(x)$. Da die Eulertour auch alle Kanten von G enthält, werden bei diesem Durchlauf auch alle Kanten berücksichtigt, womit $d(x)$ eine gerade Zahl ist.

„$\Longleftarrow$": Jede Ecke von G habe einen geraden Grad. Daß dann G eine Eulertour besitzt, beweisen wir durch vollständige Induktion über die Kantenzahl m von G.

(I): Für $m = 1$ besitzt G genau eine Ecke und eine Schlinge, womit G trivialerweise eine Eulertour hat.

(II) $(m - 1) \longrightarrow m$: Angenommen, für alle zusammenhängenden Graphen mit höchstens $m - 1$ Kanten und geradem Grad sämtlicher Ecken existiert eine Eulertour. Wir betrachten nun den zusammenhängenden Graphen G mit m Kanten. Da nach Voraussetzung $d(v) \geq 2$ für alle $v \in \mathcal{V}(G)$ ist, besitzt G nach 7.5.3, (a) einen Kreis C. Aus G läßt sich durch Weglassen der Kanten von C ein Graph G' bilden. Hat G' keine Kanten mehr, so ist C eine Eulertour. Im Fall $\mathcal{E}(G') \neq \emptyset$ ist G' ein (möglicherweise nicht mehr zusammenhängender) Teilgraph von G, dessen Ecken alle geraden Grad haben. Nach der Induktionsannahme besitzt dann jede Zusammenhangskomponente von G' eine Eulertour. Wegen des Zusammenhangs von G hat jede Zusammenhangskomponente von G' mindestens eine Ecke mit dem Kreis C gemeinsam. Eine Eulertour für G erhält man damit wie folgt: Man wählt zunächst eine Ecke von C aus. Anschließend durchläuft man die Kanten von C solange, bis man auf eine Ecke stößt, die zu einer Zusammenhangskomponente von G' gehört. Der Weg wird dann auf der Eulertour dieser Zusammenhangskomponente von G' fortgesetzt. Ist diese Tour zu Ende, setzen man den Weg längs des Kreises C fort, usw.

(b) läßt sich leicht mit Hilfe von (a) beweisen: Sei G ein zusammenhängender Graph mit genau zwei Ecken u und v ungeraden Grades. Bildet man aus G durch Hinzufügen einer Kante e, die u und v verbindet, den Graphen $G^\star$, so ist in diesem Graphen die Gradzahl von u, v jeweils gerade und $G^\star$ besitzt nach (a) eine Eulertour, aus der offenbar durch Weglassen von e ein Eulerpfad für G entsteht. ∎

Eine andere notwendige und hinreichende Bedingung dafür, daß ein Graph eulersch ist, enthält der folgende Satz:

Satz 10.1.1.2 *Ein zusammenhängender Graph G mit $\mathcal{E}(G) \neq \emptyset$ ist genau dann eulersch, wenn man ihn als Vereinigung von kantendisjunkten Kreisen darstellen kann.*

Beweis. „$\Longrightarrow$": Ist G ein eulerscher Graph, so hat G nach Satz 10.1.1.1, (a) nur Ecken geraden Grades. Nach Satz 7.5.3, (a) folgt hieraus die Existenz eines Kreises $C_1 \subseteq G$. Entweder ist dann C_1 bereits eine Eulertour oder im Graphen $G_1 := G \setminus C_1$

besitzen sämtliche Ecken einen geraden Grad, so daß auch in G_1 ein Kreis existiert, usw. Wegen der Endlichkeit von G folgt auf diese Weise die Existenz einer Zerlegung von G in kantendisjunkte Kreise.

„$\Longleftarrow$": Ist ein Graph G als Vereinigung kantendisjunkter Kreise darstellbar, so gilt für den Grad $d_G(v)$ einer beliebigen Ecke $v \in \mathcal{V}(G)$, durch die k_v dieser Kreise verlaufen, $d_G(v) = 2 \cdot k_v$. Nach Satz 10.1.1.1 ist folglich G eulersch.   ∎

Wie findet man aber nun für einen gegebenen Graphen, der die Bedingung aus Satz 10.1.1.1 erfüllt, eine Eulertour bzw. einen Eulerpfad?

Zur Beantwortung dieser Frage genügt es, sich Algorithmen zum Auffinden von Eulertouren zu überlegen, da man jeden Graphen G mit zwei Ecken v, w ungeraden Grades durch Hinzufügen einer Kante $e \notin \mathcal{E}(G)$ mit $f_G(e) = \{v, w\}$ in einen eulerschen Graphen überführen kann, dessen Eulertour durch Weglassen von e in einen Eulerpfad von G übergeht.

Der folgende Algorithmus folgt unmittelbar aus den Beweisen der Sätze 10.1.1.1 und 10.1.1.2.

Algorithmus zur Bestimmung einer Eulertour nach C. Hierholzer

Es sei G ein eulerscher Graph. Eine Eulertour von G erhält man dann durch Abarbeiten der folgenden Schritte:

(1.) Man wähle eine beliebige Ecke $v \in \mathcal{V}(G)$ und konstruiere ausgehend von v einen Kantenzug E_1 von G, den man nicht mehr fortsetzen kann. Da jeder Eckengrad von G gerade ist, ist E_1 geschlossen. Falls $\mathcal{E}(G) \backslash E_1 = \emptyset$ gilt, ist E_1 die gesuchte Eulertour.

(2.) Sei E_t ($t \in \mathbb{N}$) ein bereits konstruierter geschlossener Kantenzug von G mit $G_{t+1} := G \backslash E_t \neq \emptyset$. Wegen des Zusammenhangs von G kann man eine Ecke $w \in \mathcal{E}(E_t)$ finden, die mit einer Kante aus G_{t+1} inzidiert. Ausgehend von w konstruiere man dann einen Kantenzug E von G_{t+1}, der nicht weiter fortsetzbar ist. Da auch die Ecken von G_{t+1} alle geraden Grad haben, ist E ein geschlossener Kantenzug. Aus den geschlossenen Kantenzügen E_t und E ist dann auf folgende Weise ein geschlossener Kantenzug E_{t+1} von G konstruierbar, der sich anschaulich wie folgt „erlaufen" läßt: Man beginne mit der Ecke u und durchlaufe den Kantenzug E_t bis zur Ecke w, durchlaufe nun ganz E und anschließend die restlichen Kanten von E_t.

(3.) Man iteriere (2.), so lange dies möglich ist.

Effektiver als der obige Algorithmus arbeitet der folgende Algorithmus, dessen Korrektheitsbeweis man z.B. in [Aig 99], S. 138 nachlesen kann:

Algorithmus zum Bestimmen einer Eulertour nach Fleury

Es sei G ein eulerscher Graph. Eine Eulertour von G erhält man durch Abarbeiten der folgenden Schritte:

(1.) Man wähle eine beliebige Ecke $v_0 \in \mathcal{V}(G)$ und setze $E_0 := \{v_0\}$.

(2.) Wenn ein Kantenzug

$$E_t := v_0 e_1 v_1 e_2 v_2 ... e_t v_t$$

($t \in \mathbb{N}_0$) von G gewählt worden ist, dann wähle man eine Kante $e_{t+1} \in \mathcal{E}(G)$ aus, so daß

(i) e_{t+1} inzident mit v_t ist und

(ii) ausgenommen, es gibt keine Alternative, e_{t+1} keine Brücke von $G \backslash \mathcal{E}(E_t)$ ist.[2]

(3.) Man iteriere Schritt (2.), so lange er möglich ist.

10.1.2 Das Chinesische Briefträgerproblem

Von dem Chinesen Mei-ko Kwan wurde 1962 das folgende Problem gestellt (und auch bearbeitet):

Ein Postbote soll (ausgehend vom Postamt) in seinem Zustellbezirk jeden Straßenabschnitt mindestens einmal entlanggehen[3] und am Ende seines Rundgangs zum Postamt zurückkehren. Insgesamt soll jedoch die Wegstrecke möglichst kurz sein. Wie findet man einen solchen optimalen Weg durch den Zustellbezirk?

Graphentheoretisch läßt sich obiges Problem wie folgt beschreiben:

Kreuzungen und Einmündungen von Straßen sowie das Ende von Sackgassen des Zustellbezirkes werden durch Ecken eines ungerichteten Graphen G beschrieben. Zwei beliebige Ecken von $\mathcal{V}(G)$ sind genau dann durch eine Kante aus $\mathcal{E}(G)$ miteinander verbunden, wenn ein Straßenabschnitt, der zum Zustellbezirk des Briefträgers gehört, diese Ecken verbindet. Außerdem gibt eine Gewichtsfunktion $\omega : \mathcal{E}(G) \longrightarrow \mathbb{R}^+$ die Länge der Straßenabschnitte an.[4]

---

[2] Siehe auch ÜA A.12.6 und A.12.7.

[3] Dies ist natürlich eine gewisse Vereinfachung, da auch Zustellbezirke vorstellbar sind, zu denen Straßen gehören, in denen niemand wohnt, die jedoch den Weg zu anderen Straßen verkürzen könnten.

[4] Bei dieses Modellbildung sind wir natürlich davon ausgegangen, daß der Briefträger seinen Auftrag zu Fuß erledigt, und damit Einbahnstraßen keine Rolle spielen. Vernachlässigen wollen wir auch, daß durch örtliche Gegebenheiten erst die eine und anschließend die anderen Straßenseite durchlaufen werden muß.

Ist obiger Graph G eulersch, so ist offensichtlich jede Eulertour dieses Graphen eine Lösung des Briefträgerproblems. Falls G nicht eulersch ist, müssen einige Kanten mehrmals durchlaufen werden. Zwecks Konstruktion einer Lösung für das Briefträgerproblem kann man also den (nicht eulerschen) Ausgangsgraphen G durch gewisse Kantenverdopplungen in einen gewissen eulerschen Graphen $G^\star$ überführen, dessen Eulertouren Lösungen des Problems sind. Ein effektiver Algorithmus, der dies leistet, wurde 1973 von J. Edmonds und E. L. Johnson publiziert. Nachfolgend eine *kurze* Beschreibung dieses Verfahrens, dessen Beweis der Korrektheit man z.B. in [Jun 94] nachlesen kann.

Algorithmus von Edmonds und Johnson zum Lösen des chinesischen Briefträgerproblems

Es sei G ein schlichter, zusammenhängender und nicht eulerscher Graph mit mindestens einer Kante und $\omega : \mathcal{E}(G) \longrightarrow \mathbb{R}^+$ eine Gewichtsfunktion.
Mit Hilfe des folgenden Verfahrens läßt sich G in einen eulerschen Graphen $G^\star$ überführen, dessen Eulertouren angeben, wie sämtliche Kanten des Graphen G zu Durchlaufen sind, damit die Summe ihrer Kantenbewertungen minimal ist:

(1.) *Man bestimme die Menge $U := \{u_1, ..., u_{2t}\}$ ($t \in \mathbb{N}$) sämtlicher Ecken ungeraden Grades von G.[5] Für je zwei Ecken u_i und u_j mit $1 \leq i < j \leq 2t$ bestimme man die Länge $\omega_{i,j}$ des kürzesten Weges zwischen ihnen.*

(2.) *Man konstruiere einen vollständigen Graphen $K_{|U|}$ mit der Eckenmenge U und der Gewichtsfunktion $f : \mathcal{E}(K_{|U|}) \longrightarrow \mathbb{N}, \{u_i, u_j\} \mapsto w_{ij}$.*

(3.) *Man bestimme im Graphen $K_{|U|}$ einen Teilgraphen $M := (\mathcal{V}(K_{|U|}), \mathcal{E}(M)))$, wobei $\mathcal{E}(M) \subseteq \mathcal{E}(K_{|U|})$ und die Kanten aus $\mathcal{E}(M)$ so gewählt sind, daß*
    (i) *jede Ecke aus $\mathcal{V}(K_{|U|})$ von genau einer Kante aus $\mathcal{E}(M)$ überdeckt wird und*
    (ii) *die Kantengewichtssumme (bez. f) von $\mathcal{E}(M)$ minimal ist.*

(4.) *Den Graphen $G^\star$ erhält man dann aus dem Graphen G, indem man für jede Kante $\{u_i, u_j\} \in \mathcal{E}(M)$ in G die Kanten eines kürzesten Weges von der Ecke u_i zur Ecke u_j verdoppelt.*

Zum Abarbeiten der oben angegebenen Schritte benötigt man natürlich jeweils Einzelverfahren. Für die Berechnung der Zahlen w_{ij} im ersten Schritt ist der Algorithmus von Dijkstra aus Abschnitt 7.7 geeignet. Der im dritten Schritt beschriebene Graph M ist ein sogenanntes *Matching*, und mit der Konstruktion von Matchings befassen wir uns im nächsten Kapitel. Obige Beschreibung des Algorithmus von Edmonds und Johnson ist also noch weit von

---

[5] Die Anzahl dieser Ecken ist nach Lemma 7.1.2 stets gerade.

einer Variante entfernt, die man leicht programmieren kann.

Zur Illustration des obigen Algorithmus noch ein **Beispiel:**

Der Graph G und eine Gewichtsfunktion ω seien durch die folgende Zeichnung gegeben:

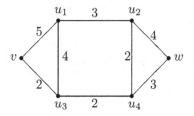

Offenbar gilt für diesen Graphen: $U = \{u_1, u_2, u_3, u_4\}$, $w_{12} = 3$, $w_{13} = 4$, $w_{14} = 5$, $w_{23} = 4$, $w_{24} = 2$, $w_{34} = 2$. Der Graph K_4 aus dem dritten Schritt des obigen Algorithmus mit der dort beschriebenen Kantenbewertung ist

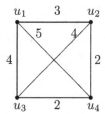

Man prüft leicht nach, daß es genau drei Möglichkeiten gibt, durch (jeweils zwei) disjunkte Kanten die Ecken des K_4 zu überdecken. Die kleinste Kantengewichtssumme (nämlich 5) hat die aus den Kanten $\{u_1, u_2\}$ und $\{u_3, u_4\}$ bestehende Überdeckung. Die Verdopplung dieser Kanten überführt also unseren Graphen G in einen eulerschen Graphen und eine Eulertour dieses Graphen (siehe das Beispiel vor Satz 10.1.1.1) liefert die optimale Briefträgertour.

10.2 Eckenbezogene Aufgaben

10.2.1 Hamiltonkreise

Definitionen   Sei G ein ungerichteter zusammenhängender Graph.

- Ein Kreis von G, der jede Ecke von G genau einmal durchläuft, heißt **Hamiltonkreis**.
- Ein Weg von G, der jede Ecke von G genau einmal durchläuft, jedoch kein Kreis ist, heißt **Hamiltonweg**.
- Besitzt ein ungerichteter zusammenhängender Graph einen Hamiltonkreis bzw. einen Hamiltonweg, so heißt er **hamiltonisch**.

Beispiele

(1.) Offenbar ist für jedes $n \in \mathbb{N}$ der vollständige Graph K_n hamiltonisch.

(2.) Wie man leicht nachprüft, ist auch der Würfel E_3 hamiltonisch.

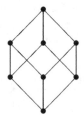

(3.) Weder einen Hamiltonkreis noch einen hamiltonischen Weg besitzt der folgende Graph:

Leider hat man bisher noch keinen einfachen Algorithmus zur Beantwortung der Frage „Ist ein gegebener Graph hamiltonisch?" gefunden.[6] In der Literatur findet man jedoch einige hinreichende Bedingungen für hamiltonische Graphen, von denen wir einige nachfolgend behandeln wollen.

Satz 10.2.1.1 *Sei $G := (V, E)$ ein schlichter ungerichteter Graph mit n Ecken. Existieren dann zwei nicht adjazente Ecken u, v von G mit*

$$d(u) + d(v) \geq n, \tag{10.1}$$

so ist G genau dann hamiltonisch, wenn der Graph $G' := (V, E \cup \{u, v\})$ hamiltonisch ist.

Beweis. Ist G hamiltonisch, so ist natürlich jeder durch Hinzufügen von Kanten aus G bildbare Graph hamiltonisch.

Sei nachfolgend der im Satz angegebene Graph G' hamiltonisch. Dann besitzt G' einen gewissen Hamiltonweg bzw. Hamiltonkreis C. Gehört die Kante $\{u, v\}$ nicht zu C, so ist C auch ein Hamiltonkreis bzw. Hamiltonweg für G. O.B.d.A. können wir also annehmen, daß C die Ecken von G in folgender Reihenfolge durchläuft:

$$(u, x_1, x_2, ..., x_{n-2}, v)$$

Zum Beweis unseres Satzes genügt nun der Nachweis der Existenz eines $q \in \{1, ..., n-3\}$, so daß

$$(u, x_1, ..., x_q, v, x_{n-2}, x_{n-3}, ..., x_{p+1}, u)$$

die Reihenfolge der Ecken ist, die bei einem Weg von G durchlaufen werden. Speziell bedeutet dies, die Existenz von Kanten $\{u, x_{q+1}\}$ und $\{v, x_q\}$ in G nachzuweisen. Wir betrachten dazu die Mengen

---

[6] Vermutlich gibt es diesen Algorithmus auch nicht, da von R. Karp 1972 gezeigt wurde, daß das zugehörige Entscheidungsproblem NP-vollständig ist. Siehe dazu 12.3.

$$U := \{i \in \{1, 2, ..., n-3\} \mid \{u, x_{i+1}\} \in E\},$$
$$V := \{i \in \{1, 2, ..., n-3\} \mid \{v, x_i\} \in E\}.$$

Offenbar gilt $|U| = d(u) - 1$ und $|V| = d(v) - 1$, was wegen (10.1) die Ungleichung $|U| + |V| \geq n - 2$ zur Folge hat. Wegen $U, V \subseteq \{1, 2, ..., n-3\}$ gilt dies nur, wenn $U \cap V \neq \emptyset$ ist, d.h., es existiert ein q mit den oben angegebenen Eigenschaften. ∎

Mit Hilfe des obigen Satzes lassen sich nun die folgenden zwei Sätze beweisen.

Satz 10.2.1.2 *Es sei G ein schlichter Graph mit $n \geq 3$ Ecken. Gilt dann für alle nicht adjazenten Ecken u, v von G die Ungleichung (10.1), so ist G hamiltonisch.*

Beweis. Offenbar ist der vollständige Graph K_n hamiltonisch. Von G zu K_n gelangt man, indem man schrittweise zwei nicht adjazente Ecken von G durch eine Kante verbindet. Wegen (10.1) und Satz 10.2.1.1 ändert sich jedoch bei diesen Kantenergänzungen die Eigenschaft der beteiligten Graphen hamiltonisch zu sein nicht. Folglich ist G hamiltonisch. ∎

Der obige Satz wurde 1960 von O. Ore gefunden. Als unmittelbare Folgerung aus diesem Satz erhält man den folgenden (bereits 1952 von G. A. Dirac entdeckten) Satz:

Satz 10.2.1.3 *Sei G ein schlichter Graph mit $n \geq 3$ Ecken. Gilt dann außerdem für den Minimalgrad δ von G*

$$2 \cdot \delta \geq n,$$

so ist G hamiltonisch. ∎

10.2.2 Das Problem des Handlungsreisenden (Rundreiseproblem)

Das folgende *Problem* wird in der Literatur oft kurz mit TSP[7] bezeichnet.

Ein Handlungsreisender aus dem Ort v_1 möchte Kunden in den Orten $v_2, ..., v_n$ besuchen und dann nach v_1 zurückkehren. Die Entfernungen (oder ersatzweise die Reisekosten) zwischen den Orten v_i und v_j seien mit $k_{ij} \geq 0$ bezeichnet. In welcher Reihenfolge soll der Handlungsreisende die Orte besuchen, damit die zurückgelegte Gesamtstrecke (bzw. die Gesamtkosten) minimal ist (sind)?

Graphentheoretisch läßt sich obiges Problem wie folgt beschreiben:
Gegeben sei der vollständige Graph

$$K_n := (\{v_1, ..., v_n\}, \{\{v_i, v_j\} \mid i, j \in \{1, ..., n\}\ i \neq j\}).$$

Als Gewichtsfunktion für die Kanten des K_n sei außerdem gegeben:

$$\omega : \mathcal{E}(K_n) \longrightarrow \mathbb{R}, \ \{v_i, v_j\} \longmapsto k_{ij}.$$

---

[7] Als Abkürzung für „Travelling Salesman Problem".

Gesucht ist ein Hamiltonkreis von K_n mit minimalem Kantengewicht bzw. eine solche zyklische Permutation $s : \{1, 2, ..., n\} \longrightarrow \{1, 2, ..., n\}$, so daß

$$\sum_{i=1}^{n} k_{is(i)}$$

minimal ist.

Bisher ist noch kein effektiver Algorithmus zum Lösen des TSP gefunden worden. Es gibt jedoch einige Näherungsverfahren, von denen wir eins behandeln wollen. Weitere Verfahren findet man z.B. in [Jun 94] und [Aig 99]. Für den Fall, daß die Kantenbewertungen die sogenannte **Dreiecksungleichung** erfüllen, d.h., wenn für alle paarweise verschiedene $r, s, t \in \{1, 2, ..., n\}$

$$k_{rs} \leq k_{rt} + k_{ts} \tag{10.2}$$

gilt, liefert der folgende Algorithmus eine Rundreisestrecke, die höchstens doppelt so lang ist wie die optimale Route:

Näherungsverfahren zum Lösen des symmetrischen TSP mit Dreiecksungleichung

Gegeben ist der vollständige Graph K_n (mit $\mathcal{V}(K_n) := \{1, 2, ..., n\}$) und eine Kostenfunktion $\omega : \mathcal{E}(K_n) \longrightarrow \mathbb{R}^+, \{i, j\} \mapsto k_{ij}$, die (10.2) erfüllt. Das Abarbeiten der folgenden Schritte liefert einen Hamiltonkreis des K_n, dessen Kosten höchstens das Doppelte des kostenminimalen Hamiltonkreises aufweisen:

(1.) Man konstruiere ein Minimalgerüst R des K_n und bilde aus R durch Verdoppeln sämtlicher Kanten den (eulerschen) Graphen S.[8]

(2.) Man bestimme eine Eulertour für S und schreibe sich die zugehörige Folge der Ecken auf:

$$v_1 v_2 v_3 ... v_{t-1} v_t$$

(3.) Man streiche in obiger Folge so lange wie möglich Elemente v_j heraus, falls gilt:

$$\exists i, j \in \{1, ..., t-1\} : i < j \land v_i = v_j.$$

Übrig bleibt eine Eckenfolge, die einen Hamiltonkreis H mit der eingangs angegebenen Eigenschaft beschreibt.[9]

---

[8] Da jedes Weglassen einer Kante in einem Hamiltonkreis ein Gerüst liefert, ist die Summe der Kantenbewertungen des Minimalgerüsts R höchstens so groß wie die Kantenbewertungssumme k_{Min} einer kürzesten Rundreise und demzufolge die Kantenbewertungssumme der Eulertour von S höchstens doppelt so groß wie k_{Min}.

[9] Wegen (10.2) ist die Kantenbewertungssumme von H nicht größer als die der Eulertour.

Beispiel Gegeben sei der folgende Graph, dessen Kanten mit den angegebenen Zahlen bewertet sind:

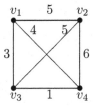

Ein Minimalgerüst dieses Graphen ist dann:

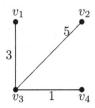

Verdoppelt man die Kanten in diesem Graphen, so wird er eulersch und eine Eulertour dieses Graphen ist z.B.

$$v_1 v_3 v_4 v_3 v_2 v_3 v_1.$$

Herausstreichen doppelter Ecken gemäß der Vorschrift (3.) ergibt die Rundreise

$$v_1 v_3 v_4 v_2 v_1$$

mit der Länge 15. Als ÜA untersuche man, welche weiteren Ergebnisse der Algorithmus durch Wahl anderer Eulertouren liefert und bestimme außerdem die optimale Lösung.

11

Matching- und Netzwerktheorie

Zur Motivation für die nachfolgend vorgestellten Begriffe, Sätze und Algorithmen betrachten wir zwei Probleme, von denen wir später sehen werden, daß sie nach ähnlichen Methoden lösbar sind. Zunächst das *Job-Zuordnungsproblem*: Gegeben sind eine Menge $\mathcal{P} := \{P_1, P_2, ..., P_n\}$ von Personen und eine Menge $\mathcal{J} := \{J_1, J_2, ..., J_n\}$ von Jobs. Die Menge $\mathcal{P} \cup \mathcal{J}$ interpretieren wir als Eckenmenge eines ungerichteten Graphen G, und eine Kante $\{P_k, J_l\}$ gehöre genau dann zu $\mathcal{E}(G)$, wenn die Person P_k für den Job J_l geeignet ist. Wir erhalten einen bipartiten Graphen. Gesucht ist nun eine bijektive Abbildung

$$\varphi : \mathcal{P} \longrightarrow \mathcal{J},$$

die jeder Person einen geeigneten Job zuordnet. Diese Abbildung, falls sie existiert, läßt sich natürlich auch durch die Kantenmenge

$$\{ \{P_i, \varphi(P_i)\} \mid i = 1, 2, ..., n\}$$

beschreiben, die aus unabhängigen Kanten besteht und *perfektes Matching* genannt wird. Für den Fall, daß ein solches perfektes Matching nicht existiert[1], sind auch sogenannte *maximale Matchings* von Interesse, die einer maximalen Anzahl von Personen geeignete Jobs zuweisen, womit auch eine maximale Anzahl von Jobs erledigt werden kann.

Unter einem *Netzwerk N* versteht man einen gerichteten Graphen G, dessen gerichtete Kanten e per Abbildung c ein Gewicht $c(e)$ zugeordnet bekommen und von dessen Ecken zwei (*Quelle* und *Senke* genannt) besonders ausgezeichnet sind. Interpretierbar ist ein solches Netzwerk z.B. als Straßennetz zwischen zwei ausgewiesenen Städten, wobei die Gewichtsfunktion angibt, wieviel über die Kante, die einer Straße entspricht, transportiert werden kann.
Allgemein interpretiert man ein Netzwerk als ein Leitungsnetz zwischen der Quelle q und der Senke s, durch dessen Kanten ein Strom irgendwelcher Art

---

[1] Dies ist z.B. mit Hilfe von Satz 11.2.1 feststellbar.

(z.B. Elektrizität, Wasser, Gas, Telefongespräche) fließt. Die Aufgabe besteht darin, herauszufinden, wie viel und auf welche Weise unter Beachtung der durch die Gewichtsfunktion c vorgegebenen Kapazitätsbeschränkungen von q zu s maximal transportiert werden kann. Beschrieben wird dies durch eine Abbildung $f : \mathcal{E}(G) \longrightarrow \mathbb{R}_0^+$ (*Fluß* in N genannt). Diese Abbildung f muß die Bedingung $f(e) \leq c(e)$ für alle $e \in \mathcal{E}(G)$ erfüllen. Außerdem ist die Summe der Güter, die an einer Ecke ankommen, gleich der Summe der Güter, die von der Ecke abtransportiert werden.

Beginnen werden wir nachfolgend im Abschnitt 11.1 mit einigen allgemeinen Überlegungen zu *Matchings* ungerichteter, schlichter Graphen G. Darunter versteht man gewisse Teilmengen von unabhängigen Kanten von G. Von besonderem Interesse dabei sind Matchings maximaler Mächtigkeit und solche, deren Eckenmenge mit $\mathcal{V}(G)$ übereinstimmt. Gelöst wird die Frage nach ihrer Existenz bzw. Konstruktion durch die Satz von Edmonds, aus dem der *Algorithmus von Edmonds* zur Bestimmung eines maximalen Matchings von G folgt. Für bipartite Graphen wird anschließend im Abschnitt 11.2 gezeigt, wie sich für diese Graphen die Matching-Theorie vereinfachen läßt. Mit dem sogenannten *Heiratssatz* wird dabei geklärt, unter welchen Bedingungen das Jobzuordnungsproblem lösbar ist. Die anschließend behandelte sogenannten *Ungarischen Methode* ist ein Algorithmus zur Bestimmung eines maximalen Matchings in einem bipartiten Graphen. Diese Methode wird sich später als Spezialfall des Algorithmus von Ford und Fulkerson zum Bestimmen eines maximalen Flusses in einem Netzwerk herausstellen. Dieser Algorithmus und die damit zusammenhängenden Begriffe und Sätze stehen im Mittelpunkt des Abschnitts 11.3.

11.1 Matchings

Definitionen Es sei G ein ungerichteter Graph und $M \subseteq \mathcal{E}(G)$.

- M heißt **Matching** (bzw. **Paarung** oder **Zuordnung**) von G, wenn M keine Schlingen enthält und M unabhängig ist, d.h., keine zwei Elemente von M sind benachbart.
- Ein Matching M von G heißt **gesättigt**, wenn es kein Matching M' von G mit der Eigenschaft $M \subset M'$ gibt.
- Ein Matching M von G heißt **maximal**, wenn es kein Matching M' von G mit $|M'| > |M|$ gibt.
- Das Matching M von G heißt **perfekt**, wenn $\mathcal{V}(M) = \mathcal{V}(G)$ gilt.
- Das Matching M von G heißt **fast perfekt**, wenn $|\mathcal{V}(M)| = |\mathcal{V}(G)| - 1$ gilt.

Beispiele In der folgenden Zeichnung sind die Diagramme von vier Graphen angegeben, wobei die Kanten, die zusammen ein Matching bilden, durch ein größere Strichstärke gekennzeichnet sind:

Der zweite Graph zeigt, wie man Graphen mit beliebiger Kantenzahl konstruieren kann, deren maximales Matching einelementig ist. Das Matching des ersten und des dritten Graphen ist perfekt. Das im vierten Graphen eingezeichnete Matching ist maximal und der Graph besitzt kein pefektes Matching.

Im nachfolgenden Lemma sind einige direkte Folgerungen aus den obigen Definitionen zusammengestellt:

Lemma 11.1.1 *Es sei G ein ungerichteter Graph und M ein Matching von G. Dann gilt:*

(a) Wenn M maximal ist, dann ist M auch gesättigt.
(b) Wenn M perfekt oder fast perfekt ist, dann ist M maximal.
(c) $\mathcal{V}(M) = 2 \cdot |M|$.
(d) Ist M perfekt, so gilt $2 \cdot |M| = |\mathcal{V}(G)|$.
(e) Ist M fast-perfekt, so gilt $2 \cdot |M| = |\mathcal{V}(G)| - 1$.   ■

Satz 11.1.2 *Es sei G ein ungerichteter, schlichter Graph, M_g ein gesättigtes Matching von G und M ein beliebiges Matching von G. Dann gilt:*

(a) $|M| \leq 2 \cdot |M_g|$.
(b) Die Ungleichung aus (a) ist i.allg. nicht verbesserbar.
(c) Falls $4 \cdot |M_g| < |\mathcal{V}(G)|$ ist, besitzt G kein perfektes Matching.

Beweis. O.B.d.A. sei G schlicht.
(a): Für $e \in \mathcal{E}(V)$ sei

$$I(e) := \{e\} \cup \{e' \in \mathcal{E}(G) \mid f_G(e) \cap f_G(e') \neq \emptyset\},$$

d.h., $I(e)$ besteht aus e und allen mit e adjazenten Kanten. Da M_g gesättigt ist, haben wir

$$\bigcup_{e \in M_g} I(e) = \mathcal{E}(G),$$

woraus sich

$$M = M \cap \mathcal{E}(G) = M \cap (\bigcup_{e \in M_g} I(e)) = \bigcup_{e \in M_g} M \cap I(e) \qquad (11.1)$$

ergibt. Für jedes Matching M und jede Kante e von G gilt außerdem

$$|M \cap I(e)| \leq 2.$$

Mit Hilfe von (11.1) folgt hieraus

$$|M| \leq \sum_{e \in M_g} |M \cap I(e)| \leq 2 \cdot |M_g|,$$

w.z.b.w.

(b): Es sei G durch das folgende Diagramm definiert:

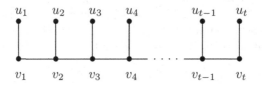

Offenbar ist $M := \{\{u_i, v_i\} \mid i = 1, 2, ..., t\}$ ein perfektes Matching für G und für gerades t ist das Matching $M_g := \{\{v_1, v_2\}, \{v_3, v_4\}, ..., \{v_{t-1}, v_t\}\}$ gesättigt und es gilt $|M| = 2 \cdot |M_g|$, d.h., die in (a) angegebene Ungleichung ist für beliebige Graphen nicht weiter verbesserbar.

(c): Angenommen, G besitzt ein perfektes Matching M_p. Nach Lemma 11.1.1, (c), der gerade bewiesenen Aussage (b) und der Voraussetzung $4 \cdot |M_g| < |\mathcal{V}(G)|$ erhält man dann einen Widerspruch wie folgt:

$$|\mathcal{V}(G)| = 2 \cdot |M_p| \leq 4 \cdot |M_g| < |\mathcal{V}(G)|,$$

d.h., G kann kein perfektes Matching besitzen, falls $4 \cdot |M_g| < |\mathcal{V}(G)|$ ist. ∎

Definitionen   Es sei G ein ungerichteter Graph, M ein Matching von G, $v \in \mathcal{V}(G)$ und W ein Weg von G. Dann heißt

- v **unversorgt** von $M :\Longleftrightarrow v$ ist mit keiner Kante aus M inzident (Offenbar ist M perfekt, wenn es keine unversorgten Ecken von G gibt);

- W **M-alternierender Weg** $:\Longleftrightarrow W$ enthält abwechselnd Kanten aus M und $\mathcal{E}(G)\backslash M$;

- W **M-vergrößernder Weg** $:\Longleftrightarrow W$ ist M-alternierender Weg, dessen erste und letzte Ecke unversorgt sind.

Obige Bezeichnungen begründen sich durch das folgende Lemma:

Lemma 11.1.3 *Es sei G ein ungerichteter, schlichter Graph, M ein Matching von G und*

$$W := (e_1, e_1', e_2, e_2', ..., e_{k-1}', e_k)$$

ein M-vergrößernder Weg (als Tupel von Kanten aufgeschrieben). Dann ist

$$M' := (M \setminus \{e_1', e_2', ..., e_{k-1}'\}) \cup \{e_1, e_2, ..., e_k\}$$

ein Matching von M mit $|M'| = |M| + 1$.

Beweis.   Nach Definition eines M-vergrößernden Weges gilt $\{e_1, e_2, ..., e_k\} \subseteq \mathcal{E}(G) \setminus M$ und $\{e'_1, ..., e'_{k-1}\} \subseteq M$. Aus den Eigenschaften eines Weges ergibt sich dann, daß M' ein Matching mit $|M'| = |M| + 1$ ist.   ∎

Satz 11.1.4 *(Satz von Berge)*
Es sei G ein ungerichteter, schlichter Graph und M ein Matching von G. Dann ist M genau dann maximal, wenn es keinen M-vergrößernden Weg in G gibt.

Beweis.   „$\Longrightarrow$": Ist M ein maximales Matching, so folgt aus Lemma 11.1.3, daß es keinen M-vergrößernden Weg in G geben kann.
„$\Longleftarrow$": Angenommen, in G existiert kein M-vergrößernder Weg, jedoch ist M nicht maximal. Dann existiert ein Matching M' von G mit $|M| < |M'|$. Wir betrachten den durch die symmetrische Differenz $M \triangle M'$ induzierten Graphen $G_1 := G[M \triangle M']$, wobei $d_{G_1}(v) \geq 1$ für alle $v \in \mathcal{V}(G_1)$. Da jede Ecke von G_1 höchstens einmal mit einer Kante aus M oder M' inzidiert, haben wir $d_G(v) \in \{1, 2\}$ für alle $v \in \mathcal{V}(G_1)$. Folglich ist eine beliebige Komponente von G_1 entweder ein Kreis oder ein Weg. Außerdem sind inzidente Kanten von G_1 aus M und M'. Da bei der Bildung von $M \triangle M'$ diejenigen Kanten entfernt wurden, die zu $M \cap M'$ gehören, und $|M| < |M'|$ gilt, enthält G_1 mehr Kanten aus M' als aus M. Außerdem besitzt jede Kreiskomponente von G_1 gleich viele Kanten aus M und M'. Folglich existiert in G_1 eine Wegkomponente W, die mit einer Kante aus M' beginnt und mit einer Kante aus M' endet. Offenbar ist W ein M-vergrößernder Weg in G, im Widerspruch zu unserer Annahme.   ∎

Der obige Satz 11.1.4 und der folgende Satz bilden die Grundlage eines allgemeinen Algorithmus zum Bestimmen eines maximalen Matchings.

Satz 11.1.5 *(Satz von Edmonds)*

Es sei G ein Multigraph, M ein Matching von G und C ein Kreis von G der Länge $2 \cdot t + 1$, der genau t Kanten von M und eine Ecke $v \notin \mathcal{V}(M)$ enthält. Der Graph G' sei aus G durch Zusammenziehen des Kreises C zur Ecke c und durch Löschen aller dabei auftretenden Schlingen gebildet. Dann ist M genau dann ein maximales Matching von G, wenn $M' := M \setminus \mathcal{E}(C)$ ein maximales Matching von G' ist.

Beweis.   „$\Longrightarrow$": Angenommen, M ist ein maximales Matching von G, jedoch M' kein maximales Matching von G'. Dann existiert ein Matching N' von G' mit $|N'| > |M'|$. Macht man den Übergang von G zu G' wieder rückgängig, so erhält man aus dem Matching N' ein Matching N von G mit $|\mathcal{V}(N) \cap \mathcal{V}(C)| \leq 1$. Damit läßt sich N durch t Kanten des Kreises C zu einem Matching N_1 in G mit

$$|N_1| = |N| + t = |N'| + t > |M'| + t = |M|$$

ergänzen, im Widerspruch zur Annahme.

„$\Longleftarrow$": Angenommen, M' ist ein maximales Matching von G', jedoch ist M kein maximales Matching von G. Nach dem Satz 11.1.4 existiert dann ein M-vergrößernder Weg W in G, für den folgende zwei Fälle möglich sind:
Fall 1: $\mathcal{V}(W) \cap \mathcal{V}(C) = \emptyset$.
In diesem Fall ist W auch ein M'-vergrößernder Weg in G', was nach Annahme und Satz 11.1.4 nicht sein kann.
Fall 2: $\mathcal{V}(W) \cap \mathcal{V}(C) \neq \emptyset$.
Mindestens eine der Endecken von $W := v_0 v_1 ... v_m$ gehört nicht zu C. O.B.d.A. sei dies die Anfangsecke v_0. Sei r die kleinste Zahl mit $v_r \in \mathcal{V}(W) \cap \mathcal{V}(C)$. Überträgt man nun den Weg $v_0 v_1 ... v_r$ von G nach G' (gemäß der Vorschrift von G nach G'), so erhält man einen M'-vergrößernden Weg in G', was laut Annahme nicht möglich ist. ∎

Der aus den obigen Sätzen 11.1.4 und 11.1.5 folgende **Algorithmus von Edmonds** zum Bestimmen eines maximalen Matchings eines Graphen sei noch kurz grob erläutert. Eine ausführliche Behandlung des Algorithmus von Edmonds sowie noch einige fehlende Beweisdetails entnehme man der Literatur (z.B. [Vol 96] und [Jun 94]). Zunächst noch
Definitionen Es sei G ein ungerichteter Graph, M ein gesättigtes Matching von G, $S := \mathcal{V}(G) \setminus \mathcal{V}(M) \neq \emptyset$, G' ein Teilgraph von G und $s \in S$. Dann heißt

- G' **M-alternierender Wurzelbaum mit der Wurzel s von** $G :\Longleftrightarrow G'$ ist Baum, $S \cap \mathcal{V}(G') = \{s\}$ und jede Ecke von W ist mit s durch einen M-alternierenden Weg in G' verbunden;
- G' **M-alternierender Wald von** $G :\Longleftrightarrow G'$ ist ein Wald mit genau $|S|$ Komponenten, die M-alternierende Wurzelbäume von G mit jeweils genau einer Wurzel aus S sind.

Es sei W ein Wald, dessen Komponenten Wurzelbäume sind, und $v \in \mathcal{V}(G)$ eine Ecke, die zur Komponente B von W mit der Wurzel s gehört. Dann heißt v

- **innere Ecke von** $W :\Longleftrightarrow$ der Abstand $D_W(s, v)$ ist ungerade;
- **äußere Ecke von** $W :\Longleftrightarrow$ der Abstand $D_W(s, v)$ ist gerade.

$\mathcal{I}(W)$ bezeichne die Menge der inneren Punkte von W und $\overline{\mathcal{I}(W)}$ die Menge der äußeren Punkte von W.
Ist W ein M-alternierender Wurzelbaum von G, so haben – wie man leicht nachprüft – alle inneren Ecken von W den Grad 2.

Anhand des folgenden Beispiels werden nachfolgend zunächst die oben eingeführten Begriffe illustriert und dann die Grundideen des Algorithmus von Edmonds erläutert.

Beispiel Durch das Diagramm

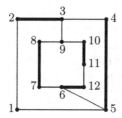

sei der Graph G und ein Matching M von G gegeben, wobei die zum Matching gehörenden Kanten durch eine größere Strichdicke gekennzeichnet sind. Offenbar ist M gesättigt und $S := \mathcal{V}(G) \setminus \mathcal{V}(M) = \{1, 9\}$. Wie man leicht nachprüft, gibt das nachfolgende Diagramm einen M-alternierenden Wald von G mit $\mathcal{V}(W) = \mathcal{V}(G)$ an, wobei $\{2, 5, 8, 10, 6\}$ die Menge der inneren Punkte und $\{1, 9, 3, 4, 7, 11, 12\}$ die Menge der äußeren Punkte von W ist.

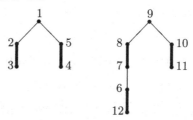

Iterativ erhält man einen solchen M-alternierenden Wald von G wie folgt:
Man startet mit dem Wald $W := (S; \emptyset)$ und ergänzt W durch zwei Kanten (in der weiter unten geschilderten Weise), falls

$$\exists x \in \overline{\mathcal{I}(W)} \; \exists y \in \mathcal{V}(G) \setminus \mathcal{V}(W) : \{x, y\} \in \mathcal{E}(G) \tag{11.2}$$

gilt. Da y nicht zu S gehört, existiert eine Kante $\{y, z\} \in M$ mit $z \notin \mathcal{V}(W)$. Der Wald W läßt sich damit durch Hinzunahme der Ecken y, z und der Kanten $\{x, y\}$, $\{y, z\}$ zum neuen Wald W' vergrößern. Indem man W durch W' ersetzt, ergänzt man weitere zwei Kanten auf die angegebene Weise, falls (11.2) erfüllt ist, usw.

Mit Hilfe des M-alternierenden Waldes W von G kann man nun entweder die Maximalität von M feststellen oder ein größeres Matching für G konstruieren oder das Problem der Matching-Suche vom Graphen G auf die Matching-Suche im kleineren Graphen G' (wie im Satz 11.1.5 geschildert) übertragen. Dazu unterscheidet man die Fälle:

Fall 1: $|S| \in \{0, 1\}$.

Fall 2: $|S| \geq 2$.

Da S eine Teilmenge der äußeren Ecken von W ist, gibt es in diesem Fall mindestens zwei verschiedene äußere Ecken. Offenbar sind die Nachbarn einer äußeren Ecke in W stets innere Ecken von W. Äußere Ecken von W können jedoch in G benachbart sein. Folglich tritt mindestens einer der folgenden Fälle ein:

Fall 2.1: Es existieren zwei äußere Ecken x, y von W, die zu zwei verschiedenen Komponenten K_x bzw. K_y von W gehören und in G benachbart sind.

Fall 2.2: Es existiert eine Komponente von W, zu der zwei verschiedene äußere Ecken gehören, die in G benachbart sind.

Fall 2.3: Jede äußere Ecke von W hat nur Nachbarn in G, die innere Ecken von W sind.

Wie man leicht nachprüft, ist im Fall 1 das Matching M maximal in G. In [Vol 96] findet man den Beweis, daß, falls der Fall 2.3 eintritt, M ein maximales Matching von G ist. Im Fall 2.1 kann man mit Hilfe von Lemma 11.1.3 ein neues Matching M' mit $|M'| > |M|$ konstruieren. Im Fall 2.2 läßt sich die Suche nach einem maximalen Matching in G auf die Suche nach einem maximalen Matching im Graphen G', der im Satz 11.1.5 beschrieben ist, reduzieren.

Im obigen Beispiel tritt sowohl Fall 2.1 (wegen $\{3,9\} \in \mathcal{E}(G)$) als auch Fall 2.2 (wegen $\{11,12\} \in \mathcal{E}(G)$) auf.

Ergänzt man W durch die Kante $\{3,9\}$, so erhält man:

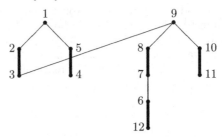

Offenbar ist der Weg $(1,2,3,9)$ ein M-vergrößernder Weg, womit nach Lemma 11.1.3 das Matching

$$M' := (M \setminus \{\{2,3\}\}) \cup \{\{1,2\}, \{3,9\}\}$$

von G gebildet werden kann, das ein maximales Matching von G ist.

Eine andere Möglichkeit, ein maximales Matching von G mit Hilfe von W zu konstruieren, liefert die Ergänzung der Kante $\{11,12\}$:

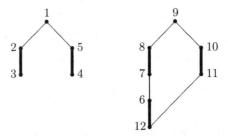

Offenbar ist dann $C := (9,8,7,6,12,11,10,9)$ ein Kreis, der die Voraussetzungen aus Satz 11.1.5 erfüllt. Anstelle des Graphen G kann man folglich den Graphen G_1 mit dem Diagramm

und dem Matching $M_1 := \{\{2,3\}, \{4,5\}\}$ weiter betrachten, der aus G durch Zusammenziehen des Kreises C zu einer Ecke c und Löschen der dabei entstehenden Schlingen gebildet wurde. Da die Menge $S := \{1,c\}$ für den Graphen G' zweielementig ist, läßt sich der M_1-alternierende Wald W_1 mit $\mathcal{V}(W_1) = \mathcal{V}(G_1)$ bilden:

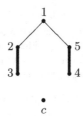

Der obige M_1-alternierende Wald von G_1 erfüllt nur die Bedingungen von Fall 2.1, da $\{3, c\} \in \mathcal{E}(G_1)$ die einzige Kante aus G_1 zwischen äußeren Ecken von W_1 ist. Mittels des M_1-vergrößernden Weges $(1, 2, 3, c)$ erhält man nach Lemma 11.1.3 das größere Matching

$$M_1' := (M_1 \setminus \{\{2, 3\}\}) \cup \{\{1, 2\}, \{3, c\}\}.$$

Macht man nun das Zusammenziehen des Kreises C und das Löschen der dabei auftretenden Schlingen wieder rückgängig, erhält man durch

$$M' := (M \setminus \{\{2, 3\}\}) \cup \{\{1, 2\}, \{3, 9\}\}$$

ein maximales Matching von G.

Obige Ideen zum Konstruieren eines maximalen Matchings eines Graphen G lassen sich natürlich noch verbessern. So muß z.B. nicht unbedingt der M-alternierende Wald W von G mit $\mathcal{V}(W) = \mathcal{V}(G)$ konstruiert werden, sondern es kann die Konstruktion von W unterbrochen werden, um festzustellen, ob Fall 2.1 oder 2.2 bereits eingetreten ist. Sind die Bedingungen von Fall 2.1 oder Fall 2.2 erfüllt, kann ein größeres Ausgangsmatching konstruiert oder der betrachtete Graph verkleinert werden. Anschließend kann das Verfahren mit dem neuen Matching oder dem verkleinerten Graphen neu gestartet werden. Man erhält auf diese Weise den

Algorithmus von Edmonds

Gegeben ist ein ungerichteter, schlichter Graph G und ein gesättigtes Matching M von G. Gesucht ist ein maximales Matching von G.
Falls M nicht perfekt oder nicht fast perfekt ist und

$$S := \mathcal{V}(G) \setminus \mathcal{V}(M),$$

$$W := (S; \emptyset)$$

gesetzt wird, führt der weiter unten näher beschriebene Algorithmus von Edmonds bei jedem Schritt genau eine der folgenden (grob beschriebenen) Konstruktionen aus:

(S1) W wird vergrößert.
(S2) M wird vergrößert.
(S3) G wird durch Zusammenziehen eines gewissen Kreises ungerader Länge zu einer Ecke und Löschen der dabei entstehenden Schlingen verkleinert.
(S4) Der Algorithmus stoppt mit einem maximalen Matching von G oder mit einem maximalen Matching eines Graphen, der aus G durch (eventuell mehrmaliges) Anwenden von Schritt (S3) gebildet wurde.

Falls der Schritt (S3) Verwendung fand, hat man nach Abschluß des Verfahrens, aus dem zuletzt gebildeten Matching M_1 durch Rückgängigmachen der Konstruktionen aus (S3) ein maximales Matching für G zu bilden. Eine Anleitung zur Vorgehensweise liefert der Beweis von Satz 11.1.5 (ausführlich: ÜA).

Zu (S4) gelangt man durch Abarbeiten der folgenden Schritte:

(1.) *Falls $|S| \in \{0,1\}$, so STOP. M ist nach Lemma 11.1.1 ein maximales Matching von G.*
   Gilt $|S| \geq 2$, so weiter mit (2.).

(2.) *Falls*
$$\exists x \in \overline{\mathcal{I}(W)} \, \exists y \in \mathcal{V}(G) \setminus \mathcal{V}(W) : \{x,y\} \in \mathcal{E}(G)$$

   gilt, führe man die folgende Konstruktion aus:
   Da y nicht zu S gehört, existiert ein $z \in \mathcal{V}(G) \setminus \mathcal{V}(W)$ mit $\{y,z\} \in M$. Man bestimme eines dieser z, vergrößere durch Hinzunahme der Ecken y, z und der Kanten $\{x,y\}$, $\{y,z\}$ den Wald W zum neuen Wald W' und ersetze W durch W'. Anschließend weiter mit (3.) oder (4.) oder (5.), falls die Voraussetzungen für die dort angegebenen Konstruktionen erfüllt sind. Ansonsten zurück zum Anfang von Schritt (2.) und dem Vergrößern des Waldes W durch zwei Ecken und zwei Kanten.

(3.) *Falls zwei äußere Ecken x, y von G existieren, die zu zwei verschiedenen Komponenten K_x bzw K_y von W gehören und adjazent sind, führe man folgende Konstruktion durch:*
   Da in diesem Fall die beiden Wurzeln der Komponenten K_x und K_y durch einen M-vergrößernden Weg verbunden sind, kann man (wie in Lemma 11.1.3 beschrieben) mit Hilfe dieses Weges ein neues Matching M', das eine Kante mehr als M besitzt, konstruieren. Indem man $M := M'$ setzt, beginne man anschließend die Prozedur von neuem.

(4.) *Falls eine Komponente K von W mit der Wurzel a existiert, zu der zwei äußere Ecken x und y mit $\{x,y\} \in \mathcal{E}(G)$ gehören, führe man die folgende Konstruktion aus:*
   Sei C ein Kreis, der aus dem Weg von x nach y und der Kante k besteht. Sei A der kürzeste Weg von a zu $\mathcal{V}(C)$. A ist dann M-alternierend. Falls A nicht der Nullweg ist, beginnt A mit einer Kante aus $\mathcal{E}(G) \setminus M$ und endet mit einer Kante aus M. Man bilde

$$M' := (M \setminus (\mathcal{E}(A) \cap M)) \cup (\mathcal{E}(A) \setminus M).$$

   M' ist dann ein Matching von G mit $|M'| = |M|$. Außerdem erfüllen M' und C die Voraussetzungen von Satz 11.1.5. Nach diesem Satz kann man anstelle von G den kleineren Graphen G' weiter betrachten und das Verfahren mit G' anstelle von G neu beginnen.

(5.) *Falls jede äußere Ecke von W nur Nachbarn in G hat, die innere Ecken von W sind, so STOP. M ist ein maximales Matching von G.[2]*

Offenbar ist obiger Algorithmus nicht allzu kompliziert, wenn Schritt (S3) nicht erforderlich ist. Da nach Satz 7.8.1 bipartite Graphen keine Kreise ungerader Länge

---

[2] Zum Beweis siehe [Vol 96], S. 139

besitzen, ist das Bestimmen eines maximalen Matchings in einem bipartiten Graphen also vergleichsweise einfach. Der nächste Abschnitt zeigt nun, dass sich die Matching-Theorie für bipartite Graphen allgemein vereinfacht.

11.2 Matchings in bipartiten Graphen

In diesem Abschnitt bezeichne G stets einen einfachen bipartiten Graphen, den wir in der Form

$$G := (A \cup B, E)$$

angeben werden, wobei $A \cup B$ eine sogenannte **Bipartition** von $\mathcal{V}(G)$ ist, d.h., es gilt $A \cap B = \emptyset$ und $\mathcal{V}(G) = A \cup B$. Außerdem sind die Kanten aus E von der Form $\{a, b\}$ mit $a \in A$ und $b \in B$.

Für Teilmengen H von A sei

$$\Gamma_G(H) := \{b \in B \mid \exists h \in H : \{h, b\} \in E\}.$$

Der folgende Satz gehört zu den Klassikern der Graphentheorie und wurde von D. König 1931 und (unabhängig davon) von P. Hall 1935 publiziert:

Satz 11.2.1 („Heiratssatz"[3])
Es sei G der eingangs dieses Abschnittes beschriebene Graph. Dann existiert genau dann ein Matching M von G mit $A \cap \mathcal{V}(M) = A$, wenn

$$\forall H \subseteq A : |H| \le |\Gamma_G(H)|. \tag{11.3}$$

gilt.

Beweis. „$\Longrightarrow$": Angenommen, es gibt ein Matching $M := \{e_1, ..., e_t\}$ mit $A \cap \mathcal{V}(M) = A$. Gilt $e_i := \{a_i, b_i\}$ mit $a_i \in A$, so muß b_i zu B gehören, $i \in \{1, 2, ..., t\}$. Offenbar sind dann auch $b_1, ..., b_t$ paarweise verschieden. Folglich gilt für alle $r \in \{1, 2, ..., t\}$ und alle r-elementigen Mengen $A_r := \{a_{i_1}, ..., a_{i_r}\} \subseteq A$:

$$|\{a_{i_1}, ..., a_{i_r}\}| = r = |\{b_{i_1}, ..., b_{i_r}\}| \le |\Gamma_G(A_r)|.$$

---

[3] Der Name „Heiratssatz" rührt von folgender Interpretation des Satzes her: Die Elemente von A seien Herren, die gewillt sind, gewisse Damen (zusammengefaßt zur Menge B), zu ehelichen. Eine Kante $\{a, b\}$ des Graphen bedeutet, daß der Herr a sich eine Ehe mit der Dame b vorstellen kann. Der Heiratssatz gibt nun an, unter welchen Bedingungen jeder Herr (das Einverständnis der Damen vorausgesetzt) aus A seinen Heiratswunsch erfüllen kann.
Den Lesern sei überlassen, sich eine etwas zeitgemäßere Interpretation des Satzes zu überlegen.

Da (11.3) offenbar auch für $H = \emptyset$ richtig ist, ist damit (11.3) bewiesen.
„$\Longleftarrow$": Angenommen, (11.3) gilt und es existiert ein maximales Matching M von G mit $A \cap \mathcal{V}(M) \neq A$. Mit Hilfe des Satzes 11.1.4 und einem Element $a \in A \setminus \mathcal{V}(M)$ läßt sich nun ein Widerspruch auf folgende Weise konstruieren: Es sei

$$U := \{x \in \mathcal{V}(G) \mid \exists \; M\text{-alternierender Weg von } a \text{ nach } x \},$$

$$U_a := U \cup \{a\}.$$

Da M ein maximales Matching ist, gilt nach Satz 11.1.4 $U \subseteq \mathcal{V}(M)$, womit jede Ecke aus $U \cap A$ mit genau einer Ecke aus $U_a \cap B$ verbunden ist und umgekehrt. Folglich gilt $U_a \cap B \subseteq \Gamma_G(U_a \cap A)$ und $|U \cap A| = |U_a \cap B|$ bzw. $|U \cap A| = |U \cap B| - 1$. Angenommen, es gibt ein $v \in \Gamma_G(U_a \cap A) \setminus (U_a \cap B)$. Dann existiert jedoch ein M-alternierender Weg von a nach v, was nicht möglich sein kann. Also haben wir $U_a \cap B = \Gamma_G(U_a \cap A)$, woraus

$$|U_a \cap A| = |U_a \cap A| + 1 = |\Gamma_G(U_a \cap A)| + 1 > |\Gamma_G(U_a \cap A)|$$

folgt, im Widerspruch zu (11.3). ∎

Mit Hilfe des obigen Satzes ist der folgende Satz, dessen Beweis man z.B. in [Vol 96] (Sätze 6.10 und 6.11) nachlesen kann, beweisbar:

Satz 11.2.2 (Satz von König; *ohne Beweis*)

(a) *Jeder bipartiter und r-reguläre Graph G läßt sich in r kantendisjunkte perfekte Matchings zerlegen.*

(b) *Jeder bipartite Graph G läßt sich in $\max\{d_G(v) \mid v \in \mathcal{V}(G)\}$ kantendisjunkte Matchings zerlegen.* ∎

Der folgende Algorithmus wird sich später als Spezialfall des Algorithmus von Ford und Fulkerson herausstellen, so daß wir hier auf eine ausführliche Begründung verzichten wollen.

Algorithmus zum Bestimmen maximaler Matchings in bipartiten Graphen

(sogenannte „Ungarische Methode"[4])

Gegeben ist ein ungerichteter, bipartiter Graph G mit der Bipartition $\mathcal{V}(G) = A \cup B$ und der Kantenmenge E. Es sei O.B.d.A. $|A| \leq |B|$ und die Ecken von G numeriert. Außerdem sei ein Matching M_0 von G gegeben (z.B. $M_0 := \emptyset$). Ein maximales Matching M von G erhält man dann durch Abarbeiten der folgenden Schritte:

---

[4] Der Algorithmus wird als Ungarische Methode bezeichnet, weil er auf Arbeiten der ungarischen Mathematiker König und Egerváry zurückgeht.

(1.) *Man setze $M := M_0$.*

(2.) *Man markiere alle (bez. M) unversorgten Ecken von A. Alle anderen Ecken von G sind unmarkiert.*

(3.) *Man bestimme (in der durch die Numerierung der Ecken vorgegebenen Reihenfolge) jede unmarkierte Ecke b von B, die durch eine Kante aus $E \setminus M$ mit einer Ecke $a \in A$ verbunden ist, die im letzten Schritt markiert wurde, und markiere diese Ecke b mit der Nummer von a. Dabei genügt es, wenn jede in Frage kommende Ecke aus B mit nur einer Markierung versehen wird. Folgende drei Fälle sind dann möglich:*
Fall 1: Keine Ecke von B wurde neu markiert.
In diesem Fall ist M ein maximales Matching, STOP.
Fall 2: Eine von M unversorgte Ecke von B wurde markiert.
In diesem Fall wurde ein M-vergrößernder Weg gefunden. Weiter mit Schritt (5.).
Fall 3: Alle markierten Ecken von B sind von M versorgt.
Weiter mit Schritt (4.).

(4.) *Man markiere (in der durch die Numerierung der Ecken vorgegebenen Reihenfolge) jede Ecke $a \in A$, die mit den im letzten Schritt neu markierten Ecken $b \in B$ durch eine Kante aus $E \setminus M$ verbunden sind. Weiter mit Schritt (3.).*

(5.) *Unter Verwendung der beim letzten Durchlauf von Schritt (3.) von M-unversorgten markierten Ecken bestimme man einen M-vergrößernden Weg W auf folgende Weise: Man starte mit der Ecke $b \in B$, die M-unversorgt, markiert (mit der Nummer einer gewissen Kante aus A) und die kleinste Nummer hat. $\{b, a\}$ ist dann die erste Kante unseres M-vergrößernden Weges W. Anhand der Markierung von a findet man eine Ecke $b' \in B$ und ergänzt den Weg von a nach b durch die Kante $\{a, b'\}$, usw. Wie in Lemma 11.1.3 angegeben, bilde man dann aus M ein neues Matching M_0, für das nach Konstruktion $|M_0| = |M| + 1$ gilt. Anschließend lösche man alle Markierungen und gehe zu (1.).*

11.3 Netzwerke und Flüsse in Netzwerken

Wir betrachten in diesem Abschnitt nur gerichtete, schlichte Graphen, die in der Form (V, E) mit $E \subseteq V \times V$ angegeben werden. Anstelle von „e ist gerichtete Kante" wird nachfolgend kurz nur „e ist Kante" geschrieben, und die Anfangsecke von e mit e_- sowie die Endecke von e mit e_+ bezeichnet:

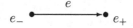

Für Teilmengen $X \subseteq V$ sei in diesem Kapitel $\overline{X} := V \setminus X$.
Dem Leser sei empfohlen, sich die nachfolgenden Begriffe in Verbindung mit den zu Beginn des Kapitels angegebenen praktischen Aufgaben anzusehen.

Definitionen Es sei $G := (V, E)$ ein schlichter, gerichteter, schwach zusammenhängender Graph mit zwei hervorgehobenen Ecken q (die sogenannte **Quelle** von G) und s (die sogenannte **Senke** von G) mit

$$d^+(q) = 0 \quad \text{und} \quad d^-(s) = 0. \tag{11.4}$$

Weiter sei

$$c : E \longrightarrow \mathbb{R}_0^+$$

eine Bewertung (die sogenannte **Kapazitätsfunktion**). Die Zahl $c(e)$ heißt **Kapazität** der Kante $e \in E$.
Das Tupel

$$N := (V, E, q, s, c)$$

nennt man **Netzwerk.**
Ein **Fluß in N von q nach s** (kurz: ein **Fluß in N**) ist dann eine Abbildung

$$f : E \longrightarrow \mathbb{R}_0^+$$

mit den folgenden zwei Eigenschaften:

(1.) Es gilt die sogenannte **Kapazitätsbeschränkung**, d.h.,

$$\forall e \in E : \ f(e) \le c(e).$$

(Ist $f(e) > 0$, so heißt e f-**positiv**. Ist $f(e) = c(e)$ (bzw. $f(e) < f(c)$), so heißt e f-**gesättigt** (bzw. e f-**ungesättigt**).)

(2.) Für die von q und s verschiedenen Ecken gilt die **Flußerhaltung**, d.h.,

$$\forall v \in V \setminus \{q, s\} : \ \sum_{e,\, e_+ = v} f(e) = \sum_{e,\, e_- = v} f(e)$$

Ein triviales Beispiel eines Flusses ist der sogenannte **Nullfluß** $f : E \longrightarrow \{0\}$. Die Zahl

$$w(f) := \sum_{e \in E,\, e_- = q} f(e)$$

heißt **Wert** (bzw. **Flußstärke**) des Flusses f.
Existiert kein Fluß g mit $w(g) > w(f)$, so nennt man f einen **maximalen Fluß** des Netzwerkes (V, E, q, s, c).

Aus Abkürzungsgründen schreiben wir, falls $e := (u, v) \in E$ und $a \in \{c, f\}$, statt $a((u, v))$ nur $a(u, v)$, und wir setzen für alle nichtleeren Teilmengen E_0 von E:

$$a(E_0) := \sum_{e \in E_0} a(e).$$

Mit Hilfe der Abbildung f lassen sich die Abbildungen f_- und f_+ von V in $\mathbb{R}_0^+$ wie folgt einführen:

$$\forall v \in V :$$

$$f_-(v) := \begin{cases} \sum_{e \in E, \, e_- = v} f(e), & \text{falls } d_+(v) \neq 0, \\ 0, & \text{falls } d_+(v) = 0, \end{cases}$$

$$f_+(v) := \begin{cases} \sum_{e \in E, \, e_+ = v} f(e), & \text{falls } d_-(v) \neq 0, \\ 0, & \text{falls } d_-(v) = 0. \end{cases}$$

Für nichtleere Eckenmengen $X, Y \subseteq V$ sei außerdem

$$\mathcal{E}(X, Y) := \{ e \in E \mid e_- \in X \wedge e_+ \in Y \},$$

$$f_-(X) := \left(\sum_{v \in X} f_-(v) \right) - f(\mathcal{E}(X, X)) = f(\mathcal{E}(X, \overline{X}))$$

und

$$f_+(X) := \left(\sum_{v \in X} f_+(v) \right) - f(\mathcal{E}(X, X)) = f(\mathcal{E}(\overline{X}, X))$$

vereinbart.

Unter Verwendung der oben eingeführten Bezeichnungen ist die Bedingung (2.) aus der Definition eines Flusses f in der Form

$$\forall v \in V \backslash \{q, s\} : \ f_-(v) = f_+(v) \tag{11.5}$$

aufschreibbar und es gilt

$$w(f) = f_-(q). \tag{11.6}$$

Außerdem haben wir

Lemma 11.3.1 *Es sei* $N := (V, E, q, s, c)$ *ein Netzwerk,* f *ein Fluß in* N *und* $A \subseteq V$. *Dann gilt:*

(a) $f_-(q) = f_+(s)$,

(b) $(q \in A \wedge s \in \overline{A}) \implies f_-(A) - f_+(A) = w(f)$.

Beweis. (a): Wie man leicht nachprüft, ist

$$\sum_{v \in V} f_-(v) = \sum_{v \in V} f_+(v) = \sum_{e \in E} f(e). \tag{11.7}$$

Außerdem gilt $f_+(q) = f_-(s) = 0$ wegen (11.4). Hieraus und aus (11.5) sowie (11.7) folgt (a).

(b) ist eine Folgerung aus (11.5), (11.6), $f_+(q) = 0$ und (a). ∎

*Wir vereinbaren in Beispielen für Netzwerke, wo der gerichtete Graph durch
ein Diagramm gegeben ist, einen Pfeil, der der Kante e entspricht, durch
$(f(e), c(e))$ zu beschriften.*

Beispiel   Ein Netzwerk $\mathcal{N}$ und ein Fluß f_0 in $\mathcal{N}$ mit $w(f_0) = 7$ ist durch das
folgende Diagramm gegeben:

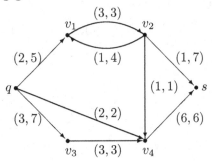

Wir wollen untersuchen, ob f_0 ein maximaler Fluß ist. Offenbar kann $w(f)$
für einen beliebigen Fluß f eines Netzwerkes $N := (V, E, q, s, c)$ höchstens
gleich dem Minimum von $\sum_{e \in E, \, e_- = q} c(e)$ und $\sum_{e \in E, \, e_+ = s} c(e)$ sein. In unserem Beispiel also 13. Betrachtet man aber die Menge $A := \{q, v_1, v_3\}$, so ist
nach Lemma 11.3.1, (b) $w(f) = f_-(A) - f_+(A) \leq f_-(A) \leq c(v_1, v_3) + c(q, v_4) +$
$c(v_3, v_4) = 8$. Ein maximaler Fluß kann also höchstens den Wert 8 besitzen.
Ändert man obigen Fluß f_0 zu einem Fluß f_1 ab, indem man $f_1(q, v_1) := 3$,
$f_1(v_2, v_1) := 0$ und $f_1(v_2, s) := 2$, setzt, so ist $w(f_1) = 8$ und damit f_1 ein
maximaler Fluß, jedoch f_0 nicht.

Unser Ziel sind Algorithmen, mit denen man maximale Flüsse eines Netzwerkes bestimmen kann. Grundlegend für solche Algorithmen sind das Lemma
11.3.2 und der nachfolgende Satz 11.3.5, der notwendige und hinreichende Bedingungen für einen maximalen Fluß angibt. Für Lemma 11.3.2 benötigen wir
die folgenden
Definitionen   Es sei $N := (V, E, q, s, c)$ ein Netzwerk und f ein Fluß in N.
Der aus G durch Weglassen der Orientierung der Kanten gewonnene ungerichtete Graph sei $G^\star$.[5] Mit W sei der folgende Weg in $G^\star$ bezeichnet:

$$(v_0, e_1^\star, v_1, e_2^\star, v_2, ..., e_n^\star, v_n)$$

(kurz: $W := (v_0, v_1, ..., v_n)$), wobei $v_0, v_1, ..., v_n \in V$. Ordnet man für $i \in$
$\{0, 1, ..., n-1\}$ den ungerichteten Kanten $e_i^\star$ mit $f_{G^\star}(e_i^\star) = \{v_{i-1}, v_i\}$ nun
wieder die gerichteten Kanten e_i aus G zu, aus denen sie gebildet wurden, so
heißt

- e_i (bzw. $e_i^\star$) **Vorwärtskante von** $W :\Longleftrightarrow e_i := (v_{i-1}, v_i)$,
- e_i (bzw. $e_i^\star$) **Rückwärtskante von** $W :\Longleftrightarrow e_i := (v_i, v_{i-1})$.

---

[5] Man beachte, daß $G^\star$ Mehrfachkanten besitzen kann.

Mit Hilfe dieser Bezeichnungen ist dann die Abbildung

$$s_W : E \longrightarrow \mathbb{R}_0^+ \cup \{\infty\}$$

wie folgt definierbar:

$$s_W(e) := \begin{cases} c(e) - f(e), & \text{falls } e \text{ eine Vorwärtskante von } W, \\ f(e), & \text{falls } e \text{ eine Rückwärtskante von } W, \\ \infty, & \text{sonst.} \end{cases} \qquad (11.8)$$

Jedem Weg W von G^* der Länge ≥ 1 ordnen wir eine nichtnegative Zahl

$$s(W) := \min_{e \in E} s_W(e) \qquad (11.9)$$

zu.[6]

Für $n \geq 1$ heißt der obige Weg W von G^* dann

- f-**gesättigt in** N $:\Longleftrightarrow$ $s(W) = 0$,
- f-**ungesättigt in** N $:\Longleftrightarrow$ $s(W) > 0$,
- f-**vergrößernd in** N $:\Longleftrightarrow$ $s(W) > 0$ und W geht von q nach s.

Nach Definition gilt für eine beliebige Kante $e \in E$ und einen f-vergrößernden Weg W in N:

$$\begin{aligned} e \text{ Vorwärtskante von } W &\Longrightarrow f(e) < c(e), \\ e \text{ Rückwärtskante von } W &\Longrightarrow 0 < f(e). \end{aligned} \qquad (11.10)$$

Beispiel Wir betrachten nochmals das obige Beispiel mit dem Netzwerk $\mathcal{N}$ und dem Fluß f_0. Für den Weg

$$W := (q, (q, v_1)^*, v_1, (v_2, v_1)^*, v_2, (v_2, s)^*, s)$$

gilt dann $s(W) = 1$, womit W ein f-vergrößernder Weg in $\mathcal{N}$ ist. Mit Hilfe von $s(W)$ können wir jetzt die Definition des maximalen Flusses f_1 durch Abändern von f_0 wie folgt beschreiben: $f_1(q, v_1) := f_0(q, v_1) + s(W)$, $f_1(v_2, v_1) := f_0(v_2, v_1) - s(W)$ und $f_1(v_2, s) := f_0(v_2, s) + s(W)$.

Verallgemeinern läßt sich obiges Beispiel zu dem

Lemma 11.3.2 *Es sei* $N := (V, E, q, s, c)$ *ein Netzwerk,* f *ein Fluß in* N *und* W *ein* f-*vergrößernder Weg im (aus* G *durch Weglassen der Orientierungen gebildeten ungerichteten) Graphen* G^**. Dann ist die Abbildung* $f' : E \longrightarrow \mathbb{R}$ *mit*

$$f'(e) := \begin{cases} f(e) + s(W), & \text{falls } e \text{ eine Vorwärtskante von } W, \\ f(e) - s(W), & \text{falls } e \text{ eine Rückwärtskante von } W, \\ f(e) & \text{sonst,} \end{cases} \qquad (11.11)$$

---

[6] Wie schon einmal eingeführt, sei $x < \infty$ für alle $x \in \mathbb{R}$.

ein Fluß in N mit

$$w(f') = w(f) + s(W) > w(f). \tag{11.12}$$

Mit anderen Worten: Ist f ein maximaler Fluß eines Netzwerkes N, so kann es in N keinen f-vergrößernden Weg geben.

Beweis. Wir beginnen mit dem Nachweis, daß f' ein Fluß in N ist. Die Bedingung

$$0 \leq f'(e) \leq c(e) \tag{11.13}$$

für alle $e \in E$ folgt aus folgenden Überlegungen:

Es sei $e \in E$ eine gerichtete Kante, deren zugeordnete ungerichtete Kante in $G^\star$ mit $e^\star$ bezeichnet sei. Gehört $e^\star$ nicht zu W, so gilt nach Definition $f'(e) = f(e)$. Da f ein Fluß ist, folgt hieraus (11.13). Ist $e^\star$ eine Kante von W, so ist $e \in E$ entweder Vorwärts- oder Rückwärtskante von W, und aus $s_W(e) \geq s(W)$ für alle $e \in E$ und den Definitionen erhält man:

$$0 \leq f'(e) = f(e) + s(W) \leq f(e) + c(e) - f(e) = c(e),$$

falls e Vorwärtskante, und

$$0 \leq f(e) - f(e) \leq f(e) - s(W) = f'(e) \leq c(e),$$

falls e Rückwärtskante ist. Folglich gilt (11.13) für alle $e \in E$.

Als nächstes beweisen wir

$$f'_-(v) := \sum_{e,\, e_-=v} f'(e) = f'_+(v) := \sum_{e,\, e+_-=v} f'(e) \tag{11.14}$$

für alle $v \in V \setminus \{q, s\}$. Da f ein Fluß ist, gilt (11.14) für den Fall, daß v nicht zu W gehört. Sei nachfolgend $W := (v_0, v_1, ..., v_n)$ und $v := v_i$ mit $i \in \{1, ..., n-1\}$. Folgende vier Fälle sind dann möglich:

Fall 1: $(v_{i-1}, v_i), (v_i, v_{i+1}) \in E$.
Da (v_{i-1}, v_i) und (v_i, v_{i+1}) Vorwärtskanten von W sind, haben wir in diesem Fall:

$$f'_+(v) = f_+(v) + s(W) = f_-(v) + s(W) = f'_-(v).$$

Fall 2: $(v_i, v_{i+1}), (v_{i+1}, v_i) \in E$.
Diesen Fall beweist man analog zu Fall 1.

Fall 3: $(v_{i-1}, v_i), (v_{i+1}, v_i) \in E$.
In diesem Fall ist (v_{i-1}, v_i) eine Vorwärtskante und (v_{i+1}, v_i) eine Rückwärtskante von W, womit gilt

$$f'_+(v) = f_+(v) + s(W) - s(W) = f_-(v) = f'_-(v).$$

Fall 4: $(v_i, v_{i+1}), (v_i, v_{i+1}) \in E$.
Diesen Fall beweist man analog zu Fall 3.
Es gilt also (11.14) für alle $v \in V \setminus \{q, s\}$, womit f' als Fluß in N nachgewiesen wurde.

Da W in q beginnt, q Quelle ist und $s(W) > 0$ gilt, folgt (11.12) aus

$$w(f') = f'_-(q) = f_-(q) + s(W) = w(f) + s(W) > w(f).$$

■

Weiter unten (siehe Satz 11.3.5) wird gezeigt, daß auch die Umkehrung von Lemma 11.3.2 richtig ist. Um dies und noch eine andere äquivalente Bedingungen zu „f ist maximaler Fluß von N" beweisen zu können, die unsere Vorgehensweise beim Finden des maximalen Flusses f_1 im Netzwerk $\mathcal{N}$ verallgemeinert, benötigen wir wieder einige Begriffe und Bezeichnungen.

Definitionen Es sei $N = (V, E, q, s, c)$ ein Netzwerk und $A \subset V$. Die Kantenmenge $S := \mathcal{E}(A, \overline{A})$ heißt dann ein **Schnitt von** N, wenn $q \in A$ und $s \in \overline{A}$ gilt. Die Zahl

$$\mathrm{Cap}(S) := \begin{cases} \sum_{e \in S} c(e), & \text{falls } S \neq \emptyset, \\ 0 & \text{sonst} \end{cases}$$

nennt man **Kapazität des Schnittes** S. Existiert im Netzwerk N kein Schnitt S' mit $\mathrm{Cap}(S') < \mathrm{Cap}(S)$, so heißt der Schnitt S von N **minimaler Schnitt in** N.

Beispiel Für das oben definierte Netzwerk $\mathcal{N}$ gibt es 16 Möglichkeiten einen Schnitt $S := \mathcal{E}(A, \overline{A})$ von $\mathcal{N}$ zu definieren, da A die Form $A := \{q\} \cup B$ mit $B \subseteq \{v_1, v_2, v_3, v_4\}$ hat. Wählt man z.B. $A := \{q, v_1, v_3\}$, so ist $\mathrm{Cap}(S) = 8$. Wie man leicht nachrechnet (ÜA), gilt $\mathrm{Cap}(S) \geq 8$ für die restlichen Schnitte von $\mathcal{N}$, womit $\mathcal{E}(\{q, v_1, v_3\}, \{v_2, v_4, s\}) = \{(v_1, v_3), (q, v_4), (v_3, v_4)\}$ ein minimaler Schnitt ist. Zur Erinnerung: 8 war der Wert eines maximalen Flusses in $\mathcal{N}$. Allgemein werden wir weiter unten zeigen können, daß in einem beliebigen Netzwerk N stets

$$\max_{f \text{ ist Fluß von } N} w(f) = \min_{S \text{ ist Schnitt von } N} \mathrm{Cap}(S)$$

gilt.

Lemma 11.3.3 *Es sei N ein Netzwerk, f ein Fluß in N und $S := \mathcal{E}(A, \overline{A})$ ein Schnitt in N. Dann gilt:*

$$w(f) \leq Cap(S) \tag{11.15}$$

Beweis. Da f ein Schnitt ist, gilt $0 \leq f(e) \leq c(e)$ für alle $e \in E$. Hieraus folgt unter Verwendung von Lemma 11.3.1, (b)

$$w(f) = f_-(A) - f_+(A) \leq f_-(A) = \sum_{e \in S} f(e) \leq \sum_{e \in S} c(e) = \mathrm{Cap}(S). \tag{11.16}$$

■

Satz 11.3.4 *Es sei N ein Netzwerk, f ein Fluß in N und $S := \mathcal{E}(A, \overline{A})$ ein Schnitt in N. Dann gilt:*

(a) $w(f) = Cap(S) \iff f_-(A) = c(S) \wedge f_+(A) = 0$.

(b) Falls $w(f) = Cap(S)$ ist, so ist S ein minimaler Schnitt von N und f ein maximaler Fluß in N.

Beweis. (a) beweist man leicht mit Hilfe von (11.16) (ÜA).
(b): Es sei $w(f) = Cap(S)$ und S' ein beliebiger minimaler Schnitt in N. Dann gilt $Cap(S') \leq Cap(S) = w(f)$. Andererseits folgt aus (11.15): $w(f) \leq Cap(S')$. Also ist $Cap(S) = Cap(S')$ und damit S ein minimaler Schnitt. Angenommen, f ist kein maximaler Fluß, d.h., es existiert ein Fluß f' in N mit $w(f') < w(f)$. Mit Hilfe von (11.15) folgt hieraus der Widerspruch

$$w(f) < w(f') \leq Cap(S) = w(f).$$

Also ist der Fluß f maximal. ∎

Satz 11.3.5 (Satz von Ford und Fulkerson, 1956)
Es sei $N := (V, E, q, s, c)$ ein Netzwerk, f ein Fluß in N und

$$A_f := \{q\} \cup \{v \in V \mid \exists f\text{-ungesättigter Weg von } q \text{ nach } v \text{ in } N\}.$$

Dann sind die folgenden Bedingungen äquivalent:

(a) f ist ein maximaler Fluß in N.
(b) Es existiert kein f-vergrößernder Weg in N.
(c) $\mathcal{E}(A_f, \overline{A_f})$ ist minimaler Schnitt von N.

Außerdem ist der Wert eines maximalen Flusses in N stets gleich der Kapazität eines minimalen Schnittes von N.

Beweis. „(a)$\Longrightarrow$(b)" folgt aus Lemma 11.3.2.
„(b)$\Longrightarrow$(c)": Da A_f die Menge aller Ecken aus V ist, die auf einem f-ungesättigten Weg liegen, der mit q beginnt, und es keinen f-vergrößernden Weg gibt, gehört s zu $\overline{A_f}$. Damit ist $S := \mathcal{E}(A_f, \overline{A_f})$ ein Schnitt. Wie man leicht nachprüft, gilt außerdem

$$f_+(A_f) = 0 \wedge f_-(A_f) = \sum_{e \in S} c(e),$$

womit nach Satz 11.3.4 $\mathcal{E}(A_f, \overline{A_f})$ ein minimaler Schnitt ist.
„(c)$\Longrightarrow$(a)": Angenommen, $S := \mathcal{E}(A_f, \overline{A_f}) = \emptyset$. Dann ist jedoch $Cap(S) = 0$, womit es nach Lemma 11.3.3 nur einen einzigen Fluß in N (nämlich den Nullfluß) geben kann, der dann natürlich auch maximal ist. Wir können also im weiteren o.B.d.A. $\mathcal{E}(A_f, \overline{A_f}) \neq \emptyset$ annehmen. Sei $e \in \mathcal{E}(A_f, \overline{A_f})$ beliebig

gewählt. Nach Definition existiert dann ein f-ungesättigter Weg W von q zu e_-. Angenommen, $f(e) < c(e)$. Dann läßt sich jedoch W durch die Kante $\{e_-, e_+\}$ zu einem f-ungesättigten Weg W' von q nach e_+ verlängern. Nach Definition von A_f gehört folglich e_+ zu A_f, was jedoch der Annahme $e \in \mathcal{E}(A_f, \overline{A_f})$ widerspricht. Also gilt

$$\forall e \in \mathcal{E}(A_f, \overline{A_f}): \; f(e) = f(c), \tag{11.17}$$

d.h., $f_-(A_f) = c(\mathcal{E}(A_f, \overline{A_f}))$. Analog beweist man (ÜA)

$$\forall e \in \mathcal{E}(\overline{A_f}, A_f): \; f(e) = 0. \tag{11.18}$$

Aus (11.17) und (11.18) folgt dann nach Satz 11.3.4, (a) die Behauptung (a).

Dem obigen Beweis der Äquivalenz der Aussagen (a), (b) und (c) ist außerdem zu entnehmen, wie man – ausgehend von einem maximalen Fluß f – einen minimalen Schnitt S mit $w(f) = \mathrm{Cap}(S)$ konstruieren kann. ∎

Satz 11.3.6 *Jedes Netzwerk $N := (V, E, q, s, c)$ mit einer ganzzahligen Kapazitätsfunktion $c: E \longrightarrow \mathbb{N}_0$ besitzt einen ganzzahligen maximalen Fluß.*

Beweis. Ist der Nullfluß f_0 ein maximaler Fluß in N, so ist unser Satz bewiesen. Falls f_0 kein maximaler Fluß ist, existiert nach Satz 11.3.5 ein f_0-vergrößernder Weg W_1 und nach Lemma 11.3.2 ein Fluß f_1 mit $w(f_1) = w(f_0) + s(W_1)$. Da c nach Voraussetzung ganzzahlig ist, ist auch $s(W_1)$ ganzzahlig. Falls f_1 ein maximaler Fluß ist, ist der Satz bewiesen. Für den Fall, daß f_1 nicht maximal ist, existiert ein f_1-vergrößernder Weg W_2 und es läßt sich auf analoge Weise ein Fluß f_2 mit $w(f_2) = w(f_1) + s(W_2)$ konstruieren, usw. Da bei der geschilderten Konstruktion der Flüsse $f_0, f_1, f_2, \ldots$ die Flußstärke beim Übergang von f_i zu f_{i+1} mindestens um 1 zunimmt und die Flußstärke durch die Kapazität eines beliebigen Schnittes von N nach oben beschränkt ist, bricht die oben angegebene Konstruktion nach endlich vielen Schritten mit einem maximalen Fluß ab. ∎

Allgemein gilt:

Satz 11.3.7 *Jedes Netzwerk $N := (V, E, q, s, c)$ besitzt einen in N maximalen Fluß.*

Beweis. Falls der Wertebereich $W(c)$ eine Teilmenge von $\mathbb{N}_0$ ist, gilt unser Satz nach Satz 11.3.6. Indem man sämtliche rationale Zahlen aus $W(c) \subset \mathbb{Q}$ auf den Hauptnenner bringt, sieht man auch leicht ein, daß unser Satz auch für Netzwerke mit einer rationalen Kapazitätsfunktion gilt. Mit Hilfe von Stetigkeitsüberlegungen ergibt sich dann die behauptete allgemeine Aussage. Ohne Stetigkeitsbetrachtungen erhält man unseren Satz mit Hilfe von Existenzsätzen der Linearen Optimierung, indem man die Aufgabe, einen maximalen Fluß eines Netzwerks zu finden, in ein LOP überführt (siehe z.B. [Aig 99], S. 266 - 267). ∎

Aus den obigen Überlegungen folgt nun der Algorithmus von Ford und Fulkerson zur Bestimmung eines maximalen Flusses in einem Netzwerk. Ausgangspunkt ist ein gegebener Fluß (z.B. der Nullfluß). Falls der gegebene Fluß f noch kein maximaler Fluß in N ist, wird im folgenden Algorithmus zunächst in den Schritten (1.) – (4.) ein f-vergrößernder Weg W von q nach s gefunden. Bei der Suche nach diesem Weg werden die Ecken des Netzwerkes mit gewissen „Markierungen" (beschrieben durch drei Abbildungen) versehen. Anschließend wird durch die Schritte (5.) - (7.) (mit Hilfe der Markierungen der Ecken des Weges W und mit den Markierungen von s beginnend) ein neuer Fluß f' in N mit $w(f') > w(f)$ definiert und das Verfahren mit f' anstelle von f neu gestartet. Nimmt die Abbildung c nur rationale Werte an, so bricht dieser Algorithmus mit einem minimalen Fluß nach endlich vielen Schritten ab, wobei die Anzahl dieser Schritte von c abhängen kann (siehe dazu ÜA A.11.7). Gehören irrationalen Zahlen zum Wertebereich von c, so gibt es Beispiele[7], wo der Algorithmus nicht abbricht und auch die Folge der Flußstärken nicht gegen einen maximalen Fluß konvergiert.

Die Markierungen notieren wir uns in der Form

$$\mathcal{M}(v) := (Vorg(v), Richt(v), z(v)),$$

wobei $Vorg : V \longrightarrow V$, $Richt : V \longrightarrow \{\rightarrow, \leftarrow\}$ und $z : V \longrightarrow \mathbb{R}$. $Vorg(v)$ gibt an, von welcher Ecke („Vorgänger von v") man durch eine Kante e zu v gelangt ist, $Richt(v)$ notiert, ob diese Kante Vorwärtskante (wir schreiben: $Richt(v) :=\rightarrow$) oder Rückwärtskante ($Richt(v) :=\leftarrow$) ist. $z(v)$ notiert den zusätzlichen Fluß zwischen $Vorg(v)$ und v.

Hilfsmittel zur Beschreibung des nachfolgenden Algorithmus sind auch die Mengen Q und R. Die Menge Q enthält diejenigen Ecken $v \in V$, zu denen ein f-vergrößernder Weg W_v von q nach v gefunden wurde. Zur Menge R gehören genau diejenigen Ecken aus Q, von denen aus eine Verlängerung des Weges W_v (mit dem Ziel der Konstruktion eines f-vergrößernden Weges) noch nicht versucht wurde.

Algorithmus von Ford und Fulkerson

Es sei $N := (V, E, q, s, c)$ ein Netzwerk mit $W(c) \subset \mathbb{Q}_0^+$ und f irgendein Fluß in N (z.B. der Nullfluß). Einen maximalen Fluß f_{max} in N erhält man durch Abarbeiten der folgenden Schritte:

(1.) Man setze

$$Q := \{q\}, \ R := \{q\}, \ z(q) := \infty.$$

(2.) Man wähle ein $v \in R$ und ersetze R durch $R \setminus \{v\}$.

---

[7] Siehe [For-F 62] oder [Lov-P 86].

(3.) Man bestimme die Mengen

$$M_\rightarrow(v) := \{x \in V \setminus Q \mid (v, x) \in E \ \wedge \ f(v, x) < c(v, x)\},$$
$$M_\leftarrow(v) := \{x \in V \setminus Q \mid (x, v) \in E \ \wedge \ f(x, v) > 0\}.$$

Dann setze (bzw. ersetze) man $\mathcal{M}(x)$ für jedes $x \in M_\rightarrow(v)$ durch

$$(v, \rightarrow, \min\{c(v, x) - f(v, x), z(v)\})$$

und anschließend $\mathcal{M}(x)$ für jedes $x \in M_\leftarrow(v)$ durch

$$(v, \leftarrow, \min\{f(x, v), z(v)\}).$$

Außerdem ersetze man Q durch $Q \cup M_\rightarrow(v) \cup M_\leftarrow(v)$ und R durch $R \cup M_\rightarrow(v) \cup M_\leftarrow(v)$.

(4.) Falls $R = \emptyset$, dann STOP. f ist ein maximaler Fluß in N.
Falls $R \neq \emptyset$ und die Senke s zu Q gehört, gehe man zu (5.). Ansonsten zurück zu (2.).

(5.) Man ersetze y durch s und setze $a := z(s)$.

(6.) Falls $Richt(y) = \rightarrow$ ersetze man $f(Vorg(y), y)$ durch $f(Vorg(y), y) + a$.
Falls $Richt(y) = \leftarrow$ ersetze man $f(Vorg(y), y)$ durch $f(Vorg(y), y) - a$.

(7.) Man ersetze y durch $Vorg(y)$. Falls $y = q$, dann weiter mit (1.). Falls $y \neq q$, so weiter mit (6.)

Beispiel Wir betrachten nochmals das Netzwerk $\mathcal{N}$ mit dem Nullfluß f, das durch das folgende Diagramm definiert ist:

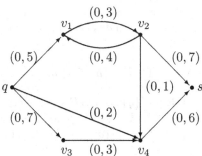

Mit Hilfe des Algorithmus von Ford und Fulkerson wollen wir einen maximalen Fluß von $\mathcal{N}$ bestimmen. Bei einem Beispiel wie oben spart man viel Zeit, wenn man die Markierungen und die sich aus den Markierungen ergebenden Abänderungen des gerade betrachteten Flusses in das Diagramm des Netzwerkes einträgt. Dem Leser sei diese Vorgehensweise empfohlen. Zur Kontrolle (und weil der Algorithmus durch unterschiedliche Wahl eines v in Schritt (2.) nicht eindeutig ist) sind in der folgenden Tabelle ab der zweiten Spalte die Ergebnisse der r-ten Runde des Algorithmus (also mit Schritt (1.)

beginnend bis Ende des Abarbeitens von Schritt (5.) und vor Übergang zu (1.)) notiert, wobei pro Spalte auch Zwischenschritte angegeben sind. Ihre Anzahl in der ersten Zeile gibt an, wie oft in der entsprechenden Runde die Schritte (2.) und (3.) durchlaufen wurden. Steht in der v-Zeile ein Element in Klammern, so bedeutet dies, daß $M_\rightarrow(v) = M_\leftarrow(v) = \emptyset$ gilt, womit im Fall $R \neq \emptyset$ gleich zu Schritt (2.) zurückgegangen werden kann. f aus Runde 3 und 4 ist ein maximaler Fluß von $\mathcal{N}$.

r	1	2	3	4
v	q, v_1, v_2	$q, (v_1), v_2, v_3$	q, v_4	$q, (v_1), (v_3)$
$\mathcal{M}(q)$	$(\,,\,\infty)$	$(\,,\,\infty)$	$(\,,\,\infty)$	$(\,,\,\infty)$
$\mathcal{M}(v_1)$	$(q,\rightarrow,5)$	$(q,\rightarrow,2)$	$(q,\rightarrow,2)$	
$\mathcal{M}(v_2)$	$(v_1,\rightarrow,3)$	$(v_4,\leftarrow,0)$		
$\mathcal{M}(v_3)$	$(q,\rightarrow,7)$	$(q,\rightarrow,7)$	$(q,\rightarrow,4),(v_4,\leftarrow,2)$	
$\mathcal{M}(v_4)$	$(q,\rightarrow,2),(v_2,\rightarrow,1)$	$(q,\rightarrow,2),(v_3,\rightarrow,3)$	$(q,\rightarrow,2)$	
$\mathcal{M}(s)$	$(v_2,\rightarrow,3)$	$(v_4,\rightarrow,3)$	$(v_4,\rightarrow,2)$	
$f(q,v_1)$	3	3	3	3
$f(q,v_4)$	0	0	2	2
$f(q,v_3)$	0	3	3	3
$f(v_1,v_2)$	3	3	3	3
$f(v_2,v_1)$	0	0	0	0
$f(v_3,v_4)$	0	3	3	3
$f(v_2,v_4)$	0	0	0	0
$f(v_2,s)$	3	3	3	3
$f(v_4,s)$	0	3	5	5

Noch eine abschließende Bemerkung zum Algorithmus von Ford und Fulkerson und den Flussproblemen:

Ist $G := (A \cup B, E)$ ein bipartiter Graph, für den ein maximales Matching gesucht ist, so ist diese Aufgabe durch das Bestimmen eines maximalen Flusses f in dem Netzwerk

$$N := (A \cup B \cup \{q, s\}, \mathbf{E}, q, s, c),$$

wobei $\{q, s\} \cap (A \cup B) = \emptyset$, $\mathbf{E} := (\{q\} \times A) \cup (B \times \{s\}) \cup \{(a, b) \in A \times B \mid \{a, b\} \in E\}$ und $c(e) := 1$ für alle $e \in \mathbf{E}$, lösbar, da jeder maximale Fluß f in N ein maximales Matching $M_f := \{\{a, b\} \mid (a, b) \in \mathbf{E} \ \wedge \ f(a, b) = 1\}$ bestimmt (Beweis: ÜA).

Allgemeines über Algorithmen

Nachdem wir sowohl im Band 1 als auch in diesem Band eine Reihe von Algorithmen behandelt haben, soll in diesem Kapitel kurz auf einige allgemeine Verfahren und einige allgemeine Aussagen über Algorithmen eingegangen werden.

Wir beginnen mit einigen Bemerkungen zu Suchalgorithmen und behandeln anschließend drei Verfahren zum *Sortieren* von Elementen einer Menge. Danach wird der sogenannte *Greedy-Algorithmus* behandelt, von dem wir bereits Spezialfälle in den vorangegangenen Kapiteln kennengelernt haben.

In 12.3 wird kurz auf den Begriff *Algorithmus*[1] eingegangen sowie erläutert, wie man Algorithmen grob sortieren kann. Abschließend geht es um das Erfassen der *Komplexität* von Algorithmen. Anhand eines Beispiels wird erläutert, wie man die Komplexität von Algorithmen bestimmen kann. Für sämtliche Algorithmen, die im Teil II behandelt wurden, findet der Leser Angaben zur Komplexität am Ende von 12.3.

12.1 Suchen und Sortieren

Viele Algorithmen enthalten als Teilschritte das Durchsuchen gewisser Mengen M (z.B. als Listen ihrer Elemente aufgeschrieben bzw. als Feld einer gewissen Länge n abgespeichert) nach einem Element x mit gewissen Eigenschaften. Besitzt man keinerlei Zusatzinformationen hat man keine andere

---

[1] Das Wort Algorithmus ist durch Verstümmelung aus dem Namen des mittelasiatischen Mathematikers Muhammad ibn Musa „al-Choresmi" (d.h., der Choresmier) entstanden, der von ca. 780 bis 850 lebte und dessen Bücher nicht nur im arabischen Raum, sondern auch in Europa von großer Wirkung waren. Insbesondere durch seine Bücher lernten die Europäer erstmalig die Ausführung der Grundrechenarten unter Benutzung der indisch-arabischen Ziffern kennen. „Rechnen nach dem Algorithmus" bedeutete ursprünglich das Anwenden der elementaren Grundrechenarten.

Wahl, als jedes Element der Menge zu betrachten. Sind dagegen die Elemente von $M := \{a_1, a_2, ..., a_n\}$ z.B. durch

$$a_1 < a_2 < a_3 < ... < a_n,$$

total geordnet, so läßt sich die Suche nach einem gewissen Element $x \in M$ schneller wie folgt durchführen:

Man bestimmt $\lceil \frac{n}{2} \rceil$, wobei hier und im folgenden $\lceil z \rceil$ für $z \in \mathbb{R}^+$ durch Aufrunden von z auf die nächst größere natürliche Zahl entsteht[2]. Je nachdem, ob $x < a_{\lceil \frac{n}{2} \rceil}$ oder $x \geq a_{\lceil \frac{n}{2} \rceil}$ gilt, wird in der Menge $\{a_1, ..., a_{\lceil \frac{n}{2} \rceil - 1}\}$ oder in der Menge $\{a_{\lceil \frac{n}{2} \rceil}, ..., a_n\}$ weiter gesucht, usw. Das Verfahren ist beendet, wenn x gefunden ist, oder wenn die verbliebene Menge einelementig ist. Aufzeichnen läßt sich dieser Suchprozeß durch einen sogenannten *binären Entscheidungsbaum*. Dies sei kurz an einem Beispiel erläutert:

Es sei $n := 7$, $a_i := i$ ($i = 1, 2, ..., 7$) und $<$ die übliche Ordnung der natürlichen Zahlen. Kodiert man „ja" durch 1 und „nein" durch 0, so läßt sich Suchen nach $x \in \{1, 2, ..., 7\}$ wie folgt durch einen Baum beschreiben:

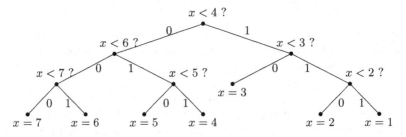

Im schlechtesten Fall benötigt man folglich die Antworten auf drei Fragen, um x zu finden. Allgemein sind höchstens $\lceil \log_2 n \rceil$ Fragen zu beantworten, um in einer total geordneten n-elementigen Menge ein Element x zu finden.[3]

Kommen wir nun zu einigen

Sortierverfahren.

Wir betrachten dazu eine n-elementige Menge

$$\mathcal{A} := \{a_1, a_2, ..., a_n\},$$

auf der eine gewisse totale Ordnungsrelation $\leq$ definiert ist. Gesucht ist eine Permutation $s \in S_n$ mit

$$a_{s(1)} < a_{s(2)} < a_{s(3)} < ... < a_{s(n-1)} < a_{s(n)}.$$

---

[2] Genauer: $\lceil z \rceil = x \in \mathbb{N} \iff x - 1 < z \leq x$
[3] Zum Beweis siehe ÜA A.8.8.

Eine Methode zum Lösen des Problems, die einem sofort einfällt, ist die sogenannte **Einfügungsmethode**:

Man vergleicht zunächst a_1 mit a_2 und erhält $b_1 < b_2$, wobei $\{a_1, a_2\} = \{b_1, b_2\}$. Anschließend sortiert man a_3 ein. Mögliche Fälle: $a_3 < b_1$, $b_1 < a_3 < b_2$ oder $b_2 < a_3$). Wir erhalten $b_1 < b_2 < b_3$ mit $\{b_1, b_2, b_3\} = \{a_1, a_2, a_3\}$, usw.

Um beim Einsortieren von a_{k+1} $(k \geq 3)$ in die Ordnung $b_1 < b_2 < ... < b_k$ mit einem Minimum von Vergleichen auszukommen, kann man nach folgender Strategie vorgehen:

Fall 1: k ist gerade.

In diesem Fall vergleicht man a_{k+1} mit $b_{\frac{k}{2}}$ und hat damit das Einordnungsproblem reduziert auf die Einordnung von a_{k+1} entweder in die Ordnung $b_1 < b_2 < ... < b_{\frac{k}{2}}$, falls $a_{k+1} < b_{\frac{k}{2}}$, oder in die Ordnung $b_{\frac{k}{2}} < b_{\frac{k}{2}+1} < ... < b_k$, falls $b_{\frac{k}{2}} < a_{k+1}$ ist.

Fall 2: k ist ungerade.

In diesem Fall vergleicht man a_{k+1} mit $b_{\frac{k-1}{2}}$ und kann damit das Einsortieren von a_{k+1} entweder auf das Einsortieren in die Ordnung $b_1 < b_2 < ... < b_{\frac{k-1}{2}}$ oder in die Ordnung $b_{\frac{k-1}{2}+1} < ... < b_k$ beschränken.

Wiederholen der Fallunterscheidung liefert ein Einsortierung von a_{k+1} in die Ordnung $b_1 < ... < b_k$ nach insgesamt $\lceil \log_2(k+1) \rceil$ Vergleichen.[4]

Eine andere Sortiermethode ist die sogenannte **Zusammenlegungsmethode**, die – grob gesagt – aus folgenden Schritten besteht: Zerlegen der Menge $\mathcal{A}$ in zwei (möglichst gleichgroße) Teilmengen, rekursives Sortieren der Teilmengen und dann Zusammenfügen der beiden erhaltenen Ordnungen, wobei das Zusammenfügen der erhaltenen Ordnungen $b_1 < b_2 < ... < b_{\lceil \frac{k}{2} \rceil}$ und $b_{\lceil \frac{k}{2} \rceil+1} < ... < b_n$ wie folgt funktioniert: Man vergleicht zunächst b_1 mit $b_{\lceil \frac{k}{2} \rceil+1}$ und erhält das kleinste Element der Menge $\mathcal{A}$. In den Ordnungen $b_1 < b_2 < ... < b_{\lceil \frac{k}{2} \rceil}$ und $b_{\lceil \frac{k}{2} \rceil+1} < ... < b_n$ wird dann dieses kleinste Element gestrichen und dann wieder die beiden kleinsten Elemente verglichen, usw.

In [Aig 99] kann man z.B. begründet finden, daß die Anzahl der durchzuführenden Vergleiche bei jedem der oben beschriebenen Sortieralgorithmen gleich

$$n \cdot \lceil \log_2 n \rceil - 2^{\lceil \log_2 n \rceil} + 1$$

ist. In vielen Fällen kommt man beim Sortieren der Elemente der Menge $\mathcal{A}$ jedoch mit dem folgenden **Schnellsortierungsverfahren** (genannt Quicksort) effektiver als mit den obigen Verfahren zum Ziel, muß jedoch in Kauf nehmen, daß dieses Verfahren nur im Durchschnitt[5] optimal ist:

Man zerlegt die Menge $\mathcal{A}$ in zwei Mengen $\mathcal{B}$ und $\mathcal{C}$ so, daß $b < c$ für jedes

---

[4] Siehe dazu auch ÜA A.12.2.

[5] Siehe dazu [Aig 99].

$b \in \mathcal{B}$ und jedes $c \in \mathcal{C}$ gilt. Anschließend werden die Mengen $\mathcal{B}$ und $\mathcal{C}$ rekursiv sortiert und abschließend die Teilordnungen zusammengefügt.

12.2 Der Greedy-Algorithmus

In diesem Abschnitt soll ein recht allgemein formuliertes Problem vorgestellt und für einen Algorithmus (der sogenannte Greedy-Algorithmus) geklärt werden, unter welchen Bedingungen er eine Lösung des gegebenen Problems liefert. Anschließend läßt sich dann ohne viel Aufwand zeigen, wie man aus den allgemeinen Überlegungen durch Spezialisierung Lösungsalgorithmen für kombinatorische Probleme unterschiedlichster Art gewinnen kann.

Zunächst jedoch einige Begriffe und Bezeichnungen:

Definitionen   Es sei M eine nichtleere endliche Menge und $\emptyset \subset \mathcal{T} \subseteq \mathfrak{P}(M)$. Dann heißt $(M, \mathcal{T})$ ein **Teilmengensystem**, falls gilt

$$\forall A \in \mathcal{T} \, \forall B \in \mathfrak{P}(M) : \, B \subseteq A \implies B \in \mathcal{T}. \tag{12.1}$$

Das Teilmengensystem $(M, \mathcal{T})$ heißt ein **Matroid**, wenn die Menge $\mathcal{T}$ das folgende sogenannte **Austauschaxiom** erfüllt:

$$\forall A, B \in \mathcal{T} : \, |A| = |B| + 1 \implies (\exists a \in A \backslash B : \, B \cup \{a\} \in \mathcal{T}). \tag{12.2}$$

Beispiele
(1.) Seien $M := \{a, b, c\}$, $\mathcal{T}_1 := \{\{\emptyset, \{a\}, \{b\}, \{c\}, \{a, b\}, \{b, c\}\}$ und $\mathcal{T}_2 := \{\{\emptyset, \{a\}, \{b\}, \{c\}, \{a, b\}\}$. Offenbar sind $(M, \mathcal{T}_1)$ und $(M, \mathcal{T}_2)$ Teilmengensysteme, jedoch ist nur $(M, \mathcal{T}_1)$ ein Matroid, da für $A := \{a, b\}$ und $B := \{c\}$ kein $x \in A \backslash B$ mit $B \cup \{x\} \in \mathcal{T}_2$ existiert.
(2.) Es sei V ein Vektorraum über einem Körper K, M eine nichtleere endliche Teilmenge von V und $\mathcal{L} := \{L \subseteq M \,|\, L$ ist linear unabhängig $\}$. Dann ist $(M, \mathcal{L})$ offenbar ein Teilmengensystem und auch ein Matroid, wie man sich mit Hilfe des Austauschsatzes von Steinitz (siehe Band 1, Satz 4.4.6) leicht überlegen kann (ÜA).

Weitere Beispiele für Matroide liefern der nachfolgende Satz 12.2.3.

Definition   Sei $(M, \mathcal{T})$ ein Teilmengensystem. Eine Menge $T \in \mathcal{T}$, die in keiner Menge $T' \in \mathcal{T} \backslash \{T\}$ enthalten ist, heißt **Basis** von $\mathcal{T}$. Die Menge aller Basen von $\mathcal{T}$ bezeichnen wir mit

$$\mathcal{B}(\mathcal{T}).$$

Beispiel   Seien die Teilmengensysteme $(M, \mathcal{T}_1)$ und $(M, \mathcal{T}_2)$ wie oben definiert. $\mathcal{T}_1$ besitzt dann die zweielementige Basen $\{a, b\}$ und $\{b, c\}$. Dagegen ist $\mathcal{B}(\mathcal{T}_2) = \{\{c\}, \{a, b\}\}$.

Lemma 12.2.1 *Sei $(M, \mathcal{T})$ ein Matroid. Dann haben je zwei Basen von $\mathcal{T}$ die gleiche Mächtigkeit.*

Beweis. Seien A und B zwei beliebig gewählte Basen von $\mathcal{T}$. Angenommen, es gilt $|A| > |B|$. Da $\mathcal{T}$ alle Teilmengen von A enthält, existiert ein $A' \in \mathcal{T}$ mit $|A'| = |B| + 1$. Wegen (12.2) gibt es dann jedoch ein $a' \in A' \backslash B$ mit $B \cup \{a'\} \in \mathcal{T}$, im Widerspruch dazu, daß B Basis ist.   ∎

Nun aber zu dem angekündigten *Problem*, das wir später noch weiter spezialisieren wollen:

Gegeben seien ein Teilmengensystem $(M, \mathcal{T})$ und eine Abbildung

$$w : M \longrightarrow \mathbb{R}$$

(eine sogenannte **Gewichtsfunktion***). Gesucht ist eine Basis $T \in \mathcal{T}$ mit kleinstem Gewicht, d.h., eine Basis T von $\mathcal{T}$ mit der Eigenschaft*

$$w(T) = \min_{T' \in \mathcal{B}(\mathcal{T})} w(T'), \qquad (12.3)$$

wobei wie üblich $w(T) := \sum_{t \in T} w(t)$ definiert ist.

Anstelle von (12.3) kann man natürlich auch nach einer Basis $T \in \mathcal{T}$ fragen, die

$$w(T) = \max_{T' \in \mathcal{B}(\mathcal{T})} w(T') \qquad (12.4)$$

erfüllt. Da man durch Übergang von w zur Abbildung w' mit $w'(x) := -w(x)$ für alle $x \in M$ eine Maximum-Aufgabe in eine Minimum-Aufgabe überführen kann, reicht es nachfolgend, sich ein Verfahren zum Bestimmen einer Basis T, die (12.3) erfüllt, zu überlegen.

Geklärt werden soll nun, unter welchen Bedingungen der folgende Algorithmus eine Lösung des obigen Problems liefert:

Greedy-Algorithmus[6]

Gegeben seien ein Teilmengensystem $(M, \mathcal{T})$ und eine Abbildung $w : M \longrightarrow \mathbb{R}$. Der Greedy-Algorithmus bestimmt eine gewisse Menge $T \in \mathcal{T}$ durch Abarbeiten der folgenden Schritte:

(1.) Sortiere die Elemente von M nach aufsteigendem Gewicht. Ergebnis

$$M = \{m_1, m_2, ..., m_n\} \text{ mit } w(m_1) \le w(m_2) \le ... \le w(m_n).$$

---

[6] Die englische Bezeichnung „greedy" („gierig") wurde gewählt, da der angegebene Algorithmus sich nach dem folgenden Prinzip verhält: „Man nimmt, falls man unter gewissen Elementen auswählen muß, stets eins, was am geeignetsten erscheint." Konkret wird in der hier angegebenen Variante des Greedy-Algorithmus eine maximale Menge minimalen Gewichts in einem Mengensystem $\mathcal{T}$ schrittweise (mit der leeren Menge beginnend) konstruiert, indem die bereits konstruierte Menge jeweils durch ein Element minimalen Gewichts ergänzt wird, falls die erhaltene Menge zum Mengensystem $\mathcal{T}$ gehört.

(2.) Setze $T := \emptyset$ und $k := 1$.

(3.) Falls $T \cup \{m_k\} \in \mathcal{T}$, so ersetze T durch $T \cup \{m_k\}$.

(4.) Falls $k = n$, so STOP. Sonst ersetze k durch $k+1$ und weiter mit Schritt (3.) (mit $k + 1$ anstelle von k).

Beispiele Es sei wie oben $M := \{a, b, c\}$, $\mathcal{T}_1 := \{\{\emptyset, \{a\}, \{b\}, \{c\}, \{a, b\}, \{b, c\}\}$ und $\mathcal{T}_2 := \{\{\emptyset, \{a\}, \{b\}, \{c\}, \{a, b\}\}$ gewählt. Als Gewichtsfunktion $w : M \longrightarrow \mathbb{R}$ legen wir fest: $w(a) := w(b) := -2$ und $w(c) := -3$, d.h., wir haben

$$w(c) \leq w(a) \leq w(b).$$

Faßt man die einzelnen Durchläufe von Schritt (3.) des Greedy-Algorithmus (angewandt auf $(M, \mathcal{T}_1)$ und dann auf $(M, \mathcal{T}_2)$) in den Tabellen

k	$T \in \mathcal{T}_1$
1	$\{c\}$
2	$\{c\}$
3	$\{b, c\}$

k	$T \in \mathcal{T}_2$
1	$\{c\}$
2	$\{c\}$
3	$\{c\}$

zusammen, so gilt zwar $w(\{b, c\}) = -5 = \min_{T' \in \mathcal{B}(\mathcal{T}_1)} w(T')$, jedoch $w(\{c\}) = -3 \neq \min_{T' \in \mathcal{B}(\mathcal{T}_2)} w(T') = -4$. Auskunft darüber, warum der Greedy-Algorithmus für das Teilmengensystem $(\{a, b, c\}, \mathcal{T}_2)$ versagt, gibt der folgende Satz:

Satz 12.2.2 *Es sei $(M, \mathcal{T})$ ein Teilmengensystem. Der Greedy-Algorithmus bestimmt genau dann für* **jede** *Abbildung $w : M \longrightarrow \mathbb{R}$ eine Menge $T \in \mathcal{T}$ mit*

$$w(T) = \min_{T' \in \mathcal{B}(\mathcal{T})} w(T'), \tag{12.5}$$

wenn $(M, \mathcal{T})$ ein Matroid ist.

Beweis. „$\Longrightarrow$": Angenommen, der Greedy-Algorithmus liefert für jede Gewichtsfunktion eine Basis $T \in \mathcal{T}$ mit der Eigenschaft (12.5), jedoch ist $(M, \mathcal{T})$ kein Matroid. Dann existieren Mengen $A, B \in \mathcal{T}$ mit den Eigenschaften $|A| = |B| + 1$ und

$$\forall a \in A \backslash B : \ B \cup \{a\} \notin \mathcal{T}. \tag{12.6}$$

Mit Hilfe der weiter unten angegebenen Gewichtsfunktion w läßt sich nachfolgend zeigen, daß der Greedy-Algorithmus eine gewisse Obermenge T von B als Ergebnis liefert, jedoch $w(A) < w(B) = w(T)$ gilt, im Widerspruch zur Annahme. Sei $w : M \longrightarrow \mathbb{R}$ definiert durch

$$w(x) := \begin{cases} -|B| - 2 & \text{für} \quad x \in B, \\ -|B| - 1 & \text{für} \quad x \in A \backslash B, \\ 0 & \text{sonst.} \end{cases}$$

Da der Greedy-Algorithmus die Elemente von M aufsteigend nach dem Gewicht sortiert, stehen in dieser Sortierung zunächst die Elemente von B, dann die von $A \backslash B$, gefolgt von den restlichen Elementen. Folglich liefert der Greedy-Algorithmus eine Menge T mit $B \subseteq T$. Wegen der Annahme (12.6) gilt außerdem $T \cap (A \backslash B) = \emptyset$. Damit haben wir

$$w(T) = w(B) = |B| \cdot (-|B| - 2) = -(|B|^2 + 2|B|).$$

Andererseits gilt (unter Verwendung der Annahme $|A| = |B| + 1$)

$$w(A) = w(A \cap B) + w(A \backslash B) = |A \cap B| \cdot \underbrace{(-|B| - 2)}_{<-|B|-1} + |A \backslash B| \cdot (-|B| - 1)$$

$$\leq |A| \cdot (-|B| - 1) = -(|B| + 1)^2.$$

Also ist $w(A) < w(T)$, im Widerspruch dazu, daß T (12.5) erfüllt.

„$\Longleftarrow$": Es sei $(M, \mathcal{T})$ ein Matroid und $w : M \longrightarrow \mathbb{R}$ eine Gewichtsfunktion, für die der Greedy-Algorithmus als Ergebnis die n-elementige Menge $T := \{t_1, ..., t_n\}$ liefere. Offenbar ist T eine Basis von $\mathcal{T}$ und es gilt $w(t_1) \leq w(t_2) \leq ... \leq w(t_n)$. Zwecks Nachweis von $w(T) = \min_{T' \in \mathcal{B}(\mathcal{T})} w(T')$ sei

$$B := \{b_1, b_2, ..., b_m\} \in \mathcal{B}(\mathcal{T})$$

mit

$$w(b_1) \leq w(b_2) \leq ... \leq w(b_m) \tag{12.7}$$

beliebig gewählt. Wegen Lemma 12.2.1 ist $m = n$. Angenommen, $w(B) < w(T)$. Dann existiert ein kleinstes $i \in \{1, ..., n\}$ mit

$$w(b_i) < w(t_i). \tag{12.8}$$

Da $w(t_1)$ das kleinste Element der Menge $\{w(x) \mid x \in \bigcup_{X \in \mathcal{T}} X\}$ ist, gilt $i \geq 2$. Wir betrachten die Mengen $B_i := \{b_1, ..., b_i\}$ und $T_{i-1} := \{t_1, ..., t_{i-1}\}$. Nach (12.2) existiert ein $b_j \in B_i \backslash T_{i-1}$ mit $T_{i-1} \cup \{b_j\} \in \mathcal{T}$. Wegen (12.7) und (12.8) gilt dann

$$w(b_j) \leq w(b_i) < w(t_i).$$

Damit kann im i-ten Schritt der Greedy-Algorithmus nicht t_i gewählt haben. Unsere Annahme $w(B) < w(T)$ war also falsch. ∎

Satz 12.2.3 *Es sei $G := (V, E)$ ein Graph und $\mathcal{W}$ die Menge aller Teilmengen E' von E, für die (V, E') ein Wald ist. Dann ist $(E, \mathcal{W})$ ein Matroid.*

Beweis. Offenbar ist $(E, \mathcal{W})$ ein Teilmengensystem. Zwecks Nachweis von (12.2) seien $A, B \in \mathcal{W}$ mit $|A| = |B| + 1$ beliebig gewählt. Der Wald (V, B) bestehe aus den (paarweise verschiedenen) Zusammenhangskomponenten $K_1, ..., K_m$, wobei der Graph K_i die Eckenmenge V_i und die Kantenmenge B_i habe ($i = 1, 2, ..., m$). Dann ist $V_1 \cup V_2 \cup ... \cup V_m$ eine Zerlegung von V und $B_1 \cup B_2 \cup ... \cup B_m$ eine Zerlegung von B. Außerdem gilt nach Satz 8.1.1, (d) $|B_i| = |V_i| - 1$, $i = 1, 2, ..., m$. Da jeder Wald mit der Eckenmenge V_i höchstens

$|V_i| - 1$ Kanten besitzt, muß wegen $|B| < |A|$ eine Kante $e \in A$ existieren, die zwei verschiedene Mengen V_r und V_s verbindet. Dann ist $(V, B \cup \{e\})$ ein Wald und (12.2) erfüllt.   ∎

Aus obigen Sätzen folgt nun leicht, daß der Algorithmus von Kruskal und der Algorithmus von Dijkstra Greedy-Algorithmen und korrekt sind (Beweis: ÜA).

Eine ausführliche Einführung in die Matroid-Theorie (mit vielen Literaturhinweisen) findet man in [Jun 94]. In [Jun 94] wird auch erläutert, wie der Greedy-Algorithmus als Näherungsverfahren („Approximationsverfahren") für Optimierungsaufgaben genutzt werden kann, obwohl das zugehörige Teilmengensystem kein Matroid ist.

12.3 Über die Komplexität von Algorithmen

In den vorangegangenen Kapiteln wurde so getan, als wenn jedem klar ist, was ein Algorithmus ist bzw. beim Lesen ergibt sich, daß mit dem Wort Algorithmus immer ein gewisses allgemeines Verfahren gemeint ist, mit dem man die Lösung für eine ganze Problemklasse von Aufgaben finden kann. Etwas genauer kann man definieren: Ein **Algorithmus** ist ein (Entscheidungs-, Berechnungs- oder Umformungs-) Verfahren für Objekte eines gewissen Bereichs, das folgende Bedingungen erfüllt:

- Das Verfahren ist programmierbar bzw. durch endlich viele Regeln unmißverständlich formuliert.
- Es gibt eine eindeutig bestimmte Regel, die als erste anzuwenden ist.
- Nach Anwenden einer jeden Regel des Verfahrens steht fest, ob das Verfahren damit beendet ist bzw. welche Regel als nächste anzuwenden ist.
- Jede Regel des Verfahrens ist mechanisch und ohne Geschicklichkeit oder Intuition realisierbar.

Offen bei obiger Definition ist noch, was eigentlich „programmierbar" bedeuten soll und welche „Sprache" zur Formulierung der Regeln zugelassen ist. Eine tiefgründige Antwort auf diese Frage würde eine breite Darstellung der Algorithmentheorie, der Theorie der formalen Sprachen und auch der Mathematischen Logik erfordern. Nachfolgend sollen deshalb nur einige Grundideen zum Thema erläutert werden.

Bei der Klärung der Frage „Was heißt programmierbar?" hat sich der Begriff der Turing-Maschine (oder ein dazu äquivalenter Begriff) bewährt.[7] Dabei handelt es sich nicht um eine konkrete Maschine, sondern um eine Art (Gedanken-)Modell einer Maschine, auf der jeder Algorithmus der oben beschriebenen Art zwar äußerst umständlich und unter Verwendung von Codierungen, jedoch per Programm zum „Laufen" gebracht werden kann, wobei nach Eingabe gewisser Eingangsdaten die Turing-Maschine in endlicher Zeit das Ergebnis der Anwendung des Algorithmus auf die Eingangsdaten liefert.

---

[7] Die Turing-Maschine ist nach dem englischen Mathematiker Alan Turing (1912 - 1954) benannt, der diesen Begriff 1937 vorschlug. Ein ähnlicher Begriff stammt von E. Post aus dem Jahre 1936.

Mit Hilfe des Gedanken-Modells Turing-Maschine lassen sich – wie weiter unter noch näher erläutert wird – Algorithmen nach ihrem „Schwierigkeitsgrad" sortieren.
Sehr ausführlich findet man Turing-Maschinen in Büchern über allgemeine Algorithmentheorie beschrieben, in denen man nicht nur verschiedene Varianten der Turing-Maschine, sondern auch dazu äquivalente Begriffe findet. Aus Platzgründen beschränken wir uns hier auf die folgende Kurzbeschreibung:
Eine **Turing-Maschine** ist ein abstrakter Automat, der endlich viele Zustände annehmen kann und der einen Speicher sowie eine Eingabe- und Ausgabevorrichtung besitzt. Den Speicher denke man sich als beidseitig unbegrenztes Band, das sich unterhalb eines Lese-/Schreibkopfes befindet. Das Band wiederum denke man sich in einzelne Felder eingeteilt, wobei auf jedem Feld genau ein Element einer gewissen fixierten endlichen Menge („Alphabet" genannt) Platz hat. Ein Element des Alphabets dient dabei zur Beschreibung eines „Leerzeichens" und es sei festgelegt, daß auf den Feldern des Bandes immer nur endlich viele Elemente aus $\mathcal{A}$, die vom Leerzeichen verschieden sind, eingetragen sind. Der Lese-/Schreibkopf kann gewisse „Operationen" ausführen. Möglich sind das Bewegen des Kopfes nach links bzw. rechts und das Beschreiben (bzw. Überschreiben) des Feldes des Bandes unterhalb des Kopfes mit einem Element aus $\mathcal{A}$.
Das „Programm" für eine Turing-Maschine ist eine dreispaltige Tabelle, in der in der ersten Spalte die Stellung des Lesekopfes, in der zweiten das sich darunter befindliche Zeichen des Bandes und in der dritten die nachfolgende Operation des Lesekopfes eingetragen sind.
Es sei vereinbart, daß die Turing-Maschine hält, wenn an Tabellenstellen kein Eintrag erfolgte.
Es ist üblich, die Turing-Maschinen in zwei Typen zu unterteilen:
Falls in der Programm-Tabelle einer Turing-Maschine $\mathcal{T}$ verschiedene Zeilen vorkommen, wo die Elemente der ersten beiden Spalten gleich sind (also zu gewissen gleichen Zuständen und gleichen dazu gehörigen gelesenen Zeichen unterschiedliche Operationen gehören) heißt $\mathcal{T}$ eine **nicht-deterministische Turing-Maschine**. Eine nicht nicht-deterministische Turing-Maschine wird **deterministisch** genannt.

Kommen wir nun zu einigen Überlegungen, mit denen man die „Kompliziertheit" (die **Komplexität**) von Problemen und ihrer Lösungsalgorithmen erfassen und Probleme nach ihrer Komplexität „sortieren" kann.
Zunächst schränken wir die von uns behandelten Probleme auf sogenannte **Entscheidungsprobleme** ein, d.h., auf Probleme, die mit „Ja" oder „Nein" zu beantworten sind. Die im Band 1 und in diesem Band behandelten Probleme sind zwar meist keine Entscheidungsprobleme, jedoch mit wenigen Ergänzungen ist jedem dieser Probleme ein Entscheidungsproblem so zuordbar, daß das Ausgangsproblem mindestens so schwer ist, wie das zugehörige Entscheidungsproblem. Z.B. kann man bei einem Optimierungsproblem, wo eine gewisse Menge M sowie eine gewisse Abbildung von M in $\mathbb{R}$ gegeben sind und ein $x_0 \in M$ mit $f(x_0) = \min_{x \in M} f(x)$ gesucht ist, die zusätzliche Frage „$f(x_0) \leq S$?" (für eine willkürlich gewählte Schranke $S \in \mathbb{R}$) stellen.
Um Entscheidungsprobleme und ihre Lösungsalgorithmen zu vergleichen, kann man natürlich verschiedene Kriterien aufstellen. In Abhängigkeit von der Anzahl n der Eingangsdaten ist sicher die Anzahl $a(n)$ der Elementarschritte[8], die der Algorith-

---

[8] Was Elementarschritte sind, muß noch festgelegt werden.

mus maximal bis zum Lösen des Problems benötigt, das wichtigste Vergleichsmittel. Läßt sich $a(n)$ durch ein Polynom (in Abhängigkeit von n) berechnen bzw. abschätzen, so spricht man von **polynomialem Aufwand** bzw. von einem **polynomialen Algorithmus**. Der Speicherbedarf für die verwendeten Daten und für das Lösungsprogramm entscheidet ebenfalls darüber, ob ein Entscheidungsproblem als „leicht" oder „schwer" eingestuft wird. Wie in vielen Büchern üblich, werden wir uns nachfolgend jedoch nur auf die Zeitkomplexität von Algorithmen, d.h., auf die Anzahl der Elementarschritte zur Kennzeichnung und zum Vergleich von Algorithmen beschränken.

Je nachdem, ob eine deterministische oder eine nichtdeterministische Turing-Maschine, für die der Algorithmus A zum Lösen eines Entscheidungsproblems programmiert wurde und die das Problem mit polynomialen Aufwand akzeptiert[9], existiert, läßt sich ein Problem der Klasse **P** oder der Klasse **NP** zuordnen.

Auf etwas „naivere" Weise gelangt man zu den Problemklassen **P** und **NP** wie folgt:

Unter der **(Zeit-)Komplexität** eines Algorithmus A zum Lösen eines gewissen Problems versteht man eine Abbildung

$$f_A : \mathbb{N} \longrightarrow \mathbb{R}^+, n \mapsto f_A(n),$$

die die Anzahl der **Elementarschritte** (wie z.B. Wertzuweisung, elementare arithmetische Operationen, Vergleichsoperationen u.ä.) angibt, die zur Lösung des Problems mit n Eingangsdaten *maximal* erforderlich sind. Wesentlich ist dabei, daß jeder Elementarschritt in einer Zeit erledigbar ist, die unabhängig von n ist. Die Festlegung, was ein Elementarschritt ist, hängt wesentlich von den behandelten Problemen ab. So werden bei der Analyse von Algorithmen der Graphentheorie die elementaren arithmetischen Operationen oft als Teil eines Elementarschritts aufgefaßt, also nicht mitgezählt. Für die Addition (nicht allzu großer Zahlen) mag dies allgemein gerechtfertig sein, für die Multiplikation von großen Zahlen aber sicher nicht.

Die Funktion f_A ist für viele Algorithmen nicht oder nur mit sehr großem Aufwand bestimmbar. Deshalb beschränkt man sich in der Regel darauf, die Schnelle des Wachstums der Funktion f_A in Abhängigkeit von n zu erfassen.

Um zum Ausdruck zu bringen, daß die Funktion $f_A(n)$ höchstens (bzw. mindestens bzw. genau) so schnell wächst, wie die Funktion $g(n)$ benutzt man die Schreibweise $f_A(n) \in O(g(n))$ (bzw. $f_A(n) \in \Omega(g(n))$ bzw. $f_A(n) \in \Theta(g(n))$), wobei für $g : \mathbb{N} \longrightarrow \mathbb{R}^+$ die Mengen $X(g(n))$ mit $X \in \{O, \Omega, \Theta\}$ wie folgt definiert seien:

$$O(g(n)) := \{f(n) \mid f : \mathbb{N} \longrightarrow \mathbb{R}^+ \ \wedge \ (\exists c \in \mathbb{R}^+ \ \forall n \in \mathbb{N} : \ f(n) \leq c \cdot g(n))\}$$

$$\Omega(g(n)) := \{f(n) \mid f : \mathbb{N} \longrightarrow \mathbb{R}^+ \ \wedge \ (\exists c \in \mathbb{R}^+ \ \forall n \in \mathbb{N} : \ f(n) \geq c \cdot g(n))\}$$

$$\Theta(g(n)) := O(g(n)) \cap \Theta(g(n)).$$

Man sagt, der Algorithmus A hat die **Komplexitiät** $X(g(n))$ mit $X \in \{O, \Omega, \Theta\}$, falls ein $n_0 \in \mathbb{N}$ existiert mit $f_A(n) \in X(g(n))$ für alle $n \geq n_0$.

Allgemein hält man einen Algorithmus mit einer Komplexität $O(n^k)$ mit $n, k \in \mathbb{N}$ für „effizient".

---

[9] Was dies konkret heißt, findet man in Büchern über Algorithmentheorie erläutert.

P („Klasse aller **p**olynomial lösbaren Probleme")

sei Klasse aller Probleme, für die es einen Lösungsalgorithmus der Komplexität $O(n^k)$ gibt.

NP („Klasse aller **n**ichtdeterministisch-**p**olynomial lösbaren Probleme")

sei Klasse aller Probleme, für die es in polynomial vielen Schritten möglich ist, eine Lösung hinzuschreiben und anschließend zu verifizieren.

Offenbar gilt **P** $\subseteq$ **NP**. Jedoch ist es bisher (trotz vieler Bemühungen) noch nicht gelungen, die sogenannte **Cooksche Hypothese**

$$\mathbf{P} \neq \mathbf{NP}$$

zu beweisen.[10]

Ein Problem $A \in NP$ heißt **NP-vollständig**, wenn *jedes* Problem $B \in$ **NP** in polynomialer Rechenzeit auf dieses Problem transformiert (übersetzt) werden kann.

Die **NP**-vollständigen Probleme sind die „schwersten Probleme in **NP**". Die Cooksche Hypothese wäre bewiesen, wenn man ein **NP**-vollständiges Problem finden würde, das zu **P** gehört.

Ein wichtiges Beispiel für ein **NP**-vollständiges Problem gibt der folgende Satz an:

Satz 12.3.1 (Satz von S.A. Cook, *[Coo 71]; ohne Beweis)*
Jedes Problem aus **NP** *ist in polynomialer Zeit auf das Entscheidungsproblem SAT mit*

> *Eingabe: eine Boolesche n-stellige Funktion f in KNF.*
> *Frage: Existieren $a_1, ..., a_n \in \{0, 1\}$ mit $f(a_1, ..., a_n) = 1$?*

zurückführbar, d.h., SAT ist **NP***-vollständig.*

Satz 12.3.2 *Das Problem HC, zu einem gegebenen ungerichteten schlichten Graphen G einen hamiltonschen Kreis zu finden, ist* **NP***-vollständig.*

Beweis. Von Karp wurde in [Kar 72] bewiesen, daß das Problem SAT aus Satz 12.3.1 in polynomialer Zeit auf das Problem HC zurückführbar ist. Da das Hintereinanderausführen von zwei polynomialen Algorithmen wieder einen polynomialen Algorithmus liefert, folgt aus Satz 12.3.1 hieraus die Behauptung.   ∎

Satz 12.3.3 *Das Problem des Handlungsreisenden TSP ist* **NP***-vollständig.*

Beweis. Wegen Satz 12.3.2 genügt der Nachweis, daß das Problem HC auf das Problem TSP zurückführbar ist.
Sei dazu G ein ungerichteter schlichter Graph mit $|\mathcal{V}(G)| = n$. Durch Kantenergänzungen läßt sich aus G der vollständige Graphen K_n bilden, für den sich die Gewichtsfunktion

$$\omega : \mathcal{E}(K_n) :\longrightarrow \mathbb{N}, \ \omega(e) := \begin{cases} 1, & \text{falls} \quad e \in \mathcal{E}(G), \\ 2 & \text{sonst} \end{cases}$$

---

[10] Das *Clay Mathematics Institute* in Cambridge hat einen Preis von 1 000 000 \$ für eine Lösung dieses Problems ausgesetzt.

definieren läßt. Der Übergang von G zu K_n hat die Komplexität $O(n^2)$ und G ist genau dann hamiltonisch, wenn K_n eine Rundreise ϱ mit $\omega(\varrho) \leq n$ besitzt (Beweis: ÜA).   ∎

Über die Komplexität der von uns in den Kapiteln 7 – 11 behandelten Algorithmen gibt der folgende Satz Auskunft:

Satz 12.3.4 *Es sei G ein Graph mit n Ecken und m Kanten, der (je nach nachfolgend betrachtetem Algorithmus) die entsprechenden Voraussetzungen des Algorithmus erfüllt. Außerdem sei G durch eine Liste (die sogenannte* **Adjazenzliste***) gegeben, in der für jede Ecke $v \in \mathcal{V}(G)$ alle zu v benachbarten Ecken angegeben sind.[11]*

Dann gelten die folgenden Komplexitätsaussagen für die entsprechenden Algorithmen, die auf G angewendet werden:

Algorithmus über/von	aus Abschnitt	Komplexität
Breitensuche zur Bestimmung kürzester Wege ...	*7.7*	$O(m)$
Dijkstra	*7.7*	$O(n^3)$
Floyd und Warshall	*7.7*	$O(n^3)$
Kruskal	*8.3*	$O(n \cdot m)$
Hierholzer	*10.1*	$\Theta(m)$
Fleury	*10.1*	*polynomial*
Edmonds und Johnson	*10.1*	*polynomial*
Näherungsverfahren für das symmetrische TSP	*10.1*	$O(n^2)$
Edmonds	*11.1*	$O(n^3)$
Ungarische Methode	*11.2*	$O(\max\{|A|, |B|\}^3)$
Ford und Fulkerson (FF)	*11.3*	*nicht polynomial*
Edmonds und Karp (FF mit Zusatz)	*11.3*	$O(n \cdot m^2)$

Beweis. Zum Beweis obiger Komplexitätsaussagen sind in der Regel zunächst Programme (in irgendeiner Programmiersprache oder in Pseudo-Pascal) unserer Algorithmen zu erstellen. Da dies hier aus Platzgründen nicht erfolgen kann, beschränken wir uns hier auf den Beweis der Komplexitätsaussage des Algorithmus von Dijkstra: Sei G ein ungerichteter, schlichter Graph mit n Ecken und m Kanten. O.B.d.A. sei

---

[11] Diese Voraussetzung sichert, daß man (mittels geeigneter Datenstrukturen für Listen) durch eine konstante Anzahl von Elementarschritten Zugriff auf die Einträge in diesen Listen hat. Über für die Algorithmen benötigten Datenstrukturen kann man sich in [Aho-H-U 83] informieren.

$\mathcal{V}(G) := \{1, 2, ..., n\}$. Jeder Kante $e := \{i, j\}$ von G mit $i, j \in \{1, ..., n\}$ sei außerdem ein gewisses Gewicht $w(e) \in \mathbb{R}$ zugeordnet. Diese Informationen über G lassen sich z.B. wie folgt abspeichern:

1	1	...	1	2	2	...	2	....	$n-1$
2	3	...	n	3	4	...	n	....	n
x_{12}	x_{13}	...	x_{1n}	x_{23}	x_{24}	...	x_{2n}	....	$x_{n-1,n}$

wobei

$$x_{ij} := \begin{cases} w(\{i,j\}), & \text{falls} \quad \{i,j\} \in \mathcal{E}(G), \\ \infty & \text{sonst.} \end{cases}$$

Ist klar, wie die ersten zwei Zeilen gebildet werden, muß also nur die dritte Zeile der obigen Tabelle abgespeichert werden. Geht man von einem Arbeitsschritt pro Speichern von x_{ij} aus, so sind dies insgesamt $\frac{1}{2} \cdot n \cdot (n-1)$ Arbeitsschritte. Nun eine grobe Abschätzung der einzelnen Schritte des Dijkstra-Algorithmus:

Bei Schritt (1.) werden $n + 1$ Wertzuweisungen vorgenommen. Offenbar werden die Schritte (2.) – (3.) insgesamt n-mal durchlaufen. Im Schritt (3.) sind maximal $|U| - 1$ Vergleiche erforderlich, um $\varrho(u)$ zu bestimmen. Ferner sind $|U| - 1$ Wertzuweisungen $\varrho(v)$ (gemäß der angegebenen Vorschrift) für die Nachbarn $v \in U \backslash \{u\}$ von u vorzunehmen und U durch $U \backslash \{u\}$ zu ersetzen. Insgesamt sind es in (3.) maximal $2 \cdot |U| - 1$ Arbeitsschritte.

Zusammengefaßt besteht der Dijkstra-Algorithmus aus maximal

$$\frac{1}{2} \cdot n \cdot (n-1) + n + 1 + \sum_{i=1}^{n} (2 \cdot i - 1) = \frac{3n(n+1) + 2}{2}$$

Arbeitsschritten. Die Komplexität des Dijkstra-Algorithmus ist also $O(n^2)$.

Zum Beweis der anderen Komplexitätsaussagen sei auf [Jun 94] verwiesen.   ∎

Übungsaufgaben zum Teil II

13.1 Übungsaufgaben zum Kapitel 7

A.7.1 Gibt es einen ungerichteten Graphen G mit genau einer Ecke ungeraden Grades?

A.7.2 Zu jedem Graph G mit n Ecken kann man die Grade der Ecken bestimmen und diese der Größe nach ordnen. Man erhält die **Gradfolge**: $d_1 \leq d_2 \leq ... \leq d_n$. Welche der folgenden Aussagen ist richtig?
(a) Sind zwei Graphen isomorph, so haben sie die gleiche Gradfolge.
(b) Graphen mit gleichen Gradfolgen sind isomorph.

A.7.3 Man bestimme alle nichtisomorphen, zusammenhängenden, ungerichteten Graphen G mit $|\mathcal{E}(G)| = 4$.

A.7.4 Sind die Graphen G und G' mit den Diagrammen

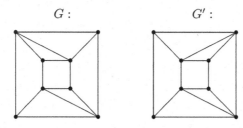

$G:$ $G':$

isomorph?

A.7.5 Man beweise, daß in einem zusammenhängenden Graphen je zwei längste Wege immer eine gemeinsame Ecke besitzen.

A.7.6 Wie erhält man aus der Adjazenzmatrix eines ungerichteten Graphen die Adjazenzmatrix
(a) eines Untergraphen
(b) eines Teilgraphen
von G?

A.7.7 Wie kann man der Adjazenzmatrix eines Graphen G ansehen, daß G bipartit ist?

A.7.8 Man bestimme mittels Breitensuche (siehe 7.7) einen kürzesten Weg zwischen den Ecken v_i und u_i ($i \in \{1, 2\}$) des folgenden Graphen:

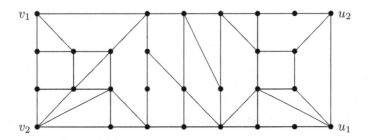

A.7.9 Mit Hilfe des Dijkstra-Algorithmus bestimme man im folgenden gewichteten Graphen die kürzesten Wege von v zu den anderen Ecken des Graphen.

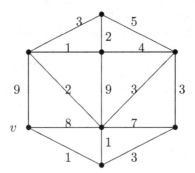

A.7.10 Man zeige anhand eines Beispiels, daß, falls einige Kanten eines Graphen eine negative Bewertung besitzen, die folgenden Abänderungen des Dijkstra-Algorithmus keinen Algorithmus zum Lösen des kürzesten-Wege-Problems in G liefert.

(1.) Addition einer gewissen Zahl c zu allen Bewertungen der Kanten von G.

(2.) Anwenden des Dijkstra-Algorithmus.

(3.) Subtraktion von c von allen Bewertungen.

A.7.11 Es sei G ein zusammenhängender, ungerichteter, schlichter Graph und die Abbildung $f : \mathcal{E}(G) \longrightarrow \mathbb{R}_0^+$ eine Bewertung. Außerdem sei T_v derjenige Teilgraph von G, der aus allen mit Hilfe des Dijkstra-Algorithmus gebildeten kürzesten Wegen von $v \in \mathcal{V}(G)$ zu den anderen Ecken von G besteht. Man beweise, daß T_v ein Baum ist.

A.7.12 Mit Hilfe des Algorithmus von Floyd und Warshall bestimme man die Länge kürzester Bahnen zwischen allen Eckenpaaren sowie jeweils eine solche kürzeste Bahn für den gerichteten Graphen

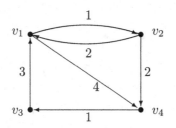

A.7.13 Unter einem **Hyperwürfel** Q_n, $n \in \mathbb{N}$, versteht man einen ungerichteten, schlichten Graphen mit $\mathcal{V}(Q_n) := \{0,1\}^n$ und $\mathcal{E}(Q_n) := \{\{(x_1,...,x_n),(y_1,...,y_n)\} \subseteq \{0,1\}^n \mid \exists! i \in \{1,...,n\} : x_i \neq y_i\}$. Man beweise, daß Q_n bipartit ist.

13.2 Übungsaufgaben zum Kapitel 8

A.8.1 Man bestimme alle nichtisomorphen Bäume mit genau 6 Ecken.

A.8.2 Man beweise: Ein Baum mit mindestens zwei Ecken besitzt mindestens zwei Ecken vom Grad 1.

A.8.3 Man beweise: Ein ungerichteter schlichter Graph ist genau dann ein Wald, wenn jede Kante eine Brücke ist.

A.8.4 Man beweise, daß das Zentrum eines Baumes aus genau zwei adjazenten Ecken oder aus genau einer Ecke besteht.

A.8.5 Sei B ein Baum mit mindestens zwei Ecken. Man beweise, daß dann in B je zwei längste Wege eine gemeinsame Ecke besitzen.

A.8.6 Man beweise: Jeder Baum ist ein bipartiter Graph.

A.8.7 Man bestimme alle Gerüste des folgenden Graphen. Wie viele dieser Gerüste sind nichtisomorph?

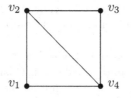

A.8.8 Ist B ein Baum und $w \in \mathcal{V}(B)$, so heißt das Paar (B, w) ein **Wurzelbaum** und w die **Wurzel** des Baumes B. Es ist üblich, in einer Zeichnung eines Wurzelbaumes die Wurzel oben und die Ecken mit demselben Abstand zu w auf gleicher Höhe zu zeichnen. Z.B.

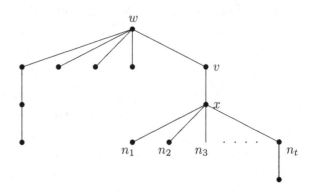

Diese Darstellungsweise motiviert die folgenden Bezeichnungen: Die Ecke v heißt **Vorgänger** von x. Die Ecken $n_1, ..., n_t$ nennt man **Nachfolger** von x. Eine Ecke von B heißt **innere Ecke**, wenn sie mindestens einen Nachfolger hat. Ecken von B ohne Nachfolger heißen **Blätter** von B. B heißt (n, q)-**Baum**, wenn er genau n Blätter besitzt und jede innere Ecke von B höchstens q Nachfolger hat. Ein (n, q)-Baum heißt **vollständig**, wenn jede innere Ecke dieses Baumes genau q Nachfolger hat.

Man beweise:

(a) Für beliebige $n, q \in \mathbb{N}$ mit $q \geq 2$ existiert genau dann ein vollständiger (n, q)-Baum, wenn $q - 1$ ein Teiler von $n - 1$ ist.

(b) Es sei (B, w) ein (n, q)-Baum mit $n, q \in \mathbb{N}$ und $q \geq 2$. Dann gilt für die Länge l eines längsten Weges in B von der Wurzel w: $l \geq \lceil \log_2 n \rceil$.

Hinweis zu (b): Durch vollständige Induktion über $l \in \mathbb{N}_0$ beweise man, daß für einen (n, q)-Baum stets $q^l \geq n$ gilt.

13.3 Übungsaufgaben zum Kapitel 9

A.9.1 Es sei G ein ungerichteter, schlichter, planarer Graph mit mindestens 11 Ecken. Man beweise, daß der komplementäre Graph $\overline{G}$ nicht planar ist.

A.9.2 Drei Nachbarn gehen zum gleichen Lebensmittelgeschäft L, zum gleichen Postamt P und zur gleichen Gaststätte G. Da sie untereinander verfeindet sind, möchten sie nur solche Wege von ihren Häusern zu L, P und G haben, die sich nicht überschneiden. Ist dies möglich?

A.9.3 Man beweise: Ein ungerichteter Graph ist genau dann planar, wenn man ihn in die Oberfläche einer Kugel ohne Überschneidungen der Kanten einbetten kann.

A.9.4 Man beweise, daß es nicht möglich ist, eine Landkarte mit den Staaten Europas so mit drei verschiedenen Farben einzufärben, daß keine zwei benachbarten Staaten dieselbe Farbe haben.

A.9.5 Man beweise, daß der sogenannte Petersen-Graph[1] nicht planar ist. Außerdem zeige man, das seine chromatische Zahl 3 ist.

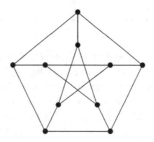

13.4 Übungsaufgaben zum Kapitel 10

A.10.1 Welche der folgenden Graphen sind eulersch? Welche besitzen einen Eulerpfad? Falls ein Graph nicht eulersch ist, ergänze man den Graphen durch eine möglichst kleine Menge von Kanten so, daß der Graph eulersch wird.

A.10.2 Man bestimme eine Eulertour für den vollständigen Graphen K_7.

A.10.3 Man übertrage die Sätze über eulersche Graphen aus Kapitel 10 auf gerichtete Graphen.

A.10.4 Man zeige, daß der Petersen-Graph (siehe Aufgabe A.9.5) nicht hamiltonisch ist.

---

[1] Dieser Graph ist nach dem dänischen Mathematiker Julius Petersen (1839 - 1910) benannt.

13.5 Übungsaufgaben zum Kapitel 11

A.11.1 Man bestimme möglichst viele Matchings der folgenden zwei Graphen.
Welche dieser Graphen sind bipartit?

A.11.2 Durch die folgenden zwei Diagramme seien Graphen G_i mit einem Matching M_i für $i = 1, 2$ definiert, wobei die zu M_i gehörenden Kanten durch eine stärkere Strichdicke gekennzeichnet sind. Mit Hilfe von Lemma 11.1.3 und den Sätzen 11.1.4 und 11.1.5 zeige man, daß M_i kein maximales Matching von G_i ist. Ausgehend von M_i bestimme man außerdem für G_i mit Hilfe des Algorithmus von Edmonds ein maximales Matching.

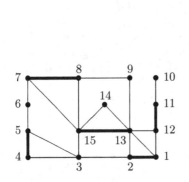 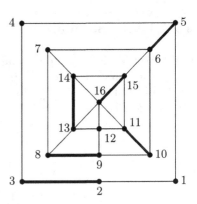

A.11.3 Man bestimme mit der Ungarischen Methode ein maximales Matching
des bipartiten Graphen

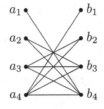

A.11.4 Beweisen Sie: Ein Baum enthält höchstens ein perfektes Matching.

A.11.5 Ein Bauunternehmer sucht einen Maurer (M), einen Tischler (T), einen Dachdecker (D) und einen Elektriker (E). Für diese 4 Stellen gibt es 5 Bewerber $B_1, ..., B_5$, wobei sich B_1 für die Stelle E, B_2 für T, B_3 für E oder M sowie B_4 und B_5 sich jeweils um die Stellen M oder D bewerben. Mit Hilfe eines bipartiten Graphen beschreibe man die obige Situation und kläre, ob der Bauunternehmer alle 4 Stellen besetzen kann.

A.11.6 Für das folgende Netzwerk N mit eingezeichneten Kantenbewertungen $(f(e), c(e))$ bestimme man $a, b, c \in \mathbb{N}_0$ so, daß f ein Fluß in N ist. Außerdem bestimme man einen maximalen Fluß in N.

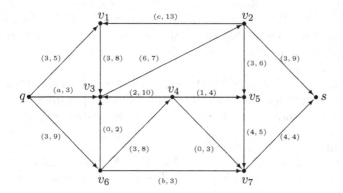

A.11.7 Für das folgende Netzwerk konstruiere man mit dem Algorithmus von Ford und Fulkerson (ausgehend vom Nullfluß) abwechselnd die f-vergrößernden Wege (q, u, v, s) und (q, v, u, s). Wie oft muß man auf diese Weise wieder zurück zu Schritt (1.)? Wie groß ist die Flußstärke eines maximalen Flusses?

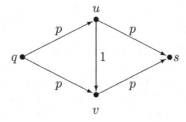

Bemerkung: Mit der Strategie, stets nur f-vergrößernde Wege minimaler Länge zu konstruieren, kommt man im obigen Beispiel natürlich mit einer Runde des Algorithmus von Ford und Fulkerson aus.

A.11.8 Man formuliere das Transportproblem aus Teil I, Kapitel 5 mit den Erzeugern $E_1, ..., E_m$ und den Verbrauchern $V_1, ..., V_n$ als kostenminimales Flußproblem. Hinweis: Man wähle als Eckenmenge des gerichteten Graphen $\{q, s, E_1, ..., E_m, V_1, ..., V_n\}$ und als Kantenmenge $\{(q, E_1), ..., (q, E_m), (V_1, s), ..., (V_n, s)\} \cup \{(E_i, V_j) \mid i \in \{1, ..., m\} \wedge j \in \{1, ..., n\}\}$.

13.6 Übungsaufgaben zum Kapitel 12

A.12.1 Gegeben seien n Münzen, unter denen sich genau eine falsche befindet. Alle echten Münzen haben das gleiche Gewicht. Von der falschen Münze weiß man nur, daß ihr Gewicht nicht mit dem Gewicht einer echten Münze übereinstimmt. Zur Verfügung steht eine Balkenwaage mit zwei Waagschalen, mit der man unterschiedliche Gewichte feststellen kann. Geben Sie einen Algorithmus an, mit dem man die falsche Münze bestimmen kann und beschreiben sie ihn durch einen Entscheidungsbaum.

A.12.2 Durch vollständige Induktion über n beweise man, daß man bei der Einfügungsmethode aus 12.1 mit maximal $\lceil \log_2(n + 1) \rceil$ Vergleichen auskommt, um ein Element a_{n+1} in die Ordnung $b_1 < b_2 < ... < b_n$ einzuordnen.

Hinweis: Für $n \in \mathbb{N}$ gilt: $1 + \lceil \log_2 \lceil \frac{n+1}{2} \rceil \rceil = \lceil \log_2(n + 1) \rceil$.

A.12.3 Seien $a_0, a_1, ..., a_{k-1}, \alpha, \beta \in \mathbb{R}$ und $n \in \mathbb{N}$. Man beweise:

(a) $n^k + a_{k-1} \cdot n^{k-1} + a_{k-2} \cdot n^{k-2} + ... + a_0 \in O(n^k)$

(b) $0 \le \alpha \le \beta \implies n^\alpha + n^\beta = \Theta(n^\beta)$

A.12.4 Welche der folgenden Aussagen sind richtig?

(a) $10^n = O(2^n)$

(b) $10^6 \cdot n \in \Theta(n)$

(c) $n^3 + n \in \Omega(n)$

(d) $n^4 + n^2 \in O(n^5)$

A.12.5 Für $X \in \{O, \Omega, \Theta\}$ sei auf der Menge aller Abbildungen von $\mathbb{N}$ in $\mathbb{R}^+$ die binäre Relation κ_X durch

$$(f, g) \in \kappa_X \iff (\forall n \in \mathbb{N}: f(n) \in X(g(n)))$$

definiert. Man beweise, daß von den drei Relationen $\kappa_O, \kappa_\Omega, \kappa_\Theta$ nur κ_Θ eine Äquivalenzrelation ist.

A.12.6 Man beschreibe ein Verfahren, mit dem man für ungerichtete schlichte Graphen $G := (V, E)$ in der Zeit $O(|V|)$ feststellen kann, ob G ein Baum ist.

A.12.7 Man gebe einen Algorithmus der Komplexität $O(m)$ an, mit dem man feststellen kann, ob eine Kante e eines ungerichteten Graphen mit m Kanten eine Brücke dieses Graphen ist.

Teil III

Algebraische Strukturen und
Allgemeine Algebra mit Anwendungen

Mit speziellen algebraischen Strukturen (z.B. Gruppen, Ringe und Körper) haben wir uns bereits im Band 1 beschäftigt. Wir setzen dieses Studium im Rahmen einer Einführung in die Allgemeine Algebra fort.

Die *Allgemeine Algebra* ist eine mathematische Disziplin, die sich mit sogenannten *allgemeinen Algebren* befaßt, wobei die klassischen algebraischen Strukturen – wie etwa Gruppen, Ringe und Verbände – Spezialfälle solcher Algebren sind. Grob gesagt ist eine allgemeine Algebra (engl.: universal algebra) nichts weiter als eine nichtleere Menge zusammen mit einer Menge endlichstelliger Operationen über dieser Menge.

Obwohl der Begriff der allgemeinen Algebra bereits am Ende des 19. Jahrhunderts benutzt wurde, setzte die Entwicklung der Allgemeinen Algebra erst in den dreißiger Jahren des 20. Jahrhunderts ein, wobei diese Entwicklung zwei historische Wurzeln hat. Die erste Wurzel ist das Schaffen einer übergreifenden Theorie für die einzelnen algebraischen Strukturen (wie Halbgruppen, Gruppen, Ringe, ...) und bei der zweiten Wurzel handelt es sich um die Mathematische Logik. Inzwischen hat die Allgemeine Algebra nicht nur diese Richtungen weitergeführt, sondern sich auch neuen Themen (die sich teilweise aus der allgemeineren Herangehensweise an Algebren ergaben) zugewandt.

In diesem Teil wird in 9 Kapiteln eine Einführung in die Grundlagen der Allgemeinen Algebra gegeben, wobei in Form von Beispielen zu Sätzen der Allgemeinen Algebra wichtige Teile der Gruppen-, Ring-, Körper- und der Verbandstheorie (einschließlich der Theorie der Booleschen Algebren) behandelt werden. Die Auswahl des hier dargebotenen Stoffes wird bestimmt durch die Anwendungen, die viele Teile des hier gebotenen Stoffes in anderen Teilen der Mathematik und Informatik haben.

Im Mittelpunkt der *Kapitel 14 - 18* stehen Stoffkomplexe, die zeigen, wie die Allgemeine Algebra als übergreifende Theorie der algebraischen Einzeldisziplinen wirkt.

Kapitel 14 beginnt mit der Definition einer *allgemeinen Algebra* (kurz: *Algebra*) als Paar (A;F) bestehend aus einer nichtleeren Menge A und gewissen Operationen über A, die zur Menge F ($\subseteq P_A$) zusammengefaßt sind, und gibt zahlreiche Beispiele für Algebren an. Außerdem findet man dort den sehr wichtigen Begriff der *Unteralgebra*.

Kapitel 15 stellt einige ordnungstheoretische Begriffe im Rahmen einer Einführung in die Verbandstheorie zusammen. Es werden die zwei üblichen Definitionen eines *Verbandes* angegeben, und anhand der Beweise einiger klassischen Sätze der Verbandstheorie das „Rechnen" in Verbänden illustriert.

Kapitel 16 verallgemeinert Beobachtungen, die man beim näheren Untersuchen von Begriffen wie etwa lineare Hülle bei Vektorräumen (oder anderer Abschlußoperatoren aus der klassischen Algebren) machen kann, zu den Begriffen *Hüllensystem* und *Hüllenoperator*, von denen man wiederum zeigen kann, daß sie – grob gesagt – dasselbe liefern. Es werden außerdem Verbindungen zur Verbandstheorie aufgezeigt, und es wird (als erste Anwendung des in Kapitel 14 – 16 behandelten Stoffes) eine Einführung in die *Begriffsanalyse* gegeben.

Kapitel 17 stellt Eigenschaften solcher wichtigen Begriffe wie die der *homomorphen und isomorphen Abbildungen* zwischen allgemeinen Algebren zusammen, die bereits im Band 1 für spezielle Algebren definiert wurden, und hier in naheliegender Weise für allgemeine Algebren verallgemeinert werden. Es wird gezeigt, wie homomorphe Abbildungen letztlich durch *Kongruenzrelationen* (das sind die mit den Operationen der Algebra verträgliche Äquivalenzrelationen auf der Trägermenge der Algebra) bestimmt sind. Weiter werden der (allgemeine) *Homomorphiesatz* sowie *Isomorphiesätze* bewiesen und durch Beispiele gezeigt, wie sich diese Sätze für konkrete Algebren verbessern lassen. Ein weiterer Schwerpunkt des Kapitels 17 ist das Studium von *Galois-Verbindungen* zwischen Mengensystemen. In den Kapiteln 20 – 22 werden dann konkrete Galois-Verbindungen eine wichtige Rolle beim Lösen einiger Probleme spielen.

Kapitel 18 zeigt, wie man durch *direkte* oder *subdirekte Produkte* aus gegebenen Algebren neue Algebren bilden kann, und wie man anhand der Eigenschaften des Kongruenzenverbandes einer gegebenen Algebra erkennen kann, ob die gegebene Algebra isomorph zu einer auf diese Weise (nichttrivial) gebildeten Algebra ist, d.h., es werden Kriterien für *direkte* oder *subdirekte Zerlegbarkeit* von Algebren hergeleitet. Außerdem wird das folgende (von G. Birkhoff stammende) klassische Resultat der Allgemeinen Algebra bewiesen: Jede allgemeine Algebra ist isomorph zu einem subdirekten Produkt subdirekt unzerlegbarer Algebren. Als Anwendungen werden u.a. so wichtige Sätze wie der *Hauptsatz über endliche abelsche Gruppen* und der *Stonesche Darstellungssatz für Boolesche Algebren* bewiesen.

Kapitel 19 behandelt die Theorie der *Körper*, wobei die *endlichen Körper* mit ihren Anwendungen (z.B. in der *Codierungstheorie* und in der *Kombinatorik*) im Mittelpunkt der Untersuchungen stehen. Außerdem werden sogenannte *Körpererweiterungen* studiert, die im anschließenden *Kapitel 20* über Galois-Theorie benötigt werden. Mit der *Galois-Theorie* behandeln wir ein klassisches Gebiet der Algebra, das im 19. Jahrhundert entwickelt wurde und das den Anstoß für viele Entwicklungen in der Mathematik der letzten zwei Jahrhunderte gab. Es werden die berühmten *Sätze von Abel und Galois* über die Lösbarkeit von Gleichungen bewiesen und das Anwenden dieser Sätze beim Lösen von Aufgaben erläutert, die bereits vor über 2300 Jahren von griechischen Mathematikern formuliert wurden.

Im *Kapitel 21* geht es um solche Teile der Allgemeinen Algebra, die sich zwar unter dem Einfluß der Mathematischen Logik entwickelten, jedoch von den Begriffsbildungen und Beweismethoden her eigenständige Resultate der Allgemeinen Algebra sind. Berührungspunkte zur mathematischen Logik, die sich u.a. mit den Fragen „Was ist eine Folgerung aus einer Formelmenge?", „Wie kann man alle Folgerungen aus einer gegebenen Formelmengen erhalten?" beschäftigt, sind dadurch vorhanden, daß „Formelmenge" im Kapitel 21 auf „Menge von Gleichungen" beschränkt wird. Unter diesem Gesichtspunkt ist Kapitel 21 eine vergleichsweise einfache Einführung in Denkweisen und Beweismethoden der *Mathematischen Logik*.

Das letzte Kapitel ist den *Funktionenalgebren* gewidmet, die über endlichen Mengen definiert sind. Mit diesen Funktionenalgebren lassen sich z.B. die endlichen Algebren klassifizieren. Da man die in diesem Kapitel behandelten Funktionen aber auch als mathematische Modelle für einfache informationsverabeitende Systeme („Informationswandler") ansehen kann, stehen im Mittelpunkt der hier behandelten Teile der Theorie der Funktionenalgebren auch solche, die sich mit dem Lösen von Problemen befassen, die sich aus dieser Deutung ergeben. Behandelt werden im *Kapitel 22*: Grundbegriffe der Theorie der Funktionenalgebren, die Galois-Beziehung zwischen Funktionen- und Relationenalgebren, die Bestimmung aller über zweielementigen Mengen existierenden Funktionenalgebren (die sogenannten *Postschen Algebren* bzw. Teilklassen von P_2), das *Rosenbergsche Vollständigkeitskriterium* (mit einigen Folgerungen) und einige Eigenschaften des Unteralgebrenverbandes einer (beliebig gegebenen Funktionenalgebra). Weil die derzeit in der Literatur zu findenden Beweise für einige Sätze aus Kapitel 22 recht umfangreich sind[1], müssen sie in diesem Kapitel weggelassen werden.

Im *Kapitel 23* findet der Leser eine Sammlung von Übungsaufgaben zum Teil III.

---

[1] Trotz neuer Beweise für einige klassische Resultate über Funktionenalgebren (z.B. in [Lau 2003]), die etwa nur noch ein Fünftel des Platzes der Originalbeweise aus der Literatur benötigen.

Grundbegriffe der Allgemeinen Algebra

14.1 Allgemeine Algebren

Wir beginnen mit einer kurzen Wiederholung von einigen nachfolgend benötigten Begriffen und Bezeichnungen aus Kapitel 1 von Band 1, die wir geringfügig ergänzen und modifizieren:

Seien A eine nichtleere Menge, $n \in \mathbb{N}$ und $\emptyset \subset \varrho \subseteq A^n$. Unter einer in A definierten n-**ären** (n-**stelligen**) **partiellen Operation** versteht man eine Abbildung f von ϱ in A. Die Zahl n heißt **Stelligkeit** oder **Arität** von f und wird mit af abgekürzt. Zur Kennzeichnung der Stelligkeit von f schreiben wir auch $f^{(n)}$ oder nur f^n, da aus inhaltlichen Gründen nachfolgend Verwechslungen mit dem kartesischen Produkt so gut wie ausgeschlossen sind.

Ist $(a_1, ..., a_n) \in \varrho$, so sei $f(a_1, ..., a_n)$ das Ergebnis der Anwendung von f auf $(a_1, ..., a_n)$.

Die Menge ϱ nennen wir **Definitionsbereich** von f, den wir mit $D(f, A)$ bzw. kurz mit $D(f)$ bezeichnen.

$W(f)$ sei die Menge $\{f(a_1, ..., a_n) \mid (a_1, ..., a_n) \in D(f)\}$, der sogenannte **Wertebereich** von f.

Für $n \in \mathbb{N}$ sei per definitionem $c_\infty^{(n)}$ die n-stellige partielle Operation mit $D(c_\infty^{(n)}) = \emptyset$.[1]

Ist $\varrho = A^n$ und $n \geq 1$, so heißt f eine n-**stellige Operation** auf A. Falls $D(f^{(n)}) \subset A^n$ ist, nennen wir $f^{(n)}$ eine **echte partielle Operation**.

Unter einer **nullstelligen Operation** f auf A versteht man das Auszeichnen eines festen Elements f aus A, und es sei dann $af := 0$ sowie $D(f) := \emptyset$ und $W(f) := \{f\}$.

Beispiel Die Operation $\circ$ einer Gruppe (siehe auch 14.2) ist eine zweistellige

---

[1] Daß man solche partiellen Operationen mit leerem Definitionsbereich benötigt, merkt man spätestens, wenn man einstellige partielle Operationen mittels $\square$ verknüpft (bzw. die Superpositionsoperationen aus Kapitel 22 anwendet). Z.B. gilt $g \square f = c_\infty^{(1)}$ für die einstelligen Operationen f, g mit $D(f) := \{a\}$ und $a \notin W(g)$.

Operation, die Inversenbildung in einer Gruppe kann als eine einstellige Operation $^{-1}$ sowie das neutrale Element e von G als eine nullstellige Operation aufgefaßt werden.

Abbildungen (insbesondere unsere (partiellen) Operationen) kann man bekanntlich verknüpfen bzw. hintereinander ausführen:
Sind Abbildungen $f : M_1 \longrightarrow M_2$, $g : M_2 \longrightarrow M_3$ gegeben, so verstehen wir unter $f \square g$ die Abbildung

$$f \square g : \ M_1 \longrightarrow M_3, \ x \mapsto g(f(x)).$$

$\square$ ist bekanntlich assoziativ, womit wir bei der Beschreibung von „Mehrfachverknüpfungen" auf das Setzen von Klammern verzichten können. Es sei außerdem vereinbart, anstelle von

$$g_1 \square g_2 \square ... \square g_r \ (g_i : M_i \longrightarrow M_{i+1}, \ i = 1, ..., r)$$

auch

$$g_1 g_2 ... g_r$$

zu schreiben, falls aus dem Zusammenhang die Operation $\square$ ersichtlich ist.
Es sei noch daran erinnert, daß obige Definition von $\square$ ein Spezialfall der folgenden Definition ist, falls man die Abbildungen in Form von Teilmengen kartesischer Produkte aufschreibt: Seien $R \subseteq A \times B$ und $Q \subseteq B \times C$. Dann sei $R \square Q := \{(a,c) \mid \exists b \in B : (a,b) \in R \ \wedge \ (b,c) \in Q\}$.

Mit Hilfe der partiellen Operationen gelangt man zum Begriff **partielle Algebra***:*
Unter einer solchen versteht man ein Paar

$$\mathbf{A} := (A; F),$$

wobei A eine beliebige nichtleere Menge, die sogenannte **Trägermenge** *oder* **Grundmenge**, *und F eine Menge von in A definierten partiellen Operationen (sogenannte* **Grundoperationen***) ist.*
Eine **allgemeine Algebra** *(***universelle Algebra***,* **universale Algebra***) oder kurz nur* **Algebra** *ist eine derartige partielle Algebra $(A; F)$, wobei jedes Element aus F eine Operation ist, d.h., in F gibt es keine echten partiellen Operationen.*

Wir werden uns nachfolgend vorrangig mit allgemeinen Algebren befassen. Die nachfolgenden Begriffe und Bezeichnungen sind deshalb meist nur für allgemeine Algebren erklärt.

Falls $F = \{f_1, ..., f_r\}$ gilt, schreiben wir $(A; F)$ in der Form

$$(A; f_1, ..., f_r),$$

wobei oft $af_1 \geq af_2 \geq ... \geq af_r$ gewählt wird.
Wir verwenden auch die Schreibweise

$$(A; (f_i)_{i \in I}),$$

falls $F = \{f_i \mid i \in I\}$ ist und I eine gewisse Indexmenge bezeichnet.

Eine (partielle) Algebra $(A; F)$ heißt **endlich**, wenn A eine endliche Menge ist, ansonsten **unendlich**.

Will man eine erste Einteilung (partieller) Algebren treffen, so bietet sich eine Einteilung nach den Aritäten ihrer (partiellen) Operationen an. Dazu führen wir den Begriff des **Typs** der Algebra $(A; (f_i)_{i \in I})$ als Folge

$$\tau := (af_i \mid i \in I)$$

der Aritäten ihrer Grundoperationen ein, falls I eine endliche oder abzählbare Menge ist. Im Fall der Überabzählbarkeit von I definieren wir als Typ von **A** die Abbildung $\tau : \quad I \longrightarrow \mathbb{N}, \quad i \mapsto af_i$. Ist I eine endliche Menge, so heißt $(A; (f_i)_{i \in I})$ vom **endlichen Typ**. Falls $\mathbf{A} = (A; f_1, ..., f_r)$, $af_1 \geq af_2 \geq ... \geq af_r$, so ist $\tau = (af_1, af_2, ..., af_r)$.
Zwei (partielle) Algebren $(A; F)$, $(B; G)$ heißen vom **selben Typ**, wenn es eine Bijektion $\varphi : F \longrightarrow G$, $f \mapsto g$ mit $af = ag$ gibt.

Beispiele[2]

(1.) Eine Halbgruppen $(H, \circ)$ ist eine Algebra vom Typ (2) $(F := \{\circ\})$.

(2.) Eine Gruppe kann man nach dem oben Bemerkten als Algebra des Typs $(2, 1, 0)$ auffassen.

(3.) Ein Verband (siehe 14.2.11) kann als eine Algebra des Typs $(2, 2)$ aufgefaßt werden.

Wegen der Existenz einer Bijektion zwischen den Operationen zweier Algebren $\mathbf{A} := (A; F)$ *und* $\mathbf{B} := (B; G)$ *desselben Typs werden wir oft der Kürze wegen die Operationenmenge von* $\mathbf{A}$ *und die von* $\mathbf{B}$ *mit demselben Symbol (F oder G) bezeichnen. Ebenso verfahren wir mit den Elementen von F und G.*
Sind Unterscheidungen bei vorgegebenen Algebren $\mathbf{A}$ und $\mathbf{B}$ desselben Typs in den Bezeichnungen der Operationen inhaltlich notwendig, so verwenden wir zur Unterscheidung der Operationen von $\mathbf{A}$ und $\mathbf{B}$ die Schreibweise $f^{\mathbf{A}}$ bzw. $f^{\mathbf{B}}$ (oder auch $f_{\mathbf{A}}$ bzw. $f_{\mathbf{B}}$).

Bevor wir uns mit weiteren Grundbegriffen aus der Theorie der allgemeinen Algebren befassen, nachfolgend eine kleine Zusammenstellung von Bezeichnungen für spezielle Algebren, die Grundlage vieler nachfolgenden Beispiele

---

[2] Zur Erläuterung der verwendeten Begriffe siehe Abschnitt 14.2.

sind und deren Studium – wie wir später noch sehen werden – auch Erkenntnisse über den Aufbau beliebiger allgemeiner Algebren liefern werden.

14.2 Beispiele für allgemeine Algebren

Wir beginnen mit einigen „klassischen Algebren", wobei in den Definitionen versucht wird, ohne den Existenzquantor auszukommen.[3] Die zur Definition einer Algebra $(A; F)$ angegebenen Gleichungen, die für beliebige Belegungen der Variablen mit Werten aus A gelten sollen, nennen wir **Axiome** der Algebra. Wie üblich wird auch nachfolgend versucht, mit möglichst wenigen und voneinander unabhängigen Axiomen auszukommen, jedoch wird an einigen Stellen (z.B. bei der Definition eines Verbandes) von diesem Prinzip etwas abgewichen.

14.2.1 Gruppoide

Eine Algebra $(A; \circ)$ vom Typ (2) heißt **Gruppoid**. Ein Gruppoid ist also nichts anderes als eine Menge mit irgendeiner zweistelligen Operation.

14.2.2 Halbgruppen

Ein Gruppoid $(H; \circ)$ wird **Halbgruppe** genannt, wenn die Algebra $(H; \circ)$ dem folgenden Axiom genügt:

$$(A) \qquad \forall x, y, z \in H : (x \circ y) \circ z = x \circ (y \circ z) \qquad \text{(Assoziativität)}.$$

Eine Halbgruppe heißt **kommutativ** , falls zusätzlich folgende Gleichung gilt:

$$(K) \qquad \forall x, y \in H : x \circ y = y \circ x.$$

14.2.3 Monoide

Eine Algebra $(M; \circ, e)$ vom Typ $(2, 0)$ heißt **Monoid**, wenn $(M; \circ)$ eine Halbgruppe ist, und außerdem

$$(E) \qquad \forall x \in M : e \circ x = x \circ e = x$$

gilt. Die (nullstellige) Operation e heißt das **neutrale Element** von M.

---

[3] In Kapitel 21 werden wir sehen, daß diese Art der Beschreibung interessante Folgerungen hat. Nachfolgend werden wir die hier angegebenen Beschreibungen der algebraischen Strukturen benutzen. In solchen Fällen, wo die neu eingeführte Schreibweise zu kompliziert ist, verwenden wir auch die im Band 1 vereinbarten Schreibweisen.

14.2.4 Gruppen

Eine **Gruppe** ist eine Algebra $(G; \circ, ^{-1}, e)$ vom Typ $(2,1,0)$, die den obigen Axiomen (A), (E) für $x, y, z, e \in G$ und

$$(I) \qquad \forall x \in G: \ x \circ x^{-1} = x^{-1} \circ x = e$$

genügt. x^{-1} heißt das zu x **inverse Element**. Eine Gruppe, die zusätzlich (K) erfüllt, heißt **abelsch** (oder **kommutativ**).
Es ist üblich, daß man in abelschen Gruppen $+, -x, 0$ anstelle von $\circ, x^{-1}, e$ verwendet (sogenannte **additive Schreibweise**).

14.2.5 Halbringe

Eine Algebra $(R; +, \cdot)$ vom Typ $(2,2)$ heißt **Halbring**, wenn $(R; +)$ eine kommutative Halbgruppe ist, $(R; \cdot)$ eine Halbgruppe, und wenn die folgenden Distributivgesetze gelten:

$$(D_1) \qquad \forall x, y, z \in R: \ x \cdot (y + z) = (x \cdot y) + (x \cdot z),$$
$$(D_2) \qquad \forall x, y, z \in R: (x + y) \cdot z = (x \cdot z) + (y \cdot z).$$

14.2.6 Ringe

Eine Algebra $(R; +, \cdot, -, 0)$ vom Typ $(2,2,1,0)$ heißt **Ring**, wenn $(R; +, -, 0)$ eine abelsche Gruppe ist und $(R; +, \cdot)$ ein Halbring.
Um Klammern zu sparen, verwenden wir nachfolgend die altbekannte Regel „Punktrechnung geht vor Strichrechnung".
Ein **unitärer Ring** (bzw. ein **Ring mit Einselement**) ist eine Algebra $(R; +, \cdot, -, 0, 1)$ des Typs $(2,2,1,0,0)$, wobei $(R; +, \cdot, -, 0)$ ein Ring ist, und (E) mit $e = 1$ sowie $\circ = \cdot$ gilt.

14.2.7 Körper

Eine partielle Algebra $(K; +, \cdot, -, ^{-1}, 0, 1)$ heißt **Körper**, wenn die Struktur $(K; +, \cdot, -, 0, 1)$ ein unitärer Ring ist und $(K \backslash \{0\}; \cdot, ^{-1}, 1)$ eine abelsche Gruppe bildet. Man beachte dabei, daß $^{-1}$ auf K nur eine partielle Operation bildet, da 0^{-1} nicht definiert ist.

14.2.8 Moduln

Es sei $\mathbf{R} := (R; +, \cdot, -, 0)$ ein Ring. Eine Algebra $(M; F)$, wobei $F := \{+, -, 0\} \cup R$, $+$ eine zweistellige, 0 eine nullstellige und $-$ sowie alle $r \in R$ einstellige Operationen sind, heißt R-**Modul** (oder **Modul über dem Ring** $\mathbf{R}$), wenn $(M; +, -, 0)$ eine abelsche Gruppe ist, und wenn für alle $r, s \in R$ die folgenden Gleichungen gelten:

$$(M_1) \qquad \forall x, y \in M : r(x + y) = r(x) + r(y),$$
$$(M_2) \qquad \forall x, y \in M : (r + s)(x) = r(x) + s(x),$$
$$(M_3) \qquad \forall x \in M : (r \cdot s)(x) = r(s(x)).$$

$\mathbf{M} := (M; +, -, (r)_{r \in R}, 0)$ sei die Kurzschreibweise für den oben definierten R-Modul, und wir sagen, $\mathbf{M}$ hat den Typ $(2, 1, (1)_{r \in R}, 0)$.

Von einem **Modul über einem unitären Ring** $(R; +, \cdot, -, 0, 1)$ wird zusätzlich die Gültigkeit der folgenden Gleichung verlangt:

$$(M_4) \qquad \forall x \in M : 1(x) = x.$$

Drei Bemerkungen zu den obigen Definitionen:

– Anstelle der einstelligen Operationen $r \in R$ hätten wir eine äußere Verknüpfung $\star : (R, M) \longrightarrow M$, $(r, x) \mapsto r \star x$ einführen können, die die obigen Axiome $(M_1) - (M_4)$ erfüllt, jedoch wäre dann ein Modul keine allgemeine Algebra mehr.

– Ein Modul hat unendlich viele Operationen, falls der Ring R unendlich ist.

– Die Operationssymbole $+, -, 0$ tauchen in zwei verschiedenen Bedeutungen auf: Einmal als Operationen der abelschen Gruppe $(R; +, -, 0)$ und dann als Operationen der abelschen Gruppe $(M; +, -, 0)$. Man könnte zwar durch Indizieren oder Umbezeichnen der Operationen diesen Mangel beheben, jedoch bietet es sich aus Gründen der Bequemlichkeit an, bei abelschen Gruppen einheitlich bei den Bezeichnungen $+, -, 0$ zu bleiben.

14.2.9 Vektorräume

Es sei $(K; +, \cdot, -, 0, 1)$ ein Körper. Dann wird jeder K-Modul

$$(V; +, -, (k)_{k \in K}, 0)$$

K-Vektorraum (oder **Vektorraum über dem Körper K**) genannt.

Die nachfolgend kurz definierten Algebren werden in späteren Abschnitten noch ausführlicher behandelt.

14.2.10 Halbverbände

Eine kommutative Halbgruppe $(S; \circ)$, in der

$$\forall x \in S : \ x \circ x = x$$

gilt, heißt **Halbverband** (engl.: **semilattice**).

14.2.11 Verbände

Ein **Verband** (engl.: **lattice**) ist eine Algebra $(L; \vee, \wedge)$ vom Typ $(2, 2)$, in der für beliebige $x, y, z \in L$ gilt:

(L_1) $x \vee y = y \vee x, x \wedge y = y \wedge x$ (Kommutativität),

(L_2) $x \vee (y \vee z) = (x \vee y) \vee z,$

$\quad\quad x \wedge (y \wedge z) = (x \wedge y) \wedge z$ (Assoziativität),

(L_3) $x \vee x = x, \ x \wedge x = x$ (Idempotenz),

(L_4) $x \vee (x \wedge y) = x, x \wedge (x \vee y) = x$ (Absorption).

Ein **beschränkter Verband** (oder ein **Verband mit 0 und 1**) ist eine Algebra
$(L; \vee, \wedge, 0, 1)$ des Typs $(2, 2, 0, 0)$, so daß $(L; \vee, \wedge)$ ein Verband ist, und zusätzlich folgende Gleichungen für alle $x \in L$ gelten:

$$(L_5) \quad\quad x \wedge 0 = 0, \ x \vee 1 = 1.$$

Ein Verband heißt **distributiv**, falls die folgenden Distributivgesetze erfüllt sind:

(DL_1) $\forall x, y, z \in L : x \wedge (y \vee z) = (x \wedge y) \vee (x \wedge z),$

(DL_2) $\forall x, y, z \in L : x \vee (y \wedge z) = (x \vee y) \wedge (x \vee z).$

Man kann übrigens mit Hilfe der Gleichungen (L_1) bis (L_4) zeigen, daß (DL_1) und (DL_2) äquivalent sind, so daß man nur eine der beiden Gleichungen zu fordern braucht (siehe Satz 15.4.2).

14.2.12 Boolesche Algebren

Eine Algebra $(B; \vee, \wedge, ^-, 0, 1)$ vom Typ $(2, 2, 1, 0, 0)$ heißt **Boolesche Algebra**, falls $(B; \vee, \wedge, 0, 1)$ ein beschränkter, distributiver Verband ist, und außerdem noch für alle $x \in B$ gilt:

$$(B_1) \quad\quad x \wedge \overline{x} = 0, \ \ x \vee \overline{x} = 1.$$

14.2.13 Funktionenalgebren

Sämtliche auf A definierbaren Operationen kann man als Trägermenge einer Algebra auffassen und auf diesen Operationen wiederum Operationen definieren. Zwecks Unterscheidung nennen wir in diesem Abschnitt die auf A definierten Operationen **Funktionen über A**. In Beispielen werden wir zumeist A als endliche Menge annehmen. Aus diesem Grunde werden die nachfolgenden Begriffe nur für eine spezielle k-elementige Menge E_k erklärt.

Sei $E_k := \{0, 1, ..., k - 1\}$, $k \in \mathbb{N} \backslash \{1\}$. Die Menge aller n-stelligen Funktionen f^n, die das n-fache kartesische Produkt E_k^n in E_k abbilden sei P_k^n und $P_k := \bigcup_{n \geq 1} P_k^n$.

Elementare Operationen (sogenannte **Mal'cev-Operationen**) über P_k sind

$$\zeta, \tau, \Delta, \nabla \ \text{(einstellige Operationen) und}$$

$$\star \ \text{(eine zweistellige Operation),}$$

die definiert sind durch

$$(\zeta f)(x_1, ..., x_n) := f(x_2, x_3, ..., x_n, x_1),$$

$$(\tau f)(x_1, ..., x_n) := f(x_2, x_1, x_3, ..., x_n),$$

$$(\Delta f)(x_1, ..., x_{n-1}) := f(x_1, x_1, x_2, ..., x_{n-1}) \text{ für } n \geq 2,$$

$$\zeta f = \tau f = \Delta f := f \text{ für } n = 1,$$

$$(\nabla f)(x_1, ..., x_{n+1}) := f(x_2, x_3, ..., x_{n+1}),$$

$$(f \star g)(x_1, ..., x_{m+n-1}) := f(g(x_1, ..., x_m), x_{m+1}, ..., x_{m+n-1})$$

$(f^n, g^m \in P_k)$.

Es gilt (wie in Kapitel 22 noch gezeigt wird):

Mit Hilfe der Mal'cev-Operationen sind folgende Operationen (für beliebig gewählte Funktionen und beliebig gewählte Variablen der Funktionen) realisierbar:

– das Umordnen von Variablen,

– das Identifizieren von Variablen,

– das Hinzufügen von fiktiven Variablen und

– das Einsetzen von Funktionen in Funktionen.

Die Menge aller aus einer Menge $A \subseteq P_k$ mit Hilfe dieser Operationen erzeugbaren Funktionen sei $[A]$. Gilt $A = [A]$, so heißt A **abgeschlossen** bzw. eine **(Teil)klasse** von P_k.

Die Algebra $(P_k; \zeta, \tau, \Delta, \nabla, \star)$ des Typs $(1, 1, 1, 1, 2)$ nennt man **(volle) iterative Funktionenalgebra**.

Ist A eine Teilklasse von P_k, so wird $(A; \zeta, \tau, \Delta, \nabla, \star)$ **Funktionenalgebra** genannt.

14.3 Unteralgebren

Es sei $\mathbf{A} = (A; F)$ eine (partielle) Algebra und B eine nichtleere Teilmenge von A. Die (partielle) Algebra $\mathbf{B} = (B; F)$ vom selben Typ wie $\mathbf{A}$ heißt (partielle) **Unteralgebra** von $\mathbf{A}$ oder $\mathbf{A}$ heißt (partielle) **Oberalgebra** von $\mathbf{B}$, wenn für beliebige $f \in F$ stets $D(f_\mathbf{B}, B) \subseteq D(f_\mathbf{A}, A)$ und

$$f_\mathbf{A}(x_1, ..., x_{af}) = f_\mathbf{B}(x_1, ..., x_{af})$$

für alle $(x_1, ..., x_{af}) \in B^{af} \cap D(f, A)$ gilt. Wir schreiben dann

$$\mathbf{B} \leq \mathbf{A}.$$

Besitzt $\mathbf{A}$ eine nullstellige Operation $f \in A$ und ist $\mathbf{A}$ eine Oberalgebra von $\mathbf{B}$, so gehört f auch zu B.

Leichte Folgerungen aus der Definition einer Unteralgebra faßt das folgende Lemma zusammen:

Lemma 14.3.1

(a) Eine Teilmenge B der Trägermenge A einer Algebra $(A; F)$ bildet zusammen mit den Einschränkungen $f_{|B}$ der Operationen f von $\mathbf{A}$ auf B genau dann eine Algebra, wenn für beliebige $f \in F$

$$f(b_1, ..., b_{af}) \in B \text{ für alle } b_1, ..., b_{af}, \text{ falls } af \geq 1,$$
$$und \; f \in B \text{ für } af = 0$$

gilt.

(b) Seien I eine beliebige Indexmenge, $\mathbf{B_i} \leq \mathbf{A}$ für jedes $i \in I$ und $\bigcap_{i \in I} B_i \neq \emptyset$. Dann ist $(\bigcap_{i \in I} B_i; F)$ eine Unteralgebra von $\mathbf{A}$.

(c) Zu jeder nichtleeren Teilmenge T der Trägermenge A einer Algebra $\mathbf{A} = (A; F)$ existiert eine eindeutig bestimmte kleinste Unteralgebra $\mathbf{T}'$ von $\mathbf{A}$, die T enthält und die sich wie folgt beschreiben läßt:

$$\mathbf{T}' = (T'; F) \; mit \, T' := \bigcap \{B \mid \mathbf{B} \leq \mathbf{A} \;\; und \;\; T \subseteq B\}.$$

■

Die Menge T aus 14.3.1, (c) nennt man **Erzeugendensystem** der Algebra $\mathbf{T}'$ und die Trägermenge T' von $\mathbf{T}'$ wird mit $[T]_{\mathbf{A}}$ bzw. $[T]_F$ bzw. mit $[T]_{f_1,...,f_r}$, falls $F = \{f_1, ..., f_r\}$, oder kurz mit $[T]$ bezeichnet.

Beispiel Für $\mathbf{A} = (\{0, 1, 2, ..., k - 1\}; f)$ des Typs (3) mit

$$f(x, y, z) = x + y - z \; (mod \, k)$$

für beliebige $x, y, z \in A$, gilt z.B. $[\{a\}] = \{a\}$ für jedes $a \in A$ und $[\{0, 1\}] = A$.

Gilt $[T] = T$ für eine Teilmenge $T \subseteq A$ einer Algebra $\mathbf{A} = (A; F)$, so heißt T **abgeschlossen**.

Das folgende Lemma liefert eine andere Möglichkeit der Beschreibung der oben definierten Menge $[T]$.

Lemma 14.3.2 *Seien $\mathbf{A} = (A; F)$ eine Algebra, T eine Teilmenge von A und F^0 die Menge aller nullstelligen Operationen aus F. Für T lassen sich dann folgende Teilmengen T_n von A wie folgt rekursiv definieren:*

$$T_0 := T \cup F^0$$

$$T_{n+1} := T_n \cup \{f(g_1, ..., g_{af}) \mid f \in F \backslash F^0 \;\; und \;\; \{g_1, ..., g_{af}\} \subseteq T_n\}$$

$$(n \in \mathbb{N}_0).$$

Dann gilt

$$[T]_{\mathbf{A}} = \bigcup_{n \geq 0} T_n. \tag{14.1}$$

Beweis. Zum Beweis von „$\subseteq$" in (14.1) hat man zu zeigen, daß $\bigcup_{n \geq 0} T_n$ die Trägermenge einer Unteralgebra von $\mathbf{A}$ ist, was wiederum gezeigt ist, wenn wir die Abgeschlossenheit von $\bigcup_{n \geq 0} T_n$ unter allen Operationen aus $F \setminus F^0$ bewiesen haben. Sei also $f \in F \setminus F^0$ und $\{g_1, ..., g_{af}\} \subseteq \bigcup_{n \geq 0} T_n$. Da $af \in \mathbb{N}$ ist, gibt es ein $m \in \mathbb{N}$ mit $\{g_1, ..., g_{af}\} \subseteq T_m$. Folglich gehört $f(g_1, ..., g_{af})$ zu T_{m+1}, d.h., die Menge $\bigcup_{n \geq 0} T_n$ ist abgeschlossen.

„$\supseteq$" ergibt sich aus $T_n \subseteq [T]_{\mathbf{A}}$ für alle $n \geq 0$, was sich wiederum leicht durch vollständige Induktion über n beweisen läßt, da $[T]_{\mathbf{A}}$ die Trägermenge einer Unteralgebra von $\mathbf{A}$ ist.   ∎

Die Menge

$$\mathbf{S}(\mathbf{A}) := \{\mathbf{B} \mid \mathbf{B} \text{ ist Unteralgebra von } \mathbf{A}\} \cup \{\emptyset\}$$

nennen wir nachfolgend kurz **Menge aller Unteralgebren** von $\mathbf{A}$. Per definitionem (vorrangig aus technischen Gründen) ist also auch die leere Menge eine Unteralgebra von jeder Algebra.

$\mathbf{S}(\mathbf{A})$ bildet dann – wie man leicht nachprüfen kann – zusammen mit den Operationen

$$\wedge : \mathbf{S}(\mathbf{A}) \times \mathbf{S}(\mathbf{A}) \longrightarrow \mathbf{S}(\mathbf{A}), \ \mathbf{B_1} \wedge \mathbf{B_2} = (B_1 \cap B_2; F)$$

$$\vee : \mathbf{S}(\mathbf{A}) \times \mathbf{S}(\mathbf{A}) \longrightarrow \mathbf{S}(\mathbf{A}), \ \mathbf{B_1} \vee \mathbf{B_2} = ([B_1 \cup B_2]_F; F)$$

einen Verband.[4]

---

[4] Diese Eigenschaft würde nicht mehr für alle Algebren gelten, wenn wir die leere Menge nicht als Element von $\mathbf{S}(\mathbf{A})$ gewählt hätten.

Verbände

Wie die nachfolgenden Beispiele zu den eingeführten Begriffen zeigen werden, treten Verbände an vielen Stellen der Klassischen und der Allgemeinen Algebra immer dann auf, wenn die untersuchten Objekte in einem gewissen Sinne „geordnet" werden. Darüber hinaus ist die Verbandstheorie ein interessantes Teilgebiet der Algebra.

Aus Platzgründen können in diesem Kapitel nur die für die nachfolgenden Abschnitte wichtigsten Grundbegriffe eingeführt und das „Rechnen" in Verbänden bei der Herleitung einiger Eigenschaften von Verbänden erläutert werden. Für ein weiteres Studium der Verbandstheorie sei neben den Büchern zur Allgemeinen Algebra auf [Bir 48], [Ern 82], [Sko 73] und [Dav-P 90] verwiesen.

15.1 Zwei Definitionen eines Verbandes

Es gibt i.w. zwei verschiedene Standardwege einen Verband zu definieren. Einer davon wurde bereits im Abschnitt 14.2.11 angegeben:

Definition (Die erste Definition eines Verbandes)

Sei L eine nichtleere Menge, auf der zweistellige Operationen $\vee$ („Vereinigung") und $\wedge$ („Durchschnitt") erklärt sind.
$(L; \vee, \wedge)$ heißt **Verband**, wenn in L für beliebige $x, y, z \in L$ folgende Identitäten gelten:

$(L_1 a)$ $\quad x \vee y = y \vee x$,
$(L_1 b)$ $\quad x \wedge y = y \wedge x$ $\hspace{4cm}$ (Kommutativität),

$(L_2 a)$ $\quad x \vee (y \vee z) = (x \vee y) \vee z$,
$(L_2 b)$ $\quad x \wedge (y \wedge z) = (x \wedge y) \wedge z$ $\hspace{2cm}$ (Assoziativität),

$(L_3 a)$ $\quad x \vee x = x$,
$(L_3 b)$ $\quad x \wedge x = x$ $\hspace{5cm}$ (Idempotenz),

(L_4a) $x \vee (x \wedge y) = x$,
(L_4b) $x \wedge (x \vee y) = x$ (Absorption).

Da man durch Vertauschen von $\vee$ und $\wedge$ in obigen Axiomen eines Verbandes wieder ein Axiom erhält, ergibt sich aus jeder (aus obigen Axiomen gefolgerten) Gleichung durch Vertauschen von $\vee$ und $\wedge$ eine weitere gültige Gleichung. Man nennt diese Vorgehensweise beim Herleiten von Gleichungen in Verbänden das Anwenden des „Dualitätsprinzips der Verbandstheorie".

Die nachfolgend in Beweisen für Aussagen über Verbände oft benutzte Äquivalenz

$$x \vee y = y \iff x \wedge y = x \qquad (15.1)$$

ist eine Folgerung aus den Absorptions- und den Idempotenzgesetzen eines Verbandes (siehe ÜA A.15.3).

Für die zweite Definition eines Verbandes benötigen wir noch einige Begriffe und Bezeichnungen:

Definitionen

- Eine binäre Relation $\leq$ ($\subseteq A \times A$) heißt eine **partielle Ordnung** auf der Menge A, wenn sie folgende Bedingungen erfüllt:
  (O_1) $\forall a \in A : a \leq a$ (Reflexivität),
  (O_2) $\forall a, b \in A : (a \leq b$ und $b \leq a) \implies a = b$ (Antisymmetrie),
  (O_3) $\forall a, b, c \in A : (a \leq b$ und $b \leq c) \implies a \leq c$ (Transitivität).

- Das Paar $(A; \leq)$, wobei $\leq$ obige Bedingungen erfüllt, nennt man dann **partiell geordnete Menge** (engl.: partially ordered set) oder kurz **Poset**. In Beispielen werden wir Posets zumeist durch **Hasse-Diagramme**[1] angeben.

- Eine Poset $\mathbf{P} := (P; \leq)$ mit $P \subseteq A \times A$, die zusätzlich noch die Bedingung
  (O_4) $\forall a, b \in A : a \leq b$ oder $b \leq a$
  erfüllt, heißt **total geordnete Menge** oder **linear geordnete Menge** oder kurz **Kette**.

Für Posets verwenden wir im Fall $a \leq b$ und $a \neq b$ auch die (übliche) Schreibweise $a < b$. Außerdem schreiben wir manchmal anstelle von $a \leq b$ auch $b \geq a$.

Definition Bezeichne A eine Teilmenge von P, wobei $\mathbf{P} = (P; \leq)$ eine Poset ist. Unter dem **Supremum** von A (Bez.: $\sup A$) versteht man ein p aus P mit folgenden Eigenschaften:

(S_1) $\forall a \in A : a \leq p$;
(S_2) $\forall b \in P ((\forall a \in A : a \leq b) \implies p \leq b)$.

---

[1] Siehe Band 1.

Bemerkung   Das Supremum einer Menge A existiert i.allg. nicht für beliebiges A. Sei z.B. $P = \{0, 1, 2, 3, 4\}$ und $\leq$ durch folgendes Hasse-Diagramm definiert:

Abb. 15.1

Dann existiert $\sup\{0, 1\}$ nicht, da für $p \in \{2, 3\}$ $0 \leq p$ und $1 \leq p$ gilt, jedoch sind 2 und 3 bezüglich $\leq$ nicht miteinander vergleichbar.

Definition   Bezeichne A eine Teilmenge von P, wobei $\mathbf{P} = (P; \leq)$ eine Poset ist. Unter dem **Infimum** von A (Bez.: $\inf A$) versteht man ein p aus P mit folgenden Eigenschaften:

(I_1) $\forall a \in A : p \leq a$;

(I_2) $\forall b \in P \left((\forall a \in A : b \leq a) \implies b \leq p \right)$.

Definition (Die zweite Definition eines Verbandes)

Eine Poset $\mathbf{L} := (L; \leq)$ heißt genau dann **Verband**, wenn für beliebige $a, b \in L$ stets sowohl $\sup\{a, b\}$ als auch $\inf\{a, b\}$ in L existieren.

Einige elementare Eigenschaften von sup und inf in einem Verband faßt das folgende Lemma zusammen.

Lemma 15.1.1 *Sei $(P; \leq)$ ein Verband nach der zweiten Definition. Dann gilt für beliebige $x, y, z, u, v \in P$:*
(a) $x \leq y \implies \sup\{x, z\} \leq \sup\{y, z\}$,
(b) $x \leq y \implies \inf\{x, z\} \leq \inf\{y, z\}$,
(c) $(x \leq y$ und $u \leq v) \implies \sup\{x, u\} \leq \sup\{y, v\}$,
(d) $(x \leq y$ und $u \leq v) \implies \inf\{x, u\} \leq \inf\{y, v\}$.

Beweis.   (a), (b): ÜA.
(c): Seien $x \leq y$ und $u \leq v$. Dann gilt nach (a) $\sup\{x, u\} \leq \sup\{y, u\}$ und $\sup\{y, u\} \leq \sup\{y, v\}$. Da $\leq$ transitiv ist, folgt hieraus (c).
(d) beweist man analog zu (c). ∎

Wir kommen nun zum Zusammenhang zwischen den beiden Verbandsdefinitionen.

Satz 15.1.2 *Es gilt:*

(a) Wenn $(L; \vee, \wedge)$ ein Verband nach der ersten Definition ist, so erhält man durch

$$a \leq b :\Longleftrightarrow a = a \wedge b \tag{15.2}$$

eine partielle Ordnung $\leq$, die zusammen mit L einen Verband nach der zweiten Definition bildet.[2]

(b) Ist umgekehrt $(L; \leq)$ ein Verband nach der zweiten Definition, so kann man zwei zweistellige Operationen $\vee, \wedge$ durch

$$a \vee b := \sup\{a, b\} \qquad und$$
$$a \wedge b := \inf\{a, b\}$$

definieren, und $(L; \vee, \wedge)$ ist ein Verband nach der ersten Definition.

Beweis. (a): Seien $(L; \vee, \wedge)$ ein Verband und $\leq$ durch (15.2) definiert. Dann gilt $a \wedge a = a$ und folglich $a \leq a$ für jedes $a \in A$, womit $\leq$ reflexiv ist.

Falls $a \leq b$ und $b \leq a$, haben wir $a = a \wedge b$ sowie $b = b \wedge a$. Wegen $(L_1 b)$ folgt hieraus $a = b$, womit $\leq$ antisymmetrisch ist.

Sei nun $a \leq b$ und $b \leq c$. Dann gilt $a = a \wedge b$ und $b = b \wedge c$ nach Definition von $\leq$. Hieraus ergibt sich nach $(L_2 b)$ $a = a \wedge (b \wedge c) = (a \wedge b) \wedge c = a \wedge c$, womit $a \leq c$ und folglich $\leq$ transitiv ist.

Es bleibt noch zu zeigen, daß $\sup\{a, b\}$ und $\inf\{a, b\}$ für alle $a, b \in L$ existieren. Seien dazu $a, b \in L$ beliebig gewählt. Nach $(L_4 a)$ und $(L_4 b)$ haben wir dann $a = a \wedge (a \vee b)$ und $b = b \wedge (a \vee b)$, womit $a \leq a \vee b$ und $b \leq a \vee b$ gilt. Sei nun für ein gewisses $u \in L$ $a \leq u$ und $b \leq u$. Es gilt dann

$$a = a \wedge u, \ b = b \wedge u,$$
$$a \vee u = (a \wedge u) \vee u = u, \ b \vee u = (b \wedge u) \vee u = u \text{ und}$$
$$(a \vee b) \vee u = (a \vee u) \vee (b \vee u) = u \vee u = u.$$

Benutzt man die eben bewiesene Gleichung $(a \vee b) \vee u = u$, so erhält man

$$(a \vee b) \wedge u = (a \vee b) \wedge ((a \vee b) \vee u) = a \vee b.$$

Es ist also $a \vee b \leq u$ und nach Definition von sup gilt folglich $\sup\{a, b\} = a \vee b$. Analog zeigt man $a \wedge b = \inf\{a, b\}$, indem man in obigen Überlegungen $\wedge$ und $\vee$ vertauscht sowie $\leq$ durch $\geq$ ersetzt.

Also ist $(L; \leq)$ ein Verband.

---

[2] Wegen (15.1) hätte man auch

$$a \leq b :\Longleftrightarrow a \vee b = b$$

definieren können.

(b): Seien $(L; \leq)$ ein Verband, $a \vee b := \sup\{a, b\}$ und $a \wedge b := \inf\{a, b\}$. Offenbar sind die so definierten Operationen $\vee$ und $\wedge$ kommutativ und idempotent. Zwecks Nachweis der Gültigkeit des Assoziativgesetzes $\sup\{x, \sup\{y, z\}\} = \sup\{\sup\{x, y\}, z\}$ überlege man sich als ÜA unter Verwendung von Lemma 15.1.1 $\sup\{x, \sup\{y, z\}\} \leq \sup\{\sup\{x, y\}, z\}$ und $\sup\{x, \sup\{y, z\}\} \geq \sup\{\sup\{x, y\}, z\}$. Analog zeigt man die Assoziativität von inf.

Wegen $\sup\{x, \inf\{x, y\}\} \geq x$ und $\sup\{x, \inf\{x, y\}\} \leq x$ gilt offenbar $\sup\{x, \inf\{x, y\}\} = x$. Analog zeigt man das andere Absorptionsgesetz. Folglich bildet $(L; \vee, \wedge)$ einen Verband nach der ersten Definition. ∎

Wegen Satz 15.1.2 können wir nachfolgend je nach Bedarf die erste oder die zweite Definition eines Verbandes benutzen, wobei gegebenenfalls die Übergänge von einer Beschreibung eines Verbandes zu der anderen nach Satz 15.1.2 vollzogen werden.

Will man das eingangs erwähnte Dualitätsprinzip für Gleichungen auf Ungleichungen der Form ... $\leq$ ... erweitern, so hat man als zusätzliche Ersetzungsvorschrift das Vertauschen von $\leq$ durch $\geq$ festzulegen (Beweis: ÜA).

Ein wichtiges Hilfsmittel bei den weiter unten folgenden Beweisen wird außerdem die aus 15.1.1 und Satz 15.1.2 folgende Implikation

$$x \leq y \quad und \quad u \leq v \implies x \vee u \leq y \vee v \quad und \quad x \wedge u \leq y \wedge v \qquad (15.3)$$

sein.

15.2 Beispiele für Verbände

15.2.1 Sei $L := \{0, 1\}$. Weiter sei $\vee$ die auf L definierte Konjunktion und $\wedge$ die auf L definierte Disjunktion. Offenbar ist dann $(L; \vee, \wedge)$ ein Verband.

15.2.2 Sei $L := \mathbb{N}_0$, $a \vee b$ bezeichne das kleinste gemeinsame Vielfache und $a \wedge b$ den größten gemeinsamen Teiler der Zahlen $a, b \in \mathbb{N}_0$. Auch in diesem Fall prüft man leicht nach, daß $(L; \vee, \wedge)$ ein Verband ist.

15.2.3 Beispiele für Verbände nach der zweiten Definition sind:
$(\mathfrak{P}(A); \subseteq)$, wobei A eine beliebige Menge bezeichnet;
$(\mathbb{R}; \leq)$, wobei $\leq$ die übliche (totale) Ordnung auf $\mathbb{R}$ ist.

Weitere Beispiele für Verbände findet man im Abschnitt 15.5 und in den nachfolgenden Kapiteln.

15.3 Isomorphe Verbände, Unterverbände

Definition   Zwei Verbände $\mathbf{L_1}$, $\mathbf{L_2}$ heißen **isomorph**, wenn es eine bijektive Abbildung α von L_1 auf L_2 gibt, so daß für beliebige $a, b \in L_1$ die folgenden zwei Gleichungen gelten:

$$\alpha(a \vee b) = \alpha(a) \vee \alpha(b) \qquad \text{und}$$

$$\alpha(a \wedge b) = \alpha(a) \wedge \alpha(b).$$

Die Abbildung α wird auch **Isomorphismus** genannt.

Definition   Seien $(P_1, \leq)$ und $(P_2; \leq)$ Posets. Eine Abbildung α von P_1 auf P_2 heißt **ordnungsbewahrend**, wenn gilt:

$$\forall a, b \in P_1 : a \leq b \implies \alpha(a) \leq \alpha(b).$$

Die Abbildung 15.2 gibt ein **Beispiel** für eine ordnungsbewahrende Abbildung zwischen den Verbänden $\mathbf{L_1}$ und $\mathbf{L_2}$ an:

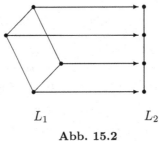

$$L_1 \qquad\qquad\qquad L_2$$

Abb. 15.2

Satz 15.3.1 *Zwei Verbände $\mathbf{L_1}$ und $\mathbf{L_2}$ sind genau dann isomorph, wenn es eine bijektive Abbildung α von L_1 auf L_2 gibt, so daß sowohl α als auch α^{-1} ordnungsbewahrend sind.*

Beweis.   „$\implies$": Sei α ein Isomorphismus von $\mathbf{L_1}$ auf $\mathbf{L_2}$. Dann gilt für alle $a, b \in L_1$:

$$a \leq b \implies a = a \wedge b \implies \alpha(a) = \alpha(a \wedge b) = \alpha(a) \wedge \alpha(b).$$

Folglich haben wir $\alpha(a) \leq \alpha(b)$, d.h., α ist ordnungsbewahrend.
Seien nun $c, d \in L_2$ mit $c \leq d$ beliebig gewählt. Dann existieren $a, b \in L_1$ mit $\alpha(a) = c$ und $\alpha(b) = d$. Daß α^{-1} auch ordnungsbewahrend ist, folgt dann aus

$$c \leq d \implies \alpha(a) \leq \alpha(b) \implies \alpha(a) \wedge \alpha(b) = \alpha(a) \implies \alpha(a \wedge b) = \alpha(a)$$

$$\implies a \wedge b = a \implies a \leq b.$$

„$\impliedby$": Bezeichne nun α eine bijektive Abbildung von L_1 auf L_2 mit der Eigenschaft, daß sowohl α als auch α^{-1} ordnungsbewahrend ist. Für beliebige $a, b \in L_1$ haben wir $a \leq a \vee b$ und $b \leq a \vee b$, womit $\alpha(a) \leq \alpha(a \vee b)$ und $\alpha(b) \leq \alpha(a \vee b)$ ist. Hieraus folgt $\alpha(a) \vee \alpha(b) \leq \alpha(a \vee b)$. Außerdem gilt für beliebige $u \in L_2$

$$\alpha(a) \vee \alpha(b) \leq u \implies \alpha(a) \leq u \text{ und } \alpha(b) \leq u$$
$$\implies a \leq \alpha^{-1}(u) \text{ und } b \leq \alpha^{-1}(u)$$
$$\implies a \vee b \leq \alpha^{-1}(u)$$
$$\implies \alpha(a \vee b) \leq u.$$

Folglich ist $\alpha(a \wedge b) = \sup\{\alpha(a), \alpha(b)\}$ und damit $\alpha(a) \vee \alpha(b) = \alpha(a \vee b)$. Auf analoge Weise kann man auch $\alpha(a) \wedge \alpha(b) = \alpha(a \wedge b)$ zeigen (ÜA).   ■

Bemerkung Die Forderung „α^{-1} ordnungsbewahrend" aus Satz 15.3.1 kann nicht weggelassen werden, wie die Abbildung 15.2 von oben zeigt.

Satz 15.3.2 *Für jede Poset $(P; \leq)$ gibt es ein Mengensystem M_P, so daß $(P; \leq)$ und $(M_P; \subseteq)$ isomorph sind, d.h., es existiert eine bijektive Abbildung α von P auf M_P mit der Eigenschaft, daß α und α^{-1} ordnungsbewahrend sind.*

Beweis. Für jedes $p \in P$ sei $M(p) := \{x \in P \mid x \leq p\}$. Dann ist die Menge $M_P := \{M(p) \mid p \in P\}$ das gesuchte Mengensystem und $\alpha : P \longrightarrow M_P$ die zugehörige isomorphe Abbildung, denn es gilt:
α ist nach Definition surjektiv.
Aus $M(a) = M(b)$ folgt $a \in M(b)$ und $b \in M(a)$, also $a \leq b$ und $b \leq a$, womit $a = b$ und α injektiv ist.
α ist ordnungsbewahrend, denn aus $a \leq b$ und $x \in M(a)$ folgt $x \leq a \leq b$, womit aus $a \leq b$ stets $M(a) \subseteq M(b)$ folgt. Außerdem ergibt sich aus $M(a) \subseteq M(b)$ sofort $a \leq b$, d.h., auch α^{-1} ist ordnungsbewahrend.   ■

Die nachfolgende Definition ist ein Spezialfall einer Definition aus 14.3:

Definition Wenn **L** ein Verband ist und L' eine Teilmenge von L mit der Eigenschaft

$$\forall x, y \in L' : x \vee y \in L' \text{ und } x \wedge y \in L',$$

dann heißt $(L'; \vee, \wedge)$ ein **Unterverband** von $(L; \vee, \wedge)$.

Bemerkung Bezeichne $(P; \leq)$ eine Poset. I.allg. liefert dann nicht jede Teilmenge P', die zusammen mit $\leq$ eine Poset ist, durch $(P; \vee, \wedge)$ einen Unterverband des Verbandes $(P; \vee, \wedge)$ ($\vee, \wedge$ sind dabei wie in Satz 15.1.2 definiert). Als Beispiel betrachten wir die durch das Hasse-Diagramm

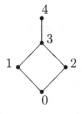

Abb. 15.3

definierte Poset $(\{0, 1, 2, 3, 4\}; \leq)$. Offenbar ist dann $(\{0, 1, 2, 4\}; \leq)$ eine Poset, jedoch $(\{0, 1, 2, 4\}; \vee, \wedge)$ kein Unterverband von $(\{0, 1, 2, 3, 4\}; \vee, \wedge)$, da $1 \vee 2 = 3 \notin \{0, 1, 2, 4\}$.

Definitionen Ein Verband $\mathbf{L_1}$ heißt in den Verband $\mathbf{L_2}$ **einbettbar**, wenn es einen Unterverband von $\mathbf{L_2}$ gibt, der zu $\mathbf{L_1}$ isomorph ist.

15.4 Distributive und modulare Verbände

Ausgangspunkt für die nachfolgenden Definitionen ist das folgende

Lemma 15.4.1 *Bezeichne* $(L; \vee, \wedge)$ *einen Verband. Dann gilt für beliebige* $x, y, z \in L$:

(a_1) $(x \wedge y) \vee (x \wedge z) \leq x \wedge (y \vee z)$,

(a_2) $(x \vee y) \wedge (x \vee z) \geq x \vee (y \wedge z)$,

(b_1) $x \leq y \implies x \vee (y \wedge z) \leq y \wedge (x \vee z)$,

(b_2) $(x \wedge y) \vee (y \wedge z) \leq y \wedge ((x \wedge y) \vee z)$.

Beweis. (a_1): Offenbar gilt

$$x \wedge y \leq x, \ y \leq y \vee z, \ z \leq y \vee z \text{ und } x \wedge z \leq y \vee z.$$

Folglich haben wir (unter Verwendung von (15.3))

$$x \wedge y \leq x \wedge (y \vee z) \text{ und } x \wedge z \leq x \wedge (y \vee z),$$

womit $(x \wedge y) \vee (x \wedge z) \leq x \wedge (y \vee z)$ ist.

(a_2) beweist man analog (ÜA).

(b_1): Wegen $x \leq y \wedge (x \vee z)$, falls $x \leq y$, und $y \wedge z \leq y \wedge (x \vee z)$ haben wir $x \vee (y \wedge z) \leq y \wedge (x \vee z)$.

(b_2) : Nach (b_1) gilt für beliebige $a, b, c \in L$

$$a \leq b \implies a \vee (b \wedge c) \leq b \wedge (a \vee c).$$

Setzt man nun $a := x \wedge y$, $b := y$ und $c := z$, so gilt $x \leq y$ und (b_2) folgt aus (b_1). ∎

Mit Hilfe der durch die Hasse-Diagramme

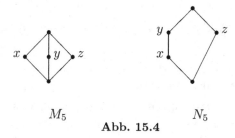

$$M_5 \qquad\qquad N_5$$

Abb. 15.4

definierten Verbände M_5 und N_5 überlegt man sich leicht, daß in (a_1) für M_5 bzw. in (b_1) für N_5 in der Ungleichung $<$ steht, womit die im Lemma 15.4.1 stehenden Aussagen für beliebige Verbände nicht weiter verbesserbar sind.

Definition Man nennt einen Verband $(L; \vee, \wedge)$ **distributiv**, wenn alle seine Elemente $x, y, z \in L$ folgende Gleichungen erfüllen:

$$(D_1) \quad x \wedge (y \vee z) = (x \wedge y) \vee (x \wedge z),$$

$$(D_2) \quad x \vee (y \wedge z) = (x \vee y) \wedge (x \vee z).$$

Beispiele

(1.) Das wichtigste Beispiel eines distributiven Verbandes ist der Verband $(\mathfrak{P}(X); \cup, \cap)$ aller Teilmengen einer beliebigen Menge X.

(2.) Wie man leicht nachprüft ist jede Kette ein distributiver Verband.

(3.) I.allg. nicht distributiv ist der Verband aller Untervektorräume eines Vektorraums. Betrachtet man z.B. im Verband der Untervektorräume eines Vektorraums V mit dim $V \geq 2$ die Untervektorräume $[\mathfrak{a}, \mathfrak{b}]$, $[\mathfrak{a}]$, $[\mathfrak{b}]$, $[\{\mathfrak{a}+\mathfrak{b}\}]$, $\{\mathfrak{o}\}$, $\mathfrak{a}, \mathfrak{b} \in V$ linear unabhängig, so ist das Hasse-Diagramm dieser Untervektorräume eines von der Gestalt M_5. Für den Verband M_5 haben wir aber bereits gezeigt, daß er nicht distributiv ist.

Satz 15.4.2 *Ein Verband erfüllt (D_1) genau dann, wenn er auch (D_2) erfüllt.*

Beweis. Angenommen, (D_1) gilt. Dann haben wir nach den hinter den Gleichungen stehenden Axiomen eines Verbandes bzw. wegen (D_1):

$$\begin{aligned}
x \vee (y \wedge z) &= (x \vee (x \wedge z)) \vee (y \wedge z) & (L_4 a)\\
&= x \vee ((x \wedge z) \vee (y \wedge z)) & (L_2 a)\\
&= x \vee ((z \wedge x) \vee (z \wedge y)) & (L_1 b)\\
&= x \vee (z \wedge (x \vee y)) & (D_1)\\
&= x \vee ((x \vee y) \wedge z) & (L_1 b)\\
&= (x \wedge (x \vee y)) \vee ((x \vee y) \wedge z) & (L_4 b)\\
&= ((x \vee y) \wedge x) \vee ((x \vee y) \wedge z) & (L_1 b)\\
&= (x \vee y) \wedge (x \vee z) & (D_1).
\end{aligned}$$

Analog zeigt man, daß aus (D_2) die Gleichung (D_1) folgt. ■

Definition   Ein Verband $(L; \vee, \wedge)$, der das sogenannte **modulare Gesetz**

$$(M) \quad \forall x, y, z \in L : x \leq y \implies x \vee (y \wedge z) = y \wedge (x \vee z)$$

erfüllt, heißt **modularer Verband**.

Das wohl wichtigste **Beispiel** für einen modularen Verband ist der Verband aller Untervektorräume eines Vektorraums:

Sind U, V, W Untervektorräume eines gegebenen Vektorraums $\mathfrak{V}$ und gilt $U \subseteq W$, dann gilt offenbar auch $(U \vee V) \wedge W \supseteq U \vee (V \wedge W)$. Ist umgekehrt $\mathfrak{w} \in (U \vee V) \wedge W$, so gibt es Vektoren $\mathfrak{u} \in U$, $\mathfrak{v} \in V$ mit $\mathfrak{w} = \mathfrak{u} + \mathfrak{v}$. Daraus folgt $\mathfrak{v} = \mathfrak{w} - \mathfrak{u} \in V \wedge W$, womit $\mathfrak{w} \in U \vee (V \cap W)$. Es gilt also auch $(U \vee V) \wedge W \subseteq U \vee (V \wedge W)$.

Analog überlege man sich als ÜA, daß alle Normalteiler einer beliebigen Gruppe ebenso wie alle Ideale eines Ringes und alle Untermoduln eines Moduls modulare Verbände sind.

Satz 15.4.3 *Jeder distributive Verband ist auch ein modularer Verband.*

Beweis. Es sei **L** ein Verband, $x, y, z \in L$ und $x \leq y$. Dann gilt $x \vee y = y$. Mit Hilfe von (D_2) folgt hieraus $x \vee (y \wedge z) = (x \vee y) \wedge (x \vee z) = y \wedge (x \vee z)$. ■

Der folgende Satz stammt von R. Dedekind[3].

Satz 15.4.4 *Ein Verband* **L** *ist genau dann nicht modular, wenn* N_5 *(siehe Abbildung 15.4) in* **L** *einbettbar ist.*

Beweis. Wegen unserer Überlegungen nach Lemma 15.4.1 ist ein Verband, in dem N_5 einbettbar ist, nicht modular. Zwecks Beweis der Umkehrung nehmen wir an, daß der Verband **L** nicht das modulare Gesetz erfüllt. Wegen Lemma 15.4.1, (b_1) existieren dann gewisse $a, b, c \in L$ mit

$$a \leq b \text{ und } a \vee (b \wedge c) < b \wedge (a \vee c).$$

Seien

$$a_1 = a \vee (b \wedge c) \text{ und } b_1 := b \wedge (a \vee c).$$

Insbesondere gilt damit

$$a_1 < b_1, \ a \leq a_1, \ b \wedge c \leq a_1, \ b_1 \leq b, \ b_1 \leq a \vee c. \tag{15.4}$$

Nachfolgend wollen wir uns überlegen, daß

---

[3] Richard Dedekind (1831 - 1916), deutscher Mathematiker, dessen Schaffen und dessen Auffassung von Mathematik die Mathematik des 20. Jahrhunderts tiefgreifend mitgeprägt hat.

$$\mathbf{L}' := (\{b \wedge c, a_1, b_1, c, a \vee c\}, \vee, \wedge)$$

ein zu N_5 isomorpher Unterverband von $\mathbf{L}$ mit dem Hasse-Diagramm

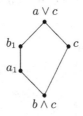

Abb. 15.5

ist. Dazu genügt es, $|L'| = 5$ zu beweisen und zu zeigen, daß die Verknüpfungstafeln für $\vee$ und $\wedge$ mit den Elementen aus L' mit den Verknüpfungstafeln des durch Abbildung 15.5 bestimmten Verbandes übereinstimmen. Wir beginnen mit dem Aufstellen der Verknüpfungstafeln:

Wegen der Kommutativität und Idempotenz von $\vee$ und $\wedge$ genügt es, nur die Werte unterhalb der Hauptdiagonalen in den Tafeln auszurechnen. Zu beweisen haben wir von den in den Tafeln angegebenen Werten außerdem nur die mit ⬜ umrandeten, da sich der Rest leicht mit Hilfe von (15.4) überprüfen läßt.

$\vee$	$b \wedge c$	a_1	b_1	c	$a \vee c$
$b \wedge c$					
a_1	a_1				
b_1	b_1	b_1			
c	c	$\boxed{a \vee c}$	$\boxed{a \vee c}$		
$a \vee c$	$a \vee c$	$a \vee c$	$a \vee c$	$a \vee c$	

$\wedge$	$b \wedge c$	a_1	b_1	c	$a \vee c$
$b \wedge c$					
a_1	$b \wedge c$				
b_1	$b \wedge c$	a_1			
c	$b \wedge c$	$\boxed{b \wedge c}$	$\boxed{b \wedge c}$		
$a \vee c$	$b \wedge c$	a_1	b_1	c	

Es gilt

$$
\begin{aligned}
a_1 \vee c &= (a \vee (b \wedge c)) \vee c \\
&= a \vee (c \vee (c \wedge b)) \quad \text{(nach } (L_1a), (L_1b), (L_2a)) \\
&= a \vee c \quad \text{(nach } (L_4a))
\end{aligned}
$$

und

$$a_1 < b_1 \leq a \vee c$$

(siehe (15.4)). Folglich haben wir

$$a \vee c = a_1 \vee c \leq b_1 \vee c \leq (a \vee c) \vee c = a \vee c,$$

womit

$$c \vee a_1 = c \vee b_1 = a \vee c \qquad (15.5)$$

gezeigt ist.

Als nächstes beweisen wir

$$c \wedge b \le a_1 \wedge c \le b_1 \wedge c = b \wedge c,$$

woraus unmittelbar

$$a_1 \wedge c = b_1 \wedge c = b \wedge c \qquad (15.6)$$

folgt.
Es gilt

$$
\begin{aligned}
b_1 \wedge c &= (b \wedge (a \vee c)) \wedge c \\
&= b \wedge (c \wedge (c \vee a)) \quad \text{(wegen } (L_1 a), (L_1 b), (L_2 b)) \\
&= b \wedge c \qquad\qquad \text{(wegen } (L_4 b)).
\end{aligned}
$$

Außerdem folgt aus $b \wedge c \le a_1$ und $a_1 < b_1$ (siehe (15.4)) $b \wedge c = (b \wedge c) \wedge c \le a_1 \wedge c$ und $a_1 \wedge c \le b_1 \wedge c$. Damit sind (15.6) und die oben angegebenen Verknüpfungstafeln bewiesen. Wie man leicht nachprüft, stimmen diese Tafeln mit den Verknüpfungstafeln eines Verbandes überein, der das Hassediagramm der Abbildung 15.5 besitzt. Mit Hilfe der Gleichungen (15.5) und (15.6) ist es abschließend leicht möglich, $b \wedge c \ne a_1$, $b \wedge c \ne c$, $a \vee c \ne b_1$, $a \vee c \ne c$ und damit $|L'| = 5$ zu beweisen. Z.B. ergibt sich aus der Annahme $a_1 = b \wedge c$ ein Widerspruch zu $a_1 < b_1$ wie folgt:

$$
\begin{aligned}
b_1 \vee c &\overset{(15.5)}{=} a_1 \vee c \overset{Ann.}{=} (b \wedge c) \vee c = c, \\
a_1 &= b \wedge c \overset{(15.6)}{=} b_1 \wedge c = b_1 \wedge (c \vee b_1) = b_1.
\end{aligned}
$$

∎

Der folgende Satz wurde erstmalig von G. Birkhoff[4] bewiesen.

Satz 15.4.5 *Ein Verband* **L** *ist genau dann nicht distributiv, wenn* M_5 *oder* N_5 *in* L *einbettbar ist.*

Beweis. Man prüft leicht nach, daß ein Verband, in dem M_5 oder N_5 einbettbar ist, nicht distributiv ist.
Bezeichne nun L einen nichtdistributiven Verband, d.h., nach Lemma 15.4.1, (a_1) existieren gewisse $a, b, c \in L$ mit

$$(a \wedge b) \vee (a \wedge c) < a \wedge (b \vee c). \qquad (15.7)$$

Ist L nicht modular, so gilt unser Satz nach Satz 15.4.4. Also können wir nachfolgend annehmen, daß L das modulare Gesetz erfüllt. Außerdem seien

$$
\begin{aligned}
d &:= (a \wedge b) \vee (a \wedge c) \vee (b \wedge c), \\
e &:= (a \vee b) \wedge (a \vee c) \wedge (b \vee c), \\
a_1 &:= (a \wedge e) \vee d, \\
b_1 &:= (b \wedge e) \vee d, \\
c_1 &:= (c \wedge e) \vee d.
\end{aligned}
$$

---

[4] Garrett Birkhoff (1911 - 1996), amerikanischer Mathematiker. Er schrieb grundlegende Arbeiten zur Allgemeinen Algebra. Auch das erste Buch zur Verbandstheorie (1940 erschienen) wurde von ihm verfaßt.

Ziel der anschließenden Überlegungen ist der Nachweis, daß $\mathbf{L}' := (\{d, e, a_1, b_1, c_1\};$ $\vee, \wedge)$ ein Unterverband von L mit dem Hasse-Diagramm:

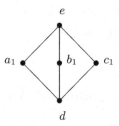

Abb. 15.6

ist.

Man prüft leicht nach, daß

$$d \leq a_1, b_1, c_1 \leq e$$

gilt. $d \neq e$ und damit $d < e$ folgt aus den Gleichungen:

$$a \wedge e = a \wedge (b \vee c) \text{ (wegen } (L_4 b))$$

und

$$
\begin{aligned}
a \wedge d &= a \wedge ((a \wedge b) \vee (a \wedge c) \vee (b \wedge c)) \\
&= ((a \wedge b) \vee (a \wedge c)) \vee (a \wedge (b \wedge c)) \\
&\qquad (\text{wegen } (M) : x = (a \wedge b) \vee (a \wedge c), y = a, z = b \wedge c) \\
&= (a \wedge b) \vee (a \wedge c).
\end{aligned}
$$

Als nächstes soll $a_1 \wedge b_1 = d$ gezeigt werden.
Es gilt:

$$a_1 \wedge b_1 = ((a \wedge e) \vee d) \wedge ((b \wedge e) \vee d),$$

woraus sich wegen $d \leq (b \wedge e) \vee d$ und (M) mit $x := d, y := (b \wedge e) \vee d$ sowie $z := a \wedge e$ die Gleichung

$$a_1 \wedge b_1 = ((a \wedge e) \wedge ((b \wedge e) \vee d)) \vee d$$

ergibt, die sich dann wie folgt mittels der angegebenen Gesetze umformen läßt:

$$
\begin{aligned}
a_1 \wedge b_1 &= ((a \wedge e) \wedge ((b \vee d) \wedge e)) \vee d && ((M) : x = d, y = e, z = b) \\
&= ((a \wedge e) \wedge e \wedge (b \vee d)) \vee d && (L_2) \\
&= (a \wedge e \wedge (b \vee d)) \vee d && (L_3 b) \\
&= (a \wedge (b \vee c) \wedge (b \vee (a \wedge c))) \vee d && ((L_4), a \wedge e = a \wedge (b \wedge c), \\
&&& \quad b \vee d = b \vee (a \wedge c)) \\
&= (a \wedge (b \vee ((b \vee c) \wedge (a \wedge c)))) \vee d && ((M) : x = b, y = b \vee c, z = a \wedge c) \\
&= (a \wedge (b \vee (a \wedge c))) \vee d && (a \wedge c \leq b \vee c) \\
&= ((a \wedge c) \vee (a \wedge b)) \vee d && ((M) : x = a \wedge c, y = a, z = b) \\
&= d.
\end{aligned}
$$

Analog zeigt man

$$a_1 \wedge c_1 = d = b_1 \wedge c_1$$

und

$$a_1 \vee b_1 = a_1 \vee c_1 = b_1 \vee c_1 = e.$$

Mit Hilfe dieser Gleichungen kann man dann die Isomorphie von $\mathbf{L}'$ mit N_5 nachweisen. ∎

15.5 Vollständige Verbände und Äquivalenzrelationen

Definition Eine Poset heißt **vollständig**, wenn für jede Teilmenge A von P sowohl sup A (Bez.: $\bigvee A$) als auch inf A (Bez.: $\bigwedge A$) existieren.
Verbände, die als Posets vollständig sind, heißen **vollständige Verbände**.

Beispiele
(1.) Offenbar sind vollständige Posets auch Verbände.
(2.) Jeder endliche Verband ist vollständig.
(3.) $(\mathbb{R}; \leq)$ ist nicht vollständig.

Weitere Beispiele folgen in den Sätzen 15.5.3 und 15.5.5.

Satz 15.5.1 *Für eine beliebige Poset* $(L; \leq)$ *mit einem größten und einem kleinsten Element gilt:*

$$\forall A \subseteq L \; \exists \bigwedge A \iff \forall A \subseteq L \; \exists \bigvee A.$$

Beweis. „$\Longrightarrow$": Sei $A_o := \{x \in L \mid \forall a \in A : \; a \leq x\}$. Da L ein größtes Element enthält, ist $A_o \neq \emptyset$. Man prüft leicht nach, daß dann $\bigvee A = \bigwedge A_o$ ist. Analog zeigt man „$\Longleftarrow$". ∎

Satz 15.5.2 *Bezeichne* $\mathbf{A}$ *eine Algebra. Dann ist der Verband* $(S(\mathbf{A}); \subseteq)$ *aller Unteralgebren von* $\mathbf{A}$ *ein vollständiger Verband.*

Beweis. Ergibt sich aus Satz 15.5.1 und der Tatsache, daß ein beliebiger Durchschnitt von Unteralgebren von $\mathbf{A}$ wieder eine Unteralgebra von $\mathbf{A}$ ist (siehe Lemma 14.3.1, (b)). ∎

Nachfolgend eine kurze Wiederholung der bereits im ersten Band behandelten Äquivalenzrelationen.

Definitionen Eine binäre Relation ϱ heißt **Äquivalenzrelation** (engl: equivalence relation) über einer (nichtleeren) Menge A, wenn ϱ folgenden Bedingungen genügt:

(E_1) $\{(a, a) \mid a \in A\} \subseteq \varrho$ (Reflexivität);

(E_2) $\forall a, b \in A : (a, b) \in \varrho \implies (b, a) \in \varrho$ (Symmetrie);

(E_3) $\forall a, b, c \in A : ((a, b) \in \varrho \text{ und } (b, c) \in \varrho) \implies (a, c) \in \varrho$ (Transitivität).

Die Menge aller Äquivalenzrelationen über A sei $Eq(A)$.

Unter Verwendung der für Korrespondenzen vereinbarten Operationen $^{-1}$ und $\square$ (siehe Band 1) lassen sich (E_2) und (E_3) auch wie folgt aufschreiben:

(E_2) $\varrho^{-1} = \varrho$,

(E_3) $\varrho\square\varrho \subseteq \varrho$.

Anstelle von $(a,b) \in \varrho$ schreibt man oft auch $a\varrho b$ oder $\varrho(a,b)$ oder $a = b \ (mod\,\varrho)$ bzw. $a \sim b \ (mod\,\varrho)$ (gesprochen: a gleich (bzw. äquivalent) zu b modulo ϱ).

Für jede Menge A gibt es zwei sogenannte **triviale Äquivalenzrelationen**:

$$\nabla_A(:= \kappa_1) := A^2 \ (\textbf{Allrelation}) \qquad \text{und}$$

$$\Delta_A(:= \kappa_0) := \{(a,a) \mid a \in A\} \ (\textbf{Identität} \text{ oder } \textbf{Diagonale}).$$

Satz 15.5.3 *($Eq(A); \subseteq$) ist für beliebige nichtleere Mengen A ein vollständiger Verband. Das Infimum und das Supremum einer beliebigen Teilmenge $T := \{\varrho_i \mid i \in I\}$ von $Eq(A)$ berechnen sich wie folgt:*

$$\bigwedge T = \bigcap_{i \in I} \varrho_i,$$

$$\bigvee T = \bigcup_{i_0,\ldots,i_t \in I; t < \aleph_0} \varrho_{i_0}\square\varrho_{i_1}\square\ldots\square\varrho_{i_t}.$$

Speziell für die beiden Äquivalenzrelationen κ und μ gilt

$$\kappa \vee \mu = \kappa \cup (\kappa\square\mu) \cup (\kappa\square\mu\square\kappa) \cup (\kappa\square\mu\square\kappa\square\mu) \cup \ldots$$

(d.h.,

$$(a,b) \in \kappa\vee\mu \iff \exists c_1, \ldots, c_n \in A : (\forall i \in \{1,2,\ldots,n-1\} :$$

$$(c_i, c_{i+1}) \in \kappa \text{ oder } (c_i, c_{i+1}) \in \mu) \text{ und } (a,b) = (c_1, c_n)).$$

Beweis. Die Vollständigkeit von $(Eq(A); \subseteq)$ folgt aus Satz 15.5.1 und dem leicht nachprüfbaren Fakt, daß der Durchschnitt beliebig vieler Äquivalenzrelationen über A wieder eine Äquivalenzrelation über A ist. Die restlichen Aussagen überlegt man sich als ÜA. ∎

Definitionen Es sei $\varrho \in Eq(A)$ und $a \in A$. Die Menge

$$[a]_\varrho(:= a/\varrho) := \{x \in A \mid (a,x) \in \varrho\}$$

nennt man **Äquivalenzklasse von ϱ**.
Die Menge

$$A/\varrho := \{a/\varrho \mid a \in A\}$$

aller Äquivalenzklassen von ϱ heißt **Faktormenge von A nach ϱ**.

Folgender Satz wurde bereits im Band 1 bewiesen[5]:

---

[5] Siehe Band 1, Satz 1.3.1.

Satz 15.5.4 *Sei A eine nichtleere Menge. Dann gilt für beliebiges $\varrho \in Eq(A)$ und beliebige $a, b \in A$:*

(a) $A = \bigcup_{a \in A} a/\varrho;$

(b) $a/\varrho \neq b/\varrho \iff a/\varrho \cap b/\varrho = \emptyset.$ ∎

Definitionen Eine **Zerlegung** (engl: partition) π der Menge A ist eine Menge von nichtleeren Teilmengen A_i ($i \in I$) von A (sogenannte **Blocks** von π) mit den Eigenschaften:

(Z_1) $\bigcup_{i \in I} A_i = A$

und

(Z_2) $\forall i, j \in I : A_i \cap A_j = \emptyset$ oder $A_i = A_j$.

Die Menge aller Zerlegungen von A sei $\Pi(A)$.

Auch der folgende Satz wurde i.w. bereits im Band 1 bewiesen[6]:

Satz 15.5.5 *Definiert man auf $\Pi(A)$ die partielle Ordnung $\leq$ wie folgt:*

$$\pi \leq \pi' :\iff \forall b \in \pi \, \exists b' \in \pi' : b \subseteq b',$$

so sind die Verbände $(Eq(A); \subseteq)$ und $(\Pi(A); \leq)$ isomorph.
Eine ordnungsbewahrende Abbildung α von $Eq(A)$ auf $\Pi(A)$ läßt sich dann auf folgende Weise beschreiben:

Sei $\kappa \in Eq(A)$ und $\pi := \{b_i \mid i \in I\} \in \Pi(A)$. Dann gilt:

$$\alpha(\kappa) := \{x/\kappa \mid x \in A\}$$

bzw.

$$\alpha^{-1}(\pi) := \{(x, y) \mid \exists i \in I : \{x, y\} \subseteq b_i\}.$$ ∎

---

[6] Siehe Band 1, Satz 1.3.2.

Hüllensysteme und Hüllenoperatoren

Dieses Kapitel verallgemeinert Beobachtungen, die man beim näheren Untersuchen von Begriffen wie etwa *Unteralgebra* und *lineare Hülle* bei Vektorräumen (oder anderer Abschlußoperatoren aus der klassischen Algebra) machen kann, zu den Begriffen *Hüllensystem* und *Hüllenoperator*. Anschließend wird gezeigt, daß diese Begriffe – grob gesagt – dasselbe liefern. Es werden außerdem Verbindungen zur Verbandstheorie aufgezeigt, und es wird (als erste Anwendung des bisher im Teil III behandelten Stoffes) eine Einführung in die *Begriffsanalyse* gegeben.

16.1 Grundbegriffe

Definitionen   Bezeichne A eine nichtleere Menge und sei $\mathfrak{P}(A)$ die Potenzmenge von A.
Dann nennt man eine Teilmenge H von $\mathfrak{P}(A)$ ein **Hüllensystem** auf A, falls

(i) $A \in H$ und

(ii) $\bigcap B := \bigcap \{b \mid b \in B\} \in H$ für jede nichtleere Teilmenge B von H.[1]

Die Elemente von H werden **Hüllen** genannt.

Beispiele
(1.) Die Menge aller abgeschlossenen Teilmengen einer Algebra A bildet ein Hüllensystem auf A.

(2.) Die Mengensysteme $\mathfrak{P}(A)$, $\{A\}$ und $\{A\} \cup \{E \in \mathfrak{P}(A) \mid E \text{ endlich}\}$ sind für jede nichtleere Menge A Hüllensysteme auf A.

(3.) Die Menge aller Äquivalenzrelationen $Eq(A)$ ist ein Hüllensystem auf A^2, $A \neq \emptyset$.

---

[1] Zur Erinnerung: Im Band 1 hatten wir $\bigcap_{b \in B} b = \bigcap \{b \mid b \in B\}$ vereinbart.

Definitionen   Eine Abbildung

$$C : \mathfrak{P}(A) \longrightarrow \mathfrak{P}(A)$$

heißt **Hüllenoperator** (engl: closure operator) auf A, falls für alle $X, Y \subseteq A$ gilt:

(i) $X \subseteq C(X)$ (Extensivität),

(ii) $X \subseteq Y \implies C(X) \subseteq C(Y)$ (Monotonie),

(iii) $C(C(X)) = C(X)$ (Idempotenz).

Mengen der Form $C(X)$ nennt man **abgeschlossen**, und man sagt, daß $C(X)$ von X **erzeugt** ist.

Beispiel   Nach Abschnitt 14.3 ist für jede Algebra der Operator [...]$_\mathbf{A}$ ein Hüllenoperator.

Definition   Erfüllt ein Hüllenoperator C zusätzlich noch die Bedingung

(iv) $\forall X \subseteq A : C(X) = \bigcup \{C(Y) \mid Y \subseteq X \text{ und } Y \text{ ist endlich}\}$,

so heißt er **algebraischer Hüllenoperator**.

16.2 Einige Eigenschaften von Hüllensystemen und Hüllenoperatoren

Ganz allgemein sind Hüllensysteme und Hüllenoperatoren dasselbe:

Satz 16.2.1 (Hauptsatz über Hüllensysteme und Hüllenoperatoren)

(a) Bezeichne H ein Hüllensystem auf A. Für alle $X \subseteq A$ sei

$$C_H(X) := \bigcap \{h \in H \mid X \subseteq h\}. \tag{16.1}$$

Dann ist $C_H : \mathfrak{P}(A) \longrightarrow \mathfrak{P}(A)$, $X \mapsto C_H(X)$ ein Hüllenoperator auf A, und die abgeschlossenen Mengen von C_H sind genau die Hüllen von H.

(b) Sei umgekehrt C ein Hüllenoperator auf A. Dann ist

$$H_C := \{C(X) \mid X \subseteq A\} \tag{16.2}$$

ein Hüllensystem auf A, und die Hüllen von H_C sind genau die abgeschlossenen Mengen von A.

(c) Für jedes Hüllensystem H auf A gilt

$$H_{(C_H)} = H, \tag{16.3}$$

und für jeden Hüllenoperator C auf A gilt

$$C_{(H_C)} = C. \tag{16.4}$$

Beweis. (a): Die Extensivität des in (16.1) definierten Operators folgt unmittelbar aus der Definition von $C_H(X)$. Falls $X \subseteq Y$, haben wir $U := \{h \in H \mid X \subseteq h\} \supseteq V := \{h \in H \mid Y \subseteq h\}$, woraus $C_H(X) = \bigcap\{h \in H \mid X \subseteq h\} \subseteq C_H(Y) = \bigcap\{h \in H \mid Y \subseteq h\}$ folgt. Also ist C_H monoton. Zwecks Nachweis der Idempotenz von C_H zeigen wir zunächst

$$Y \subseteq C_H(Z) \implies C_H(Y) \subseteq C_H(Z). \tag{16.5}$$

Aus $Y \subseteq C_H(Z)$ folgt $\{h \in H \mid Z \subseteq h\} \subseteq \{h \in H \mid Y \subseteq h\}$ und hieraus $C_H(Y) \subseteq C_H(Z)$, d.h., (16.5) gilt. Wählt man in (16.5) $Y = C_H(Z)$, so folgt aus (16.5) $C_H(C_H(Z)) \subseteq C_H(Z)$. Aus der Extensivität von C_H ergibt sich unmittelbar $C_H(Z) \subseteq C_H(C_H(Z))$. Also ist C_H auch idempotent und C_H ein Hüllenoperator. Als nächstes beweisen wir

$$X \in H \iff C_H(X) = X. \tag{16.6}$$

Die Richtung „$\implies$" in (16.6) folgt unmittelbar aus der Definition von C_H. „$\impliedby$" ergibt sich aus der Definition von C_H und der Voraussetzung (ii) (siehe 16.1). Damit ist (a) bewiesen.

(b): Sei $C : \mathfrak{P}(A) \longrightarrow \mathfrak{P}(A)$ ein Hüllenoperator und H_C wie in (16.2) definiert. Folgende Äquivalenz prüft man leicht nach:

$$\forall X \subseteq A \; (X \in H_C \iff C(X) = X). \tag{16.7}$$

Aus der Definition von C folgt $A \subseteq C(A) \subseteq A$, d.h., $A = C(A) \in H_C$. Für beliebige $\mathfrak{B} \subseteq H_C$ haben wir noch $\bigcap \mathfrak{B}$ $(= \bigcap_{X \in \mathfrak{B}} X) \in H_C$ zu zeigen. Da für jedes $B \in \mathfrak{B}$ stets $B = C(B)$ und $\bigcap_{X \in \mathfrak{B}} X \subseteq B$ gilt, folgt aus der Extensivität von C: $C(\bigcap_{X \in \mathfrak{B}} X) \subseteq C(B) = B$ für jedes $B \in \mathfrak{B}$. Hieraus ergibt sich dann $C(\bigcap_{X \in \mathfrak{B}} X) \subseteq \bigcap_{B \in \mathfrak{B}} B$. Andererseits haben wir aber auch $\bigcap_{X \in \mathfrak{B}} X \subseteq C(\bigcap_{X \in \mathfrak{B}} X)$, womit $C(\bigcap \mathfrak{B}) = \bigcap \mathfrak{B} \in H_C$ gilt, w.z.b.w.

(c): Unter Verwendung von (16.7) und (16.6) ergibt sich $H_{(C_H)} = H$ aus

$$X \in H_{(C_H)} \iff C_H(X) = X \iff X \in H.$$

Zwecks Nachweis von $C_{(H_C)} = C$, sei $Y \subseteq A$ beliebig gewählt. Wir haben $C_{(H_C)}(Y) = C(Y)$ zu beweisen. Nach Definition gilt: $C_{(H_C)}(Y) = \bigcap\{Z \mid Z \in H_C, Y \subseteq Z\}$, woraus mittels (16.7) $C_{(H_C)}(Y) = \bigcap\{Z \mid C(Z) = Z, Y \subseteq Z\}$ folgt. Wegen $C(Y) = C(C(Y))$ ist $\bigcap\{Z \mid C(Z) = Z, Y \subseteq Z\} \subseteq C(Y)$. Andererseits folgt aus $Y \subseteq Z = C(Z)$, daß $C(Y) \subseteq C(Z) = Z$ ist, was $\bigcap\{Z \mid C(Z) = Z, Y \subseteq Z\} \supseteq C(Y)$ ergibt. Zusammengefaßt erhalten wir $\bigcap\{Z \mid C(Y) = Z, Y \subseteq Z\} = C(Y)$. ∎

Satz 16.2.2

(a) Für jede Algebra $\mathbf{A} = (A; F)$ ist $[\ldots]_{\mathbf{A}}$ ein algebraischer Hüllenoperator auf A.

(b) Umgekehrt gibt es zu jedem algebraischen Hüllenoperator C auf der Menge A eine Menge F von Operationen auf A, so daß $\{C(X) \mid X \subseteq A\}$ gerade die Menge aller Unteralgebren von $\mathbf{A} = (A; F)$ bildet.

Beweis. (a) folgt aus der Beschreibung des Abschlusses $[T]_{\mathbf{A}}$ einer beliebigen Menge $T \subseteq A$ aus Lemma 14.3.1.

(b): Sei C ein algebraischer Hüllenoperator. Wir haben eine gewisse Menge von Operationen F auf A so zu definieren, daß $C(X) = [X]_F$ für beliebige $X \subseteq A$ gilt.

Für jede endliche n-elementige Teilmenge $E := \{e_1, ..., e_n\}$ von A und jedes $e \in C(E)$ sei $f_{E;e}$ wie folgt definiert:

$$f^n_{E;e}(x_1, ..., x_n) := \begin{cases} e, & \text{falls} \quad \{x_1, ..., x_n\} = E, \\ x_1 & \text{sonst.} \end{cases}$$

Die Funktionen des Typs $f_{E;e}$ fassen wir zur Menge F zusammen:

$$F := \bigcup_{n \in \mathbb{N}} \{f^n_{E;e} \mid |E| = n, E \subseteq A, e \in C(E)\}.$$

Nach Konstruktion haben wir dann $C(E) = [E]_F$.

Da C ein algebraischer Hüllenoperator ist, folgt hieraus $C(X) = [X]_F$ für jede Teilmenge $X \subseteq A$. ∎

Satz 16.2.3

(a) Bezeichne C einen Hüllenoperator auf A und sei

$$L_C := \{X \subseteq A \mid C(X) = X\}.$$

Dann ist L_C ein vollständiger Verband mit

$$\bigwedge_{i \in I} C(A_i) = \bigcap_{i \in I} C(A_i)$$

und

$$\bigvee_{i \in I} C(A_i) = C(\bigcup_{i \in I} A_i).$$

(b) Jeder vollständige Verband ist isomorph zum Verband $\mathbf{L_C}$ aller abge-schlossenen Teilmengen einer gewissen Menge A mit einem Hüllenope-rator C.

Beweis. (a) prüft man leicht nach.
(b) Sei $\mathbf{L}$ ein vollständiger Verband. Für $X \subseteq L$ definieren wir

$$C(X) := \{a \in L \mid a \le \sup X\}.$$

Dann ist C ein Hüllenoperator auf L und die Abbildung

$$\alpha : L \longrightarrow L_C, \, a \to \{b \in L \mid b \le a\}$$

ist eine isomorphe Abbildung von L auf L_C.   ■

Definitionen Seien $X, Y \subseteq A$, H ein Hüllensystem auf A und $h \in H$.

- X heißt **Erzeugendensystem** von h, wenn $h = C_H(X)$ gilt.
- h heißt **endlich erzeugbar**, wenn es eine endliche Menge $E \subseteq h$ mit $h = C_H(E)$ gibt.
- X heißt C_H-**unabhängig** (bzw. kurz: **unabhängig**), wenn für alle $x \in X$ stets $x \notin C_H(X \backslash \{x\})$ gilt.
- X heißt eine C_H-**Basis** (bzw. kurz: **Basis**) von h, wenn X eine C_H-unabhängiges Erzeugendensystem von h ist.

Aus allgemeinen Sätzen über Hüllensysteme und Hüllenoperatoren erhält man die folgenden Aussagen über Algebren, die wir hier nur für unser konkretes Hüllensystem $S(\mathbf{A})$ und den zugehörigen Hüllenoperator $[...]_{\mathbf{A}}$ beweisen wollen.

Satz 16.2.4

(a) Sei $\mathbf{A}$ eine endlich erzeugte Algebra. Dann existiert zu jedem Erzeugendensystem T von $\mathbf{A}$ bereits ein endliches Erzeugendensystem $T' \subseteq T$ von $\mathbf{A}$.

(b) Jede endlich erzeugte Algebra besitzt eine endliche Basis.

(c) Jede Algebra, die keine Basis besitzt, ist nicht endlich erzeugbar.

(d) Sei $\mathbf{A}$ eine Algebra, die eine Unteralgebra $\mathbf{A}_1$ mit abzählbar unendlicher Basis besitzt. Dann hat $S(\mathbf{A})$ keine geringere Mächtigkeit als die des Kontinuums.

Beweis. (a): Sei $\mathbf{A} = (A; F)$ endlich erzeugt. Dann existiert eine endliche Basis $B_0 = \{b_1, b_2, ..., b_r\} \subseteq A$ der Grundmenge A mit $[B_0]_{\mathbf{A}} = A$. Nun sei $T \subseteq A$ ein beliebiges Erzeugendensystem der Algebra $\mathbf{A}$. Wegen $[T] = A$ entsteht jedes Element $a \in A$ aus Elementen von T nach dem Beweis von Satz 16.2.2, (a) durch sukzessive Anwendung der Operationen aus F. Das gilt auch für die Elemente $b_1, ..., b_r$ von B_0. Die Menge aller dazu benötigten Elemente aus T ist offenbar ein endliches Erzeugendensystem $T' \subseteq T$ von $\mathbf{A}$.

(b): Sei $\mathbf{A} = (A; F)$ eine endlich erzeugte Algebra. Dann existiert nach (a) zu jedem Erzeugendensystem T von $\mathbf{A}$ eine endliche Teilmenge $T' \subseteq T$, die bereits Erzeugendensystem der gegebenen Algebra ist. Gilt für alle $t \in T$ bereits $t \notin [T \backslash \{t\}]$, so ist T' eine endliche Basis. Anderenfalls ist aber für $t_1 \in [T \backslash \{t_1\}] =: T''$ wiederum T'' ein Erzeugendensystem für $\mathbf{A}$. Falls nun für alle $t \in T''$ auch $t \notin [T'' \backslash \{t\}]$ gilt, so ist T'' Basis für $\mathbf{A}$. Im entgegengesetzten Fall verfahren wir mit T'' wie mit T', indem wir zu T''' übergehen, usw. Aufgrund der Endlichkeit von T bricht dieser Prozeß mit der Konstruktion einer Basis für $\mathbf{A}$ ab, und (b) ist bewiesen.

(c) ergibt sich sofort aus (b).

(d): Es sei $T := \{t_1, t_2, ...\}$ eine abzählbar unendliche Basis der Unteralgebra $\mathbf{A}_1$

von **A**. Für Teilmengen $T' \subset T$ der Basis haben wir nach Definition mit $a \in T \backslash T'$ die Beziehung $a \notin [T']$. Damit definieren verschiedene Teilmengen T' und T'' von T verschiedene Unteralgebren $[\mathbf{T}']$ und $[\mathbf{T}'']$. Folglich ist die Mächtigkeit der Menge $S(\mathbf{A})$ nicht kleiner als die der Menge $\mathfrak{P}(T)$. Letztere hat aber bekanntlich die Mächtigkeit des Kontinuums (siehe Band 1).   ∎

16.3 Eine Anwendung in der Formalen Begriffsanalyse

Wir werden später noch sehen, daß Verbände und Hüllenoperatoren in vielen mathematischen Zusammenhängen auftreten. Nachfolgend soll kurz gezeigt werden, wie man unsere bisherigen Ergebnisse bei der Klassifikation und Anordnung von Objekten („Gegenständen") mit Hilfe von Attributen („Merkmalen") verwenden kann. Die hier nach [Ihr 94] vorgestellte mathematische Methode gehört zur **Formalen Begriffsanalyse**, über die man sich z.B. in [Wil 87] einen ersten Überblick verschaffen kann.

Definitionen   Ein **Kontext** (oder eine **Inzidenzstruktur**) ist ein Tripel (G, M, I), wobei G und M Mengen sind und I eine Teilmenge von $G \times M$. Die Elemente von G werden **Gegenstände** und die von M **Merkmale** genannt.

Wir vereinbaren, gIm anstelle von $(g, m) \in I$ zu schreiben und dafür „*der Gegenstand g hat das Merkmal m*" zu sagen.

Zur Erläuterung der oben stehenden Begriffe und auch der nachfolgenden Definitionen verwenden wir das folgende **Beispiel:**

Sei $G^\star$ die Menge aller (bekannten) Planeten unseres Sonnensystems, die wir in der Form

$$G^\star := \{Me, V, E, Ma, J, S, U, N, P\}$$

aufschreiben, und M die Menge

$$M^\star := \{Gk, Gm, Gg, An, Aw, Mj, Mn\},$$

die gewisse elementare Eigenschaften dieser Planeten angibt, wobei die Buchstabenkombinationen Abkürzungen für folgende Merkmale sind:

G: Größe;

k: klein; m : mittel; g : groß;

A : Abstand zur Sonne;

n : nah; w : weit;

M : Mond;

j : ja; n : nein.

Der besseren Übersicht wegen, geben wir I mit Hilfe der nachfolgenden Tabelle an. Dabei bedeutet ein Kreuz in Zeile $x \in G^\star$ und Spalte $y \in M^\star$, daß $(x, y) \in I$ gilt.

	Größe			Abstand zur Sonne		Mond	
	klein	mittel	groß	nah	weit	ja	nein
Merkur	×			×			×
Venus	×			×			×
Erde	×			×		×	
Mars	×			×		×	
Jupiter			×		×	×	
Saturn			×		×	×	
Uranus		×			×	×	
Neptun		×			×	×	
Pluto	×				×	×	

Kontext „Planeten des Sonnensystems"

Definitionen Sei (G, M, I) ein Kontext. Für jede Teilmenge $A \subseteq G$ und jede Teilmenge $B \subseteq M$ seien

$$A' := \{y \in M \mid \forall a \in A : (a, y) \in I\},$$
$$B' := \{x \in G \mid \forall b \in B : (x, b) \in I\}. \tag{16.8}$$

Speziell gilt $A' = M$, falls $A = \emptyset$, und $B' = G$, falls $B = \emptyset$.

Unter Verwendung der oben angegebenen Bezeichnungen gilt z.B. $\{Ma, P\}' = \{Gk, Mj\}$ und $\{Gk, Mj\}' = \{E, Ma, P\}$.

Lemma 16.3.1 *Sei (G, M, I) ein Kontext. Für alle $A_1, A_2, A \subseteq G$ gilt:*

(a) $A_1 \subseteq A_2 \implies A_2' \subseteq A_1'$
(b) $A \subseteq (A')'$
(c) $((A')')' = A'$.

Analoge Aussagen gelten für alle $B_1, B_2, B \subseteq M$.

Beweis. (a) ergibt sich unmittelbar aus der Definition (16.8).

(b): Sei $a \in A$. Dann gilt aIy für alle $y \in A'$. Folglich haben wir $a \in (A')'$.

(c): Durch Anwendung von (a) auf $A \subseteq (A')'$ erhält man $((A')')' \subseteq A'$. Mit (b) folgt $A' \subseteq (((A')')')'$. ■

Anstelle von $((X)')'$ schreiben wir nachfolgend X''.

Satz 16.3.2 *Für jeden Kontext (G, M, I) ist durch*

$$A \longrightarrow A''$$

ein Hüllenoperator auf G und durch

$$B \longrightarrow B''$$

ein Hüllenoperator auf M gegeben.

Beweis. Erhält man mit Hilfe von Lemma 16.3.1.   ∎

Wegen Satz 16.2.3 bilden damit die abgeschlossenen Mengen in G (und genauso die abgeschlossenen Mengen in M) mit $\subseteq$ einen Verband nach der zweiten Definition.

Es ist nun üblich, Gegenstands- und Merkmalmengen gemeinsam zu betrachten:

Definition Ein **Begriff** eines Kontextes $\mathfrak{K} := (G, M, I)$ ist ein Paar (A, B) mit $A \subseteq G$, $B \subseteq M$, $A = B'$, $B = A'$.

Die Menge aller Begriffe von $\mathfrak{K}$ wird mit $L(\mathfrak{K})$ bezeichnet. Für (A_1, B_1), $(A_2, B_2) \in L(\mathfrak{K})$ sei

$$(A_1, B_1) \leq (A_2, B_2) \; :\Longleftrightarrow \; A_1 \subseteq A_2 \quad (\Longleftrightarrow \; B_2 \subseteq B_1).$$

Satz 16.3.3 *Für jeden Kontext $\mathfrak{K}$ ist $(L(\mathfrak{K}), \leq)$ ein Verband (der* **Begriffsverband** *von $\mathfrak{K}$). Für das Supremum bzw. das Infimum von zwei Begriffen (A_1, B_1) und (A_2, B_2) gilt*

$$(A_1, B_1) \vee (A_2, B_2) = ((B_1 \cap B_2)', B_1 \cap B_2),$$
$$(A_1, B_1) \wedge (A_2, B_2) = (A_1 \cap A_2, (A_1 \cap A_2)').$$

(Das Supremum von zwei Begriffen erhält man also mit Durchschnittsbildung der Merkmalsmengen (der sogenannten **Begriffsinhalte***) und das Infimum mit Durchschnittsbildung der Gegenstandsmengen (der* **Begriffsumfänge***).[2])*

Beweis. Die Begriffe sind genau die Paare (A, A') mit $A = A''$. Daher ist $\leq$ durch die Inklusion $\subseteq$ auf den abgeschlossenen Gegenstandsmengen gegeben. Nach Satz 16.2.3 ist $\leq$ deshalb eine Verbandsordnung, und das Infimum von (A_1, B_1) und (A_2, B_2) ist von der Form $(A_1 \cap A_2, Y)$, wobei automatisch $Y = (A_1 \cap A_2)'$ gilt. Andererseits ist $\leq$ auch durch die duale Ordnung (d.h., die „umgekehrte" Inklusion) auf den abgeschlossenen Merkmalsmengen gegeben. Das Supremum von (A_1, B_1) und (A_2, B_2) hat also das Infimum von B_1 und B_2 als „Begriffsinhalt", d.h., es ist von der Form $(X, B_1 \cap B_2)$, wobei automatisch $X = (B_1 \cap B_2)'$ gilt.   ∎

Beispiel Wir bestimmen die Begriffe des Planetenkontext von oben. Triviale Begriffe sind

$$B_0 := (\emptyset, M^\star), \; B_1 := (G^\star, \emptyset).$$

Begriffe der Form $(\{x\}'', \{x\}')$ mit $x \in G^\star$ und $(\{y\}', \{y\}'')$ mit $y \in M^\star$ entnehme man der folgenden Tabelle.

---

[2] Hierin liegt der Vorteil, mit Paaren aus Begriffsumfängen und Begriffsinhalten zu arbeiten.

i	B_i	x	y
2	$(\{Me,V\},\{Gk,An,Mn\})$	$\in \{Me,V\}$	Mn
3	$(\{E,Ma\},\{Gk,An,Mj\})$	$\in \{E,Ma\}$	
4	$(\{J,S\},\{Gg,Aw,Mj\})$	$\in \{J,S\}$	Gg
5	$(\{U,N\},\{Gm,Aw,Mj\})$	$\in \{U,N\}$	Gm
6	$(\{P\},\{Gk,Aw,Mj\})$	P	
7	$(\{Me,V,E,Ma,P\},\{Gk\})$		Gk
8	$(\{Me,V,E,Ma\},\{Gk,An\})$		An
9	$(\{J,S,U,N,P\},\{Aw,Mj\})$		Aw
10	$(\{E,Ma,J,S,U,N,P\},\{Mj\})$		Mj

Möglich sind für $x_1, x_2,, .. \in G^\star$ und $y_1, y_2, ... \in M^\star$ auch Begriffe der Form $(\{x_1, x_2, ...\}'', \{x_1, x_2, ...\}')$ oder $(\{y_1, y_2, ...\}', \{y_1, y_2, ...\}'')$, wobei (nach Definition) $\{z_1, z_2, ...\}' = \{z_1\}' \cap \{z_2\}' \cap ...$ für $z \in \{x, y\}$. Wie man leicht nachprüft, ist auf diese Weise nur noch der Begriff

$$B_{11} := (\{E, Ma, P\}, \{Gk, Mj\})$$

bildbar. Damit sind wir in der Lage, den Begriffsverband des Planetenkontext zu zeichnen (siehe Abbildung 16.1).

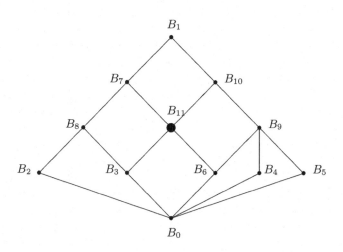

Abb. 16.1

Bei größeren Kontexten stellt sich natürlich das Problem, wie alle Begriffe effektiv (d.h., schnell) berechnet werden können. Ein erstes Resultat in diese Richtung folgt aus Satz 16.3.3:

Lemma 16.3.4 *Für jeden Begriff* (A, B) *eines Kontextes* $\mathfrak{K}$ *gilt*

$$A = \bigcap_{m \in B} \{m\}', \quad B = \bigcap_{g \in A} \{g\}'.$$

∎

Also startet man bei der Bestimmung der Begriffe beispielsweise mit den Gegenstandsmengen $\{m\}'$. Man erhält diese Menge direkt aus den Spalten einer „Kreuzchentabelle" des Kontextes bzw. mit Hilfe eines Computers. In der Begriffsanalyse sind außerdem Methoden entwickelt worden, um mit Computerunterstützung auch sehr große (Begriff–) Verbände darzustellen.

Zur vollen Entfaltung kommt die formale Begriffsanalyse erst bei der Auswertung großer Datenmengen (und bei wichtigeren Themen als dem präsentierten Beispiel).

Homomorphismen, Kongruenzen und Galois-Verbindungen

Es ist klar, daß sich abstrakte algebraische Eigenschaften einer Algebra nicht ändern, wenn man ihren Elementen und ihren Operationen andere Namen gibt. Mathematisch läßt sich dieser Fakt durch den Begriff *Isomorphismus* bzw. *isomorphe Abbildung* beschreiben. Eine Verallgemeinerung dieses Begriffes ist der des *Homomorphismus* bzw. der der *homomorphen Abbildung*, mit dessen Hilfe Ähnlichkeiten von Algebren erfaßt werden können. *Kongruenzen* und *Faktoralgebren* sind Hilfsmittel bei der Charakterisierung von Homomorphismen.

Eine *Galois-Verbindung* ist ein Paar von Abbildungen zwischen zwei Potenzmengen mit gewissen Eigenschaften (darunter die Umkehrung der Enthaltenseinsbeziehung beim Abbilden). Wir werden später (u.a. bei der Behandlung der Gleichungstheorie und der Galois-Theorie von Funktionen- und Relationenalgebren) konkrete Galois-Verbindungen betrachten, die es uns ermöglichen, über die Abbildungen den Untersuchungsgegenstand zu wechseln, um nach Ergebnissen im „neuen Bereich" wiederum über die Abbildungen zu Ergebnissen im „Ausgangsbereich" zu gelangen. Wegen der Umkehrung der Inklusion bei diesen Abbildungen kann man auf diese Weise das Studium von „großen" Mengen auf das von „kleinen" Mengen und umgekehrt zurückführen.

17.1 Homomorphismen und Isomorphismen

Definitionen Seien $(A; F)$ und $(B; G)$ zwei allgemeine Algebren desselben Typs und $F = \{f_i \mid i \in I\}$ sowie $G = \{g_i \mid i \in I\}$ mit $af_i = ag_i$ für jedes $i \in I$. Dann nennen wir die Abbildung $\varphi : A \longrightarrow B$ **Homomorphismus** bzw. **homomorphe Abbildung von A in B**, wenn φ mit allen $f \in F$, $g \in G$ verträglich ist, d.h., es gilt für alle $i \in I$ und alle $a_1, ..., a_{af_i} \in A$:

$$\varphi(f_i(a_1, ..., a_{af_i})) = g_i(\varphi(a_1), \varphi(a_2), ..., \varphi(a_{af_i})),$$

falls $af_i > 0$, und $\varphi(f_i) = g_i$ für alle $f_i \in F$ mit $af_i = 0$.

Ist φ zusätzlich bijektiv von **A** auf **B**, so heißt φ **Isomorphismus** bzw. **isomorphe Abbildung** von **A** auf **B**.

Ein Homomorphismus einer Algebra **A** in sich heißt **Endomorphismus** von **A**, ein Isomorphismus von **A** auf sich **Automorphismus** von **A**.

Offensichtlich ist φ^{-1} Isomorphismus von **B** auf **A**, falls φ Isomorphismus von **A** auf **B** ist. Man kann folglich sagen: „**A** und **B** sind isomorph" und schreibt

$$\mathbf{A} \cong \mathbf{B}$$

(Sprechweise: „**A** isomorph **B**") zur Kennzeichnung dieses Sachverhaltes.

Wie man leicht nachprüft, ist das Hintereinanderausführen von homomorphen Abbildungen $\varphi_1 \square \varphi_2$ ($\varphi_1 : A_1 \longrightarrow A_2, \varphi_2 : A_2 \longrightarrow A_3$) ein Homomorphismus von $\mathbf{A_1} = (A_1; F_1)$ in $\mathbf{A_3} = (A_3; F_3)$. Mit Hilfe dieser Eigenschaft kann man sich übrigens überlegen, daß die Isomorphie „$\cong$" eine Äquivalenzrelation auf Mengen von Algebren bildet.

Weitere elementare Eigenschaften homomorpher Abbildungen faßt das nachfolgende Lemma zusammen.

Lemma 17.1.1 *Bezeichne φ eine homomorphe Abbildung von* **A** $= (A; F)$ *in* **B** $=$ $(B; G)$*. Dann gilt:*

(a) *$\varphi(A)$ ist bez.* **B** *abgeschlossen, d.h., $(\varphi(A); G)$ ist eine Unteralgebra von* **B***, die man homomorphes Bild von* **A** *unter φ nennt.*

(b) *Ist* **A**$'$ *eine Unteralgebra von* **A***, so ist auch $(\varphi(A'); G)$ eine Unteralgebra von $(\varphi(A); G)$.*

(c) *Ist $T \subseteq A$ ein Erzeugendensystem von A, so ist $\varphi(T)$ ein Erzeugendensystem von $\varphi(A)$.*

(d) *Ist $(B'; G)$ eine Unteralgebra von $(\varphi(A); G)$, so ist das sogenannte vollständige Urbild $(\varphi^{-1}(B'); F)$ mit $\varphi^{-1}(B') := \{a \in A \mid \varphi(a) \in B'\}$ eine Unteralgebra von* **A***.*

(e) *Ist ψ eine weitere homomorphe Abbildung von* **A** *in* **B***, die auf einem Erzeugendensystem von A mit φ übereinstimmt, so gilt $\varphi = \psi$.* ∎

17.2 Kongruenzrelationen und Faktoralgebren von Algebren

Definitionen   Unter einer **Kongruenzrelation** (kurz: **Kongruenz**) bzw. unter dem **Kern** der homomorphen Abbildung φ einer Algebra **A** $= (A; F)$ versteht man eine durch einen Homomorphismus φ von **A** in **B** induzierte Äquivalenzrelation κ_φ auf A, d.h., für beliebige $a, a' \in A$ gilt:

$$(a, a') \in \kappa_\varphi :\Longleftrightarrow \varphi(a) = \varphi(a').$$

Bezeichnet wird κ_φ nachfolgend auch mit $Kern\,\varphi$. Die Menge aller Kongruenzen von **A** sei

$$Con(\mathbf{A}).$$

Beispiele   Die identische Abbildung id_A mit

$$\mathrm{id}_A : \; A \longrightarrow A, a \mapsto a$$

und die Abbildung φ_C mit

$$\varphi_C : A \longrightarrow \{c\}, a \mapsto c$$

von $\mathbf{A}$ auf die einelementige Algebra desselben Typs $(\{c\}; G)$, wobei $g(c, c, ..., c) = c$ für alle $g \in G$, falls $ag > 0$, und $g = c$, falls $ag = 0$ festgelegt sei, induzieren zwei sogenannte **triviale Kongruenzen**, die **Nullkongruenz** κ_0 und die **Allkongruenz** (bzw. **Einskongruenz**) κ_1:

$$\kappa_0 := \{(a, a) \mid a \in A\},$$

$$\kappa_1 := A \times A.$$

Definition   Allgemeine Algebren, die nur die beiden Kongruenzen κ_0 und κ_1 besitzen, nennt man **einfach**.
Beispiele für einfache Algebren sind Gruppen von Primzahlordnung und die Körper (Beweis: ÜA).

Man kann Kongruenzen auch ohne den Homomorphismus-Begriff beschreiben, wie das nachfolgende Lemma zeigt.

Lemma 17.2.1 *Eine Äquivalenzrelation κ auf $\mathbf{A}$ ist genau dann eine Kongruenz auf der Algebra $\mathbf{A} = (A; F)$, wenn sie mit allen nicht nullstelligen Operationen auf F verträglich (kompatibel) ist, d.h., wenn für alle $f^n \in F$ mit $n = af > 0$ und beliebige $a_1, ..., a_n, a_1', ..., a_n' \in A$ gilt:*

$$\{(a_1, a_1'), ..., (a_n, a_n')\} \subseteq \kappa \Longrightarrow (f(a_1, ..., a_n), f(a_1', ..., a_n')) \in \kappa.$$

Beweis. Sei

$$F := \{f_i^{n_i} \mid i \in I\},$$

wobei I eine gewisse Indexmenge bezeichnet.
„$\Longrightarrow$": Sei κ eine Kongruenz auf A. Nach der Definition einer Kongruenz existiert dann eine Algebra $\mathbf{B} := (B; G)$, wobei

$$G := \{g_i^{n_i} \mid i \in I\},$$

und eine homomorphe Abbildung

$$\varphi : A \longrightarrow B$$

mit der Eigenschaft

$$\kappa = \{(a, a') \mid \varphi(a) = \varphi(a')\}.$$

Wir haben zu zeigen, daß κ mit jedem $f \in F \setminus F^0$ verträglich ist. Sei dazu $f := f_i^{n_i} \in F \setminus F^0$ beliebig gewählt. Aus Abkürzungsgründen setzen wir $n := n_i$ und $g := g_i^{n_i}$. Außerdem seien

$$(a_1, a_1'), ..., (a_n, a_n') \in \kappa$$

beliebig gewählt. Da φ ein Homomorphismus ist, gilt dann

$$\begin{aligned}
\varphi(f(a_1, ..., a_n)) &= g(\varphi(a_1), ..., \varphi(a_n)) \\
&= g(\varphi(a_1'), ..., \varphi(a_n')) \\
&= \varphi(f(a_1', ..., a_n'))
\end{aligned}$$

Folglich ist $(f(a_1, ..., a_n), f(a_1', ..., a_n')) \in \kappa$, was zu zeigen war.

„$\Longleftarrow$": Sei umgekehrt die Äquivalenzrelation κ auf A mit allen Operationen der Algebra $\mathbf{A} = (A; F)$ verträglich. Wir haben zu zeigen: Es gibt eine Algebra $\mathbf{B} = (B; G)$ desselben Typs wie $\mathbf{A}$ und eine homomorphe Abbildung $\varphi : A \longrightarrow B$ mit der Eigenschaft

$$\{(x, y) \mid \varphi(x) = \varphi(y)\} = \kappa.$$

Zwecks Konstruktion von $\mathbf{B}$ definieren wir:

$$a/\kappa := \{x \in A \mid (x, a) \in \kappa\} \qquad (a \in A)$$

(d.h., a/κ ist die Bezeichnung derjenigen Äquivalenzklasse von κ, in der a liegt)
und

$$B := A/\kappa := \{a/\kappa \mid a \in A\}$$

(d.h., B ist die Menge aller Äquivalenzklassen von κ).

Auf der Menge B lassen sich nun die Operationen $g_i^{n_i}$ wie folgt festlegen:

$$g_i^{n_i}(a_1/\kappa, ..., a_{n_i}/\kappa) := f_i^{n_i}(a_1, ..., a_{n_i})/\kappa \qquad (17.1)$$

(d.h., $g_i^{n_i}(a_1/\kappa, ..., a_{n_i}/\kappa)$ ist genau die Äquivalenzklasse, in der $f_i^{n_i}(a_1, ..., a_{n_i})$ liegt). Die obige Definition ist möglich, da f_i mit κ verträglich ist. Genauer: Wählt man $(a_1, a_1'), ..., (a_{n_i}, a_{n_i}') \in \kappa$, so gilt $(a_1/\kappa, ..., a_{n_i}/\kappa) = (a_1'/\kappa, ..., a_{n_i}'/\kappa)$ und $f_i^{n_i}(a_1, ..., a_{n_i})/\kappa = f_i^{n_i}(a_1', ..., a_{n_i}')/\kappa$. Wir setzen

$$G := \{g_i^{n_i} \mid i \in I\}.$$

Die Abbildung

$$\varphi : A \longrightarrow B, \ a \mapsto a/\kappa$$

ist dann eine homomorphe Abbildung von $\mathbf{A}$ auf die Algebra $\mathbf{B} := (B; G)$, da nach Definition von κ

$$\varphi(f_i^{n_i}(a_1, ..., a_{n_i})) = f_i^{n_i}(a_1, ..., a_{n_i})/\kappa$$

gilt und (wegen der Verträglichkeit von κ mit $f_i^{n_i}$ und der Definition (17.1) von $g_i \in G$) außerdem

$$f_i^{n_i}(a_1, ..., a_{n_i})/\kappa = g_i^{n_i}(a_1/\kappa, ..., a_{n_i}/\kappa) = g_i^{n_i}(\varphi(a_1), ..., \varphi(a_{n_i}))$$

ist, woraus sich

$$\varphi(f_i^{n_i}(a_1, ..., a_{n_i})) = g_i^{n_i}(\varphi(a_1), ..., \varphi(a_{n_i}))$$

ergibt.

Nach Definition von φ und den Eigenschaften einer Äquivalenzrelation gilt außerdem:

$$\{(x, y) \in A \times A \mid \varphi(x) = \varphi(y)\} = \{(x, y) \in A \times A \mid x/\kappa = y/\kappa\} = \kappa.$$

∎

Definitionen Die oben im Beweis von Lemma 17.2.1 konstruierte Algebra

$$(A/\kappa; G)$$

der sogenannten **Kongruenzklassen von** A **modulo** κ nennt man **Faktoralgebra von** $(A; F)$ **nach der Kongruenz(relation)** κ.

Die ebenfalls oben im Beweis von Lemma 17.2.1 definierte homomorphe Abbildung

$$\varphi: A \longrightarrow A/\kappa, \; a \mapsto a/\kappa$$

heißt **natürlicher Homomorphismus** (oder **kanonischer Homomorphismus**) von **A** auf **A**/κ.

Nachfolgend machen wir von unserer Vereinbarung aus 14.1 Gebrauch, die Operationen von Algebren desselben Typs mit den gleichen Buchstaben zu bezeichnen und, falls Unterscheidungen bei den Operationen erforderlich sind, durch Indizierung mit den Algebrenbezeichnungen die Operationen zu unterscheiden.

Nach diesen Vorbereitungen können wir jetzt (in Verallgemeinerung analoger Sätze über Gruppen, Ringe, ...) den folgenden Satz beweisen.

Satz 17.2.2 (Allgemeiner Homomorphiesatz)

Für jeden Homomorphismus φ *einer Algebra* **A** $:= (A; F)$ *in eine Algebra desselben Typs* **B** $:= (B; F)$ *ist die Algebra* $\varphi(\mathbf{A}) := (\varphi(A); F)$ *isomorph zur Faktoralgebra* **A**/$\kappa_\varphi := (A/\kappa_\varphi; F)$, *wobei*

$$\kappa_\varphi = \{(a, a') \in A \times A \mid \varphi(a) = \varphi(a')\}.$$

Beweis. Man hat zum Beweis nachzurechnen, daß die Abbildung

$$\alpha: \varphi(A) \longrightarrow A/\kappa_\varphi, \varphi(a) \mapsto a/\kappa_\varphi$$

ein Isomorphismus ist. Offenbar ist α nach Definition surjektiv. Die Injektivität von α ergibt sich wie folgt:

$$\alpha(\varphi(a)) = \alpha(\varphi(a'))$$
$$\Longrightarrow a/\kappa_\varphi = a'/\kappa_\varphi$$
$$\Longrightarrow (a, a') \in \kappa_\varphi$$
$$\Longrightarrow \varphi(a) = \varphi(a')$$

$(a, a' \in A)$. Also ist α bijektiv.

Zwecks Nachweis, daß α ein Homomorphismus ist, seien $f^n \in F$ und $\varphi(a_1), ..., \varphi(a_n) \in \varphi(A)$ beliebig gewählt. Es gilt dann:

$$\alpha(f_{\varphi(\mathbf{A})}(\varphi(a_1), ..., \varphi(a_n)))$$

$$= \alpha(\varphi(f_{\mathbf{A}}(a_1, ..., a_n))) \qquad \text{(da } \varphi \text{ Homomorphismus)}$$

$$= f(a_1, ..., a_n)/\kappa_\varphi \qquad \text{(nach Definition von } \alpha)$$

$$= f_{\mathbf{A}/\kappa_\varphi}(a_1/\kappa_\varphi, ..., a_n/\kappa_\varphi) \qquad \text{(da } \kappa_\varphi \text{ verträglich mit } f)$$

$$= f_{\mathbf{A}/\kappa_\varphi}(\alpha(\varphi(a_1)), ..., \alpha(\varphi(a_n))) \quad \text{(nach Definition von } \alpha),$$

womit unsere bijektive Abbildung α ein Isomorphismus ist.   ∎

Abschließend noch ein Lemma, das einige elementare Eigenschaften von Kongruenzen zusammenfaßt. Der Beweis sei dabei dem Leser überlassen.

Lemma 17.2.3 *Es gilt:*

(a) *Der Durchschnitt beliebig vieler Kongruenzen einer Algebra* $\mathbf{A}$ *ist wieder eine Kongruenz auf* $\mathbf{A}$.

(b) *Ist* κ *eine Kongruenz auf* $(A; F)$ *und* φ *ein auf* $\mathbf{A}$ *definierter Homomorphismus mit* $\kappa_\varphi \subseteq \kappa$, *so ist* $\varphi(\kappa) := \{(\varphi(a), \varphi(a')) \mid (a, a') \in \kappa\}$ *eine Kongruenz auf* $(\varphi(A); F)$.

(c) *Ist* π *eine Kongruenz auf* $(\varphi(A); F)$ *und* φ *ein auf* $(A; F)$ *definierter Homomorphismus, so ist*

$$\varphi^{-1}(\pi) := \{(a, a') \in A \times A \mid (\varphi(a), \varphi(a')) \in \pi\}$$

eine Kongruenz auf $(A; F)$, *die* κ_φ *enthält.*

(d) *Ist* κ *eine Kongruenz auf* $\mathbf{A} = (A; F)$ *und* $\mathbf{B} = (B; F)$ *eine Unteralgebra von* $\mathbf{A}$, *so ist*

$$\kappa_{|B} := \{(b, b') \in \kappa \mid b, b' \in B\}$$

eine Kongruenz auf B.

(e) *Die Menge* $Con\mathbf{A}$ *aller Kongruenzrelationen einer Algebra* $\mathbf{A}$ *ist bez. der Inklusion* $\subseteq$ *ein vollständiger Verband mit*

$$\inf\{\kappa_j \mid j \in J\} = \bigcap_{j \in J} \kappa_j,$$
$$\sup\{\kappa_j \mid j \in J\} = < \bigcup_{j \in J} \kappa_j >_{Con\mathbf{A}},$$

wobei $\{\kappa_j \mid j \in J\} \subseteq Con\mathbf{A}$ *ist und* $< \bigcup_{j \in J} \kappa_j >_{Con\mathbf{A}}$ *die durch die Vereinigungsmenge dieser Kongruenzrelationen erzeugte Kongruenz (die Durchschnitt aller der Kongruenzen ist, die* $\bigcup_{j \in J} \kappa_j$ *umfassen) bezeichnet.*   ∎

17.3 Beispiele für Kongruenzrelationen und spezielle Homomorphiesätze

Nachfolgend werden die Kongruenzrelationen auf Gruppen und Ringen näher charakterisiert und die daraus folgenden speziellen Homomorphiesätze angegeben.

17.3.1 Kongruenzen auf Gruppen

Bezeichne $\mathbf{G} = (G; \circ, ^{-1}, e)$ eine Gruppe. Eine Untergruppe $\mathbf{N}$ von $\mathbf{G}$ wird **Normalteiler** genannt, wenn

$$\forall x \in G : x \circ N = N \circ x$$

gilt. Die Menge aller Normalteiler von $\mathbf{G}$ sei $\mathbf{NG}$. Falls $\mathbf{N}$ ein Normalteiler von $\mathbf{G}$ ist, schreibt man auch

$$\mathbf{N} \lhd \mathbf{G}.$$

Folgende Beziehungen zwischen Normalteilern und Kongruenzen auf G prüft man leicht nach:

(a) Für jedes $\kappa \in Con\mathbf{G}$ ist e/κ ein Normalteiler von G, und für beliebige $a, b \in G$ gilt:

$$(a, b) \in \kappa \iff a \circ b^{-1} \in e/\kappa.$$

(b) Wenn $\mathbf{N}$ ein Normalteiler ist, so erhält man durch

$$\kappa_N := \{(a, b) \mid a \circ b^{-1} \in N\}$$

eine Kongruenz auf G mit $e/\kappa = N$.

Folglich ist die Abbildung

$$\alpha : Con\mathbf{G} \longrightarrow \mathbf{NG}, \ \kappa \mapsto e/\kappa$$

eine ordnungsbewahrende Bijektion. Da offenbar bei jedem Homomorphismus φ von $\mathbf{G}$ auf eine gewisse Gruppe $\mathbf{G}'$ e auf das Einselement von $\mathbf{G}'$ abgebildet wird, erhält man als Folgerung aus (a), (b) und Satz 17.2.2:

Satz 17.3.1.1 (Homomorphiesatz für Gruppen)
Zu einem Homomorphismus φ einer Gruppe $\mathbf{G}$ auf eine Gruppe $\mathbf{G}'$ gehört als sogenannter Kern (Bez.: $\ker \varphi$) ein Normalteiler $\mathbf{K}$ von $\mathbf{G}$, der aus allen Elementen von G besteht, die auf das Einselement von G' abgebildet werden. Die Gruppe $\mathbf{G}'$ ist isomorph zur Faktorgruppe

$$\mathbf{G/K} = (\{x \circ K \mid x \in G\}; \circ, ^{-1}, K)),$$

wobei

$$(x \circ K) \circ (y \circ K) := (x \circ y) \circ K$$

für beliebige $x, y \in G$ definiert sei.

Ist umgekehrt **K** *ein Normalteiler von* **G**, *dann ist* **K** *der Kern des natürlichen Homomorphismus von* **G** *auf die Faktorgruppe* **G**/**K** *($\forall x \in G : x \to x \circ K$).* ∎

Man beachte, daß der Begriff des *Kerns eines Gruppenhomomorphismus*, vom allgemeinen Begriff *Kern eines Homomorphismus* abweicht. Entsprechendes gilt für den Begriff Kern aus Satz 17.3.2.1.

17.3.2 Kongruenzen auf Ringen

Bezeichne $\mathbf{R} = (R; +, -, 0, \cdot)$ einen Ring. Eine Untergruppe **I** von $(R; +, -, 0)$ wird **Ideal** genannt, wenn

$$\forall x \in R : x \cdot I \subseteq I \wedge I \cdot x \subseteq I$$

gilt. Die Ideale von R fassen wir zur Menge **IR** zusammen.
Beziehungen zwischen Kongruenzen auf R und Idealen von **R** sind dann:
Für jedes $\kappa \in Con\mathbf{R}$ ist $0/\kappa$ ein Ideal von **R** und wir haben für beliebige $a, b \in R$:

$$(a, b) \in \kappa \iff a - b \in 0/\kappa.$$

Wenn **I** ein Ideal von **R** ist, so erhält man durch

$$\kappa_I := \{(a, b) \mid a - b \in I\}$$

eine Kongruenz auf R mit $0/\kappa_I = I$. Folglich ist die Abbildung $Con\mathbf{R} \longrightarrow \mathbf{IR}$, $\kappa \to 0/\kappa$ eine ordnungsbewahrende Bijektion. Weiter gilt:

Satz 17.3.2.1 (Homomorphiesatz für Ringe)
Zu jedem Homomorphismus φ eines Ringes **R** *auf einen Ring* **R**′ *gehört als Kern (Bez.: ker φ) ein Ideal* **I** *von* **R**, *und zwar besteht I aus allen Elementen von R, deren Bild bei φ das Nullelement von R' ist. Der Ring* **R**′ *ist isomorph zum Restklassenring*

$$\mathbf{R}/\mathbf{I} = (\{x + I \mid x \in R\}; +, -, I, \cdot),$$

wobei $(x + I) + (y + I) := (x + y) + I$ und $(x + I) \cdot (y + I) := (x \cdot y) + I$ für beliebige $x, y \in R$ definiert sei. Ist umgekehrt **I** *ein Ideal von* **R**, *so ist I der Kern des natürlichen Homomorphismus von* **R** *auf* **R**/**I** *($\forall x \in R : x \mapsto x + I$).*

∎

Es ist naheliegend, nach einem Homomorphiesatz für Ringe einen für Körper aufzustellen. Der nächste Satz zeigt jedoch, daß ein solcher Satz nur ein trivialer Spezialfall des allgemeinen Homomorphiesatzes ist.

Satz 17.3.2.2 *Ein Ring* **R**, *der auch Körper ist, besitzt nur die zwei trivialen Ideale* $\{0\}$ *und* **R**, *d.h., er besitzt nur die trivialen Kongruenzen* κ_0 *und* κ_1.

Beweis. Seien **R** ein Körper und κ eine Kongruenz von **R**, die von κ_0 verschieden ist. Das zu κ gehörende Ideal sei I. Da $\kappa \neq \kappa_0$, gibt es gewisse $a, b \in R$ mit $a \neq b$ und $(a, b) \in \kappa$. Folglich gehört auch $(c, 0) := (a - b, b - b)$ zu κ, womit I das invertierbare Element c enthält. Da I auch alle Elemente $r \cdot c$ für jedes $r \in R$ (speziell $r = r' \cdot c^{-1}$ mit beliebig wählbarem $r' \in R$) enthalten muß, gilt $I = R$, womit $\kappa = \kappa_1$ ist.   ∎

Abschließend überlegen wir uns noch, unter welchen Bedingungen man aus Ringen durch Übergang zu den Faktoralgebren Körper gewinnen kann.

Definition   Sei **I** ein Ideal eines Ringes **R**. Dann heißt **I** ein **maximales Ideal** von **R**, wenn $I \neq R$ und es kein Ideal **I'** von **R** mit $I \subset I' \subset R$ gibt.

Satz 17.3.2.3 *Seien* **R** *ein kommutativer Ring mit Einselement 1 und* **I** *ein Ideal von* **R**. *Dann ist* **R**/**I** *genau dann ein Körper, wenn* **I** *ein maximales Ideal von* **R** *ist.*

Beweis. „$\Longrightarrow$": Sei **R**/**I** ein Körper. Angenommen, es existiert ein Ideal **I'** von **R** mit $I \subset I' \subset R$. Mit Hilfe des natürlichen Homomorphismus

$$\varphi : R \longrightarrow R/I, \; r \mapsto r + I$$

sieht man dann, daß $\varphi(I')$ ein Ideal von R/I mit

$$\varphi(I) = \{0 + I\} \subset \varphi(I') \subset R/I$$

ist, was dem Satz 17.3.2.2 widerspricht. Also ist **I** ein maximales Ideal von **R**.

„$\Longleftarrow$": Sei **I** ein maximales Ideal von **R**. Wegen $I \neq R$ ist $|R/I| \geq 2$. Sei $a + I \in R/I$ mit $a \notin I$ beliebig gewählt. Wir haben zum Beweis unseres Satzes zu zeigen, daß $(a + I)^{-1} \in R/I$ existiert. Sei dazu

$$A := \{x \cdot a + y \,|\, x \in R, \, y \in I\}.$$

Wie man leicht nachprüft (ÜA), ist A ein Ideal von R. Außerdem ergibt sich unmittelbar aus der Definition von A: $a \in A$ und $I \subseteq A$. Wegen $a \notin I$ und der Maximalität von I in R folgt hieraus $A = R$. Folglich gehört 1 zu A, womit ein $x \in R$ und ein $y \in I$ mit $x \cdot a + y = 1$ existieren. Damit gilt

$$(a + I) \cdot (x + I) = a \cdot x + I = 1 + I.$$

Da $1 + I$ das Einselement der Faktoralgebra **R**/**I** ist, muß $x + I$ das zu $a + I$ inverse Element bezüglich $\cdot$ sein.   ∎

Eine unmittelbare Folgerung aus dem obigen Satz ist der folgende Satz.

Satz 17.3.2.4 *Ein kommutativer Ring mit Einselement ist genau dann ein Körper, wenn er nur triviale Ideale (bzw. triviale Kongruenzen) besitzt.*   ∎

17.3.3 Beispiele für Kongruenzen auf Verbänden

Nach den Beispielen aus den Abschnitten 17.3.1 und 17.3.2 könnte man den Eindruck gewinnen, daß Kongruenzen durch jeweils eine ihrer Äquivalenzklassen bestimmt sind. Daß dies nicht so ist, sieht man an folgendem Beispiel: Sei

$$L = (\{a_1, ..., a_n\}; \wedge, \vee)$$

ein Verband mit $a_1 \leq a_2 \leq ... \leq a_n$, d.h., die zum Verband gehörende partielle Ordnung ist eine totale Ordnung. Man prüft nun leicht nach, daß die durch die Zerlegung

$$\{a_1, a_2, ..., a_{r_1}\}, \{a_{r_1+1}, a_{r_1+2}, ..., a_{r_2}\}, ..., \{a_{r_s+1}, ..., a_n\}$$

$(1 \leq r_1 < r_2 < ... < r_s \leq n; \ r_1, ..., r_s \in \mathbb{N})$ definierte Äquivalenzrelation eine Kongruenz auf L ist.

17.3.4 Kongruenzen auf Booleschen Algebren

Nachfolgend sollen zunächst Begriffe erläutert werden, mit deren Hilfe wir anschließend die Kongruenzen und Homomorphismen zwischen Booleschen Algebren näher beschreiben können. Der Begriff Ideal ist dabei aus der Ringtheorie entnommen, und den Zusammenhang zwischen dem alten und dem neuen Idealbegriff stellt Satz 17.3.4.1 her.

Definition   Sei **B** eine Boolesche Algebra. Eine Teilmenge I von B heißt **Ideal** von **B**, falls

(I_1) $0 \in I$;

(I_2) $x, y \in I \Longrightarrow x \vee y \in I$;

(I_3) $(x \in I$ und $y \leq x) \Longrightarrow y \in I$.

Definition   Sei **B** eine Boolesche Algebra. Eine Teilmenge F von B heißt **Filter** von **B**, falls

(F_1) $1 \in F$;

(F_2) $x, y \in F \Longrightarrow x \wedge y \in F$;

(F_3) $(x \in F$ und $y \geq x) \Longrightarrow y \in F$.

Beispiele   Sei **B** eine 8-elementige Boolesche Algebra: O.B.d.A. können wir uns diese Boolesche Algebra durch das folgende Hasse-Diagramm darstellen:

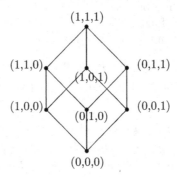

Wie man leicht nachprüft, sind dann die Ideale von $\mathbf{B}$ Mengen der Gestalt $\{(x, y, z) \in B \mid (x, y, z) \le (a, b, c)\}$ für beliebig gewähltes $(a, b, c) \in B$. $\mathbf{B}$ besitzt also genau 8 Ideale. Bildet man für jedes $(a, b, c) \in B$ die Mengen $\{(x, y, z) \in B \mid (a, b, c) \le (x, y, z)\}$, so erhält man die 8 möglichen Filter von $\mathbf{B}$.

Dieses Beispiel läßt sich leicht für endliche Boolesche Algebren verallgemeinern:

Zunächst überlege man sich als ÜA, daß für jedes $a \in B \setminus \{0\}$, wobei $\mathbf{B} := (B; \vee, \wedge, {}^-, 0, 1)$ eine endliche Boolesche Algebra ist, die Algebra

$$[\mathbf{0}, \mathbf{a}]_{\mathbf{B}} := (\{x \in B \mid x \le a\}; \vee, \wedge, {}^\star, 0, a)$$

mit

$$\forall x \in B : \quad x^\star := a \wedge \overline{x}$$

eine Boolesche Algebra ist. Wegen (I_2) besitzt jedes endliche Ideal ein größtes Element und man prüft leicht nach, daß die Ideale $\ne \{0\}$ einer endlichen Booleschen Algebra $\mathbf{B}$ mit Mengen übereinstimmen, die Trägermengen Boolescher Algebren der Form $[\mathbf{0}, \mathbf{a}]_{\mathbf{B}}$ sind.

Für unendliche Boolesche Algebren gibt es jedoch Ideale, die kein größtes Element besitzen. Z.B. ist offenbar die Menge T aller endlichen Teilmengen einer unendlichen Menge A ein Ideal der Booleschen Algebra $(\mathfrak{P}(A); \cup, \cap, {}^-, \emptyset, A)$, jedoch hat die Menge T kein größtes Element.

Bemerkung Der Begriff des Ideals (Filters) kann auch für einen beliebigen Verband $\mathbf{L}$ eingeführt werden, indem man (I_1) ((F_1)) durch (I_1') $I \ne \emptyset$ ((F_1') $F \ne \emptyset$) ersetzt.

Die Bezeichnung Ideal für eine Menge I mit den obigen Eigenschaften (I_1) – (I_3) ergibt sich aus folgendem Satz.

Satz 17.3.4.1 *Es sei $\mathbf{B}$ eine Boolesche Algebra, $\mathbf{B}^{\oplus}$ der gemäß Satz 2.4.5 (aus Band 1) zu $\mathbf{B}$ gehörende Boolesche Ring und $I \subseteq B$. Dann gilt*

$$I \text{ ist Ideal von } \mathbf{B} \Longleftrightarrow I \text{ ist Ideal von } \mathbf{B}^{\oplus}.$$

Beweis. „$\Longleftarrow$": Sei I ein Ideal des Booleschen Ringes $\mathbf{B}^{\oplus}$. Dann gilt

(IR_1) $0 \in I \subseteq B$;

(IR_2) $\forall x, y \in I : x + y \in I$ (weil $-x = x$!);

(IR_3) $\forall i \in I \ \forall x \in B : i \cdot x \in I$.

Folglich erfüllt I (I_1). Die Gültigkeit von (I_2) ergibt sich aus (IR_2) und (IR_3), da $x \vee y = (x + y) + (x \cdot y)$. Wegen

$$y \le x \Longleftrightarrow y \wedge x (= y \cdot x) = y$$

und (IR_3) gilt auch (I_3) für I, womit I ein Ideal von $\mathbf{B}$ ist.

„$\Longrightarrow$": Bezeichne nun I ein Ideal von $\mathbf{B}$, d.h., I erfüllt (I_1) – (I_3). Dann gilt offenbar (IR_1). Zwecks Nachweis von (IR_2) sei daran erinnert, daß für beliebige $a, b \in B$ stets $a \wedge \overline{b} \leq a$ und $\overline{a} \wedge b \leq b$ gilt und $a + b = (a \wedge \overline{b}) \vee (\overline{a} \wedge b)$ ist. Folglich ergibt sich (IR_2) aus (I_3) und (I_2). Außerdem haben wir $i \wedge x \leq i$ für beliebiges $i \in I$ und jedes $x \in B$, woraus (IR_3) aus (I_3) wegen $i \wedge x = i \cdot x$ folgt.   ∎

Lemma 17.3.4.2 *Es sei* $\mathbf{B}$ *eine Boolesche Algebra und für beliebiges* $X \subseteq B$ *sei*

$$\overline{X} := \{\overline{x} \mid x \in X\}.$$

Dann gilt für alle $I, F \subseteq B$:

(a) I *ist Ideal von* $\mathbf{B}$ $\Longleftrightarrow$ $\overline{I}$ *ist Filter von* $\mathbf{B}$;

(b) F *ist Filter von* $\mathbf{B}$ $\Longleftrightarrow$ $\overline{F}$ *ist Ideal von* $\mathbf{B}$.

Beweis. Überlegt man sich leicht unter Verwendung von Satz 2.4.2, (c), (e), (f) aus Band 1.   ∎

Vor der Charakterisierung der Kongruenzrelationen auf Booleschen Algebren noch eine Hilfsaussage:

Lemma 17.3.4.3 *Bezeichne* I *ein Ideal der Booleschen Algebra* $\mathbf{B}$. *Dann sind für beliebige* $a, b \in B$ *die folgenden Bedingungen äquivalent:*

(a) $\exists x, y \in I : a \vee x = b \vee y$;

(b) $a \wedge \overline{b} \in I$ *und* $\overline{a} \wedge b \in I$;

(c) $a + b \in I$ *(* $a + b := (\overline{a} \wedge b) \vee (a \wedge \overline{b})$ *).*

Beweis. „(a)$\Longrightarrow$(b)": Seien $a, b \in B$. Wenn $a \vee x = b \vee y$ für gewisse $x, y \in I$ gilt, dann haben wir

$$a \wedge \overline{b} = (a \wedge \overline{b}) \wedge (a \vee x) = (a \wedge \overline{b}) \wedge (b \vee y) = (a \wedge \overline{b}) \wedge y \leq y.$$

Nach Definition eines Ideals gehört folglich $a \wedge \overline{b}$ zu I. Analog zeigt man $\overline{a} \wedge b \in I$.

„(b)$\Longrightarrow$(c)": Ergibt sich unmittelbar aus der Abgeschlossenheit von I bez. $\vee$ und der oben angegebenen Definition von $+$.

„(c)$\Longrightarrow$(a)": Wenn $\alpha := a + b \in I$, so folgt aus $a + b = (\overline{a} \wedge b) \vee (a \wedge \overline{b})$, daß $\overline{a} \wedge b \leq \alpha$ und $a \wedge \overline{b} \leq \alpha$ ist, womit $\overline{a} \wedge b \in I$ und $a \wedge \overline{b} \in I$. Da außerdem $a \vee (\overline{a} \wedge b) = (a \vee \overline{a}) \wedge (a \vee b) = a \vee b$ und $b \vee (a \wedge \overline{b}) = (b \vee a) \wedge (b \vee \overline{b}) = a \vee b$ gilt, ist (a) für $x = \overline{a} \wedge b$ und $y = a \wedge \overline{b}$ erfüllt.   ∎

Satz 17.3.4.4 *Sei* $\mathbf{B} = (B; \vee, \wedge, ^{-}, 0, 1)$ *eine Boolesche Algebra. Dann gilt:*

(a) Für jedes Ideal I *von* $\mathbf{B}$ *wird durch*

$$R(I) := \{(a, b) \in B^2 \mid \exists x, y \in I : a \vee x = b \vee y\}$$

eine Kongruenzrelation auf B *definiert.*

(b) Ist umgekehrt R eine Kongruenz auf B, so erhält man durch

$$I(R) := \{a \in B \mid (a,0) \in R\}$$

ein Ideal von B.
(c) $I(R(I)) = I$ und $R(I(R)) = R$.

Beweis. (a): Sei I ein Ideal von **B**. Wir überlegen uns zunächst, daß durch $R(I)$ eine Äquivalenzrelation auf B definiert wird. Die Reflexivität erhält man durch Wahl von $x = y = 0$ in der Definition; die Symmetrie gilt offensichtlich. Falls $(a,b) \in R(I)$ und $(b,c) \in R(I)$ sind, existieren $x,y,u,v \in I$ mit $a \vee x = b \vee y$ und $b \vee u = c \vee v$. Folglich haben wir $(a \vee x) \vee u = (b \vee y) \vee u$ und $(b \vee u) \vee y = (c \vee v) \vee y$, woraus sich $a \vee (x \vee u) = c \vee (v \vee y)$ ergibt. Da $x \vee u$ und $v \vee y$ nach Definition eines Ideals ebenfalls zu I gehören, folgt aus $a \vee (x \vee u) = c \vee (v \vee y)$, daß $(a,c) \in R(I)$ ist. Also ist $R(I)$ eine Äquivalenzrelation. Als nächstes wollen wir die Verträglichkeit von $R(I)$ mit den Operationen $\wedge, \vee, ^-$ zeigen. Da $\wedge$ durch $\vee$ und $^-$ ausdrückbar ist, genügt es, dies für $^-$ und $\vee$ zu beweisen:
Ist $(a,b) \in R(I)$, so existieren $x,y \in I$ mit $a \vee x = b \vee y$. Folglich haben wir nach Satz 2.4.2 aus Band 1

$$\overline{a} \wedge \overline{x} = \overline{a \vee x} = \overline{b \vee y} = \overline{b} \wedge \overline{y},$$

$$(\overline{a} \wedge \overline{x}) \vee (x \vee y) = (\overline{b} \wedge \overline{y}) \vee (x \vee y),$$

$$\underbrace{((\overline{a} \wedge \overline{x}) \vee x)}_{\overline{a} \vee x} \vee y = \underbrace{((\overline{b} \wedge \overline{y}) \vee y))}_{\overline{b} \vee y} \vee x$$

und damit $(\overline{a}, \overline{b}) \in R(I)$.
Weiterhin gilt für $(a,b), (c,d) \in R(I)$:

$$\exists x,y,u,v \in I : a \vee x = b \vee y \text{ und } c \vee u = d \vee v.$$

Hieraus folgt

$$(a \vee x) \vee (c \vee u) = (b \vee y) \vee (d \vee v)$$

und

$$(a \vee c) \vee (x \vee u) = (b \vee d) \vee (y \vee v). \tag{17.2}$$

Da $x \vee v$ und $y \vee v$ ebenfalls zu I gehören, ergibt sich aus (17.2):

$$(a \vee c, b \vee d) \in R(I).$$

Also ist $R(I)$ eine Kongruenzrelation auf B.

(b): Sei R eine Kongruenz auf B. Wegen der Reflexivität von R gilt $0 \in I(R)$. Wenn $a, b \in I(R)$, haben wir $(a,0) \in R$ und $(b,0) \in R$, was $(a \vee b, 0 \vee 0) = (a \vee b, 0) \in R$ impliziert, d.h., es gilt $a \vee b \in I(R)$. Falls $a \in I(R)$ und $b \leq a$, läßt sich $b \in I(R)$ wie folgt zeigen:

Offenbar: $(a, 0) \in R$ und $(b, b) \in R$.

Da R eine Kongruenz ist, folgt hieraus und aus $b \leq a$ ($\Longleftrightarrow b = a \wedge b$):
$(a \wedge b, 0 \wedge b) = (b, 0) \in I(R)$.

$I(R)$ ist folglich ein Ideal.

(c): Nach Definition von $I(R(I))$ und Lemma 17.3.4.3 haben wir:

$$a \in I(R(I)) \iff (a, 0) \in R(I)$$

$$\iff \exists x, y \in I : a \vee x = 0 \vee y$$

$$\iff a \wedge \overline{0} \in I \quad \text{und} \quad \overline{a} \wedge 0 \in I$$

$$\iff a \in I.$$

Also gilt $I(R(I)) = I$.

Offenbar (nach Lemma 17.3.4.3):

$$(a, b) \in R(I(R)) \iff a \wedge \overline{b} \in I(R) \quad \text{und} \quad \overline{a} \wedge b \in I(R)$$

$$\iff (a \wedge \overline{b}, 0) \in R \quad \text{und} \quad (b \wedge \overline{a}, 0) \in R. \tag{17.3}$$

Sei $(a, b) \in R$. Dann folgt aus den Kongruenzeigenschaften von R $(a \wedge \overline{b}, b \wedge \overline{b}) = (a \wedge \overline{b}, 0) \in R$ und $(b \wedge \overline{a}, a \wedge \overline{a}) = (b \wedge \overline{a}, 0) \in R$, womit nach (17.3) $R \subseteq R(I(R))$ gilt. Sei nun $(a, b) \in R(I(R))$. Aus (17.3) folgt dann $(a \wedge \overline{b}, 0) \in R$ und $(b \wedge \overline{a}, 0) \in R$. Wegen der Symmetrie und Transitivität von R ergibt sich hieraus $(a \wedge \overline{b}, b \wedge \overline{a}) \in R$, welches $((a \wedge \overline{b}) \vee a, (b \wedge \overline{a}) \vee a) = (a, b \vee a) \in R$ und $((a \wedge \overline{b}) \vee b, (b \wedge \overline{a}) \vee b) = (a \vee b, b) \in R$ impliziert, was nach Transitivität von R $(a, b) \in R$ zur Folge hat. Also gilt auch $R(I(R)) \subseteq R$. ■

Wenn I und R wie im letzten Satz zusammenhängen, schreiben wir für die Faktoralgebra $\mathbf{B}/\mathbf{R}$ auch

$$\mathbf{B}_{/\mathbf{I}}.$$

Eine unmittelbare Folgerung aus Satz 17.3.4.4 und des (im nächsten Kapitel bewiesenen) Satzes 18.2.2 ist der

Satz 17.3.4.5 (Homomorphiesatz für Boolesche Algebren)
Für jeden Homomorphismus φ von einer Booleschen Algebra $\mathbf{B}$ in eine Algebra gleichen Typs $\mathbf{C}$ ist die Algebra $\varphi(\mathbf{B})$ isomorph zur Faktoralgebra $\mathbf{B}_{/\mathbf{I}}$ für ein gewisses Ideal I von $\mathbf{B}$, und diese Faktoralgebra ist ebenfalls eine Boolesche Algebra. ■

Wegen der im Satz 17.3.4.5 angegebenen Eigenschaft Boolescher Algebren nennen wir Homomorphismen auf Booleschen Algebren **Boolesche Homomorphismen**.

Nachfolgend geht es um Ideale, die zu Booleschen Homomorphismen φ auf **B** mit $|\varphi(B)| = 2$ gehören. Ihre Eigenschaften werden z.B. bei Beweisen in der Mathematischen Logik benötigt.

Definitionen Ein Ideal I einer Booleschen Algebra **B** heißt **Primideal** von **B**, wenn es maximal in B ist, d.h., wenn es kein Ideal $I' \neq B$ mit $I \subset I'$ gibt.

Ein Filter F einer Booleschen Algebra **B** heißt **Ultrafilter** von **B**, wenn er maximal in B ist, d.h., wenn es keinen Filter $F' \neq B$ mit $F \subset F'$ gibt.

Primideale (bzw. Ultrafilter) können offenbar nur (wenn überhaupt) in nichttrivialen Booleschen Algebren auftreten. Wegen (I_3) (bzw. (F_3)) sind Primideale (bzw. Ultrafilter) von **B** solche Ideale I (bzw. Filter F) von **B**, die maximal in Bezug auf die Eigenschaft $1 \notin I$ (bzw. $0 \notin F$) sind.

Leicht überlegt man sich außerdem folgende Eigenschaften:

Satz 17.3.4.6 (mit Definition) *Sei* **B** *eine Boolesche Algebra. Ein Ideal I (bzw. einen Filter F) von* **B** *wollen wir* **eigentlich** *nennen, wenn I (bzw. F) $\neq B$ ist. Dann gilt:*

(a) $I \subseteq B$ ist genau dann ein eigentliches Ideal von **B**, *wenn $\overline{I} := \{\overline{x} \mid x \in I\}$ ein eigentlicher Filter ist.*

(b) $I \subseteq B$ ist genau dann ein Primideal von **B**, *wenn $B \backslash I$ ein Ultrafilter von* **B** *ist.* ∎

Beim Ermitteln von Eigenschaften der Primideale und Ultrafilter genügt es also, sich auf die Untersuchung von Primidealen zu beschränken.

Eine Zusammenstellung von Bedingungen, die zu den in der Definition eines Primideals angegebenen äquivalent sind, liefert der folgende Satz.

Satz 17.3.4.7 *Sei I ein eigentliches Ideal der Booleschen Algebra* **B**. *Dann sind folgende Aussagen äquivalent:*

(a) I ist ein Primideal von **B**.

(b) $\forall a \in B$ (entweder $a \in I$ oder $\overline{a} \in I$).

(c) $\forall a, b \in B$ ($a \wedge b \in I \implies (a \in I$ oder $b \in I)$).

(d) Es existiert ein Boolescher Homomorphismus φ von **B** *auf eine zweielementige Algebra* $\mathbf{B_2} = (\{0,1\}; \vee, \wedge, ^-, 0, 1)$ *mit $I = kern(\varphi)$ ($:= \{x \in B \mid \varphi(x) = 0\}$).*

Beweis. „$(a) \implies (b)$": Sei I ein Primideal von **B** und $a \in I$. Offenbar können a und $\overline{a}$ nicht gleichzeitig zu I gehören, da $1 = a \vee \overline{a}$ im Fall $\{a, \overline{a}\} \subseteq I$, im Widerspruch zu $I \subset B$ und (I_3). Sei nun $a \notin I$. Da I Primideal, gibt es ein $x \in I$ mit $x \vee a = 1$. Nach Satz 2.4.2, (g) aus Band 1 erhalten wir hieraus $\overline{a} \leq x$, womit $\overline{a} \in I$ nach (I_3). Also ist (b) richtig.

„$(b) \implies (c)$": Angenommen, (c) ist falsch. Dann existieren gewisse $a, b \in B$ mit den Eigenschaften: $a \wedge b \in I$, $a \notin I$ und $b \notin I$. Wegen (b) folgt hieraus $\{\overline{a}, \overline{b}\} \subseteq I$ und damit (wegen (I_2)) $\overline{a} \vee \overline{b} \in I$. Da jedoch $\overline{a} \vee \overline{b} = \overline{a \wedge b}$, erhalten wir mittels (b), daß $a \wedge b$ nicht zu I gehört, im Widerspruch zu unserer obigen Annahme.

„$(c) \implies (d)$": Sei $\varphi_I : B \longrightarrow \{0,1\}$ wie folgt definiert:

$$\varphi_I(a) := \begin{cases} 0 & \text{für } a \in I, \\ 1 & \text{für } a \notin I. \end{cases}$$

Man rechnet nun leicht nach (ÜA), daß φ_I ein Boolescher Homomorphismus mit den in (d) angegebenen Eigenschaften ist.

„(d) $\Longrightarrow$ (a)": Bezeichne I' ein beliebiges Ideal mit $I \subset I' \subseteq B$ und sei $x \in I' \backslash I$. Dann gilt für die in (d) angegebene Abbildung φ: $\varphi(x) = 1$, und damit $\overline{\varphi(x)} = \varphi(\overline{x}) = 0$, womit $\overline{x} \in I$. Folglich gehört $1 = x \vee \overline{x}$ zu I', was nur für $I' = B$ möglich ist. Also gilt (a). ∎

Der abschließende Satz beschäftigt sich mit der Existenz von Primidealen. Dieser Satz ist für endliche Boolesche Algebren trivial und für abzählbare Boolesche Algebren leicht zu beweisen (ÜA). Um ihn jedoch für beliebige Boolesche Algebren beweisen zu können, benötigt man das **Zornsche Lemma** (siehe Lemma 18.2.4).

Satz 17.3.4.8 (Primidealtheorem; ohne Beweis)
Sei **B** *eine Boolesche Algebra. Zu jedem eigentlichen Ideal I von* **B** *existiert dann ein Primideal I' mit $I \subseteq I'$.*

17.4 Isomorphiesätze

In diesem Abschnitt sollen zwei sogenannte Isomorphiesätze allgemeiner Algebren behandelt werden, von denen wir die Spezialfälle der Sätze 17.4.3 und 17.4.4 für Gruppen im Kapitel 20 benötigen.

Lemma 17.4.1 (mit Bezeichnung) *Seien τ und ω Äquivalenzrelationen auf der Menge A mit $\tau \subseteq \omega$. Dann ist die Relation*

$$\omega/\tau := \{(x/\tau, y/\tau) \in (A/\tau)^2 \mid (x,y) \in \omega\} \tag{17.4}$$

eine Äquivalenzrelation auf der Menge A/τ. Falls ω und τ Kongruenzen der Algebra **A** $:= (A; F)$ *sind, ist ω/τ außerdem eine Kongruenz der Faktoralgebra* **A**$/\tau$.

Beweis. Man prüft leicht nach, daß ω/τ eine Äquivalenzrelation auf A/τ ist. Wir haben damit nur noch zu zeigen, daß ω/τ mit den Operationen aus F verträglich ist. Seien $f \in F$ eine n-stellige Operation, $n \geq 1$, und $(a_1/\tau, b_1/\tau), ..., (a_n/\tau, b_n/\tau) \in \omega/\tau$ beliebig gewählt. Nach Definition von ω/τ gilt dann $(a_1, b_1), ..., (a_n, b_n) \in \omega$. Da $\omega \in Con\mathbf{A}$ ist, folgt hieraus $(f_\mathbf{A}(a_1, ..., a_n), f_\mathbf{A}(b_1, ..., b_n)) \in \omega$, was – nach Definition von ω/τ –

$$(f_\mathbf{A}(a_1, ..., a_n)/\tau, f_\mathbf{A}(b_1, ..., b_n)/\tau) \in \omega/\tau$$

zur Folge hat. Hieraus und aus der Definition der Operation $f_{\mathbf{A}/\tau}$ ergibt sich dann

$$f_{\mathbf{A}/\tau}(a_1/\tau, ..., a_n/\tau), f_{\mathbf{A}/\tau}(b_1/\tau, ..., b_n/\tau))$$
$$= (f_\mathbf{A}(a_1, ..., a_n)/\tau, f_\mathbf{A}(b_1, ..., b_n)/\tau) \in \omega/\tau.$$

Folglich ist ω/τ eine Kongruenz der Faktoralgebra **A**$/\tau$. ∎

Zur Illustration des obigen Lemmas und zur Vorbereitung des nachfolgenden Satzes ein **Beispiel**:

Es sei $A := \mathbb{Z}_8$, ω und τ Äquivalenzrelationen auf A, die durch die Zerlegungen

$Z_\omega := \{\{0,2,4,6\},\{1,3,5,7\}\}$ und $Z_\tau := \{\{0,4\},\{1,5\},\{2,6\},\{3,7\}\}$ definiert seien. Bekanntlich sind ω und τ Kongruenzen der Algebra $(\mathbb{Z}_8; + \pmod 8)$. Dann gilt

$$\omega/\tau = \{(x,x)\,|\,x \in A/\tau\}\cup$$
$$\{(\{0,4\},\{2,6\}),(\{2,6\},\{0,4\}),(\{1,5\},\{3,7\}),(\{3,7\},\{1,5\})\},$$
$$(\mathbb{Z}_8/\tau)/(\omega/\tau) = \{\,\{\{0,4\},\{2,6\}\},\{\{1,5\},\{3,7\}\}\,\}$$

und
$$\mathbb{Z}_8/\omega = \{\,\{0,2,4,6\},\{1,3,5,7\}\,\}.$$

Definiert man in der Menge $(\mathbb{Z}_8/\tau)/(\omega/\tau)$ die Addition wie in Faktoralgebren üblich:

$$(x/\tau)/(\omega/\tau) + (y/\tau)/(\omega/\tau) := (x/\tau + y/\tau)/(\omega/\tau),$$

so sieht man leicht (ÜA), daß $((\mathbb{Z}_8/\tau)/(\omega/\tau); +)$ zur Faktoralgebra $\mathbb{Z}_8/\omega$ isomorph ist.

Verallgemeinern läßt sich obiges Beispiel zum

Satz 17.4.2 (Erster Isomorphiesatz)
Es sei $\mathbf{A} := (A; F)$ *eine Algebra und* $\omega, \tau \in Con\mathbf{A}$ *mit* $\tau \subseteq \omega$. *Dann gilt*

$$(\mathbf{A}/\tau)/(\omega/\tau) \cong \mathbf{A}/\omega.$$

Beweis. Wir betrachten die Abbildung

$$\varphi : (A/\tau)/(\omega/\tau) \longrightarrow A/\omega, \ \varphi((a/\tau)/(\omega/\tau)) := a/\omega, \qquad (17.5)$$

die offenbar bijektiv ist. Damit haben wir zum Beweis des Satzes nur zu zeigen, daß φ ein Homomorphismus ist. Seien dazu $f \in F$ eine n-stellige Operation mit $n \geq 1$ und $a_1, ..., a_n \in A$ beliebig gewählt. Dann gilt (unter Verwendung von Lemma 17.4.1):

$$\varphi(f_{(\mathbf{A}/\tau)/(\omega/\tau)}((a_1/\tau)/(\omega/\tau),(a_2/\tau)/(\omega/\tau),...,(a_n/\tau)/(\omega/\tau)))$$
$$= \varphi(f_{(\mathbf{A}/\tau)}(a_1/\tau, a_2/\tau, ..., a_n/\tau)/(\omega/\tau))$$
$$= \varphi((f_{\mathbf{A}}(a_1,...,a_n)/\tau)/(\omega/\tau)))$$
$$= f_{\mathbf{A}}(a_1,...,a_n)/\omega$$
$$= f_{\mathbf{A}/\omega}(a_1/\omega,...,a_n/\omega)$$
$$= f_{\mathbf{A}/\omega}(\varphi((a_1/\tau)/(\omega/\tau)),...,\varphi((a_1/\tau)/(\omega/\tau))).$$

Folglich ist φ ein Isomorphismus.   ∎

Eine Folgerung aus obigem Satz ist der

Satz 17.4.3 (Erster Isomorphiesatz für Gruppen) *Sind* $\mathbf{M}$ *und* $\mathbf{N}$ *Normalteiler der Gruppe* $\mathbf{G} := (G; \circ, ^{-1}, e)$ *mit* $M \subseteq N$, *so gilt*

$$(\mathbf{G}/\mathbf{M})/(\mathbf{N}/\mathbf{M}) \cong \mathbf{G}/\mathbf{N}.$$

Beweis. Setzt man $\tau := \kappa_M$ und $\omega := \kappa_N$, so gilt nach Definition (siehe Abschnitt 17.3.1) $\mathbf{G}/\omega = \mathbf{G}/\mathbf{N}$ und $\mathbf{G}/\tau = \mathbf{G}/\mathbf{M}$. Wegen $M \subseteq N$ ist $\tau \subseteq \omega$. Nach Satz 17.4.2 gilt außerdem $(\mathbf{G}/\tau)(\omega/\tau) \cong \mathbf{G}/\omega$ bzw. $(\mathbf{G}/\mathbf{M})(\omega/\tau) \cong \mathbf{G}/\mathbf{N}$. Zum Beweis des Satzes haben wir damit nur noch

$$\{x/\tau \in G/\tau \mid (x/\tau, e/\tau) \in \omega/\tau\} = N/M$$

zu zeigen. Dies folgt jedoch aus den für beliebige $x \in G$ geltenden Äquivalenzen:

$$(x/\tau, e/\tau) \in \omega/\tau \iff (x, e) \in \omega \iff x \in N \iff x \circ M \in N/M \iff x/\tau \in N/M.$$

∎

Satz 17.4.4 (Zweiter Isomorphiesatz für Gruppen)
Seien $\mathbf{G} := (G; \circ, ^{-1}, e)$ eine Gruppe, $\mathbf{U}$ eine Untergruppe von $\mathbf{G}$ und $\mathbf{N}$ ein Normalteiler von $\mathbf{G}$. Dann sind $\mathbf{U} \circ \mathbf{N}$ eine Untergruppe von $\mathbf{G}$, $\mathbf{U} \cap \mathbf{N}$ ein Normalteiler von $\mathbf{U}$ und es gilt

$$\mathbf{U}/(\mathbf{U} \cap \mathbf{N}) \cong (\mathbf{U} \circ \mathbf{N})/\mathbf{N}.$$

Beweis. Mit Hilfe des Untergruppenkriteriums (siehe Band 1) und bekannten Eigenschaften von Gruppen bzw. Normalteilern läßt sich leicht

$$(U \circ N) \circ (U \circ N)^{-1} = U \circ N \circ N^{-1} \circ U^{-1} \subseteq U \circ N \circ U^{-1} = U \circ U^{-1} \circ N \subseteq U \circ N$$

begründen. Folglich ist $U \circ N$ eine Untergruppe von $\mathbf{G}$. Für den Beweis, daß $\mathbf{U} \cap \mathbf{N}$ ein Normalteiler von $\mathbf{U}$ ist, seien $n \in U \cap N$ und $u \in U$ beliebig gewählt. Da $\mathbf{N}$ ein Normalteiler von $\mathbf{G}$ ist, gilt dann $u^{-1} \circ n \circ u \in N$. Wegen $u \in U$ und $n \in U \cap N \subseteq U$ ist außerdem $u^{-1} \circ n \circ u \in U$. Folglich gilt $u^{-1} \circ n \circ u \in U \cap N$ und damit auch $u^{-1} \circ (U \cap N) \circ u \subseteq U \cap N$ für beliebige $u \in U$. Also ist $\mathbf{U} \cap \mathbf{N}$ ein Normalteiler von $\mathbf{U}$.
Nach dem Homomorphiesatz für Gruppen ist

$$\varphi : \ G \longrightarrow G/N, \ x \mapsto x/\kappa_N$$

eine homomorphe Abbildung. Diese Abbildung hat die Eigenschaften

$$\varphi(x) \in \varphi(U) \iff \exists u \in U : \varphi(x) = \varphi(u)$$
$$\iff \exists u \in U : \varphi(x) = \varphi(u \circ e) = \varphi(u) \circ \varphi(e)$$
$$\iff x \in U \circ N$$

und

$$(\varphi(x) = \varphi(e) \ \wedge \ x \in U) \iff x \in U \cap N.$$

Durch Einschränkung auf U erhält man aus φ die homomorphe Abbildung

$$\varphi_1 : \ U \longrightarrow U/N, \ u \mapsto u/\kappa_N.$$

Nach obigen Überlegungen gilt dann $\varphi_1(U) = (U \circ N)/N$ und $\ker \varphi_1 = U \cap N$. Unter Verwendung des Homomorphiesatzes für Gruppen ergibt sich hieraus die letzte Behauptung unseres Satzes wie folgt:

$$\mathbf{U}/(\mathbf{U} \cap \mathbf{N}) = \mathbf{U}/\mathrm{ker}\varphi_1 \cong \varphi_1(\mathbf{U}) = (\mathbf{U} \circ \mathbf{N})/\mathbf{N}.$$

∎

Verallgemeinern läßt sich obiger Satz zum

Satz 17.4.5 (Zweiter Isomorphiesatz)
Seien $\mathbf{A} := (A; F)$ *eine Algebra,* $\mathbf{B}$ *eine Unteralgebra von* $\mathbf{A}$, $\kappa \in \mathrm{Con}\mathbf{A}$ *und*

$$B^\kappa := \bigcup_{b \in B} b/\kappa.$$

Dann gilt:

(a) $\mathbf{B}^\kappa := (B^\kappa, F)$ *ist eine Unteralgebra von* $\mathbf{A}$,

(b) $\kappa_{|B} := \kappa \cap (B \times B)$ *ist eine Kongruenz von* $\mathbf{B}$ *und* $\kappa_{|B^\kappa} := \kappa \cap (B^\kappa \times B^\kappa)$ *ist eine Kongruenz von* $\mathbf{B}^\kappa$,

(c)

$$B/\kappa_{|B} \cong B^\kappa/\kappa_{|B^\kappa}. \tag{17.6}$$

Beweis. (a): Es sei $f \in F$ eine beliebige n-stellige Operation ($n \geq 1$) und $a_1, ..., a_n \in B^\kappa$ beliebig gewählt. Nach Definition von B^κ existieren dann gewisse $b_1, ..., b_n \in B$ mit $(a_1, b_1), ..., (a_n, b_n) \in \kappa$. Folglich gehört $(f(a_1, ..., a_n), f(b_1, ..., b_n))$ zu κ. Wegen $f(b_1, ..., b_n) \in B$ folgt hieraus $f(a_1, ..., a_n) \in B^\kappa$. Also ist $\mathbf{B}^\kappa$ eine Unteralgebra von $\mathbf{A}$.

(b): Daß $\kappa_{|B}$ und $\kappa_{|B^\kappa}$ Kongruenzen sind, folgt aus Lemma 17.2.3, (d) und (a). Zum Beweis von (17.6) zeigen wir, daß

$$\varphi: B/\kappa_{|B} \longrightarrow B^\kappa/\kappa_{|B^\kappa}, \; b/\kappa_{|B} \mapsto b/\kappa \tag{17.7}$$

eine isomorphe Abbildung zwischen den Algebren $\mathbf{B}/\kappa_{|B}$ und $\mathbf{B}^\kappa/\kappa_{|B^\kappa}$ ist.
Offenbar wird durch (17.7) eine bijektive Abbildung definiert. Zwecks Nachweis, daß φ ein Homomorphismus ist, seien $f \in F$ (f n-stellig, $n \geq 1$) und $b_1/\kappa_{|B}, ..., b_n/\kappa_{|B} \in B/\kappa_{|B}$ beliebig gewählt. Dann haben wir

$$\varphi(f_{B/\kappa_{|B}}(b_1/\kappa_{|B}, ..., b_n/\kappa_{|B}))$$
$$= \varphi(f_\mathbf{A}(b_1, ..., b_n)/\kappa_{|B})$$
$$= f_\mathbf{A}(b_1, ..., b_n)/\kappa$$
$$= f_\mathbf{A}(b_1/\kappa, ..., b_n/\kappa)$$
$$= f_{\mathbf{B}^\kappa/\kappa_{|B^\kappa}}(\varphi(b_1/\kappa_{|B}), ..., \varphi(b_1/\kappa_{|B})).$$

Also ist die in (17.7) definierte Abbildung eine isomorphe Abbildung, womit (17.6) gezeigt ist. ∎

17.5 Galois-Verbindungen

Definitionen   Eine **Galois-Verbindung** (bzw. eine **Galois-Korrespondenz**) zwischen den Mengen A und B ist ein Paar (σ, τ) von Abbildungen

$$\sigma : \mathfrak{P}(A) \longrightarrow \mathfrak{P}(B)$$

und

$$\tau : \mathfrak{P}(B) \longrightarrow \mathfrak{P}(A),$$

so daß für alle $X, X' \subseteq A$ und alle $Y, Y' \subseteq B$ die folgenden Bedingungen erfüllt sind

$$(GV1) \qquad \left. \begin{array}{l} X \subseteq X' \Longrightarrow \sigma(X) \supseteq \sigma(X') \\ Y \subseteq Y' \Longrightarrow \tau(Y) \supseteq \tau(Y') \end{array} \right\} \quad \text{(Antitonie)}$$

$$(GV2) \qquad \left. \begin{array}{l} X \subseteq \tau(\sigma((X))) \\ Y \subseteq \sigma(\tau((Y))) \end{array} \right\} \quad \text{(Extensivität)}.$$

Sei $(P; \leq)$ eine Poset. Die zu einer Ordnung $\leq$ **duale Ordnung** $\leq^{\delta}$ ist definiert durch

$$x \leq^{\delta} y \; :\Longleftrightarrow \; y \leq x.$$

$(P; \leq)$ heißt **dual isomorph**   (bzw. **antiisomorph**) zu $(Q; \leq)$, wenn $(P; \leq)$ isomorph zu $(Q; \leq^{\delta})$ ist. Die zugehörige bijektive Abbildung wird **dualer Isomorphismus** (bzw. **Antiisomorphismus**) genannt.

Satz 17.5.1 *Das Paar* (σ, τ) *von Abbildungen* $\sigma \colon \mathfrak{P}(A) \longrightarrow \mathfrak{P}(B)$ *und* $\tau \colon \mathfrak{P}(B) \longrightarrow \mathfrak{P}(A)$ *sei eine Galois-Verbindung zwischen* A *und* B. *Dann gilt:*

(a) Die Abbildungen

$$\sigma\tau := \sigma \square \tau : \; \mathfrak{P}(A) \longrightarrow \mathfrak{P}(A)$$

und

$$\tau\sigma := \tau \square \sigma : \; \mathfrak{P}(B) \longrightarrow \mathfrak{P}(B)$$

sind Hüllenoperatoren auf A *bzw.* B.

(b) Die $\sigma\tau$-*abgeschlossenen Mengen sind genau die Mengen der Form* $\tau(Y)$, $Y \subseteq B$. *Die* $\tau\sigma$-*abgeschlossenen Mengen sind genau die Mengen der Form* $\sigma(X)$, $X \subseteq A$.

(c) Es seien $\mathfrak{H}_{\sigma\tau}$ *und* $\mathfrak{H}_{\tau\sigma}$ *die* $\sigma\tau$ *und* $\tau\sigma$ *zugeordneten Hüllensysteme. Die Verbände* $(\mathfrak{H}_{\sigma\tau}; \subseteq)$ *und* $(\mathfrak{H}_{\tau\sigma}; \subseteq)$ *sind dual isomorph, und* σ *und* τ *sind zueinander inverse duale Isomorphismen dieser Verbände.*

Beweis. (a): Die Extensivität und die Monotonie von $\sigma\tau$ und $\tau\sigma$ folgen unmittelbar aus $(GV1)$ und $(GV2)$.
Für alle $X \subseteq A$ gilt also $X \subseteq \tau(\sigma(X))$ und damit auch $\sigma(X) \supseteq \sigma(\tau(\sigma(X)))$. Aus $(GV2)$ folgt andererseits $\sigma(X) \subseteq (\tau\sigma)(\sigma(X)) = \sigma(\tau(\sigma(X)))$. Folglich haben wir

$$\sigma(X) = \sigma(\tau(\sigma(X))) \qquad (17.8)$$

und analog

$$\tau(Y) = \tau(\sigma(\tau(Y))), \qquad (17.9)$$

woraus sich unmittelbar die Gleichungen

$$\tau(\sigma(X)) = \tau(\sigma(\tau(\sigma(X))))$$

und

$$\sigma(\tau(Y)) = \sigma(\tau(\sigma(\tau(Y))))$$

ergeben, die zeigen, daß $\sigma\tau$ und $\tau\sigma$ idempotent sind.

(b): Für eine $\sigma\tau$-abgeschlossene Menge X haben wir $X = \tau(\sigma(X))$, d.h., X ist von der Gestalt $X = \tau(Y)$ mit $Y := \sigma(X) \subseteq B$. Umgekehrt ist eine Menge der Form $X := \tau(Y)$, $Y \subseteq B$, nach (4.7) $\sigma\tau$-abgeschlossen. Analog schließt man für $\tau\sigma$-abgeschlossene Mengen.

(c): Wegen (b) und Satz 16.2.1 gilt $\mathfrak{H}_{\sigma\tau} = \{\tau(Y) \mid Y \subseteq B\}$ und $\mathfrak{H}_{\tau\sigma} = \{\sigma(X) \mid X \subseteq A\}$. Also haben wir $\sigma(\mathfrak{H}_{\sigma\tau}) := \{\sigma(\tau(Y)) \mid Y \subseteq B\} = \mathfrak{H}_{\tau\sigma}$ und $\tau(\mathfrak{H}_{\tau\sigma}) := \{\tau(\sigma(X)) \mid X \subseteq A\} = \mathfrak{H}_{\sigma\tau}$. Wegen $(GV1)$ sind σ und τ ordnungsumkehrend, und daher auch die Einschränkungen dieser Abbildungen auf $\mathfrak{H}_{\sigma\tau}$ und $\mathfrak{H}_{\tau\sigma}$. Aus der Idempotenz von $\sigma\tau$ folgt, daß $\sigma\tau$ auf $\mathfrak{H}_{\sigma\tau}$ die identische Abbildung ist. Analog sieht man, daß auch $\tau\sigma$ die identische Abbildung auf $\mathfrak{H}_{\tau\sigma}$ ist. Damit sind die Abbildungen $\sigma : \mathfrak{H}_{\sigma\tau} \longrightarrow \mathfrak{H}_{\tau\sigma}$ und $\tau : \mathfrak{H}_{\tau\sigma} \longrightarrow \mathfrak{H}_{\sigma\tau}$ bijektive Abbildungen und es gilt $\sigma^{-1} = \tau$.
Folglich sind σ, τ Isomorphismen der Verbände $(\mathfrak{H}_{\sigma\tau}; \subseteq)$ und $(\mathfrak{H}_{\tau\sigma}; \subseteq^{\delta})$ (siehe auch Lemma 16.3.1). ∎

Abschließend noch einige Beispiele für Galois-Verbindungen. Ein erstes Beispiel ist bereits Lemma 16.3.1 und Satz 16.3.2 zu entnehmen:

Satz 17.5.2 *Seien A, B nichtleere Mengen und $R \subseteq A \times B$ ebenfalls $\neq \emptyset$. Die Abbildungen $\sigma : \mathfrak{P}(A) \longrightarrow \mathfrak{P}(B)$, $\tau : \mathfrak{P}(B) \longrightarrow \mathfrak{P}(A)$ seien definiert durch*

$$\sigma(X) := \{y \in B \mid \forall x \in X : (x,y) \in R\},$$

$$\tau(Y) := \{x \in A \mid \forall y \in Y : (x,y) \in R\}.$$

Dann ist das Paar (σ, τ) eine Galois-Verbindung zwischen A und B.

Beweis. Wegen der Symmetrie der Voraussetzungen genügt es, zu zeigen, daß σ eine antitone und $\tau\sigma$ eine extensive Abbildung ist.
Sei $X \subseteq X' \subseteq A$. Dann gilt für jedes $y \in \sigma(X')$: $(x,y) \in R$ für alle $x \in X'$, womit (wegen $X \subseteq X'$) auch $(x,y) \in R$ für alle $x \in X$ ist. Also haben wir $\sigma(X') \subseteq \sigma(X)$. $X \subseteq \tau(\sigma(X))$ ergibt sich unmittelbar aus $\tau(\sigma(X)) = \{x \in A \mid \forall y \in \sigma(X) : (x,y) \in R\}$ und der Definition von $\sigma(X)$. ∎

Eines der „klassischen" Beispiele für Galois-Verbindungen tritt in der Theorie der Körpererweiterungen auf:

Seien $\mathbf{L}$ ein Körper und $\mathbf{K}$ ein Unterkörper von $\mathbf{L}$, z.B.

$$\mathbf{L} := (\{0, 1, x, x+1\}; +, \cdot), \quad K := \{0, 1\},$$

wobei $+$ und $\cdot$ durch

+	0	1	x	$x+1$
0	0	1	x	$x+1$
1	1	0	$x+1$	x
x	x	$x+1$	0	1
$x+1$	$x+1$	x	1	0

und

$\cdot$	0	1	x	$x+1$
0	0	0	0	0
1	0	1	x	$x+1$
x	0	x	$x+1$	1
$x+1$	0	$x+1$	1	x

definiert seien.[1]

Die Menge aller Automorphismen auf L, die alle Elemente von K als Fixpunkte haben sei

$$G := \{\varphi \mid (\varphi \text{ ist Automorphismus auf } L) \wedge (\forall k \in K : \varphi(k) = k)\}.$$

Man prüft leicht nach, daß $\mathbf{G} := (G; \square)$ eine Gruppe ist. Bei unserem Beispiel erhalten wir

$$G = \{\varphi_1, \varphi_2\}$$

mit

l	$\varphi_1(l)$	$\varphi_2(l)$
0	0	0
1	1	1
x	x	$x+1$
$x+1$	$x+1$	x

Die folgende Relation R und Satz 17.5.2 liefert dann eine Galoisverbindung zwischen G und L:

$$(\varphi, l) \in R \quad :\Longleftrightarrow \quad \varphi(l) = l.$$

Bei unserem Beispiel gilt

$$R = \{(\varphi_1, 0), (\varphi_1, 1), (\varphi_1, x), (\varphi_1, x+1), (\varphi_2, 0), (\varphi_2, 1)\}.$$

Mit Hilfe dieser Galois-Verbindung kann man die Zwischenkörper von $\mathbf{K}$ und $\mathbf{L}$ mit gruppentheoretischen Methoden untersuchen. Dies geht besonders gut

---

[1] Zur Konstruktion solcher Körper siehe Satz 19.4.6.

bei den sogenannten **galois'schen** Körpererweiterungen, d.h., wenn G endlich ist, und die Zwischenkörper von K und L genau den Untergruppen von G entsprechen (mit dem dualen Isomorphismus aus Satz 17.5.2). Bei unserem Beispiel erhalten wir die Zuordnungen

$$L \longleftrightarrow \{\varphi_1\}, \quad K \longleftrightarrow \{\varphi_1, \varphi_2\}.$$

Ausführlich behandeln wir die oben kurz anhand eines Beispiels beschriebene Galois-Verbindung im Kapitel 20.

Direkte und subdirekte Produkte

Mit Hilfe *direkter* und *subdirekter Produkte* gelingt es, aus gegebenen Algebren neue mit größerer Grundmenge zu erhalten. Aus diesen Konstruktionen ergibt sich sofort die Frage, welche Algebren kleinste „Bausteine" gegebener Algebren sind und auf welche Weise man eine vorgegebene Algebra in ihre „Bausteine" zerlegen kann. Wir überlegen uns zunächst, daß jede *endliche* Algebra als direktes Produkt direkt irreduzibler Algebren dargestellt werden kann. Anschließend wird bewiesen, daß sich *jede* Algebra in ein subdirektes Produkt subdirekt irreduzibler Algebren zerlegen läßt. Zum Abschluß dieses Kapitels wird gezeigt, wie man die in 18.1 und 18.2 bewiesenen Sätze nutzen kann, um den *Stoneschen Darstellungssatz*, der die Booleschen Algebren näher beschreibt, sowie den *Hauptsatz über endliche abelsche Gruppen* zu beweisen.

18.1 Direkte Produkte

Zunächst betrachten wir direkte Produkte von zwei Algebren.

Definitionen   Seien $\mathbf{B} = (B; F)$ und $\mathbf{C} = (C; F)$ Algebren desselben Typs τ.

Die Algebra $\mathbf{A} := \mathbf{B} \times \mathbf{C}$ des Typs τ heißt **direktes Produkt** der Algebren $\mathbf{B}$ und $\mathbf{C}$, wenn $B \times C$ die Trägermenge der Algebra $\mathbf{A}$ ist und die Operationen von $\mathbf{A}$ wie folgt definiert sind: Ist $f \in F$ nullstellig, so sei $f_\mathbf{A} := (f_\mathbf{B}, f_\mathbf{C})$. Falls $af \geq 1$, sei $f_\mathbf{A}$ wie folgt definiert:

$$f_{\mathbf{B} \times \mathbf{C}}((b_1, c_1), (b_2, c_2), ..., (b_{af}, c_{af})) := (f_\mathbf{B}(b_1, ..., b_{af}), f_\mathbf{C}(c_1, ..., c_{af})).$$

Offenbar sind $\mathbf{B}$ und $\mathbf{C}$ homomorphe Bilder der Algebra $\mathbf{B} \times \mathbf{C}$, da die (sogenannten **Projektions-)Abbildungen**

$$pr_1 : B \times C \longrightarrow B, \ (b, c) \mapsto pr_1(b, c) := b \ \text{ und}$$
$$pr_2 : B \times C \longrightarrow C, \ (b, c) \mapsto pr_2(b, c) := c$$

Homomorphismen von $\mathbf{B} \times \mathbf{C}$ auf $\mathbf{B}$ bzw. $\mathbf{C}$ sind. Die Kerne dieser Projektionsabbildungen (Kongruenzen auf $B \times C$)

$$Kern\, pr_i := \{((b,c),(b',c')) \in (B \times C)^2 \mid pr_i(b,c) = pr_i(b',c')\}$$

($i = 1,2$) zeichnen sich gegenüber den anderen Kongruenzen durch gewisse Eigenschaften aus (siehe Satz 18.1.2), die wir mit Hilfe der nachfolgenden Definition beschreiben können:

Definition   Zwei Äquivalenzrelationen $\kappa, \mu \in Eq(A)$ heißen **vertauschbar**, falls $\kappa \square \mu = \mu \square \kappa$ gilt, d.h.,

$$\forall x, z \in A:$$

$$(\exists y \in A: (x,y) \in \kappa \wedge (y,z) \in \mu) \iff (\exists y' \in A: (x,y') \in \mu \wedge (y',z) \in \kappa).$$

Weitere Definitionsmöglichkeiten für vertauschbare Äquivalenzrelationen liefert das folgende Lemma. In diesem Lemma wie auch in den nachfolgenden Sätzen benutzen wir, daß $(Eq; \subseteq)$ nach Satz 15.5.3 ein vollständiger Verband ist und folglich auf Eq die Operationen $\wedge = \cap$ („Infimum") und $\vee$ („Supremum") – wie im Kapitel 15 beschrieben – definiert sind.

Lemma 18.1.1 *Für $\kappa, \mu \in Eq(A)$ sind folgende Aussagen äquivalent:*

(a) κ und μ sind vertauschbar,
(b) $\kappa \square \mu \subseteq \mu \square \kappa$,
(c) $\mu \square \kappa \subseteq \kappa \square \mu$,
(d) $\kappa \vee \mu = \kappa \square \mu$,
(e) $\mu \vee \kappa = \kappa \square \mu$.

Beweis. Wegen der Kommutativität von $\vee$ gilt (d)$\iff$(e). Die Äquivalenz (b)$\iff$(c) ist eine Folgerung aus (a)$\iff$(b). Zum Beweis genügt es also, (a)$\iff$(b) und (a)$\iff$(e) zu zeigen.
(a)$\implies$(b) ist trivial.
(b)$\implies$(a): Sei $\kappa \square \mu \subseteq \mu \square \kappa$. Dann gilt (unter Verwendung von Satz 1.4.1 aus Band 1 und der Symmetrie von κ und μ):

$$(\kappa \square \mu)^{-1} \subseteq (\mu \square \kappa)^{-1}$$
$$\implies \underbrace{\mu^{-1} \square \kappa^{-1}}_{=\mu \square \kappa} \subseteq \underbrace{\kappa^{-1} \square \mu^{-1}}_{=\kappa \square \mu},$$

womit $\kappa \square \mu = \mu \square \kappa$ ist.
(a)$\implies$(e): Sei $\kappa \square \mu = \mu \square \kappa$. (e) ist gezeigt, wenn $\kappa \square \mu$ als kleinste Äquivalenzrelation auf A, die $\kappa \cup \mu$ enthält, nachgewiesen ist.
Wegen

$$\forall(x,y) \in \kappa\,(((x,y) \in \kappa \wedge (y,y) \in \mu) \implies (x,y) \in \kappa \square \mu),$$
$$\forall(x,y) \in \mu\,(((x,x) \in \kappa \wedge (x,y) \in \mu) \implies (x,y) \in \kappa \square \mu)$$

ist $\kappa \cup \mu \subseteq \kappa\Box\mu$. $\kappa\Box\mu$ ist reflexiv, da κ (bzw. μ) reflexiv ist. Die Symmetrie von $\kappa\Box\mu$ folgt aus $(\kappa\Box\mu)^{-1} = \mu^{-1}\Box\kappa^{-1} = \mu\Box\kappa = \kappa\Box\mu$. Wegen

$$(\kappa\Box\mu)\Box(\kappa\Box\mu) = \kappa\Box \underbrace{(\mu\Box\kappa)}_{=\kappa\Box\mu} \Box\mu = \underbrace{(\kappa\Box\kappa)}_{\subseteq\kappa} \Box \underbrace{(\mu\Box\mu)}_{\subseteq\mu} \subseteq \kappa\Box\mu$$

ist $\kappa\Box\mu$ auch transitiv, womit $\kappa\Box\mu$ eine Äquivalenzrelation auf A ist.
$\kappa\Box\mu$ ist die kleinste Äquivalenzrelation in $Eq(A)$, die $\kappa \cup \mu$ enthält, da jede andere Äquivalenzrelation, die $\kappa \cup \mu$ enthält, den transitiven Abschluß von $\kappa \cup \mu$ und damit $\kappa\Box\mu$ enthalten muß.

(e)$\Longrightarrow$(a): Sei $\kappa \vee \mu = \kappa\Box\mu$. Da $\kappa \vee \mu$ eine Äquivalenzrelation ist, folgt die Vertauschbarkeit von κ und μ aus

$$\kappa\Box\mu = \kappa \vee \mu = (\kappa\Box\mu)^{-1} = \mu^{-1}\Box\kappa^{-1} = \mu\Box\kappa.$$

■

Satz 18.1.2 *Für Algebren* **B** *und* **C** *desselben Typs und die Projektionsabbildungen* $pr_1 \colon \mathbf{B} \times \mathbf{C} \longrightarrow \mathbf{B}$ *und* $pr_2 \colon \mathbf{B} \times \mathbf{C} \longrightarrow \mathbf{C}$ *gilt:*

(a) $Kern\, pr_1 \wedge Kern\, pr_2 = \kappa_0$,
(b) $Kern\, pr_1 \vee Kern\, pr_2 = \kappa_1$,
(c) $Kern\, pr_1$ und $Kern\, pr_2$ sind vertauschbar.

Beweis. Aus $((b,c),(b',c')) \in Kern\, pr_1 \cap Kern\, pr_2$ folgt $pr_i(b,c) = pr_i(b',c')$ für $i = 1, 2$. Das bedeutet aber $b = b'$ und $c = c'$, womit (a) gezeigt ist.
Für beliebige $b, b' \in B$, $c, c' \in C$ haben wir

$$((b,c),(b,c')) \in Kern\, pr_1 \;\wedge\; ((b,c'),(b',c')) \in Kern\, pr_1,$$

womit $((b,c),(b',c')) \in \kappa\Box\mu$ für alle $b, b' \in B$ und $c, c' \in C$ und damit

$$(Kern\, pr_1)\Box(Kern\, pr_2) = \kappa_1$$

gilt. Mit Hilfe von Lemma 18.1.1 folgen hieraus (b) und (c). ■

Jetzt soll untersucht werden, wann eine Algebra in ein direktes Produkt von zwei kleineren Algebren zerlegbar ist. Unsere Aussage aus Satz 18.1.2 liefert die Anleitung, wie man vorzugehen hat.

Satz 18.1.3 *Es sei* $\mathbf{A} = (A; F)$ *eine Algebra und* $\kappa, \mu \in Con\mathbf{A}$ *seien zwei Kongruenzrelationen mit den folgenden drei Eigenschaften:*

(a) $\kappa \wedge \mu = \kappa_0$,
(b) $\kappa \vee \mu = \kappa_1$,
(c) κ und μ sind vertauschbar.

Dann ist $\mathbf{A}$ *isomorph zum direkten Produkt von* $\mathbf{A}/\kappa$ *und* $\mathbf{A}/\mu$. *Ein Isomorphismus* $\varphi \colon \mathbf{A} \longrightarrow \mathbf{A}/\kappa \times \mathbf{A}/\mu$ *läßt sich wie folgt definieren:*

$$\forall a \in A : \quad \varphi(a) := (a/\kappa, a/\mu).$$

Beweis. φ ist injektiv: Sei $\varphi(a) = \varphi(b)$. Dann gilt $a/\kappa = b/\kappa$ und $a/\mu = b/\mu$. Hieraus folgt $(a, b) \in \kappa \wedge \mu$, womit wegen (a) $a = b$ ist.

φ ist surjektiv: Für jedes Paar a, b gibt es wegen (b) und (c) ein $c \in A$ mit $(a, c) \in \kappa$ und $(c, b) \in \mu$. Daraus folgt $(a/\kappa, b/\mu) = (c/\kappa, c/\mu) = \varphi(c)$.

φ ist ein Isomorphismus: Für alle $f_A \in F$ $(af_A =: n)$ und beliebige $a_1, ..., a_n \in A$ gilt

$$\begin{aligned}
\varphi(f_{\mathbf{A}}(a_1, ..., a_n)) &= (f_{\mathbf{A}}(a_1, ..., a_n)/\kappa, f_{\mathbf{A}}(a_1, .., a_n)/\mu) \\
&= (f_{\mathbf{A}/\kappa}(a_1/\kappa, ..., a_n/\kappa), f_{\mathbf{A}/\mu}(a_1/\mu, ..., a_n/\mu)) \\
&= f_{\mathbf{A}/\kappa \times \mathbf{A}/\mu}(\varphi(a_1), ..., \varphi(a_n)). \qquad \blacksquare
\end{aligned}$$

Definition   Eine Algebra $\mathbf{A}$ heißt **direkt irreduzibel** (oder **direkt unzerlegbar**), falls aus $\mathbf{A} \cong \mathbf{B} \times \mathbf{C}$ stets $|B| = 1$ oder $|C| = 1$ folgt.

Beispiel   Offenbar ist jede endliche Algebra $\mathbf{A}$ mit $|A| \in \mathbb{P}$ direkt irreduzibel.
Weitere Beispiele sind nach Satz 18.1.4 angegeben.

Satz 18.1.4 *Eine Algebra $\mathbf{A}$ ist genau dann direkt irreduzibel, wenn κ_0 und κ_1 das einzige Paar von Kongruenzen aus $Con\mathbf{A}$ ist, das die Bedingungen (a) – (c) aus Satz 18.1.3 erfüllt.*

Beweis.   Es sei $\mathbf{A}$ direkt irreduzibel, und das Paar $\kappa, \mu \in Con\mathbf{A}$ erfülle (a) – (c) aus Satz 18.1.3. Dann gilt wegen Satz 18.1.3 $\mathbf{A} \cong \mathbf{A}/\kappa \times \mathbf{A}/\mu$, also o.B.d.A. $|A/\kappa| = 1$. Daraus folgt $\kappa = \kappa_1$, und wegen (a) dann $\mu = \kappa_0$.

Sei umgekehrt κ_0 und κ_1 das einzige Paar von Kongruenzen von $\mathbf{A}$ mit den Eigenschaften (a) – (c) aus Satz 18.1.3 und es gelte $\mathbf{A} \cong \mathbf{B} \times \mathbf{C}$. Natürlich ist dann auch κ_0 und κ_1 das einzige Paar von Kongruenzrelationen auf $\mathbf{B} \times \mathbf{C}$ mit (a) – (c). Wegen Satz 18.1.2 erfüllen dann die Kerne der Projektionsabbildungen pr_1 und pr_2 (a) – (c). Also gilt $Kern\, pr_1 = \kappa_0$ oder $Kern\, pr_2 = \kappa_0$, und deshalb $|C| = 1$ oder $|B| = 1$. $\qquad \blacksquare$

Mit Hilfe von Satz 18.1.4 lassen sich nun folgende Aussagen beweisen:

(a) Jede einfache Algebra $\mathbf{A}$, d.h., jede Algebra $\mathbf{A}$ mit $Con\,\mathbf{A} = \{\kappa_0, \kappa_1\}$, ist direkt irreduzibel.

(b) Ist $\mathbf{A}$ eine Boolesche Algebra, so gilt

$$\mathbf{A} \text{ ist direkt irreduzibel} \iff |A| \le 2.$$

(Einen Beweis für diese Äquivalenz findet man im Abschnitt 18.3.)

(c) Die Restklassengruppe $(Z_n; +, -, 0)$ ist genau dann direkt irreduzibel, falls n eine Primzahlpotenz ist. (Beweis: ÜA)

(d) Ein Vektorraum $\mathbf{V} := (V; +, -, K, 0)$ über dem Körper K ist genau dann direkt irreduzibel, falls $|V| = 1$ oder $\mathbf{V}$ eindimensional ist (Beweis: ÜA).

Weitere Anwendungen und Ergänzungen zu oben findet man im Abschnitt 18.3.

Unsere Definition des direkten Produktes zweier Algebren läßt sich in naheliegender Weise für endlich viele Algebren gleichen Typs verallgemeinern. Direkte Produkte lassen sich aber auch für Algebren $\mathbf{A_j} = (A_j; F_j)$ ein und desselben Typs mit $j \in J$ für beliebige Indexmengen J erklären, wie die nachfolgenden Definitionen zeigen.

Definitionen Das **kartesische Produkt** $\Pi_{j \in J} A_j$ der Mengen A_j $(j \in J)$ sei die Menge aller Abbildungen α von J in $\bigcup_{j \in J} A_j$ mit $\alpha(j) \in A_j$ für alle $j \in J$. Die Elemente von $\Pi_{j \in J} A_j$ schreiben wir in der Gestalt $(x_j \mid j \in J)$ auf.

Analog zu oben kann man dann als **direktes Produkt** $\mathbf{\Pi_{j \in J} A_j}$ der Algebren $\mathbf{A_j}$ $(j \in J)$ die Algebra

$$(\Pi_{j \in J} A_j; (f_i)_{i \in I})$$

erklären mit

$$f_i((a_{j1} \mid j \in J), (a_{j2} \mid j \in J), ..., (a_{j, af_i} \mid j \in J)) := (f_{ji}(a_{j1}, a_{j2}, ..., a_{j, af_i}) \mid j \in J)$$

für beliebige $((a_{j1} \mid j \in J), ..., (a_{j, af_i} \mid j \in J) \in \Pi_{j \in J} A_j$, falls $af_i > 0$, und $f_i = (f_{ji} \mid j \in J)$, falls $af_i = 0$.

Es sei noch vereinbart, daß wir für $J = \emptyset$ unter $\mathbf{\Pi_{j \in J} A_j}$ die einelementige Algebra des entsprechenden Typs verstehen.

Falls $A_j = A$ für alle $j \in J$, schreibt man $\mathbf{A^J}$ anstelle von $\mathbf{\Pi_{j \in J} A_j}$. Ist $J = \{1, 2, .., n\}$, so schreibt man oft $\mathbf{A_1} \times ... \times \mathbf{A_n}$ für das direkte Produkt der $\mathbf{A_j}$.

Satz 18.1.5 *Jede endliche Algebra ist isomorph zu einem direkten Produkt direkt irreduzibler Algebren.*

Beweis. Induktion über die Mächtigkeit der Trägermengen der Algebren: Jede Algebra $\mathbf{A}$ mit $|A| = 1$ ist sicher selbst schon direkt irreduzibel. Sei nun $\mathbf{A}$ eine endliche Algebra mit $|A| \geq 2$, und für alle Algebren $\mathbf{A'}$ mit $|A'| < |A|$ sei die Behauptung schon bewiesen. Ist $\mathbf{A}$ selbst direkt irreduzibel, dann ist nichts mehr zu zeigen. Gilt aber $\mathbf{A} \cong \mathbf{B} \times \mathbf{C}$ mit $|B| > 1$, $|C| > 1$, dann gilt auch $|B| < |A|$ und $|C| < |A|$, d.h., $\mathbf{B}$ und $\mathbf{C}$ können in direkt irreduzible Algebren zerlegt werden:

$$\mathbf{B} \cong \mathbf{B_1} \times ... \times \mathbf{B_m},$$
$$\mathbf{C} \cong \mathbf{C_1} \times ... \times \mathbf{C_n}.$$

Also gilt $\mathbf{A} \cong \mathbf{B_1} \times ... \times \mathbf{B_m} \times \mathbf{C_1} \times ... \times \mathbf{C_n}$. ∎

Direkte Produkte mit mehr als zwei Algebren haben ähnliche Eigenschaften wie das direkte Produkt von zwei Algebren. Z.B. ist die j_0-te Projektion pr_{j_0} von $\Pi_{j \in J} A_j$ auf A_j mit

$$(a_j \mid j \in J) \mapsto a_{j_0}$$

für jedes $j_0 \in J$ ein Homomorphismus.

Zum Abschluß diese Abschnittes noch eine wesentliche Eigenschaft direkter Produkte, die man leicht nachprüft:

Satz 18.1.6 *Für jede Familie*[1] $\varphi_i \colon \mathbf{B} \longrightarrow \mathbf{A_i}$, $i \in I$, *von Homomorphismen erhält man einen Homomorphismus* $\varphi \colon \mathbf{B} \longrightarrow \Pi_{i \in I} \mathbf{A_i}$ *durch*

$$(\varphi(b))_i := \varphi_i(b).$$

∎

18.2 Subdirekte Produkte

Im Gegensatz zu endlichen Algebren können unendliche Algebren nicht immer als direkte Produkte direkt irreduzibler Algebren dargestellt werden.

Beispiel Wie wir oben gesehen haben, ist eine Boolesche Algebra $\mathbf{A}$ genau dann direkt irreduzibel, wenn $|A| \leq 2$ ist. Wie man leicht nachprüft, ist außerdem jede zweielementige Boolesche Algebra zur Algebra

$$\mathbf{B} = (\{0,1\}; \vee, \wedge, ^-, 0, 1)$$

isomorph.

Ein unendliches direktes Produkt von $\mathbf{B}$ ist nicht mehr abzählbar. Folglich läßt sich die abzählbare Boolesche Algebra $\mathbf{C} = (C; \vee', \wedge', \neg)$ mit

$$C := \{(a_1, a_2, ...) \in \{0,1\}^{\mathbb{N}} \mid |\{i \in \mathbb{N} \mid a_i = 0\}| < \aleph_0 \text{ oder } |\{i \in \mathbb{N} \mid a_i = 1\}| < \aleph_0\},$$

$(a_1, a_2, ...) \circ' (b_1, b_2, ...) := (a_1 \circ b_1, a_2 \circ b_2, ...)$ für $\circ \in \{\vee, \wedge\}$ und $\neg(a_1, a_2, ...) := (\overline{a}_1, \overline{a}_2, ...)$ nicht als direktes Produkt direkt irreduzibler Algebren darstellen, jedoch ist sie eine Unteralgebra des direkten Produktes $\mathbf{B}^{\mathbb{N}}$.

In Verallgemeinerung dieses Beispiels gelangt man zu einem neuen Produktbegriff:

Definition Die Algebren $\mathbf{A_i}$, $i \in I$, seien alle vom selben Typ. Eine Unteralgebra $\mathbf{B}$ von $\Pi_{i \in I} \mathbf{A_i}$ heißt ein **subdirektes Produkt** der $\mathbf{A_i}$, falls

$$pr_j(\mathbf{B}) = \mathbf{A_j}$$

für alle $j \in I$ gilt.

Beispiel Offenbar ist jedes direkte Produkt auch ein subdirektes Produkt.

---

[1] Unter einer **Familie** $(a_i \mid i \in I)$ von Elementen einer Menge M versteht man eine Abbildung $\varphi : I \to A$, $i \mapsto a_i$. Diese Bezeichnung wird benutzt, um eine gewisse Auswahl von (nicht notwendig verschiedenen) Elementen aus A zu charakterisieren. I wird dabei **Indexmenge** der Familie $(a_i \mid i \in I)$ genannt.

Satz 18.2.1 *Für ein subdirektes Produkt* **B** *der Algebren* $\mathbf{A_i}$, $i \in I$, *und die Projektionsabbildungen* pr_j: $\Pi_{i \in I} \mathbf{A_i} \longrightarrow \mathbf{A_j}$ *gilt*

$$\bigcap_{j \in I} Kern(pr_j)_{|B} = \kappa_0.$$

Beweis. Aus $(a, b) \in \bigcap_{j \in I} Kern(pr_j)_{|B}$ folgt $a_j = b_j$ für alle $j \in I$ und damit $a = b$. ∎

Durch diesen Satz und die Tatsache, daß alle $pr_{j|B}$ surjektiv sind, werden subdirekte Produkte bereits charakterisiert:

Satz 18.2.2 *Es sei* **A** *eine Algebra. Für gewisse Kongruenzen* $\kappa_i \in Con\mathbf{A}$, $i \in I$, *gelte*

$$\bigcap_{i \in I} \kappa_i = \kappa_0.$$

Dann ist **A** *isomorph zu einem subdirekten Produkt der Algebren* $\mathbf{A}/\kappa_i$, $i \in I$. *Durch*

$$\varphi(a) := (a/\kappa_i \mid i \in I)$$

wird ein injektiver Homomorphismus $\varphi \colon \mathbf{A} \longrightarrow \Pi_{i \in I}(\mathbf{A}/\kappa_i)$ *definiert, und* $\varphi(\mathbf{A})$ *ist ein subdirektes Produkt der* $\mathbf{A}/\kappa_i$.

Beweis. Wegen Satz 18.1.6 ist φ ein Homomorphismus. φ ist sogar injektiv: Aus $\varphi(a) = \varphi(b)$ folgt $a/\kappa_i = b/\kappa_i$ und daher auch $(a, b) \in \kappa_i$ für alle $i \in I$. Also gilt $(a, b) \in \bigcap_{i \in I} \kappa_i = \kappa_0$, d.h., $a = b$. Damit ist gezeigt, daß **A** und $\varphi(\mathbf{A})$ isomorph sind. Nach Definition von φ gilt außerdem $pr_j(\varphi(\mathbf{A})) = \mathbf{A}/\kappa_j$ für alle $j \in I$. Daher ist $\varphi(\mathbf{A})$ ein subdirektes Produkt der $\mathbf{A}/\kappa_i$. ∎

Definition Ein injektiver Homomorphismus (eine sogenannte **Einbettung**)

$$\varphi \colon \mathbf{A} \longrightarrow \Pi_{i \in I} \mathbf{A_i}$$

heißt eine **subdirekte Darstellung** von **A**, falls $\varphi(\mathbf{A})$ ein subdirektes Produkt der $\mathbf{A_i}$ ist.

Beispiel Die Abbildung φ aus Satz 18.2.2 ist eine subdirekte Darstellung.

Definition Eine Algebra **A** heißt **subdirekt irreduzibel** (oder **subdirekt unzerlegbar**), falls für jede subdirekte Darstellung

$$\varphi \colon \mathbf{A} \longrightarrow \Pi_{i \in I} \mathbf{A_i}$$

ein $j \in I$ existiert, so daß die Abbildung

$$\varphi \square pr_j \colon \mathbf{A} \longrightarrow \mathbf{A_j}$$

ein Isomorphismus ist.

Eine Algebra ist also genau dann subdirekt irreduzibel, wenn man in jeder subdirekten Darstellung schon mit einer einzigen Komponente auskommt.

Satz 18.2.3 *Eine Algebra* **A** *ist genau dann subdirekt irreduzibel, wenn* **A** *höchstens ein Element besitzt, oder wenn*

$$\bigcap(Con\mathbf{A} \setminus \{\kappa_0\}) \neq \kappa_0$$

gilt. Letzteres ist offenbar genau dann der Fall, wenn κ_0 *in* $Con\mathbf{A}$ *genau einen oberen Nachbarn hat:*

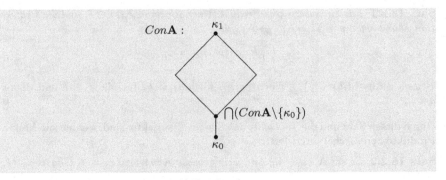

Beweis. O.B.d.A. sei nachfolgend $|A| \notin \{0,1\}$.

Angenommen, $\bigcap(Con\mathbf{A}\backslash\{\kappa_0\}) = \kappa_0$. Mit $I := Con\mathbf{A}\backslash\{\kappa_0\}$ erhält man dann mit Hilfe von Satz 18.2.2 eine subdirekte Darstellung $\varphi\colon \mathbf{A} \longrightarrow \mathbf{\Pi}_{\kappa\in I}(\mathbf{A}/\kappa)$. Für jede Abbildung pr_κ ($\kappa \in I$) und alle $a \in A$ gilt $(\varphi\Box pr_\kappa)(a) = a/\kappa$. Wegen $\kappa_0 \notin I$ ist daher $\varphi\Box pr_\kappa\colon \mathbf{A} \longrightarrow \mathbf{A}/\kappa$ nicht injektiv (d.h., kein Isomorphismus), womit $\mathbf{A}$ nicht subdirekt irreduzibel sein kann.

Sei nun $\bigcap(Con\mathbf{A}\backslash\{\kappa_0\}) \neq \kappa_0$ und bezeichne $\varphi\colon \mathbf{A} \longrightarrow \mathbf{\Pi}_{i\in I}\mathbf{A}_i$ eine subdirekte Darstellung von $\mathbf{A}$. Für $\mathbf{B} := \varphi(\mathbf{A})$ gilt dann wegen Satz 18.2.1 $\bigcap_{i\in I} Kern(pr_{i_{|B}}) = \kappa_0$. Also existiert ein $j \in I$ mit Kern $(pr_{j_{|B}}) = \kappa_0$, d.h., $pr_{j_{|B}}$ ist injektiv und damit ein Isomorphismus. Dann ist aber auch $\varphi\Box pr_j$ ein Isomorphismus, womit $\mathbf{A}$ subdirekt irreduzibel ist.   ∎

Mit Hilfe der Sätze 18.2.3 und 18.1.4 überlegt man sich leicht den folgenden Zusammenhang zwischen direkt und subdirekt irreduziblen Algebren:

> $\mathbf{A}$ ist subdirekt irreduzibel $\implies$ $\mathbf{A}$ ist direkt irreduzibel.   (18.1)

Die Umkehrung von (18.1) gilt übrigens nicht, wie man sich mit Hilfe eines dreielementigen Verbandes überlegen kann, der zwar direkt irreduzibel aber nicht subdirekt irreduzibel ist.

Ein wesentliches Hilfsmittel für den nachfolgenden Satz 18.2.5 ist das Zornsche Lemma, das hier ohne Beweis zitiert sei. Es handelt sich hierbei um eine Aussage, die zum mengentheoretischen Auswahlaxiom äquivalent ist (siehe z.B. [Her 55]).

Lemma 18.2.4 (Zornsches Lemma)

In jedem Mengensystem $\mathfrak{M}$ mit der Eigenschaft

$$\forall T \subseteq \mathfrak{M}\left((\forall X, Y \in T \,\exists Z \in T\colon X \cup Y \subseteq Z) \implies \bigcup_{X\in T} X \in \mathfrak{M}\right)$$

(d.h., $\mathfrak{M}$ ist ein induktives Mengensystem)

gibt es ein maximales Element[2], d.h., ein Element $M \in \mathfrak{M}$, das in keiner Menge von $\mathfrak{M}$ echt enthalten ist.   ∎

---

[2] Sei $(B;\leq)$ eine Poset. Ein maximales Element der Menge $A \subseteq B$ ist dann ein Element $a \in A$ mit

$$a < x \implies x \notin A$$

für alle $x \in B$.

Nach diesen Vorbereitungen läßt sich nun der folgende Satz beweisen, der von G. Birkhoff 1944 publiziert wurde.

Satz 18.2.5 *Jede Algebra ist isomorph zu einem subdirekten Produkt subdirekt irreduzibler Algebren.*

Beweis. Sei **A** eine Algebra. Man kann sich dann leicht überlegen, daß für jedes Paar $a, b \in A$ mit $a \neq b$ die Menge

$$\mathfrak{M}_{a,b} := \{\kappa \in Con\mathbf{A} \mid (a,b) \notin \kappa\}$$

ein induktives Mengensystem bildet. Nach Lemma 18.2.4 besitzt $\mathfrak{M}_{a,b}$ ein maximales Element $\Phi(a,b)$. Im Verband $Con\mathbf{A}$ hat $\Phi(a,b)$ genau einen oberen Nachbarn, nämlich $\Phi(a,b) \vee \Omega(a,b)$, wobei $\Omega(a,b)$ die vom Paar (a,b) erzeugte Kongruenzrelation ist. Man prüft leicht nach, daß die Faktoralgebra $\mathbf{A}/\Phi(\mathbf{a},\mathbf{b})$ einen zum Intervall

$$[\Phi(a,b), \kappa_1] := \{\kappa \in Con\mathbf{A} \mid \Phi(a,b) \subseteq \kappa \subseteq \kappa_1\}$$

von $Con\mathbf{A}$ isomorphen Kongruenzenverband bildet. Nach Satz 18.2.3 ist $\mathbf{A}/\Phi(\mathbf{a},\mathbf{b})$ subdirekt irreduzibel. Aus

$$\bigcap\{\Phi(a,b) \mid a,b \in A \wedge a \neq b\} = \kappa_0$$

und Satz 18.2.2 folgt dann, daß **A** isomorph zu einem subdirekten Produkt subdirekt irreduzibler Algebren ist (nämlich der Algebren $\mathbf{A}/\Phi(\mathbf{a},\mathbf{b})$). ∎

18.3 Zwei Anwendungen

In diesem Abschnitt wollen wir zeigen, wie man mit Hilfe der Sätze aus 18.1 und 18.2 bis auf Isomorphie sämtliche endlichen abelschen Gruppen und alle Booleschen Algebren beschreiben kann. Wir beginnen mit einigen Eigenschaften distributiver Verbände.

Lemma 18.3.1 *Es sei $\mathbf{L} := (L; \vee, \wedge)$ ein distributiver Verband. Dann sind für jedes $a \in L$ die Relationen*

$$\sigma_a := \{(x,y) \in L^2 \mid x \wedge a = y \wedge a\},$$

$$\tau_a := \{(x,y) \in L^2 \mid x \vee a = y \vee a\}$$

Kongruenzen der Algebra $\mathbf{L}$ mit der Eigenschaft $\sigma_a \cap \tau_a = \kappa_0$.
Falls $(L; \vee, \wedge, ^-, 0, 1)$ eine Boolesche Algebra ist, sind σ_a und τ_a auch Kongruenzen dieser Algebra, wobei außerdem $\sigma_a \vee \tau_a = \kappa_1$ und $\sigma_a \square \tau_a = \tau_a \square \sigma_a$ gilt.

Beweis. Man prüft leicht nach, daß σ_a und τ_a Äquivalenzrelationen sind. Zum Nachweis der Verträglichkeit von σ_a mit $\wedge$ und $\vee$ seien $(x,y), (x',y') \in \sigma_a$ beliebig gewählt. Dann gilt $x \wedge a = y \wedge a$ und $x' \wedge a = y' \wedge a$. Folglich gilt $(x \wedge a) \wedge (x' \wedge a) = (y \wedge a) \wedge (y' \wedge a)$, woraus sich $(x \wedge x') \wedge a = (y \wedge y') \wedge a$ ergibt. Also ist $(x \wedge x', y \wedge y') \in \sigma_a$ und damit σ_a mit $\wedge$ verträglich. Aus $x \wedge a = y \wedge a$ und $x' \wedge a = y' \wedge a$ folgt außerdem $(x \wedge a) \vee (x' \wedge a) = (y \wedge a) \vee (y' \wedge a)$. Unter Verwendung des Distributivgesetzes folgt hieraus $(x \vee x') \wedge a = (y \vee y') \wedge a$ bzw. $(x \vee x', y \vee y') \in \sigma_a$. Also ist σ_a auch mit $\vee$ verträglich und σ_a damit eine Kongruenz des distributiven Verbandes **L**.

Analog beweist man (bzw. aus dem Dualitätsprinzip für Verbände folgt), daß τ_a ebenfalls eine Kongruenz von **L** ist.

$\sigma_a \cap \tau_a = \kappa_0$ folgt aus

$$(x,y) \in \sigma_a \cap \tau_a \implies x \wedge a = y \wedge a \text{ und } x \vee a = y \vee a$$

$$\implies \underbrace{x \wedge (x \vee a)}_{=x} = \underbrace{x \wedge (y \vee a)}_{=(x \wedge y) \vee (x \wedge a)} = \underbrace{(x \wedge y) \vee (a \wedge y)}_{(x \vee a) \wedge y = (y \vee a) \wedge y}$$

$$\implies x = y.$$

Sei nachfolgend **L** eine Boolesche Algebra. Für den Nachweis, daß σ_a und τ_a auch Kongruenzen dieser Booleschen Algebra sind, haben wir noch die Verträglichkeit dieser Äquivalenzrelationen mit $^-$ zu zeigen. Mit Hilfe des Morganschen Gesetzes[3] $\overline{x \wedge y} = \overline{x} \vee \overline{y}$ ergibt sich die Verträglichkeit von σ_a mit $^-$ wie folgt:

$$(x,y) \in \sigma_a \implies x \wedge a = y \wedge a$$

$$\implies \overline{x \wedge a} = \overline{y \wedge a}$$

$$\implies \overline{x} \vee \overline{a} = \overline{y} \vee \overline{a}$$

$$\implies (\overline{x} \vee \overline{a}) \wedge a = (\overline{y} \vee \overline{a}) \wedge a$$

$$\implies \overline{x} \wedge a = \overline{y} \wedge a$$

$$\implies (\overline{x}, \overline{y}) \in \sigma_a.$$

Die Verträglichkeit von σ_a mit $\vee$ folgt dann (wegen $x \vee y = \overline{\overline{x} \wedge \overline{y}}$) aus der Verträglichkeit von σ_a mit $\wedge$ und $^-$.

Zwecks Nachweis von $\sigma_a \vee \tau_a = \kappa_1$ genügt es zu zeigen, daß $(x,a) \in \sigma_a \vee \tau_a$ für jedes $x \in L$ gilt. Für ein beliebiges $x \in L$ sind nur folgende Fälle möglich:

Fall 1: $x \leq a$.

In diesem Fall gilt $x \vee a = a \vee a$, womit $(x,a) \in \tau_a$.

Fall 2: $a \leq x$.

In diesem Fall gilt $a \wedge a = x \wedge a$, womit $(x,a) \in \sigma_a$.

Fall 3: $c := x \wedge a < a$.

---

[3] Dieses Gesetz ist eine Folgerung aus den Axiomen einer Booleschen Algebra. Siehe Band 1, Satz 2.4.2.

In diesem Fall gilt $(x,c) \in \sigma_a$ und $(c,a) \in \tau_a$, womit (wegen der Transitivität von $\sigma_a \vee \tau_a$ und $\sigma_a \cup \tau_a \subseteq \sigma_a \vee \tau_a$) $(x,a) \in \sigma_a \vee \tau_a$ ist. Folglich haben wie $\sigma_a \vee \tau_a = \kappa_1$.

Unsere letzte Behauptung $\sigma_a \square \tau_a = \tau_\square \sigma_a$ folgt mit Hilfe von Lemma 18.1.1 aus dem Beweis von $\sigma_a \square \tau_a = \kappa_1$:
Sei $(x,z) \in L^2$ beliebig gewählt. Wir zeigen, daß $(x,y) \in \sigma_a$ und $(y,z) \in \tau_a$ für $y := (x \wedge a) \vee (z \wedge \overline{a})$ gilt. $(x,y) \in \sigma_a$ folgt aus

$$y \wedge a = ((x \wedge a) \vee (z \wedge \overline{a})) \wedge a = (x \wedge a) \vee (z \wedge a \wedge \overline{a}) = x \wedge a$$

und $(y,z) \in \tau_a$ folgt aus

$$y \vee a = (x \wedge a) \vee (z \wedge \overline{a}) \vee a = (z \wedge \overline{a}) \vee a = (z \vee a) \wedge \underbrace{(\overline{a} \vee a)}_{=1} = z \vee a.$$

$\blacksquare$

Lemma 18.3.2 *Sei* **L** *ein distributiver Verband mit* $|L| \geq 3$. *Dann existiert ein* $a \in L$ *mit* $\sigma_a \neq \kappa_0$ *und* $\tau_a \neq \kappa_0$ *(siehe Lemma 18.3.1).*

Beweis. Da L nach Voraussetzung mindestens drei Elemente enthält, können wir $a \in L$ so wählen, daß es von dem (eventuell vorhandenen) größten und dem (eventuell vorhandenen) kleinsten Element von **L** verschieden ist. Außerdem existieren $o, e \in L \backslash \{a\}$ mit $o < a < e$. Wegen $a \wedge a = e \wedge a$ gehört (a,e) zu σ_a und wegen $a \vee a = o \vee a$ gehört (a,o) zu τ_a. Also können die so gebildeten Kongruenzen σ_a und τ_a nicht mit κ_0 übereinstimmen. $\blacksquare$

Satz 18.3.3

(a) Ein distributiver Verband **L** *ist genau dann subdirekt irreduzibel, wenn* $|L| \leq 2$ *ist.*

(b) Eine Boolesche Algebra **B** *ist genau dann direkt irreduzibel, wenn* $|B| \leq 2$ *ist.*

Beweis. (a): Mit Hilfe der Lemmata 18.3.1 und 18.3.2 beweist man leicht, daß

$$\bigcap_{\kappa \in Con\mathbf{L} \backslash \kappa_0} \kappa = \kappa_0$$

ist, woraus mit Hilfe von Satz 18.2.2 die Behauptung folgt.
(b) folgt ebenfalls aus den Lemmata 18.3.1 und 18.3.2 unter Verwendung von Satz 18.1.3. $\blacksquare$

Satz 18.3.4 (Stonescher Darstellungssatz, M. H. Stone, 1936)

(a) Jede **endliche** *Boolesche Algebra ist isomorph zu einer Booleschen Algebra der Form*

$$(\mathfrak{P}(M); \cup, \cap, ^-, \emptyset, M)$$

mit einer passend gewählten endlichen Menge M bzw. zu einem gewissen direkten Produkt der – bis auf Isomorphie – eindeutig bestimmten zweielementigen Booleschen Algebra $\{\mathbf{0}, \mathbf{1}\} := (\{0, 1\}; \vee, \wedge, ^-, 0, 1)$.

(b) Jede Boolesche Algebra ist isomorph zu einem gewissen subdirekten Produkt der Booleschen Algebra $\{\mathbf{0}, \mathbf{1}\}$.

Beweis. Man überlegt sich zunächst leicht (bzw. aus unseren Ergebnissen aus Kapitel 21 folgt unmittelbar), daß homomorphe Bilder, direkte Produkte und subdirekte Produkte von Booleschen Algebren wieder Boolesche Algebren sind. Außerdem prüft man leicht nach, daß es – bis auf Isomorphie – genau eine zweielementige Boolesche Algebra gibt (siehe auch Band 1, Abschnitt 2.4).

Wegen Lemma 18.3.1 und Satz 18.1.3 läßt sich damit jede endliche Boolesche Algebra mit mehr als zwei Elementen als direktes Produkt zweier Boolescher Algebren darstellen, womit (a) durch Induktion beweisbar ist.

(b): Nach Satz 18.2.5 ist jede Algebra (also auch eine Boolesche Algebra) isomorph zu einem gewissen subdirekten Produkt von subdirekt irreduziblen Algebren. Da $\{\mathbf{0}, \mathbf{1}\}$ nach Satz 18.3.3, (a) (bis auf Isomorphie) die einzige subdirekt irreduzible Boolesche Algebra ist, gilt (b).   ∎

So einfach wie bei Booleschen Algebren sind Strukturuntersuchungen bei Gruppen nicht. Wir werden zwar ohne große Mühe weiter unten zeigen können, daß die Bedingung (c) aus Satz 18.1.3 für Gruppen überflüssig ist, jedoch gelingt uns mit den in 18.1 und 18.2 bereitgestellten Hilfsmitteln eine Beschreibung der endlichen Gruppen bis auf Isomorphie nur für abelsche Gruppen. Zunächst jedoch zwei Hilfsaussagen.

Lemma 18.3.5 *Es sei* $\mathbf{G} := (G; \circ, ^{-1}, e)$ *eine Gruppe,* $a, b, c \in G$, $d := a \circ c^{-1} \circ b$ *und* $\mathbf{M}$, $\mathbf{N}$ *Normalteiler von* $\mathbf{G}$. *Dann gilt:*

$$a \circ M = c \circ M \iff b \circ M = d \circ M,$$

$$b \circ N = c \circ N \iff a \circ N = d \circ N.$$

Beweis. Die Behauptungen ergiben sich aus den folgenden Äquivalenzen:

$$b \circ M = \underbrace{(a \circ c^{-1} \circ b)}_{=d} \circ M \iff M \circ b = M \circ (a \circ c^{-1} \circ b)$$

$$\iff M = M \circ (a \circ c^{-1})$$

$$\iff M \circ c = M \circ a$$

$$\iff c \circ M = a \circ M$$

und

$$a \circ N = \underbrace{(a \circ c^{-1} \circ b)}_{=d} \circ N \iff N = (c^{-1} \circ b) \circ N \iff c \circ N = b \circ N.$$

■

Lemma 18.3.6 *Je zwei Kongruenzrelationen einer Gruppe* **G** *sind vertauschbar.*

Beweis. Seien σ und τ zwei Kongruenzen aus ConG. Nach Abschnitt 17.3.1 existieren dann zwei Normalteiler **M** und **N** von **G** mit $\sigma = \{(x,y) \in G^2 \mid x^{-1} \circ y \in M\}$ und $\tau = \{(x,y) \in G^2 \mid x^{-1} \circ y \in N\}$. Mit Hilfe von Lemma 18.3.5 kann man sich dann die folgenden Äquivalenzen überlegen:

$$(a,b) \in \sigma \square \tau \iff \exists c \in G : (a,c) \in \sigma \wedge (c,b) \in \tau$$

$$\iff \exists c \in G : a \circ M = c \circ M \wedge c \circ N = b \circ N$$

$$\iff \exists d \in G : b \circ M = d \circ M \wedge a \circ N = d \circ N$$

$$\iff \exists d \in G : (a,d) \in \tau \wedge (d,b) \in \sigma$$

$$\iff (a,b) \in \tau \square \sigma.$$

■

Als Folgerung aus obigem Lemma und Satz 18.1.3 erhält man die folgende Fassung von Satz 18.1.3 für Gruppen:[4]

Satz 18.3.7 *Es sei* $\mathbf{G} = (G; \circ, ^{-1}, e)$ *eine Gruppe und* $\mathbf{N_1}$, $\mathbf{N_2}$ *zwei Normalteiler von* **G** *mit den Eigenschaften*

(a) $N_1 \cap N_2 = \{e\}$,
(b) $< N_1 \cup N_2 >= G$.

Dann ist **G** *isomorph zum direkten Produkt von* $\mathbf{G}/\kappa_{\mathbf{N_1}}$ *und* $\mathbf{G}/\kappa_{\mathbf{N_2}}$, *wobei*

$$\kappa_{N_i} := \{(x,y) \in G^2 \mid x \circ N_i = y \circ N_i\}$$

($i = 1, 2$). Ein Isomorphismus ist gegeben durch

$$\varphi : G \longrightarrow G/\kappa_{N_1} \times G/\kappa_{N_2}, ; g \mapsto (g/\kappa_{N_1}, g/\kappa_{N_2}).$$

Eine Gruppe ist genau dann direkt irreduzibel, wenn $\mathbf{N_1}$ *und* $\mathbf{N_2}$ *mit* $\{N_1, N_2\} = \{G, \{e\}\}$ *die einzigen Normalteiler von* **G** *sind, die (a) und (b) erfüllen.* ■

Speziell sind nach obigem Satz alle einfachen Gruppen direkt irreduzibel. Unter Verwendung sogenannter Kranzprodukte läßt sich (im Rahmen einer

---

[4] Siehe auch die ÜA A.18.5.

ausführlichen Darstellung der Gruppentheorie, für die hier kein Platz ist) beweisen, daß man aus den einfachen Gruppen alle anderen durch gewisse Konstruktionen gewinnen kann.

Eine Beschreibung aller endlichen einfachen Gruppen ist vor ca. 20 Jahren gelungen. Der Beweis ist über 1000 Seiten lang und die Beschreibung der nichtabelschen einfachen Gruppen ist recht kompliziert[5]. Die endlichen einfachen nichtabelschen Gruppen unterteilen sich in einige unendliche Klassen (unter ihnen z.B. die alternierenden Gruppen $\mathbf{A_k}$ mit $k \geq 5$) und 26 sogenannte *sporadische Gruppen*, die zu keiner diesen Einteilungen gehören. Die größte dieser sporadischen Gruppen (das sogenannte „Monster") hat mehr als 10^{50} Elemente[6]. Leicht zu beschreiben sind jedoch alle endlichen abelschen Gruppen, wie nachfolgend gezeigt werden soll.

Zu den abelschen Gruppen gehören offenbar auch alle Gruppen, die durch ein einziges Element der Gruppe erzeugt werden, die sogenannten **zyklischen Gruppen**. Beispiele für zyklische Gruppen sind alle endlichen Gruppen der Ordnung $p \in \mathbb{P}$ (siehe Band 1, Satz 2.2.12).

Satz 18.3.8 *Sei* $\mathbf{G} := (G; \circ, ^{-1}, e)$ *eine zyklische Gruppe mit dem erzeugenden Element* a. *Dann ist* $\mathbf{G}$ *entweder zu* $\mathbb{Z} := (\mathbb{Z}; +, -, 0)$ *oder zu* $\mathbb{Z}_\mathbf{n} := (\mathbb{Z}_n; + (mod\ n), -(mod\ n), 0)$ *für gewisses* $n \in \mathbb{N}$ *isomorph.*

Beweis. Für den Fall, daß $\operatorname{ord} a = n \in \mathbb{N}$ ist, gilt offenbar $< a >= \{a, a^2, a^3, ..., a^n = e\}$ und die Abbildung

$$\varphi : G \longrightarrow \mathbb{Z}_n,\ a^i \mapsto i$$

ist offenbar bijektiv. Wie man leicht nachprüft, gilt außerdem $\varphi(a^i \cdot a^j) = i + j \,(\mathrm{mod}\ n)$, womit φ ein Isomorphismus ist.

Sei nachfolgend $\operatorname{ord} a = \infty$. Dann gilt

$$< a >= \{a, a^{-1}, a^0 := e = a \circ a^{-1}, a^2, a^{-2}, a^3, a^{-3}, ...\}$$

und

$$\psi : G \longrightarrow \mathbb{Z},\ a^i \mapsto i$$

ist ein Isomorphismus von $\mathbf{G}$ auf die Gruppe $\mathbb{Z}$.   ∎

Einige wichtige Eigenschaften der endlichen zyklischen Gruppen faßt der folgende Satz zusammen. Insbesondere gibt der Satz Auskunft über das „Vererben" des zyklisch Seins bei algebraischen Konstruktionen.

---

[5] Siehe dazu den Atlas der endlichen Gruppen [Con-C-N-P-W 85].

[6] Genauer: Diese Gruppe hat die Ordnung $2^{46} \cdot 3^{20} \cdot 5^9 \cdot 7^6 \cdot 11^2 \cdot 13^3 \cdot 17 \cdot 19 \cdot 23 \cdot 29 \cdot 31 \cdot 41 \cdot 47 \cdot 59 \cdot 71$.

Satz 18.3.9 *Seien* $\mathbf{G} := (G; \circ, {}^{-1}, e)$, $\mathbf{G_1}$ *und* $\mathbf{G_2}$ *endliche zyklische Gruppen. Dann gilt:*

(a) *Sämtliche Untergruppen und die homomorphen Bilder von* $\mathbf{G}$ *sind zyklisch.*

(b) *Zu jedem Teiler* t *von* $|G|$ *existiert genau eine Untergruppe der Ordnung* t.

(c) $\mathbf{G_1} \times \mathbf{G_2}$ *ist zyklisch* $\Longleftrightarrow |G_1| \sqcap |G_2| = 1$.

(d) $\mathbf{G_1} \times \mathbf{G_2} \cong \mathbb{Z}_{|\mathbf{G_1}| \cdot |\mathbf{G_2}|} \Longleftrightarrow |G_1| \sqcap |G_2| = 1$.

(e) $\mathbf{G}$ *ist genau dann direkt irreduzibel, wenn* $|G|$ *eine Primzahlpotenz ist.*

Beweis. (a): Sei $\mathbf{U}$ eine beliebige Untergruppe von $\mathbf{G}$. Für $U = \{e\}$ ist U offenbar zyklisch. Sei nachfolgend $U \neq \{e\}$. Da $\mathbf{G}$ zyklisch ist, existiert ein $a \in G$ mit $< a >= \{a, a^2, ..., a^{|G|} = e\}$. Bezeichne a^k das erste Element der Folge $(a, a^2, ...)$, das zu U gehört. Wir zeigen nachfolgend, daß $< a^k >= U$ ist. Offenbar gilt $< a^k > \subseteq U$. Sei $u = a^t \in U$ beliebig gewählt. Dann existieren $q \in \mathbb{Z}$ und $r \in \mathbb{N}_0$ mit $t = q \cdot k + r$ und $0 \leq r \leq k - 1$. Folglich gilt $u = a^t = a^{q \cdot k} \circ a^r$ und damit $a^r = a^t \circ a^{-(q \cdot k)} = a^t \circ (a^{-k})^q \in U$, was wegen der Wahl von k und r nur für $r = 0$ geht. Also ist $t = q \cdot k$ und damit $U =< a^k >$ zyklisch. Da ein Homomorphismus einer Algebra durch die Angaben der Bilder einer erzeugenden Menge dieser Algebra eindeutig bestimmt ist (siehe Lemma 17.1.1), ist das homomorphe Bild einer zyklischen Gruppe wieder eine zyklische Gruppe.

(b) folgt aus dem Beweis von (a).

O.B.d.A. können wir nach Satz 18.3.8 annehmen, daß $\mathbf{G_1} = \mathbb{Z}_m$ und $\mathbf{G_2} = \mathbb{Z}_n$ gilt.

(c): „$\Longrightarrow$": Sei $\mathbb{Z}_m \times \mathbb{Z}_n$ zyklisch mit dem erzeugenden Element $a := (a_1, a_2)$. Angenommen, $m \sqcap n = d \neq 1$. Für $t := \frac{m \cdot n}{d}$ gilt dann $t < m \cdot n$, $m | t$ und $n | t$. Folglich haben wir $a^t = (a_1^t, a_2^t) = (0, 0)$, womit $\text{ord}\, a < m \cdot n$, im Widerspruch dazu, daß $\text{ord}\, a = m \cdot n = |\mathbb{Z}_m \times \mathbb{Z}_n|$ nach Voraussetzung sein muß.

„$\Longleftarrow$": Sei $n \sqcap m = 1$. Es sei ferner $a \in \mathbb{Z}_n$ mit $\text{ord}\, a = m$ und $b \in \mathbb{Z}_n$ mit $\text{ord}\, b = n$ gewählt. Unser Satz ist bewiesen, wenn wir $\text{ord}(a, b) = m \cdot n$ zeigen können. Angenommen, $t := \text{ord}(a, b) < m \cdot n$. Wegen $(a, b)^t = (0, 0)$ folgt hieraus $a^t = 0$ und $b^t = 0$ und damit $\text{ord}\, a \leq t$ und $\text{ord}\, b \leq t$. Da $m \sqcap n = 1$, folgt hieraus $m \cdot n \leq t$, im Widerspruch zur Annahme.

(d): „$\Longrightarrow$": Sei $\mathbf{G_1} \times \mathbf{G_2} \cong \mathbb{Z}_{|\mathbf{G_1}| \cdot |\mathbf{G_2}|}$. Dann ist $\mathbf{G_1} \times \mathbf{G_2}$ zyklisch und nach (c) gilt $|G_1| \sqcap |G_2| = 1$.

„$\Longleftarrow$": Sei $|G_1| \sqcap |G_2| = 1$. Nach (c) ist dann $\mathbb{Z}_{|\mathbf{G_1}|} \times \mathbb{Z}_{|\mathbf{G_2}|}$ zyklisch und folglich (nach Satz 18.3.8) zu $\mathbb{Z}_{|\mathbf{G_1}| \cdot |\mathbf{G_2}|}$ isomorph.

(e): Nach (b) ist der Untergruppen- und damit der Kongruenzenverband antiisomorph zum Verband der Teiler von $|G|$. Mit Hilfe von Satz 18.3.7 folgt hieraus leicht die Behauptung. ∎

Satz 18.3.10 (Hauptsatz über endliche abelsche Gruppen)

(a) *Für jede endliche abelsche Gruppe* **G** *mit mindestens zwei Elementen existieren ein gewisses* r *und gewisse (nicht. notwendig verschiedene) Primzahlpotenzen* $m_1, ..., m_r$ *mit*

$$\mathbf{G} \cong \mathbb{Z}_{\mathbf{m_1}} \times \mathbb{Z}_{\mathbf{m_2}} \times ... \times \mathbb{Z}_{\mathbf{m_r}},$$

wobei

$$\mathbb{Z}_{\mathbf{m_i}} := (\mathbb{Z}_{m_i}; +(mod\ m_i), -(mod\ m_i), 0)$$

$(i \in \{1, 2, ..., r\})$.

(b) *Eine endliche abelsche Gruppe* **G** *mit mindestens zwei Elementen ist genau dann direkt irreduzibel, wenn sie zyklisch ist und es gilt* $|G| = p^m$ *für eine gewisse Primzahl* p *und* $m \in \mathbb{N}$.

(c) *Zu jedem Teiler* q *der Gruppenordnung einer endlichen abelschen Gruppe* **G** *existiert eine Untergruppe von* **G** *der Ordnung* q.

(d) *Seien* $a_1, ..., a_n$ *Elemente einer abelschen Gruppe* $\mathbf{G} = (G; \circ, ^{-1}, e)$, *deren Ordnungen* $d_1, ..., d_n$ *paarweise teilerfremd sind. Dann gilt*

$$ord\ a_1 \circ a_2 \circ ... \circ a_n = d_1 \cdot d_2 \cdot ... \cdot d_n.$$

(e) *Jede endliche abelsche Gruppe* **G***, die Untergruppe der multiplikativen Gruppe eines Körpers* **K** *ist, ist zyklisch.*

Beweis. Sei $\mathbf{G} := (G; \circ, ^{-1}, e)$ eine beliebige endliche abelsche Gruppe mit mindestens zwei Elementen. **G** besitzt dann eine gewisse Basis $\{b_1, b_2, ..., b_t\}$ mit einer Minimalzahl von Elementen. Diese Basis hat dann die folgenden zwei Eigenschaften:

$$\forall g \in G\ \exists c_1, ..., c_t \in \mathbb{N}_0 :\ g = b_1^{c_1} \circ b_2^{c_2} \circ ... \circ b_t^{c_t} \tag{18.2}$$

und

$$\forall j \in \{1, ..., t\} :\ b_j \not\in < \{b_1, ..., b_{j-1}, b_{j+1}, ..., b_t\} > . \tag{18.3}$$

Setzt man $n_i := ord\ b_i$ $(i = 1, ..., t)$, so folgt aus (18.3)

$$b_1^{c_1} \circ b_2^{c_2} \circ ... \circ b_t^{c_t} = b_1^{d_1} \circ b_2^{d_2} \circ ... \circ b_t^{d_t} \iff \forall i \in \{1, ..., t\} :\ c_i = d_i\ (mod\ n_i). \tag{18.4}$$

Folglich ist die Abbildung

$$\varphi :\ G \longrightarrow \mathbb{Z}_{n_1} \times \mathbb{Z}_{n_2} \times ... \times \mathbb{Z}_{n_t},\ b_1^{c_1} \circ b_2^{c_2} \circ ... \circ b_t^{c_t} \mapsto (c_1, c_2, ..., c_t)$$

bijektiv und man prüft leicht nach, daß φ ein Isomorphismus zwischen **G** und der Gruppe $\mathbb{Z}_{\mathbf{n_1}} \times \mathbb{Z}_{\mathbf{n_2}} \times ... \times \mathbb{Z}_{\mathbf{n_t}}$ ist. Angenommen, es existiert ein n_i

mit $i \in \{1, ..., t\}$, das keine Primzahlpotenz ist. Dann ist jedoch die zyklische Gruppe $\mathbb{Z}_{n_i}$ nach Satz 18.3.9, (d) isomorph zu einem gewissen direkten Produkt $\mathbb{Z}_{p^\alpha} \times \mathbb{Z}_\beta$, wobei $p^\alpha \sqcap \beta = 1$, $p \in \mathbb{P}$, $\alpha \in \mathbb{N}$ und $\beta \in \mathbb{N} \setminus \{1\}$. Iterieren dieser Konstruktion und Verwenden von Satz 18.3.9, (e) liefert die Behauptung (a).

(b) folgt aus dem Beweis von (a) und Satz 18.3.9, (e).

(c): Wegen (a) können wir o.B.d.A. $\mathbf{G} = \mathbb{Z}_{\mathbf{n_1}} \times \mathbb{Z}_{\mathbf{n_2}} \times ... \times \mathbb{Z}_{\mathbf{n_t}}$ annehmen. Dann gilt $|G| = n_1 \cdot n_2 \cdot ... \cdot n_t$ und eine Teiler q von $|G|$ ist in der Form $q = q_1 \cdot q_2 \cdot ... \cdot q_t$ mit $q_i | n_i$ für alle $i = 1, ..., t$ darstellbar. Nach Satz 18.3.9, (b) existiert dann zu jedem i eine Untergruppe U_i von $\mathbb{Z}_{\mathbf{n_i}}$ der Ordnung q_i. Wie man leicht nachprüft, ist dann $\mathbf{U_1} \times \mathbf{U_2} \times ... \times \mathbf{U_t}$ eine Untergruppe von $\mathbf{G}$ der Ordnung q.

(d): Es sei $a := a_1 \circ ... \circ a_n$ und $d := d_1 \cdot ... \cdot d_n$. Wegen $\operatorname{ord} a^d = e$ ist $\operatorname{ord} a$ ein Teiler von d. Die Behauptung $\operatorname{ord} a = d$ ist folglich bewiesen, wenn $a^{\frac{d}{p}} \neq e$ für jeden Primteiler p von d gezeigt werden kann.

Sei $p \in \mathbb{P}$ ein beliebig gewählter Teiler von d. Dann existiert ein $i \in \{1, ..., n\}$ mit $p | d_i$ und $\frac{d}{p}$ ist nicht mehr durch p teilbar, da wir $d_1, ..., d_n$ als paarweise teilerfremd vorausgesetzt haben. Folglich und wegen $d_j | \frac{d}{p}$ für alle $j \neq i$ haben wir

$$a^{\frac{d}{p}} = \underbrace{a_1^{\frac{d}{p}}}_{=1} \cdot \underbrace{a_2^{\frac{d}{p}}}_{=1} \cdot ... \cdot \underbrace{a_{i-1}^{\frac{d}{p}}}_{=1} \cdot a_i^{\frac{d}{p}} \cdot \underbrace{a_{i+1}^{\frac{d}{p}}}_{=1} \cdot ... \cdot \underbrace{a_n^{\frac{d}{p}}}_{=1} = a_i^{\frac{d}{p}} \neq e.$$

Also gilt $\operatorname{ord} a = d$.

(e): Bezeichne nachfolgend 0 das neutrale Element bezüglich $+$ und 1 das neutrale Element bezüglich $\cdot$ des Körpers $\mathbf{K}$. Für die Trägermenge G der Gruppe $\mathbf{G}$ gilt dann nach Voraussetzung $G \subseteq K \setminus \{0\}$.

Wir betrachten zunächst den Fall $|G| = p^r$, $p \in \mathbb{P}$ und $r \in \mathbb{N}$. Jedes Element der Gruppe $\mathbf{G}$ hat dann eine p-Potenz als Ordnung. Sei a eine Element maximaler Ordnung p^m. Für jedes $b \in G$ mit $\operatorname{ord} b = p^{m-u}$ und $0 \leq u \leq m$ gilt dann $b^{p^m} = (b^{p^{m-u}})^{p^u} = 1$, womit jedes $b \in G$ eine Lösung der Gleichung $X^{p^m} - 1 = 0$ ist. Da das Polynom $X^{p^m} - 1$ höchstens p^m Nullstellen besitzen kann[7], gilt $p^m = |G|$ und a ist erzeugendes Element von $\mathbf{G}$.

Sei nachfolgend $n := |G| = p_1^{r_1} \cdot p_2^{r_2} \cdot ... \cdot p_t^{r_t}$, wobei $p_1, ..., p_t \in \mathbb{P}$ paarweise verschieden, $r_1, ..., r_t \in \mathbb{N}$ und $r \geq 2$. Da jede Gleichung der Form $X^{p_i^{r_i}} - 1 = 0$ höchstens $p_i^{r_i}$ Lösungen besitzt und $t \geq 2$ ist, existiert ein $a_i \in G$ mit $a_i^{p_i^{r_i}} \neq 1$, $i = 1, ..., t$. Für jedes $j \in \{1, ..., t\} \setminus \{i\}$ hat das Element $z_i := a_i^{\frac{n}{d_i}}$ mit $d_i := p_i^{r_i}$ die Ordnung d_i, da $(a_i^{\frac{n}{d_i}})^{d_i} = 1$ und $z_i^{\frac{d_i}{p_j}} \neq 1$ für jeden Teiler $\frac{d_i}{p_j}$ ($j \neq i$) von $\frac{n}{p_i^{r_i}}$ gilt. Mittels (d) folgt hieraus $\operatorname{ord}(z_1 \cdot z_2 \cdot ... \cdot z_t) = d_1 \cdot d_2 \cdot ... \cdot d_t = n$ und damit $< z_1 \cdot z_2 \cdot ... \cdot z_t > = G$. ∎

---

[7] Dies haben wir uns bereits im Band 1 überlegt. Siehe auch Satz 19.4.4.

Bis auf Isomorphie bestimmen lassen sich die endlichen abelschen Gruppen der Ordnung n nach dem folgenden Verfahren:

(1.) Man stelle n als Produkt von Primzahlpotenzen dar:

$$n = p_1^{k_1} \cdot p_2^{k_2} \cdot \ldots \cdot p_r^{k_r}$$

($p_1, \ldots, p_r \in \mathbb{P}$ paarweise verschieden, $k_1, k_2, \ldots, k_r \in \mathbb{N}$).

(2.) Für jede Zahl $t \in \{k_1, \ldots, k_r\}$ bilde man die Menge

$$Par(t) :=$$

$$\{(a_1, \ldots, a_q) \in \mathbb{N}^q \mid q \in \mathbb{N} \wedge a_1 \leq a_2 \leq \ldots \leq a_q \wedge a_1 + a_2 + \ldots + a_q = t\}.$$

(Z.B.:
$Par(5) = \{(5), (1,4), (2,3), (1,1,3), (1,2,2), (1,1,1,2), (1,1,1,1,1)\}$).

(3.) Für jedes $i \in \{1, 2, \ldots, r\}$ und eine Partition $(a_1, \ldots, a_s) \in Par(k_i)$ bilde man das direkte Produkt

$$\mathbf{H_i} := \mathbb{Z}_{p_i^{a_1}} \times \mathbb{Z}_{p_i^{a_2}} \times \ldots \times \mathbb{Z}_{p_i^{a_s}}.$$

Man erhält r (Hilfs-)Gruppen, aus denen sich die n-elementige, abelsche Gruppe

$$\mathbf{H_1} \times \mathbf{H_2} \times \ldots \times \mathbf{H_r}$$

konstruieren läßt. Anschließend wiederhole man obige Konstruktion für eine Partition aus $Par(k_i) \backslash \{(a_1, \ldots, a_s)\}$, usw.

Man erhält genau $m := |Par(k_1)| \cdot |Par(k_2)| \cdot \ldots \cdot |Par(k_r)|$ paarweise nichtisomorphe abelsche Gruppen der Ordnung n, die bis auf Isomorphie auch die einzig möglichen abelschen Gruppen der Ordnung n sind.

Es sei noch bemerkt, daß sich obige Ergebnisse leicht auf endlich erzeugte abelsche Gruppen verallgemeinern lassen (ÜA).

Körper

Wie wir bereits im Band 1 gesehen haben, gehören die Körper zu den wichtigsten speziellen Algebren.

Nachdem im Band 1 gezeigt wurde, wie mit Hilfe von Körpern Vektorräume konstruiert werden können, die eine Vielzahl von Anwendungen besitzen, stehen im Mittelpunkt dieses Kapitels die allgemeinen Eigenschaften von Körpern. Bei der Herleitung dieser Eigenschaften verfolgen wir im wesentlichen zwei Ziele:

Unser ersten Ziel ist die Beschreibung sämtlicher endlichen Körper (einschließlich der Bestimmung einiger Eigenschaften dieser Körper). Insbesondere wird gezeigt, daß die Mächtigkeit eines endlicher Körpers stets eine Primzahlpotenz ist und daß es zu jeder Primzahlpotenz (bis auf Isomorphie) genau einen endlichen Körper gibt. Zur Konstruktion dieser Körper benötigen wir Polynomringe und das Rechnen modulo eines Polynoms. Anwenden lassen sich diese Ergebnisse dann z.B. bei der Versuchsplanung und in der Codierungstheorie, wie in den Abschnitten 19.8 und 19.9 gezeigt wird.

Unser zweites großes Ziel ist das genaue Studium von Körpererweiterungen. Die hierbei erzielten Ergebnisse benötigen wir, um im folgenden Kapitel über Galoistheorie zu zeigen, daß zwischen dem Verband aller Unterkörper eines gewissen Körpers und den Untergruppen einer dem Körper zugeordneten Gruppe eine Galoisverbindung besteht, die dazu benutzt werden kann, die Unlösbarkeit gewisser Probleme zu zeigen, was im Kapitel 20 geschieht.

19.1 Grundbegriffe und einige elementare Eigenschaften

Zur Erinnerung:

Definition Sei $\mathbf{K} := (K; +, \cdot)$ eine Algebra des Typs $(2, 2)$. Dann heißt $\mathbf{K}$ **Körper**, wenn $\mathbf{K}$ die folgenden drei Bedingungen erfüllt:

(K1) $(K; +)$ ist eine abelsche Gruppe.

Das neutrale Element dieser Gruppe wird nachfolgend stets mit 0 be-

zeichnet. Das zu $x \in K$ inverse Element wird mit $-x$ bezeichnet, und
es sei $x - y := x + (-y)$ für alle $x, y \in K$ vereinbart.

(K2) $(K \backslash \{0\}; \cdot)$ ist eine abelsche Gruppe.

Das neutrale Element dieser Gruppe wird nachfolgend stets mit 1 bezeichnet.

Das zu $x \in K \backslash \{0\}$ inverse Element bezüglich $\cdot$ wird mit x^{-1} bezeichnet.

(K3) $\forall x, y, z \in K : \ x \cdot (y + z) = x \cdot y + x \cdot z$.

Beispiele

(1.) Bekanntlich sind $(\mathbb{Q}; +, \cdot)$, $(\mathbb{R}; +, \cdot)$ und $(\mathbb{C}; +, \cdot)$ Körper, wobei $+$ und $\cdot$ die üblichen Operationen auf den Zahlenmengen $\mathbb{Q}$, $\mathbb{R}$ und $\mathbb{C}$ bezeichnen.

(2.) Der Restklassenring $(\mathbb{Z}_n; + \pmod{n}, \cdot \pmod{n})$ ist genau dann ein Körper, wenn n eine Primzahl ist (siehe Band 1; Satz 2.3.3).

Man kann einen Körper **K** natürlich auch als partielle Algebra

$$(K; +, \cdot, -, {}^{-1}, 0, 1)$$

des Typs $(2, 2, 1, 1, 0, 0)$ auffassen, obwohl wir aus Abkürzungsgründen bei der Schreibweise $(K; +, \cdot)$ bleiben. Die Begriffe Unterkörper, Abschluß, Isomorphie zwischen Körpern u.ä. orientieren sich jedoch an der Auffassung, daß ein Körper eine partielle Algebra des Typs $(2, 2, 1, 1, 0, 0)$ ist. Für Teilmengen $T \subseteq K$ eines Körpers **K** legen wir fest:

$$[T] := [T]_{+, \cdot, -, {}^{-1}, 0, 1}$$

(siehe dazu auch Kapitel 14). Dieser Abschluß ergibt sich natürlich auch aus der nachfolgenden

Definition   Seien **K** $:= (K; +, \cdot)$ ein Körper und $\emptyset \neq K' \subseteq K$. Dann heißt $(K'; +, \cdot)$ **Unterkörper** von **K** $:\Longleftrightarrow (K'; +, \cdot)$ ist Körper.

Wie wir uns bereits im Satz 17.3.2.2 überlegt haben, besitzt ein Körper nur triviale Kongruenzen, womit die Isomorphismen zwischen Körpern die einzig interessanten homomorphen Abbildungen von Körpern sind.

Definition   Seien **K** $:= (K; +, \cdot)$ und **K**$' := (K'; +, \cdot)$ Körper. Außerdem sei $\varphi : K \longrightarrow K'$ eine bijektive Abbildung. Dann heißt φ **Körper-Isomorphismus** (bzw. **isomorphe Abbildung zwischen Körpern**), wenn die Abbildung φ die folgenden Eigenschaften besitzt[1]:

$$\varphi(0) = 0, \ \varphi(1) = 1,$$

$$\forall x \in K : \ \varphi(-x) = -\varphi(x),$$

$$\forall x \in K \backslash \{0\} : \ \varphi(x^{-1}) = (\varphi(x))^{-1},$$

$$\forall x, y \in K : \ \varphi(x + y) = \varphi(x) + \varphi(y) \ \wedge \ \varphi(x \cdot y) = \varphi(x) \cdot \varphi(y).$$

---

[1] Als ÜA überlege man sich, welche der geforderten Eigenschaften überflüssig sind, da sie sich aus den verbliebenen Eigenschaften ergeben.

Bereits im Band 1 (Satz 2.3.1 und Satz 2.3.2, (2)) wurden die Aussagen des folgenden Lemmas bewiesen.

Lemma 19.1.1 *Sei* **K** *eine Körper. Dann gilt:*

(a) $\forall x \in K : 0 \cdot x = x \cdot 0 = 0$.
(b) $\forall x, y \in K : x \cdot (-y) = (-x) \cdot y = -(x \cdot y)$.
(c) $\forall x, y, z \in K : x \cdot (y - z) = x \cdot y - x \cdot z$.
(d) $\forall x, y \in K : (x \cdot y = 0 \iff x = 0 \vee y = 0)$.
    (D.h., jeder Körper ist nullteilerfrei.)   ■

Zwecks Vereinfachung der Schreibweise vereinbaren wir

$$\forall x \in K : \underbrace{0}_{\in \mathbb{Z}} \cdot x := \underbrace{0}_{\in K},$$

$$\forall n \in \mathbb{N} \; \forall x \in K : n \cdot x := \underbrace{x + x + \ldots + x}_{n \, \text{mal}},$$

$$\forall n \in \mathbb{N} \; \forall x \in K : (-n) \cdot x := \underbrace{-x - x - \ldots - x}_{n \, \text{mal}},$$

$$\forall n \in \mathbb{N} \; \forall x \in K : x^n := \underbrace{x \cdot x \cdot \ldots \cdot x}_{n \, \text{mal}},$$

$$\forall n \in \mathbb{N} \; \forall x \in K \backslash \{0\} : x^{-n} := \underbrace{x^{-1} \cdot x^{-1} \cdot \ldots \cdot x^{-1}}_{n \, \text{mal}},$$

$$\forall x \in K : x^0 := 1.$$

Man beachte dabei unbedingt, daß oben (in Abhängigkeit von den verknüpften Elementen) + und · verschiedene Bedeutungen haben!
Das folgende Lemma prüft man leicht nach.

Lemma 19.1.2 *Sei* **K** *ein Körper. Dann gilt für beliebige* $m, n \in \mathbb{Z}$ *und beliebige* $x, y \in K$*:*

(a) $(m + n) \cdot x = m \cdot x + n \cdot x$,
(b) $m \cdot (x + y) = m \cdot x + m \cdot y$,
(c) $(x^m)^n = x^{m \cdot n}$,
(d) $(x \cdot y)^m = x^m \cdot y^m$,
(e) $(m \cdot 1) \cdot (n \cdot 1) = (m \cdot n) \cdot 1$
    (1 bezeichnet das neutrale Element der Gruppe $(K \backslash \{0\}; \cdot)$*).*   ■

19.2 Primkörper, Charakteristik

Definition   Sei $\mathbf{K} := (K; +, \cdot)$ ein Körper. Dann heißt $\mathbf{P(K)} := (P(K); +, \cdot)$ mit

$$P(K) := \bigcap \{ K' \, | \, (K'; +, \cdot) \text{ ist Unterkörper von } \mathbf{K} \}, \qquad (19.1)$$

d.h., $P(K)$ ist der Durchschnitt aller Trägermengen von Unterkörpern von **K**, der **Primkörper von K**.

Wegen $\{0,1\} \subseteq P(K)$ ist $P(K) \neq \emptyset$ und **P(K)** der kleinste Unterkörper von **K**, der in jedem anderen Unterkörper von **K** enthalten ist.
Nachfolgend sollen die Primkörper von beliebigen Körpern bestimmt werden. Wir werden sehen, daß es – in Abhängigkeit von der weiter unten definierten Charakteristik eines Körpers – nur zwei Typen von Primkörpern gibt.
Da $P(K)$ für jeden Körper **K** das Element 1 enthält und außerdem bezüglich $+$ abgeschlossen ist, sind die Fälle $0 \in [\{1\}]_+$ und $0 \notin [\{1\}]_+$ möglich, die folgende Definitionen motivieren:

Definitionen   Es sei **K** $:= (K; +, \cdot)$ ein Körper und $p \in \mathbb{N}$. Man sagt:

- **K** hat die **Charakteristik** p (Bezeichnung: char **K** $= p$) $:\Longleftrightarrow$
  p ist die kleinste Zahl mit der Eigenschaft, daß $p \cdot 1 := \underbrace{1 + 1 + \dots + 1}_{p\,\text{mal}} = 0$

  gilt, d.h., p ist die Ordnung von $1 \in K$ in der Gruppe $(K; +)$.
- **K** hat die **Charakteristik** 0 (Bezeichnung: char **K** $= 0$) $:\Longleftrightarrow$
  $\not\exists n \in \mathbb{N}:$ char **K** $= n$ ($\Longleftrightarrow$ $\forall n \in \mathbb{N}:$ $n \cdot 1 \neq 0$).

Beispiele   Offenbar gilt:

$$\forall p \in \mathbb{P}: \ \text{char}\,\mathbb{Z}_p = p,$$

$$\text{char}\,\mathbb{Q} = \text{char}\,\mathbb{R} = \text{char}\,\mathbb{C} = 0.$$

Satz 19.2.1 *Sei* **K** $:= (K; +, \cdot)$ *ein Körper mit char* **K** $= p \in \mathbb{N}$. *Dann gilt:*

(a) $p \in \mathbb{P}$.

(b) *Alle von 0 verschiedenen Elemente der Gruppe $(K; +)$ haben die Ordnung p, d.h., für jedes $a \in K \setminus \{0\}$ ist p die kleinste Zahl aus $\mathbb{N}$ mit*

$$\underbrace{a + a + \dots + a}_{p\,\text{mal}} = 0.$$

(c) $P(K) = \{n \cdot 1 \mid n \in \{0, 1, \dots, p-1\}\}$ *und der Primkörper* **P(K)** *ist zum Körper $(\mathbb{Z}_p; + \,(\text{mod }p), \cdot\,(\text{mod }p))$ isomorph.*

Beweis. (a): Angenommen, p ist keine Primzahl. Dann existieren $r, s \in \mathbb{N} \setminus \{1\}$ mit $p = r \cdot s$. Wegen char **K** $= p$ sowie $r < p$ und $s < p$ gilt $r \cdot 1 \neq 0$ und $s \cdot 1 \neq 0$. Bildet man nun

$$(r \cdot 1) \cdot (s \cdot 1) = (\underbrace{1 + 1 + \dots + 1}_{r\,\text{mal}}) \cdot (s \cdot 1),$$

so erhält man wegen des Axioms (K3) und $r \cdot s = p$

$$(r \cdot 1) \cdot (s \cdot 1) = \underbrace{s \cdot 1 + s \cdot 1 + \ldots + s \cdot 1}_{r \text{ mal}} = \underbrace{1 + 1 + \ldots + 1}_{r \cdot s \text{ mal}} = 0,$$

im Widerspruch dazu, daß $(K \backslash \{0\}; \cdot)$ eine Algebra ist.

(b): Sei $x \in K \backslash \{0\}$ beliebig gewählt. Unter Verwendung von (K3) und Lemma 19.1.1, (a) erhält man dann $\operatorname{ord} x \leq p$ wie folgt:

$$p \cdot x = \underbrace{1 \cdot x + 1 \cdot x + \ldots + 1 \cdot x}_{p \text{ mal}} = (\underbrace{1 + 1 + \ldots + 1}_{p \text{ mal}}) \cdot x = 0 \cdot x = 0.$$

Falls es ein $q \in \{1, 2, \ldots, p - 1\}$ mit $q \cdot x = 0$ gibt, liefert die Multiplikation dieser Gleichung mit x^{-1} den Widerspruch $q \cdot 1 = 0$. Also gilt $\operatorname{ord} x = p$.

(c): Für beliebige $m \cdot 1$ und $n \cdot 1$ mit $m, n \in \{0, 1, \ldots, p - 1\}$ gilt wegen (b) offenbar: $(m \cdot 1) + (n \cdot 1) = s \cdot 1$, wobei $s \in \{0, 1, \ldots, p - 1\}$ und $s = m + n \, (\operatorname{mod} p)$, $(m \cdot 1) \cdot (n \cdot 1) = t \cdot 1$, wobei $t \in \{0, 1, \ldots, p - 1\}$ und $t = m \cdot n \, (\operatorname{mod} p)$.

Außerdem ist $-(m \cdot 1) = (p - m) \cdot 1$. Für $x := m \cdot 1$ mit $m \in \{1, 2, \ldots, p - 1\}$ existiert ferner ein $q \in \{1, 2, \ldots, p - 1\}$ mit $x^{-1} = q \cdot 1$, da es nach (a) und dem Satz vom größten gemeinsamen Teiler (siehe Band 1, Satz 2.2.3) gewisse $\alpha, \beta \in \mathbb{Z}$ mit $\alpha \cdot m + \beta \cdot p = 1$ gibt, womit auch ein $q \in \{1, \ldots, p - 1\}$ mit $q \cdot m = 1 \, (\operatorname{mod} p)$ existiert.

Folglich ist $(\{n \cdot 1 \mid n \in \{0, 1, \ldots, p - 1\}\}; +, \cdot)$ ein Unterkörper von $\mathbf{K}$, der mit dem Primkörper von $\mathbf{K}$ identisch ist. Außerdem prüft man leicht nach, daß die Abbildung $\varphi : P(K) \longrightarrow \mathbb{Z}_p$, $n \cdot 1 \mapsto n$ ein Isomorphismus von $\mathbf{P(K)}$ auf $\mathbb{Z}_p$ ist.   ∎

Satz 19.2.2 *Sei* $\mathbf{K}$ *ein Körper der Charakteristik 0. Dann ist* $\mathbf{P(K)}$ *zum Körper* $(\mathbb{Q}; +, \cdot)$ *isomorph.*

Beweis. Zum Beweis betrachten wir die Teilmenge

$$\mathcal{P} := \{(p \cdot 1) \cdot (q \cdot 1)^{-1} \mid p \in \mathbb{Z} \wedge q \in \mathbb{N}\}$$

von K und die Abbildung

$$\varphi : P \longrightarrow \mathbb{Q}, \ (p \cdot 1) \cdot (q \cdot 1)^{-1} \mapsto \frac{p}{q}.$$

Wie man leicht nachprüft (ÜA), ist $\mathcal{P}$ eine Teilmenge von $P(K)$. Unter Verwendung der Lemmata 19.1.1 und 19.1.2 prüft man außerdem die folgenden Eigenschaften von $\mathcal{P}$ und φ leicht nach (ÜA):

$\{0,1\} \subseteq \mathcal{P}$,

$\forall x, y \in \mathcal{P} : x + y \in \mathcal{P} \wedge x \cdot y \in \mathcal{P}$,

$(\forall x \in \mathcal{P} : -x \in \mathcal{P}) \wedge (\forall x \in \mathcal{P} \setminus \{0\} : x^{-1} \in \mathcal{P})$,

$\forall p, r \in \mathbb{Z} \, \forall q, s \in \mathbb{N} : (p \cdot 1) \cdot (q \cdot 1)^{-1} = (r \cdot 1) \cdot (s \cdot 1)^{-1} \iff p \cdot s = q \cdot r$,

$\forall x, y \in \mathcal{P} : \varphi(x) = \varphi(y) \iff x = y$,

$\forall x, y \in \mathcal{P} : \varphi(x + y) = \varphi(x) + \varphi(y) \wedge \varphi(x \cdot y) = \varphi(x) \cdot \varphi(y)$,

$(\forall x \in \mathcal{P} : \varphi(-x) = -\varphi(x)) \wedge (\forall x \in \mathcal{P} \setminus \{0\} : \varphi(x^{-1}) = (\varphi(x))^{-1})$.

Damit ist $(\mathcal{P}; +, \cdot)$ ein Unterkörper von $\mathbf{K}$, der mittels der Abbildung φ isomorph auf $\mathbb{Q}$ abgebildet werden kann. Wegen $\mathcal{P} \subseteq P(K)$ und (19.1) gilt $\mathcal{P} = P(K)$, womit unser Satz bewiesen ist. ∎

Satz 19.2.3 *Sei* $\mathbf{K}$ *ein Körper der Charakteristik* p. *Dann gilt:*

$$\forall x, y \in K \, \forall n \in \mathbb{N} : (x + y)^{p^n} = x^{p^n} + y^{p^n}. \tag{19.2}$$

Beweis. Wir beweisen (19.2) durch Induktion über n.
(I) $n = 1$: Für Zahlen $x, y \in \mathbb{C}$ gilt bekanntlich der Binomiallehrsatz. Für Körper und unter Verwendung der in 19.1 vereinbarten Schreibweise sowie Lemma 19.1.2 gilt dann analog:

$$(x + y)^p = \sum_{k=0}^{p} \binom{p}{k} \cdot x^k \cdot y^{p-k}. \tag{19.3}$$

Wegen

$$\binom{p}{k} = \frac{p!}{k!(p-k)!}$$

haben wir

$$p! = \binom{p}{k} \cdot k! \cdot (p-k)!.$$

Da $k! \cdot (p-k)!$ für $k \in \{1, 2, ..., p-1\}$ den Faktor p nicht enthält, ist p damit ein Teiler von $\binom{p}{k}$, womit (wegen Satz 19.2.1) $\binom{p}{k} \cdot a = 0$ für jedes $a \in K$ und jedes $k \in \{1, 2, ..., p-1\}$ gilt. (19.2) für $n = 1$ folgt damit aus (19.3).
(II): Angenommen, die Behauptung ist richtig für alle $t \in \mathbb{N}$ mit $1 \leq t < n$. Aus dieser Annahme und (I) folgt dann die Behauptung für $t = n$ wie folgt:

$$(x + y)^{p^n} = ((x + y)^{p^{n-1}})^p \overset{\text{Ann.}}{=} (x^{p^{n-1}} + y^{p^{n-1}})^p \overset{\text{(I)}}{=} x^{p^n} + y^{p^n}.$$

∎

19.3 Allgemeines über Körpererweiterungen

Definitionen   Seien $\mathbf{K} := (K; +, \cdot)$ und $\mathbf{E} := (E; +, \cdot)$ Körper.

- $\mathbf{E}$ heißt **Erweiterungskörper** von $\mathbf{K}$ (bzw. $\mathbf{E}$ ist eine **Körpererweiterung von K**) $:\Longleftrightarrow$ $\mathbf{K}$ ist ein Unterkörper von $\mathbf{E}$.
  Falls $\mathbf{E}$ ein Erweiterungskörper von $\mathbf{K}$ ist, schreiben wir:

$$\mathbf{E} : \mathbf{K}.$$

- $\mathbf{Z}$ heißt **Zwischenkörper** der Körpererweiterung $\mathbf{E} : \mathbf{K}$ $:\Longleftrightarrow$ $\mathbf{Z}$ ist Körper mit $K \subseteq Z \subseteq E$.

Der nächste Satz bildet die Grundlage der nachfolgenden Definitionen und der Sätze 19.3.2 – 19.3.4.

Satz 19.3.1 *Sei* $\mathbf{E} : \mathbf{K}$ *eine Körpererweiterung. Dann ist*

$$(E; +, -, (f_k)_{k \in K}, 0)$$

mit $f_k : E \longrightarrow E$, $x \mapsto k \cdot x$ *ein Vektorraum über* $\mathbf{K}$.[2] *Speziell ist jeder Körper* $\mathbf{K} := (K; +, \cdot)$ *ein Vektorraum über seinem Primkörper* $\mathbf{P}(\mathbf{K})$.

Beweis.   Nach Definition eines Körpers ist $(E; +)$ eine abelsche Gruppe. Da $\mathbf{K}$ ein Unterkörper von $\mathbf{E}$ ist, gilt für beliebige $\alpha, \beta \in K$ und beliebige $a, b \in E$ außerdem:

$$1 \cdot a = a,$$
$$(\alpha + \beta) \cdot a = \alpha \cdot a + \beta \cdot a,$$
$$\alpha \cdot (a + b) = \alpha \cdot a + \alpha \cdot b,$$
$$(\alpha \cdot \beta) \cdot a = \alpha \cdot (\beta \cdot a).$$

■

Satz 19.3.2 *Sei* $\mathbf{K} := (K; +, \cdot)$ *ein* **endlicher** *Körper der Charakteristik p. Dann existiert ein* $n \in \mathbb{N}$ *mit* $|K| = p^n$.

Beweis.   Nach den Sätzen 19.2.1 und 19.3.1 ist $\mathbf{K}$ ein Vektorraum über seinem Primkörper $\mathbf{P}(\mathbf{K})$, der zum Körper $\mathbb{Z}_p$ isomorph ist. Da K nach Voraussetzung endlich ist, hat der Vektorraum $\mathbf{K}$ über $\mathbf{P}(\mathbf{K})$ eine gewisse Dimension $n \in \mathbb{N}$. Außerdem gilt nach Satz 4.6.3 aus Band 1, daß $\mathbf{K}$ isomorph zu $(P(K))^{n \times 1}$ bzw. $\mathbb{Z}_p^{n \times 1}$ ist. Unsere Behauptung folgt damit aus $|\mathbb{Z}_p^{n \times 1}| = p^n$. ■

Bemerkungen

(1.) Im Abschnitt 19.5 wird gezeigt, daß es bis auf Isomorphie zu jeder Primzahlpotenz genau einen Körper gibt.

---
[2] Siehe auch Abschnitt 14.2.9.

(**2.**) Ein endlicher Körper heißt **Galois-Feld**. Bezeichnet wird ein Galois-Feld mit genau q Elementen mit **GF(q)** oder mit $\mathbf{F_q}$, was man wegen der Bemerkung (1.) vereinbaren kann.

Definitionen   Sei $\mathbf{E} : \mathbf{K}$ eine Körpererweiterung. Die Dimension des Vektorraums $\mathbf{E}$ über dem Körper $\mathbf{K}$ heißt **Grad der Körpererweiterung $\mathbf{E} : \mathbf{K}$** und wird mit

$$|\mathbf{E} : \mathbf{K}|$$

oder auch mit $\mathrm{grad}(\mathbf{E} : \mathbf{K})$ bezeichnet. Ist $|\mathbf{E} : \mathbf{K}| \in \mathbb{N}$, so heißt $\mathbf{E} : \mathbf{K}$ eine **endliche Körpererweiterung**.

Beispiele
(1.) $|\mathbb{C} : \mathbb{R}| = 2$, da $\{1, i\}$ eine Basis von $\mathbb{C} = \{a + b \cdot i \,|\, a, b \in \mathbb{R}\}$ über $\mathbb{R}$ ist.
(2.) Ohne Beweis: $|\mathbb{R} : \mathbb{Q}| = \infty$.

Der folgende Satz beherrscht die gesamte Körpertheorie.

Satz 19.3.3 (Gradsatz)
Es seien $\mathbf{K}$, $\mathbf{Q}$ *und* $\mathbf{E}$ *Körper mit* $K \subset Q \subset E$. *Dann gilt:*

(a) Falls $|\mathbf{E} : \mathbf{Q}| = m \in \mathbb{N}$ *und* $|\mathbf{Q} : \mathbf{K}| = n \in \mathbb{N}$, *ist*

$$|\mathbf{E} : \mathbf{K}| = |\mathbf{E} : \mathbf{Q}| \cdot |\mathbf{Q} : \mathbf{K}|. \tag{19.4}$$

(b) $\mathbf{E} : \mathbf{K}$ *ist genau dann endlich, wenn* $\mathbf{E} : \mathbf{Q}$ *und* $\mathbf{Q} : \mathbf{K}$ *endlich sind.*

Beweis. (a): Es seien $B_E := \{e_1, e_2, ..., e_m\}$ eine Basis des Vektorraums $\mathbf{E}$ über $\mathbf{Q}$ und $B_Q := \{q_1, q_2, ..., q_n\}$ eine Basis des Vektorraums $\mathbf{Q}$ über $\mathbf{K}$. Unser Satz ist bewiesen, wenn wir zeigen können, daß

$$B := \{q_j \cdot e_i \,|\, i \in \{1, 2, ..., m\}, \ j \in \{1, 2, ..., n\}\}$$

eine Basis des Vektorraums $\mathbf{E}$ über $\mathbf{K}$ ist.
Wir zeigen zunächst, daß B eine Erzeugendensystem von $\mathbf{E}$ über $\mathbf{K}$ ist. Offenbar gilt $B \subseteq E$. Sei $e \in E$ beliebig gewählt. Da B_E eine Basis von $\mathbf{E}$ über $\mathbf{Q}$ ist, gibt es gewisse $q'_1, ..., q'_m \in Q$ mit

$$e = \sum_{i=1}^{m} q'_i \cdot e_i. \tag{19.5}$$

Da weiterhin B_Q eine Basis von $\mathbf{Q}$ über $\mathbf{K}$ ist, existieren gewisse $k_{ij} \in K$ mit

$$q'_i = \sum_{j=1}^{n} k_{ij} \cdot q_j \qquad (i = 1, 2, ..., m). \tag{19.6}$$

Aus (19.5) und (19.6) folgt dann

$$e = \sum_{i=1}^{m}\left(\sum_{j=1}^{n} k_{ij} \cdot q_j\right) \cdot e_i = \sum_{i=1}^{m}\sum_{j=1}^{n} k_{ij} \cdot (q_j \cdot e_i),$$

womit B ein Erzeugendensystem des Vektorraums $\mathbf{E}$ über $\mathbf{K}$ ist. Wir haben damit nur noch die lineare Unabhängigkeit von B zu zeigen. Angenommen, für gewisse $x_{ij} \in K$ ist

$$\sum_{i=1}^{m}\sum_{j=1}^{n} x_{ij} \cdot (q_j \cdot e_i) = 0$$

Dann gilt auch die Gleichung

$$\sum_{i=1}^{m}\left(\sum_{j=1}^{n} x_{ij} \cdot q_j\right) \cdot e_i = 0,$$

aus der wegen der linearen Unabhängigkeit der Menge B_E

$$\sum_{j=1}^{n} x_{ij} \cdot q_j = 0 \qquad (19.7)$$

für alle $i \in \{1, 2, ..., n\}$ folgt. Da auch B_Q eine linear unabhängige Menge ist, ergibt sich $x_{ij} = 0$ für alle $i \in \{1, ..., n\}$ und alle $j \in \{1, ..., n\}$ aus (19.7). Also ist B eine Basis von $\mathbf{E}$ über $\mathbf{K}$ der Mächtigkeit $m \cdot n$ und es gilt (19.4).

(b): „$\Longrightarrow$": Sei $|\mathbf{E} : \mathbf{K}|$ endlich. Angenommen, mindestens eine der Körpererweiterungen $\mathbf{E} : \mathbf{Q}$ und $\mathbf{Q} : \mathbf{K}$ ist nicht endlich. Da jeder Vektorraum eine Basis besitzt, hat damit $\mathbf{E}$ über $\mathbf{Q}$ oder $\mathbf{Q}$ über $\mathbf{K}$ eine unendliche Basis, was die Existenz einer unendlichen Menge von linear unabhängigen Vektoren in E zur Folge hat, im Widerspruch dazu, daß es im Vektorraum $\mathbf{E}$ über $\mathbf{K}$ nicht mehr als $|\mathbf{E} : \mathbf{K}|$ linear unabhängige Vektoren geben kann.[3] „$\Longleftarrow$" folgt aus (a).   ∎

Einige Folgerungen aus dem Gradsatz 19.3.3 sind zusammengefaßt im

Satz 19.3.4

(1) Sei $\mathbf{Z}$ ein Zwischenkörper einer endlichen Körpererweiterung $\mathbf{E} : \mathbf{K}$. Dann gilt:
(a) $|\mathbf{E} : \mathbf{Z}|$ und $|\mathbf{Z} : \mathbf{K}|$ sind Teiler von $|\mathbf{E} : \mathbf{K}|$.
(b) $|\mathbf{E} : \mathbf{K}| = |\mathbf{Z} : \mathbf{K}| \Longrightarrow \mathbf{E} = \mathbf{Z}$.
(2) Für einen sogenannten „Körperturm" („Körperkette")

$$K_1 \subseteq K_2 \subseteq K_3 \subseteq ... \subseteq K_n$$

($\mathbf{K_i}$ Körper, $i = 1, 2, ..., n$) mit $|\mathbf{K_n} : \mathbf{K_1}| \in \mathbb{N}$ gilt

$$|\mathbf{K_n} : \mathbf{K_1}| = \Pi_{i=1}^{n-1} |\mathbf{K_{i+1}} : \mathbf{K_i}|$$

$$= |\mathbf{K_n} : \mathbf{K_{n-1}}| \cdot |\mathbf{K_{n-1}} : \mathbf{K_{n-2}}| \cdot ... \cdot |\mathbf{K_2} : \mathbf{K_1}|.$$

---

[3] Siehe Band 1, Satz 4.4.8.

Beweis. (1), (a) und (2) sind unmittelbare Folgerungen aus dem Gradsatz.
(1), (b): Sei $|\mathbf{E} : \mathbf{K}| = |\mathbf{Z} : \mathbf{K}|$. Nach dem Gradsatz geht dies nur, wenn
$|\mathbf{E} : \mathbf{Z}| = 1$ ist. Folglich existiert ein $b \in E$ mit $E = \{z \cdot b \mid z \in Z\}$. Speziell
gibt es dann auch ein $z \in Z$ mit $z \cdot b = 1$, d.h., $b = z^{-1}$. Damit ist $Z = E$. ∎

Für uns wichtig sind nachfolgend die durch sogenannte „Adjunktion" gebildeten Körper.

Definitionen   Es sei $\mathbf{E} : \mathbf{K}$ eine Körpererweiterung und $A \subseteq E$. Dann ist
die Trägermenge des kleinsten Unterkörpers von $\mathbf{E}$, der $A \cup K$ enthält, die
Menge

$$K(A) := \bigcap \{Z \mid \mathbf{Z} \text{ ist Zwischenkörper von } \mathbf{E} : \mathbf{K} \text{ mit } A \subseteq Z\}.$$

Der Unterkörper $\mathbf{K(A)}$ von $\mathbf{E}$ heißt der **durch Adjunktion von** A **aus K**
erhaltene Zwischenkörper der Körpererweiterung $\mathbf{E} : \mathbf{K}$.

Unmittelbar aus der Definition von $K(A)$ folgt:

Lemma 19.3.5 *Seien* $\mathbf{E} : \mathbf{K}$ *eine Körpererweiterung und* $A, A_1, A_2 \subseteq E$.
Dann gilt:

(a) $A = A_1 \cup A_2 \implies K(A) = (K(A_1))(A_2) = (K(A_2))(A_1)$.
(b) $(K \subseteq L \subseteq E \land \mathbf{L} \text{ Körper}) \implies K(A) \subseteq L(A) \subseteq E$.   ∎

Bezeichnungen   Falls $\mathbf{E} : \mathbf{K}$ eine Körpererweiterung ist und $A := \{a_1,$
$a_2, ..., a_n\} \subseteq E$, setzen wir

$$K(a_1, a_2, ..., a_n) := K(A).$$

Speziell ist
$$K(a) = K(\{a\}).$$

Definitionen   Sei $\mathbf{E} : \mathbf{K}$ eine Körpererweiterung.

• $\mathbf{E} : \mathbf{K}$ heißt **einfach** $:\Longleftrightarrow \exists a \in E : E = K(a)$.
• $a \in E$ heißt **primitives Element** von $\mathbf{E} : \mathbf{K}$ $:\Longleftrightarrow E = K(a)$.

19.4 Polynomringe und Körpererweiterungen

Bezeichne nachfolgend $\mathbf{K} := (K; +, \cdot)$ stets einen Körper, für dessen Elemente
wir dieselben Vereinbarungen treffen, wie in den Abschnitten 19.1 – 19.3. $\mathbf{K}$
sei außerdem eingebettet im Körper $\mathbf{E} := (E; +, \cdot)$.
Untersuchungsgegenstand dieses Abschnittes sind Unterkörper von $\mathbf{E}$ mit der
Trägermenge
$$K(\alpha_1, \alpha_2, ..., \alpha_t) := [K \cup \{\alpha_1, \alpha_2, ..., \alpha_t\}],$$

wobei $\{\alpha_1, ..., \alpha_t\} \subseteq E \backslash K$ und $[...]$ den in 19.1 definierten Hüllenoperator auf
E bezeichnet. Zunächst befassen wir uns mit Unterkörpern der Form $K(\alpha)$

von **E**, für deren nähere Charakterisierung wir eine Verallgemeinerung unseres bisher benutzten Polynombegriffs benötigen.

Definitionen   Es sei **K** ein Körper und $a_i \in K$ für alle $i \in \mathbb{N}_0$. Dann heißt die Folge

$$(a_i)_{i \in \mathbb{N}_0} := (a_0, a_1, a_2, \ldots)$$

Polynom über K, falls nur endlich viele a_i $(i \in \mathbb{N}_0)$ von 0 verschieden sind, d.h., falls ein $m \in \mathbb{N}_0$ mit $a_i = 0$ für alle $i \geq m$ existiert.

Gibt es ein $n \in \mathbb{N}$ mit $a_n \neq 0$ und $a_i = 0$ für alle $i \geq n$, so heißt das Polynom $(a_i)_{i \in \mathbb{N}_0}$ ein **Polynom n-ten Grades**. Polynome der Form $(a, 0, 0, 0, \ldots)$ $(a \in K \backslash \{0\})$ ordnen wir den Grad 0 zu, und der Grad von $(0,0,0,\ldots)$ sei -1.

Ein Polynom n-ten Grades $(a_i)_{i \in \mathbb{N}_0}$ heißt **normiert**, wenn $a_n = 1$ ist.

$$K_*$$

bezeichne die Menge aller Polynome über **K**.
Für jedes $f \in K_*$ bezeichnen wir mit

$$\text{Grad } f$$

den Grad des Polynoms f.

Auf der Menge K_* lassen sich nun eine Addition, eine Multiplikation und die Inversenbildung bezüglich $+$ wie folgt einführen:
Für beliebige $a := (a_i)_{i \in \mathbb{N}_0}$ und $b := (b_i)_{i \in \mathbb{N}_0}$ aus K_* definieren wir:

$$a + b := (a_i + b_i)_{i \in \mathbb{N}_0} = (a_0 + b_0, a_1 + b_1, a_2 + b_2, \ldots),$$

$$a \cdot b := (c_i)_{i \in \mathbb{N}_0}, \ c_i := \sum_{k=0}^{i} a_k \cdot b_{i-k}$$

$$(a \cdot b = (a_0 \cdot b_0, a_0 \cdot b_1 + a_1 \cdot b_0, a_0 \cdot b_2 + a_1 \cdot b_1 + a_2 \cdot b_0, \ldots))$$

und

$$-a := (-a_i)_{i \in \mathbb{N}_0} = (-a_0, -a_1, -a_2, \ldots).$$

Wie man leicht nachprüft, gilt dann für beliebige $f, g \in K_* \backslash \{(0,0,0,\ldots)\}$:

$$\text{Grad } (f \cdot g) = (\text{Grad } f) + (\text{Grad } g). \tag{19.8}$$

Den folgenden Satz prüft man (unter Verwendung von (19.8)) ebenfalls leicht nach:

Satz 19.4.1 (mit Definition)
Die Algebra $(K_*; +, \cdot, -, o, e)$ des Typs $(2, 2, 1, 0, 0)$ mit $o := (0, 0, 0, \ldots)$ und $e := (1, 0, 0, \ldots)$ ist ein kommutativer Ring mit dem neutralen Element o bezüglich $+$ und dem neutralen Element e bezüglich $\cdot$.
*Ein $f \in K_* \backslash \{o\}$ ist genau dann bezüglich $\cdot$ invertierbar (bzw. man sagt: f ist eine **Einheit** von K_*), wenn $f = (a, 0, 0, \ldots)$ und $a \neq 0$ gilt.* ∎

Es ist üblich, anstelle von

$$(a_0, a_1, a_2, ...)$$

die Schreibweise

$$\sum_{i=0}^{\infty} a_i \cdot X^i = a_0 + a_1 \cdot X + a_2 \cdot X^2 + ... \tag{19.9}$$

($X^0 := 1$) zu verwenden, wobei das Zeichen X **Unbestimmte** heißt. Die Menge aller solchen formalen Summen (19.9) sei mit $K_*[X]$ bezeichnet:

$$K_*[X] := \{ \sum_{i=0}^{\infty} a_i \cdot X^i \mid (\forall i \in \mathbb{N}_0 : a_i \in K) \wedge (\exists m \in \mathbb{N} \, \forall i \geq m : a_i = 0) \},$$

und es gilt, falls $f := \sum_{i=0}^{\infty} a_i \cdot X^i$ und $g := \sum_{i=0}^{\infty} b_i \cdot X^i$,

$$f = g \; :\Longleftrightarrow \; \forall i \in \mathbb{N}_0 : a_i = b_i.$$

Bei dieser Art von Darstellung ist jetzt auch klar, warum wir obige Tupel Polynome genannt haben und wie man auf die Definition der Operationen kommt, die sich leicht als formale Addition beziehungsweise Multiplikation der Summen herausstellen.

Zwecks Vereinfachung der Schreibweise vereinbaren wir, bei konkreten Angaben von Polynomen der Form (19.9) solche Summanden wegzulassen, deren Koeffizienten 0 sind. Speziell sei also nachfolgend:

$$
\begin{aligned}
0 \; &:= \; (0,0,0,...), \\
1 \; &:= \; (1,0,0,...), \\
X \; &:= \; (0,1,0,...), \\
X^2 \; &:= \; (0,0,1,0,...), \\
... \quad & \quad .....
\end{aligned}
$$

Da die Stelle von a_i im Tupel $(a_0, a_1, ..., a_i, ...)$ durch $a_i \cdot X^i$ in (19.9) gekennzeichnet ist, kommt es auf die Reihenfolge der „Summanden" in (19.9) nicht an, so daß wir mit $+$ aus (19.9) wie mit einer kommutativen und assoziativen Operation umgehen werden. Außerdem vereinbaren wir

$$a \cdot X^i - b \cdot X^j := a \cdot X^i + ((-1) \cdot b) \cdot X^j$$

für beliebige $i, j \in \mathbb{N}_0$ und $a, b \in K$.

Damit jedoch nicht nur gewisse Elemente aus $K_*[X]$ wie Elemente aus K bezeichnet werden, sondern die Elemente aus K als (0- bzw. (−1)-stellige) Polynome angesehen werden können), betrachten wir nachfolgend nicht die Menge $K_*[X]$, sondern die Menge

$$K[X] := K \cup (K_*[X] \setminus \{(a,0,0,...) \in K_*[X] \mid a \in K\}),$$

wobei wir, um nachfolgend Fallunterscheidungen zu vermeiden,

$$k = \sum_{i=0}^{\infty} a_i \cdot X^i \quad :\Longleftrightarrow \quad (a_0 = k \ \wedge \ (\forall i \in \mathbb{N} : a_i = 0)) \qquad (19.10)$$

als mögliche Schreibweise für die Elemente $k \in K$ zulassen werden. Außerdem übertragen wir die für Polynome der Form $(k, 0, 0, \ldots) \in K_*$ eingeführten Bezeichnungen auf die Elemente $k \in K$.
Nach Satz 19.4.1 ist dann

$$\mathbf{K}[\mathbf{X}] = (K[X]; +, \cdot, -, 0, 1) \qquad (19.11)$$

ein kommutativer Ring mit dem neutralen Element 0 bez. $+$ und dem neutralen Element 1 bez. $\cdot$.
Die Elemente aus $K \backslash \{0\}$ sind die Einheiten von $K[X]$ (siehe Satz 19.4.1).

Definitionen   Seien $f, g \in K[X]$.

- g heißt **Teiler** von f (Bezeichnung: $g|f$) $:\Longleftrightarrow \exists h \in K[X] : f = g \cdot h$.

- g heißt **echter Teiler** von $f :\Longleftrightarrow g$ ist Teiler von f, g ist keine Einheit und f ist kein Teiler von g.

- f heißt **reduzibel über K** $:\Longleftrightarrow \exists g, h \in K[X] \backslash K : f = g \cdot h$.

- f heißt **irreduzibel über K** (oder **Primelement von** $K[X]$) $:\Longleftrightarrow f$ besitzt keine echten Teiler aus $K[X]$.

Beispiele

(1.) Offenbar sind alle Elemente aus $K \backslash \{0\}$ Primelemente von $K[X]$.
(2.) Für $K = \mathbb{Z}_2$ ist z.B. $g := X + 1$ ein Teiler von $f := X^3 + X^2 + X + 1$, da $(X^2 + 1) \cdot g = f$ gilt. $p := X^2 + X + 1$ ist Primelement von $\mathbb{Z}_2[X]$, da

u	v	$u \cdot v$
X	X	X^2
X	$X + 1$	$X^2 + X$
$X + 1$	$X + 1$	$X^2 + 1$

Unmittelbare Folgerungen aus obigen Definitionen sind:

$$\forall f \in K[X] : f|0,$$

$$\forall k \in K \backslash \{0\} \ \forall f \in K[X] : k|f,$$

$$\forall f \in K[X] : (0|f \Longleftrightarrow f = 0).$$

Satz 19.4.2 (mit Definition)

(a) *Für beliebige $f, g \in K[X]$ mit $g \neq 0$ existieren eindeutig bestimmte $q, r \in K[X]$ mit $f = q \cdot g + r$ und Grad $r <$ Grad g.*

(b) *Für beliebige $f, g \in K[X]$, die nicht beide gleich 0 sind, existiert ein eindeutig bestimmtes normiertes Polynom $d \in K[X]$ und gewisse[4] $\alpha, \beta \in K[X]$ mit $d|f$, $d|g$ und*

$$\alpha \cdot f + \beta \cdot g = d.$$

*d nennt man **größten gemeinsamen Teiler** von f und g und wir setzen*

$$f \sqcap g := d.$$

Bestimmbar sind α, β, d durch den Euklidischen Algorithmus, der analog zu dem für ganze Zahlen verläuft (siehe Band 1).

Wegen der Normiertheit des größten gemeinsamen Teilers d folgt aus $d \in K$ stets $d = 1$.

(c) *Jedes $f \in K[X] \backslash \{0\}$ ist ein Produkt von Primelementen $p_1, ..., p_n \in K[X]$:*

$$f = p_1 \cdot p_2 \cdot ... \cdot p_n, \tag{19.12}$$

wobei (19.12) bis auf die Reihenfolge der Faktoren und bis auf Einheiten eindeutig bestimmt ist.

Beweis. (a): Seien $f, g \in K[X]$. Für den Nachweis der Existenz von $q, r \in K[X]$ mit $f = q \cdot g + r$ unterscheiden wir zwei Fälle:

Fall 1: Grad $f <$ Grad g.

In diesem Fall ist $q = 0$ und $r = f$.

Fall 2: Grad $f \geq$ Grad g.

Seien $f = a_0 + a_1 \cdot X + ... + a_n \cdot X^n$ ($a_n \neq 0$) und $g = b_0 + b_1 \cdot X + ... + b_m \cdot X^m$ ($b_m \neq 0$). Dann ist das Polynom

$$r_1 := f - (a_n \cdot b_m^{-1}) \cdot X^{n-m} \cdot g$$

ein Polynom mit Grad $r_1 <$ Grad f und es gilt

$$f = (a_n \cdot b_m^{-1}) \cdot X^{n-m} \cdot g + r_1.$$

Durch Induktion folgt hieraus die Existenz von $q, r \in K[X]$ mit $f = q \cdot g + r$ und Grad $r <$ Grad g.

Zwecks Beweis der Eindeutigkeit von q und r nehmen wir an, daß es gewisse $q_1, r_1 \in K[X]$ mit $f = q_1 \cdot g + r_1$ und Grad $r_1 <$ Grad g gibt. Aus den Gleichungen $f = q \cdot g + r$ und $f = q_1 \cdot g + r_1$ folgt dann die Gleichung

---

[4] Als ÜA überlege man sich, daß α und β nicht eindeutig bestimmt sind. Außerdem überlege man sich, daß die eindeutige Bestimmtheit von d nicht mehr gilt, wenn die Bedingung *d ist normiert* fehlt.

$$r_1 - r = (q - q_1) \cdot g,$$

die – wie man leicht durch Gradvergleich nachprüft (ÜA) – nur für $r = r_1$ und $q = q_1$ gilt. Also gilt (a).

(b) und (c) beweist man mit Hilfe von (a) analog zu entsprechenden Aussagen über ganze Zahlen (siehe Band 1). Nachfolgend soll kurz nur auf den Beweis von (b) und auf den (verallgemeinerten) Euklidischen Algorithmus eingegangen werden:

Falls entweder f oder g gleich 0 ist, ist die Behauptung (b) trivial. Seien nachfolgend $f, g \in K[X] \backslash \{0\}$ mit $\operatorname{Grad} f \geq \operatorname{Grad} g$ beliebig gewählt. Nach (a) existieren dann eindeutig bestimmte $q_1, r_1 \in K[X]$ mit $f = q_1 \cdot g + r_1$ und $\operatorname{Grad} r_1 < \operatorname{Grad} g$. Falls $r_1 \neq 0$ ist, existieren q_2, r_2 mit $g = q_2 \cdot r_1 + r_2$ und $\operatorname{Grad} r_2 < \operatorname{Grad} r_1$. Eine Fortsetzung dieses Verfahrens muß nach endlich vielen Schritten mit $r_t \neq 0$ und $r_{t+1} = 0$ enden. Setzt man $r_{-1} := f$ und $r_0 := g$, so hat man also nach (a) die Existenz gewisser $r_{-1}, r_0, r_1, ..., r_{t+1}, q_1, q_2, ..., q_{t+1} \in K[X]$ mit

$$\forall i \in \{1, ..., t\} :$$
$$r_{i-2} = q_i \cdot r_{i-1} + r_i \wedge 0 \leq \operatorname{Grad} r_i < \operatorname{Grad} r_{i-1}$$

und

$$r_{t-1} = q_{t+1} \cdot r_t.$$

Betrachtet man diese Gleichungen rückwärts, so sieht man, daß r_t ein Teiler von r_{-1} und r_0 ist. Umgekehrt ist ein jeder Teiler der Polynome r_{-1} und r_0 auch ein Teiler von r_t, wie man durch Betrachten obiger Gleichungen von oben nach unten sieht. Ist $r_t = \sum_{i=0}^m a_i \cdot X^i$ und $a_m \neq 0$, so ist also $a_m^{-1} \cdot r_t$ der (normierte) größte gemeinsame Teiler von r_{-1} und r_0, der damit auch eindeutig bestimmt ist. O.B.d.A. sei $r_{-1} \sqcap r_0 = r_t$. Gewisse $\alpha, \beta \in K[X]$ mit $\alpha \cdot r_{-1} + \beta \cdot r_0 = r_t$ kann man dann auf folgende Weise berechnen:

Seien

$$u_{-1} := 0, \ u_0 := 1,$$

$$v_{-1} := 1, \ v_0 := 0,$$

$$\forall i \in \{1, ..., t\} : \ u_i := q_i \cdot u_{i-1} + u_{i-2} \wedge v_i := q_i \cdot v_{i-1} + v_{i-2}.$$

Dann gilt

$$r_t = \underbrace{((-1)^{t+1} \cdot v_t)}_{=:\alpha} \cdot r_{-1} + \underbrace{((-1)^t \cdot u_t)}_{=:\beta} \cdot r_0.$$

(Zum Beweis siehe ÜA A.19.7.)   ∎

Das folgende Lemma prüft man leicht nach.

Lemma 19.4.3 (mit Definitionen)
Es sei $E : K$ eine Körpererweiterung, $a \in E$ und die Abbildung φ_a wie folgt definiert:

$$\varphi_a : K[X] \longrightarrow E; \ a_0 + a_1 \cdot X + \ldots + a_n \cdot X^n \mapsto a_0 + a_1 \cdot a + \ldots + a_n \cdot a^n$$

(„Ersetzen von X durch a "). Dann ist φ_a eine homomorphe Abbildung des kommutativen Ringes **K[X]** in den Körper **E**.
Setzt man

$$f(a) := \varphi_a(f),$$

so gilt für beliebige $g, h \in K[X]$ und $a \in E$:

$$(g + h)(a) = g(a) + h(a),$$

$$(g \cdot h)(a) = g(a) \cdot h(a).$$

∎

Mit Hilfe des obigen Lemmas sind die folgenden Definitionen möglich.

Definitionen   Seien **E** ein Erweiterungskörper des Körpers **K** und $a \in E$. Dann heißt

- $a \in E$ **Nullstelle** von $f \in K[X]$ $:\Longleftrightarrow f(a) = 0$;
- a **algebraisch über K** $:\Longleftrightarrow \exists f \in K[X] \setminus \{0\} : f(a) = 0$;
- a **transzendent über K** $:\Longleftrightarrow a$ ist nicht algebraisch über **K**.

Beispiele

(1.) Ist **E** : **K** eine endliche Körpererweiterung, so ist jedes Element aus E algebraisch über **K**, wie man sich wie folgt überlegen kann: Sei $e \in E$. Wegen der Endlichkeit von **E** : **K** existiert ein $n \leq |\mathbf{E} : \mathbf{K}|$, so daß $1, e, e^2, \ldots, e^n$ linear abhängige Vektoren im Vektorraum **E** über **K** sind. Folglich existieren gewisse Elemente $k_0, k_1, \ldots, k_n \in K$, die nicht alle gleich 0 sind, mit $0 = k_0 + k_1 \cdot e + k_2 \cdot e^2 + \ldots + k_n \cdot e^n$. Damit ist e eine Nullstelle des Polynoms $f := \sum_{i=0}^n k_i \cdot X^i \in K[X]$.

(2.) $\sqrt{2}$ ist algebraisch über $\mathbb{Q}$, da $\sqrt{2}$ Nullstelle des Polynoms $X^2 - 2$ ist. Es sind jedoch nicht alle Zahlen aus $\mathbb{R}$ algebraisch über $\mathbb{Q}$. Z.B. sind dies die Eulersche Zahl e und die reelle Zahl π.[5] Die Beweise für die Transzendenz dieser als auch für andere konkrete reelle Zahlen waren und sind schwierig bzw. für bestimmte Transzendenzvermutungen wurden bisher noch keine Beweise gefunden. Dagegen ist es mit Hilfe unserer Sätze aus Band 1, Abschnitt 1.5 leicht möglich, die Existenz von unendlich vielen transzendenten Zahlen nachzuweisen:
Bekanntlich ist $\mathbb{C}$ überabzählbar und $\mathbb{Q}$ abzählbar. Wegen der Abzählbarkeit von $\mathbb{Q}$ ist dann die Menge $\bigcup_{n=0}^\infty \{(a_0, a_1, \ldots, a_n) \mid a_0, \ldots, a_n \in \mathbb{Q}\}$ und damit

---

[5] Um dies zu beweisen, sind eine Reihe von Hilfsmitteln aus der Analysis erforderlich. Den ersten Beweis für die Transzendenz von e gelang 1873 Ch. Hermite (siehe dazu z.B. [Mey 76], Bd. 2, S. 57 - 61). Der erste Beweis für die Transzendenz von π wurde 1882 von Ferdinand von Lindemann (1852 – 1939) gefunden, der damit erstmalig bewies, daß die Quadratur des Kreises mit Zirkel und Lineal nicht möglich ist. Mehr dazu im Kapitel 20.

auch die Menge aller Polynome abzählbar. Da jedes Polynom über $\mathbb{Q}$ nur endlich viele Nullstellen in $\mathbb{C}$ besitzt, ist daher die Menge algebraischen Zahlen über $\mathbb{Q}$ abzählbar. Folglich besitzt $\mathbb{C}$ unendlich viele transzendente Zahlen über $\mathbb{Q}$.

Wichtige Eigenschaften von Nullstellen faßt der folgende Satz zusammen.

Satz 19.4.4 (mit Definitionen)
Sei $\mathbf{E} : \mathbf{K}$ *eine Körpererweiterung. Dann gilt:*

(a) $a \in E$ *ist Nullstelle von* $f \in K[X] \Longleftrightarrow (X - a) \mid f$.

(*Wegen dieser Eigenschaft läßt sich definieren:*
$a \in E$ *ist* k-**fache** *Nullstelle von* $f \in K[X] :\Longleftrightarrow (X - a)^k \mid f$ *und* $(X - a)^{k+1} \nmid f$.)

(b) *Ein beliebiges Polynom* $f \in K[X]$ *mit* $\operatorname{Grad} f = n \geq 1$ *besitzt höchstens* n *Nullstellen.*

(c) *Seien* $f, g \in K[X]$ *nicht beide gleich Null,* $d := f \sqcap g$ *und* $a \in E$. *Dann gilt:*
$$f(a) = g(a) = 0 \Longleftrightarrow d(a) = 0.$$

(d) *Seien* $f \in K[X]$ *irreduzibel und* $g \in K[X]$. *Dann gilt:*
$$(\exists a \in E : f(a) = g(a) = 0) \Longrightarrow f \mid g.$$

(e) *Ist* a *Nullstelle eines* $f \in K[X] \setminus \{0\}$, *so existiert ein eindeutig bestimmtes, irreduzibles und normiertes Polynom* $p \in K[X]$ *mit* $p(a) = 0$.

(f) *Sei* D *die wie folgt definierte Abbildung:*
$$D : K[X] \longrightarrow K[X], \quad f : \sum_{i=0}^{\infty} a_i \cdot X^i \mapsto f' := \sum_{i=1}^{\infty} (i \cdot a_i) \cdot X^{i-1}.$$

($f' = D(f)$ *heißt* **Ableitung von** f.)
Dann gilt für beliebige $f \in K[X] \setminus \{0\}$ *mit der Nullstelle* a:
f *hat* $a \in K$ *genau dann als mehrfache Nullstelle, wenn* $f'(a) = 0$ *gilt.*

Beweis.   (a): „$\Longrightarrow$": Sei $a \in E$ eine Nullstelle von $f \in K[X]$. Nach Satz 19.4.2, (a) existieren eindeutig bestimmte $q \in E[X]$ und $r \in K$ mit $f = (X - a) \cdot q + r$. Folglich gilt $f(a) = (a - a)q(a) + r = r = 0$, womit $X - a$ ein Teiler von f ist. „$\Longleftarrow$" ist trivial.

(b) folgt aus (a).

(c): „$\Longrightarrow$": Sei $f(a) = g(a) = 0$ für ein $a \in E$. Nach Satz 19.4.2, (b) existieren $\alpha, \beta \in K[X]$ mit $\alpha \cdot f + \beta \cdot g = d$. Damit gilt $(\alpha \cdot f + \beta \cdot g)(a) = \alpha(a) \cdot f(a) + \beta(a) \cdot g(a) = 0 = d(a)$.
„$\Longleftarrow$": Sei $d(a) = 0$. Da $d \mid f$ und $d \mid g$, existieren $f_1, g_1 \in K[X]$ mit $f = f_1 \cdot g$ und $g = g_1 \cdot d$. Folglich ist $f(a) = g(a) = 0$.

(d): Es sei $f \in K[X]$ irreduzibel und $g \in K[X]$ beliebig gewählt. Für $g = 0$ ist dann die Behauptung trivial. Sei also $g \neq 0$ und es existiere ein $a \in E$ mit $f(a) = g(a) = 0$. Dann existiert $d := f \sqcap g$ und es ist $f \notin K$. Wegen (c) ist dann $d(a) = 0$ und d keine Einheit (d.h., $d \notin K$). Hieraus folgt dann (wegen der Irreduzibilität von f) $d = k \cdot f$ für eine gewisse Einheit k und damit $f \mid g$.

(e): Sei $a \in E$ eine Nullstelle von $f \in K[X] \setminus \{0\}$. Dann ist $f \notin K$ und nach Satz 19.4.2, (c) ist f das Produkt gewisser irreduzibler Polynome $p_1, p_2, ..., p_r$, die bis auf die Reihenfolge und bis auf Einheiten eindeutig bestimmt sind. Da K nullteilerfrei ist, muß ein $i \in \{1, 2, ..., r\}$ mit $p_i(a) = 0$ existieren. Nach (d) sind die irreduziblen Polynome mit der Nullstelle a gegenseitig Teiler voneinander, womit sie sich nur durch eine Einheit als Faktor unterscheiden. Unter diesen gibt es genau ein irreduzibles Polynom, das normiert ist.

(f): Man rechnet leicht nach (ÜA), daß die Abbildung D die folgenden zwei Gleichungen erfüllt:

$$\forall f, g \in K[X] \, \forall \alpha, \beta \in K : \; D(\alpha \cdot f + \beta \cdot g) = \alpha \cdot D(f) + \beta \cdot D(g) \qquad (19.13)$$

und

$$\forall f, g \in K[X] : \; D(f \cdot g) = D(f) \cdot g + f \cdot D(g). \qquad (19.14)$$

„$\Longrightarrow$": Sei a eine k-fache Nullstelle von $f \in K[X]$ mit $k \geq 2$. Wegen (a) existiert dann ein $g \in K[X]$ mit $f = (X - a)^k \cdot g$ und $g(a) \neq 0$. Unter Verwendung von (19.14) folgt hieraus

$$f' = k \cdot (X - a)^{k-1} \cdot g + (X - a)^k \cdot g',$$

womit (wegen $k \geq 2$) $f'(a) = 0$ gilt.

„$\Longleftarrow$": Sei $f'(a) = 0$. Wegen (a) existiert ein $h \in K[X]$ mit $f' = (X - a) \cdot h$. Nach Voraussetzung und (a) existieren außerdem ein $k \in \mathbb{N}$ und ein $g \in K[X]$ mit $f = (X - a)^k \cdot g$ und $g(a) \neq 0$. Folglich gilt

$$f' = k \cdot (X - a)^{k-1} \cdot g + (X - a)^k \cdot g',$$

womit $X - a$ ein Teiler von $k \cdot (X - a)^{k-1} \cdot g$ ist. Wegen $g(a) \neq 0$ geht dies nur für $k \geq 2$. ∎

Wegen Satz 19.4.2, (a) läßt sich mit Hilfe eines Polynoms

$$\pi \in K[X] \setminus K$$

eine Äquivalenzrelation κ_π auf $K[X]$ – genannt **Kongruenz modulo π** – wie folgt einführen:
Seien $f_1, f_2 \in K[X]$. Nach Satz 19.4.2, (a) existieren dann eindeutig bestimmte $q_1, q_2, r_1, r_2 \in K[X]$ mit

$$f_1 = q_1 \cdot \pi + r_1, \; f_2 = q_2 \cdot \pi + r_2$$

sowie Grad $r_1 < $ Grad π und Grad $r_2 < $ Grad π. Wir setzen

$$(f_1, f_2) \in \kappa_\pi \; :\Longleftrightarrow \; f_1 = f_2 \,(\mathrm{mod}\, \pi) \; :\Longleftrightarrow \; r_1 = r_2 \; (\Longleftrightarrow \; \pi \,|\, (f_1 - f_2) \,).$$

Das folgende Lemma prüft man leicht nach (ÜA):

Lemma 19.4.5 *Es sei* **K** *ein Körper und* $\pi \in K[X] \backslash \{0\}$. *Dann ist*

$$\kappa_\pi = \{(f, g) \in (K[X])^2 \,|\, \pi \,|\, (f - g)\}$$

eine Kongruenz der Algebra **K[X]** *(siehe Satz 19.4.1 und (19.11)).* ∎

Wegen Lemma 19.4.5 läßt sich – wie im Abschnit 17.2 beschrieben – die Faktoralgebra

$$\mathbf{K[X]}/\kappa_\pi$$

bilden, die eine zum Körper **K** isomorphe Unteralgebra besitzt.

Um einen Erweiterungskörper von **K** mit Hilfe obiger Überlegungen zu erhalten, betrachten wir nachfolgend nicht die Faktoralgebra $\mathbf{K[X]}/\kappa_\pi$, sondern die zu dieser Faktoralgebra isomorphe Algebra

$$\mathbf{K[X]}/\pi,$$

die man wie folgt bilden kann:

Man wählt aus jeder Äquivalenzklasse $\varepsilon_i \in K[X]/\kappa_\pi$, wobei i eine gewisse Indexmenge I durchläuft, einen Vertreter f_i minimalen Grades aus und setzt

$$K[X]/\pi := \{f_i \,|\, i \in I\},$$

falls

$$K[X]/\kappa_\pi = \{[f_i]_{\kappa_\pi}, \,|\, i \in I\}.$$

Man prüft leicht nach, daß, falls π den Grad n hat, $K[X]/\pi$ aus allen Polynomen aus $K[X]$ mit dem Grad $\leq n - 1$ besteht, womit auch $K \subseteq K[X]/\pi$ gilt. Gerechnet wird in $K[X]/\pi$ dann modulo π wie folgt:

$$\forall f, g \in K[X]/\pi :$$
$$f + g = h \,(\mathrm{mod}\, \pi) \; :\Longleftrightarrow \; f + g = h,$$
$$f \cdot g = r \,(\mathrm{mod}\, \pi) \; :\Longleftrightarrow \; \exists q \in K[X]\, \exists r \in K[X]/\pi : \; f \cdot g = q \cdot \pi + r.$$

Beispiel Es sei $\mathbf{K} := \mathbb{Z}_2$ und $\pi := X^2 + X + 1$. Dann gilt

$$K[X]/\pi = \{0, 1, X, X + 1\}.$$

Wegen $X^2 + 1 = 1 \cdot \pi + X$ ist $(X + 1) \cdot (X + 1) = X \,(\mathrm{mod}\, \pi)$. Aus $X \cdot (X + 1) = X^2 + X = 1 \cdot \pi + 1$ folgt $X \cdot (X + 1) = 1 \,(\mathrm{mod}\, \pi)$ und aus $X \cdot X = 1 \cdot \pi + X + 1$

ergibt sich $X \cdot X = X + 1 \pmod{\pi}$. Zusammengefaßt und ergänzt erhält man die folgende Tabelle für $\cdot \pmod{\pi}$:

$\cdot \pmod{\pi}$	0	1	X	$X + 1$
0	0	0	0	0
1	0	1	X	$X + 1$
X	0	X	$X + 1$	1
$X + 1$	0	$X + 1$	1	X

Man prüft leicht nach, daß $(\{0, 1, X, X+1\}; + \pmod{\pi}, \cdot \pmod{\pi})$ ein Körper mit 4 Elementen ist.

Verallgemeinern läßt sich obiges Beispiel zu dem

Satz 19.4.6 *Es sei* **K** $:= (K; +, \cdot)$ *ein Körper und* $\pi \in K[X]$ *ein über* **K** *irreduzibles Polynom des Grades* $m \in \mathbb{N}$. *Dann ist*

$$\mathbf{K[X]}/\pi =$$

$$(\{a_0 + a_1 \cdot X + \ldots + a_{m-1} \cdot X^{m-1} \mid a_0, \ldots, a_{m-1} \in K\}; + (mod\,\pi), \cdot (mod\,\pi))$$

ein Erweiterungskörper von **K**.
Hat K *die Mächtigkeit* $q \in \mathbb{N}$, *so besitzt* $K[X]/\pi$ *die Mächtigkeit* q^m.

Beweis. Offenbar ist $\mathbf{K[X]}/\pi$ ein kommutativer Ring und, falls K endlich ist, gilt $|K[X]/\pi| = |K|^m$. Zu zeigen haben wir demnach noch die Abgeschlossenheit von $(K[X]/\pi)\backslash\{0\}$ bezüglich $\cdot (\bmod \pi)$ und

$$\forall f \in (K[X]/\pi)\backslash\{0\} \; \exists g \in (K[X]/\pi)\backslash\{0\} : \; f \cdot g = 1 \pmod{\pi}. \qquad (19.15)$$

Angenommen, es existieren $f, g \in (K[X]/\pi)\backslash\{0\}$ mit $f \cdot g = 0 \pmod{\pi}$, d.h., es existiert ein $q \in K[X]$ mit $f \cdot g = q \cdot \pi$. Folgende zwei Fälle sind dann möglich:
Fall 1: $\pi \mid f$.
In diesem Fall ist $f = 0 \pmod{\pi}$, im Widerspruch zur Wahl von $f \in (K[X]/\pi)\backslash\{0\}$.
Fall 2: π ist kein Teiler von f.
Da π irreduzibel ist und ein größter gemeinsamer Teiler zweier Polynome normiert ist, haben wir in diesem Fall $\pi \sqcap f = 1$. Nach Satz 19.4.2 existieren dann Polynome $\alpha, \beta \in K[X]$ mit $\alpha \cdot \pi + \beta \cdot f = 1$, womit auch die Gleichung $g \cdot \alpha \cdot \pi + g \cdot \beta \cdot f = g$ gilt. Aus der letzten Gleichung folgt jedoch, daß π ein Teiler von g ist, was wie im Fall 1 zu einem Widerspruch zur Wahl von g führt.
Also ist $(K[X]/\pi)\backslash\{0\}$ bezüglich $\cdot \pmod{\pi}$ abgeschlossen.
Zwecks Beweis von (19.15) sei $f \in (K[X]/\pi)\backslash\{0\}$ beliebig gewählt. Da π irreduzibel ist, ist $\pi \sqcap f = 1$, womit nach Satz 19.4.2 gewisse $\alpha, \beta \in K[X]$ mit

$\alpha \cdot f + \beta \cdot \pi = 1$ existieren. Folglich gilt $\alpha \cdot f = 1 \pmod{\pi}$ und der Vertreter der Äquivalenzklasse (bezüglich der Relation κ_π), in der sich α befindet, ist das zu f inverse Element bezüglich $\cdot \pmod{\pi}$.   ∎

Hätte man einen einfachen Beweis für die Tatsache, daß zu beliebigen $n \in \mathbb{N}$ und beliebigen $p \in \mathbb{P}$ ein irreduzibles Polynom $\pi \in \mathbb{Z}_p[X]$ des Grades n existiert, so würde aus obigem Satz unmittelbar die Existenz von p^n-elementigen Körpern folgen. Da ein solcher Beweis bisher noch nicht gefunden wurde, gehen wir hier einen anderen Weg des Nachweises, daß zu jeder Primzahlpotenz p^n ein p^n-elementiger Körper existiert. Wir benötigen dazu die Sätze 19.4.7 – 19.4.9.

Satz 19.4.7

(a) Sei $\mathbf{K} := (K; +, \cdot)$ *ein Körper mit genau* $q \in \mathbb{N}$ *Elementen. Dann gilt in* $K[X]$ *die folgende Gleichung:*

$$\Pi_{a \in K}(X - a) = X^q - X. \tag{19.16}$$

(b) Seien $p \in \mathbb{P}$, $m \in \mathbb{N}$, $q := p^m$, $\mathbf{K} := (K; +, \cdot)$ *ein endlicher Körper der Charakteristik* p *und die Elemente* $b_1, ..., b_q \in K$ *erfüllen die Gleichung*

$$\Pi_{i=1}^q (X - b_i) = X^q - X, \tag{19.17}$$

d.h., $b_1, ..., b_q$ *sind die Nullstellen des Polynoms* $X^q - X$. *Dann ist* $K' := \{b_1, ..., b_q\}$ *die Trägermenge eines Unterkörpers von* $\mathbf{K}$ *mit genau* q *Elementen.*

Beweis. (a): Ist $|K| = q$, so hat die multiplikative Gruppe $(K \backslash \{0\}; \cdot)$ die Ordnung $q - 1$, womit

$$\forall a \in K \backslash \{0\} : a^{q-1} = 1$$

und dann auch

$$\forall a \in K : a^q - a = 0$$

gilt. Ein beliebiges $a \in K$ ist damit Nullstelle des Polynoms

$$f := X^q - X \in K[X].$$

Mit Hilfe von Satz 19.4.4, (a) folgt hieraus (19.16).

(b): Wir überlegen uns zunächst, daß aus der Gleichung (19.17) die paarweise Verschiedenheit der $b_1, b_2, ..., b_q$ folgt. Angenommen, es existieren gewisse $i, j \in \{1, 2, ..., q\}$ mit $i \neq j$ und $b_i = b_j$. O.B.d.A. seien $i = 1$ und $j = 2$. Nach Satz 19.4.4, (a) gilt dann

$$(X - b_1)^2 \cdot \Pi_{i=3}^q (X - b_i) = X^q - X.$$

Unter Verwendung von Satz 19.4.4, (f) folgt hieraus, daß b_1 auch die Nullstelle der Ableitung $f' := q \cdot X^{q-1} - 1$ von $f := X^q - X$ ist, d.h., es ist $q \cdot b_1^{q-1} - 1 = 0$.

Dies führt jedoch zum Widerspruch $-1 = 0$, da $q \cdot b_1^{q-1} = 0$ wegen char $K = p$ und $q = p^m$ gilt. Also hat die Menge

$$K^\star := \{b_1, b_2, ..., b_q\}$$

die Mächtigkeit q. Es bleibt noch zu zeigen, daß $K^\star$ die Trägermenge eines Unterkörpers von $\mathbf{K}$ ist. Dies ist wegen der Endlichkeit von K gezeigt, wenn man $\{0,1\} \subseteq K^\star$ und die Abgeschlossenheit der Menge $K^\star$ bezüglich $+$ und $\cdot$ nachgewiesen hat.

Nach Voraussetzung sind alle Nullstellen von $X^q - X = 0$ Elemente von $K^\star$. Folglich gehören auch 0 und 1 zu $K^\star$. Außerdem rechnet man mit Hilfe von Satz 19.2.3 wie folgt leicht nach, daß für beliebige $i, j \in \{1, 2, ..., q\}$ stets $b_i + b_j \in K^\star$ und $b_i \cdot b_j \in K^\star$ gilt:

$$(b_i + b_j)^q = b_i^q + b_j^q = b_i + b_j \implies b_i + b_j \in K^\star,$$

$$(b_i \cdot b_j)^q - (b_i \cdot b_j) = b_i^q \cdot b_j^q - b_i \cdot b_j = b_i \cdot b_j - b_i \cdot b_j = 0 \implies b_i \cdot b_j \in K^\star.$$

∎

Satz 19.4.8 (mit Definition)

(1) Es sei $\mathbf{E} : \mathbf{K}$ *eine Körpererweiterung und* $\alpha \in E$ *algebraisch[6] über* $\mathbf{K}$. *Dann existiert in* $K[X]$ **genau ein** *Polynom* π - *das sogenannte* **Minimalpolynom von** α **über** $\mathbf{K}$ - *mit den folgenden drei Eigenschaften:*
  (a) $\pi(\alpha) = 0$,
  (b) π *ist normiert,*
  (c) π *ist irreduzibel über* $\mathbf{K}$.
(2) Das zum algebraischen Element α *gehörende Minimalpolynom* π *des Grades* n *aus (1) und* α *haben außerdem die Eigenschaften:*
  (a) $\forall f \in K[X] : f(\alpha) = 0 \iff \pi \mid f$.
  (b) $1, \alpha, \alpha^2, ..., \alpha^{n-1}$ *sind linear unabhängig im Vektorraum* $\mathbf{K}(\alpha)$ *über* $\mathbf{K}$.
  (c) $\mathbf{K}(\alpha)$ *ist isomorph zu* $\mathbf{K}[\mathbf{X}]/\pi$.
  (d) Jedes $\beta \in K(\alpha)$ *läßt sich auf eindeutige Weise in der Form*

$$\beta = b_0 + b_1 \cdot \alpha + b_2 \cdot \alpha^2 + ... + b_{n-1} \cdot \alpha^{n-1}$$

  mit $b_0, b_1, ..., b_{n-1} \in K$ *darstellen.*
  (e) $|\mathbf{K}(\alpha) : \mathbf{K}| = n$, *d.h.,*

$$\mathbf{K}(\alpha) := (K(\alpha); +, -, (f_k)_{k \in K}, 0)$$

  (siehe Satz 19.3.1) ist ein n-*dimensionaler Vektorraum über* $\mathbf{K}$.
(3) Sind $\alpha_1, \alpha_2, ..., \alpha_n \in E$ *algebraisch über* $\mathbf{K}$, *so ist* $\mathbf{K}(\alpha_1, \alpha_2, ..., \alpha_n) : \mathbf{K}$ *eine endliche Körpererweiterung.*

---

[6] Diese wichtige Voraussetzung ist für eine **endliche** Körpererweiterung $\mathbf{E} : \mathbf{K}$ stets erfüllt. Siehe Beispiel (1.) nach der Definition eines algebraischen Elements.

(4.) Es sei $E : K$ *eine Körpererweiterung und* $a \in E\backslash K$*. Außerdem existiere ein* $m \in \mathbb{N}$ *mit den Eigenschaften:*

$1, a, a^2, \ldots, a^{m-1}$ *sind linear unabhängig über* K *und*

$\exists b_0, \ldots, b_{m-1} \in K \; \exists i \in \{0, 1, \ldots, m-1\} : \; b_i \neq 0 \; \wedge \; a^m = \sum_{i=0}^{m-1} b_i \cdot a^i.$

Dann ist a *algebraisch und* $f := X^m - (\sum_{i=0}^{m-1} b_i \cdot X^i)$ *ist das Minimalpolynom von* a *über* K*.*

Beweis. Für $\alpha \in K$ ist $\pi := X - \alpha$ das Minimalpolynom und die Behauptungen des Satzes gelten offensichtlich. Sei nachfolgend

$$\alpha \in E\backslash K.$$

(1): Da α nach Voraussetzung algebraisch über K ist, existiert ein Polynom $q \in K[X]$ mit $q(\alpha) = 0$. Nach Satz 19.4.4, (e) existiert ein eindeutig bestimmtes, irreduzibles und normiertes Polynom $\pi \in K[X]$ mit $\pi(\alpha) = 0$. Also gilt (a) – (c).

(2): (a) folgt aus Satz 19.4.4, (d).
(b): Angenommen, $1, \alpha, \alpha^2, \ldots, \alpha^{n-1}$ sind linear abhängig. Dann gibt es gewisse $a_0, a_1, \ldots, a_{n-1} \in K$ mit $a_0 + a_1 \cdot \alpha + \ldots + a_{n-1} \cdot \alpha^{n-1} = 0$ und $a_i \neq 0$ für ein gewisses $i \in \{0, 1, \ldots, n-1\}$. Folglich existiert auch ein Polynom $g := a_0 + a_1 \cdot X + \ldots + a_{n-1} \cdot X^{n-1} \in K[X]\backslash\{0\}$ mit $g(\alpha) = 0$. Wegen Satz 19.4.4, (d) gilt dann $\pi | g$, was aus Gradgründen nicht möglich ist. Also gilt (b).
(c): Wir benutzen zum Beweis die in Lemma 19.4.3 definierte Abbildung φ_α, die eine homomorphe Abbildung von $K[X]$ in E ist. Da ein beliebiges $f := a_0 + a_1 \cdot X + \ldots + a_m \cdot X^m \in K[X]$ in der Form

$$f = q \cdot \pi + r$$

mit passend gewählten $q, r \in K[X]$ und Grad $r <$ Grad $\pi = n$ dargestellt werden kann, gilt

$$\varphi_\alpha(f) = h(\alpha) \cdot \pi(\alpha) + r(\alpha) = r(\alpha).$$

Folglich gilt

$$\varphi_\alpha(K[X]) = \{a_0 + a_1 \cdot \alpha + a_2 \cdot \alpha^2 + \ldots + a_{n-1} \cdot \alpha^{n-1} \mid a_0, a_1, \ldots, a_{n-1} \in K\} =: A$$

und $(A; +, \cdot)$ ist wegen (b) isomorph zu $K[X]/\pi$. Damit ist $\varphi_\alpha(K[X])$ Trägermenge eines Unterkörpers von E, der $K \cup \{\alpha\}$ enthält. Da $K(\alpha)$ den kleinsten Unterkörper von E bezeichnet, der $K \cup \{\alpha\}$ enthält, und ein solcher Unterkörper auch die Menge A enthalten muß, gilt (c).

(d): Wegen (b) und (c) ist $\{1, \alpha, \alpha^2, ..., \alpha^{n-1}\}$ eine Basis des Vektorraums $\mathbf{K}(\alpha)$ über $\mathbf{K}$. (d) ist damit eine Folgerung aus Band 1, Satz 4.4.1.
(e) folgt aus (b) und (d).
(3) folgt aus (1) und (2), (e).
(4): ÜA.   ∎

Zur Illustration des Satzes 19.4.8 noch zwei **Beispiele**:

(1.) Sei $\mathbf{K} := \mathbb{R}$. Dann ist $\pi := X^2 + 1$ ein irreduzibles und normiertes Polynom über $\mathbb{R}$ mit der Nullstelle $\alpha := i$ und $X^2 + 1$ ist Minimalpolynom von i über $\mathbb{R}$.
(2.) Wählt man $\mathbf{K} = \mathbb{Q}$, so ist $\pi := X^2 - 2$ Minimalpolynom von $\alpha := \sqrt{2}$ über $\mathbb{Q}$.

Wenn man bedenkt, daß es von den ersten Lösungverfahren der Babylonier und Ägypter für spezielle Gleichungen ersten bis maximal dritten Grades bis zum Beweis von Gauß, daß ein Polynom aus $\mathbb{R}[X]$ genau n Nullstellen (Vielfachheiten mitgezählt) in $\mathbb{C}$ besitzt, über 3500 Jahre gedauert hat, ist es überraschend, wie leicht man den folgenden Satz beweisen kann.

Satz 19.4.9 (Wurzelexistenzsatz von L. Kronecker)
Es sei $\mathbf{K}$ ein Körper und $f := a_0 + a_1 \cdot X + ... + a_n \cdot X^n \in K[X]$ mit $a_n \neq 0$ und $n \in \mathbb{N}$. Dann gilt:

(a) Es existiert ein Erweiterungskörper $\mathbf{L}$ von $\mathbf{K}$, in dem f eine Nullstelle besitzt.

(b) Es existiert ein Erweiterungskörper $\mathbf{E}$ von $\mathbf{K}$ und gewisse $e_1, ..., e_n \in E$ mit

$$f = a_n \cdot (X - e_1) \cdot (X - e_2) \cdot ... \cdot (X - e_n).$$

Beweis. Es genügt, den Beweis für Polynome f, die irreduzibel über $\mathbf{K}$ sind, zu führen.
(a): Nach Satz 19.4.6 ist $\mathbf{K}[\mathbf{X}]/\mathbf{f}$, falls f irreduzibel über $\mathbf{K}$ ist, ein Erweiterungskörper von $\mathbf{K}$, der die Trägermenge

$$\{k_0 + k_1 \cdot X + k_2 \cdot X^2 + ... + k_{n-1} \cdot X^{n-1} \mid k_0, k_1, ..., k_{n-1} \in K\}$$

hat und in dem modulo f gerechnet wird. In diesem Körper ist aber offensichtlich X eine Nullstelle von f, da $f(X) = 0 \pmod f$.

(b) ist eine Folgerung aus (a) und Satz 19.4.4.   ∎

Wir beenden unseren ersten Abschnitt über Körpererweiterungen mit dem sehr wichtigen

Satz 19.4.10 (Satz vom primitiven Element)
Es sei **E** : **K** *eine endliche Körpererweiterung, wobei* **K** *ein endlicher Körper oder ein Körper der Charakteristik 0 ist. Dann existiert ein* $\gamma \in E$ *mit* $E = K(\gamma)$.

Beweis. Sei zunächst **K** ein endlicher Körper. Nach Voraussetzung ist |**E** : **K**| endlich. Folglich hat der endlich-dimensionale Vektorraum **E** nur endlich viele Elemente, womit **E** ein endlicher Körper ist. Nach Satz 18.3.10, (e) ist die multiplikative Gruppe eines Körpers zyklisch. Folglich gibt es ein Element $\alpha \in E \backslash \{0\}$ mit $E := \{\alpha, \alpha^2, ..., \alpha^{|E|-2}, \alpha^{|E|-1} = 1\}$, womit $K(\alpha) = E$ gilt.

Sei nachfolgend char **K** $= 0$ und o.B.d.A. sei $E = K(\alpha, \beta)$.
Da **E** : **K** eine endliche Körpererweiterung ist, sind α und β algebraische Elemente über **K**. Folglich gibt es nach Satz 19.4.8 irreduzible Polynome f und g über **K** mit $f(\alpha) = 0$ und $g(\beta) = 0$. Nach Satz 19.4.9 gibt es einen Erweiterungskörper **E**′ von **K**, in dem das Polynom $f \cdot g$ und damit auch f und g in Linearfaktoren zerfallen. Die Nullstellen von f aus E' seien

$$\alpha_1 := \alpha, \ \alpha_2, \ ..., \ \alpha_m$$

und die von g aus E' seien

$$\beta_1 := \beta, \ \beta_2, \ ..., \ \beta_n.$$

Da f (bzw. g) ein irreduzibles Polynom ist, sind die $\alpha_1, ..., \alpha_m$ (bzw. $\beta_1, ..., \beta_n$) paarweise verschieden (siehe dazu Lemma 19.6.9).
Da K nach Voraussetzung eine unendliche Menge ist, existiert ein $k \in K$ mit

$$\forall (i,j) \in \mathbb{N}^2 \backslash \{(1,1)\} : \ \alpha_i + k \cdot \beta_j \neq \alpha + k \cdot \beta. \tag{19.18}$$

Sei

$$\gamma := \alpha + k \cdot \beta. \tag{19.19}$$

Nachfolgend soll gezeigt werden, daß $K(\gamma) = K(\alpha, \beta)$ ist.
Nach Konstruktion gilt $K(\gamma) \subseteq K(\alpha, \beta)$.
Sei

$$\varphi(X) = f(\gamma - k \cdot X).$$

Wegen $f(\alpha) = 0$ ist

$$\varphi(\beta) = f(\gamma - k \cdot \beta) = f(\alpha) = 0.$$

Folglich haben die Polynome g und φ die gemeinsame Nullstelle β. β ist sogar die einzige gemeinsame Nullstelle von g und φ, da aus der Annahme der Existenz eines gewissen β_j mit $j \in \{2, ..., n\}$ und $\varphi(\beta_j) = 0$ ein Widerspruch zu (19.18) folgt:

$$\varphi(\beta_j) = 0 \implies f(\gamma - k \cdot \beta_j) = 0 \implies \exists l \in \{1, ..., m\} : \gamma - k \cdot \beta_j = \alpha_l.$$

Folglich ist $X - \beta$ der größte gemeinsame Teiler der Polynome $\varphi(X)$ und $g(X)$. Da die Koeffizienten von $\varphi(X)$ und $g(X)$ zu $K(\gamma)$ gehören, gilt dies auch für die Koeffizienten des Polynoms $X - \beta$, womit $\beta \in K(\gamma)$ gezeigt ist. Aus der Gleichung (19.19) folgt aus $\beta \in K(\gamma)$ unmittelbar auch $\alpha \in K(\gamma)$. Also gilt auch $K(\alpha, \beta) \subseteq K(\gamma)$, womit aus dem bereits Gezeigten $K(\alpha, \beta) = K(\gamma)$ folgt.   ∎

Der nachfolgende Satz ist eine Verallgemeinerung von Satz 19.4.10.

Satz 19.4.11 (mit Definition) *Es sei* **E** : **K** *eine Körpererweiterung und* $a, b \in E$, *wobei* a *algebraisch und* b **separabel** *über* **K** *ist, d.h., es existieren* $f, g \in K[X]$ *mit* $f(a) = 0$ *und* $g(b) = 0$ *und die irreduziblen Faktoren von* g *besitzen in jedem Erweterungskörper von* **K** *nur einfache Nullstellen. Dann existiert ein* $c \in E$ *mit* $K(a, b) = K(c)$.

Beweis. ÜA bzw. siehe z.B. [Den-T 96], S. 159 oder [Mey 76], S. 50.

Nachfolgend wollen wir uns mit der Konstruktion endlicher Körper beschäftigen. Einige weitere Eigenschaften von Körpererweiterungen, die wir im Kapitel 20 benötigen, werden im Abschnitt 19.6 hergeleitet.

19.5 Endliche Körper

Oben haben wir uns bereits überlegt, daß die Mächtigkeit eines endlichen Körpers nur eine Primzahlpotenz sein kann (siehe Satz 19.3.2). Außerdem ist der kleinste Unterkörper eines Körpers mit p^n Elementen zum Restklassenkörper $\mathbb{Z}_p$ isomorph (siehe Satz 19.2.1).

Satz 19.5.1 *Für alle* $p \in \mathbb{P}$ *und alle* $n \in \mathbb{N}$ *existiert ein Körper mit genau* p^n *Elementen.*

Beweis. Im Fall $n = 1$ ist nichts zu beweisen, da bekanntlich $\mathbb{Z}_p :=$ $(\mathbb{Z}_p; + (mod\, p), \cdot (mod\, p))$ ein Körper ist (siehe Band 1, Satz 2.3.3).
O.B.d.A. sei nachfolgend $n \geq 2$. Wir betrachten das Polynom

$$f := X^{p^n} - X$$

aus $\mathbb{Z}_p[X]$. Nach Satz 19.4.9 existiert ein Erweiterungskörper **E** von $\mathbb{Z}_p$ und gewisse $b_1, ..., b_{p^n} \in E$ mit

$$f = \Pi_{i=1}^{p^n}(X - b_i).$$

Aus Satz 19.4.7, (b) folgt dann, daß $\{b_1, ..., b_{p^n}\}$ die Trägermenge eine p^n-elementigen Unterkörpers von **E** ist.   ∎

Satz 19.5.2 (mit Definition)
Seien $\mathbf{K} := (K; +, \cdot)$ *ein Körper mit genau* q *Elementen und* $K_0 := K\backslash\{0\}$.
Dann existiert ein $a \in K_0$ - *genannt* **primitives Element von** K_0 - *mit*

$$K_0 = \{1, a, a^2, a^3, ..., a^{q-2}\}. \tag{19.20}$$

Beweis. Der Satz ist ein Spezialfall von Satz 18.3.10, (e).
Ohne Verwendung des Hauptsatzes über abelsche Gruppen, läßt sich der Satz wie folgt beweisen:
Sei $a \in K_0$ mit $r := \mathrm{ord}\, a$ so gewählt, daß

$$\forall b \in K_0 : \mathrm{ord}\, b \leq r \tag{19.21}$$

ist. Wir zeigen zunächst, daß

$$\forall b \in K_0 : \mathrm{ord}\, b \mid \mathrm{ord}\, a \tag{19.22}$$

gilt. Es sei $b \in K_0$ beliebig gewählt und $s := \mathrm{ord}\, b$. Wie man nachprüft (ÜA), existiert dann ein $c \in K_0$, so daß $\mathrm{ord}\, c$ das kleinste gemeinsame Vielfache $r \sqcup s$ von r und s ist. Nach Definition von $r \sqcup s$ ist dann $r \leq r \sqcup s$, womit wegen (19.21) $r = r \sqcup s$ gilt. Folglich ist s ein Teiler von r und damit (19.22) gezeigt.
Offenbar ist r ein Teiler von $q - 1$ und damit $r \leq q - 1$. Wegen (19.21) und (19.22) gilt außerdem $b^r = 1$ für beliebige $b \in K_0$. Folglich sind alle paarweise verschiedenen $q - 1$ Elemente von K_0 Nullstellen des Polynoms $x^r - 1 = 0$. Da dieses Polynom aber höchstens r paarweise verschiedene Nullstellen besitzen kann, ist $r = q - 1$ und folglich (19.20) gezeigt. ∎

Definition   Bezeichne

$$\varphi(n)$$

die Anzahl der zu $n \in \mathbb{N}$ teilerfremden Zahlen aus $\{1, 2, ..., n\}$, d.h., es gilt

$$\varphi(n) = |\{x \in \{1, 2, ..., n\} \mid x \sqcap n = 1\}|.$$

Die Abbildung

$$\varphi : \mathbb{N} \longrightarrow \mathbb{N} : n \mapsto \varphi(n)$$

nennt man **Eulersche** φ-**Funktion.**

Satz 19.5.3 *Es sei* $\mathbf{K} := (K; +, \cdot)$ *ein* p^n-*elementiger Körper und* $K_0 := K\backslash\{0\}$. *Dann besitzt die Gruppe* $\mathbf{K_0} := (K_0; \cdot)$ *genau* $\varphi(p^n - 1)$ *primitive Elemente.*

Beweis. Sei $a \in K_0$ ein primitives Element von $\mathbf{K_0}$, d.h., es gilt

$$K_0 = \{a, a^2, a^3, ..., a^{p^n-2}, 1 = a^{p^n-1}\},$$

womit $\mathrm{ord}\, a = p^n - 1$ ist. Wir zeigen zunächst

$$\forall k \in \{1, ..., p^n\} : \text{ord}\,(a^k) = \frac{\text{ord}\,a}{k \sqcap \text{ord}\,a}, \tag{19.23}$$

wobei wir die folgenden Abkürzungen verwenden:

$$r := \text{ord}\,a,$$

$$t := \text{ord}\,(a^k),$$

$$d := k \sqcap r.$$

Offenbar ergibt sich aus obigen Festlegungen $\frac{r}{d} \sqcap \frac{k}{d} = 1$ und $(a^k)^{\frac{r}{d}} = \underbrace{\left(a^r\right)}_{=1}^{\frac{k}{d}} = 1$.

Damit haben wir:

$$t = \text{ord}\,(a^k) \text{ ist Teiler von } \frac{r}{d}. \tag{19.24}$$

Umgekehrt: Sei $(a^k)^n = a^{k \cdot n} = 1$ für gewisses $n \in \mathbb{N}$. Dann ist r eine Teiler von $k \cdot n$, womit $\frac{r}{d}$ ein Teiler von $\frac{k}{d} \cdot n$ ist. Wegen $\frac{r}{d} \sqcap \frac{k}{d} = 1$ geht dies nur, wenn $\frac{r}{d}$ ein Teiler von n ist. Hieraus und aus (19.24) folgt $ord(a^k) = t = \frac{r}{d}$, d.h., (19.23) ist bewiesen. Aus (19.23) ergibt sich nun

$$ord(a^k) = \frac{p^n - 1}{k \sqcap (p^n - 1)} = p^n - 1 \iff k \sqcap (p^n - 1) = 1.$$

Da jedes Element b aus K_0 in der Form a^k für ein gewisses $k \in \{1, ..., p^{n-1}\}$ darstellbar ist, kann $b = a^k$ nach dem oben Gezeigten nur genau dann ein primitives Element von K_0 sein, wenn $k \sqcap (p^n - 1) = 1$ gilt, womit es genau $\varphi(p^n - 1)$ primitive Elemente von K_0 gibt. ∎

Über die mögliche Bildung endlicher Körper gibt der folgende Satz Auskunft:

Satz 19.5.4 *Sei* **K** *ein endlicher Körper der Mächtigkeit* p^n *mit* $p \in \mathbb{P}$ *und* $n \geq 2$. *Außerdem sei* $\alpha \in K$ *ein primitives Element von* **K**. *Dann ist jedes* $x \in K$ *auf eindeutige Weise in der Form*

$$x = a_0 + a_1 \cdot \alpha + a_2 \cdot \alpha^2 + ... + a_{n-1} \cdot \alpha^{n-1}$$

mit passend gewählten $a_0, ..., a_{n-1} \in P(K)$ *darstellbar, und es existiert ein normiertes, irreduzibles Polynom* $\pi \in P(K)[X]$ *des Grades* n *mit der Eigenschaft, daß* $\pi(\alpha) = 0$ *gilt und die Abbildung*

$$\tau : K \longrightarrow K[X]/\pi, \ x = \sum_{i=0}^{n-1} a_i \cdot \alpha^i \mapsto \tau(x) = \sum_{i=0}^{n-1} a_i \cdot X^i$$

eine isomorphe Abbildung zwischen den Körpern $\mathbf{K} = (K; +, \cdot)$ *und* $(P(K)[X]/\pi; + \,(mod\ \pi), \cdot \,(mod\ \pi))$ *ist.*
Das Polynom π *ist außerdem Teiler des Polynoms* $X^{p^n} - X \in P(K)[X]$.

Beweis. Da α als primitives Element von **K** und $n \geq 2$ vorausgesetzt sind, ist $\alpha \in K \backslash P(K)$. Außerdem gilt $K = P(K)(\alpha)$ und α ist wegen $\alpha^{p^n-1} - 1 = 0$

algebraisch über $\mathbf{P}(\mathbf{K})$. Nach Satz 19.4.8 existiert folglich das Minimalpoynom $\pi \in P(K)[X]$, das nach Satz 19.4.8 – mit Ausnahme der letzten Behauptung – die im obigen Satz behaupteten Eigenschaften besitzt.

Daß π ein Teiler von $X^{p^n} - X$ ist, kann man sich wie folgt überlegen: Nach Satz 19.4.2 existiert $d := \pi \sqcap (X^{p^n} - X)$, und es gibt gewisse $a, b \in P(K)[X]$ mit $a \cdot \pi + b \cdot (X^{p^n} - X) = d$. Wegen $\pi(\alpha) = 0$ ist dann auch $d(\alpha) = 0$, womit nach Satz 19.4.4, (d) $\pi | d$ gilt. Aus der Normiertheit von d und π sowie der Transitivität von $|$ folgt dann $\pi = d$, d.h., $\pi | (X^{p^n} - X)$. ∎

Satz 19.5.5 *Endliche Körper mit der gleichen Mächtigkeit sind isomorph zueinander.*

Beweis. Seien $\mathbf{K}$ und $\mathbf{L}$ Körper der Mächtigkeit p^n, $p \in \mathbb{P}$, $n \in \mathbb{N}$. Für $n = 1$ folgt unser Satz aus Satz 19.2.1. Sei nachfolgend $n \geq 2$, o.B.d.A. $P(K) = \mathbb{Z}_p$ und $\mathbf{K}$ ein Erweiterungskörper von $\mathbb{Z}_\mathbf{p}$ mit dem primitiven Element α, d.h., es gilt $K = \mathbb{Z}_p(\alpha)$. Außerdem ist nach Satz 19.5.4 $\mathbf{K}$ zu $\mathbb{Z}_\mathbf{p}[\mathbf{X}]/\pi$ isomorph. Wegen Satz 19.2.1 existiert dann eine bijektive Abbildung

$$\sigma : \mathbb{Z}_p \longrightarrow P(L),$$

die ein Isomorphismus des Körpers $\mathbb{Z}_\mathbf{p}$ auf den Primkörper $\mathbf{P}(\mathbf{L})$ ist. Mit Hilfe der Abbildung σ und einem noch festzulegenden primitiven Element β des Körpers $\mathbf{L}$ läßt sich die folgende Abbildung definieren:

$$\varphi : K \longrightarrow L, \ x = \sum_{i=0}^{n-1} a_i \cdot \alpha^i \mapsto \varphi(x) := \sum_{i=0}^{n-1} \sigma(a_i) \cdot \beta^i. \tag{19.25}$$

Wegen Satz 19.4.8, (2), (d) ist φ bijektiv und unser Satz ist bewiesen, wenn wir zeigen können, daß φ ein Homomorphismus ist. Man prüft leicht nach, daß $\varphi(x+y) = \varphi(x) + \varphi(y)$ für alle $x, y \in K$ gilt. Zwecks Nachweis von

$$\forall x, y \in K : \ \varphi(x \cdot y) = \varphi(x) \cdot \varphi(y) \tag{19.26}$$

bilden wir eine isomorphe Fortsetzung $\hat{\sigma}$ der Abbildung σ:

$$\hat{\sigma} : \mathbb{Z}_p[X] \longrightarrow P(L)[X], \ f = \sum_{i=0}^{n} a_i \cdot X^i \mapsto f^{\hat{\sigma}} := \sum_{i=0}^{n} \sigma(a_i) \cdot X^i.$$

Offenbar ist das Bild $\pi^{\hat{\sigma}}$ von π bei diesem Isomorphismus ein normiertes, irreduzibles Polynom über $\mathbf{P}(\mathbf{L})$ und $\pi^{\hat{\sigma}}$ – wie das Polynom π – ein Teiler des Polynoms $X^{p^n} - X$. Da $X^{p^n} - X$ in $\mathbf{L}$ nach Satz 19.4.7 in Linearfaktoren zerfällt, existiert ein $\beta \in L$ mit $\pi^{\hat{\sigma}}(\beta) = 0$, wobei $\pi^{\hat{\sigma}}$ das Minimalpolynom von β ist und (mit Hilfe von Satz 19.4.8) leicht zu sehen ist, daß β ein primitives Element von $\mathbf{L}$ ist. (19.26) ist nach diesen Vorbereitungen leicht nachzuweisen:

Seien $x := \sum_{i=0}^{n-1} a_i \cdot \alpha^i$ und $y := \sum_{i=0}^{n-1} b_i \cdot \alpha^i$ beliebig aus $\mathbf{K}$ gewählt. Wir setzen $f := \tau(x)$ und $g := \tau(y)$ (siehe 19.5.4). Es existieren dann eindeutig bestimmte $q, r \in \mathbb{Z}_p[X]$ mit $f \cdot g = q \cdot \pi + r$ und Grad $r < n$. Da τ ein Isomorphismus ist, gilt $x \cdot y = r(\alpha)$ und demnach

$$\varphi(x \cdot y) = r^{\widehat{\sigma}}(\beta)$$

Außerdem haben wir

$$\varphi(x) \cdot \varphi(y) = f^{\widehat{\sigma}}(\beta) \cdot g^{\widehat{\sigma}}(\beta).$$

Hieraus folgt dann mit Hilfe der Gleichung

$$f^{\widehat{\sigma}} \cdot g^{\widehat{\sigma}} = q^{\widehat{\sigma}} \cdot \pi^{\widehat{\sigma}} + r^{\widehat{\sigma}},$$

die wegen $f \cdot g = q \cdot \pi + r$ und der Tatsache, daß $\widehat{\sigma}$ ein Isomorphismus ist, gilt, die Aussage (19.26) wie folgt:

$$(f^{\widehat{\sigma}} \cdot g^{\widehat{\sigma}})(\beta) = f^{\widehat{\sigma}}(\beta) \cdot g^{\widehat{\sigma}}(\beta) = q^{\widehat{\sigma}}(\beta) \cdot \underbrace{\pi^{\widehat{\sigma}}(\beta)}_{=0} + r^{\widehat{\sigma}}(\beta) = \varphi(x) \cdot \varphi(y).$$

∎

Satz 19.5.6 *Ein Körper $\mathbf{K}$ mit p^n Elementen enthält einen Unterkörper mit p^t Elementen genau dann, wenn t ein Teiler von n ist.*
Ist t ein Teiler von n und hat der Körper $\mathbf{K}$ die Mächtigkeit p^n, so existiert genau ein Unterkörper von $\mathbf{K}$ mit p^t Elementen, die gerade die Nullstellen des Polynoms $X^{p^t} - X$ sind.

Beweis. Sei $\mathbf{K}$ ein Körper mit p^n Elementen. Besitzt $\mathbf{K}$ einen Unterkörper $\mathbf{U}$ mit p^t Elementen, so ist nach Satz 19.3.1 $\mathbf{K}$ ein Vektorraum über dem Körper $\mathbf{U}$, was bekanntlich (siehe Band 1), $|K| = |U|^q$ bzw. $p^n = p^{t \cdot q}$ für gewisses $q \in \mathbb{N}$ und damit $t|n$ zur Folge hat.
Sei nun $t \in \mathbb{N}$ ein Teiler von n, d.h., es gilt $n = t \cdot m$ für gewisses $m \in \mathbb{N}$. Man prüft nun leicht nach, daß dann die folgenden Gleichungen gelten:

$$\begin{aligned}
X^{p^n} - X &= X \cdot (X^{p^n - 1} - 1) \\
&= X \cdot (X^{p^t - 1} - 1) \cdot \left(\sum_{i=1}^{m} X^{p^{t \cdot m - i \cdot t}}\right) \\
&= (X^{p^t} - X) \cdot \left(\sum_{i=1}^{m} X^{p^{t \cdot m - i \cdot t}}\right).
\end{aligned}$$

Damit ist $X^{p^t} - X$ ein Teiler des Polynoms $X^{p^n} - X$ und nach Satz 19.4.7 bilden die Lösungen der Gleichung $X^{p^t} - X = 0$ einen Unterkörper mit p^t Elementen von $\mathbf{K}$. Aus Satz 19.4.7 folgt auch, daß $\mathbf{K}$ nur genau einen Unterkörper mit p^t Elementen besitzen kann, da die Elemente solcher Unterkörper Nullstellen des Polynoms $X^{p^t} - X$ sein müssen und es davon nur höchstens p^t aus $\mathbf{K}$ geben kann. ∎

Satz 19.5.7 *Es sei $p \in \mathbb{P}$ und $n \geq 1$. Das Polynom $X^{p^n} - X \in \mathbb{Z}_p[X]$ ist dann das Produkt aller paarweise verschiedenen normierten irreduziblen Polynome über $\mathbb{Z}_p$, deren Grade Teiler von n sind.*

Beweis. Sei zunächst $\pi \in \mathbb{Z}_p[X]$ irreduzibel über $\mathbb{Z}_p$ mit Grad $\pi = t$ und $t|n$. Wir haben $\pi|(X^{p^n} - X)$ zu zeigen. Falls $\pi = X$ ist, teilt offenbar π das Polynom $X^{p^n} - X$. Sei nachfolgend $\pi \neq X$. Konstruiert man mit Hilfe von π einen Körper $\mathbf{K}$ mit p^t Elementen, so ist π das Minimalpolynom eines gewissen Elementes $\alpha \in K$ (z.B. $\mathbf{K} := \mathbb{Z}_{\mathbf{p}}[\mathbf{X}]/\pi$ und $\alpha := X$). Wegen $|K| = p^t$ gilt dann $\alpha^{p^t} = \alpha$, womit nach Satz 19.4.4, (d) π ein Teiler von $X^{p^n} - X$ ist. Wie man dem Beweis von Satz 19.5.6 entnehmen kann, folgt $(X^{p^t} - X)|(X^{p^n} - X)$ aus $t|n$. Folglich gilt $\pi|(X^{p^n} - X)$.

Umgekehrt: Sei π Teiler von $X^{p^n} - X$ und π irreduzibel über $\mathbb{Z}_p$ mit Grad$\pi = t$. Zu zeigen: $t|n$. Für $\pi = X$ gilt offenbar $t|n$. Sei nachfolgend $\pi \neq X$. Mit Hilfe von π ist dann wieder ein p^t-elementiger Körper $\mathbf{K}$ konstruierbar, der eine gewisse Nullstelle α von π enthält. Weiter sei β ein primitives Element von $\mathbf{K}$, das nach Satz 19.4.8 in der Form

$$\beta = a_0 + a_1 \cdot \alpha + a_2 \cdot \alpha^2 + \ldots + a_{t-1} \cdot \alpha^{t-1} \tag{19.27}$$

mit gewissen $a_0, \ldots, a_{t-1} \in \mathbb{Z}_p$ darstellbar ist. Wegen $\pi(\alpha) = 0$ und $\pi|(X^{p^n} - X)$ gilt dann $\alpha^{p^n} = \alpha$. Aus (19.27), $a_i^{p^n} = a_i$ für alle $i \in \{0, 1, \ldots, t-1\}$ und Satz 19.2.3 folgt

$$\begin{aligned}
\beta^{p^n} &= (a_0 + a_1 \cdot \alpha + a_2 \cdot \alpha^2 + \ldots + a_{t-1} \cdot \alpha^{t-1})^{p^n} \\
&= a_0^{p^n} + a_1^{p^n} \cdot \alpha^{p^n} + a_2^{p^n} \cdot (\alpha^{p^n})^2 + \ldots + a_{t-1}^{p^n} \cdot (\alpha^{p^n})^{t-1} \\
&= \beta.
\end{aligned}$$

Folglich muß ord $\beta = p^t - 1$ ein Teiler von $p^n - 1$ sein, was $t|n$ liefert. ∎

Nachfolgend einige Überlegungen zur Konstruktion von Beispielen für endliche Körper. Um solche Körper angeben zu können, benötigen wir nach obigen Sätzen eigentlich nur irreduzible Polynome n-ten Grades aus $\mathbb{Z}_p[X]$ über dem Körper $\mathbb{Z}_\mathbf{p}$, $p \in \mathbb{P}$. Mit Hilfe eines Computers ist das Auffinden solcher irreduziblen Polynome für kleine n und p mit einer Verallgemeinerung des Siebes des Eratosthenes, leicht möglich (siehe 19.7). Bereits bestimmte umfangreiche Listen sämtlicher irreduziblen Polynome bis zu gewissen n und kleinen p findet man z.B. in [Col-D 96] oder [Lid-N 87]. Existiert unter den irreduziblen Polynomen ein Polynom π mit der Eigenschaft, daß X ein primitives Element des Körpers $\mathbb{Z}_\mathbf{p}[\mathbf{X}]/\pi$ ist[7], so kann man in einem solchen Körper besonders leicht rechnen. Wegen $\mathbb{Z}_p[X]/\pi = \{0, X, X^2, X^3, \ldots, 1 = X^{p^n-1}\}$ gilt nämlich

$$X^\alpha \cdot X^\beta = X^{\alpha+\beta \,(\mathrm{mod}\ p^n-1)},$$

und gewisse $a_0, a_1, \ldots, a_{n-1} \in \mathbb{Z}_p$ mit

$$X^k = a_0 + a_1 \cdot X + a_2 \cdot X^2 + \ldots + a_{n-1} \cdot X^{n-1} \pmod{p}$$

($k = 1, 2, \ldots, p^{n-1}$) zu bestimmen, ist auch nicht weiter schwierig, wie man einem weiter unten angegebenen Beispiel entnehmen kann. Zunächst jedoch eine Tabelle mit einigen Beispielen für irreduzible Polynome, die die oben beschriebene Eigenschaft für $p = 2$ besitzen.

---

[7] Bedingungen dafür und die Anzahl solcher Polynome entnehme man der Literatur (z.B. [Lid-N 87]).

n	$\pi \in \mathbb{Z}_2[X]$
2	$1 + X + X^2$
3	$1 + X + X^3$
4	$1 + X + X^4$
5	$1 + X^2 + X^5$
6	$1 + X + X^6$
7	$1 + X + X^7$
8	$1 + X + X^3 + X^4 + X^8$
9	$1 + X + X^9$

Für $n = 4$ läßt sich damit ein Körper mit 16 Elementen wie folgt beschreiben:

$$
\begin{aligned}
\mathbb{Z}_2[X]/(1 + X + X^4) &= \{a + b \cdot X + c \cdot X^2 + d \cdot X^3 \,|\, a, b, c, d \in \mathbb{Z}_2\} \\
&= \{0, X, ..., X^{15}\},
\end{aligned}
$$

wobei modulo $\pi := 1 + X + X^4$ gilt:

$$
\begin{aligned}
X^4 &= 1 + X, \\
X^5 &= X \cdot (1 + X) = X + X^2 \\
X^6 &= X^2 \cdot (1 + X) = X^2 + X^3, \\
X^7 &= X^3 \cdot (1 + X) = 1 + X + X^3, \\
X^8 &= (1 + X)^2 = 1 + X^2, \\
X^9 &= X + X^3, \\
X^{10} &= X^2 + X^4 = 1 + X + X^2, \\
X^{11} &= X + X^2 + X^3, \\
X^{12} &= 1 + X + X^2 + X^3, \\
X^{13} &= 1 + X^2 + X^3, \\
X^{14} &= 1 + X^3, \\
X^{15} &= 1.
\end{aligned}
$$

Mit Hilfe obiger Angaben sind dann leicht Verknüpfungstafeln der Operationen dieses Körpers berechenbar. Z.B.

$$
(1 + X + X^3) \cdot (1 + X + X^2 + X^3) = X^7 \cdot X^{12} = X^{19} = X^4 = 1 + X.
$$

Abschließend soll noch kurz eine Methode der Körperkonstruktion vorgestellt werden, wo die Elemente des Körpers gewisse Matrizen aus dem Ring $(\mathbb{Z}_p^{n \times n}, +, \cdot)$ sind. Dabei bezeichnet nachfolgend $+$ die übliche Matrizenaddition und $\cdot$ die übliche Matrizenmultiplikation über dem Körper $\mathbb{Z}_\mathbf{p}$, d.h., mit den Elementen der Matrizen wird modulo p gerechnet.
Sei $\pi := (\sum_{i=0}^{n-1} a_i \cdot X^i) + X^n \in \mathbb{Z}_p[X]$ irreduzibel über $\mathbb{Z}_p$. Mit Hilfe der Koeffizienten von π läßt sich dann die folgende Matrix aus $\mathbb{Z}_p^{n \times n}$ bilden:

$$\mathfrak{A} := \begin{pmatrix} 0 & 0 & 0 & \cdots & 0 & -a_0 \\ 1 & 0 & 0 & \cdots & 0 & -a_1 \\ 0 & 1 & 0 & \cdots & 0 & -a_2 \\ 0 & 0 & 1 & \cdots & 0 & -a_3 \\ \multicolumn{6}{c}{\cdots\cdots\cdots\cdots\cdots\cdots} \\ 0 & 0 & 0 & \cdots & 1 & -a_{n-1} \end{pmatrix}$$

Indem man die Determinanten $|X \cdot \mathfrak{E}_n - \mathfrak{A}|$ nach der letzten Spalte entwickelt, sieht man, daß $|X \cdot \mathfrak{E}_n - \mathfrak{A}| = f$ ist.[8] Aus dem Satz von Cayley-Hamilton (siehe Band 1, Satz 8.2.11) folgt dann, daß die Matrixgleichung

$$a_0 \cdot \mathfrak{E}_n + a_1 \cdot \mathfrak{A} + a_2 \cdot \mathfrak{A}^2 + \ldots + a_{n-1} \cdot \mathfrak{A}^{n-1} + \mathfrak{A}^n = \mathfrak{O}_{n,n}$$

gilt. $\mathfrak{A}$ kann demnach als Nullstelle von f (in einem passenden Erweiterungskörper von $\mathbb{Z}_p$, der im Ring $(\mathbb{Z}_p^{n,\times n}, +, \cdot)$ enthalten ist) aufgefaßt werden, und f ist das Minimalpolynom von $\mathfrak{A}$. Nach Satz 19.4.8 ist dann

$$\mathbf{K} := (\{\sum_{i=0}^{n-1} z_i \cdot \mathfrak{A}^i \mid z_0, ..., z_{n-1} \in \mathbb{Z}_p\}; +, \cdot)$$

ein Körper, dessen Trägermenge in $\mathbb{Z}_p^{n \times n}$ enthalten ist und in dem wie im Ring $(\mathbb{Z}_p^{n \times n}; +, \cdot)$ gerechnet wird.

Beispiel Wir wählen $p = 3$ und $n = 2$. Wie man leicht nachprüft, ist das Polynom $\pi = X^2 + 1$ irreduzibel über $\mathbb{Z}_3$. Die zu diesem Polynom gehörende Matrix $\mathfrak{A}$ aus $\mathbb{Z}_3^{2 \times 2}$ ist

$$\mathfrak{A} := \begin{pmatrix} 0 & 2 \\ 1 & 0 \end{pmatrix}.$$

Mit Hilfe dieser Matrix erhält man dann die Trägermenge F_9 eines Körpers mit 9 Elementen wie folgt:

$$F_9 := \{a \cdot \mathfrak{E}_2 + b \cdot \mathfrak{A} \mid a, b \in \mathbb{Z}_3\}$$

$$= \left\{ \begin{pmatrix} 0 & 0 \\ 0 & 0 \end{pmatrix}, \begin{pmatrix} 0 & 2 \\ 1 & 0 \end{pmatrix}, \begin{pmatrix} 0 & 1 \\ 2 & 0 \end{pmatrix}, \begin{pmatrix} 1 & 0 \\ 0 & 1 \end{pmatrix}, \begin{pmatrix} 1 & 2 \\ 1 & 1 \end{pmatrix}, \begin{pmatrix} 1 & 1 \\ 2 & 1 \end{pmatrix}, \right.$$

$$\left. \begin{pmatrix} 2 & 0 \\ 0 & 2 \end{pmatrix}, \begin{pmatrix} 2 & 2 \\ 1 & 2 \end{pmatrix}, \begin{pmatrix} 2 & 1 \\ 2 & 2 \end{pmatrix} \right\}.$$

Gerechnet wird in dieser Menge dann mit dem üblichen Matrizenoperationen über dem Körper $\mathbb{Z}_3$. Z.B.

$$\left(\begin{pmatrix} 2 & 2 \\ 1 & 2 \end{pmatrix} + \begin{pmatrix} 0 & 2 \\ 1 & 0 \end{pmatrix} \right) \cdot \begin{pmatrix} 2 & 2 \\ 1 & 2 \end{pmatrix} = \begin{pmatrix} 2 & 1 \\ 2 & 2 \end{pmatrix} \cdot \begin{pmatrix} 2 & 2 \\ 1 & 2 \end{pmatrix} = \begin{pmatrix} 2 & 0 \\ 0 & 2 \end{pmatrix}.$$

---

[8] $\mathfrak{E}_n$ bezeichnet hierbei die Einheitsmatrix (siehe Band 1).

19.6 Zerfällungskörper und normale Körpererweiterungen

Definition   Seien **K** ein Körper, $f \in K[X] \backslash K$ und **E** : **K** eine Körpererweiterung. **E** heißt **Zerfällungskörper** von f über **K**, wenn gewisse (nicht notwendig paarweise verschiedene) $\alpha_1, ..., \alpha_n \in E$ und ein $c \in K$ mit den Eigenschaften

$$f = c \cdot (X - \alpha_1) \cdot (X - \alpha_2) \cdot ... \cdot (X - \alpha_n) \qquad (19.28)$$

und $E = K(\alpha_1, \alpha_2, ..., \alpha_n)$ existieren.

Besitzt f die Darstellung (19.28), so sagt man auch „f **zerfällt in** $E[X]$ **in Linearfaktoren**".

Satz 19.6.1 *Für jeden Körper* **K** *und für jedes* $f \in K[X] \backslash K$ *existiert ein Zerfällungskörper* **E**.

Beweis.   Sei Grad $f = n$. Aus Satz 19.4.9 folgt die Existenz gewisser $\alpha_1, ..., \alpha_n$ aus einem gewissen Erweiterungskörper **L** mit der Eigenschaft, daß f in $\mathbf{K}(\alpha_1, ..., \alpha_n)$ in Linearfaktoren zerfällt. $\mathbf{E} := \mathbf{K}(\alpha_1, ..., \alpha_n)$ ist dann ein Zerfällungskörper von f.   ∎

Satz 19.6.2 (mit Definition)
Seien **K**, $\mathbf{K_1}$ *isomorphe Körper*, $\varphi : K \longrightarrow K_1$ *ein Körper-Isomorphismus und eine Fortsetzung* $\widehat{\varphi}$ *von* φ *wie folgt definiert:*

$$\widehat{\varphi} : K[X] \longrightarrow K_1[X], \quad \sum_{i=0}^{\infty} k_i \cdot X^i \mapsto \sum_{i=0}^{\infty} \varphi(k_i) \cdot X^i.$$

Außerdem seien **E** : **K** *eine Körpererweiterung*, $f \in K[X]$ *irreduzibel über* **K** *und* $a \in E$ *eine Nullstelle von* f. *Dann existiert zu jeder Körpererweiterung* $\mathbf{E_1} : \mathbf{K_1}$ *und zu jedem* $a_1 \in E_1$ *mit* $(\widehat{\varphi}(f))(a_1) = 0$ *ein Körper-Isomorphismus*

$$\varphi^\star : K(a) \longrightarrow K_1(a_1)$$

mit $\varphi^\star(a) = a_1$ *und* $\varphi^\star(k) = k$ *für alle* $k \in K$.

Beweis.   Da $f \in K[X]$ irreduzibel ist, ist auch $\widehat{\varphi}(f) \in K_1[X]$ irreduzibel. Nach Satz 19.4.8 gilt außerdem $|\mathbf{K(a)} : \mathbf{K}| = $ Grad f und, falls $n := $ Grad f,

$$K(a) = \{k_0 + k_1 \cdot a + k_2 \cdot a^2 + ... + k_{n-1} \cdot a^{n-1} \mid k_0, ..., k_{n-1} \in K\}.$$

Wir setzen

$$\varphi^\star : K(a) \longrightarrow K_1(a_1), \quad \varphi^\star(\underbrace{\sum_{i=0}^{n-1} k_i \cdot a^i}_{=g(a)}) := \underbrace{\sum_{i=0}^{n-1} \varphi(k_i) \cdot a_1^i}_{=\widehat{\varphi}(g)(a_1)} \qquad (19.29)$$

und überlegen uns nachfolgend, daß $\varphi^\star$ die im Satz genannten Eigenschaften besitzt.

Da $\widehat{\varphi}(f)$ irreduzibel und φ eine bijektive Abbildung ist, ist auch $\varphi^\star$ eine bijektive Abbildung. Wegen $\varphi(0) = 0$ und $\varphi(1) = 1$ gilt $\varphi^\star(a) = \varphi^\star(0 + 1 \cdot a + 0 \cdot a^2 + ...) = a_1$. Außerdem prüft man leicht nach, daß

$$\forall z_1, z_2 \in K(a) : \quad \varphi^\star(z_1 + z_2) = \varphi^\star(z_1) + \varphi^\star(z_2)$$

gilt. Zum Nachweis von

$$\forall z_1, z_2 \in K(a) : \quad \varphi^\star(z_1 \cdot z_2) = \varphi^\star(z_1) \cdot \varphi^\star(z_2) \tag{19.30}$$

seien $z_1, z_2 \in K(a)$ beliebig gewählt. Dann existieren $g_i \in K[X]$ mit Grad $g_i \leq n - 1$ und $z_i = g_i(a)$ $(i = 1, 2)$. Außerdem gibt es gewisse $h, q \in K[X]$ mit $g_1 \cdot g_2 = h \cdot f + q$, wobei Grad $q <$ Grad f. Wegen $f(a) = 0$ haben wir

$$\underbrace{(g_1 \cdot g_2)(a)}_{= g_1(a) \cdot g_2(a)} = q(a),$$

womit $\varphi^\star(z_1 \cdot z_2)$, da $\widehat{\varphi}$ ein Homomorphismus ist, wie folgt berechenbar ist:

$$
\begin{aligned}
\varphi^\star(z_1 \cdot z_2) &= \varphi^\star(g_1(a) \cdot g_2(a)) \\
&= \varphi^\star(q(a)) \\
&= \widehat{\varphi}(q)(a_1) \\
&= \widehat{\varphi}(g_1 \cdot g_2 - h \cdot f)(a_1) \\
&= (\widehat{\varphi}(g_1) \cdot \widehat{\varphi}(g_2) - \widehat{\varphi}(h) \cdot \widehat{\varphi}(f))(a_1) \\
&= (\widehat{\varphi}(g_1) \cdot \widehat{\varphi}(g_2))(a_1) - (\widehat{\varphi}(h))(a_1) \cdot \underbrace{(\widehat{\varphi}(f))(a_1)}_{=0} \\
&= (\widehat{\varphi}(g_1)(a_1)) \cdot (\widehat{\varphi}(g_2)(a_2)) \\
&= \varphi^\star(g_1(a_1)) \cdot \varphi^\star(g_2(a_2)) \\
&= \varphi^\star(z_1) \cdot \varphi^\star(z_2).
\end{aligned}
$$

∎

Wählt man im Satz 19.6.2 $K = K_1$ und φ als identische Abbildung, so erhält man

Satz 19.6.3 *Seien* **K** *ein Körper,* **E** : **K** *eine Körpererweiterung,* $f \in K[X]$ *irreduzibel über* **K** *und* $a, b \in E$ *mit* $f(a) = f(b) = 0$. *Dann existiert ein Körper-Isomorphismus* $\sigma : K(a) \longrightarrow K(b)$ *mit* $\sigma(a) = b$ *und* $\sigma(k) = k$ *für alle* $k \in K$. ∎

Mittels Induktion und mit Hilfe von Satz 19.6.2 läßt sich der folgende Satz beweisen (ÜA):

Satz 19.6.4 *Seien* $\mathbf{K}, \mathbf{K_1}, \mathbf{E}, \mathbf{E_1}$ *Körper,* $\varphi : K \longrightarrow K_1$ *ein Isomorphismus,* $f \in K[X] \backslash K$ *und* $f_1 := \widehat{\varphi}(f) \in K_1[X] \backslash K_1$ *(siehe (19.29)). Es sei außerdem* $\mathbf{E}$ *ein Zerfällungskörper von* f *über* $\mathbf{K}$ *und* $\mathbf{E_1}$ *ein Zerfällungskörper von* f_1 *über* $\mathbf{K_1}$. *Dann existiert ein Isomorphismus* $\Phi : E \longrightarrow E_1$, *der den Isomorphismus* φ *fortsetzt, d.h., es gilt* $\Phi(k) = \varphi(k)$ *für alle* $k \in K$.   ∎

Wählt man im Satz 19.6.4 $K = K_1$ und φ als identische Abbildung, so erhält man

Satz 19.6.5 *Zu je zwei Zerfällungskörpern* $\mathbf{E_1}, \mathbf{E_2}$ *von* $f \in K[X]$ *existiert ein Isomorphismus* $\Phi : E_1 \longrightarrow E_2$ *mit* $\Phi(k) = k$ *für alle* $k \in K$. *Mit anderen Worten: Zerfällungskörper eines Polynoms sind bis auf Isomorphie eindeutig bestimmt.*   ∎

Wegen Satz 19.6.5 werden wir nachfolgend auch von **dem** *Zerfällungskörper eines Polynoms sprechen.*

Mit Hilfe des folgenden Begriffs lassen sich – wie wir im Satz 19.6.6 sehen werden – ebenfalls Zerfällungskörper beschreiben.

Definition   Sei $\mathbf{E} : \mathbf{K}$ eine endliche Körpererweiterung. Dann heißt $\mathbf{E} : \mathbf{K}$ **normal** :⟺ für jedes $\beta \in E$ zerfällt das zu β gehörende Minimalpolynom $\pi_\beta \in K[X]$ in $E[X]$ in Linearfaktoren.

Offenbar ist $\mathbf{E} : \mathbf{K}$ genau dann normal, wenn für alle irreduziblen Polynome $f \in K[X]$ gilt:

$$(\exists \alpha \in E : f(\alpha) = 0) \implies \text{alle Nullstellen von } f \text{ gehören zu } E. \qquad (19.31)$$

Satz 19.6.6 *Sei* $\mathbf{E} : \mathbf{K}$ *eine endliche Körpererweiterung. Dann gilt:* $\mathbf{E} : \mathbf{K}$ *ist genau dann normal, wenn* $\mathbf{E}$ *der Zerfällungskörper eines gewissen Polynoms* $g \in K[X]$ *ist.*

Beweis. „⟹": Sei $\mathbf{E} : \mathbf{K}$ eine normale Körpererweiterung. Da $\mathbf{E} : \mathbf{K}$ nach Voraussetzung endlich ist, existieren dann ein $n \in \mathbb{N}$ und gewisse $\alpha_1, ..., \alpha_n \in E$ mit $E = K(\alpha_1, ..., \alpha_n)$. Bezeichne $p_i \in K[X]$ das (irreduzible) Minimalpolynom von α_i über $\mathbf{K}$, $i = 1, ..., n$. Nach Voraussetzung und (19.31) zerfällt p_i in $E[X]$ in Linearfaktoren. Folglich zerfällt auch $g := p_1 \cdot p_2 \cdot ... \cdot p_n \in K[X]$ in $E[X]$ in Linearfaktoren und $\mathbf{E} = \mathbf{K}(\alpha_1, ..., \alpha_n)$ ist Zerfällungskörper des Polynoms $g \in K[X]$.

„⟸": Bezeichne $f \in K[X]$ ein beliebiges irreduzibles Polynom über $\mathbf{K}$ mit $f(\alpha) = 0$ für ein gewisses $\alpha \in E$. Wir haben (19.31) zu zeigen. Dazu überlegen wir uns zunächst, daß

$$(\alpha_1, \alpha_2 \in E \wedge \alpha_1 \neq \alpha_2 \wedge f(\alpha_1) = f(\alpha_2) = 0) \implies |\mathbf{E}(\alpha_1) : \mathbf{E}| = |\mathbf{E}(\alpha_2) : \mathbf{E}| \qquad (19.32)$$

gilt.

Seien α_1 und α_2 zwei verschiedene Nullstellen von f aus E. Dann folgt aus der Irreduzibilität von f und Satz 19.6.3:

$$|\mathbf{K}(\alpha_1) : \mathbf{K}| = |\mathbf{K}(\alpha_2) : \mathbf{K}|. \tag{19.33}$$

Außerdem gilt

$$|\mathbf{E}(\alpha_1) : \mathbf{K}(\alpha_1)| = |\mathbf{E}(\alpha_2) : \mathbf{K}(\alpha_2)|, \tag{19.34}$$

da nach (19.33) und Satz 19.6.3 $\mathbf{K}(\alpha_1)$ zu $\mathbf{K}(\alpha_2)$ isomorph ist und Satz 19.6.3 auch die Isomorphie von $\mathbf{E}(\alpha_1)$ und $\mathbf{E}(\alpha_2)$ liefert.
Unter Verwendung des Gradsatzes sowie von (19.33) und (19.34) erhält man dann:

$$|\mathbf{E}(\alpha_1) : \mathbf{K}| = \underbrace{|\mathbf{E}(\alpha_1) : \mathbf{K}(\alpha_1)|}_{=|\mathbf{E}(\alpha_2):\mathbf{K}(\alpha_2)|} \cdot \underbrace{|\mathbf{K}(\alpha_1) : \mathbf{K}|}_{=|\mathbf{K}(\alpha_2):\mathbf{K}|} = |\mathbf{E}(\alpha_2) : \mathbf{K}|.$$

Hieraus folgt (ebenfalls unter Verwendung des Gradsatzes):

$$\underbrace{|\mathbf{E}(\alpha_1) : \mathbf{K}|}_{=|\mathbf{E}(\alpha_1):\mathbf{E}|\cdot|\mathbf{E}:\mathbf{K}|} = \underbrace{|\mathbf{E}(\alpha_2) : \mathbf{K}|}_{=|\mathbf{E}(\alpha_2):\mathbf{E}|\cdot|\mathbf{E}:\mathbf{K}|},$$

womit $|\mathbf{E}(\alpha_1) : \mathbf{E}| = |\mathbf{E}(\alpha_2) : \mathbf{K}|$ gilt und (19.32) gezeigt ist.
Wählt man nun in (19.32) $\alpha_1 = \alpha$ und $\alpha_2 = \beta$, wobei β eine beliebige weitere Nullstelle von f bezeichnet, so folgt aus (19.32)

$$|\mathbf{E}(\alpha) : \mathbf{E}| = |\mathbf{E} : \mathbf{E}| = 1 = |\mathbf{E}(\beta) : \mathbf{E}|,$$

womit (wegen $E \subseteq E(\beta)$) $E(\beta) = E$ und damit $\beta \in E$ ist. Also gilt (19.31) für beliebige irreduzible $f \in K[X]$, d.h., $\mathbf{E} : \mathbf{K}$ ist normal.   ∎

Satz 19.6.7 *Jede endliche Körpererweiterung läßt sich zu einer normalen Körpererweiterung erweitern.*

Beweis.   Sei $\mathbf{E} : \mathbf{K}$ eine endliche Körpererweiterung mit $|\mathbf{E} : \mathbf{K}| = n$. Dann existiert eine Basis $\{a_1, ..., a_n\}$ des Vektorraums $\mathbf{E}$ über $\mathbf{K}$. Nach Satz 19.4.8 existiert zu jedem a_i ($i \in \{1, ..., n\}$) ein Minimalpolynom $p_i \in K[X]$ mit $p_i(a_i) = 0$. Damit hat das Polynom $g := p_1 \cdot p_2 \cdot ... \cdot p_n \in K[X]$ u.a. die Nullstellen $a_1, ..., a_n$. Zu g existiert nach Satz 19.6.1 ein Zerfällungskörper $\mathbf{Z}$ über $\mathbf{K}$, der aus $\mathbf{K}(\mathbf{a_1}, .., \mathbf{a_n})$ durch Adjunktion der restlichen Nullstellen von g entsteht. Nach Konstruktion gilt dann

$$K \subseteq K(a_1, ..., a_n) = E \subseteq Z,$$

$|\mathbf{Z} : \mathbf{K}|$ ist nach Satz 19.4.8, (3) endlich und $\mathbf{Z}$ ist nach Satz 19.6.6 normal.   ∎

Satz 19.6.8 *Es sei $\mathbf{E} : \mathbf{K}$ eine normale Körpererweiterung und $\mathbf{Z}$ ein Körper mit $K \subseteq Z \subseteq E$. Dann ist auch $\mathbf{E} : \mathbf{Z}$ normal.*

Beweis. Da $\mathbf{E} : \mathbf{K}$ normal ist, existiert nach Satz 19.6.6 ein $f \in K[X]$, so daß $\mathbf{E}$ Zerfällungskörper von f ist. Wegen $K \subseteq Z$ ist $f \in Z[X]$, womit $\mathbf{E} : \mathbf{Z}$ nach Satz 19.6.6 normal ist.   ∎

Zur Motivation der nachfolgenden Begriffe das folgende

Lemma 19.6.9 *Es sei* $\mathbf{K}$ *ein Körper und* $f \in K[X] \setminus K$ *irreduzibel über* $\mathbf{K}$. *Dann gilt:*
(a) Falls $char\,\mathbf{K} = 0$, *ist jede Nullstelle von* f *(in einem gewissen Erweiterungskörper von* $\mathbf{K}$*) einfach.*
(b) Falls $p := char\,\mathbf{K} \in \mathbb{P}$, *hat* f *genau dann mehrfache Nullstellen, wenn sich* f *als Polynom von* X^p *schreiben läßt.*
(c) Ist $\mathbf{K}$ *endlich, so hat* f *nur einfache Nullstellen.*

Beweis.   (a): Wegen char $\mathbf{K} = 0$ und $f \notin K$ ist die Ableitung f' von f von 0 verschieden und damit sind nur die folgenden zwei Fälle möglich:
Fall 1: $f \sqcap f' = 1$.
Es existieren dann gewisse $a, b \in K[X]$ mit $a \cdot f + b \cdot f' = 1$, womit f und f' keine gemeinsamen Nullstellen besitzen können. Nach Satz 19.4.4, (f) hat f folglich nur einfache Nullstellen.
Fall 2: $d := f \sqcap f' \in K[X] \setminus K$.
In diesem Fall besitzen f und f' eine gemeinsame Nullstelle in einem gewissen Erweiterungskörper von $\mathbf{K}$. Mit Hilfe von Satz 19.4.4, (d) folgt hieraus $f | f'$, was aus Gradgründen nicht möglich ist.

(b): Es sei nachfolgend $\mathbf{K}$ ein Körper mit char $\mathbf{K} = p \in \mathbb{P}$ und $f := \sum_{i=0}^{n} a_i \cdot X^i$. Falls $f' = \sum_{i=1}^{n} (i \cdot a_i) \cdot X^{i-1}$ von 0 verschieden ist, können wir wie im Beweis von (a) aus der Irreduzibilität von f folgern, daß f nur einfache Nullstellen besitzt. Es bleibt also noch der Fall $f' = 0$, d.h., $i \cdot a_i = 0$ für alle $i \in \{1, ..., n\}$, zu untersuchen. Offenbar gilt

$$\forall i \in \{1, ..., n\} : a_i \neq 0 \implies (i \cdot a_i = 0 \iff i = 0 \,(\mathrm{mod}\ p)).$$

Damit gilt $f' = 0$ genau dann, wenn das Polynom f die Darstellung

$$f = a_0 + a_p \cdot X^p + a_{2 \cdot p} \cdot X^{2 \cdot p} + \ldots$$

besitzt und sich f somit mit Hilfe des Polynoms $g := a_0 + a_p \cdot X + a_{2 \cdot p} \cdot X^2 + \ldots$ in der Form $f = g(X^p)$ schreiben läßt. Im Fall $f' = 0$ hat f nach Satz 19.4.4, (f) mehrfache Nullstellen.

(c): Sei $p := $ char $\mathbf{K} \in \mathbb{P}$. Angenommen, das irreduzible Polynom $f \in K[X]$ hat mehrfache Nullstellen. Nach (b) existiert dann ein gewisses Polynom $g \in K[X]$ mit $f = g(X^p)$, d.h., wir haben $f = a_0 + a_1 \cdot X^p + a_2 \cdot X^{2 \cdot p} + \ldots + a_m \cdot X^{m \cdot p}$. Wie man leicht nachprüft (ÜA), ist die Abbildung $\alpha : K \longrightarrow K$, $k \mapsto k^p$ ein Automorphismus von $\mathbf{K}$. Folglich existiert zu jedem a_i mit $i \in \{0, ..., m\}$ ein b_i mit $a_i = b_i^p$, d.h., es gilt $f = \sum_{i=0}^{m} b_i^p \cdot X^{i \cdot p}$. Mit Hilfe von Satz 19.2.3 folgt hieraus $f = (\sum_{i=0}^{m} b_i \cdot X^i)^p$, womit f den echten Teiler $\sum_{i=0}^{m} b_i \cdot X^i \in K[X]$

besitzt, im Widerspruch zur Irreduzibilität von f. Also kann f nur einfache Nullstellen besitzen.   ∎

In den Beweisen einiger Sätze werden wir nachfolgend benötigen, daß die betrachteten irreduziblen Polynome nur einfache Nullstellen besitzen. Um dies per Voraussetzung kurz zu formulieren, die folgenden **Definitionen**:

- Ein irreduzibles Polynom, das nur einfache Nullstellen besitzt, heißt, **separabel**.
- Ein beliebiges Polynom $f \in K[X]$ heißt **separabel** :$\Longleftrightarrow$ jeder irreduzible Faktor von f ist separabel.
- Eine endliche Körpererweiterung $\mathbf{E : K}$ heißt **separabel** :$\Longleftrightarrow$ für jedes $e \in E$ ist das zu e gehörende Minimalpolynom separabel.
- Eine Körpererweiterung $\mathbf{E : K}$ heißt **Galois-Erweiterung** (oder kurz **galois'sch**) :$\Longleftrightarrow$ $\mathbf{E : K}$ ist endlich, normal und separabel.

19.7 Irreduzibilitätskriterien und Faktorisierung von Polynomen

Das Feststellen der Irreduzibilität von Polynomen und damit das Auffinden von nicht weiter verfeinerbaren Faktorzerlegungen von Polynomen ist i.allg. sehr schwierig. Es gibt jedoch einige Sätze, mit deren Hilfe die Irreduzibilität von gewissen Polynomen leicht feststellbar ist. Wir beginnen mit einem Satz, der aus Satz 19.4.4, (a) folgt.

Satz 19.7.1 *Sei* $\mathbf{K}$ *ein Körper. Dann gilt:*
(a) Sämtliche Polynome aus $K[X]$ des Grades 1 sind irreduzibel.
(b) Polynome aus $K[X]$ des Grades 2 oder 3 sind genau dann irreduzibel über $\mathbf{K}$, *wenn sie keine Nullstellen aus K besitzen.*

Beweis. (a) folgt aus (19.8).
(b): „$\Longrightarrow$": Sei das Polynom $f \in K[X]$ irreduzibel. Angenommen, es existiert ein $a \in K$ mit $f(a) = 0$. Dann gilt nach Satz 19.4.4, (a) $f = (X - a) \cdot g$ für ein gewisses $g \in K[X]$, im Widerspruch zur Voraussetzung.
„$\Longleftarrow$": Das Polynom $f \in K[X]$ 2. oder 3. Grades besitze keine Nullstellen aus K. Falls $f = g \cdot h$ für gewisse $g, h \in K(X) \backslash K$ gilt, ist wegen Grad$f \in \{2, 3\}$ o.B.d.A. $g = a + b \cdot X$ mit $b \neq 0$. Dann ist jedoch $(-b^{-1} \cdot a) \in K$ eine Nullstelle von f, im Widerspruch zur Voraussetzung.   ∎

In Verbindung mit Satz 19.7.6 ist der nachfolgende Satz beim Feststellen der Irreduzibilität gewisser Polynome aus $\mathbb{Q}[X]$ recht nützlich. Wir benötigen zur Formulierung des Satzes die Begriffe „reduzibel" und „irreduzibel" für Polynome aus $R[X]$, wobei $\mathbf{R} := (R; +, \cdot)$ ein Ring ist, die analog zu denen für Polynome aus $K[X]$ definiert sind.

Satz 19.7.2 (Kriterium von Eisenstein[9])

Es sei

$$f := \sum_{i=0}^{n} a_i \cdot X^i \in \mathbb{Z}[X]$$

ein Polynom n-ten Grades mit $n > 0$. Gibt es dann eine Primzahl p mit den Eigenschaften

(a) $a_n \neq 0 \pmod{p}$,
(b) $\forall i \in \{0, 1, 2, ..., n-1\} : a_i = 0 \pmod{p}$,
(c) $a_0 \neq 0 \pmod{p^2}$,

so ist f irreduzibel in $\mathbb{Z}[X]$.

Beweis. Angenommen, f erfüllt für ein gewisses $p \in \mathbb{P}$ die obigen Bedingungen (a), (b), (c) und f ist in $\mathbb{Z}[X]$ reduzibel. Dann existieren gewisse $g := \sum_{i=0}^{s} b_i \cdot X^i$ und $h := \sum_{i=0}^{t} c_i \cdot X^i$ aus $\mathbb{Z}[X]$ mit $f = g \cdot h$, $0 < s$, $0 < t$ sowie $s + t = n$. Folglich gilt $a_0 = b_0 \cdot c_0$. Wegen (b) ist dann p ein Teiler von b_0 oder von c_0. O.B.d.A. sei p ein Teiler von b_0. Wegen (c) ergibt sich hieraus $p \nmid c_0$. Das Element p kann nicht Teiler von allen Koeffizienten b_i des Polynoms g sein, da sonst p auch ein Teiler von allen Koeffizienten von f wäre, was der Voraussetzung (a) widerspricht. Folglich existiert ein b_r $(r \in \{1, ..., s\})$ mit

$$b_0 = b_1 = ... = b_{r-1} = 0 \pmod{p}, b_r \neq 0 \pmod{p}.$$

Aus

$$a_r = b_0 \cdot c_r + b_1 \cdot c_{r-1} + ... + b_{r-1} \cdot c_1 + b_r \cdot c_0$$

und

$$p|b_0, \ p|b_1, \ ..., \ p|b_{r-1}, \ p|a_r$$

folgt dann $p|(b_r c_0)$. Da $p \nmid c_0$, ergibt sich hieraus $p|b_r$, im Widerspruch zur Wahl von r. ∎

Beispiele Wählt man $p = 3$ im obigen Kriterium, so sieht man, daß das Polynom $3 + 3X^2 + 2X^5 \in \mathbb{Z}[X]$ irreduzibel über $\mathbb{Z}$ ist.
Sei $a \in \mathbb{Z}$. Existiert eine Primzahl p mit $p|a$ und $p^2 \nmid a$, so ist das Polynom $X^n - a \in \mathbb{Z}[X]$ für beliebiges $n \in \mathbb{N}$ über $\mathbb{Z}$ nach dem Kriterium von Eisenstein irreduzibel.

In einigen Fällen ist das Kriterium von Eisenstein nicht direkt anwendbar, sondern erst unter Ausnutzung des folgenden Lemmas, was durch ein Beispiel nach dem Beweis des Lemmas gezeigt werden soll.

---

[9] G. Eisenstein (1823 – 1852), deutscher Mathematiker

Lemma 19.7.3 *Seien* **K** *ein Körper,* $f, g \in K[X]$ *und* $f \notin K$. *Ist das durch Substitution (d.h., durch Ersetzen von* X *in* g *durch* f) *gebildete Polynom* $g(f)$ *irreduzibel, so ist auch* g *irreduzibel.*
Ist $\varphi : K[X] \longrightarrow K[X]$ *ein Automorphismus des Ringes* $(K[X]; +, \cdot)$, *so ist* $f \in K[X]$ *genau dann irreduzibel über* **K**, *wenn* $\varphi(f)$ *irreduzibel ist.*

Beweis. Sei $g(f)$ irreduzibel. Angenommen, es gilt $g = p \cdot q$ für gewisse $p, q \in K[X] \backslash K$. Dann ist $g(f) = p(f) \cdot q(f)$ (Beweis: ÜA), wobei

$$\text{Grad } r(f) = (\text{Grad } r) \cdot (\text{Grad } f) \geq \text{Grad } r$$

für jedes $r \in \{p, q\}$ wegen $f \notin K$. Dies liefert jedoch ein Widerspruch zur Irreduzibilität von $g(f)$.
Die zweite Behauptung des Lemmas ist eine Folgerung aus dem gerade Bewiesenen und der Definition eines Automorphismus.   ∎

Beispiel Wir wollen zeigen, daß

$$f := 1 + X + X^2 + \ldots + X^{p-1}$$

für jedes $p \in \mathbb{P}$ irreduzibel über $\mathbb{Q}$ ist. Wie man leicht nachprüft, gilt

$$(X - 1) \cdot f = X^p - 1$$

und damit[10]

$$X \cdot f(X + 1) = (X + 1)^p - 1 = \sum_{k=1}^{p} \frac{p!}{k!(p-k)!} \cdot X^k,$$

d.h., es gilt

$$f(X + 1) = \sum_{k=1}^{p} \frac{p!}{k!(p-k)!} \cdot X^{k-1}.$$

Nach dem Kriterium von Eisenstein ist das Polynom $f(X + 1)$ irreduzibel, da der Koeffizient der höchsten Potenz von X gleich 1 ist und $\frac{p!}{k!(p-k)!}$ für alle $k \in \{1, 2, \ldots, p-1\}$ durch p teilbar, jedoch für $k = 1$ nicht durch p^2 teilbar ist. Unter Verwendung von Lemma 19.7.3 folgt dann die Irreduzibilität von f aus der Irreduzibilität von $f(X + 1)$.

Definition Ein Polynom $p := \sum_{i=0}^{n} p_i \cdot X^i \in \mathbb{Z}[X]$ heißt **primitives Polynom**, wenn für den größten gemeinsamen Teiler $\text{ggT}(p_0, p_1, \ldots, p_n)$ der Koeffizienten $p_0, p_1, \ldots, p_n$ von p

$$\text{ggT}(p_0, p_1, \ldots, p_n) = 1$$

gilt.

---

[10] Man ersetze X durch $X + 1$.

Lemma 19.7.4 *Sei $q := \sum_{i=0}^{n} q_i \cdot X^i \in \mathbb{Q}[X] \backslash \mathbb{Q}$, wobei $q_i := \frac{a_i}{b_i}$ mit $a_i \in \mathbb{Z}$ und $b_i \in \mathbb{N}$ für $i = 0, 1, ..., n$. Dann existieren ein $\alpha \in \mathbb{Q}$ und ein primitives Polynom $g \in \mathbb{Z}[X]$ mit $q = \alpha \cdot g$, wobei α und g bis auf einen Faktor (-1) eindeutig bestimmt sind.*

Beweis. Setzt man $b := \Pi_{i=0}^{n} b_i$, so gehören $z_i := b \cdot q_i$ zu $\mathbb{Z}$, $i = 0, 1, ..., n$. Seien $d := \mathrm{ggT}(z_0, ..., z_n)$ und $z_i = d \cdot g_i$, $i = 0, 1, ..., n$. Offenbar gilt dann $\mathrm{ggT}(g_0, ..., g_n) = 1$, womit $q = \frac{d}{b} \cdot \sum_{i=0}^{n} g_i \cdot X^i$ die behauptete Darstellung von q aus einem Element aus $\mathbb{Q}$ und einem primitiven Polynom ist. Angenommen, es gäbe zwei Darstellungen von g in dieser Form: $q = \frac{\alpha_1}{\beta_1} \cdot g_1$ und $q_2 = \frac{\alpha_2}{\beta_2} \cdot g_2$, wobei $\alpha_1, \alpha_2 \in \mathbb{Z}$, $\beta_1, \beta_2 \in \mathbb{N}$ und g_1, g_2 primitive Polynome aus $\mathbb{Z}[X]$ sind. Dann erhält man durch Multiplikation der Gleichung $\frac{\alpha_1}{\beta_1} \cdot g_1 = \frac{\alpha_2}{\beta_2} \cdot g_2$ mit $\beta_1 \cdot \beta_2$: $\alpha_1 \cdot \beta_2 \cdot g_1 = \alpha_2 \cdot \beta_1 \cdot g_2$. Wegen der Primitivität von g_1 und g_2 und der Ganzzahligkeit der Koeffizienten der Polynome $\alpha_1 \cdot \beta_2 \cdot g_1$ und $\alpha_2 \cdot \beta_1 \cdot g_2$ ist sowohl $\alpha_1 \cdot \beta_2$ als auch $\alpha_2 \cdot \beta_1$ ein größter Teiler sämtlicher Koeffizienten dieser Polynome. Dies geht nur, wenn sich $\alpha_1 \cdot \beta_2$ und $\alpha_2 \cdot \beta_1$ höchstens um den Faktor -1 unterscheiden. Also gilt $\frac{\alpha_1}{\beta_1} = \frac{\alpha_2}{\beta_2}$ oder $\frac{\alpha_1}{\beta_1} = -\frac{\alpha_2}{\beta_2}$, woraus $g_1 = g_2$ oder $g_1 = -g_2$ folgt. $\blacksquare$

Lemma 19.7.5 (Gauß'sches Lemma)
Sind $f, g \in \mathbb{Z}[X]$ primitive Polynome, so ist auch $f \cdot g$ ein primitives Polynom.

Beweis. Bezeichne φ_p den kanonischen Homomorphismus von $\mathbb{Z}$ auf $\mathbb{Z}_p$, der $z \in \mathbb{Z}$ auf die Äquivalenzklasse $[z] \in \mathbb{Z}_p$ abbildet, und sei $\widehat{\varphi_p}$ wie im Satz 19.6.2 definiert. Seien f, g primitive Polynome. Dann gilt offenbar $\widehat{\varphi_p}(f) \neq 0$ und $\widehat{\varphi_p}(g) \neq 0$ für jedes $p \in \mathbb{P}$. Angenommen, $f \cdot g := \sum_{i=0}^{n} a_i \cdot X^i$ ist nicht primitiv. Dann existiert eine Primzahl p, die Teiler eines jeden a_i ($i = 0, 1, ..., n$) ist. Folglich gilt $\widehat{\varphi_p}(f \cdot g) = 0$. Da $\widehat{\varphi_p}$ ein Homomorphismus ist, haben wir $\widehat{\varphi_p}(f \cdot g) = \widehat{\varphi_p}(f) \cdot \widehat{\varphi_p}(g)$, was nur für $\widehat{\varphi_p}(f) = 0$ oder $\widehat{\varphi_p}(g) = 0$ möglich ist, im Widerspruch zu oben. $\blacksquare$

Satz 19.7.6 *Sei $f \in \mathbb{Q}[X] \backslash \mathbb{Q}$. Ist dann $f = \alpha \cdot g$ eine nach Lemma 19.7.4 existierende Darstellung von f mittels eines $\alpha \in \mathbb{Q}$ und einem primitiven Polynom $g \in \mathbb{Z}[X]$, so gilt:*

$$f \text{ ist irreduzibel in } \mathbb{Q}[X] \iff g \text{ ist irreduzibel in } \mathbb{Z}[X]. \qquad (19.35)$$

Beweis. Offensichtlich gilt „$\Longrightarrow$" in (19.35).
„$\Longleftarrow$": Sei g in $\mathbb{Z}[X]$ irreduzibel. Angenommen, f ist reduzibel. Dann existieren gewisse $f_1, f_2 \in \mathbb{Q}[X] \backslash \mathbb{Q}$ mit $f = f_1 \cdot f_2$. Nach Lemma 19.7.4 findet man zu f_i ($i \in \{1, 2\}$) ein $\alpha_i \in \mathbb{Q}$ und ein primitives Polynom $g_i \in \mathbb{Z}$ mit $f_i = \alpha_i \cdot g_i$. Folglich gilt $f = \alpha \cdot g = (\alpha_1 \cdot \alpha_2) \cdot (g_1 \cdot g_2)$, wobei $\alpha_1 \cdot \alpha_2 \in \mathbb{Q}$ und $g_1 \cdot g_2 \in \mathbb{Z}[X] \backslash \mathbb{Z}$ wegen Lemma 19.7.5 primitiv ist. Nach Lemma 19.7.4 unterscheiden sich $\alpha \cdot g$ und $(\alpha_1 \cdot \alpha_2) \cdot (g_1 \cdot g_2)$ höchstens um den Faktor -1. Damit ist g in $\mathbb{Z}[X]$ reduzibel, im Widerspruch zur Voraussetzung. Also gilt (19.35). $\blacksquare$

Wie bereits eingangs erwähnt, ist es i.allg. schwierig, eine Zerlegung eines Polynoms in irreduzible Faktoren zu bestimmen. Es gibt jedoch ein einfaches Verfahren, die irreduziblen Polynome bis zu einem bestimmten Grad n, wobei

n nicht allzu groß ist, über einem endlichen Körper **K** mit Hilfe eines Computers zu bestimmen, indem man das Sieb des Eratosthenes[11] verallgemeinert: Man notiere sich die endlich vielen (normierten) Polynome aus $K[X]$ mit einem Grad $\leq n$, wobei zunächst die Polynome 1. Grades, dann die 2. Grades, usw. angeordnet werden. Dann streicht man (bis auf das erste Polynom) alle Vielfachen dieses Polynoms heraus, dann alle k-fachen des verbliebenen ersten Polynoms mit $k \geq 2$, usw. Es genügt, dieses Verfahren bis zu Polynomen m-ten Grades mit $2 \cdot m \leq n$ fortzusetzen.

Mit Hilfe einer Liste irreduzibler Polynome läßt sich dann durch systematischen Durchprobieren feststellen, welche davon Teiler eines gegebenen Polynoms sind.

Für den Fall, daß K kein endlicher Körper ist, versagt die oben geschilderte Siebmethode. Das obige Lemma von Gauß weist jedoch den Weg, wie man bei bestimmten Körpern zu einer endlichen Menge von Polynomen gelangen kann, unter denen sich die irreduziblen Teiler eines gegebenen Polynoms aus $\mathbb{Q}[X]$ befinden können. Zur ausführlichen Begründung des nachfolgend angegebenen Verfahrens sowie für intelligentere (dann meist auch kompliziertere) Verfahren zur Ermittlung irreduzibler Polynome bzw. zur Faktorzerlegung von Polynomen sei auf die Literatur (z.B. [Cig 95], [Lid-P 82]) verwiesen.

Algorithmus von Kronecker

zur Bestimmung der Teiler eines Polynoms $f \in \mathbb{Q}[X]\backslash\mathbb{Q}$:

O.B.d.A. sei $f \in \mathbb{Z}[X]\backslash\mathbb{Z}$. n wird gleich dem größten Ganzen von $\frac{1}{2}(\text{Grad } f)$ gesetzt. Das Verfahren besteht dann aus dem Abarbeiten folgender Schritte:

(1.) Man wähle paarweise verschiedene $a_0, ..., a_n \in \mathbb{Z}$, die keine Nullstellen von f sind, und bestimme die Mengen T_i aller Teiler von $f(a_i)$ für $0 \leq i \leq n$.

(2.) Für jedes Tupel $(t_0, t_1, ..., t_n) \in T_0 \times T_1 \times ... \times T_n$ bestimme man Polynome $g \in \mathbb{Q}[X]$ vom Grad $\leq n$, für die $g(a_i) = t_i$ für alle $i \in \{0, 1, ..., n\}$ gilt.

(3.) Man bestimme, welche der Polynome g aus (2.) Teiler von f sind.

Liefert obiges Verfahren nur konstante Teiler von f, so ist f irreduzibel über $\mathbb{Q}$. Im Fall von nichtkonstanten Polynomen g, die Teiler von f sind, erhält man durch wiederholte Anwendung von (1.) und (2.) die vollständige Faktorzerlegung von f.

Obiges Verfahren hat leider eine mit dem Grad des Polynoms f exponentiell wachsende Rechenzeit. Bessere Verfahren zur Ermittlung der Faktorzerlegung eines Polynoms (wie z.B. den Berlekamp-Algorithmus) findet man in der Literatur (z.B. [Lid-P 82]).

---

[11] Das Sieb des Eratosthenes ist ein Verfahren zur Bestimmung der Primzahlfolge (2,3,5,7,11,...): Man notiere sich die natürlichen Zahlen 2, 3, 4, 5, 6, ... und streiche außer 2 alle Vielfachen von 2, dann außer 3 alle Vielfachen von 3, u.s.w. Will man alle Primzahlen $\leq n$ bestimmen, so hat man alle $k \cdot p$ von $p \leq \sqrt{n}$ mit $k \geq p$ und $k \in \mathbb{N}$ auf die geschilderte Weise herauszustreichen.

19.8 Eine Anwendung der Körpertheorie in der Kombinatorik

Definition   Es sei $n \in \mathbb{N}$, N eine n-elementige Menge und $\mathfrak{A} \in N^{n \times n}$ eine Matrix. $\mathfrak{A}$ heißt dann **lateinisches (n,n)-Quadrat** über N (kurz: **lateinisches Quadrat**), wenn in jeder Zeile und Spalte von $\mathfrak{A}$ alle Elemente der Menge N vorkommen.
In Beispielen wählen wir in der Regel $N = \{1, 2, ..., n\}$.

Beispiele   Für $n = 4$ ist

$$\mathfrak{A} := \begin{pmatrix} 1 & 2 & 3 & 4 \\ 2 & 3 & 4 & 1 \\ 3 & 4 & 1 & 2 \\ 4 & 1 & 2 & 3 \end{pmatrix}$$

oder jede andere aus einer Verknüpfungstafel einer Gruppe **G** gebildete Matrix ein lateinisches Quadrat.

Uns interessieren nachfolgend nur sogenannte orthogonale Quadrate:
Definitionen   Seien $\mathfrak{A} := (a_{ij})_{n,n}$ und $\mathfrak{B} := (b_{ij})_{n,n}$ lateinische (n,n)-Quadrate über N. $\mathfrak{A}$ und $\mathfrak{B}$ heißen dann **orthogonale Quadrate**, wenn

$$\{(a_{ij}, b_{ij}) \mid i, j \in \{1, 2, ..., n\}\} = N^2$$

gilt.
Sind $\mathfrak{A}_1, \mathfrak{A}_2, ..., \mathfrak{A}_t$ lateinische (n,n)-Quadrate mit $t \geq 2$, so heißen $\mathfrak{A}_1, \mathfrak{A}_2, ..., \mathfrak{A}_t$ **orthogonale Quadrate**, wenn für alle $i \neq j$ mit $i, j \in \{1, ..., t\}$ $\mathfrak{A}_i$ und $\mathfrak{A}_j$ orthogonale Quadrate sind.
Beispiel   Man prüft leicht nach, daß

$$\mathfrak{A} := \begin{pmatrix} 1 & 2 & 3 & 4 & 5 \\ 2 & 4 & 5 & 3 & 1 \\ 4 & 3 & 1 & 5 & 2 \\ 5 & 1 & 4 & 2 & 3 \\ 3 & 5 & 2 & 1 & 4 \end{pmatrix}$$

und

$$\mathfrak{B} := \begin{pmatrix} 1 & 2 & 3 & 4 & 5 \\ 4 & 3 & 1 & 5 & 2 \\ 5 & 1 & 4 & 2 & 3 \\ 3 & 5 & 2 & 1 & 4 \\ 2 & 4 & 5 & 3 & 1 \end{pmatrix}$$

orthogonale Quadrate sind.

Anwendung finden solche orthogonalen Quadrate u.a. in der Versuchsplanung. Hat man z.B. von einer bestimmten Nutzpflanze n Sorten und versucht durch Auspflanzen der Sorten auf Versuchsfeldern die beste Sorte (z.B. im Sinne von

Ertrag, Resistenz gegenüber Schädlingen, Einsatz von Dünger u.ä.) zu ermitteln, so hat man bei diesen Versuchen zu verhindern, daß unterschiedliche Bodenbeschaffenheit der Versuchsflächen die gewonnenen Ergebnisse verfälschen. Ein Ausweg ist nun, jedes Versuchsfeld so in n^2 Teilflächen zu zerlegen, daß die einzelnen Sorten, die wir durch $1, 2, ..., n$ kurz bezeichnen, pro Teilfläche – wie in einem lateinischen Quadrat vorgegeben – angepflanzt werden. Wählt man die einzelnen Felder außerdem so, daß die zugeordneten Matrizen orthogonale lateinische Quadrate sind, sichert man, daß die Ergebnisse pro Feld unabhängig von den Ergebnissen der anderen Felder sind. Um möglichst viele Eigenschaften testen zu können, benötigt man damit eine möglichst große Zahl von lateinischen Quadraten und ein einfaches Verfahren der Bildung solcher Quadrate. Nachfolgend soll nun gezeigt werden, daß es nicht mehr als $n - 1$ orthogonale (n, n)-Quadrate geben kann und daß man, falls n ein Primzahlpotenz ist, $n - 1$ orthogonale (n, n)-Quadrate mit Hilfe der Ergebnisse aus 19.5 konstruieren kann.

Lemma 19.8.1 *Für jedes $n \in \mathbb{N}$ gibt es höchstens $n - 1$ orthogonale (n, n)-Quadrate.*

Beweis. Angenommen, $\mathfrak{A}_1, \mathfrak{A}_2, ..., \mathfrak{A}_n$ seien orthogonale (n, n)-Quadrate über $\{1, 2, ..., n\}$. Sind $\mathfrak{A} := (a_{ij})_{n,n}$ und $\mathfrak{B} := (b_{ij})_{n,n}$ zwei orthogonale Quadrate über $\{1, 2, .., n\}$ sowie s und t zwei durch $s(a_{1j}) := j$ bzw. $t(b_{1j}) := j$ ($j \in \{1, 2, ..., n\}$) definierte Permutationen, so prüft man leicht nach (ÜA), daß auch $s(\mathfrak{A}) := (s(a_{ij}))_{n,n}$ und $t(\mathfrak{B}) := (t(b_{ij}))_{n,n}$ orthogonale Quadrate sind. O.B.d.A. können wir folglich annehmen, daß die $\mathfrak{A}_i$ ($i = 1, 2, ..., n$) folgende Struktur haben:

$$\mathfrak{A}_i = \begin{pmatrix} 1 & 2 & 3 & \cdots & n \\ a_i & & \cdots & & \\ & & & & \\ & & & & \end{pmatrix}.$$

Da $\mathfrak{A}_1, \mathfrak{A}_1, ..., \mathfrak{A}_n$ orthogonale Quadrate sind, gilt $a_i \neq a_j$ für alle $i, j \in \{1, ..., n\}$ mit $i \neq j$, was $\{a_1, ..., a_n\} = \{1, ..., n\}$ zur Folge hat, im Widerspruch dazu, daß $a_i \neq 1$ für alle $i \in \{1, ..., n\}$ gelten muß. ∎

Satz 19.8.2 *Es sei $\mathbf{K}$ ein Körper mit $n := p^m$ ($p \in \mathbb{P}$, $m \in \mathbb{N}$) Elementen und a ein primitives Element von $\mathbf{K}$. Dann sind die $n - 1$ Matrizen*

$$\mathfrak{A}_k = (a_{ij}^{(k)})_{n,n} := \left(\begin{array}{ccccc} 0 & a & a^2 \cdots & & a^{n-1} \\ a^k & a^k + a & a^k + a^2 \cdots & & a^k + a^{n-1} \\ a^{k+1} & a^{k+1} + a & a^{k+1} + a^2 \cdots & & a^{k+1} + a^{n-1} \\ \multicolumn{5}{c}{\dotfill} \\ a^{k+n-2} & a^{k+n-2} + a & a^{k+n-2} + a^2 & \cdots & a^{k+n-2} + a^{n-1} \end{array} \right)$$

($k = 1, 2, ..., n - 1$) orthogonale Quadrate.

Beweis. Nach Definition eines primitiven Elements gilt $K = \{0, a, a^2, ...,$ $a^{n-1}\}$. Außerdem kann man jede Matrix $\mathfrak{A}_k$ als wesentlichen Teil einer Verknüpfungstabelle der Gruppe $(K; +)$ interpretieren, womit jede Matrix $\mathfrak{A}_k$ ein lateinisches Quadrat ist. Zwecks Nachweis der paarweisen Orthogonalität dieser Quadrate haben wie damit nur

$$\forall r, s \in \{1, ..., n-1\} \; \forall i, j, u, v \in \{1, ..., n\} :$$
$$(r \neq s \; \wedge \; (a_{ij}^{(r)}, a_{ij}^{(s)}) = (a_{uv}^{(r)}, a_{uv}^{(s)})) \implies (i, j) = (u, v) \tag{19.36}$$

zu zeigen. Sei nachfolgend $r \neq s$ und $(a_{ij}^{(r)}, a_{ij}^{(s)}) = (a_{uv}^{(r)}, a_{uv}^{(s)})$, wobei zunächst $1 \notin \{i, j, u, v\}$ sei. Es gelten dann die Gleichungen

$$a^{r+i-2} + a^{j-1} = a^{r+u-2} + a^{v-1} \text{ und}$$
$$a^{s+i-2} + a^{j-1} = a^{s+u-2} + a^{v-1}, \tag{19.37}$$

aus denen sich durch Subtraktion und Ausklammern die Gleichung

$$a^{i-2} \cdot (a^r - a^s) = a^{u-2} \cdot (a^r - a^s)$$

ergibt. Wegen $r \neq s$ folgt hieraus $a^{i-2} = a^{u-2}$, was nur für $i = u$ möglich ist. Wegen $i = u$ und (19.37) gilt dann auch $j = v$.
Analog kann man auch für den Fall $1 \in \{i, j, u, v\}$ zeigen, daß (19.36) gilt (ÜA). ∎

Es sei bemerkt, daß nicht für jedes $n \in \mathbb{N}$ die genaue Anzahl (bis auf Isomorphie) existierender orthogonaler lateinischer (n, n)-Quadrate bisher bekannt ist. Für $n = 6$ wurde 1899 von G. Tarry gezeigt, daß es keine orthogonale Quadrate geben kann.[12] Mehr zu Ergebnissen der letzten Jahre über orthogonale Quadrate, die teilweise mit sehr aufwendigem Einsatz von Computern erzielt wurden, findet man in [Col-D 96].

19.9 Anwendung der Körpertheorie in der Codierungstheorie

Die Codierungstheorie beschäftigt sich mit dem folgenden **Problem** (an einem Beispiel illustriert):

Eine Nachricht (z.B. das Tupel $(0, 1, 0, 1)$) soll von einem Sender A zu einem

---

[12] Die Frage nach der Existenz zweier orthogonaler (6,6)-Quadrate stimmt übrigens mit dem folgenden *Eulerschen Offiziersproblem* überein, das von Euler 1779 inhaltlich wie folgt formuliert wurde: *Man zeige, daß es nicht möglich ist, 36 Offiziere von 6 Regimenten und mit 6 Rängen bei einer Parade in einem Quadrat mit 6 Zeilen und 6 Spalten so marschieren zu lassen, daß sich in jeder Zeile und in jeder Spalte des Quadrats je ein Offizier von jedem der Regimenter und jedem der Ränge befindet.*

Empfänger B übermittelt werden. Bei der Übermittlung können Fehler auftre-
ten. Wie kann B die gesendete Nachricht rekonstruieren bzw. wie kann A die
Nachricht codieren, damit B die Nachricht rekonstruieren kann?

Zwecks Erläuterung ein **Beispiel:** Wir nehmen zunächst an, daß bei der Übermittlung einer Nachricht in Form eines Tupels (egal wie lang!) höchstens an
einer Stelle ein Fehler auftritt. Sendet A die Nachricht $(0, 1, 0, 1)$ dreimal in
der Form

$$(0, 1, 0, 1, 0, 1, 0, 1, 0, 1, 0, 1),$$

so kann B, falls höchstens ein Fehler auftritt und B das Verschlüsselungsver-
fahren kennt, bei Erhalt von z.B.

$$(0, 1, 0, 1, 0, 1, 0, 1, \underline{1}, 1, 0, 1),$$

die Fehlerstelle erkennen und damit die Nachricht korrekt decodieren.
Offenbar ist die Rekonstruktion eines n-Tupels bei obiger Annahme stets
möglich, wenn A die Nachricht dreimal sendet.
Ein Ziel der nachfolgenden Abschnitte ist es zu zeigen, daß man bei der obigen
wie auch bei etwas modifizierten Aufgabenstellungen mit bedeutend kürzeren
Tupeln auskommt. Zunächst jedoch der Abschnitt:

19.9.1 Grundbegriffe und Bezeichnungen

Bezeichne nachfolgend **K** einen Körper der Mächtigkeit p^n ($p \in \mathbb{P}$, $n \in \mathbb{N}$).
Die Menge K wird auch **Alphabet** genannt.
Nachrichten, wie auch **codierte Nachrichten** sind Elemente aus der Menge

$$K^\star := \bigcup_{t \in \mathbb{N}} K^t = \{(x_1, ..., x_t) \in K^t \,|\, t \in \mathbb{N}\},$$

der sogenannten Menge der **Wörter.** Zwecks Vereinfachung der Schreibweise
vereinbaren wir, anstelle des Wortes

$$(x_1, x_2, ..., x_t)$$

in den Beispielen kurz

$$x_1 x_2 ... x_t$$

zu schreiben.
Ein **Code** ist dann ein Verfahren zur Verschlüsselung von Nachrichten $A \subseteq$
$K^\star$, das mit Hilfe einer injektiven Abbildung

$$f : A \longrightarrow K^\star$$

beschrieben wird. Es ist üblich, anstelle von f die Menge

$$f(A) := \{f(a) \,|\, a \in A\}$$

als Code zu bezeichnen. Ausführlicher und mit Ergänzungen:
Definitionen   Sei **K** ein Körper.

- C heißt **Code über** $K :\Longleftrightarrow \emptyset \subset C \subseteq K^\star$.

- C heißt **Blockcode der Länge** m **über** $K :\Longleftrightarrow \emptyset \subset C \subseteq K^m$.

- C heißt **linearer Code** (über K) $:\Longleftrightarrow C$ ist Blockcode (d.h., $\emptyset \subset C \subseteq K^m$ für gewisses m) und C ist ein Untervektorraum des Vektorraums K^m über K (d.h., $\forall x, y \in C \, \forall \alpha \in K : x + y \in C \wedge \alpha \cdot x \in C$).

- C heißt **zyklischer Code** (über K) $:\Longleftrightarrow C$ ist Blockcode $\subseteq K^m$ und für alle $(x_1, ..., x_m) \in C$ gilt:

$$(x_1, x_2, ..., x_m) \in C \implies (x_2, x_3, ..., x_m, x_1) \in C.$$

Beispiel   Seien $\mathbf{K} = \mathbb{Z}_2$ und

$$C := \{00000, 11111\}.$$

C ist offenbar linear und zyklisch. Codiert man nun 0 durch 00000, 1 durch 11111 und erhält der Empfänger die Nachricht

$$10100,$$

so würde die Nachricht sicher durch 0 decodiert werden, da man allgemein davon ausgehen kann, daß ein Element aus K eher richtig als falsch übertragen wird. Daher ist es sinnvoll, nach folgender **Decodierungsregel** vorzugehen:

Man decodiere das empfangene Tupel $a := (a_1, a_2, ..., a_n)$ *durch ein Tupel* $b := (b_1, b_2, ..., b_n) \in C$, *das von* a *den geringsten „Abstand" hat.*

Was „Abstand" sein soll, muß natürlich noch definiert werden. Es bietet sich an, allgemein eine Metrik ϱ (siehe Band 1, 6.3) zur Abstandsmessung zu benutzen. Speziell legen wir fest:

Definition   Seien $\mathbf{K}$ ein Körper und $d : (K^m)^2 \longrightarrow \mathbb{N}_0$ eine Abbildung mit

$\forall x, y \in K^m :$

$d(x, y) :=$ Anzahl der Stellen, in denen sich x und y unterscheiden.

Die Abbildung d heißt **Hamming-Abstand**.

Offenbar ist d eine Metrik auf K^m.

Im Fall $\mathbf{K} = \mathbb{Z}_2$ ist d, falls $x := (x_1, ..., x_m)$ und $y := (y_1, ..., y_m)$, wie folgt (mathematisch etwas unsauber [13]) beschreibbar:

$$d(x, y) := \sum_{i=1}^{m} (x_i + y_i \ (\mathrm{mod}\ 2)).$$

---

[13] Begründung: ÜA

$\sum(\ldots)$ ist dabei die gewöhnliche Summe über $\mathbb{N}_0$.

Mit Hilfe der Abbildung d können wir jetzt unsere oben recht grob beschriebenen Decodierungsvorstellungen mit Hilfe der nachfolgend definierten Begriffe präzisieren.

Definitionen   Seien $C \subseteq K^m$ ein Blockcode und $t \in \mathbb{N}$.

- Die Zahl

$$d_{\min}(C) := \min\{d(x,y) \mid x,y \in C \ \wedge \ x \neq y\}$$

  heißt **Minimalabstand** von C.

- C heißt t-**Fehler-korrigierend** $:\Longleftrightarrow$
  Mit der oben angegebenen Decodierungsregel ist jedes empfangene x', das sich von der wahren Nachricht x um höchstens t Stellen unterscheidet, d.h., es gilt $d(x,x') \leq t$, exakt decodierbar.

- C heißt t-**Fehler-erkennend** $:\Longleftrightarrow$
  Es gibt ein Verfahren, mit dem bei jedem empfangenen x', das sich von der wahren Nachricht x um höchstens t Stellen unterscheidet, feststellbar ist, wie viele Stellen fehlerhaft sind.

Beispiel   Sei $C := \{a,b,c\}$, wobei

$$a := 111000000, \quad b := 000111000, \quad c := 000000111.$$

Offenbar gilt $d_{\min}(C) = 6$.

Der nachfolgenden Tabelle (mit $x := a$ und einigen Fällen für x') kann man entnehmen, daß C 2-Fehler-korrigierend und 3-Fehler-erkennend ist:

x'	$d(x',a)$	$d(x',b)$	$d(x',c)$
011000000	1	5	5
001000000	2	4	4
000000000	3	3	3

Allgemein gilt:

Satz 19.9.1.1 *Sei $C \subseteq K^m$ ein Code mit $D := d_{\min}(C)$. Außerdem bezeichne $\lfloor \alpha \rfloor$ das größte Ganze von $\alpha \in \mathbb{R}$. Dann gilt:*

(a) C ist $\lfloor \frac{1}{2}(D-1) \rfloor$-Fehler-korrigierend.

(b) Falls D gerade ist, so ist C $\frac{D}{2}$-Fehler-erkennend.

Beweis. (a): Der Minimalabstand D von C läßt sich in der Form

$$D := 2 \cdot t + r$$

mit $r \in \{0,1\}$ darstellen. Dann gilt

$$\lfloor \tfrac{1}{2}(D-1)\rfloor = \begin{cases} t-1, & \text{falls } r = 0, \\ t, & \text{falls } r = 1. \end{cases}$$

O.B.d.A. sei nachfolgend $\lfloor \tfrac{1}{2}(D-1)\rfloor = t$. Die Menge aller $x \in K^m$, die zu $c \in K^m$ höchstens den Abstand t haben, bezeichnen wir mit $U_t(c)$ (sogenannte „Kugeln" des K^m mit Mittelpunkt c und Radius t), d.h.,

$$U_t(c) := \{x \in K^m \mid d(c,x) \le t\}.$$

Wir überlegen uns zunächst, daß für zwei verschiedene $c_1, c_2 \in C$

$$U_t(c_1) \cap U_t(c_2) = \emptyset \tag{19.38}$$

gilt. Angenommen, es existiert ein $x \in U_t(c_1) \cap U_t(c_2)$, d.h., es gilt $d(c_1, x) \le t$ und $d(c_2, x) \le t$. Folglich ist

$$d(c_1, c_2) \le d(c_1, x) + d(x, c_2) \le 2 \cdot t.$$

Andererseits gilt im Widerspruch dazu nach Voraussetzung $d(c_1, c_2) \ge D = 2 \cdot t + 1$. Also ist (19.38) richtig. Wegen (19.38) ist folgende t-Fehler-korrigierende Decodierung möglich:

$$x \in U_t(c) \implies x \text{ wird durch } c \text{ decodiert,}$$

womit (a) gezeigt ist.

(b): Sei $D := 2 \cdot t$. Dann ist der Hamming-Abstand zweier Kugeln $U_{t-1}(c_1)$ und $U_{t-1}(c_2)$ für zwei verschiedene $c_1, c_2 \in C$ mindestens $2 \cdot t$ und $x \in K^m$ mit $d(x,c) \le t-1$ für ein gewisses $x \in C$ wird exakt zu c decodiert. Keine eindeutige Decodierung ist jedoch bei $d(c,x) \ge t$ für alle $c \in C$ möglich. C ist damit $(t-1)$-Fehler-korrigierend und t-Fehler-erkennend. ∎

19.9.2 Lineare Codes

Definition   Es sei **K** ein Körper und $C \subseteq K^n$ ein linearer Code, d.h., C ist ein Untervektorraum von K^n. Dann heißt C ein **linearer (n,k)-Code**, wenn $\dim C = k$.

Lineare Codes enthalten offensichtlich immer das Tupel $(0, 0, ..., 0)$, das wir nachfolgend mit $\mathfrak{o}$ bezeichnen wollen.

Für lineare Codes läßt sich der Minimalabstand $d_{\min}(C)$ besonders leicht berechnen:

$$d_{\min}(C) = \min\{d(x, \mathfrak{o}) \mid x \in C \setminus \{\mathfrak{o}\}\},$$

da für verschiedene $x, y \in C$

$$d(x, y) = d(x - y, \mathfrak{o}) \ge \min\{d(c, \mathfrak{o}) \mid c \in C \setminus \{\mathfrak{o}\}\}$$

gilt. $d(c, \mathfrak{o})$ nennt man **Gewicht** von c.

Beispiel Wählt man $K = \mathbb{Z}_2$, $n = 5$ und

$$C := \{00000, 01101, 10111, 11010\},$$

so ist C offenbar ein Untervektorraum von $\mathbb{Z}_2^5$ über $\mathbb{Z}_2$ mit $d_{\min}(C) = 3$.

Als nächstes wollen wir lineare Codes mit Hilfe von Matrizen beschreiben. Sei C ein linearer (n, k)-Code. Dann besitzt C eine Basis $b_1, ..., b_k \in C$. Wählt man die Elemente dieser Basis als Zeilen einer Matrix

$$G := \begin{pmatrix} b_1 \\ b_2 \\ \cdots \\ b_k \end{pmatrix},$$

so heißt G **Generatormatrix** von C. Wie man leicht nachprüft, gilt dann

$$C = \{c \in K^n \mid \exists x \in K^k : c = x \cdot G\}. \tag{19.39}$$

Beispiel Für $K = \mathbb{Z}_2$ und

$$C := \{00000, \underbrace{01101}_{=:b_1}, \underbrace{10111}_{=:b_2}, \underbrace{11010}_{=b_1+b_2}\}$$

ist z.B.

$$G := \begin{pmatrix} b_1 \\ b_2 \end{pmatrix} = \begin{pmatrix} 0 & 1 & 1 & 0 & 1 \\ 1 & 0 & 1 & 1 & 1 \end{pmatrix}$$

eine Generatormatrix, und es gilt

$$C = \{(0,0) \cdot G, (1,0) \cdot G, (0,1) \cdot G, (1,1) \cdot G\}.$$

Satz 19.9.2.1 (mit Definitionen)

Sei C ein linearer (n, k)-Code über dem Körper **K**, *der* **in den ersten** k **Stellen systematisch** *ist, d.h., es gilt:*

$$\forall(x_1, ..., x_k) \in K^k \; \exists! \; c = (c_1, ..., c_n) \in C : (x_1, ..., x_k) = (c_1, ..., c_k). \tag{19.40}$$

Dann besitzt C eine (sogenannte **kanonische***) Generatormatrix der Gestalt*

$$G = (\mathfrak{E}_k, \mathfrak{A}) := \begin{pmatrix} 1 & 0 & \cdots & 0 & a_{11} & a_{12} & \cdots & a_{1,n-k} \\ 0 & 1 & \cdots & 0 & a_{21} & a_{22} & \cdots & a_{2,n-k} \\ \multicolumn{8}{c}{\dotfill} \\ 0 & 0 & \cdots & 1 & a_{k1} & a_{k2} & \cdots & a_{k,n-k} \end{pmatrix},$$

und es gilt

$$C = \{x \cdot G \mid x \in K^k\}.$$

Beweis. Nach Voraussetzung (19.40) findet man in C gewisse Elemente, die man als Zeilen von G wählen kann, so daß G die angegebene Struktur besitzt. Die k Zeilen von G sind offenbar linear unabhängig. Da C ein linearer (n, k)-Code ist, folgt hieraus die Behauptung. ∎

Als nächstes soll untersucht werden, wie man erkennt, ob $v \in K^n$ zum linearen Code $C \subseteq K^n$ gehört.

Definition Sei $C \subseteq K^n$ ein linearer Code und $H \in K^{n \times l}$. Dann heißt H **Kontrollmatrix von** C, wenn gilt:

$$\forall v \in K^n : (v \in C \iff v \cdot H = \mathfrak{o}). \tag{19.41}$$

Lemma 19.9.2.2 *Seien $C \subseteq K^n$ ein linearer (n, k)-Code mit der Generatormatrix $G \in K^{k \times n}$ und $H \in K^{n \times l}$. Dann gilt*

$$H \text{ ist Kontrollmatrix von } C \iff G \cdot H = \mathfrak{O}_{k,l} \wedge \mathrm{rg}\, H = n - k. \tag{19.42}$$

($\mathfrak{O}_{k,l}$ bezeichnet dabei die Nullmatrix mit k Zeilen und l Spalten.)

Beweis. „$\Longrightarrow$": Seien $C = \{x \in K^n \,|\, x \cdot H = \mathfrak{o}\}$, $g_1, ..., g_k$ eine Basis von C und

$$G = \begin{pmatrix} g_1 \\ g_2 \\ \cdot \\ g_k \end{pmatrix}.$$

Folglich gilt

$$\forall i \in \{1, ..., k\} : g_i \cdot H = \mathfrak{o},$$

womit $G \cdot H = \mathfrak{O}_{k,l}$.

Da $\dim C = k$ und C der Lösungsraum des LGS $x \cdot H = \mathfrak{o}$ ist, gilt $k = n - \mathrm{rg}\, H$ bzw. $\mathrm{rg}\, H = n - k$, w.z.b.w.

„$\Longleftarrow$": Seien g_i ($i = 1, ..., k$) die Zeilen von G, $G \cdot H = \mathfrak{O}_{l,k}$ und $\mathrm{rg}\, H = n - k$. Dann gilt $g_i \cdot H = \mathfrak{o}$ für alle $i \in \{1, ..., k\}$, womit für jede Linearkombination der Gestalt $a := a_1 \cdot g_1 + \cdots + a_k \cdot g_k \in C$ ebenfalls $a \cdot H = \mathfrak{o}$ gilt. C ist damit eine Teilmenge des Lösungsraums $\mathcal{L}$ des LGS $x \cdot H = \mathfrak{o}$ und es gilt:

$$k = \dim C \leq \dim \mathcal{L} = n - \mathrm{rg}\, H = k,$$

d.h., $\dim \mathcal{L} = \dim C$, was wegen $C \subseteq \mathcal{L}$ nur für $\mathcal{L} = C$ möglich ist. Also ist H eine Kontrollmatrix von C. ∎

Satz 19.9.2.3 *Sei C ein linearer (n, k)-Code über **K** mit kanonischer Generatormatrix $G := (\mathfrak{E}_k, \mathfrak{A}) \in K^{n \times l}$. Dann ist*

$$H := \begin{pmatrix} \mathfrak{A} \\ -\mathfrak{E}_{n-k} \end{pmatrix}$$

eine Kontrollmatrix von C. ($\mathfrak{E}_t$ bezeichnet die Einheitsmatrix vom Typ (t, t).)

Beweis. Offenbar gilt $G \cdot H = \mathfrak{O}_{l,k}$, womit unser Satz aus Lemma 19.9.2.2 folgt.   ∎

Nachfolgend einige Überlegungen zur Fehlerkorrektur bzw. Decodierung von Nachrichten, wobei wir mit einigen Hilfsüberlegungen beginnen.

Sei $C \subseteq K^n$ ein linearer (n, k)-Code, wobei $q := |K|$. C ist dann bezüglich $+$ eine Untergruppe von $(K^n; +)$. Bekanntlich läßt sich dann K^n auf folgende Weise in paarweise disjunkte Teilmengen (sogenannte Nebenklassen, siehe Band 1, 2.2) zerlegen:

$$C = \underbrace{\mathfrak{o}}_{=:a_0} + C,$$
$$a_1 + C \ (a_1 \in K^n \backslash C),$$
$$a_2 + C \ (a_2 \in K^n \backslash (C \cup (a_1 + C))),$$
$$\ldots$$
$$a_t + C \ (a_1 \in K^n \backslash (\bigcup_{i=0}^{t-1}(a_i + C)),$$

wobei $t := q^{n-k} - 1$, da $|K^n| = q^n$, $|C| = |a_i + C| = q^k$ $(i = 0, ..., t)$ und $\frac{q^n}{q^k} = t + 1$.
Falls nun

$$x \in C \qquad \text{gesendet},$$
$$y \in K^n \qquad \text{empfangen wurde},$$

existiert ein $i \in \{0, ..., t\}$ mit

$$y \in a_i + C \ (\text{d.h.}, \exists c_y \in C : y = a_i + c_y).$$

Folglich gilt

$$y - x = a_i + \underbrace{(c_y - x)}_{\in C} \in a_i + C,$$

womit der Fehlervektor $y - x$ zu der Nebenklasse gehört, in der sich y befindet.

Wir haben damit unser

Erstes Decodierungsverfahren

begründet:
Beim Empfang eines Vektors y sind die möglichen Fehlervektoren genau die Vektoren, die zur Nebenklasse $a_i + C$, in der y liegt, gehören. Der wahrscheinlichste Fehler ist ein Vektor e mit dem sogenannten Minimalgewicht in der Restklasse, d.h., es gilt $d(e, \mathfrak{o}) = \min\{d(z, \mathfrak{o}) \mid z \in a_i + C\}$. y wird daher durch $x := y - e$ decodiert.

Zwecks Vereinfachung des Auffindens eines e, das nicht in jedem Fall eindeutig bestimmt ist, aus dem obigen ersten Decodierungsverfahren, kann man die a_i aus der Zerlegung von K^n in Nebenklassen nach C mit Minimalgewicht wählen. Solche a_i heißen dann **Klassenanführer**. Wie man dann konkret das erste Decodierungsverfahren durchführen kann, soll an einem Beispiel erläutert werden.

Beispiel   Seien $K := \mathbb{Z}_2$ und

$$C := \{00000, 01101, 10111, 11010\}$$

Eine Auflistung der Elemente aus $\mathbb{Z}_2^5$, wobei in jeder Zeile die Elemente einer Zerlegungsklasse stehen und die Klassenanführer in der ersten Spalte zu finden sind, ist dann:

$$
\begin{array}{cccc}
00000 & 01101 & 10111 & 11010 \\
00001 & 01100 & 10110 & 11011 \\
00010 & 01111 & 10101 & 11000 \\
00100 & 01001 & 10011 & 11110 \\
01000 & 00101 & 11111 & 10010 \\
10000 & 11101 & 00111 & 01010 \\
00011 & 01110 & 10100 & 11001 \\
00110 & 01011 & 10001 & 11100 \\
\end{array}
$$

Wird nun y empfangen, so hat man – nach der ersten Decodierungsregel – y in der Tabelle aufzufinden und decodiert y durch das oberste Element derjenigen Spalte, in der sich y befindet, da in unserer Tabelle die Elemente x, y und e wie folgt angeordnet sind:

$$x$$

$$\vdots$$

$$e \;\cdots\; y = e + x$$

Speziell wird also $y_1 = 11101$ in $x_1 = 01101$ decodiert und $y_2 = 10001$ in $x_2 = 10111$.

Unser Code C ist wegen $d_{\min}(C) = 3$ nur 1-Fehler-korrigierend, womit nur die Elemente y aus den ersten 6 Zeilen exakt decodiert werden können.

Um den Zeitaufwand bei der Decodierung nach dem ersten Verfahren etwas zu reduzieren, sind folgende Hilfsüberlegungen und der folgende Begriff nützlich:

Lemma 19.9.2.4 (mit Definition)
Es sei $H \in K^{n \times k}$ die Kontrollmatrix des linearen (n, k)-Codes C über K und $y \in K^n$. Dann heißt

$$S(y) := y \cdot H \, (\in K^{n-k})$$

das **Syndrom** *von y und die Abbildung $S : K^n \longrightarrow K^{n-k}$, $y \mapsto S(y)$ hat für beliebige $y, y_1, y_2 \in K^n$ die folgenden Eigenschaften:*

(a) $S(y) = \mathfrak{o} \iff y \in C$.

(b) $S(y_1) = S(y_2) \iff y_1 + C = y_2 + C$.

(c) Durch $S(y)$ für ein beliebiges $y \in a_i + C$ ist die Nebenklasse $a_i + C$ eindeutig bestimmt.

Beweis. (a) ergibt sich aus der Definition von H.
(b) folgt aus folgenden Äquivalenzen (unter Verwendung von Eigenschaften von Nebenklassen, siehe Band 1, Satz 2.2.9):

$$S(y_1) = S(y_2) \iff y_1 \cdot H = y_2 \cdot H \iff (y_1 - y_2) \in H$$

$$\overset{(a)}{\iff} y_1 - y_2 \in C \iff y_1 + C = y_2 + C.$$

(c) folgt unmittelbar aus (b). ∎

Lemma 19.9.2.4 liefert das folgende

Zweite Decodierungsverfahren

Seien $C \subseteq K^n$ ein (n, k)-Code mit der Kontrollmatrix H und $y \in K^n$ der empfangene Vektor. Zweck Decodierung von y berechne man das Syndrom $S(y) = y \cdot H$ und bestimme – anhand einer Tabelle mit den Syndromen der Klassenanführer einer Nebenklassenzerlegung von K^n nach C – einen Klassenanführer e mit $S(e) = S(y)$. Dann wurde höchstwahrscheinlich $x := y - e$ gesendet, und es gilt $d(x, y) = \min\{d(c, y) \,|\, c \in C\}$.

Beispiel Wählt man wie im letzten Beispiel $\mathbf{K} = \mathbb{Z}_2$ und

$$C := \{00000, 01101, 10111, 11010\},$$

so hat z.B. eine Generatormatrix von C die Gestalt

$$G := \begin{pmatrix} 1 & 0 & 1 & 1 & 1 \\ 0 & 1 & 1 & 0 & 1 \end{pmatrix},$$

womit nach Satz 19.9.2.3 die zugehörige Kontrollmatrix H die Matrix

$$\begin{pmatrix} 1 & 1 & 1 \\ 1 & 0 & 1 \\ 1 & 0 & 0 \\ 0 & 1 & 0 \\ 0 & 0 & 1 \end{pmatrix}$$

ist. Die Zerlegung von $\mathbb{Z}_2^5$ in Nebenklassen läßt sich nun nach Lemma 19.9.2.4 durch die Syndrome der Klassenanführer e beschreiben, die in folgender Tabelle angegeben sind:

e	$S(e) = e \cdot H$
00000	000
00001	001
00010	010
00100	100
01000	101
10000	111
00011	011
00110	110

Wählt man $y := 00101$, so gilt

$$S(y) = y \cdot H = 101.$$

Folglich ist der zu y gehörende Fehlervektor $e = 01000$ und y wird durch $x := y - e = 01101$ decodiert.

Offenbar eignen sich die oben angegeben zwei Decodierungsverfahren nur für kleine Codes.

Nachfolgend überlegen wir uns einige Zusammenhänge von $|C|$, $|K|$ und der Anzahl t der Fehler, die vom linearen Code C noch exakt decodiert werden können.

Satz 19.9.2.5 (mit Definition)
Seien $|K| = q$, $C \subseteq K^n$ ein linearer Code und C t-Fehler-korrigierend. Dann gilt

$$|C| \leq \frac{q^n}{1 + (q-1) \cdot \binom{n}{1} + (q-1)^2 \cdot \binom{n}{2} + \cdots + (q-1)^t \cdot \binom{n}{t}} \tag{19.43}$$

*und das Gleichheitszeichen gilt in (19.43) genau dann, wenn C ein sogenannter t-**perfekter Code** ist, d.h., wenn für jedes $x \in K^n$ genau eine Kugel $U_t(c) := \{y \in K^n \mid d(y, c) \leq t\}$ mit $x \in U_t(c)$ existiert.*

Beweis. Damit C t-Fehler-korrigierend ist, muß der Durchschnitt zweier beliebiger Kugeln mit dem Radius t und unterschiedlichen Mittelpunkten die leere Menge sein. Da die Anzahl der Elemente x in der Kugel $U_t(c)$ mit $d(x, c) = i$ offenbar $(q-1)^i \cdot \binom{n}{i}$ ist, gilt

$$|U_t(c)| = 1 + (q-1) \cdot \binom{n}{1} + (q-1)^2 \cdot \binom{n}{2} + \cdots + (q-1)^t \cdot \binom{n}{t}.$$

Außerdem ist $|C|$ gleich der Anzahl der Kugeln $U_t(c)$ mit $c \in C$. Folglich gilt

$$|C| \cdot (1 + (q-1) \cdot \binom{n}{1} + (q-1)^2 \cdot \binom{n}{2} + \cdots + (q-1)^t \cdot \binom{n}{t}) \leq q^n,$$

woraus unmittelbar unser Satz folgt. ∎

Der nachfolgende Satz 19.9.2.6 zeigt, daß es Beispiele für t-perfekte Codes gibt, die sich wie folgt definieren lassen:

Definition Sei $C \subseteq K^n$ ein linearer (n, k)-Code mit der Kontrollmatrix H, die jedes Element von $K^r \backslash \{\mathfrak{o}\}$ genau einmal als Zeile für gewisses $r \geq 2$ enthält. C heißt dann **Hamming-Code**, der auch mit $\mathfrak{H}_r$ bezeichnet wird.

Beispiel Seien $\mathbf{K} = \mathbb{Z}_2$, $r = 3$ und

$$H = \begin{pmatrix} 0 & 0 & 0 & 1 & 1 & 1 & 1 \\ 0 & 1 & 1 & 0 & 0 & 1 & 1 \\ 1 & 0 & 1 & 0 & 1 & 0 & 1 \end{pmatrix}^T.$$

Satz 19.9.2.6 *Sei $\mathbf{K} = \mathbb{Z}_2$. Dann ist der Hamming-Code $\mathfrak{H}_r$ ein 1-perfekter (n, k)-Code mit $n := 2^r - 1$ und $k := 2^r - r - 1$.*

Beweis. Nach Definition ist die Kontrollmatrix H von $\mathfrak{H}_r$ eine Matrix mit $2^r - 1$ Zeilen $z_1, ..., z_{2^r-1}$, für die $\{z_1, ..., z_{2^r-1}\} = \{0,1\}^r \backslash \{\mathfrak{o}\}$ gilt. Wegen $\mathfrak{H}_r = \{x \in \{0,1\}^n \mid x \cdot H = \mathfrak{o}\}$ geht dies nur für $n = 2^r - 1$.
Daß $\mathfrak{H}_r$ 1-Fehler-korrigierend ist kann man sich wie folgt überlegen: Sei $x \in \mathfrak{H}_r$ und $x' := x + (0, ..., 0, \underset{i}{1}, 0, ..., 0)$. Dann gilt $x' \cdot H = z_i$, womit für dem Empfänger der Nachricht x' klar ist, daß die i-te Stelle von x' fehlerhaft ist. Offenbar ist der Rang von H gleich r, was $\dim \mathfrak{H}_r = n - \mathrm{rg}H = n - r = 2^r - 1 - r$ zur Folge hat.
Die 1-Perfektheit von $\mathfrak{H}_r$ ergibt sich aus:

$$U_1(c) = \{x \in K^n \mid d(x,c) \leq 1\},$$
$$U_1(c_1) \cap U_1(c_2) = \emptyset \iff c_1 \neq c_2,$$
$$|U_1(c)| = n + 1$$

und

$$\left| \bigcup_{c \in \mathfrak{H}_r} U_1(c) \right| = 2^{2^r-1-r} \cdot (n+1) = 2^{2^r-1-r} \cdot (2^r - 1 + 1) = 2^n = |\{0,1\}^n|$$

$$\implies \bigcup_{c \in \mathfrak{H}_r} U_1(c) = \mathbb{Z}_2^n.$$

∎

Abschließend noch einige Abschätzungen (sogenannte „Singleton-Schranke", „Gilbert-Varshamov-Schranke" bzw. „Plotkin-Schranke"), denen man einige Zusammenhänge zwischen den Parametern linearer Codes $(n, k, d_{\min}, ...)$ entnehmen kann.

Satz 19.9.2.7 (ohne Beweis)

(a) Ist C ein linearer (n,k)-Code, so gilt

$$d_{\min}(C) \leq n - k + 1.$$

(b) Hat der Körper $\mathbf{K}$ die Mächtigkeit q und gilt

$$\sum_{i=0}^{d-2} \binom{n-1}{i} \cdot (q-1)^i < q^{n-k},$$

so existiert ein linearer (n,k)-Code $C \subseteq K^n$ mit $d_{\min}(C) = d$.

(c) Hat der Körper $\mathbf{K}$ die Mächtigkeit q und existiert ein linearer Code $C \subseteq K^n$ mit $|C| = M$, so gilt

$$d_{\min}(C) \leq \frac{n \cdot M \cdot (q-1)}{(M-1) \cdot q}.$$

19.9.3 Polynomcodes

Offenbar ist der Vektorraum $\mathbf{K}^n$ über dem Körper $\mathbf{K}$ isomorph zum Vektorraum $\mathbf{K_{n-1}[X]}$ über $\mathbf{K}$ mit

$$K_{n-1}[X] := \{\textstyle\sum_{i=0}^{n-1} a_i \cdot X^i \mid a_0, a_1, ..., a_{n-1} \in K\},$$

$$(\textstyle\sum_{i=0}^{n-1} a_i \cdot X^i) + (\sum_{i=0}^{n-1} b_i \cdot X^i) := \sum_{i=0}^{n-1} (a_i + b_i) \cdot X^i,$$

$$\alpha \cdot (\textstyle\sum_{i=0}^{n-1} a_i \cdot X^i) := \sum_{i=0}^{n-1} (\alpha \cdot a_i) \cdot X^i$$

$(a_0, ..., a_{n-1}, b_0, ..., b_{n-1}, \alpha \in K)$. Wir können also statt Codes $C \subseteq K^n$ die Mengen

$$\emptyset \subset C \subseteq K_{n-1}[X],$$

die sogenannten **Polynomcodes**, betrachten. Nachfolgend soll gezeigt werden, daß sich Codieren und Decodieren von Nachrichten mit Hilfe von Polynomen und ihren Eigenschaften teilweise leichter realisieren lassen als mit der im vorangegangenen Abschnitt behandelten Tupelschreibweise von Nachrichten.

Satz 19.9.3.1 *Für beliebige $C \subseteq K_{n-1}[X]$ gilt:*

(a) C ist genau dann zyklisch, wenn die folgende Bedingung erfüllt ist:

$$f \in C \implies X \cdot f \,(mod\ X^n - 1) \in C. \tag{19.44}$$

(b) $C \subseteq K_{n-1}[X]$ ist ein linearer und zyklischer Code $\Longleftrightarrow$
C ist Ideal des Ringes $(K_{n-1}[X]; + (mod\ X^n - 1), \cdot (mod\ X^n - 1))$.

Beweis. (a) folgt unmittelbar aus der Definition eines zyklischen Codes.
(b): „$\Longleftarrow$": Sei C ein Ideal des Ringes

$$(K_{n-1}[X]; + (\mod X^n - 1), \cdot (\mod X^n - 1)),$$

d.h., C ist Untergruppe von $(K_{n-1}[X]; + (\mod X^n - 1))$ und es gilt:

$$\forall f \in K_{n-1}[X] \ \forall g \in C : g \cdot f \in C. \tag{19.45}$$

Da $X \in K_{n-1}[X]$, folgt aus (19.45)

$$\forall g \in C : \ g \cdot X \, (\mod X^n - 1) \in C,$$

d.h., C ist zyklisch.
In (19.45) kann f auch aus K sein, womit C bezüglich der Multiplikation mit Skalaren aus K abgeschlossen ist. Da außerdem nach Voraussetzung $(K_{n-1}[X]; + (\mod X^n - 1))$ eine kommutative Gruppe ist, ist C folglich ein Untervektorraum und damit ein linearer Code, w.z.b.w.

„$\Longrightarrow$": Sei $C \subseteq K_{n-1}[X]$ ein linearer und zyklischer Code. Dann ist C ein Untervektorraum des Vektorraums $K_{n-1}[X]$, womit $(C; + (\mod X^n - 1))$ eine Untergruppe von $(K_{n-1}[X]; + (\mod X^n - 1))$ ist und

$$\forall f \in C \ \forall a \in K : \ a \cdot f \in C$$

gilt. Da C zyklisch ist, haben wir außerdem

$$\forall f \in C : X \cdot f \, (\mod X^n - 1) \in C,$$

woraus

$$\forall f \in C \forall i \in \mathbb{N} : X^i \cdot f \, (\mod X^n - 1) \in C$$

folgt. Es ist nun leicht zu sehen, daß sich aus obigen Überlegungen (19.45) und damit unser Satz ergibt.   ∎

Satz 19.9.3.2 (mit Definitionen)
*Seien C ein Ideal des Ringes $(K_{n-1}[X]; + (\mod X^n - 1), \cdot (\mod X^n - 1))$ und $g \in C \backslash \{0\}$ ein Polynom minimalen Grades, das man **Generatorpolynom** nennt. Dann gilt:*

*(a) $C = g \cdot K_{n-1}[X] := \{g \cdot f \, (\mod X^n - 1) \,|\, f \in K_{n-1}[X]\}$, d.h., C ist ein sogenanntes **Hauptideal** des Ringes $(K_{n-1}[X]; + (\mod X^n - 1), \cdot (\mod X^n - 1))$.*

(b) $C = \{g \cdot f \, (\mod X^n - 1) \,|\, f \in K_{n-1}[X] \ \wedge \ \mathrm{Grad}\, f < n - \mathrm{Grad}\, g\}$.

(c) C ist ein linearer (n, k)-Code mit $k := n - \mathrm{Grad}\, g$.

(d) Das Generatorpolynom ist stets ein Teiler von $X^n - 1$ (in $K[X]$), d.h., es existiert ein $h \in K[X]$ mit $X^n - 1 = g \cdot h$.

Beweis. (a): Sei $f \in C$ beliebig gewählt. Da $g \neq 0$, existieren dann gewisse $s, r \in K_{n-1}[X]$ mit $f = s \cdot g + r$ und Grad $r <$ Grad g. Da C ein Ideal ist, gehört $s \cdot g$ zu C und (wegen $f - s \cdot g = r$) deshalb auch r zu C, was wegen der Wahl von g als Polynom minimalen Grades aus $C \backslash \{0\}$ nur für $r = 0$ möglich ist. Also ist $f = s \cdot g$ und (a) bewiesen.

(b) folgt aus $\mathrm{Grad}(g \cdot f) = \mathrm{Grad}\, g + \mathrm{Grad}\, f$ und

$$Grad(g \cdot f \, (\mathrm{mod}\ X^n - 1)) = \mathrm{Grad}\, g + \underbrace{\ \ldots\ldots\ }_{<n-\mathrm{Grad}\, g} \cdot$$

(c): Zum Beweis haben wir $|C| = |K|^k$ und die Existenz von k linear unabhängigen Elementen in C zu zeigen. Wegen (b) gilt $|C| \leq |K|^k$. $|C| \geq |K|^k$ folgt aus der linearen Unabhängigkeit der k Elemente

$$g, X \cdot g, X^2 \cdot g, \ldots, X^{k-1} \cdot g$$

aus C, wobei man die lineare Unabhängigkeit dieser Elemente leicht sieht, wenn man anstelle der Polynomschreibweise die Tupelschreibweise benutzt und Satz 4.3.1 aus Band 1 verwendet:
Sei $g := \sum_{i=1}^{t} a_i \cdot X^i$ mit $a_t \neq 0$. Den bekannten Isomorphismus zwischen $\mathbf{K_{n-1}[X]}$ und $\mathbf{K^n}$ ausnutzend, kann man dann anstelle von $g, X \cdot g$, $x^2 \cdot g, \ldots, X^{k-1} \cdot g$ die n-Tupel

$$
\begin{aligned}
&(a_0, a_1, \ldots, a_t, 0, 0, \ldots, 0), \\
&(0, a_0, a_1, \ldots, a_t, 0, \ldots, 0), \\
&\qquad\qquad \ldots \\
&(0, 0, \ldots, 0, a_0, a_1, \ldots, a_t)
\end{aligned}
\tag{19.46}
$$

betrachten, die wegen $a_t \neq 0$ offenbar linear unabhängig sind.

(d): Nach Satz 19.4.2 existieren $q, r \in K[X]$ mit $X^n - 1 = q \cdot g + r$ und $\mathrm{Grad}\, r < \mathrm{Grad}\, g$. Angenommen, $r \neq 0$. Dann gilt $r = -g \cdot q \, (\mathrm{mod}\ X^n - 1)$ und, da C ein Ideal ist, $r \in C$, im Widerspruch zur Wahl von g. ∎

Es sei noch bemerkt, daß man durch Zusammenfassen der Tupel aus (19.46) zu einer Matrix eine Generatormatrix von C erhält, falls man die Elemente von C wieder als Tupel und nicht als Polynome schreibt.

Satz 19.9.3.3 (mit Definition)
Sei $C \subseteq K_{n-1}[X]$ ein zyklischer, linearer Code mit dem Generatorpolynom g. Dann existiert ein sogenanntes **Kontrollpolynom** $h \neq 0$ *mit*

$$g \cdot h = X^n - 1$$

in $K[X]$, und es gilt:

$$
\begin{aligned}
&\forall v \in K_{n-1}[X]: \\
&v \in C \iff h \cdot v = 0 \ (mod\ X^n - 1).
\end{aligned}
\tag{19.47}
$$

Beweis.   Das Kontrollpolynom h existiert nach Satz 19.9.3.2, (d).
„$\Longrightarrow$" aus(19.47) ergibt sich aus:

$$v \in C \Longrightarrow \exists a \in K_{n-1}[X] : a \cdot g = v \ (\mathrm{mod} \ X^n - 1)$$
$$\Longrightarrow h \cdot v = h \cdot a \cdot g = (X^n - 1) \cdot a = 0 \ (\mathrm{mod} \ X^n - 1).$$

Die Umkehrung „$\Longleftarrow$" folgt aus:

$$h \cdot v = 0 \ (\mathrm{mod} \ X^n - 1) \Longrightarrow \exists b \in K_{n-1}[X] \setminus \{0\} : \ h \cdot v = b \cdot (X^n - 1)$$
$$\Longrightarrow h \cdot v = b \cdot g \cdot h$$
$$\Longrightarrow v = b \cdot g$$
$$\Longrightarrow v \in C.$$

■

Galois-Theorie

In diesem Kapitel soll gezeigt werden, wie man nachweisen kann, daß gewisse Aufgabenstellungen (Probleme) keine Lösungen besitzen bzw. sich nicht exakt angeben lassen. Lax spricht man dann von der Unlösbarkeit der Probleme. Zum Teil handelt es sich hierbei um Aufgabenstellungen, die die Mathematiker von der Antike an beschäftigten und deren Nichtlösbarkeit erst durch Arbeiten von Ruffini[1], Abel[2], Galois[3] , Jordan[4], ... im 19. Jahrhunderts gezeigt werden konnte. Die dabei von diesen Mathematikern (insbesondere von Abel und Galois) entwickelten neuen Methoden gaben den Anstoß zur Ent-

---

[1] Paolo Ruffini (1765 – 1822), Mediziner, Professor in Modena. Ruffini erkannte (vor Abel und Galois) die Bedeutung der Gruppentheorie für die Gleichungslehre. In seinem 1799 erschienenen Buch „Teoria generale ..." („Allgemeine Theorie der Gleichungen, in der die Unmöglichkeit der algebraischen Auflösbarkeit der Gleichungen höheren als vierten Grades bewiesen ist") bestimmte er – modern ausgedrückt – fast alle Untergruppen der Gruppe S_5. Für $n \geq 6$ sind seine Beweise lückenhaft.

[2] Niels Henrik Abel (1802 – 1829) veröffentlichte 1825 zunächst einen Beweis für die Nichtexistenz einer allgemeinen Lösungsformel für Gleichungen 5. Grades in Radikalen, 1826 den allgemeinen Beweis für Gleichungen des Grades $n \geq 5$. Er publizierte außerdem 1828 gewisse Klassen von Gleichungen, die durch Radikale lösbar sind. Von den Arbeiten Ruffinis erfuhr Abel erst etwa 1826.

[3] Evariste Galois (1811 – 1832) hatte die entscheidende Idee, jeder algebraischen Gleichung eine eindeutig bestimmte (Permutations-)Gruppe zuzuordnen und anhand der Struktur der Gruppe die Lösbarkeit der Gleichung in Radikalen festzustellen. Galois erkannte insbesondere die Rolle der (in unserer Sprache) Normalteiler der Gruppe. Der frühe Tod von Galois (er starb an den Folgen eines Duells) verhinderten eine Publikation seiner Ergebnisse noch zu Lebzeiten. Erst 1846 wurden die wichtigsten Arbeiten von Galois und einige seiner Notizen, die er in der Nacht vor dem Duell aufgeschrieben hatte, publiziert.

[4] Camille Jordan (1838 – 1922) publizierte 1870 ein umfangreiches Lehrbuch „Traité des substitutions", in dem die Galoissche Auflösungstheorie in geschlossener Form dargestellt ist und in dem auch die Verdienste von Galois gewürdigt werden. Mit diesem Buch wurde die Galois-Theorie allgemein zugänglich.

wicklung der klassischen modernen Algebra, von denen wir Teile im Band 1 und Verallgemeinerungen in den vorangegangenen Kapiteln behandelt haben. Wir beginnen mit der Beschreibung der Nullstellen der sogenannten *reinen Polynome* $X^n - a \in K[X]$, indem wir unsere Methoden zum Lösen von *reinen Gleichungen* $X^n - a = 0$ für $K = \mathbb{C}$ aus Band 1 verallgemeinern. Die Lösungen solcher Gleichungen werden *Wurzeln* bzw. *Radikale* genannt.[5]
Eine anschließende Analyse der Lösungsformeln für Gleichungen der Form

$$X^n + a_{n-1} \cdot X^{n-1} + \ldots + a_1 \cdot X + a_0 = 0$$

$(a_0, a_1, \ldots, a_{n-1} \in \mathbb{Q})$ für $n = 1, 2, 3, 4$ wird ergeben, daß das Lösen solcher Gleichungen auf das Lösen von gewissen reinen Gleichungen und anschließendem Multiplizieren, Dividieren, Addieren und Subtrahieren dieser Lösungen mit Elementen aus dem Koeffizientenkörper hinausläuft. Dies in die Sprache der Körpererweiterungen übersetzt führt zum Begriff der *Lösbarkeit einer Gleichung der Form* $f(X) = 0$, wobei $f \in K[X]$, *in Radikalen*, was grob gesagt folgendes bedeutet: Es existiert eine gewisse *Körperkette*

$$K = K_0 \subseteq K_1 \subseteq \ldots \subseteq K_{t-1} \subseteq K_t,$$

wobei K_i aus K_{i-1} für jedes $i \in \{1, \ldots, t\}$ durch Adjunktion einer Lösung einer gewissen reinen Gleichung gebildet wird, und K_t sämtliche Nullstellen von f enthält. $\mathbf{K_t} : \mathbf{K}$ heißt dann *Radikalerweiterung* von $\mathbf{K}$. Die Frage nach der Lösbarkeit einer beliebigen Gleichung $f(X) = 0$ mit Hilfe von Radikalen ist damit die Frage nach der Existenz von Radikalerweiterungen von $\mathbf{K}$. Um diese Frage zu beantworten, ordnen wir im Abschnitt 20.2 einer Körpererweiterung $\mathbf{E} : \mathbf{K}$ ihre sogenannte *Galois-Gruppe* $\mathbf{G(E, K)}$ aller Automorphismen des Körpers $\mathbf{E}$, die die Elemente von $\mathbf{K}$ als Fixpunkte besitzen, zu. Für den Fall, daß $\mathbf{E} : \mathbf{K}$ eine normale Körpererweiterung ist, wird sich die Endlichkeit dieser Gruppe und die Isomorphie zu einer gewisssen Untergruppe der symmetrischen Gruppe $\mathbf{S_n}$ beweisen lassen.[6] Außerdem gelingt die Bestimmung von Galois-Gruppen für nachfolgend wichtige Fälle. Im Abschnitt 20.3 wird dann bewiesen, daß es zwischen dem Verband aller Zwischenkörper $\mathbf{Z}$ mit $K \subseteq Z \subseteq E$ und dem Verband aller Untergruppen von $\mathbf{G(E, K)}$ einen Antiisomorphismus gibt. Außerdem wird geklärt, welche Eigenschaften Untergruppenketten besitzen müssen, die zu Radikalerweiterungen gehören. Dies

---

[5] Bekanntlich besitzt eine Polynom der Form $X^n - a \in \mathbb{R}[X]$ für $a > 0$ und gerades n genau zwei Nullstellen in $\mathbb{R}$, die man traditionell mit $\sqrt[n]{a}$ und $-\sqrt[n]{a}$ bezeichnet. Sucht man für $a \in \mathbb{C} \setminus \{0\}$ alle Lösungen der Gleichung $X^n - a = 0$ im Körper $\mathbb{C}$, so gibt es bekanntlich genau n verschiedene Lösungen, die man auch Wurzeln nennen kann, jedoch ist die Schreibweise $\sqrt[n]{\ldots}$ nur mit einigen zusätzlichen Vereinbarungen möglich. Wir benutzen deshalb das Zeichen $\sqrt[n]{\ldots}$ nachfolgend nur, wenn damit reelle Lösungen einer Gleichung der Form $X^n - a = 0$ ($a \in \mathbb{R}$) mit $a \geq 0$ oder n ungerade gemeint sind.

[6] Nach dem Satz von Cayley (siehe Band 1) ist jede endliche Gruppe isomorph zu einer gewissen Untergruppe der Gruppe $\mathbf{S_n}$.

führt zum Begriff der *auflösbaren Gruppe*, der in 20.4 eingeführt und studiert wird. Insbesondere wird in 20.4 gezeigt, daß die Gruppe $\mathbf{S_n}$ für $n \geq 5$ keine auflösbare Gruppe ist. Nach diesen Vorbereitungen ist es dann im Abschnitt 20.5 nicht weiter schwierig, den *Satz von Abel-Ruffini*

> *Für Polynome $f \in K[X]$ (charK $= 0$) des Grades $n \geq 5$ gibt es keine allgemeine Formel in Radikalen zur Bestimmung der Nullstellen.*

und den *Satz von Galois*

> *Eine Gleichung $f(X) = 0$ ($f \in K[X]$, charK $= 0$) ist genau dann in Radikalen lösbar, wenn die Galois-Gruppe $\mathbf{G(Z,K)}$, wobei $\mathbf{Z}$ den Zerfällungskörper von f bezeichnet, auflösbar ist.*

zu beweisen.

Im letzten Abschnitt 20.6 dieses Kapitels werden wir den Satz von Galois bei der Beantwortung von Fragen anwenden, die bereits aus der Antike stammen. Zunächst werden wir Konstruktionsaufgaben, die nur mit Zirkel und Lineal ausgeführt werden sollen, in die Sprache der Algebra übersetzen. Wir werden sehen, daß die Lösbarkeit der geschilderten Probleme wieder von der Existenz gewisser Körperketten abhängt. Die Nichtexistenz solcher Körperketten klären wir dann mit Hilfe des Satzes von Galois. Anhand des Problems der Würfelverdopplung soll außerdem noch gezeigt werden, daß man allein durch das Übersetzen der Konstruktionsaufgabe in die Sprache der Algebra die Unlösbarkeit des Problems leicht beweisen kann.

20.1 Reine Gleichungen und das Lösen von Gleichungen durch Radikale

Definitionen   Es sei $\mathbf{K}$ ein Körper und $n \in \mathbb{N}$. Dann heißt jedes Polynom der Form

$$X^n - a \in K[X]$$

ein **reines Polynom** und die Gleichung $X^n - a = 0$ eine **reine Gleichung**. Ist $a = 1$, so nennt man die reine Gleichung $X^n - 1 = 0$ auch **Kreisgleichung** und die Lösungen der Gleichung $X^n - 1 = 0$ n-te **Einheitswurzeln**.

Wir wollen nachfolgend einige Eigenschaften von reinen Polynomen zusammenstellen, wobei uns vorrangig die Nullstellenbestimmung von reinen Polynomen (also die Berechnung der Lösungen der reinen Gleichungen) interessiert.

Zunächst sei daran erinnert, wie man die Nullstellen von $X^n - a \in \mathbb{C}[X]$ in $\mathbb{C}$ für $a \neq 0$ berechnen kann:[7]

Ist

$$a = r(\cos \varphi + i \cdot \sin \varphi)$$

---

[7] Ausführlich im Band 1, Abschnitt 2.3 erläutert.

die trigonometrische Darstellung von a, so sind

$$z_{n;k} := \sqrt[n]{r} \cdot (\cos \frac{\varphi + 2\pi k}{n} + i \cdot \sin \frac{\varphi + 2\pi k}{n})$$

für $k = 0, 1, ..., n - 1$ die n paarweise verschiedenen Nullstellen des Polynoms $X^n - a$ aus $\mathbb{C}$. Für $a = 1$ ($= 1 \cdot (\cos 0 + i \sin 0)$) sind dies speziell die Zahlen

$$\zeta_{n;k} := \cos \frac{2\pi k}{n} + i \cdot \sin \frac{2\pi k}{n}$$

für $k = 0, 1, ..., n - 1$, die zusammen mit der auf $\mathbb{C}$ definierten Multiplikation eine Gruppe $\mathbf{E_n}$ bilden. Wegen der Moivreschen Formel gilt

$$\forall i, j \in \{0, 1, ..., n - 1\} : \quad \zeta_{n;i} \cdot \zeta_{n;j} = \zeta_{n;i+j \,(\mathrm{mod}\ n)},$$

womit $\mathbf{E_n} := (\{\zeta_{n;0}, \zeta_{n;1}, ..., \zeta_{n;n-1}\}; \cdot)$ zu $(\mathbb{Z}_n; + (\,\mathrm{mod}\,n))$ isomorph ist und genau jedes Element $\zeta_{n;k}$ mit $k \sqcap n = 1$ ein erzeugendes Element der Gruppe $\mathbf{E_n}$ ist.

Man prüft außerdem leicht nach, daß, falls m ein Teiler von n ist, jede m-te Einheitswurzel auch eine n-te Einheitswurzel ist.

Hat man nun eine Nullstelle z_k der Gleichung $X^n - a = 0$ in $\mathbb{C}$, so erhält man die anderen $n - 1$ Nullstellen dieser Gleichung durch Multiplikation von z_k mit $\zeta \in \{\zeta_{n;1}, \zeta_{n;2}, ..., \zeta_{n;n-1}\}$, wie man mit Hilfe der Moivreschen Formel und unter Beachtung der 2π-Periodizität der Funktionen cos und sin leicht überprüft.

Verallgemeinern lassen sich die obigen Ergebnisse über das Lösungsverhalten von reinen Gleichungen über $\mathbb{C}$ wie folgt:

Satz 20.1.1 (mit Definition und Bezeichnung)
Es sei $\mathbf{K}$ ein Körper, $n \in \mathbb{N}$ und $\mathbf{Z}$ der Zerfällungskörper des Polynoms $X^n - 1 \in K[X]$ (auch n-ter **Kreisteilungskörper**[8] *über* $\mathbf{P(K)}$ *genannt). Außerdem sei*

$$E_n(P(K)) := \{\zeta \in Z \,|\, \zeta^n = 1\}.$$

Dann gilt:
(a) $(E_n(P(K)); \cdot)$ ist eine zyklische Untergruppe von $(Z \backslash \{0\}; \cdot)$.
(b) Falls $p := \mathrm{char}\mathbf{K} \in \mathbb{P}$ ist, gilt $E_{n \cdot p}(P(K)) = E_n(P(K))$ für alle $n \in \mathbb{N}$.
(c) Falls $\mathrm{char}\mathbf{K} = 0$ oder $\mathrm{char}\mathbf{K}$ kein Teiler von n ist, gilt $|E_n(P(K))| = n$.

Beweis. (a): Nach dem Untergruppenkriterium[9] ist $(E_n(P(K)); \cdot)$ eine Untergruppe, falls $x \cdot y^{-1} \in E_n(P(K))$ für beliebige $x, y \in E_n(P(K))$ gilt. Folglich ergibt sich (a) aus

---

[8] Die Bezeichnung rührt daher, daß für $K = \mathbb{C}$ die Lösungen der Gleichung $X^n = 1$ in der komplexen Zahlenebene die Eckpunkte eines dem Einheitskreis einbeschriebenen regelmäßigen n-Ecks in einer bestimmten Lage sind.

[9] Siehe Band 1, Satz 2.2.7.

$$x^n = 1 \wedge y^n = 1 \implies (x \cdot y^{-1})^n = x^n \cdot (y^n)^{-1} = 1 \cdot 1^{-1} = 1.$$

Da endliche Untergruppen der multiplikativen Gruppe eines Körpers nach Satz 18.3.10, (e) stets zyklisch sind, ist es damit auch die Untergruppe $(E_n(P(K)); \cdot)$ von $(Z \backslash \{0\}; \cdot)$.

(b): Sei char$\mathbf{K} = p \in \mathbb{P}$. Dann gilt nach Satz 19.2.3 für beliebige $x \in K$ und $n \in \mathbb{N}$:

$$x^{p \cdot n} - 1 = (x^n - 1)^p = 0 \iff x^n - 1 = 0,$$

d.h., $E_{n \cdot p}(P(K)) = E_n(P(K))$ für alle $n \in \mathbb{N}$.

(c): Für $n = 1$ ist die Behauptung trivial. Nach Satz 19.4.4, (f) ist die Nullstelle a eines Polynoms f genau dann mehrfach, wenn $f'(a) = 0$ ist. Für $f = X^n - 1$ gilt $f' = n \cdot X^{n-1}$. Falls also $n \geq 2$ und char$\mathbf{K} \in \{0\} \cup \{p \in \mathbb{P} \,|\, p \,\slash n\}$ gilt, besitzt $n \cdot X^{n-1}$ nur die Nullstelle 0, die keine von $X^n - 1$ sein kann. Damit sind sämtliche Nullstellen von $X^n - 1$ unter den gegebenen Voraussetzungen paarweise verschieden und (c) bewiesen.   ∎

Satz 20.1.2 *Es sei $n \in \mathbb{N}$ und $\mathbf{K}$ ein Körper, der alle n-ten Einheitswurzeln enthält und dessen Charakteristik entweder 0 ist oder nicht n teilt. Außerdem sei $a \in K \backslash \{0\}$ und b bezeichne eine Nullstelle von $X^n - a$ aus einem gewissen Erweiterungskörper $\mathbf{E}$ von $\mathbf{K}$. Dann gilt:*

(a) $X^n - a$ besitzt n paarweise verschiedene Nullstellen, die man aus b durch Multiplikation mit den n-ten Einheitswurzeln erhalten kann.
(b) $\mathbf{K}(b)$ ist Zerfällungskörper von $X^n - a$.

Beweis. (a): Nach Voraussetzung und Satz 20.1.1, (a) existiert in K ein erzeugendes Element $\zeta \in E_n(P(K))$ für die n-ten Einheitswurzeln. Dann sind wegen

$$(\zeta^i \cdot b)^n = (\underbrace{\zeta^n}_{=1})^i \cdot b^n = a$$

für jedes $i \in \{0, 1, ..., n-1\}$ die Elemente $b, \zeta \cdot b, \zeta^2 \cdot b, ..., \zeta^{n-1} \cdot b$ aus E Nullstellen von $X^n - a$. Angenommen, $\zeta^i \cdot b = \zeta^j \cdot b$ für $i \neq j$ und $i, j \in \{0, 1, ..., n-1\}$. Dann gilt jedoch $(\zeta^i - \zeta^j) \cdot b = 0$. Wegen $a \neq 0$ ist $b \neq 0$ und damit (wegen der Nullteilerfreiheit eines jeden Körpers) muß $\zeta^i = \zeta^j$ sein, was dem Satz 20.1.1, (c) widerspricht. Da $X^n - a$ nicht mehr als n Nullstellen besitzen kann, gilt folglich (a).
(b) ist eine Folgerung aus (a).   ∎

Wie im Beweis des Wurzelexistenzsatzes von Kronecker 19.4.9 gezeigt wurde, läßt sich zu jedem Körper $\mathbf{K}$ und für jedes Polynom $f \in K[X]$ ein Erweiterungskörper $\mathbf{E}$ konstruieren, in dem f eine Nullstelle besitzt, die ebenfalls im Beweis des Satzes angegeben wurde. Mit Hilfe des obigen Satzes 20.1.2 ist damit aus algebraischer Sicht das allgemeine Problem des Berechnens der

Nullstellen eines reinen Polynoms der Form $X^n - a \in K[X]$ mit $a \in K \backslash \{0\}$ gelöst.[10]

Als nächstes soll erläutert werden, was nachfolgend unter dem Lösen von (algebraischen) Gleichungen durch Radikale verstanden wird. Grob gesagt, geht es dabei um die Nullstellen von beliebigen algebraischen Gleichungen $f = 0$ ($f \in K[X]$) durch das Lösen bestimmter reiner (Hilfs-)Gleichungen und anschließendem Beschreiben der Nullstellen von f durch Linearkombinationsbildung aus den Lösungen der Hilfsgleichungen. Mit dieser Lösungsmethode verallgemeinert man die Vorgehensweise beim Lösen von algebraischen Gleichungen 2., 3. und 4. Grades. Zur Erinnerung zwei Beispiele:

Wählt man $f := X^2 + p \cdot X + q \in \mathbb{Q}[X]$, so kann man wegen

$$X^2 + p \cdot X + q = (X + \frac{p}{2})^2 - (\frac{p^2}{4} - q)$$

die zwei Lösungen x_1 und x_2 der Gleichung $f(X) = 0$ dadurch gewinnen, daß man zunächst die Lösungen y_1 und y_2 von $Y^2 = \frac{p^2}{4} - q$ bestimmt und dann $x_1 = -\frac{p}{2} + y_1$ und $x_2 = -\frac{p}{2} + y_2$ setzt. Folglich gehören x_1 und x_2 zu $E := \mathbb{Q}(y_1, y_2)$ und es gilt $x_i \in \mathbb{Q}(y_i)$ für $i = 1, 2$.

Für eine Gleichung 3. Grades der Form $X^3 + a \cdot X + b \in \mathbb{Q}[X]$ mit $\frac{a^3}{27} + \frac{b^2}{4} \geq 0$ kann man die folgenden sogenannten **Formeln von Cardano** zum Lösen verwenden:
Setzt man

$$r := \sqrt[2]{\frac{a^3}{27} + \frac{b^2}{4}},$$

$$c := \sqrt[3]{-\frac{b}{2} + r},$$

$$d := \sqrt[3]{-\frac{b}{2} - r},$$

$$\zeta := \cos \frac{2\pi}{3} + i \cdot \sin \frac{2\pi}{3} = -\frac{1}{2} + i \cdot \frac{\sqrt{3}}{2},$$

so lassen sich die drei Lösungen $x_1, x_2, x_3 \in \mathbb{C}$ von $X^3 + a \cdot X + b$ wie folgt berechnen:[11]

$$x_1 = c + d,$$
$$x_2 = \zeta \cdot c + \zeta^2 \cdot d,$$
$$x_3 = \zeta^2 \cdot c + \zeta \cdot d.$$

Folglich ist r eine nichtnegative, reelle Lösung von $X^2 = \frac{a^3}{27} + \frac{b^2}{4}$, c die reelle Lösung der Gleichung $X^3 = -\frac{b}{2} + r$, d die reelle Lösung der Gleichung $X^3 = -\frac{b}{2} - r$, ζ eine gewisse dritte Einheitswurzel (also eine gewisse Lösung der Gleichung $X^3 = 1$) und die Lösungen der Gleichung $X^3 + a \cdot X + b = 0$ liegen im Körper $\mathbb{Q}(\zeta, r, c, d)$.

---

[10] Der Fall $a = 0$ ist uninteressant, da $X^n = 0$ offenbar nur für $X = 0$ gilt.

[11] Eine elementare Herleitung dieser Formeln sowie die Verallgemeinerung dieser Formeln für den Fall $\frac{a^3}{27} + \frac{b^2}{4} < 0$, findet man z.B. in [Cig 95].

Obige Formeln lassen sich leicht für Polynome $X^3 + a \cdot X + b \in \mathbb{C}$ verallgemeinern und, da man jedes Polynom $X^3 + a_2 \cdot X^2 + a_1 \cdot X + a_0$ mittels der Substitution $X = Y - \frac{a_2}{3}$ in ein Polynom der Form $Y^3 + u \cdot Y + v$ überführen kann, weisen obige Formeln den Weg zu allgemeinen Formeln der Berechnung von Nullstellen eines Polynoms dritten Grades über $\mathbb{C}$. Ausführlich haben wir dies im Band 1 behandelt. Im Band 1 findet man auch Formeln zur Berechnung der Nullstellen eines beliebigen Polynoms vierten Grades mit Koeffizienten aus $\mathbb{C}$, die zwar etwas komplizierter als die bisher behandelten Formeln sind, jedoch auf ähnliche Weise gebildet werden.

In Verallgemeinerung dieser Vorgehensweise läßt sich nun das Lösen von algebraischen Gleichungen durch Radikale (Wurzelausdrücke) definieren.

Definitionen   Es sei **K** ein Körper und **E** : **K** eine Körpererweiterung. **E** : **K** heißt **Radikalerweiterung** von **K**, wenn ein Körperturm

$$K_1 := K \subseteq K_2 \subseteq K_3 \subseteq \ldots \subseteq K_m = E$$

mit der Eigenschaft

$$\forall i \in \{1, 2, ..., m-1\} \; \exists a_i \in K_i \; \exists n_i \in \mathbb{N} \; \exists b_i \in K_{i+1} :$$
$$(b_i \text{ ist Lösung von } X^{n_i} - a_i = 0) \; \wedge \; K_{i+1} = K_i(b_i). \tag{20.1}$$

existiert. Man sagt dann auch, daß **die Elemente von K_m durch Radikale über K darstellbar sind**.

Sei $f \in K[X]$. Außerdem sei **Z** ein nach Satz 19.6.1 existierender Zerfällungskörper von f. Dann heißt die Gleichung

$$f(X) = 0$$

durch Radikale lösbar (bzw. f heißt **durch Radikale auflösbar**), wenn ein Radikalerweiterung **E** : **K** mit $K \subseteq Z \subseteq E$ existiert.

Beispiel   Eine mögliche Radikalerweiterung für die Gleichung $X^3 + a \cdot X + b = 0$ mit $a, b \in \mathbb{Q}$ und $\frac{a^3}{27} + \frac{b^2}{4} \geq 0$ sieht (nach den obigen Überlegungen vor der Definition einer Radikalerweiterung) wie folgt aus:

$$K_0 := \mathbb{Q} \subseteq K_1 := K_0(r) \subseteq K_2 := K_1(c) \subseteq K_3 := K_2(d) \subseteq K_4 := K_3(\zeta).$$

Es sei noch bemerkt, daß der oben in der Definition vorkommende Körper **K_m** nicht in jedem Fall mit dem Zerfällungskörper übereinstimmt. In [Cig 95], S. 282 kann man z.B. einen Beweis für folgenden Fakt nachlesen: Besitzt ein Polynom f vom Grade 3 über $\mathbb{Q}$ genau drei reelle Nullstellen, so liegt der Zerfällungskörper von f in $\mathbb{R}$, jedoch findet man eine Radikalerweiterung von $\mathbb{Q}$ nur durch Adjunktion von gewissen Zahlen aus $\mathbb{C} \backslash \mathbb{R}$ zu $\mathbb{Q}$.

Wie bereits in der Einleitung erwähnt, ist das Hauptziel dieses Kapitels zu klären, welche Polynome durch Radikale lösbar sind. Da dies nur in Einzelfällen anhand der Definition möglich ist, werden wir uns in den beiden nächsten Abschnitten einen Antiisomorphismus zwischen einem Verband $(\mathcal{K}; \subseteq)$ von Körpern, in dem unsere Radikalerweiterungen einbettbar sind, und dem Untergruppenverband $(\mathcal{G}; \subseteq)$ einer (noch zu beschreibenden) *endlichen* Gruppe überlegen. Körperketten mit der Eigenschaft (20.1) gibt es dann nur, wenn der Verband $(\mathcal{G}; \subseteq)$ gewisse Ketten aus Untergruppen mit abelschen Faktoren (siehe Abschnitt 20.4) besitzt, was für Polynome ab dem Grad 5 i.allg. nicht mehr der Fall ist.

Wie hängen aber nun Körpererweiterungen mit *endlichen* Gruppen zusammen? Eine Antwort auf diese Frage gibt der folgende Abschnitt.

20.2 Die Galois-Gruppe einer Körpererweiterung

Um die Struktur von Unterkörpern eines Körpers $\mathbf{E}$ (insbesondere die von allen Unterkörpern von $\mathbf{E}$, die einen gewissen fixierten Unterkörper $\mathbf{K}$ enthalten) näher zu erfassen, werden wir die Automorphismen des Körpers $\mathbf{E}$ heranziehen. Sei nachfolgend

$$\text{Aut } \mathbf{E}$$

die Menge aller Automorphismen von $\mathbf{E}$, d.h., die Menge aller Körperisomorphismen von $\mathbf{E}$ auf sich. Da $\square$ bekanntlich assoziativ ist, die identische Abbildung id_E zu Aut $\mathbf{E}$ gehört und mit $\alpha \in$ Aut $\mathbf{E}$ auch die Umkehrabbildung α^{-1} zu Aut $\mathbf{E}$ gehört, ist (Aut $\mathbf{E}; \square$) eine Gruppe.

Beispiele

(1.) Wie man leicht nachprüft, ist

$$\alpha : \mathbb{C} \longrightarrow \mathbb{C}, \ a + b \cdot i \mapsto a - b \cdot i \qquad (20.2)$$

ein Automorphismus des Körpers $\mathbb{C}$.

(2.) Es sei α ein beliebiger Automorphismus eines Körpers $\mathbf{K}$, $k \in K$ und α_k die durch $\alpha_k(x) := k \cdot \alpha(x)$ definierte Abbildung. Dann ist α_k nur für $k = 1$ ein Automorphismus von $\mathbf{K}$, da $\alpha_k(x \cdot y) = k \cdot \alpha(x) \cdot \alpha(y) \neq \alpha_k(x) \cdot \alpha_k(y) = (k \cdot \alpha(x)) \cdot (k \cdot \alpha(y))$ für $|K| \geq 3$, $k \in K \setminus \{0, 1\}$ und $\alpha(x), \alpha(y) \in K \setminus \{0\}$.

Eine grundlegende Eigenschaft von Automorphismen eines Körpers $\mathbf{E}$ gibt der folgende Satz an.

Satz 20.2.1 (mit Bezeichnung)
Seien $\alpha_1, ..., \alpha_n$ paarweise verschiedene Automorphismen eines Körpers $\mathbf{E}$. Dann gilt:

$$\forall x_1, ..., x_n \in E$$

$$((\forall e \in E : \ x_1 \cdot \alpha_1(e) + x_2 \cdot \alpha_2(e) + ... + x_n \cdot \alpha_n(e) = 0) \qquad (20.3)$$

$$\implies x_1 = x_2 = ... = x_n = 0).$$

Mit anderen Worten: Eine beliebige Auswahl von paarweise verschiedenen Automorphismen $\alpha_1, ..., \alpha_n$ eines Körpers **E**, *die als spezielle Elemente des Vektorraums*

$$\mathbf{A(E, E)} := (\{\alpha \mid \alpha \text{ ist Abbildung von } E \text{ in } E\}; +, -, (f_e)_{e \in E}, o)$$

über dem Körper **E** *aufgefaßt werden können*[12], *sind linear unabhängig.*

Beweis. Wir beweisen (20.3) durch Induktion über n. Für $n = 1$ ist die Behauptung trivial. Den Induktionsschritt beweisen wir indirekt. Angenommen, jeweils m (mit $1 \leq m \leq n - 1$) beliebig ausgewählte paarweise verschiedene Automorphismen aus $\{\alpha_1, ..., \alpha_n\}$ sind linear unabhängig. Außerdem sei angenommen, daß gewisse $x_1, ..., x_n \in K$ mit

$$\forall e \in E : \quad x_1 \cdot \alpha_1(e) + x_2 \cdot \alpha_2(e) + ... + x_n \cdot \alpha_n(e) = 0. \qquad (20.4)$$

existieren, die nicht alle gleich Null sind, womit wir o.B.d.A. $x_2 \neq 0$ annehmen können. Offenbar existiert ein $a \in E$ mit $\alpha_1(a) \neq \alpha_2(a)$.
Betrachtet man nun die aus (20.4) folgenden Gleichungen

$$\forall e \in E : \quad x_1 \cdot \alpha_1(a \cdot e) + x_2 \cdot \alpha_2(a \cdot e) + ... + x_n \cdot \alpha_n(a \cdot e) = 0$$

die, da die $\alpha_1, ..., \alpha_n$ Automorphismen sind, mit

$$\forall e \in E : \quad (x_1 \cdot \alpha_1(a)) \cdot \alpha_1(e) + (x_2 \cdot \alpha_2(a)) \cdot \alpha_2(e) + ... + (x_n \cdot \alpha_n(a)) \cdot \alpha_n(e) = 0$$

identisch sind, und die aus $\sum_{i=1}^{n} x_i \cdot \alpha_i(e) = 0$ durch Multiplikation mit $\alpha_1(a)$ gewonnenen Gleichungen

$$\forall e \in E : \quad (x_1 \cdot \alpha_1(a)) \cdot \alpha_1(e) + (x_2 \cdot \alpha_1(a)) \cdot \alpha_2(e) + ... + (x_n \cdot \alpha_1(a)) \cdot \alpha_n(e) = 0,$$

so erhält man durch Subtraktion

$$\forall e \in E : \quad x_2 \cdot (\alpha_2(a) - \alpha_1(a)) \cdot \alpha_2(e) + ... + x_n \cdot (\alpha_n(a) - \alpha_1(a)) \cdot \alpha_n(e) = 0. \quad (20.5)$$

Wegen unserer Induktionsannahme folgt aus (20.5)

$$\forall i \in \{2, ..., n\} : \quad x_i \cdot (\alpha_i(a) - \alpha_1(a)) = 0.$$

Wegen $\alpha_2(a) \neq \alpha_1(a)$ hat dies speziell $x_2 = 0$ zur Folge, im Widerspruch zur Annahme.   ∎

Für den Rest dieses Abschnitts interessieren uns nur gewisse Untergruppen von **Aut E**, die sämtliche Elemente eines fixierten Unterkörpers **K** von **E** als Fixpunkte haben.

---

[12] $(\alpha_1 + \alpha_2)(x) := \alpha_1(x) + \alpha_2(x)$, $(-a_1)(x) := -(a_1(x))$, $(f_e(\alpha))(x) := e \cdot \alpha(x)$, $o(x) := 0$; siehe auch ÜA A.20.1.

Definition   Es sei $\mathbf{E} : \mathbf{K}$ eine endliche Körpererweiterung und $G(E, K)$ die Menge aller Automorphismen von $\mathbf{E}$, die sämtliche Elemente von K identisch abbilden, d.h., es gilt

$$G(E, K) := \{\alpha \in \text{Aut } \mathbf{E} \mid \forall k \in K : \alpha(k) = k\}.$$

Dann heißt

$$\mathbf{G}(\mathbf{E}, \mathbf{K}) := (G(E, K); \square)$$

die **Galois-Gruppe** der Körpererweiterung $\mathbf{E} : \mathbf{K}$.

Ein Beispiel zu obigem Begriff wurde bereits am Ende von Kapitel 17 angegeben. Weitere einfache Beispiele entnehme man dem Satz 20.2.6.

Es ist üblich bzw. für manche Betrachtungen zweckmäßig, anstelle der Galois-Gruppe einer Körpererweiterung die Galois-Gruppe eines Polynoms bzw. einer Gleichung zu betrachten.

Definition   Es sei $\mathbf{K}$ ein Körper, $f \in K[X]\backslash K$ und $\mathbf{Z}$ der Zerfällungskörper von f über K. Dann heißt

$$\mathbf{G}(\mathbf{f}, \mathbf{K}) := \mathbf{G}(\mathbf{Z}, \mathbf{K})$$

die **Galois-Gruppe des Polynoms** f bzw. der Gleichung $f = 0$.

Beispiel   Da der Zerfällungskörper des Polynoms $X^2 + 1 \in \mathbb{R}[X]$ der Körper $\mathbb{C} = \mathbb{R}(i)$ ist, besteht die Galois-Gruppe des Polynoms $X^2 + 1$ aus allen Automorphismen von $\mathbb{C}$, die die Menge $\mathbb{R}$ als Fixpunkte besitzen. Dazu gehören speziell die Abbildung $\text{id}_{\mathbb{C}}$ und der in (20.2) definierte Automorphismus. Aus den nachfolgenden Sätzen (insbesondere 20.2.6) wird sich ergeben, daß dies die einzigen Elemente von $G(X^2 + 1, \mathbb{R})$ sind.

Als nächstes soll gezeigt werden, daß die zu endlichen Körpererweiterungen gehörenden Galois-Gruppen zu gewissen Untergruppen der symmetrischen (Permutations-)Gruppe isomorph sind. Grundlage dieses Faktes bildet der folgende

Satz 20.2.2 *Es sei* $\mathbf{E} : \mathbf{K}$ *eine Körpererweiterung,* $f \in K[X]$, $\alpha \in G(E, K)$ *und* $e \in E$. *Dann gilt:*

$$f(e) = 0 \implies f(\alpha(e)) = 0. \tag{20.6}$$

Beweis.   Es sei $f := \sum_{i=0}^{n} a_i \cdot X^i \in K[X]$ und $f(e) = 0$. Wegen $a_i \in K$ ist $\alpha(a_i) = a_i$ für alle $i = 0, 1, ..., n$. Da α ein Automorphismus ist, gilt folglich:

$$f(\alpha(e)) = \sum_{i=0}^{n} a_i \cdot (\alpha(e))^i = \sum_{i=0}^{n} \alpha(a_i) \cdot (\alpha(e))^i = \alpha(\sum_{i=0}^{n} a_i \cdot e^i) = \alpha(0) = 0.$$

∎

Satz 20.2.3 (mit Definition) *Es sei* **E** : **K** *eine endliche Körpererweiterung mit der Eigenschaft* $E = K(e_1, ..., e_n)$ *für gewisse paarweise verschiedene* $e_1, ..., e_n \in E \backslash K$. *Außerdem seien*

$$f = (X - e_1) \cdot (X - e_2) \cdot ... \cdot (X - e_n) \in K[X]$$

und $\alpha \in G(E, K)$. *Dann wird durch* α *wegen* $\alpha(e_i) \in \{e_1, e_2, ..., e_n\}$ *für alle* $i = 1, 2, ..., n$ *(siehe Satz 20.2.2) eine gewisse Permutation* $s \in S_n$ *mittels*

x	$\alpha(x)$
e_1	$e_{s(1)}$
e_2	$e_{s(2)}$
...	...
e_n	$e_{s(n)}$

(20.7)

festgelegt und durch s *ist* α *eindeutig bestimmt. Außerdem ist*

$$\varphi_G : G(E, K) \longrightarrow S_n, \ \alpha \mapsto s \qquad (20.8)$$

ein injektiver Homomorphismus (eine Einbettung) von **G(E, K)** *in die symmetrische Gruppe* $\mathbf{S_n} := (S_n; \square)$.

Beweis. Der erste Teil unseres Satzes ist eine unmittelbare Folgerung aus Satz 20.2.2 und der Tatsache, daß α nach Voraussetzung eine bijektive Abbildung ist. Zum Beweis der eindeutigen Bestimmtheit von α durch die Permutation s betrachten wir die Abbildung φ_G, die jedem Automorphismus α aus $G(E, K)$ – wie in (20.7) angegeben – eine gewisse Permutation $s \in S_n$ zuordnet. Unser Satz ist vollständig bewiesen, wenn wir zeigen können, daß φ ein injektiver Homomorphismus von **G(E, K)** in die Gruppe **S_n** ist. Für den Nachweis von

$$\forall \alpha_1, \alpha_2 \in G(E, K) : \ \varphi(\alpha_1 \square \alpha_2) = \varphi(\alpha_1) \square \varphi(\alpha_2) \qquad (20.9)$$

betrachten wir zwei beliebige $\alpha_1, \alpha_2 \in G(E, K)$ mit

$$\alpha_j(e_i) = e_{s_j(i)}$$

$(i = 1, ..., n; j = 1, 2)$. Dann gilt für alle $i \in \{1, ..., n\}$

$$(\alpha_1 \square \alpha_2)(e_i) = \alpha_2(\alpha_1(e_i)) = \alpha_2(e_{s_1(i)}) = e_{s_2(s_1(i))} = e_{(s_1 \square s_2)(i)},$$

d.h., $\varphi(\alpha_1 \square \alpha_2) = s_1 \square s_2$, womit (20.9) gezeigt und damit φ als Homomorphismus nachgewiesen ist. Zum Nachweis der Injektivität von φ betrachten wir zwei beliebige $\alpha, \beta \in G(E, K)$ mit $\varphi(\alpha) = \varphi(\beta)$, d.h., es gilt u.a.

$$\forall i \in \{1, 2, ..., n\} : \ \alpha(e_i) = \beta(e_i) \qquad (20.10)$$

und

$$\forall k \in K : \alpha(k) = \beta(k). \qquad (20.11)$$

Nach Voraussetzung ist $E = K(e_1, ..., e_n)$, womit $E_0 := K \cup \{e_1, ..., e_n\}$ ein Erzeugendensystem für E ist. Da die Homomorphismen α und β auf E_0 nach (20.10) und (20.11) übereinstimmen, gilt $\alpha = \beta$ nach Lemma 17.1.1, (e). Folglich ist φ injektiv. ∎

Satz 20.2.4 *Es seien* **K**, **Z** *und* **E** *Körper mit* $K \subseteq Z \subseteq E$ *und* **E** : **K** *sei eine normale Körpererweiterung. Dann existiert zu jedem* $\alpha \in G(Z, K)$ *ein* $\beta \in G(E, K)$ *mit* $\beta_{|Z} = \alpha$.

Beweis. Sei $\alpha \in G(Z, K)$ beliebig gewählt. Der Körper **E** ist nach Satz 19.6.6 Zerfällungskörper eines gewissen Polynoms $f \in K[X]$, womit (wegen $K \subseteq Z$) **E** auch Zerfällungskörper von f über **Z** ist. Da $f \in K[X]$, gilt $\alpha(f) = f$ und **E** ist auch Zerfällungskörper von $\alpha(f)$ über $\alpha(Z)$. Nach Satz 19.6.4 existiert ein Automorphismus β von **E**, der auf Z mit α übereinstimmt. Offenbar gilt dann $\beta \in G(E, K)$ und $\beta_{|Z} = \alpha$. ∎

Satz 20.2.5 *Es sei* **E** : **K** *eine endliche Körpererweiterung. Dann gilt*

$$|G(E, K)| \leq |\mathbf{E} : \mathbf{K}|. \qquad (20.12)$$

Falls char**K** $= 0$ *oder* **E** : **K** *eine normale und separable Körpererweiterung ist, gilt sogar* $|G(E, K)| = |\mathbf{E} : \mathbf{K}|$.

Beweis. Zum Beweis von (20.12) betrachten wir die Menge

$$H(E, K) := \{a \in A(E, E) \,|\, \forall e_1, e_2 \in E \; \forall k_1, k_2 \in K :$$

$$a(k_1 \cdot e_1 + k_2 \cdot e_2) = k_1 \cdot a(e_1) + k_2 \cdot a(e_2)\}$$

aller K-linearen Abbildungen aus der Trägermenge der Algebra $\mathbf{A}(\mathbf{E}, \mathbf{E})$, die im Satz 20.2.1 definiert wurde. Wie man leicht nachprüft[13], ist $\mathbf{H}(\mathbf{E}, \mathbf{K})$ ein Untervektorraum des Vektorraums $\mathbf{A}(\mathbf{E}, \mathbf{E})$ über dem Körper **E** und es gilt $G(E, K) \subseteq H(E, K)$. Wegen Satz 20.2.1 genügt folglich zum Beweis von (20.12) der Nachweis, daß $\dim \mathbf{H}(\mathbf{E}, \mathbf{K}) \leq |\mathbf{E} : \mathbf{K}|$ gilt, d.h., daß es in $H(E, K)$ nicht mehr als $|\mathbf{E} : \mathbf{K}|$ linear unabhängige Elemente gibt:
Sei $n := |\mathbf{E} : \mathbf{K}|$. Dann besitzt der Vektorraum **E** über **K** eine Basis $b_1, b_2, ..., b_n$. Eine beliebige Abbildung $a \in H(E, K)$ ist dann vollständig durch die Bilder $a(b_1), ..., a(b_n)$ bestimmt, da für jedes $e \in E$ gewisse $k_1, ..., k_n \in K$ mit $e = k_1 \cdot b_1 + ... + k_n \cdot b_n$ existieren und folglich $a(e) = k_1 \cdot a(b_1) + ... + k_n \cdot a(b_n)$ gilt. Wegen dieser Eigenschaft sind durch

$$a_i(b_j) := \begin{cases} 1, & \text{falls } i = j, \\ 0 & \text{sonst} \end{cases}$$

---

[13] Siehe auch A.20.2.

$(i, j \in \{1, 2, ..., n\})$ auf eindeutige Weise n Abbildungen aus $H(E, K)$ definiert, mit deren Hilfe jede andere Abbildung $a \in H(E, K)$ durch Bildung einer Linearkombination der Form

$$a = a(b_1) \cdot a_1 + a(b_2) \cdot a_2 + ... + a(b_n) \cdot a_n$$

darstellbar ist. Folglich gilt $\dim \mathbf{H}(\mathbf{E}, \mathbf{K}) \leq n = |\mathbf{E} : \mathbf{K}|$ [14] und (20.12) ist bewiesen.

Sei nachfolgend $\mathbf{E} : \mathbf{K}$ eine beliebige endliche Körpererweiterung mit $\mathrm{char} \mathbf{K} = 0$ oder $\mathbf{E} : \mathbf{K}$ sei normal und separabel. $|G(E, K)| = |\mathbf{E} : \mathbf{K}|$ läßt sich dann ohne Verwendung von (20.12) wie folgt beweisen:
Nach den Sätzen 19.4.10 und 19.4.11 existiert ein $e \in E$ mit $E = K(e)$. Wegen $K(e) = <K \cup \{e\}>$ und $\alpha(k) = k$ für alle $\alpha \in G(E, K)$ und alle $k \in K$ ist α nach 17.1.1, (e) durch $\alpha(e)$ eindeutig festgelegt. Sei f das nach Satz 19.4.8 zu e gehörende Minimalpolynom des Grades n mit $f(e) = 0$. Wegen Satz 20.2.2 ist dann $\alpha(e)$ ebenfalls eine Nullstelle von f. Folglich gilt $|G(E, K)| \leq n$. $|G(E, K)| \geq n$ (und damit die Behauptung) folgt aus Satz 19.6.3 und der Tatsache, daß das irreduzible Polynom f aus $K[X]$, wobei $\mathrm{char}\, K = 0$ oder $\mathrm{char} \mathbf{K} \in \mathbb{P}$ und das Polynom f separabel ist, stets nur paarweise verschiedene Nullstellen besitzt (siehe Lemma 19.6.9). ∎

Mit Hilfe obiger Sätze sind wir nun in der Lage, die Galois-Gruppen von gewissen reinen Gleichungen zu beschreiben:

Satz 20.2.6 *Es sei $n \in \mathbb{N}$ und $\mathbf{K}$ ein Körper, der alle n-ten Einheitswurzeln enthält und dessen Charakteristik 0 ist oder nicht n teilt. Dann gilt:*

(a) Für jedes $a \in K \backslash \{0\}$ und eine beliebige Nullstelle b von $X^n - a$ aus einem gewissen Erweiterungskörper $\mathbf{E}$ von $\mathbf{K}$ gilt: $\mathbf{K(b)} : \mathbf{K}$ ist eine Galois-Erweiterung,

$$\mathbf{G(X^n - a, K)} = \mathbf{G(K(b), K)} \tag{20.13}$$

und $\mathbf{G(X^n - a, K)}$ ist isomorph zu einer Untergruppe der zyklischen Gruppe $\mathbb{Z_n} := (\mathbb{Z}_n; +(mod\, n), -(mod\, n), 0)$ vom Typ (2,1,0). Falls $X^n - a$ irreduzibel über $\mathbf{K}$ ist, gilt sogar

$$\mathbf{G(X^n - a, K)} \cong \mathbb{Z_n}.$$

(b) Für jede Galois-Erweiterung $\mathbf{E} : \mathbf{K}$ mit

$$\mathbf{G(E; K)} \cong \mathbb{Z_n} := (\mathbb{Z}_n, +(mod\, n), -(mod\, n), 0) \tag{20.14}$$

existiert ein gewisses irreduzibles reines Polynom $f := X^n - a \in K[X]$, für das $\mathbf{E}$ der Zerfällungskörper ist.

---

[14] Wegen der linearen Unabhängigkeit von $a_1, ..., a_n$ gilt sogar $\dim \mathbf{H}(\mathbf{E}, \mathbf{K}) = |\mathbf{E} : \mathbf{K}|$.

Beweis. (a): Es sei $b \in E$ eine Nullstelle des Polynoms $X^n - a \in K[X]$ mit $a \in K\backslash\{0\}$. Nach Satz 20.1.2, (b) ist dann $\mathbf{K}(b)$ der Zerfällungskörper von $X^n - a$, d.h., (20.13) gilt. Außerdem besitzt $X^n - a$ nach Satz 20.1.2, (a) genau n paarweise verschiedene Nullstellen, die man aus b durch Multiplikation mit Potenzen einer primitiven n-ten Einheitswurzel ζ aus $\mathbf{K}$ erhalten kann: $b = \zeta^0 \cdot b, \zeta \cdot b, \zeta^2 \cdot b, ..., \zeta^{n-1} \cdot b$. Nach Definition ist damit $\mathbf{K}(b) : \mathbf{K}$ eine Galois-Erweiterung. Offenbar ist jedes $\alpha \in G(K(b), K)$ durch $\alpha(b)$ eindeutig bestimmt. $\alpha(b)$ muß nach Satz 20.2.2 und der obigen Beschreibung der Nullstellen von $X^n - a$ von der Gestalt $\zeta^i \cdot b$ für gewisses $i \in \{0, 1, ..., n-1\}$ sein. Damit läßt sich die folgende Abbildung

$$\varphi : G(K(b), K) \longrightarrow \mathbb{Z}_n, \ \alpha \mapsto i$$

definieren, wobei

$$\varphi(\alpha) := i \iff \alpha(b) = \zeta^i \cdot b$$

sei. Für beliebige $\alpha, \beta \in G(K(b), K)$ mit $\varphi(\alpha) = i$ und $\varphi(\beta) = j$ gilt dann wegen $\beta(\zeta) = \zeta \in K$:

$$(\alpha \square \beta)(b) = \beta(\underbrace{\alpha(b)}_{=\zeta^i \cdot b}) = (\beta(\zeta))^i \beta(b) = \zeta^i \cdot \zeta^j \cdot b = \zeta^{i+j \,(\mathrm{mod}\ n)} \cdot b$$

bzw.

$$\varphi(\alpha \square \beta) = \varphi(\alpha) + \varphi(\beta) \ (\mathrm{mod}\ n).$$

Folglich ist φ eine homomorphe Abbildung von $\mathbf{G}(\mathbf{E}, \mathbf{K})$ in $\mathbb{Z}_\mathbf{n}$. Der Kern dieser homomorphen Abbildung besteht dabei aus allen $\alpha \in G(E, K)$ mit $\varphi(\alpha) = 0$. $\varphi(\alpha) = 0$ gilt aber nur für $\varphi(b) = b$, d.h., für $\alpha = \mathrm{id}_E$. Nach dem Homomorphiesatz für Gruppen ist damit φ injektiv und gezeigt, daß $\mathbf{G}(\mathbf{E}, \mathbf{K})$ zu einer Untergruppe von $\mathbb{Z}_\mathbf{n}$ isomorph ist. Da $\mathbb{Z}_\mathbf{n}$ zyklisch ist, ist es nach Satz 18.3.9, (a) auch $\mathbf{G}(\mathbf{E}, \mathbf{K})$.

Sei $f := X^n - a$ irreduzibel über $\mathbf{K}$. Dann ist f das Minimalpolynom von b und nach Satz 19.4.8, (e) gilt $|\mathbf{K}(b) : \mathbf{K}| = n$. Letzteres geht aber nach dem oben Gezeigten nur, wenn $\mathbf{G}(\mathbf{E}, \mathbf{K})$ zu $\mathbb{Z}_\mathbf{n}$ isomorph ist.

(b):[15] Sei nachfolgend $\mathbf{G}(\mathbf{E}, \mathbf{K}) \cong \mathbb{Z}_\mathbf{n}$, d.h., insbesondere gilt nachfolgend $|G(E, K)| = n$. Da $\mathbb{Z}_\mathbf{n}$ zyklisch ist, besitzt die Galois-Gruppe $\mathbf{G}(\mathbf{E}, \mathbf{K})$ nach Voraussetzung ein erzeugendes Element α. Die Automorphismen $\alpha, \alpha^2 := \alpha \square \alpha, ..., \alpha^{n-1}, \alpha^n = \mathrm{id}_E$ sind dann nach Satz 20.2.1 linear unabhängig. Wählt man nun eine primitive n-te Einheitswurzel $w \in K$, so ist folglich die Abbildung

$$\beta := \sum_{i=0}^{n-1} (w \cdot \alpha)^i = \mathrm{id}_K + w \cdot \alpha + w^2 \cdot \alpha^2 + ... + w^{n-1} \cdot \alpha^{n-1}$$

---

[15] Um (b) kurz zu beweisen, benötigen wir Satz 20.3.1, (c). Als ÜA kontrolliere man nach dem Lesen des Beweises von Satz 20.3.1, daß an dieser Stelle die Beweise voneinander unabhängig verlaufen, d.h., wir hier keinen Zirkelschluß begehen.

von der Nullabbildung $o : E \longrightarrow E$, $e \mapsto 0$ verschieden. Folglich gibt es ein $e \in E$ mit

$$b := \beta(e) = e + w \cdot \alpha(e) + w^2 \cdot \alpha^2(e) + \ldots + w^{n-1} \cdot \alpha^{n-1}(e) \neq 0. \qquad (20.15)$$

Nachfolgend soll gezeigt werden, daß die Behauptung (b) für $a := b^n$ richtig ist.

Aus (20.15) erhält man

$$\alpha(b) = \alpha(e) + w \cdot \alpha^2(e) + w^2 \cdot \alpha^3(e) + \ldots + w^{n-2} \cdot \alpha^{n-1}(w) + w^{n-1} \cdot e \neq \alpha(0) = 0$$

und (durch Ausklammern von w^{-1} sowie wegen $w^n = 1$)

$$\alpha(b) = w^{-1} \cdot (w \cdot \alpha(e) + w^2 \cdot \alpha^2(e) + w^3 \cdot \alpha^3(e) + \ldots + w^{n-1} \cdot \alpha^{n-1}(e) + e) = w^{-1} \cdot b.$$

Hieraus folgt (wegen $\alpha(w^{-j} \cdot b) = w^{-j} \cdot \alpha(b) = w^{-j+1} \cdot b$)

$$\forall i \in \{0, 1, \ldots, n-1\} : \quad \alpha^i(b) = w^{-i} \cdot b, \qquad (20.16)$$

$$\alpha(b^n) = (\alpha(b))^n = (w^{-1} \cdot b)^n = (\underbrace{w^n}_{=1})^{-1} \cdot b^n = b^n \qquad (20.17)$$

und

$$\forall i \in \{0, 1, \ldots, n-1\} : \quad \alpha^i(b^n) = b^n. \qquad (20.18)$$

Wegen (20.18) gehört b^n zu den Fixpunkten eines jeden Automorphismus aus $G(E, K)$. Da nach Voraussetzung $\mathbf{E} : \mathbf{K}$ galois'sch ist, gilt nach Satz 20.3.1, (c) $b^n \in K$ und b ist Wurzel von $X^n - b^n \in K[X]$. Nach Konstruktion gehört b zu $E \setminus \{0\}$, womit nach Satz 19.4.8 das Minimalpolynom $f \in K[X]$ von b existiert. Nach Satz 20.2.1 sind auch $\alpha(b), \alpha^2(b), \ldots, \alpha^{n-1}(b)$ Nullstellen von f, die wegen $b \neq 0$ und unseren Voraussetzungen auch paarweise verschieden sind, d.h., es gilt $\mathrm{Grad}\, f \geq n$. Nach Satz 19.4.8 und Satz 20.2.4 gilt andererseits $\mathrm{Grad}\, f = |\mathbf{K}(\mathbf{a}) : \mathbf{K}| \leq |\mathbf{E} : \mathbf{K}| = |G(E, K)| = n$. Folglich haben wir nach Satz 19.3.4, (1), (b) $E = K(b)$ und $n = \mathrm{Grad}\, f = \mathrm{Grad}(X^n - b^n)$. Hieraus ergibt sich nach Satz 19.4.8, (2), (a) $f|(X^n - b^n)$, was nur für $f = X^n - b^n$ geht (siehe Satz 19.4.2). Damit ist $X^n - b^n$ irreduzibel über $\mathbf{K}$ und $\mathbf{E} = \mathbf{K}(\mathbf{b})$ der Zerfällungskörper von $X^n - b^n$. ∎

Abschließend soll noch gezeigt werden, daß es Galoisgruppen gibt, die zur Gruppe $\mathbf{S_n}$ isomorph sind.

Nützlich bei der Bestimmung der Galois-Gruppe eines Polynoms sind die folgenden drei Sätze.

Satz 20.2.7 *Es sei* $\mathbf{K}$ *ein Körper und* $f \in K[X]$ *irreduzibel über* $\mathbf{K}$. *Dann existiert zu je zwei Nullstellen* a, b *von* f *ein Automorphismus* $\sigma \in G(f, K)$ *mit* $\sigma(a) = b$.

Beweis. Bezeichne $\mathbf{Z}$ den Zerfällungskörper von f und seien $a, b \in Z$ Nullstellen von f. Nach Satz 19.6.3 existiert dann ein Isomorphismus $\sigma_1 : K(a) \longrightarrow K(b)$ mit $\sigma_1(a) = b$ und $\sigma_1(k) = k$ für alle $k \in K$. Dieser Isomorphismus kann nach Satz 19.6.4 zu einem Automorphismus σ des Zerfällungskörpers $\mathbf{Z}$ fortgesetzt werden. ∎

Satz 20.2.8 *Es sei* **K** *ein Körper,* $p \in \mathbb{P}$ *und* $f \in K[X]$ *ein über* **K** *irreduzibles Polynom vom Grad* p. *Enthält dann die zu* $\mathbf{G(f, K)}$ *isomorphe Untergruppe der* $\mathbf{S_p}$ *eine Transposition und ein Element der Ordnung* p, *so ist* $\mathbf{G(f, K)}$ *zu* $\mathbf{S_p}$ *isomorph.*

Beweis. O.B.d.A. seien $t, z \in G(f, K)$ mit $\varphi(t) = \tau := (1\,k)$ und $\varphi(z) = \zeta :=$ $(1\,2\,...\,p)$ (siehe (20.8); die Permutationen τ und ζ sind in Zyklenschreibweise angegeben). Wegen $\zeta^k = (1\,k...)$ und $\operatorname{ord}\zeta^k = p$, können wir o.B.d.A. $k = 2$ annehmen. Die Elemente $(1\,2)$ und $(1\,2\,...\,p)$ erzeugen jedoch ganz S_p (siehe A.14.4). ∎

Satz 20.2.9 *Es sei* $p \in \mathbb{P}$ *und* $f \in \mathbb{Q}[X]$ *ein über* $\mathbb{Q}$ *irreduzibles Polynom mit* *Grad* $f = p$. *Außerdem besitze* f *genau zwei nichtreelle Nullstellen. Dann gilt* *(für die in (19.8) definierten Abbildung)* $\varphi_G(G(f, \mathbb{Q})) = S_p$.

Beweis. Bezeichne **Z** den Zerfällungskörper von f. Dann existieren $x_1 :=$ $a + b \cdot i, x_2 := a - b \cdot i \in Z \backslash \mathbb{R}$ und $x_3, ..., x_p \in Z \cap \mathbb{R}$ mit

$$f = (X - x_1) \cdot (X - x_2) \cdot ... \cdot (X - x_p).$$

Man prüft leicht nach, daß man durch Einschränkung des Automorphismus aus (20.2) auf Z einen Automorphismus $t \in G(Z, \mathbb{Q})$ erhält. Offenbar ist dann $\varphi_G(t)$ eine Transposition.

Aus dem Gradsatz 19.3.3 und Satz 19.4.8, (2), (e) folgt ferner für beliebiges $i \in \{1, ..., p\}$:

$$|Z : \mathbb{Q}| = |Z : \mathbb{Q}(x_i)| \cdot |\mathbb{Q}(x_i) : \mathbb{Q}| = |Z : \mathbb{Q}(x_i)| \cdot p.$$

Folglich ist p ein Teiler von $|Z : \mathbb{Q}| = G(Z, \mathbb{Q})$ (siehe Satz 20.2.5). Aus dem Satz von Cauchy[16] folgt nun die Existenz eines Elements der Ordnung p in der Permutationsgruppe $\varphi(\mathbf{G(Z, \mathbb{Q})})$. Die Behauptung ergibt sich damit aus Satz 20.2.8. ∎

Beispiel Mittels Kurvendiskussion (ÜA) kann man sich davon überzeugen, daß

$$f := X^5 - 6X^3 + 3 \in \mathbb{Q}[X]$$

die Voraussetzungen von Satz 20.2.9 erfüllt, womit die Galois-Gruppe von f zur Gruppe $\mathbf{S_5}$ isomorph ist.

Satz 20.2.10 *Für jedes* $p \in \mathbb{P}$ *mit* $p \geq 5$ *gibt es ein Polynom* $f \in \mathbb{Q}[X]$ *des* *Grades* p, *dessen Galois-Gruppe zur Gruppe* $\mathbf{S_p}$ *isomorph ist.*

Beweis. Für ein $m \in \mathbb{N}$ mit der Eigenschaft

---

[16] **Satz von Cauchy:** *Ist* $p \in \mathbb{P}$ *und* **G** *eine endliche Gruppe, deren Ordnung durch* p *teilbar ist, dann enthält* G *ein Element der Ordnung* p. *Beweis:* ÜA.

$$2 \cdot m > 2^2 + 4^2 + \ldots + (2(p-2))^2 \qquad (20.19)$$

setzen wir

$$g := (X^2 + m) \cdot \Pi_{i=1}^{p-2}(X - 2 \cdot i)$$

und zeigen nachfolgend, daß

$$f := g - 2$$

ein irreduzibles Polynom des Grades p mit genau zwei nichtreellen Nullstellen ist, wodurch unser Satz aus Satz 20.2.9 folgt.

Offenbar ist $g(n) \in \mathbb{Z}$ und $|g(n)| > 2$ für alle $n \in \{1, 3, 5, \ldots, 2 \cdot p - 3\}$. Außerdem gilt $g(2n + 1) \cdot g(2n + 3) < 0$ für alle $n \in \{0, 1, 2, \ldots, p - 3\}$, d.h., die $(p-1)$ Werte $g(1), g(3), \ldots, g(2 \cdot p - 3)$ haben abwechselnde Vorzeichen. Folglich ist auch $f(2n+1) \cdot f(2n+3) < 0$ für alle $n \in \{0, 1, 2, \ldots, p-3\}$, womit f mindestens $p - 2$ reelle Nullstellen zwischen 1 und $2 \cdot p - 3$ besitzt.[17] Für den Nachweis der Existenz einer nicht reellen Nullstelle seien die p Nullstellen von f mit x_1, ..., x_p bezeichnet und $f := a_0 + a_1 \cdot X + a_2 \cdot X^2 + \ldots + a_{p-1} \cdot X^{p-1} + a_p \cdot X^p$ mit $a_p = 1$. Wegen $f = g - 2$ ist dann $g = (a_0 + 2) + \sum_{i=1}^{p} a_i \cdot X^i$. Aus dem Vietaschen Wurzelsatz (siehe Band 1, Satz 8.2.6) ergibt sich unmittelbar:

$$a_{p-2} = \sum_{1 \le i < j \le p} a_i \cdot a_j \quad \text{und} \quad -a_{p-1} = x_1 + x_2 + \ldots + x_p.$$

Folglich haben wir

$$x_1^2 + x_2^2 + \ldots + x_p^2 = (x_1 + x_2 + \ldots + x_p)^2 - 2 \cdot \sum_{1 \le i < j \le p} a_i \cdot a_j = a_{p-1}^2 - 2 \cdot a_{p-2}.$$

Da sich f und g nur durch die Konstante 2 unterscheiden und die Nullstellen von g offenbar $\sqrt{m} \cdot i, -\sqrt{m} \cdot i, 2, 4, \ldots, 2(p-2)$ sind, gilt damit (unter Verwendung von (20.19))

$$x_1^2 + x_2^2 + \ldots + x_p^2 = 2^2 + 4^2 + \ldots + (2(p-2))^2 - 2 \cdot m < 0.$$

Folglich ist mindestens eine Nullstelle x_i von f nicht reell und bekanntlich dann auch die konjugiert komplexe Nullstelle $\overline{x_i}$.

Weil die Koeffizienten $a_0, a_1, \ldots, a_{p-1}$ von f durch 2 teilbar sind, jedoch

$$a_0 = -2 - \Pi_{i=1}^{p-2} 2 \cdot i = -2(1 + 4 \cdot 6 \cdot \ldots \cdot (2p - 4))$$

wegen $p \ge 5$ nicht durch 4 teilbar ist, folgt aus dem Kriterium von Eisenstein (Satz 19.7.2), daß f irreduzibel ist. ∎

---

[17] Dies ist eine Folgerung aus dem Satz von Bolzano oder der Verallgemeinerung dieses Satzes, dem sogenannten Zwischenwertsatz der stetigen Funktionen: *Ist eine Funktion f stetig über einem gewissen Intervall $[a, b]$ und ist $f(a) \ne f(b)$, so nimmt f jeden zwischen $f(a)$ und $f(b)$ gelegenen Wert y an mindestens einer Stelle $x_y \in [a, b]$ an.*

Beispiel Für $p = 5$ und $m = 30$ ist nach obigem Satz die Galois-Gruppe des Polynoms

$$f = (X^2 + 30) \cdot (X - 2) \cdot (X - 4) \cdot (X - 6) - 2$$
$$= X^5 - 12X^4 + 74X^3 - 408X^2 + 1320X - 1442$$

zur Gruppe $\mathbf{S_5}$ isomorph.

Ohne Beweis[18] sei noch erwähnt, daß Satz 20.2.10 auch gilt, wenn man $p \in \mathbb{P}$ durch $n \in \mathbb{N}$ und $n \geq 4$ ersetzt.

20.3 Der Hauptsatz der Galois-Theorie

Nachfolgend wollen wir nun endlich die bereits mehrmals angekündigte Galois-Verbindung zwischen gewissen Mengen von Körpern und ihren zugehörigen Galois-Gruppen begründen.

Es sei daran erinnert, daß wir eine endliche Körpererweiterung $\mathbf{E} : \mathbf{K}$ eine **Galois-Erweiterung** genannt haben, falls $\mathbf{E} : \mathbf{K}$ eine normale Körpererweiterung ist[19], die für den Fall, daß $\mathbf{K}$ ein unendlicher Körper mit Primzahlcharakteristik ist, auch separabel ist.[20]

Falls man also nur an Körpern der Charakteristik 0 interessiert ist, kann man nachfolgend die Voraussetzung *Galois-Erweiterung* durch *normale Körpererweiterung* ersetzen und sämtliche Überlegungen über separable Körpererweiterungen aus den vorangegangenen Abschnitten sind überflüssig.

Satz 20.3.1 *Es sei* $\mathbf{E} : \mathbf{K}$ *eine Galois-Erweiterung. Außerdem seien*

$\mathbf{G} := \mathbf{G}(\mathbf{E}, \mathbf{K})$ *die zu* $\mathbf{E} : \mathbf{K}$ *gehörende Galois-Gruppe,*

$\mathfrak{P}_K(E) := \{M \in \mathfrak{P}(E) \,|\, K \subseteq M\}$,

$\mathcal{K}$, *die Menge aller Unterkörper* $\mathbf{L}$ *mit* $K \subseteq L \subseteq E$,

$\mathcal{G}$ *die Menge aller Untergruppen* $\mathbf{U}$ *von* $\mathbf{G}(\mathbf{E}, \mathbf{K})$

und die Abbildungen σ, τ *wie folgt definiert:*

$\sigma : \mathfrak{P}(E) \longrightarrow \mathfrak{P}(G), \ M \mapsto \{g \in G \,|\, \forall m \in M : g(m) = m\}$,

(Falls M *die Trägermenge eines Körpers ist, ist* $\sigma(M) = G(E, M)$.*)*

$\tau : \mathfrak{P}(G) \longrightarrow \mathfrak{P}(E), \ A \mapsto \{x \in E \,|\, \forall a \in A : a(x) = x\}$.

Dann ist (σ, τ) *eine Galois-Verbindung mit den folgenden Eigenschaften:*

---

[18] Einen Beweis findet man z.B. in [Cig 95].

[19] D.h., $\mathbf{E}$ ist der Zerfällungskörper eines gewissen Polynoms über $\mathbf{K}$.

[20] Eine normale und separable Körpererweiterung $\mathbf{E} : \mathbf{K}$ ist eine endliche Körpererweiterung, in der der Körper $\mathbf{E}$ der Zerfällungskörper eines gewissen Polynoms f über $\mathbf{K}$ ist und die irreduziblen Faktoren von f nur einfache Nullstellen besitzen.

(a) $\forall M \in \mathfrak{P}_K(E) : \sigma(M) \in \mathcal{G};$
(b) $\forall A \in \mathfrak{P}(G)\backslash\{\emptyset\} : \tau(A) \in \mathcal{K};$
(c) $\forall Q \in \mathcal{K} : \tau(\sigma(Q)) = Q;$
(d) $\forall U \in \mathcal{G} : \sigma(\tau(U)) = U.$

Beweis. Aus Satz 17.5.2 folgt unmittelbar, daß (σ, τ) eine Galois-Verbindung ist.

(a): Es sei $M \subseteq E$ mit $K \subseteq M$. Da G eine endliche Gruppe ist, haben wir zum Beweis von (a) nur

$$\forall f, g \in \sigma(M) : f \square g \in \sigma(M) \qquad (20.20)$$

zu zeigen. (20.20) folgt aus

$$f, g \in \sigma(M) \implies \forall m \in M : f(m) = g(m) = m$$
$$\implies \forall m \in M : (f \square g)(m) = g(f(m)) = m.$$

(b): Es sei A eine nichtleere Teilmenge von G und $x, y \in \tau(A)$ mit $y \neq 0$ beliebig gewählt. $\tau(A)$ ist die Trägermenge eines Körpers, wenn $x - y, x \cdot y^{-1} \in \tau(A)$ gilt. Nach Definition der Abbildung τ gilt $a(x) = x$ und $a(y) = y$ für alle $a \in A$. Da a ein Körper-Automorphismus ist, folgt hieraus für alle $a \in A$: $a(x - y) = a(x) - a(y) = x - y$ und $a(x \cdot y^{-1}) = a(x) \cdot (a(y))^{-1} = x \cdot y^{-1}$. Folglich gehören $x - y$ und $x \cdot y^{-1}$ zu $\tau(A)$, w.z.b.w.

(c): Sei $Q \in \mathcal{K}$. Zwecks Nachweis von $\tau(\sigma(Q)) = Q$ betrachten wir die Mengen:

$$U := \sigma(Q),$$
$$U' := \sigma(\tau(U)),$$
$$Q' := \tau(U) = \tau(\sigma(Q)).$$

Nach (a) und (b) sind $\mathbf{U}$ und $\mathbf{U}'$ Untergruppen von $\mathbf{G}$ sowie $\mathbf{Q}'$ ein Unterkörper von $\mathbf{E}$. Da (σ, τ) eine Galois-Verbindung ist, gilt $U \subseteq U'$ und $Q \subseteq Q'$. Aus $Q \subseteq Q' \subseteq E$ folgt nach dem Gradsatz $|\mathbf{E} : \mathbf{Q}| = |\mathbf{E} : \mathbf{Q}'| \cdot |\mathbf{Q}' : \mathbf{Q}|$, womit

$$|\mathbf{E} : \mathbf{Q}'| \leq |\mathbf{E} : \mathbf{Q}| \qquad (20.21)$$

gilt. Andererseits ergibt sich aus Satz 19.6.8 und Satz 20.2.4 $|\mathbf{E} : \mathbf{Q}| = |G(E, Q)| = |U|$ und $|\mathbf{E} : \mathbf{Q}'| = |G(E, Q')| = |U'|$. Damit folgt aus $U \subseteq U'$ und (20.21) die Gleichung $|\mathbf{E} : \mathbf{Q}'| = |\mathbf{E} : \mathbf{Q}|$, womit $Q = Q'$ und (c) bewiesen ist.

(d): Sei $\mathbf{U} \in \mathcal{G}$ beliebig gewählt. Wir setzen

$$Q := \tau(U),$$
$$U' := \sigma(\tau(U)),$$

wobei nach Definition $\mathbf{U}' = \mathbf{G}(\mathbf{E}, \mathbf{Q})$. Nach (a) und (b) sind $\mathbf{Q} \in \mathcal{K}$ und $\mathbf{U}' \in \mathcal{G}$. Nach den Eigenschaften einer Galois-Verbindung hat man außerdem

$U \subseteq U'$. Nach Voraussetzung ist $|\mathbf{E} : \mathbf{K}|$ galois'sch, womit nach Satz 19.4.11 ein $\alpha \in E$ mit $E = K(\alpha)$ existiert.

Seien $U = \{\sigma_1 := \mathrm{id}_E, \sigma_2, ..., \sigma_s\}$ mit $s := |U|$ und

$$f := (X - \sigma_1(\alpha)) \cdot (X - \sigma_2(\alpha)) \cdot \ldots \cdot (X - \sigma_s(\alpha)) =: \sum_{i=0}^{s} a_i \cdot X^i.$$

Wegen $\sigma_1(\alpha) = \alpha$ gilt $f(\alpha) = 0$. Wir überlegen uns als nächstes, daß $f \in Q[X]$, d.h., $a_0, ..., a_s \in Q$ gilt. Dies ist bewiesen, wenn wir

$$\forall i \in \{0, 1, ..., s\} \; \forall j \in \{1, 2, ..., s\} : \; \sigma_j(a_i) = a_i \qquad (20.22)$$

zeigen können. (20.22) folgt aus dem Vietaschen Wurzelsatz und der Tatsache, daß

$$\forall j \in \{1, ..., s\} : \; \{\sigma_1 \Box \sigma_j, \sigma_2 \Box \sigma_j, \ldots, \sigma_s \Box \sigma_j\} = \{\sigma_1, ..., \sigma_s\} = U \qquad (20.23)$$

gilt, weil U eine Gruppe ist. Ausführlich soll dies für den Fall $s = 3$ erläutert werden: Setzt man $x_i := \sigma_i(\alpha)$ $(i = 1, 2, 3)$ und

$$f = (X - x_1) \cdot (X - x_2) \cdot (X - x_3) = a_0 + a_1 \cdot X + a_2 \cdot X^2 + X^3,$$

so gilt nach dem Vietaschen Wurzelsatz $a_0 = (-1)^3 \cdot x_1 \cdot x_2 \cdot x_3$, $a_1 = x_1 \cdot x_2 + x_1 \cdot x_3 + x_2 \cdot x_3$ und $a_2 = -(x_1 + x_2 + x_3)$. Da σ_j ein Automorphismus mit den Elementen aus K als Fixpunkte ist, gilt unter Verwendung der Kommutativität von $\cdot$ und (20.23)

$$\begin{aligned} \sigma_j(a_0) &= (-1)^3 \cdot \sigma_j(x_1) \cdot \sigma_j(x_2) \cdot \sigma_j(x_3) \\ &= (-1)^3 \cdot \sigma_j(\sigma_1(\alpha)) \cdot \sigma_j(\sigma_2(\alpha)) \cdot \sigma_j(\sigma_3(\alpha)) \\ &= a_0. \end{aligned}$$

Analog beweist man $\sigma_j(a_1) = a_1$, $\sigma_j(a_2) = a_2$ und den allgemeinen Fall. Also gilt (20.22) und damit $f \in Q[X]$. Der Grad des Minimalpolynoms $\pi \in Q[X]$ mit $\pi(\alpha) = 0$ ist folglich kleiner gleich $s = \mathrm{Grad} \; f$, womit $|U'| = |E : Q| \leq s = |U|$. Da jedoch $U \subseteq U'$ und U' endlich ist, gilt $U = U'$, womit $U' = \sigma(\tau(U)) = U$ gezeigt ist. ∎

Satz 20.3.2 (Hauptsatz der Galois-Theorie)

Es sei $\mathbf{E} : \mathbf{K}$ *eine Galois-Erweiterung. Außerdem seien* $\mathbf{G} := \mathbf{G}(\mathbf{E}, \mathbf{K})$ *die zu* E *gehörende Galois-Gruppe,* $\mathcal{K}$ *die Menge aller Unterkörper* L *mit* $K \subseteq L \subseteq E$ *und* $\mathcal{G}$ *die Menge aller Untergruppen* U *von* G. *Dann sind die Verbände* $(\mathcal{K}; \subseteq)$ *und* $(\mathcal{G}; \subseteq)$ *antiisomorph. Ein Antiisomorphismus* φ *von* $\mathcal{K}$ *auf* $\mathcal{G}$ *ist definiert durch*

$$\varphi : \mathcal{K} \longrightarrow \mathcal{G}, \; Q \mapsto G(E, Q).$$

Beweis. Wegen Satz 20.3.1 existiert zwischen den Potenzmengen $\mathfrak{P}(E)$ und $\mathfrak{P}(G)$ eine Galois-Verbindung (σ, τ). Nach Lemma 17.4.1 ist dann die Abbildung $\sigma \square \tau$ ein Hüllenoperator auf $\mathfrak{P}(E)$ und $\tau \square \sigma$ ein Hüllenoperator auf $\mathfrak{P}(G)$ sowie σ ein Antiisomorphismus von der Menge $\mathcal{H}_{\sigma\tau}$ der bezüglich $\sigma \square \tau$ abgeschlossenen Mengen auf die Menge $\mathcal{H}_{\tau\sigma}$ der bezüglich $\tau \square \sigma$ abgeschlossenen Mengen. Im Satz 20.3.1 wurde nun gezeigt, daß $(\sigma \square \tau)(\mathcal{K}) \subseteq \mathcal{K}$, $(\tau \square \sigma)(\mathcal{G}) \subseteq \mathcal{G}$, $\mathcal{K} \subseteq \mathcal{H}_{\sigma\tau}$ und $\mathcal{G} \subseteq \mathcal{H}_{\tau\sigma}$ gilt. Damit ist unser Satz eine Folgerung aus Satz 20.3.1 und Lemma 17.4.1. ∎

Nachfolgend überlegen wir uns noch einige Folgerungen aus obigem Hauptsatz, die insbesondere klären, wie sich gewisse Eigenschaften von Radikalerweiterungen auf die Kette der zugehörigen Galoisgruppen übertragen. Wir ergänzen damit unsere Erkenntnisse aus Satz 20.2.5.

Die nachfolgenden Überlegungen betreffen nur Körper der Charakteristik 0. Als ÜA überlege man sich die Übertragung der nachfolgenden Sätze auf Körper **E** mit Primzahlcharakteristik, wobei die Voraussetzung *normal* in die Voraussetzung *galois'sch* für die Körpererweiterung **E : K** in den Sätzen 20.3.3 und 20.3.4 abgeändert werden muß.

Satz 20.3.3 *Seien* **E** *ein Körper der Charakteristik 0,* **E : K** *eine normale Körpererweiterung und* **L** *ein Zwischenkörper mit $K \subseteq L \subseteq E$. Dann gilt*

$$\mathbf{L : K} \text{ ist normal} \iff \forall \alpha \in G(E, K) : \alpha(L) \subseteq L. \tag{20.24}$$

Beweis. „$\Longrightarrow$": Es sei **L : K** normal, $\alpha \in G(E, K)$ und $l \in L$ beliebig gewählt. Wir haben $\alpha(l) \in L$ zu zeigen. Nach Satz 19.4.8 existiert zu l das Minimalpolynom $f \in K[X]$ mit $f(l) = 0$. Da **L : K** normal ist, zerfällt f in $L[X]$ in Linearfaktoren. Nach Satz 20.2.2 ist dann $f(\alpha(a)) = 0$ für alle Nullstellen a von f, womit auch $f(\alpha(l)) = 0$ und, da die Nullstellen von f zu L gehören, $\alpha(l) \in L$, w.z.b.w.

„$\Longleftarrow$": Sei $\alpha(L) \subseteq L$ für alle $\alpha \in G(E, K)$. Zum Nachweis der Normalität von **L : K** genügt es, nach Satz 19.6.6 zu zeigen, daß **L** der Zerfällungskörper eines Polynoms aus $K[X]$ ist. Sei $l \in L$ und $f \in K[X]$ Minimalpolynom von l. Nach Satz 19.6.3 und der Voraussetzung existiert für jede weitere Nullstelle b von f ein $\alpha \in G(E, K)$ mit $b = \alpha(l)$. Daher zerfällt f bereits in $L[X]$ in Linearfaktoren, womit **L : K** nach Satz 19.6.6 normal ist. ∎

Satz 20.3.4 *Es sei* **E** *ein Körper der Charakteristik 0,* **E : K** *eine normale Körpererweiterung mit dem Zwischenkörper* **L**, **G** $:=$ **G(E, K)** *und (σ, τ) wie im Satz 20.3.1 definiert. Dann gilt für eine beliebige Untergruppe* **U** *von* **G** *mit $\tau(U) = L$ und $\sigma(L) = U$:*

(a) $\forall \alpha \in G : \tau(\alpha^{-1} \square U \square \alpha) = \alpha(L) \land \sigma(\alpha(L)) = \alpha^{-1} \square U \square \alpha;$

(b) **L : K** *ist normal* $\iff$ **G(E, L)** $=$ **U** *ist Normalteiler von* **G**;

*(c) Falls **U** Normalteiler ist (bzw., falls **L** : **K** normal ist), gilt*

$$\mathbf{G}/\mathbf{U} = \mathbf{G(E,K)}/\mathbf{G(E,L)} \cong \mathbf{G(L,K)}. \qquad (20.25)$$

Beweis. (a): Für beliebige $e \in E$ gilt:

$$(\forall \beta \in U : \underbrace{(\alpha^{-1} \square \beta \square \alpha)(e)}_{\alpha(\beta(\alpha^{-1}(e)))} = e) \iff (\forall \beta \in U : \beta(\alpha^{-1}(e)) = \alpha^{-1}(e)$$

$$\iff \alpha^{-1}(e) \in \tau(U) = L$$

$$\iff e \in \alpha(L).$$

Folglich haben wir

$$\tau(\alpha^{-1} \square U \square \alpha) := \{e \in E \,|\, \forall \gamma \in \alpha^{-1} \square U \square \alpha : \gamma(e) = e\} = \alpha(L).$$

Da $\alpha^{-1} \square U \square \alpha$ eine Gruppe ist, ergibt sich mit Hilfe von Satz 20.3.1, (d) aus dem oben Gezeigten $\sigma(\alpha(L)) = \alpha^{-1} \square U \square \alpha$.

(b): „$\Longrightarrow$": Sei **L** : **K** normal. Nach Satz 20.3.3 gilt dann $\alpha(L) \subseteq L$ für alle $\alpha \in G$. Folglich haben wir (unter Verwendung von (a)) für alle $\alpha \in G$:

$$U = \sigma(L) = G(E,L) \subseteq \sigma(\alpha(L)) = G(E,\alpha(L)) = \alpha \square U \square \alpha^{-1}.$$

Für beliebige $\alpha \in G$ ist also $U \subseteq \alpha \square U \square \alpha^{-1}$. Da aus der Annahme $U \subset \alpha \square U \square \alpha^{-1}$ mit $\beta := \alpha^{-1} \in G$ der Widerspruch $\beta \square U \square \beta^{-1} \subset U$ folgt, gilt $U = \alpha \square U \square \alpha^{-1}$, womit **U** Normalteiler von **G** ist.

„$\Longleftarrow$": Sei **U** Normalteiler von **G**, d.h., für beliebige $\alpha \in G$ gilt $\alpha \square U \square \alpha^{-1} = U$. Mit Hilfe von (a) folgt hieraus

$$\forall \alpha \in G : \alpha(L) = \tau(\alpha \square U \square \alpha^{-1}) = \tau(U) = L.$$

Damit ist **L** : **K** nach Satz 20.3.3 normal.

(c): Nach Voraussetzung und Satz 20.3.2 ist $U = \sigma(L) = G(E,L) \subseteq G(E,K) = G$, womit $\mathbf{G}/\mathbf{U} = \mathbf{G(E,K)}/\mathbf{G(E,L)}$ gilt. Wegen $\alpha(L) \subseteq L$ für alle $\alpha \in G(E;K)$ (nach Satz 20.3.3) liegt $\alpha_{|L}$ für alle $\alpha \in G(E,K)$ in $G(L,K)$. Damit ist

$$\varphi : G(E,K) \longrightarrow G(L,K), \alpha \mapsto \alpha_{|L}.$$

eine Abbildung, von der man leicht nachprüft, daß sie außerdem ein Gruppenhomomorphismus ist. (20.25) ist bewiesen, wenn die Surjektivität von φ und $\ker \varphi = G(E,L)$ gezeigt werden kann.[21] Nach Satz 20.2.4 ist φ surjektiv. Der Kern von φ besteht aus allen $\alpha \in G$ mit $\alpha_{|L} = \mathrm{id}_L$. Damit ist $G(E,L)$ der Kern der homomorphen Abbildung φ. ∎

---

[21] Siehe Abschnitt 17.3.1.

20.4 Normalreihen von Gruppen, Auflösbarkeit von Gruppen

Mit dem nachfolgend definierten Begriff der Normalreihe einer Gruppe mit abelschen Faktoren erfassen wir Untergruppenketten in einer Galois-Gruppe $\mathbf{G}(\mathbf{E}, \mathbf{K})$, die sich via Antiisomorphismus (d.h., durch Ausnutzen der Galois-beziehung aus Abschnitt 20.3) aus einer Radikalerweiterung $\mathbf{E} : \mathbf{K}$ ergeben, wie wir in 20.5 sehen werden.

Definitionen   Es sei $\mathbf{G} := (G; \circ, ^{-1}, e)$ eine Gruppe und $U_0 := \{e\}$, U_1, ..., U_{n-1}, $U_n := G$ für gewisses $n \in \mathbb{N}$ Trägermengen gewisser Untergruppen von $\mathbf{G}$ mit

$$U_0 \subseteq U_1 \subseteq U_2 \subseteq ... \subseteq U_{n-1} \subseteq U_n. \tag{20.26}$$

Dann heißt (20.26) eine **Normalreihe** von $\mathbf{G}$, wenn für jedes $i \in \{1, 2, ..., n\}$ die Gruppe $\mathbf{U_{i-1}}$ ein Normalteiler der Gruppe $\mathbf{U_i}$ ist.
Sind die Mengen U_j ($j = 0, 1, ..., n$) in der Normalreihe (20.26) paarweise verschieden und gibt es keine Untergruppe $\mathbf{U_i'}$ ($i \in \{1, ..., n-1\}$) von $\mathbf{G}$ mit der Eigenschaft, daß $U_0 \subseteq U_1 \subseteq U_2 \subseteq ... \subseteq U_i \subset U_i' \subset U_{i+1} \subseteq ... \subseteq U_{n-1} \subseteq U_n$ eine Normalreihe ist, so heißt (20.26) eine **Kompositionsreihe** von $\mathbf{G}$.

Beispiele

(1.) Sind die Untergruppen aus (20.26) sämtlich Normalteiler von $\mathbf{G}$, so ist (20.26) offenbar eine Normalreihe. Eine Normalreihe muß jedoch nicht aus Normalteilern von $\mathbf{G}$ bestehen, wie man sich leicht anhand von Untergruppen der Gruppe $\mathbf{S_n}$ und passend gewählten n überlegen kann (ÜA).
(2.) Da in einer abelschen Gruppe $\mathbf{G}$ jede Untergruppe ein Normalteiler der Gruppe ist, ist jede Kette von Untergruppen der Form (20.26) eine Normalreihe und endliche abelsche Gruppen besitzen stets eine Kompositionsreihe.
(3.) Beispiele für Kompositionsreihen der $\mathbf{S_3}$ und $\mathbf{S_4}$ findet man im Beweis von Satz 20.4.2.

Definitionen   Sei $\mathbf{G}$ eine Gruppe. $\mathbf{G}$ heißt **auflösbar**, wenn $\mathbf{G}$ eine Normalreihe der Form (20.26) besitzt, deren sogenannte **Faktoren** $\mathbf{U_i/U_{i-1}}$ für alle $i \in \{1, 2, ..., n\}$ abelsche Gruppen sind.

Definition   Eine Permutation s aus S_n ($n \geq 3$) heißt ein **Dreierzyklus**, wenn s in Zyklenschreibweise[22] die Darstellung $(a\,b\,c)$ für drei paarweise verschiedene Elemente $a, b, c \in \{1, 2, ..., n\}$ besitzt, d.h., es gilt

$$s(x) = \begin{cases} b & \text{für} \quad x = a, \\ c & \text{für} \quad x = b, \\ a & \text{für} \quad x = c, \\ x & \text{sonst.} \end{cases}$$

Lemma 20.4.1 *Es sei* $n \geq 5$, $\mathbf{U}$ *eine Untergruppe der symmetrischen Gruppe* $\mathbf{S_n}$, *die alle Dreierzyklen von* S_n *enthält, und* $\mathbf{N}$ *ein Normalteiler von* $\mathbf{U}$ *mit*

---

[22] Zur Zyklenschreibweise von Permutationen siehe auch die ÜA A.14.2.

der Eigenschaft, daß die Faktoralgebra **U/N** *abelsch ist. Dann enthält auch* **N** *alle Dreierzyklen von S_n.*

Beweis. Bezeichne $s := (\alpha\,\beta\,\gamma)$ einen beliebigen Dreierzyklus der S_n. Wegen $n \geq 5$ gibt es zwei verschiedene $u, v \in \{1, 2, ..., n\}\backslash\{\alpha, \beta, \gamma\}$. Laut Voraussetzung gehören dann die Dreierzyklen $p := (u\,\beta\,\alpha)$ und $q := (\alpha\,v\,\gamma)$ zu U, für die

$$q\Box p\Box q^{-1}\Box p^{-1} = s \tag{20.27}$$

gilt (Beweis: ÜA). Nach dem Homomorphiesatz für Gruppen ist die Abbildung $\varphi : U \longrightarrow U/N$, $x \mapsto x\Box N$ ein Homomorphismus. Da **U/N** eine abelsche Gruppe ist, folgt damit aus (20.27)

$$\varphi(s) = \varphi(q)\Box\varphi(p)\Box(\varphi(q))^{-1}\Box(\varphi(p))^{-1} = N,$$

womit s zu N gehört.   ∎

Satz 20.4.2 *Die symmetrische Gruppe* **S_n** *mit $n \in \mathbb{N}$ ist genau dann auflösbar, wenn $n \in \{1, 2, 3, 4\}$ ist.*

Beweis. Wir zeigen zunächst, daß **S_n** für $n \geq 5$ nicht auflösbar ist. Angenommen, es existiert für $n \geq 5$ eine Normalreihe

$$U_0 := \{e\} \subset U_1 \subset U_2 \subset ... \subset U_t \subset S_n.$$

Da man im Lemma 20.4.1 $U = S_n$ wählen kann, erhält man als Folgerung aus Lemma 20.4.1, daß jede der Untergruppen U_i ($i = 0, ..., t$) die Dreierzyklen von S_n enthält, was speziell für $i = 0$ nicht sein kann. Also ist S_n für $n \geq 5$ nicht auflösbar.

Offenbar sind **S_1** und **S_2** abelsche Gruppen und damit auflösbar. Zwecks Nachweis der Auflösbarkeit der Gruppen S_n für $n \in \{3, 4\}$ definieren wir die folgenden Permutationen und Untergruppen:

x	$e(x)$	$a(x)$	$a'(x)$
1	1	2	3
2	2	3	1
3	3	1	2

$$U_0 := \{e\}, \quad A_3 := \{e, a, a'\},$$

x	$e'(x)$	$v_1(x)$	$v_2(x)$	$v_3(x)$	$a_1(x)$	$a_2(x)$	$a_3(x)$	$a_4(x)$	$a_5(x)$	$a_6(x)$	$a_7(x)$	$a_8(x)$
1	1	2	3	4	1	1	2	2	3	3	4	4
2	2	1	4	3	3	4	3	4	1	2	1	2
3	3	4	1	2	4	2	1	3	2	4	3	1
4	4	3	2	1	2	3	4	1	4	1	2	3

$$U_0' := \{e'\}, \quad V := \{e', v_1, v_2, v_3\}, \quad A_4 := V \cup \{a_1, ..., a_8\}.$$

Man prüft nun leicht nach (ÜA), daß

$$U_0 \subset A_3 \subset S_3$$

und

$$U_0' \subset V \subset A_4 \subset S_4$$

Normalreihen mit abelschen Faktoren sind.   ∎

Satz 20.4.3 *Sei* $\mathbf{G} := (G; \circ,^{-1}, e)$ *eine auflösbare Gruppe. Dann gilt für alle Normalteiler* $\mathbf{N}$ *und alle Untergruppen* $\mathbf{U}$ *von* $\mathbf{G}$:

(a) $\mathbf{G}/\mathbf{N}$ *ist auflösbar.*

(b) $\mathbf{U}$ *ist auflösbar.*

Beweis. Nach Voraussetzung besitzt $\mathbf{G}$ eine Normalreihe mit abelschen Faktoren, d.h., es existieren Untergruppen $\mathbf{G_i}$ ($i = 0, 1, ..., t$) von $\mathbf{G}$ mit den Eigenschaften

$$G_0 := \{e\} \subseteq G_1 \subseteq G_2 \subseteq ... \subseteq G_{t-1} \subseteq G_t := G \qquad (20.28)$$

und

$$\forall i \in \{1, ..., t\}: \quad \mathbf{G_{i-1}} \lhd \mathbf{G_i} \wedge \mathbf{G_i}/\mathbf{G_{i-1}} \text{ ist abelsch.} \qquad (20.29)$$

Mit Hilfe von Satz 17.4.4 folgt aus (20.28), daß auch

$$N = G_0 \circ N \subseteq G_1 \circ N \subseteq ... \subseteq G_{t-1} \circ N \subseteq G_t \circ N = G \qquad (20.30)$$

eine Kette von Trägermengen von Untergruppen von $\mathbf{G}$ sind, wobei für jedes $i \in \{0, 1, ..., t-1\}$ die Gruppe $\mathbf{G_i} \circ \mathbf{N}$ ein Normalteiler von $\mathbf{G_{i+1}} \circ \mathbf{N}$ ist. Der Übergang zu den Faktoralgebren liefert dann aus (20.30) die folgenden Normalreihe für die Faktorgruppe $\mathbf{G}/\mathbf{N}$:

$$N/N = \{N\} \subseteq (G_0 \circ N)/N \subseteq ... \subseteq (G_{t-1} \circ N)/N \subseteq (G_t \circ N)/N = G/N. \qquad (20.31)$$

Für den Beweis von (a) fehlt uns damit nur noch der Nachweis, daß die Faktorgruppe $((\mathbf{G_{i+1}} \circ \mathbf{N})/\mathbf{N})/((\mathbf{G_i} \circ \mathbf{N})/\mathbf{N})$ für jedes $i \in \{0, 1, ..., t-1\}$ abelsch ist. Nach Satz 17.4.3 gilt

$$((\mathbf{G_{i+1}} \circ \mathbf{N})/\mathbf{N})/((\mathbf{G_i} \circ \mathbf{N})/\mathbf{N}) \cong (\mathbf{G_{i+1}} \circ \mathbf{N})/(\mathbf{G_i} \circ \mathbf{N}). \qquad (20.32)$$

Damit genügt es zum Beweis von (a), $(\mathbf{G_{i+1}} \circ \mathbf{N})/(\mathbf{G_i} \circ \mathbf{N})$ als abelsche Gruppe nachzuweisen. Dies geschieht nachfolgend, indem wir einen surjektiven Homomorphismus φ von der (nach Voraussetzung) abelschen Gruppe $\mathbf{G_{i+1}}/\mathbf{G_i}$ auf $(\mathbf{G_{i+1}} \circ \mathbf{N})/(\mathbf{G_i} \circ \mathbf{N})$ konstruieren. Sei

$$\varphi: G_{i+1}/G_i \longrightarrow (G_{i+1} \circ N)/(G_i \circ N), \ x \circ G_i \mapsto x \circ (G_i \circ N). \qquad (20.33)$$

Wegen

$$x \circ G_i = y \circ G_i \Longrightarrow x^{-1} \circ y \in G_i \Longrightarrow x^{-1} \circ y \in G_i \circ N \Longrightarrow x \circ (G_i \circ N) = y \circ (G_i \circ N)$$

für alle $x, y \in G_i$ ist φ eine Abbildung. Wegen

$$(x \circ n) \circ \underbrace{(G_i \circ N)}_{=N \circ G_i} = x \circ (G_i \circ N)$$

für alle $x \in G_i$ und alle $n \in N$, ist φ surjektiv. Außerdem gilt für alle $x \circ G_i,\, y \circ G_i \in G_{i+1}/G_i$:

$$\varphi((x \circ G_i) \circ (y \circ G_i)) = \varphi((x \circ y) \circ G_i) = (x \circ y) \circ (G_i \circ N)$$

und

$$
\begin{aligned}
&\varphi(x \circ G_i) \circ \varphi(y \circ G_i) \\
={}& (x \circ (G_i \circ N)) \circ (y \circ (G_i \circ N)) \\
={}& x \circ \underbrace{(G_i \circ (N \circ y))}_{=y \circ (G_i \circ N)} \circ (G_i \circ N) \\
={}& (x \circ y) \circ \underbrace{(G_i \circ N) \circ (G_i \circ N)}_{=G_i \circ N} \\
={}& (x \circ y) \circ (G_i \circ N).
\end{aligned}
$$

Also ist φ ein Homomorphismus von $\mathbf{G_{i+1}/G_i}$ auf $(\mathbf{G_{i+1} \circ N})/(\mathbf{G_i \circ N})$ und (a) bewiesen.

(b): Sei $G'_i := U \cap G_i$, $i = 0, 1, ..., t$. Dann gilt wegen (20.28)

$$G'_0 \subseteq G'_1 \subseteq ... \subseteq G'_t = U \cap G. \tag{20.34}$$

Nach Satz 17.4.4 ist $\mathbf{G'_{i-1}}$ für alle $i \in \{1, ..., t\}$ ein Normalteiler von $\mathbf{G'_i}$. Ebenfalls nach Satz 17.4.4 gilt

$$
\begin{aligned}
\mathbf{G'_i/G'_{i-1}} &= (\mathbf{U \cap G_i})/(\mathbf{U \cap G_{i-1}}) \\
&= (\mathbf{U \cap G_i})/((\mathbf{U \cap G_i}) \cap \mathbf{G_{i-1}}) \\
&\cong ((\mathbf{U \cap G_i}) \circ \mathbf{G_{i-1}})/\mathbf{G_{i-1}}.
\end{aligned}
$$

Da $(\mathbf{U \cap G_i}) \circ \mathbf{G_{i-1}}$ eine Untergruppe von $\mathbf{G_i}$ ist, ist $((\mathbf{U \cap G_i}) \circ \mathbf{G_{i-1}})/\mathbf{G_{i-1}}$ eine Untergruppe von $\mathbf{G_i/G_{i-1}}$ und damit abelsch. Folglich ist $\mathbf{U}$ auflösbar. ∎

20.5 Über die Lösbarkeit von Gleichungen durch Radikale

Nach den vielen Überlegungen der Abschnitte 20.1 – 20.4 ist es nun nicht weiter schwer, die Sätze von Galois und Abel-Ruffini, die unsere eingangs gestellten Fragen nach der Lösbarkeit von algebraischen Gleichungen mit Hilfe von Radikalen beantworten, zu beweisen. Es fehlen nur noch die folgenden drei Hilfssätze.

Satz 20.5.1 (Translationssatz)
Es sei $\mathbf{E} := \mathbf{K}(a)$ ein Erweiterungskörper des Körpers $\mathbf{K}$ der Charakteristik 0 und $\mathbf{E} : \mathbf{K}$ normal. Außerdem sei $\mathbf{L} : \mathbf{K}$ eine beliebig gewählte endliche Körpererweiterung. Dann ist $\mathbf{L}(a) : \mathbf{L}$ normal und die Galois-Gruppe $\mathbf{G}(\mathbf{L}(a), \mathbf{L})$ isomorph zu einer Untergruppe $\mathbf{U}$ von $\mathbf{G}(\mathbf{E}, \mathbf{K})$ mit der Trägermenge

$$U := \{\alpha \in G(E, K) \mid \forall x \in E \cap L : \alpha(x) = x\}.$$

Beweis. Da $\mathbf{E} : \mathbf{K}$ nach Voraussetzung normal ist, existiert das Minimalpolynom $f \in K[X]$ von a über $\mathbf{K}$ (siehe Satz 19.4.8) und $\mathbf{K}(\mathbf{a})$ ist Zerfällungskörper von f über $\mathbf{K}$. Offenbar ist dann auch $\mathbf{L}(\mathbf{a})$ ein Zerfällungskörper von f über $\mathbf{L}$. Nach Satz 19.6.6 ist folglich $\mathbf{L}(\mathbf{a}) : \mathbf{L}$ eine normale Körpererweiterung.

Das Minimalpolynom $g \in L[X]$ von a über $\mathbf{L}$ ist ein Teiler von $f \in L[X]$ (siehe Satz 19.4.8, (2), (a)). Folglich gehören die Nullstellen von g zu $K(a)$.

Sei $\alpha \in G(L(a), L)$ beliebig gewählt. Wir zeigen als nächstes, daß $\alpha_{|K(a)}$ zu $G(K(a), K)$ gehört. Dazu sei daran erinnert, daß jedes $e \in K(a) \subseteq L(a)$ in der Form

$$e = \sum_{i=0}^{n-1} e_i \cdot a^i$$

mit $n := |\mathbf{K}(\mathbf{a}) : \mathbf{K}|$ und passend gewählten $e_0, ..., e_{n-1} \in K$ auf eindeutige Weise darstellbar ist (siehe Satz 19.4.8), woraus

$$\alpha(e) = \sum_{i=0}^{n-1} e_i \cdot \alpha(a)^i$$

folgt. Damit ist α durch $\alpha(a)$ eindeutig festgelegt und es ist $\alpha(e) \in K(a)$, falls $\alpha(a) \in K(a)$. Nach Satz 20.2.2 gilt für das Minimalpolynom $g \in L[X]$ von a: $g(\alpha(a)) = 0$. Da wir oben bereits gezeigt haben, daß die Nullstellen von g zu $K(a)$ gehören, gilt $\alpha(a) \in K(a)$ und $\alpha_{|K(a)} \in G(K(a), K)$ ist gezeigt.

Folglich ist

$$\varphi : G(L(a), L) \longrightarrow G(K(a), K), \ \alpha \mapsto \alpha_{|K(a)}$$

eine Abbildung, die – wie man leicht nachprüft – ein Homomorphismus von $\mathbf{G}(\mathbf{L}(\mathbf{a}), \mathbf{L})$ in $\mathbf{G}(\mathbf{K}(\mathbf{a}), \mathbf{K})$ ist. Da aus $\alpha(a) = a$ offenbar $\alpha = \mathrm{id}_{K(a)}$ folgt, besteht der Kern von φ nur aus der identischen Abbildung, womit φ eine isomorphe Abbildung von $\mathbf{G}(\mathbf{L}(\mathbf{a}), \mathbf{L})$ in $\mathbf{G}(\mathbf{K}(\mathbf{a}), \mathbf{K})$ ist.

Die Fixpunktmenge der Elemente aus $G(L(a), L)$ ist L. Schränkt man $G(L(a), L)$ auf $E = K(a)$ ein, so sind gerade die Elemente aus $E \cap L$ die Fixpunkte der durch Beschränkung auf $K(a)$ gebildeten Automorphismen. Sei nun g_1 das Minimalpolynom von a über $\mathbf{E} \cap \mathbf{L}$. Wegen Satz 19.4.4, (d) und $E \cap L \subseteq L$ gilt sowohl $g_1|g$ als auch $g|g_1$, womit (wegen der Normiertheit von g und g_1) $g = g_1$ ist. Wegen Satz 19.4.8, (2), (c) sind dann $(\mathbf{E} \cap \mathbf{L})(\mathbf{a})$ und $\mathbf{L}(\mathbf{a})$ isomorph. Folglich ist auch $\mathbf{G}(\mathbf{L}(\mathbf{a}), \mathbf{L})$ isomorph zu $\mathbf{U}$. ∎

Satz 20.5.2 *Es sei* $\mathbf{K}$ *ein Körper der Charakteristik 0,* $\mathbf{E} : \mathbf{K}$ *eine normale Körpererweiterung und* $\mathbf{G}(\mathbf{E}, \mathbf{K})$ *abelsch. Dann ist* $\mathbf{E} : \mathbf{K}$ *eine Radikalerweiterung, d.h., es existieren gewisse* $\gamma_1, ..., \gamma_r \in E$ *mit* $E = K(\gamma_1, ..., \gamma_r)$ *und die* γ_i *sind Lösungen gewisser Gleichungen der Form* $X^{n_i} - a_i = 0$ *mit* $a_1 \in K_1 := K$ *und* $a_i \in K_i := K(\gamma_1, ..., \gamma_{i-1})$ *für* $i = 2, ..., r$.

Beweis. Es sei $|\mathbf{E} : \mathbf{K}| = n$ und ζ eine primitive n-te Einheitswurzel, d.h., ein erzeugendes Element der multiplikativen Gruppe des Zerfällungskörpers von $X^n - 1 \in K[X]$. Da wir $\mathbf{E} : \mathbf{K}$ als normal vorausgesetzt haben, ist nach Satz 20.5.1 auch $\mathbf{E}(\zeta) : \mathbf{K}(\zeta)$ normal und $\mathbf{G} := \mathbf{G}(\mathbf{E}(\zeta), \mathbf{K}(\zeta))$ isomorph zu einer Untergruppe von $\mathbf{G}(\mathbf{E}, \mathbf{K})$. Da $\mathbf{G}(\mathbf{E}, \mathbf{K})$ abelsch ist, ist es auch $\mathbf{G}$. Nach dem Hauptsatz über abelsche Gruppen existieren gewisse Gruppen $\mathbb{Z}_{\mathbf{m_i}} := (\mathbb{Z}_{m_i}; + (\mathrm{mod}\ m_i), - (\mathrm{mod}\ m_i), 0)$,

$(i = 1, ..., t;\ m_1, ..., m_t \in \mathbb{N})$, so daß $\mathbf{G}$ mit Hilfe einer gewissen isomorphen Abbildung φ auf das direkte Produkt

$$\mathbb{Z}_{m_1} \times \mathbb{Z}_{m_2} \times ... \times \mathbb{Z}_{m_t}$$

abgebildet werden kann. Für $i = 0, ..., t$ seien

$$\mathbf{G}_i' := \underbrace{\{\mathbf{0}\} \times ... \times \{\mathbf{0}\}}_{i\,\text{mal}} \times \mathbb{Z}_{m_{i+1}} \times ... \times \mathbb{Z}_{m_t}$$

und $\mathbf{G}_i := \varphi^{-1}(\mathbf{G}_i')$ Untergruppen von $\mathbf{G}$. Dann gilt

$$G = G_0 \supseteq G_1 \supseteq G_2 \supseteq ... \supseteq G_t = \{(0, 0, ..., 0)\}$$

und dies ist eine Normalreihe, da sämtliche $\mathbf{G}_i'$ abelsch sind. Außerdem gilt:

$$\forall i \in \{0, ..., t-1\} :\ \mathbf{G}_i / \mathbf{G}_{i+1} \cong \mathbb{Z}_{m_{i+1}}.$$

Setzt man für alle $i \in \{0, 1, ..., t\}$

$$K_i := \{e \in E \mid \forall \alpha \in G_i : \alpha(e) = e\},$$

so sind $\mathbf{K_0} = \mathbf{K}, ..., \mathbf{K_t} = \mathbf{E}$ nach 20.3.1, (b) Körper. Wegen Satz 19.6.8 und Satz 20.3.4 sind die Körpererweiterungen $\mathbf{K_{i+1}} : \mathbf{K_i}$ normal und es gilt $\mathbf{G}(\mathbf{K_{i+1}}, \mathbf{K_i}) \cong \mathbb{Z}_{m_{i+1}}$, $i = 0, ..., t-1$. Also sind die Galois-Gruppen $\mathbf{G}(\mathbf{K_{i+1}}, \mathbf{K_i})$ zyklisch.

Da in $K(\zeta)$ die nötigen Einheitswurzeln vorkommen, ist jedes Element aus K_{i+1} durch Radikale über K_i ausdrückbar (siehe 20.2.5, (b)), d.h., $\mathbf{K_{i+1}} : \mathbf{K_i}$ ist eine Radikalerweiterung, $i = 0, ..., t-1$. Folglich ist auch $\mathbf{K_t} : \mathbf{K}$ eine Radikalerweiterung. ∎

Satz 20.5.3 *Es sei* $\mathbf{K}$ *ein Körper der Charakteristik 0 und* $f \in K[X]$ *durch Radikale über* $\mathbf{K}$ *auflösbar. Dann existiert ein Erweiterungskörper* $\mathbf{E}$ *von* $\mathbf{K}$ *mit den folgenden drei Eigenschaften:*

(a) $\mathbf{E} : \mathbf{K}$ *ist normal,*
(b) $\mathbf{E}$ *enthält den Zerfällungskörper von* f,
(c) $\mathbf{G}(\mathbf{E}, \mathbf{K})$ *ist auflösbar.*

Beweis. Mit $\mathbf{Z}$ bezeichnen wir nachfolgend den Zerfällungskörper von f. Nach Voraussetzung gibt es einen Erweiterungskörper $\mathbf{E}$ von $\mathbf{Z}$, dessen Elemente (und damit auch die Nullstellen von f) durch Radikale über K darstellbar sind, d.h., es existieren gewisse $\gamma_1, ..., \gamma_r \in E$ mit den Eigenschaften:

$$E = K(\gamma_1, ..., \gamma_r) \tag{20.35}$$

und

$$\gamma_1^{n_1} \in K\ \wedge\ (\forall i \in \{2, ..., r\}\ \exists n_i \in \mathbb{N} :\ \gamma_i^{n_i} \in K(\gamma_1, ..., \gamma_{i-1})). \tag{20.36}$$

Wegen (20.35) und Satz 19.6.6 ist $\mathbf{E} : \mathbf{K}$ normal. Sei

$$m := n_1 \cdot n_2 \cdot .... \cdot n_r.$$

Durch Adjunktion einer primitiven m-ten Einheitswurzel ζ_m läßt sich dann aus $\mathbf{E}$ der Körper

$$\mathbf{E}^\star := E(\zeta_m)$$

bilden, der nach 20.1.1, (b) auch alle n_i-ten Einheitswurzeln $(i = 1, ..., r)$ enthält. Da $\mathbf{E} : \mathbf{K}$ normal ist, ist $\mathbf{E}$ nach Satz 19.6.6 der Zerfällungskörper eines gewissen Polynoms $g \in K[X]$. $\mathbf{E}^\star$ ist dann der Zerfällungskörper des Polynoms $h := (X^m - 1) \cdot g \in K[X]$, womit auch $\mathbf{E}^\star : \mathbf{K}$ nach Satz 19.6.6 normal ist.
Wir setzen $E_0 := K$, $E_1 := K(\zeta_m)$ sowie $E_i := K(\zeta_m, \gamma_1, ..., \gamma_{i-1})$ für $i = 2, ..., r$ und erhalten die Körperkette

$$K = E_0 \subseteq E_1 \subseteq E_2 \subseteq ... \subseteq E_{r-1} \subseteq E_r = E^\star.$$

Da $\mathbf{E_1}$ der Zerfällungskörper des Polynoms $X^m - 1$ ist, ist $\mathbf{E_1}$ normal. $\mathbf{E_{i+1}} : \mathbf{E_i}$ ist für jedes $i \in \{2, ..., r - 1\}$ ebenfalls eine normale Körpererweiterung, weil $\mathbf{E_{i+1}}$ der Zerfällungskörper des Polynoms $X^{n_i} - \gamma_i^{n_i} \in E_i[X]$ ist. Nach 20.2.5 ist dann die Galois-Gruppe $\mathbf{G(E_{i+1}, E_i)}$ zyklisch und damit abelsch.
Da $\mathbf{E}^\star : \mathbf{K}$ normal ist, ist nach Satz 19.6.8 auch $\mathbf{E}^\star : \mathbf{E_i}$ normal.
Bildet man nun für jedes $i \in \{0, ..., r\}$ die Galois-Gruppe

$$\mathbf{G_i} := \mathbf{G(E, E_i)},$$

so gilt

$$G = G_0 \supseteq G_1 \supseteq G_2 \supseteq ... \supseteq G_{r-1} \supseteq G_r = \{\mathrm{id}_E\}.$$

Wendet man nun den Hauptsatz der Galois-Theorie auf die Galois-Erweiterung $\mathbf{E} : \mathbf{E_i}$ an, so ist $\mathbf{E_{i+1}} : \mathbf{E_i}$ genau dann normal, wenn $G(E, E_{i+1})$ ein Normalteiler von $G(E, E_i)$ ist. Da wir aber oben uns bereits überlegt haben, daß $\mathbf{E_{i+1}} : \mathbf{E_i}$ normal ist, haben wir nach Satz 20.3.4, (b) $G(E, E_{i+1}) \lhd G(E, E_i)$. für alle i.
Nach Satz 20.3.4, (c) gilt ferner

$$\mathbf{G(E_{i+1}, E_i)} \cong \mathbf{G(E, E_i)}/\mathbf{G(E, E_{i+1})} = \mathbf{G_i}/\mathbf{G_{i+1}}.$$

Da wir oben uns überlegt hatten, daß $\mathbf{G(E_{i+1}, E_i)}$ zyklisch ist, ist auch die Faktorgruppe $\mathbf{G_{i+1}}/\mathbf{G_i}$ zyklisch. Also ist $\mathbf{G(E^\star, K)}$ auflösbar. ∎

Satz 20.5.4 (Satz von Galois)

Es sei $\mathbf{K}$ ein Körper der Charakteristik 0 und $f \in K[X]$. Dann ist f durch Radikale über $\mathbf{K}$ genau dann auflösbar, wenn die Galois-Gruppe $\mathbf{G(f, K)}$ auflösbar ist.

Beweis. Bezeichne nachfolgend $\mathbf{Z}$ den Zerfällungskörper von $f \in K[X]$.
„$\Longrightarrow$": Sei $f \in K[X]$ durch Radikale auflösbar. Dann existiert nach Satz 20.5.3 eine normale Körpererweiterung $\mathbf{E} : \mathbf{K}$ mit den Eigenschaften $Z \subseteq E$ und $\mathbf{G(E, K)}$ ist auflösbar. Da $\mathbf{E} : \mathbf{K}$ eine endliche Körpererweiterung ist, ist auch $\mathbf{Z} : \mathbf{K}$ endlich. Wegen Satz 19.6.6 ist damit $\mathbf{Z} : \mathbf{K}$ normal, womit $\mathbf{G(E, Z)}$ nach Satz 20.3.4, (b) ein Normalteiler von $\mathbf{G(E, K)}$ ist. Nach Satz 20.4.3 ist folglich auch die Faktoralgebra

$$\mathbf{G(E, K)}/\mathbf{G(E, Z)}$$

auflösbar. Wegen Satz 20.3.4 gilt $G(E, K)/G(E, Z) \cong G(Z, K)$. Folglich ist $G(Z, K) = G(f, K)$ auflösbar, w.z.b.w.

„$\Longleftarrow$": Sei $G(f, K)$ auflösbar, d.h., $G(Z, K)$ ist auflösbar. Laut Definition (siehe Abschnitt 20.4) existieren dann gewisse Untergruppen U_i ($i = 0, ..., n$) von $G(Z, K)$ mit den folgenden Eigenschaften:
$U_0 := \{\mathrm{id}_Z\}$, $U_n := G(Z, K)$, und für jedes $i \in \{1, 2, ..., n-1\}$ ist U_{i-1} ein Normalteiler der Gruppe U_i und die Faktorgruppe U_i/U_{i-1} ist abelsch.
Für $i = 0, 1, 2..., n$ sei

$$K_i := \{z \in Z \,|\, \forall \alpha \in U_i : \; \alpha(z) = z\} \quad (= \tau(U_i) \text{ nach Satz 20.3.1}).$$

Da $U_{i-1} \lhd U_i$, ist nach Satz 20.3.4 $K_{i-1} : K_i$ eine normale Körpererweiterung und es gilt $G(K_{i-1}, K_i) \cong U_i/U_{i-1}$, womit $G(K_{i-1}, K_i)$ abelsch ist, $i = 1, ..., n$. Nach Satz 20.5.2 ist dann $K_{i-1} : K_i$ für $i = 1, ..., n$ eine Radikalerweiterung. Wegen $K_0 = Z$ und $K_n = K$ ist folglich auch $Z : K$ eine Radikalerweiterung und f durch Radikale über K auflösbar.   ■

Satz 20.5.5 (Satz von Abel-Ruffini)
Es sei K ein Körper der Charakteristik 0 und $f \in K[X]$ ein Polynom des Grades $n \in \mathbb{N}$. Dann ist $f(X) = 0$ für $n \geq 5$ nicht mehr allgemein durch Radikale lösbar.

Beweis. Nach dem Satz 20.5.4 ist $f(X) = 0$ genau dann durch Radikale auflösbar, wenn die Galois-Gruppe von f auflösbar ist. In 20.2 wurde gezeigt, daß es Polynome $f \in K[X]$ mit einem Grad ≥ 5 gibt, deren Galois-Gruppe zur Gruppe S_n isomorph ist. Wegen Satz 20.4.2 ist die Gruppe S_n für $n \geq 5$ nicht auflösbar. Folglich kann es keine allgemeine Lösungsmethode zur Bestimmung der Nullstellen von Polynomen ab dem 5. Grad durch Radikale geben.   ■

20.6 Konstruktionen mit Zirkel und Lineal

Bevor wir Konstruktionen mit Zirkel und Lineal näher definieren, seien einige Hilfsmittel bereitgestellt, die uns nach der Übersetzung der Konstruktionsaufgaben in die Sprache der Algebra sofort ein Lösbarkeitskriterium für solche Konstruktionsaufgaben liefern werden.
Im Körper der komplexen Zahlen hat die Gleichung $(x + y \cdot i)^2 = z$ mit $z = a + b \cdot i$ bekanntlich zwei Lösungen. Legt man

$$\sqrt{z} := \sqrt{\frac{\sqrt{a^2 + b^2} + a}{2}} + i \cdot \operatorname{sign} b \cdot \sqrt{\frac{\sqrt{a^2 + b^2} - a}{2}} \qquad (20.37)$$

mit

$$\operatorname{sign} b := \begin{cases} 1, & \text{falls } b \geq 0, \\ -1, & \text{falls } b < 0 \end{cases}$$

fest, so rechnet man leicht nach, daß $\sqrt{z}$ und $-\sqrt{z}$ diese beiden Lösungen sind. Mit Hilfe der Lösungen von Gleichungen der Form $(x + iy)^2 = z$ lassen sich nun Unterkörper des Körpers $\mathbb{C}$ beschreiben, wie der folgende Satz zeigt, der eine Folgerung aus den Sätzen 19.4.8 und 19.7.1 ist bzw. den man leicht beweisen kann:

Satz 20.6.1 *Seien* $\mathbf{K}$ *ein Unterkörper von* $\mathbb{C}$, $z \in K$ *und* $\sqrt{z} \notin K$. *Dann gilt*

$$K(\sqrt{z}) = \{\alpha + \beta \cdot \sqrt{z} \mid \alpha, \beta \in K\}$$

und $\mathbf{K}(\sqrt{\mathbf{z}})$ *ist ein Unterkörper von* $\mathbb{C}$ *mit* $K \subset K(\sqrt{z})$ *und* $|\mathbf{K}(\sqrt{\mathbf{z}}) : \mathbf{K}| = 2$. ∎

Definition   Sei $M \subseteq \mathbb{C}$. Eine komplexe Zahl $z \in \mathbb{C}$ heißt **ZL-konstruierbar unter Verwendung von** M, wenn $z \in \mathbb{Q}(M \cup \overline{M} \cup \{i\})$ [23] gilt oder es ein $n \in \mathbb{N}$ und gewisse Unterkörper $\mathbf{K_0}$, $\mathbf{K_1}$, ..., $\mathbf{K_n}$ von $\mathbb{C}$ gibt, die eine Körperkette $K_0 \subset K_1 \subset ... \subset K_n$ mit den folgenden Eigenschaften bilden:

(a) $K_0 := \mathbb{Q}(M \cup \overline{M} \cup \{i\})$,

(b) $\forall i \in \{0, 1, ..., n - 1\} \ \exists z_i \in K_i : \ \sqrt{z_i} \notin K_i \ \wedge \ K_{i+1} = K_i(\sqrt{z_i})$

(d.h., $|\mathbf{K_i} : \mathbf{K_{i-1}}| = 2$ für alle $i = 1, 2, .., t$ nach den Sätzen 19.4.8 und 19.7.1),

(c) $z \in K_n$.

Falls $M = \emptyset$, heißt ein $z \in \mathbb{C}$, das den obigen Bedingungen genügt, kurz **ZL-konstruierbar**.

Beispiele

(1.) Falls $z = a + b \cdot i$, sind a und b ZL-konstruierbar unter Verwendung von $\{z\}$, da $a = \frac{1}{2} \cdot (z + \overline{z})$ und $b = \frac{1}{2} \cdot (z - \overline{z})$ offenbar zu $\mathbb{Q}(\{z, \overline{z}, i\})$ gehören.

(2.) $\sqrt{2}$ ist ZL-konstruierbar, da $\mathbb{Q}(i) \subset \mathbb{Q}(i)(\sqrt{2})$, $2 \in \mathbb{Q}(i)$, $\sqrt{2} \notin \mathbb{Q}(i)$ und $\sqrt{2} \in (\mathbb{Q}(i))(\sqrt{2}) = \{a + b \cdot \sqrt{2} \mid a, b \in \mathbb{Q}(i)\}$.

Daß es auch nicht ZL-konstruierbare komplexe Zahlen gibt, zeigt der nächste Satz, für dessen Beweis wir das folgende Lemma benötigen.

Lemma 20.6.2 *Es sei* $\mathbf{K}$ *ein Unterkörper von* $\mathbb{C}$ [24], $z \in K$ *und* $\sqrt{z} \notin K$. *Dann gilt:*

$$(\exists \alpha \in K(\sqrt{z}) : \alpha^3 = 2) \implies (\exists \beta \in K : \beta^3 = 2) \tag{20.38}$$

Beweis. Sei $\alpha \in K(\sqrt{z})$ mit $\alpha^3 = 2$. Dann existieren $a, b \in K$ mit $(a + b \cdot \sqrt{z})^3 = 2$. Ist $b = 0$, so haben wir $a^3 = 2$ und, da $a \in K$, die Behauptung gezeigt. Wir können also nachfolgend $b \neq 0$ annehmen. Wegen $2, a, b, z \in K$ und $\sqrt{z} \notin K$ folgt aus

$$2 = (a + b \cdot \sqrt{z})^3 = a^3 + 3ab^2 z + (3a^2 b + b^3 z)\sqrt{z}$$

zunächst die Gleichung $3a^2 b + b^3 c = 0$ und dann die Gleichung $2 = a^3 + 3ab^2 z$. Wegen $b(3a^2 + b^2 z) = 0$ und $b \neq 0$, gilt $3a^2 + b^2 z = 0$ bzw. $b^2 z = -3a^2$. Unsere Behauptung ergibt sich damit aus

---

[23] $\overline{M}$ bezeichnet die Menge der zu den Elementen aus M konjugiert komplexen Zahlen. Siehe Band 1.

[24] Offenbar gilt dann char$\mathbf{K} = 0$ und $\mathbb{Q} \subseteq K$ nach Satz 19.2.2.

$$2 = a^3 + 3a \underbrace{b^2 z}_{=-3a^2} = -8a^3 = (-2a)^3.$$

■

Satz 20.6.3 *Die reelle Lösung der Gleichung* $z^3 = 2$ *(nachfolgend mit* $\sqrt[3]{2}$ *bezeichnet) ist nicht ZL-konstruierbar.*

Beweis. Angenommen, $\sqrt[3]{2}$ ist ZL-konstruierbar. Dann existiert in $\mathbb{C}$ für ein gewisses $n \in \mathbb{N}$ eine Körperkette aus $n+1$ Elementen der Form

$$K_0 := \mathbb{Q}(i) \subset \underbrace{K_0(\sqrt{z_0})}_{=:K_1} \subset \underbrace{K_1(\sqrt{z_1})}_{=:K_2} \ldots \subset \ldots \subset \underbrace{K_{n-2}(\sqrt{z_{n-2}})}_{=:K_{n-1}} \subset \underbrace{K_{n-1}(\sqrt{z_{n-1}})}_{=:K_n}$$

mit den Eigenschaften $z_j \in K_j$, $\sqrt{z_j} \notin K_j$ für alle $j \in \{0, 1, ..., n-1\}$ und $\sqrt[3]{2} \in K_n$. Mit Hilfe von Lemma 20.6.2 folgt aus $\sqrt[3]{2} \in K_n$, daß $\sqrt[3]{2}$ zu $\mathbb{Q}(i)$ und damit zu $\mathbb{Q}$ gehört, was nicht sein kann, wie man sich wie folgt überlegen kann:
Angenommen, es existieren $p, q \in \mathbb{N}$ mit $(\frac{p}{q})^3 = 2$. Also ist $p^3 = 2 \cdot q^3$. Aus dieser Gleichung und dem bekannten Satz über die eindeutige Darstellung jeder natürlicher Zahl als Produkt von Primzahlpotenzen[25], folgt zunächst, daß 2 ein Teiler von p ist und dann, daß 2 auch ein Teiler von q ist. Es gilt damit $p = 2^\sigma \cdot p_1$ und $q = 2^\tau \cdot q_1$ für gewisse $\sigma, \tau, p_1, q_1 \in \mathbb{N}$, wobei 2 kein Teiler von p_1 und q_1 sei. Aus $p^3 = 2 \cdot q^3$ folgt dann $2^{3 \cdot \sigma} \cdot p_1^3 = 2^{3\tau+1} \cdot q_1^3$, was dem Satz über die eindeutigen Darstellung einer natürlichen Zahl als Produkt von Primzahlpotenzen widerspricht. ■

Konstruktionen von Punkten und Punktmengen der Anschauungsebene $\mathfrak{R}_2$ – ausgehend von gewissen vorgegebenen Punkten – mit Zirkel und Lineal, das keine Maßeinheiten besitzt, seien nachfolgend kurz **ZL-Konstruktionen** genannt.
Wir legen zunächst die

Regeln für ZL-Konstruktionen
(unter Verwendung von Punkten einer gewissen Menge $\mathfrak{P} \subseteq \mathfrak{R}_2$)

fest:

(1.) Gewisse fixierte Punkte $O, E \in \mathfrak{R}_2$ mit $O \neq E$ sind ZL-konstruierbar.
 Der Abstand dieser Punkte dient meist als Maßeinheit für weitere Konstruktionen.
 Alle Punkte aus $\mathfrak{P}$ sind ZL-konstruierbar.

(2.) Falls zwei Punkte $A, B \in \mathfrak{R}_2$ konstruierbar sind, so ist auch die Gerade $g(A, B)$ durch die Punkte A und B als auch die Verbindungsstrecke dieser Punkte ZL-konstruierbar.

(3.) Sind ein Punkt $M \in \mathfrak{R}_2$ und eine Strecke $r \subset \mathfrak{R}_2$ ZL-konstruierbar, so auch ein Kreis mit dem Mittelpunkt M und dem Radius r.

(4.) Alle Schnittpunkte von Geraden und Kreisen untereinander oder Schnittpunkte von Kreisen mit Geraden, die ZL-konstruierbar sind, sind ZL-konstruierbar.

(5.) Durch die Konstruktionen (1.) – (4.) werden alle ZL-konstruierbaren Punkte aus $\mathfrak{R}_2$ in endlich vielen Konstruktionsschritten erreicht.

---

[25] Siehe Band 1, Satz 1.2.2.

Die Menge aller nach obigen Regeln aus $\mathfrak{P}$ konstruierbaren Punkte sei

$$KZL(\mathfrak{P}).$$

Die oben angegebenen Beschränkungen von geometrischen Konstruktionen auf die Verwendung von Zirkel und Lineal stammt aus der griechischen Mathematik des Altertums. Insbesondere der bedeutende griechische Philosoph Platon[26], der zwar kein großer Mathematiker, jedoch ein sehr einflußreicher Förderer der Mathematik seiner Zeit war, bestand auf diese Art von Konstruktionen, da für ihn Erkenntnisgewinn vorrangig durch reines Denken mit möglichst wenig Hilfsmitteln (wie z.b. Experimente) erfolgen sollte. Die Beschränkung der Konstruktionshilfsmittel auf Zirkel und Lineal führte jedoch dazu, daß man für solche recht einfach zu formulierenden Aufgaben wie z.b. die Winkeldreiteilung, die Würfelverdopplung[27] oder die Konstruktion regelmäßiger n-Ecke in der Antike keine allgemeinen Konstruktionsvorschriften fand, so daß einige Mathematiker der Antike sich auch anderer Hilfsmittel zum Lösen dieser Probleme bedienten. Die mathematisch trotzdem sehr interessante Frage, welche Konstruktionen mit Zirkel und Lineal nun ausführbar sind und welche nicht, konnte erst am Ende des 18. Jahrhundert geklärt werden. Insbesondere der junge Gauß, dem als 19jährigem gelang, das Problem der Konstruktion regelmäßiger n-Ecke vollständig zu lösen, verdanken wir entscheidende Beiträge zum Lösen dieser alten Probleme. Nachfolgend soll nun gezeigt werden, wie eine einfache Übersetzung der oben angegebenen Konstruktionsvorschriften in die Sprache der Algebra ein Kriterium über die Existenz oder Nichtexistenz von Lösungen liefert.

Die obigen Konstruktionsvorschriften lassen sich wie folgt in die Sprache der Algebra übersetzen:

Bekanntlich läßt sich in der Anschauungsebene ein kartesisches Koordinatensystem $(O; i, j)$ einführen, wobei die Länge des Einheitsvektors i gleich der Länge der Strecke OE gewählt sei. Für jeden Punkt $P \in \mathfrak{R}_2$ existieren dann gewisse $x, y \in \mathbb{R}$ mit $P = O + x \cdot i + y \cdot j$. P kann jedoch auch durch die komplexe Zahl $x + y \cdot i$ auf eindeutige Weise beschrieben werden.[28] Wir können also anstelle von $\mathfrak{R}_2$ die zu $\mathfrak{R}_2$ isomorphe Menge $\mathbb{C}$ der komplexen Zahlen betrachten, indem wir die bijektive Abbildung

$$\alpha : \mathfrak{R}_2 \longrightarrow \mathbb{C}, \quad P = O + x \cdot i + y \cdot j \mapsto \alpha(P) := x + y \cdot i$$

benutzen. Die oben geschilderten geometrischen Konstruktionen mit Zirkel und Lineal lassen sich dann durch Rechnungen im Körper $\mathbb{C}$ beschreiben: Bekanntlich sind Geraden durch lineare und Kreise durch gewisse quadratische Gleichungen beschreibbar. Schnittpunkte von zwei Geraden oder zwei Kreisen oder von einer

---

[26] Platon (ca. 427 – 348 v.u.Z.) griechischer Philosoph. Beschäftigung mit Mathematik war für Platon Erkenntnisgewinn im Reich der sogenannten *Ideen*. Die Beschäftigung mit Ideen wiederum galt Platon als die Grundlage aller Erkenntnis und er wünschte, daß der Staat auf jede Weise die mathematische Forschung fördern sollte.

[27] Genauer: Gegeben ist ein Würfel mit der Kantenlänge a. Konstruiert werden soll die Kantenlänge b eines Würfels mit dem Volumen $2 \cdot a^3$. Wegen $b = \sqrt[3]{2} \cdot a$ ist das Problem reduzierbar auf die Konstruktion einer Strecke mit der Länge $\sqrt[3]{2}$ aus einer vorgegebenen Strecke mit der Länge 1.

[28] Siehe Band 1, Kapitel 3.

Geraden mit einem Kreis sind durch das Lösen von linearen Gleichungssystemen oder das Lösen gewisser quadratischer Gleichungen charakterisierbar. Genauer:

Satz 20.6.4 *Für eine beliebige Menge* $\mathfrak{P} \subseteq \mathfrak{R}_2$ *gilt:*

(a) $\mathfrak{P}^\alpha := \alpha(KZL(\mathfrak{P}))$ *ist ein Unterkörper von* $\mathbb{C}$, *der den Körper*

$$\mathfrak{P}_0^\alpha := \mathbb{Q}(\alpha(\mathfrak{P}) \cup \overline{\alpha(\mathfrak{P})} \cup \{i\})$$

enthält.

(b) Für jedes $z \in \alpha(KZL(\mathfrak{P}))$ *gilt* $\sqrt{z} \in \alpha(KZL(\mathfrak{P}))$.

Beweis. Hat man in der Anschauungsebene ein kartesisches Koordinatensystem eingeführt und sind dort die Punkte aus $\mathfrak{P}$ gegeben, so kann man sich leicht davon überzeugen (ÜA), daß mit Zirkel und Lineal auch die Projektionen der gegebenen Punkte auf die Koordinatenachsen und sämtliche Punkte mit Koordinaten nur aus der Menge $\mathbb{Z}$ konstruierbar sind. Außerdem überlegt man sich leicht, daß ein Punkt genau dann ZL-konstruierbar (ausgehend von $\mathfrak{P}$) ist, wenn seine Projektionspunkte auf die Koordinatenachsen ZL-konstruierbar sind (ausgehend von $\mathfrak{P}$). Damit gehören zu $\mathfrak{P}^\alpha$ insbesondere alle komplexen Zahlen $a + b \cdot i$ mit $a, b \in \mathbb{Z}$. Den nachfolgenden Abbildungen 20.1 und 20.2 kann man nun entnehmen, wie man Punkte konstruieren kann, die per Abbildung α die Elemente aus $\mathbb{Q}$ liefern:

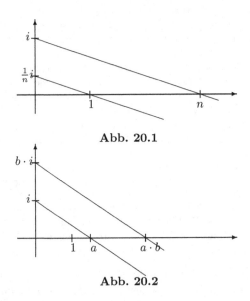

Abb. 20.1

Abb. 20.2

Begründen läßt sich die Richtigkeit dieser Konstruktionen mit Hilfe des Strahlensatzes (ÜA). Zusammengefaßt haben wir uns damit bisher überlegt, daß $\mathfrak{P}^\alpha$ die Menge $\mathbb{Q}(i) \cup \alpha(\mathfrak{P}) \cup \overline{\alpha(\mathfrak{P})}$ enthält.

Sind Punkte $P := O + x \cdot i + y \cdot j$ und $Q := O + u \cdot i + v \cdot j$ bereits konstruiert, so läßt sich offenbar auch $R := O + (x + u) \cdot i + (y + v) \cdot j$ mit Zirkel und Lineal konstruieren. Folglich ist $\mathfrak{P}^\alpha$ bezüglich $+$ abgeschlossen. Die Abgeschlossenheit von $\mathfrak{P}^\alpha$ bezüglich $\cdot$ folgt aus der Definition von $\cdot$ für komplexe Zahlen und der Konstruktion aus Abbildung 20.2. Hieraus und aus obigen Überlegungen ergibt sich dann (a).

(b): Wegen der Formel (20.37) hat man sich für den Beweis von (b) nur eine Konstruktion für eine Wurzel aus einer positiven reellen Zahl x zu überlegen, falls eine Strecke der Länge x bereits konstruiert ist. Dies gelingt mit Hilfe der Sätze von Thales und Pythagoras sowie der Konstruktion aus Abbildung 20.3, da nach diesen Sätzen gilt:

$$(1+x)^2 = 1 + 2x + x^2 = a^2 + b^2 = 1 + h^2 + h^2 + x^2 = 1 + 2h^2 + x^2 \implies x = h^2.$$

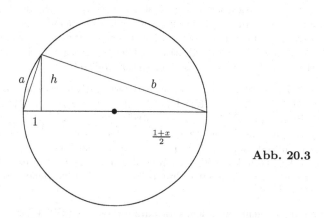

Abb. 20.3

■

Satz 20.6.5 *Ein Punkt $P \in \mathfrak{R}_2$ ist genau dann ZL-konstruierbar (unter Verwendung von $\mathfrak{P}$), wenn die komplexe Zahl $\alpha(P)$ ZL-konstruierbar (unter Verwendung von $\alpha(\mathfrak{P})$) ist.*

Beweis. O.B.d.A. sei $\mathfrak{P} = \emptyset$.

„$\implies$": Sei $P \in \mathfrak{R}_2$ ZL-konstruierbar. Zwecks Nachweis, daß dann $\alpha(P)$ in einer endlichen Körpererweiterung von $\mathbb{Q}(i)$ liegt, deren Grad eine 2-Potenz ist, übersetzen wir die Konstruktionsregeln (1.) – (5.), die auf bereits konstruierte Punkte angewendet werden, in Berechnungsregeln für die Koordinaten der neu konstruierten Punkte aus den Koordinaten der bereits konstruierten Punkte:

Bildet man gemäß der Regel (2.) und (3.) eine Gerade und einen Kreis durch bereits konstruierte Punkte, so läßt sich die Gerade durch eine Gleichung der Form $a \cdot x + b \cdot y + c = 0$ und ein Kreis durch eine Gleichung der Form $(x-d)^2 + (y-e)^2 = r^2$ beschreiben, wobei die reellen Zahlen a, b, c, d, e, r zum kleinsten Körper gehören, in denen sich die Koordinaten der bereits konstruierten Punkte befinden. Berechnet man den Schnittpunkt zweier (nichtparalleler) Geraden, so hat dieser Schnittpunkt Koordinaten, die ebenfalls im kleinsten Körper liegen, der die Koordinaten der bereits konstruierten Punkte enthält. Der Körper mit den Koordinaten der bereits konstruierten Punkte kann eventuell verlassen werden, wenn der Schnittpunkt einer Geraden mit einem Kreis oder der Schnittpunkt zweier Kreise berechnet wird. Da man den Koordinatenursprung des den Berechnungen zugrundeliegenden Koordinatensystems in einem beliebigen bereits konstruierten Punkt verlegen kann, genügt es, die Schnittpunkte von

$$k : \quad x^2 + y^2 = r^2$$

mit

$$g : \varepsilon(x^2 + y^2) + a \cdot x + b \cdot y + c = 0$$

($\varepsilon \in \{0,1\}$, $a, b, c \in \mathbb{R}$) zu berechnen. Wie man leicht nachprüft, folgt aus obigen Gleichungen

$$\varepsilon \cdot r^2 + a \cdot x + b \cdot (\pm \sqrt{r^2 - x^2}) + c = 0$$

und damit

$$b^2 \cdot (r^2 - x^2) - (\varepsilon \cdot r^2 + a \cdot x + c)^2 = 0.$$

Ein kleinster Erweiterungskörper unseres bisherigen Körpers, der die Koordinaten der Schnittpunkte von k mit g enthält, entsteht folglich aus dem bisher betrachteten Körper (mit den Koordinaten der bereits konstruierten Punkte) durch eventuelle Adjunktion der Lösungen einer quadratischen Gleichung. Damit folgt aus der ZL-Konstruierbarkeit von P, die ZL-Konstruierbarkeit von $\alpha(P)$.

„$\Longleftarrow$": Sei $z \in \mathbb{C}$ ZL-konstruierbar, d.h., es existiert ein Körperturm $K_0 = \mathbb{Q}(i) \subseteq K_1 \subseteq \ldots \subseteq K_t$ mit $z \in K_t$ und $|\mathbf{K_i} : \mathbf{K_{i-1}}| \leq 2$ für alle $i \in \{1, \ldots, t\}$. Nach Satz 20.6.4 sind alle Punkte aus $\alpha^{-1}(\mathbb{Q}(i))$ ZL-konstruierbar. Da $|\mathbf{K_1} : \mathbb{Q}(i)| \leq 2$, existiert ein $w \in \mathbb{Q}(i)$, so daß alle Elemente von K_1 in der Form $a + b \cdot \sqrt{w}$ mit $a, b \in \mathbb{Q}(i)$ darstellbar sind (siehe Satz 20.6.1). Wegen Satz 20.6.4 sind dann alle Punkte aus $\alpha^{-1}(K_1)$ ZL-konstruierbar. Wiederholung dieser Überlegungen bzw. Induktion liefert die ZL-Konstruierbarkeit aller Punkte aus $\alpha^{-1}(K_t)$, zu denen auch $\alpha^{-1}(z)$ gehört. ∎

Eine Folgerung aus obigem Satz, dem Gradsatz und von Satz 19.4.8 ist

Satz 20.6.6 *Ist der Punkt $P \in \mathfrak{R}_2$ ZL-konstruierbar, so liegt $\alpha(P)$ in einer gewissen Körpererweiterung $\mathbf{K} : \mathbb{Q}(i)$ mit $|\mathbf{K} : \mathbb{Q}(i)| = 2^t$ für gewisses $t \in \mathbb{N}$. Der Grad des Minimalpolynoms von $\alpha(P)$ über $\mathbb{Q}(i)$ ist ebenfalls eine Potenz von 2.* ∎

Mit Hilfe obigen Satzes ist es nun möglich, die Nichtexistenz gewisser Konstruktionen mit Zirkel und Lineal nachzuweisen. Dazu einige **Beispiele**:

(1.) *Das delische Problem (Die Verdopplung des Würfelvolumens)*
Gegeben ist die Kantenlänge eines Würfels a. Gesucht ist eine ZL-Konstruktion für die Kantenlänge x eines Würfels mit dem Volumen $2 \cdot a^3$. Das Poblem ist offenbar gelöst, wenn $\sqrt[3]{2}$ ZL-konstruierbar ist. Dies ist jedoch wegen unserer Sätze 20.6.3 und 20.6.5 nicht möglich. Die Nichtexistenz einer ZL-Konstruktion folgt aber auch aus Satz 20.6.6, indem man sich überlegt, daß das Minimalpolynom von $\sqrt[3]{2}$ über $\mathbb{Q}(i)$ das Polynom $X^3 - 2$ ist.

(2.) *Die Winkeldreiteilung*
Gesucht ist eine ZL-Konstruktion, die einen beliebigen Winkel φ in drei gleiche Teile teilt. Wie man sich an einem rechtwinkligen Dreieck mit der Hypothenuslänge 1 und den Kathetenlängen $\cos \varphi$ und $\sin \varphi$ leicht klar macht, ist φ genau dann ZL-konstruierbar, wenn eine Strecke mit der Länge $|\cos \varphi|$ ZL-konstruierbar ist. Dies ausnutzend wollen wir uns nun überlegen, daß der Winkel $\frac{\pi}{9}$ ($\cong 20^o$) nicht ZL-konstruierbar ist. Da

$$\cos(3 \cdot x) = \cos(2 \cdot x + x) = (\cos(2x)) \cdot \cos x - (\sin(2x)) \cdot \sin x = 4 \cdot \cos^3 x - 3 \cdot \cos x,$$

gilt für $x = \frac{\pi}{9}$

$$4 \cdot \cos^3 \frac{\pi}{9} - 3 \cdot \cos \frac{\pi}{9} = \cos \frac{\pi}{3} = \frac{1}{2}.$$

Also ist $\cos \frac{\pi}{9}$ eine Nullstelle des Polynoms

$$-1 - 6X + 8X^3.$$

Das Polynom $-1 - 6X + 8X^3$ ist irreduzibel über $\mathbb{Q}$, wie man sich mit Hilfe von Satz 19.7.1 und ÜA A.19.25 überlegen kann.[29] Der Grad des Minimalpolynoms von $\cos \frac{\pi}{9}$ ist folglich 3. Mit Hilfe von 20.6.6 ergibt sich dann, daß $\cos \frac{\pi}{3}$ nicht ZL-konstruierbar ist.

(3.) *Die Quadratur des Kreises*

Gesucht ist für einen gegebenen Kreis mit dem Radius r eine ZL-Konstruktion für ein flächengleiches Quadrat. Es genügt, dieses Problem für $r = 1$ zu betrachten, womit sich die Quadraturaufgabe auf die Konstruktion von $\sqrt{\pi}$ beschränkt. Falls $\sqrt{\pi}$ ZL-konstruierbar wäre, müßte $\sqrt{\pi}$ in einer algebraischen Erweiterung von $\mathbb{Q}$ liegen. Eine solche Erweiterung existiert jedoch nicht, da – wie F. Lindemann in [Lin 1882] bewies – π und $\sqrt{\pi}$ transzendent über $\mathbb{Q}$ sind.

(4.) *Die Konstruktion von regelmäßigen n-Ecken*

Nachfolgend soll eine Beweisskizze[30] für den folgenden Satz angegeben werden:

Das regelmäßige n-Eck mit $n \geq 3$ ist genau dann mit Zirkel und Lineal konstruierbar, wenn $n = 2^k \cdot p_1 \cdot p_2 \cdot \ldots \cdot p_r$ ist, wobei $k, r \in \mathbb{N}_0$ und für $r \geq 1$ die $p_1, \ldots, p_r$ paarweise verschiedene Primzahlen der Form $2^{2^{t_i}} + 1$ mit $t_i \in \mathbb{N}_0$ sind.[31]

Begründen läßt sich obiger Satz durch Nachweis der folgenden Hilfsaussagen:

(a) *Ein regelmäßiges n-Eck ist genau dann mit Zirkel und Lineal konstruierbar, wenn eine primitive n-te Einheitswurzel, z.B.*

$$\zeta_{n;1} := \cos \frac{2\pi}{n} + i \cdot \sin \frac{2\pi}{n},$$

ZL-konstruierbar ist.

(b) *Falls $n = r \cdot s$ $(r, s \in \mathbb{N})$ und $\zeta_{n;1}$ ZL-konstruierbar, dann sind auch $(\zeta_{n;1})^s = \zeta_{r;1}$ und $(\zeta_{n;1})^r = \zeta_{s;1}$ ZL-konstruierbar.*

(c) *Sind $\zeta_{r;1}$ und $\zeta_{s;1}$ ZL-konstruierbar und gilt $r \sqcap s = 1$, so ist $\zeta_{r \cdot s;1}$ ZL-konstruierbar.*

Wegen (a) – (c) kann man sich beim Beweis des obigen Satzes auf den Fall

$$n = p^t \ (p \in \mathbb{P}, \ t \in \mathbb{N})$$

und der Konstruktion von $\zeta_{n;1}$ beschränken.

(d) *$\zeta_{p^t;1}$ ist für kein **ungerades** p^t mit $t \geq 2$ ZL-konstruierbar.*

---

[29] Eine andere Möglichkeit die Irreduzibilität des Polynoms $-1 - 6X + 8X^3$ zu begründen besteht darin, dieses Polynom zunächst durch die Substitution $2X = Y + 1$ in $-3 + 3Y^2 + Y^3$ zu überführen und dann die Irreduzibilität dieses Polynoms mit Hilfe des Kriteriums von Eisenstein festzustellen. Die Irreduzibilität des Ausgangspolynoms ergibt sich dann unter Verwendung der Sätze aus 19.6.

[30] Die fehlenden Beweise überlege man sich als Übungsaufgabe.

[31] Solche Primzahlen nennt man *Fermatsche Primzahlen*.

Beweis. Es genügt, (d) für $t = 2$ zu beweisen. Angenommen, die Behauptung ist für $t = 2$ falsch, d.h., $\zeta := \zeta_{p^2;1}$ ist ZL-konstruierbar. Offenbar gilt $\zeta^p \neq 1$ und $\zeta^{p^2} = 1$. Damit ist ζ eine Nullstelle des Polynoms $X^{p^2} - 1$, jedoch keine von $X^p - 1$. Wegen

$$X^{p^2} - 1 = (X^p - 1) \cdot (1 + X^p + (X^p)^2 + \ldots + (X^p)^{p-1})$$

ist folglich ζ eine Nullstelle von $f := \sum_{i=0}^{p-1} X^{i \cdot p}$. Nach ÜA A.19.26 ist f irreduzibel über $\mathbb{Q}$. Folglich ist das Polynom f des Grades $p \cdot (p - 1)$ das Minimalpolynom von ζ. Nach Satz 19.4.8, (2), (e) gilt damit $|\mathbb{Q}(\zeta) : \mathbb{Q}| = p \cdot (p-1)$. Die Zahl $p \cdot (p-1)$ ist jedoch keine 2-Potenz, womit wir einen Widerspruch zu Satz 20.6.6 erhalten haben. Also ist $\zeta = \zeta_{p^2;1}$ nicht ZL-konstruierbar, d.h., (d) bewiesen.

(e) $\zeta_{2^t;1}$ *ist für alle $t \geq 1$ ZL-konstruierbar.*

(f) *Sei $\zeta_{p;1}$ mit $p \in \mathbb{P}\backslash\{2\}$ ZL-konstruierbar. Dann hat p die Gestalt $2^{2^t} + 1$ mit $t \in \mathbb{N}_0$.*

Beweis. Wegen

$$X^p - 1 = (X - 1) \cdot (X^{p-1} + X^{p-2} + \ldots + X + 1)$$

und der bereits gezeigten Irreduzibilität von $X^{p-1} + X^{p-2} + \ldots + X + 1$ (siehe Beispiel nach 19.7.2) ist $X^{p-1} + X^{p-2} + \ldots + X + 1$ das Minimalpolynom von $\zeta_{p;1}$. Nach Satz 20.6.6 muß dieser Grad $p - 1$ eine Potenz von 2 sein. Also gilt $p = 2^m + 1$ für ein gewisses $m \in \mathbb{N}_0$. Daß m ebenfalls eine 2-Potenz sein muß, folgt dann aus $p \in \mathbb{P}$ und

$$2^{r \cdot s} + 1 = (2^s + 1) \cdot \left(\sum_{i=1}^{r} (-1)^{i-1} \cdot 2^{(r-i) \cdot s} \right)$$

für $m = r \cdot s$ mit $r, s \in \mathbb{N}$, $r > 2$ und r ungerade.

(g) *Sei $p := 2^{2^t} + 1$ mit $t \in \mathbb{N}_0$ eine Primzahl. Dann ist $\zeta_{p;1}$ ZL-konstruierbar.*

Beweis. Wie wir uns oben überlegt haben, ist $X^{p-1} + X^{p-2} + \ldots + X + 1$ das Minimalpolynom von $\zeta_{p;1}$. Mit Hilfe von Satz 19.4.8 folgt hieraus

$$G(X^p - 1, \mathbb{Q}) = G(\mathbb{Q}(\zeta_{p;1}), \mathbb{Q}) = p - 1.$$

Da $\mathbb{Q}(\zeta_{p;1}) : \mathbb{Q}$ eine Galois-Erweiterung ist, folgt hieraus nach Satz 20.2.4 $|\mathbb{Q}(\zeta_{p;1}) : \mathbb{Q}| = p - 1$. Nach ÜA A.20.4 ist außerdem $G(\mathbb{Q}(\zeta_{p;1}), \mathbb{Q})$ zur primen Restklassengruppe $\mathbb{Z}_p^*$, die zyklisch ist und die Ordnung $p - 1 = 2^{2^t}$ hat, isomorph. Folglich besitzt die Gruppe $\mathbf{G}$ eine Kette aus zyklischen Untergruppen $\mathbf{G_i}$ mit

$$G_0 = \{id\} \subset G_1 \subset \ldots \subset G_{t+1} = G$$

der Ordnungen $1, 2, 2^2, 2^{2^2}, \ldots, 2^{2^t}$. Nach Satz 20.3.2 liefert dies die Existenz einer Körperkette aus gewissen Körpers $\mathbf{K_i}$ mit

$$\mathbb{Q}(\zeta_p) = K_0 \supset K_1 \supset \ldots \supset K_{t+1} = \mathbb{Q},$$

wobei $|\mathbf{K_i} : \mathbf{K_{i+1}}| = 2$ für alle $i \in \{0, 1, \ldots, t\}$ ist. Mit Hilfe von Satz 20.6.5 folgt hieraus die Behauptung (e) und der Satz über die Konstruktion von regelmäßigen n-Ecken.

Weitere Beispiele sowie eine Weiterführung obiger Überlegungen findet man z.B. in [Böh-B-H-K-M-S 74], [Den-T 96] und [Cig 95].

Varietäten, gleichungsdefinierte Klassen und freie Algebren

In diesem Abschnitt sollen gewisse Klassen[1] von Algebren desselben Typs behandelt werden.

Zunächst führen wir sogenannte *Varietäten* als Klassen von Algebren ein, die bez. der Bildung von Unteralgebren, homomorphen Bildern und direkten Produkten abgeschlossen sind. Anschließend wird eine – auf den ersten Blick – ganz andere Methode zur Konstruktion von Algebrenklassen vorgestellt: Ausgehend von gewissen Gleichungen aus Operationssymbolen eines gewissen Typs τ sowie Variablen bilden wir die Klasse all der Algebren des Typs τ, die diesen Gleichungen genügen. Das Ergebnis sind sogenannte *gleichungsdefinierte Klassen*. Wir werden jedoch sehen, daß zwischen beiden Methoden der Algebrenklassenkonstruktion ein enger Zusammenhang besteht: Eine Klasse von Algebren ist genau dann gleichungsdefiniert, wenn sie eine Varietät ist. *Freie Algebren* sind die „allgemeinsten Algebren" innerhalb einer Varietät bzw.

---

[1] Der Begriff Klasse wird hier – in Verallgemeinerung des Begriffs Menge – im Sinne von „Gesamtheit" verwendet. Bekanntlich (siehe Band 1), führt der Cantorsche Mengenbegriff bei der Bildung von zu großen Mengen auf Widersprüche. Behoben werden können diese Widersprüche durch einen axiomatische Aufbau der Mengenlehre. Verschiedene Möglichkeiten dieses Aufbaus und ausführliche Begründungen für diesen Aufbau findet man z.B. in [Sch 74]. Grundlage der verschiedenen Varianten des axiomatischen Aufbaus der Mengenlehre ist die Beobachtung, daß die bekannten Widersprüche der Cantorschen Mengenlehre dadurch zustande kommen, daß gewisse „uferlose" Gesamtheiten wieder als Elemente anderer Gesamtheiten betrachtet werden. In der Neumann-Bernayschen Mengenlehre werden deshalb beliebige Zusammenfassungen **Klasse** genannt und nur diejenigen Klassen, die Elemente von anderen Klassen sind, heißen **Mengen**, der Rest **Unmengen**. Da wir es in diesem Kapitel mit großen Zusammenfassungen (wie z.B. der Gesamtheit aller Gruppen) zu tun haben, werden wir deshalb nachfolgend den Begriff Klasse für solche großen Gesamtheiten verwenden, jedoch mit Klassen wie mit Mengen umgehen. Da nachfolgend mit Ausnahme von Satz 21.3.2 auch keine Zusammenfassungen von Klassen vorgenommen werden, ist diese naive Vorgehensweise gerechtfertigt.

gleichungsdefinierten Klasse. Bei der Untersuchung der gleichungsdefinierten Klassen werden wir auch solche Begriffe wie *Folgerung einer Gleichungsmenge* und Wege, solche Folgerungen zu erhalten, behandeln.

21.1 Varietäten

Die folgenden Operatoren S, H, P, I bilden eine Klasse K von Algebren des Typs τ wieder auf eine Klasse von Algebren desselben Typs ab.

Es sei

$S(K)$ die Klasse aller Unteralgebren von Algebren aus K,

$H(K)$ die Klasse aller homomorphen Bilder von Algebren aus K,

$P(K)$ die Klasse aller direkten Produkte von Familien von Algebren aus K,

$I(K)$ die Klasse aller zu Algebren aus K isomorphen Algebren.

Das Hintereinanderausführen der Operatoren $Y, X \in \{H, S, P, I\}$ bezeichnen wir durch XY, d.h., es gilt $XY(K) := X(Y(K))$.

Man überlegt sich leicht, daß S, H und IP Hüllenoperatoren sind, d.h., für alle Klassen K, L von Algebren desselben Typs gilt:

$$\forall X \in \{S, H, IP\} :$$
$$K \subseteq X(K) \ \wedge \ (K \subseteq L \Longrightarrow X(K) \subseteq X(L)) \ \wedge \ X(K) = X(X(K)).$$

Der Operator P selbst ist nicht idempotent:

Für $\mathbf{A}, \mathbf{B}, \mathbf{C} \in K$ gilt zwar $(\mathbf{A} \times \mathbf{B}) \times \mathbf{C} \in P(P(K))$, aber i.allg. nicht $(\mathbf{A} \times \mathbf{B}) \times \mathbf{C} \in P(K)$, sondern nur $(\mathbf{A} \times \mathbf{B}) \times \mathbf{C} \cong \mathbf{A} \times \mathbf{B} \times \mathbf{C} \in P(K)$, d.h., $(\mathbf{A} \times \mathbf{B}) \times \mathbf{C} \in IP(K)$.

Definitionen

- Eine Klasse K von Algebren desselben Typs heißt unter $X \in \{S, H, P\}$ **abgeschlossen**, falls $X(K) \subseteq K$ gilt.
- Eine unter allen drei Operatoren S, H, P abgeschlossene Klasse K von Algebren desselben Typs nennt man **Varietät** (oder **Mannigfaltigkeit**).

Beispiele
(1.) Wie man leicht nachprüft (ÜA), ist die Klasse aller Gruppen eine Varietät.
(2.) Da das direkte Produkt des Körpers $\mathbb{Z}_2$ mit dem Körper $\mathbb{Z}_2$ wegen

$$\forall x, y \in \mathbb{Z}_2 : \ (0,1) \cdot (x,y) = (0 \cdot x, 1 \cdot y) = (0,y) \neq (1,1)$$

kein Körper ist, bildet die Klasse aller Körper keine Varietät.

Lemma 21.1.1 *Für jede Klasse K von Algebren desselben Typs gilt:*

(a) $SH(K) \subseteq HS(K)$,

(b) $PS(K) \subseteq SP(K)$,

(c) $PH(K) \subseteq HP(K)$.

Beweis. (a): Sei $\mathbf{A} \in SH(K)$, d.h., es gibt eine Algebra $\mathbf{B} \in H(K)$ mit $\mathbf{A} \leq \mathbf{B}$ und $\mathbf{B}$ ist homomorphes Bild einer Algebra $\mathbf{C} \in K$. Bezeichne φ: $\mathbf{C} \longrightarrow \mathbf{B}$ einen surjektiven Homomorphismus. Für die Unteralgebra $\varphi^{-1}(\mathbf{A})$ von $\mathbf{C}$ gilt dann $\varphi(\varphi^{-1}(\mathbf{A})) = \mathbf{A}$. Folglich haben wir $\mathbf{A} \in HS(K)$.

(b): Sei $\mathbf{A} \in PS(K)$. Dann gilt $\mathbf{A} = \Pi_{i \in I}\mathbf{B}_i$ mit $\mathbf{B}_i \leq \mathbf{C}_i \in K$ für alle $i \in I$. Da offenbar $\Pi_{i \in I}\mathbf{B}_i$ eine Unteralgebra von $\Pi_{i \in I}\mathbf{C}_i$ ist, folgt $\mathbf{A} \in SP(K)$.

(c): Sei $\mathbf{A} \in PH(K)$. Dann gilt $\mathbf{A} = \Pi_{i \in I}\mathbf{B}_i$, wobei es für jedes $i \in I$ eine Algebra $\mathbf{C}_i$ und einen surjektiven Homomorphismus φ_i: $\mathbf{C}_i \longrightarrow \mathbf{B}_i$ gibt. Für die Projektionsabbildung $pr_j : \Pi_{i \in I}\mathbf{C}_i \longrightarrow \mathbf{C}_j$ ist $pr_j \square \varphi_j$: $\Pi_{i \in I}\mathbf{C}_i \longrightarrow \mathbf{B}_j$ ein surjektiver Homomorphismus. Nach Satz 18.1.6 erhält man durch $\varphi(c)_j := (pr_j \square \varphi_j)(c)$ einen Homomorphismus φ: $\Pi_{i \in I}\mathbf{C}_i \longrightarrow \Pi_{i \in I}\mathbf{B}_i$, der ebenfalls surjektiv ist. Folglich haben wir $\mathbf{A} \in HP(K)$. ∎

Satz 21.1.2 *Eine Klasse K von Algebren desselben Typs ist genau dann eine Varietät, wenn $HSP(K) = K$ gilt.*

Beweis. Ist K eine Varietät, so gilt offenbar $HSP(K) = K$.
Sei nun $HSP(K) = K$. Wir haben $H(K) \subseteq K$, $S(K) \subseteq K$ und $P(K) \subseteq K$ zu zeigen. Es gilt:

$$H(K) = H(HSP(K)) = HSP(K)$$

wegen der Idempotenz von H. Also:

$$H(K) = K$$

nach Voraussetzung. Weiter haben wir:

$$S(K) = S(HSP(K)) = SH(SP(K)) \subseteq HS(SP(K)) \subseteq HSP(K)$$

nach Lemma 21.1.1, (a) und der Idempotenz von S, womit $S(K) \subseteq K$ gilt. Außerdem ist

$$P(K) = PHSP(K) \subseteq HPSP(K) \subseteq HSPP(K)$$
$$\subseteq HSIPIP(K) = HSIP(K)$$
$$\subseteq HSHP(K) \subseteq HHSP(K) = HSP(K)$$

nach Lemma 21.1.1 sowie der Idempotenz von IP und H, woraus sich $P(K) \subseteq K$ ergibt. Folglich ist K eine Varietät. ∎

Jede Varietät ist durch die in ihr enthaltenen subdirekt irreduziblen Algebren eindeutig bestimmt:

Satz 21.1.3 *Jede Algebra einer Varietät K ist isomorph zu einem subdirekten Produkt von subdirekt irreduziblen Algebren von K.*

Beweis.   Nach Satz 18.2.5 ist jede Algebra **A** isomorph zu einem subdirekten Produkt subdirekt irreduzibler Algebren $\mathbf{A_i}$. Dabei ist jedes $\mathbf{A_i}$ isomorph zu einer Faktoralgebra von **A**, d.h., es gilt $\mathbf{A_i} \in H(\mathbf{A})$. Gehört **A** zu einer Varietät K, so folgt $\mathbf{A_i} \in H(K) \subseteq K$.   ∎

21.2 Terme, Termalgebren und Termfunktionen

Es sei daran erinnert, daß wir vereinbart hatten, die Operationen von Algebren ein und desselben Typs mit denselben Buchstaben zu kennzeichnen, falls aus dem Zusammenhang klar ist, zu welcher Algebra die betrachteten Operationen gehören. Da wir von dieser Konvention nachfolgend oft Gebrauch machen werden, sei der Begriff des Typs von Algebren wie folgt erweitert:

Definitionen   Ein **Typ von Algebren** sei ein geordnetes Paar $(\mathfrak{F}, \tau)$, wobei $\mathfrak{F}$ eine Menge ist, deren Elemente **Operationssymbole** genannt werden, und $\tau \colon \mathfrak{F} \longrightarrow \mathbb{N}_0$ eine Abbildung ist, die jedem $f \in \mathfrak{F}$ die Stelligkeit af zuordnet. Die Algebra $\mathbf{A} = (A; F)$ mit $F := \{f_{\mathbf{A}} \mid f \in \mathfrak{F}\}$ heißt dann **Algebra des Typs** $(\mathfrak{F}, \tau)$. Die Menge der n-stelligen Operationssymbole sei $\mathfrak{F}^n$.

Sei nun $(\mathfrak{F}, \tau)$ ein Typ von Algebren und

$$X$$

eine endliche oder abzählbar unendliche Menge, deren Elemente **Variable** genannt werden, wobei $X \cap \mathfrak{F}^0 = \emptyset$. Mit

$$T(X)$$

bezeichnen wir die kleinste Menge mit folgenden zwei Eigenschaften:

(1.) $X \cup \mathfrak{F}^0 \subseteq T(X)$,

(2.) $(f \in \mathfrak{F}^n \wedge \{t_1, ..., t_n\} \subseteq T(X)) \implies f(t_1, ..., t_n) \in T(X)$.

Man beachte, daß $f(t_1, ..., t_n)$ ein syntaktischer Ausdruck ist – eine Symbolfolge – und nicht etwa ein Funktionswert.

Die Elemente von $T(X)$ heißen **Terme vom Typ $(\mathfrak{F}, \tau)$ über dem Alphabet X**.

Beispiel   Es sei $\mathfrak{F} := \{e, f\}$, $\tau(e) := 0$, $\tau(f) := 2$ und $X := \{x, y, z\}$. Dann gilt

$$\begin{aligned} T(X) = \{&e, x, y, z, f(e, e), f(e, x), ..., f(z, y), f(f(e, e), e), f(f(x, e), e), ..., \\ &f(f(x, z), f(z, y)), ...\}. \end{aligned}$$

Vereinbart man $(u \circ v) := f(u,v)$ für beliebige $u,v \in T(X)$ und verzichtet man auf das Setzen von Außenklammern, so läßt sich $T(X)$ etwas suggestiver wie folgt aufschreiben:

$$\{e, x, y, z, e \circ e, e \circ x, ..., z \circ y, (e \circ e) \circ e, (x \circ e) \circ e, ...,$$
$$(x \circ z) \circ (z \circ y), ...\}.$$

$T(X)$ ist die Trägermenge der sogenannten **Termalgebra**

$$\mathbf{T(X)} := (T(X); F)$$

des Typs $(\mathfrak{F}, \tau)$, wobei für jedes $f \in \mathfrak{F}^n$ $(n \in \mathbb{N} \cup \{0\})$ die Operationen dieser Algebra wie folgt festgelegt seien:

$$f_{\mathbf{T(X)}} := f,$$

falls $n = 0$, und

$$\forall t_1, ..., t_n \in T(X) : f_{\mathbf{T(X)}}(t_1, ..., t_n) := f(t_1, ..., t_n)$$

für $n \geq 1$. Ein Teil der Verknüpfungstafel der Operation $f_{\mathbf{T(X)}}$ aus unserem obigen Beispiel sieht dann wie folgt aus:

u	v	$f_{\mathbf{T(X)}}(u,v)$
e	e	$e \circ e$
e	$e \circ x$	$e \circ (e \circ x)$
$x \circ (y \circ e)$	$(x \circ x) \circ z$	$(x \circ (y \circ e)) \circ ((x \circ x) \circ z)$

Unmittelbar aus der Definition von $\mathbf{T(X)}$ folgt:

Lemma 21.2.1 *Die Termalgebra* $\mathbf{T(X)}$ *wird von* X *erzeugt, d.h., es gilt* $[X] = T(X)$. ∎

Eine wesentliche Eigenschaft der Algebra $\mathbf{T(X)}$ gibt der folgende Satz an:

Satz 21.2.2 *Sei* $\mathbf{T(X)}$ *die Termalgebra vom Typ* $(\mathfrak{F}, \tau)$ *über* X. *Dann gibt es für jede Algebra* $\mathbf{A}$ *vom Typ* $(\mathfrak{F}, \tau)$ *und für jede Abbildung* $\varphi \colon X \longrightarrow A$ *genau einen Homomorphismus* $\widetilde{\varphi} \colon \mathbf{T(X)} \longrightarrow \mathbf{A}$, *der* φ *fortsetzt, d.h., für den* $\widetilde{\varphi}|_X = \varphi$ *gilt.*

Beweis. Für eine gegebene Algebra $\mathbf{A}$ vom Typ $(\mathfrak{F}, \tau)$ und für eine gegebene Abbildung $\varphi \colon X \longrightarrow A$ sei $\widetilde{\varphi} \colon T(X) \longrightarrow A$ eine Abbildung mit den Eigenschaften:

$$\forall x \in X : \widetilde{\varphi}(x) := \varphi(x)$$

und

$$\forall f(t_1, ..., t_n) \in T(X) \backslash X : \widetilde{\varphi}(f(t_1, ...t_n)) := f_{\mathbf{A}}(\widetilde{\varphi}(t_1), ..., \widetilde{\varphi}(t_n)).$$

Offenbar ist $\tilde{\varphi}$ auf ganz $T(X)$ durch obige Vorgaben definiert und die einzig mögliche homomorphe Fortsetzung von φ auf $T(X)$.   ∎

Unter Verwenndung von Begriffen aus Kapitel 22 läßt sich kurz definieren:

Definition   Unter **Termfunktionen** einer Algebra $\mathbf{A} = (A; F)$ vom Typ $(\mathfrak{F}, \tau)$ versteht man genau die Operationen über A, die durch Superposition aus den fundamentalen Operationen aus F und den Projektionen gebildet werden können.

Ohne Verwendung von Begriffen aus Kapitel 22 lassen sich die Termfunktionen einer Algebra $\mathbf{A}$ vom Typ $(\mathfrak{F}, \tau)$ wie folgt definieren:

Bezeichne t einen Term vom Typ $(\mathfrak{F}, \tau)$ über $X = \{x_1, ..., x_n\}$, und sei für $a_1, ..., a_n \in A$ die Abbildung $\varphi_{a_1, ..., a_n} \colon \mathbf{T(X)} \longrightarrow \mathbf{A}$ der eindeutig bestimmte Homomorphismus mit $x_i \to a_i$, $i = 1, 2, ..., n$. Dann erhält man eine n-stellige Operation

$$t_{\mathbf{A}} \colon A^n \longrightarrow A$$

durch

$$\forall a_1, ..., a_n \in A \colon t_{\mathbf{A}}(a_1, ..., a_n) := \varphi_{a_1, ..., a_n}(t).$$

Die auf diese Weise aus den Termen gebildeten Operationen auf A sind identisch mit den oben bereits definierten Termfunktionen.

Die Menge aller Termfunktionen von $\mathbf{A}$ wird nachfolgend mit

$$TF(\mathbf{A})$$

bezeichnet.

Abschließend seien noch zwei leicht zu beweisende Eigenschaften von $TF(\mathbf{A})$ erwähnt:

Lemma 21.2.3 *Bezeichne [..] den Unteralgebren-Hüllenoperator (siehe Kapitel 16). Für jede Algebra $\mathbf{A}$ und jede Teilmenge B von A gilt dann:*

$$[B] = \{t_{\mathbf{A}}(b_1, ..., b_n) \mid n \in \mathbb{N} \wedge t \in T(\{x_1, ..., x_n\}) \wedge \{b_1, ..., b_n\} \in B\}.$$

∎

Lemma 21.2.4 *Die Algebren $\mathbf{A}$, $\mathbf{B}$ und der n-stellige Term t seien alle vom gleichen Typ. Dann gilt für jeden Homomorphismus $\varphi \colon \mathbf{A} \longrightarrow \mathbf{B}$ und alle $a_1, ..., a_n \in A$:*

$$\varphi(t_{\mathbf{A}}(a_1, ..., a_n)) = t_{\mathbf{B}}(\varphi(a_1), ..., \varphi(a_n)),$$

d.h., die Termfunktionen verhalten sich bez. Homomorphismen wie Grundoperationen.   ∎

21.3 Gleichungen und gleichungsdefinierte Klassen

Sei in diesem Abschnitt $T(X)$ die Menge aller Terme des Typs $(\mathfrak{F}, \tau)$.
Um kenntlich zu machen, daß alle in einem Term $t \in T(X)$ auftretenden
Variablen aus der Menge $\{x_1, ..., x_n\} \subseteq X$ sind, schreiben wir

$$t < x_1, ..., x_n > .$$

Die Schreibweise

$$s := t < t_1, ..., t_n >$$

bedeutet nachfolgend, daß der Term s aus dem Term t durch Ersetzen der
Variablen x_i $(1 \leq i \leq n)$ durch t_i an jeder Stelle ihres Auftretens in t gebildet
wurde. Eine analoge Schreibweise sei für Termfunktionen vereinbart.

Definitionen

- Die Elemente aus $T(X) \times T(X)$ nennt man **Gleichungen** (**Identitäten**)
  über X und wir schreiben

  $$s \approx t :\Longleftrightarrow (s, t) \in T(X) \times T(X).$$

- Eine Algebra **A** vom Typ $(\mathfrak{F}, \tau)$ **erfüllt** die Gleichung

  $$s < x_1, ..., x_n > \approx t < x_1, ..., x_n >$$

  (bzw. die Gleichung **gilt in** A), falls für alle $a_1, ..., a_n \in A$ stets

  $$s_\mathbf{A} < a_1, ..., a_n > = t_\mathbf{A} < a_1, ..., a_n >$$

  gilt. In diesem Fall schreiben wir auch

  $$\mathbf{A} \models s \approx t.$$

- Für $\Sigma \subseteq T(X) \times T(X)$ und Klassen K von Algebren desselben Typs $(\mathfrak{F}, \tau)$
  sei:
  $$\mathbf{A} \models \Sigma :\Longleftrightarrow (\forall s \approx t \in \Sigma : \mathbf{A} \models s \approx t).$$

- Die Klasse
  $$Mod(\Sigma) := \{\mathbf{A} \mid \mathbf{A} \models \Sigma\}$$
  heißt **Menge aller Modelle von** Σ.

- Umgekehrt sei für jede Klasse K von Algebren des Typs $(\mathfrak{F}, \tau)$

  $$Gl_X(K) := (Id_X(K) :=)$$
  $$\{(s, t) \in T(X) \times T(X) \mid \forall \mathbf{A} \in K : \mathbf{A} \models s \approx t\}$$

  die **Klasse aller in allen Algebren von** K **gültigen Gleichungen
  über** X.

- Man nennt eine Klasse K von Algebren **gleichungsdefiniert**, wenn ein $\Sigma \subseteq T(X) \times T(X)$ mit $Mod(\Sigma) = K$ existiert.
- Ein $\Sigma \subseteq T(X) \times T(X)$ heißt **Gleichungstheorie** über X, falls es eine Klasse K von Algebren mit $\Sigma = Gl_X(K)$ gibt.
- Eine Gleichung $s \approx t$ wird von uns **Folgerung aus** $\Sigma \subseteq T(X) \times T(X)$ genannt, wenn $\mathbf{A} \models s \approx t$ für alle $\mathbf{A} \in Mod(\Sigma)$ gilt.

$Fl_X(\Sigma)$ sei die Menge aller Folgerungen aus Σ, d.h., es gilt

$$Fl_X(\Sigma) := Gl_X(Mod(\Sigma)).$$

Anstelle von $Y(Z(..))$, wobei $Y, Z \in \{Mod, Gl_X, Fl_X\}$, schreiben wir nachfolgend kurz $YZ(..)$.

Elementare Eigenschaften der oben definierten Mengen und Zusammenhänge zwischen den eben definierten Begriffen faßt der folgende Satz zusammen.

Satz 21.3.1 *Für beliebige* $\Sigma, \Sigma' \subseteq T(X) \times T(X)$ *und beliebige Klassen* K, K' *von Algebren des Typs* $\mathfrak{F}$ *gilt:*

(1) $\Sigma \subseteq \Sigma' \Longrightarrow Mod(\Sigma') \subseteq Mod(\Sigma)$,

$K \subseteq K' \Longrightarrow Gl_X(K') \subseteq Gl_X(K)$;

(2) $\Sigma \subseteq Gl_X Mod(\Sigma)$,

$K \subseteq Mod Gl_X(K)$;

(3) $Mod Gl_X Mod(\Sigma) = Mod(\Sigma)$,

$Gl_X Mod Gl_X(K) = Gl_X(K)$;

(4) $\Sigma \subseteq Fl_X(\Sigma)$,

$\Sigma \subseteq \Sigma' \Longrightarrow Fl_X(\Sigma) \subseteq Fl_X(\Sigma')$,

$Fl_X Fl_X(\Sigma) = Fl_X(\Sigma)$;

(5) $K \subseteq Mod Gl_X(K)$,

$K \subseteq K' \Longrightarrow Mod Gl_X(K) \subseteq Mod Gl_X(K')$,

$Mod Gl_X Mod Gl_X(K) = Mod Gl_X(K)$;

(6) Σ *ist Gleichungstheorie* $\Longleftrightarrow \Sigma = Fl_X(\Sigma)$,

K *ist gleichungsdefiniert* $\Longleftrightarrow K = Mod Gl_X(K)$.

Beweis. (1) und (2) ergeben sich unmittelbar aus den Definitionen von Mod und Gl_X.
(3): Nach (2) gilt $\Sigma \subseteq Gl_X Mod(\Sigma) =: \Sigma'$, woraus mittels (1) $Mod Gl_X Mod(\Sigma) \subseteq Mod(\Sigma)$ folgt. Umgekehrt haben wir ebenfalls nach (2): $K := Mod(\Sigma) \subseteq Mod Gl_X Mod(\Sigma)$. Also: $Mod(\Sigma) = Mod Gl_X Mod(\Sigma)$.
Analog zeigt man $Gl_X Mod Gl_X(K) = Gl_X(K)$.
(4) und (5) beweist man leicht mittels (1) – (3).

(6): Sei Σ eine Gleichungstheorie, d.h., es gibt eine Klasse K von Algebren des Typs $(\mathfrak{F}, \tau)$ mit $\Sigma = Gl_X(K)$. Dann gilt

$$Fl_X(\Sigma) = Gl_X Mod(\Sigma) \stackrel{\text{Vor.}}{=} Gl_X Mod Gl_X(K) \stackrel{(3)}{=} Gl_X(K) \stackrel{\text{Vor.}}{=} \Sigma.$$

Umgekehrt sei $\Sigma = Fl_X(\Sigma)$. Dann haben wir $\Sigma = Gl_X Mod(\Sigma)$, womit Σ eine Gleichungstheorie ist.

Die Aussage über Gleichungsdefiniertheit beweist man analog (ÜA). ∎

Sieht man einmal davon ab, daß die nachfolgend aus Klassen (in Analogie zu Mengen) gebildeten Objekte (wie z.B. der Verband aller gleichungsdefinierten Klassen von Algebren desselben Typs) einer exakten Begründung bedürfen[2], ist der nachfolgende Satz eine unmittelbare Folgerung aus obigem Satz und Satz 17.5.1.

Satz 21.3.2 *Es sei X eine abzählbare unendliche Menge, $Alg(\mathfrak{F}, \tau)$ die Klasse aller Algebren des Typs $(\mathcal{F}, \tau)$ über X und $T(X)$ die Menge aller Terme des Typs $(\mathcal{F}, \tau)$. Dann bildet das Paar (Gl_X, Mod) eine Galois-Verbindung zwischen $\mathfrak{P}(T(X) \times T(X))$ und $\mathfrak{P}(Alg(\mathfrak{F}, \tau))$. Außerdem ist der Verband aller gleichungsdefinierten Klassen aus $Alg(\mathfrak{F}, \tau)$ antiisomorph zum Verband aller Gleichungstheorien vom Typ $(\mathfrak{F}, \tau)$.* ∎

21.4 Freie Algebren

Zur Definition einer freien Algebra benötigen wir die folgenden Eigenschaften von $\mathbf{T(X)}$:

Satz 21.4.1 *Bezeichne K eine Klasse von Algebren des Typs $(\mathfrak{F}, \tau)$, und sei $\mathbf{T(X)}$ die Termalgebra dieses Typs über der Variablenmenge X. Dann gilt*

(a) $Gl_X(K) = \bigcap \{Kern\varphi \mid \exists \mathbf{A} \in K : \varphi : \mathbf{T(X)} \longrightarrow \mathbf{A}$ ist homomorphe Abbildung\},

(b) $Gl_X(K) \in Con\mathbf{T(X)}$.

Beweis. (a): Seien $s, t \in T(X')$ mit $X' := \{x_1, ..., x_n\} \subseteq X$. Zu jeder Algebra $\mathbf{A} \in K$ und allen $a_1, ..., a_n \in A$ gibt es nach Satz 21.2.2 einen Homomorphismus φ: $\mathbf{T(X)} \longrightarrow \mathbf{A}$ mit $\varphi(x_i) = a_i$, $i = 1, ..., n$. Für jedes φ gilt $\varphi(s) = s_{\mathbf{A}}(a_1, ..., a_n)$ und $\varphi(t) = t_{\mathbf{A}}(a_1, ..., a_n)$. Daher gilt $(s, t) \in Kern\varphi$ für alle $\varphi : \mathbf{T(X)} \longrightarrow \mathbf{A}$ mit $\mathbf{A} \in K$ genau dann, wenn für alle $\mathbf{A} \in K$ und alle Belegungen $a_1, .., a_n \in A$ die Gleichung $s_{\mathbf{A}}(a_1, ..., a_n) = t_{\mathbf{A}}(a_1, ..., a_n)$ gilt. Doch das ist gleichbedeutend mit $\mathbf{A} \models s \approx t$ für alle $\mathbf{A} \in K$.

(b) folgt unmittelbar aus (a), da der Durchschnitt von Kongruenzen einer Algebra bekanntlich wieder eine Kongruenz der Algebra liefert. ∎

Nach dem eben bewiesenen Satz läßt sich die Faktoralgebra

---

[2] Siehe dazu [Sch 74], Kap. II

$$\mathbf{T(X)/Gl_X(K)} \qquad\qquad (21.1)$$

für eine beliebige Klasse K von Algebren desselben Typs und einer Menge X von Variablen bilden.

Definitionen Gehört die Faktoralgebra (21.1) zu K, so nennt man $\mathbf{T(X)/Gl_X(K)}$ die **freie Algebra** von K mit **freier Erzeugendenmenge** X. Bezeichnet wird (21.1), falls zu K gehörig, mit

$$\mathbf{F_K(X)}.$$

Im Fall $X = \{x_1, ..., x_n\}$ schreibt man auch $\mathbf{F_K(x_1, ..., x_n)}$ oder kürzer $\mathbf{F_K(n)}$, und für $X = \{x_1, x_2, ...\}$ entsprechend $\mathbf{F_K(x_1, x_2, ...)}$ oder $\mathbf{F_K(\aleph_0)}$ (oder $\mathbf{F_K(\omega)}$).

Es sei noch bemerkt, daß die freie Algebra $\mathbf{F_K(X)}$ strenggenommen nicht von der Menge X erzeugt wird, sondern von den Kongruenzklassen $x/Gl_X(K)$, $x \in X$. Dennoch schreibt man meist x statt $x/Gl_X(K)$, da in einer nichttrivialen Klasse K von Algebren (d.h., K enthält nicht nur 0- oder 1-elementige Algebren) aus $x/Gl_X(K) = y/Gl_X(K)$ stets $x = y$ folgt.

Die Bedeutung der freien Algebren ergibt sich aus den nachfolgenden Sätzen, mit deren Hilfe dann in Abschnitt 21.5 die Hauptsätze der Gleichungstheorie bewiesen werden.

Die Faktoralgebra $\mathbf{T(X)/Gl_X(K)}$ hat bez. der Klasse K die gleiche Eigenschaft wie $\mathbf{T(X)}$ bez. der Klasse aller Algebren vom Typ $(\mathfrak{F}, \tau)$ (siehe Satz 21.2.2):

Satz 21.4.2 *Es sei K eine Klasse von Algebren des Typs $(\mathfrak{F}, \tau)$ und $\mathbf{T(X)}$ die Termalgebra dieses Typs. Außerdem sei $\overline{x} := x/Gl_X(K)$ und $\overline{X} := \{\overline{x} \mid x \in X\}$. Dann gibt es für jede Algebra $\mathbf{A} \in K$ und jede Abbildung $\varphi : \overline{X} \longrightarrow A$ genau einen Homomorphismus $\overline{\varphi} : \mathbf{T(X)/Gl_X(K)} \longrightarrow \mathbf{A}$, der φ fortsetzt, d.h., für den $\overline{\varphi}|_X = \varphi$ gilt.*

Beweis. Sei $\alpha : X \longrightarrow A$ die durch $\alpha(x) := \varphi(\overline{x})$ definierte Abbildung. Nach Satz 21.2.2 gibt es dann einen Homomorphismus $\overline{\alpha} : \mathbf{T(X)} \longrightarrow \mathbf{A}$, der α fortsetzt. Für den Homomorphismus $\pi : \mathbf{T(X)} \longrightarrow \mathbf{T(X)/Gl_X(K)}$ mit $Kern\pi = Gl_X(K)$ haben wir wegen Satz 21.4.1, (a) $Kern\pi \subseteq Kern\overline{\alpha}$, d.h., es gilt: $\pi(s) = \pi(t) \implies \overline{\alpha}(s) = \overline{\alpha}(t)$. Durch $\overline{\varphi}(\pi(t)) := \overline{\alpha}(t)$ erhält man daher eine wohldefinierte Abbildungsvorschrift $\overline{\varphi} : T(X)/Gl_X(K) \longrightarrow A$. Es ist leicht zu sehen (ÜA), daß $\overline{\varphi}$ ein Homomorphismus ist, und daß $\overline{\varphi}(\overline{x}) = \varphi(\overline{x})$ für alle $x \in X$ gilt.
Wegen $[\overline{X}] = [\pi(X)] = \pi[X] = \pi(T(X)) = T(X)/Gl_X(K)$ ist $\overline{\varphi}$ durch die Festlegung auf $\overline{X}$ eindeutig bestimmt. ∎

Satz 21.4.3 *Für jede Klasse K von Algebren desselben Typs und jede Variablenmenge X gilt*

$$\mathbf{T(X)/Gl_X(K)} \in ISP(K).$$

Beweis. Sei $T := T(X)$ und $\kappa := Gl_X(K)$. Nach Satz 21.4.1, (a) und unter Beachtung von Lemma 17.4.1 gilt

$$\bigcap\{(Kern\varphi)/\kappa \mid \exists \mathbf{A} \in K : \varphi : \mathbf{T} \longrightarrow \mathbf{A} \text{ ist homomorphe Abbildung}\}$$

$$= \Delta_{T/\kappa} (= \kappa_0 \text{ auf } T/\kappa).$$

Wegen Satz 18.2.2 ist $\mathbf{T}/\kappa$ daher isomorph zu einem subdirekten Produkt der Algebren

$$(\mathbf{T}/\kappa)/((\mathbf{Kern}\varphi)/\kappa)$$

mit $\varphi : \mathbf{T} \longrightarrow \mathbf{A}, \mathbf{A} \in K$. Für jedes solche φ gilt (unter Verwendung von Satz 17.4.2)

$$(\mathbf{T}/\kappa)/((\mathbf{Kern}\varphi)/\kappa) \cong \mathbf{T}/(\mathbf{Kern}\varphi) \cong \varphi(\mathbf{T}) \in S(K).$$

Insgesamt erhält man daher

$$\mathbf{T}/\kappa \in ISP(IS(K)) \subseteq ISP(S(K)) \subseteq ISP(K),$$

wobei die erste Inklusion offensichtlich ist und die zweite aus Lemma 21.1.1, (b) folgt. ∎

Als unmittelbare Folgerung aus Satz 21.4.3 ergibt sich:

Satz 21.4.4 *Für jede unter den Operatoren I, S und P abgeschlossenen Klasse K von Algebren desselben Typs (speziell für eine Varietät K) gilt* $\mathbf{T}(\mathbf{X})/\mathbf{Gl}_{\mathbf{X}}(K) \in K$, *d.h., K enthält eine freie Algebra* $\mathbf{F}_{\mathbf{K}}(\mathbf{X})$. ∎

Lemma 21.4.5 *Jede freie Algebra* $\mathbf{F}_{\mathbf{K}}(\mathbf{X})$ *einer Varietät ist isomorph zu einem subdirekten Produkt der* $\mathbf{F}_{\mathbf{K}}(\mathbf{E})$ *mit* $E \subseteq X$ *endlich,* $E \neq \emptyset$.

Beweis. Für $x \in X$ sei $\overline{x} := x/Gl_X(K)$. Außerdem sei für jedes $E \subseteq X$: $\overline{E} := \{\overline{e} \in F_K(X) \mid e \in E\}$. Die von $\overline{E}$ erzeugte Unteralgebra von $\mathbf{F}_{\mathbf{K}}(\mathbf{X})$ werde mit $\mathbf{U}(\overline{\mathbf{E}})$ bezeichnet. Man prüft leicht nach, daß $\mathbf{U}(\overline{\mathbf{E}})$ und $\mathbf{F}_{\mathbf{K}}(\mathbf{E})$ isomorph sind. Es genügt daher zu zeigen, daß $\mathbf{F}_{\mathbf{K}}(\overline{\mathbf{X}})$ isomorph zu einem subdirekten Produkt der $\mathbf{U}(\overline{\mathbf{E}})$ ist, mit $E \subseteq X$ nichtleer und endlich. Für jedes solche E werde eine Abbildung $\varphi_E : \overline{X} \longrightarrow \overline{E}$ gewählt mit $(\varphi_E)_{|\overline{E}} = \mathrm{id}_{\overline{E}}$. Die homomorphe Fortsetzung $\overline{\varphi}_E$ ist dann surjektiv, und es gilt $(\overline{\varphi}_E)_{|U(\overline{E})} = \mathrm{id}_{U(\overline{E})}$. Jeder Term hängt nur von endlich vielen Variablen ab. Zu jedem Paar $s,t \in \mathbf{F}_{\mathbf{K}}(\mathbf{X})$ gibt es daher eine endliche Teilmenge $E \subseteq X$ mit $s,t \in U(\overline{E})$. Im Fall $s \neq t$ gilt wegen $\overline{\varphi}_E(s) = s$ und $\overline{\varphi}_E(t) = t$ sogar $(s,t) \notin Kern(\overline{\varphi}_E)$. Es folgt $\bigcap\{Kern(\overline{\varphi}_E) \mid \emptyset \subset E \subseteq X \wedge E \text{ endlich}\} = \kappa_0$. Nach Satz 18.2.2 ist $\mathbf{F}_{\mathbf{K}}(\mathbf{X})$ also isomorph zu einem subdirekten Produkt der $\mathbf{F}_{\mathbf{K}}(\mathbf{x})/\mathbf{Kern}(\overline{\varphi}_{\mathbf{E}})$. Wegen $\mathbf{F}_{\mathbf{K}}(\mathbf{X})/\mathbf{Kern}(\overline{\varphi}_{\mathbf{E}}) \cong \mathbf{U}(\overline{\mathbf{E}})$ folgt die Behauptung. ∎

Satz 21.4.6 *Für jede Varietät K gilt*

$$K = HSP(\{\mathbf{F}_{\mathbf{K}}(\mathbf{n}) \mid n \in \mathbb{N}\}) = HSP(\{\mathbf{F}_{\mathbf{K}}(\omega)\}).$$

Beweis. Jede Algebra $\mathbf{A} \in K$ ist ein homomorphes Bild von $\mathbf{F}_{\mathbf{K}}(\mathbf{X})$, falls $|X| \geq |A|$ (man wähle eine surjektive Abbildung $\varphi : X \longrightarrow A$ und wende dann Satz 21.4.2 an). Das erste Gleichheitszeichen in unserem Satz folgt daher aus Lemma 21.4.5, und das zweite dann aus der Tatsache, daß $\mathbf{F}_{\mathbf{K}}(\mathbf{n})$ für alle $n \in \mathbb{N}$ zu einer Unteralgebra von $\mathbf{F}_{\mathbf{K}}(\omega)$ isomorph ist. ∎

21.5 Beziehungen zwischen Varietäten und gleichungsdefinierten Klassen

Wir benötigen noch eine Hilfsaussage:

Lemma 21.5.1 *Bezeichne K eine Klasse von Algebren desselben Typs. Dann gilt für ein beliebiges Alphabet X:*

(a) $\forall Op \in \{H, S, P\} : Op(K) \subseteq ModGl_X(K)$;

(b) $ModGl_X(K)$ *ist eine Varietät.*

Beweis. (a): Sei Op gleich H gewählt. Wir überlegen uns zunächst, daß $Gl_X(K) \subseteq Gl_X(H(K))$ richtig ist.
Sei $s < x_1, ..., x_n > \approx t < x_1, ..., x_n >$ eine Gleichung aus $Gl_X(K)$ mit $\{x_1, ..., x_n\} \subseteq X$. Diese Gleichung gilt dann auch in einer beliebigen Algebra $\mathbf{B} \in H(K)$: Ist nämlich $\varphi(\mathbf{A}) = \mathbf{B}$ für eine gewisse Algebra $\mathbf{A} \in K$ und einen surjektiven Homomorphismus φ, so gibt es für beliebige $b_1, ..., b_n \in B$ gewisse $a_1, ..., a_n \in A$ mit der Eigenschaft

$$
\begin{aligned}
s_\mathbf{B} < b_1, ..., b_n > &= s_\mathbf{B} < \varphi(a_1), ..., \varphi(a_n) > \\
&= \varphi(s_\mathbf{A} < a_1, ..., a_n >) \\
&= \varphi(t_\mathbf{A} < a_1, ..., a_n >) \\
&= t_\mathbf{B} < \varphi(a_1), ..., \varphi(a_n) > \\
&= t_\mathbf{B} < b_1, ..., b_n >,
\end{aligned}
$$

d.h., es ist $s \approx t \in Gl_X(\{\mathbf{B}\})$, und wir haben folglich $Gl_X(K) \subseteq Gl_X(H(K))$. Wendet man nun Satz 21.3.1, (1) an, so ergibt sich $ModGl_X(H(K)) \subseteq ModGl_X(K)$. Außerdem gilt nach Satz 21.3.1, (2) $H(K) \subseteq ModGl_X(H(K))$. Also: $H(K) \subseteq ModGl_X(K)$.

Analog zeigt man (a) für $Op \in \{S, P\}$ (ÜA).

(b): Sei $K^* = ModGl_X(K)$. Nach (a) gilt dann für jedes $Op \in \{H, S, P\}$ unter Verwendung von Satz 21.3.1, (3):

$$Op(K^*) \subseteq ModGl_X(K^*) = Mod(Gl_X ModGl_X(K)) = ModGl_X(K) = K^*,$$

womit K^* eine Varietät ist. ∎

Satz 21.5.2 (Erster Hauptsatz der Gleichungstheorie; [Bir 35])

Eine Klasse K von Algebren desselben Typs ist genau dann eine Varietät, wenn sie gleichungsdefiniert ist, d.h., es gilt (unter Beachtung von Satz 21.3.1, (6) und Satz 21.1.2):

$$K = HSP(K) \Longleftrightarrow \exists X : K = ModGl_X(K).$$

Beweis. „$\Longleftarrow$": Nach Lemma 21.5.1, (a) gilt $Op(K) \subseteq ModGl_X(K)$ für jedes $Op \in \{H, S, P\}$. Ist nun $K = ModGl_X(K)$, so folgt hieraus $Op(K) \subseteq K$, womit K eine Varietät ist.

„$\Longrightarrow$": Sei K eine Varietät. Wegen Lemma 21.5.1, (b) ist auch $K^* := ModGl_X(K)$ eine Varietät und es gilt für ein beliebiges Alphabet X:

$$
\begin{aligned}
\mathbf{F_{K^*}(X)} &= \mathbf{T(X)/Gl_X(K^*)} \quad \text{(nach Definition)} \\
&= \mathbf{T(X)/Gl_X(K)} \quad \text{(da nach Satz 21.3.1, (3)}: Gl_X(K^*) = \\
&\qquad\qquad\qquad\qquad\quad Gl_X ModGl_X(K) = Gl_X(K)) \\
&= \mathbf{F_K(X)} \qquad\qquad\quad \text{(nach Definition)}.
\end{aligned}
$$

Mit Hilfe von Satz 21.4.6 erhält man hieraus für $X := \{x_1, x_2, ...\}$ insbesondere

$$
K = HSP(\{\mathbf{F_K}(\omega)\}) = HSP(\{\mathbf{F_{K^*}}(\omega)\}) = K^*.
$$

Daher ist K gleichungsdefiniert. ∎

21.6 Deduktiver Abschluß von Gleichungsmengen und Gleichungstheorie

Mit der nachfolgenden Definition des deduktiven Abschlusses von Gleichungsmengen verallgemeinern wir das übliche Vorgehen beim Herleiten von Gleichungen aus bereits als richtig angenommenen bzw. hergeleiteten Gleichungen. Am Ende dieses Abschnitt werden wir beweisen können, daß die durch den deduktiven Abschluß aus einer Gleichungsmenge Σ gewonnenen Gleichungen mit der Menge aller Folgerungen aus Σ übereinstimmt.

Definitionen   Seien $(\mathfrak{F}, \tau)$ ein fixierter Typ von Algebren, $T(X)$ wie in 21.2 definiert und $\Sigma \subseteq T(X) \times T(X)$. Unter dem **deduktiven Abschluß** $D(\Sigma)$ von Σ versteht man die kleinste Teilmenge von $T(X) \times T(X)$, die Σ enthält und den folgenden 5 Bedingungen genügt:

(R1) $\forall p \in T(X) : p \approx p \in D(\Sigma)$;

(R2) $\forall p, q \in T(X) : p \approx q \in D(\Sigma) \Longrightarrow q \approx p \in D(\Sigma)$;

(R3) $\forall p, q, r \in T(X) : (p \approx q \in D(\Sigma) \wedge q \approx r \in D(\Sigma) \Longrightarrow p \approx r \in D(\Sigma))$;

(Er) $\forall f^n \in \mathfrak{F} \; \forall \{s_1 \approx t_1, ..., s_n \approx t_n\} \subseteq D(\Sigma) : f(s_1, ..., s_n) \approx f(t_1, ..., t_n) \in D(\Sigma)$;

(„**Ersetzungsregel**");

(Ein) $\forall s < x_1, ..., x_n > \approx t < x_1, ..., x_n > \in D(\Sigma) \; \forall t_1, ..., t_n \in T(X) :$
$\qquad s < t_1, ..., t_n > \approx t < t_1, ..., t_n > \in D(\Sigma)$

(„**Einsetzungsregel**").

$\Sigma \subseteq T(X) \times T(X)$ heißt **deduktiv abgeschlossen**, wenn $D(\Sigma) = \Sigma$ ist.

Offenbar sind Mengen Σ von Gleichungen mit $\Sigma = Gl_X(K)$, wobei K eine Klasse von Algebren des Typs $(\mathfrak{F}, \tau)$ bezeichnet, deduktiv abgeschlossen. Mit anderen Worten: Wenn Σ eine Gleichungstheorie einer Klasse von Algebren ist, so ist sie deduktiv abgeschlossen.

Außerdem gilt

$$D(\Sigma) \subseteq Fl_X(\Sigma).$$

Ziel der nachfolgenden Überlegungen ist der Nachweis, daß auch die Umkehrungen der obigen zwei Aussagen richtig sind.

Genauer: Es soll gezeigt werden, daß jede deduktiv abgeschlossene Menge von Gleichungen die Gleichungstheorie einer gewissen Klasse von Algebren ist, und daß für jede Menge Σ von Gleichungen $Fl_X(\Sigma) \subseteq D(\Sigma)$ gilt.

Eine deduktiv abgeschlossene Menge $\Sigma \subseteq T(X) \times T(X)$ läßt sich offenbar auch wie folgt charakterisieren:

Wegen (R1) – (R3) ist Σ eine Äquivalenzrelation,
wegen (Er) ist Σ eine Kongruenz auf $T(X)$ und
wegen (Ein) ist sie mit jedem Endomorphismus von $\mathbf{T(X)}$ (das ist ein Homomorphismus von $\mathbf{T(X)}$ in $\mathbf{T(X)}$) verträglich (Denn: Bei beliebiger Vorgabe von $t_1, ..., t_n \in T(X)$ existiert ein Endomorphismus φ von $\mathbf{T(X)}$ mit $\varphi(x_1) = t_1$, $\varphi(x_2) = t_2$, ..., $\varphi(x_n) = t_n$, und für jeden solchen Endomorphismus gilt $\varphi(s) = s < t_1, ..., t_n >$ und $\varphi(t) = t < t_1, ..., t_n >$.).

Definition   Eine Kongruenzrelation κ einer Algebra $\mathbf{A}$ heißt **vollinvariant**, wenn sie mit allen Endomorphismen von $\mathbf{A}$ verträglich ist, d.h., wenn für jeden Endomorphismus φ von $\mathbf{A}$ aus $(a, b) \in \kappa$ stets $(\varphi(a), \varphi(b)) \in \kappa$ folgt.

Aus dieser Definition und unseren obigen Überlegungen ergeben sich dann unmittelbar folgende zwei Lemmata.

Lemma 21.6.1 *Eine Menge* $\Sigma \subseteq T(X) \times T(X)$ *ist genau dann deduktiv abgeschlossen, wenn* Σ *eine vollinvariante Kongruenz auf* $\mathbf{T(X)}$ *ist.* ∎

Lemma 21.6.2 *Für jede Klasse K von Algebren desselben Typs und jede Variablenmenge X ist* $Gl_X(K)$ *eine vollinvariante Kongruenz auf* $\mathbf{T(X)}$. ∎

Es gilt auch die Umkehrung von Lemma 21.6.2:

Lemma 21.6.3 *Für jede vollinvariante Kongruenz κ auf* $\mathbf{T(X)}$ *gilt*

$$Gl_X(\{\mathbf{T(X)}/\kappa\}) = \kappa,$$

d.h., für beliebige $s, t \in T(X)$ haben wir:

$$(s, t) \in \kappa \iff \mathbf{T(X)}/\kappa \models s \approx t.$$

Mit anderen Worten: Eine beliebige vollinvariante Kongruenz κ auf $\mathbf{T(X)}$ *ist eine Gleichungstheorie der Algebra* $\mathbf{T(X)}/\kappa$.

Beweis.   „$\Longrightarrow$": Seien $s = s < x_1, ..., x_n >$, $t = t < x_1, ..., x_n >$ und (s, t) $\in \kappa$. Für beliebige $t_1, ..., t_n \in T(X)$ gilt wegen der Vollinvarianz von κ: $(s < t_1, ..., t_n >, t < t_1, ..., t_n >) \in \kappa$. Folglich haben wir:

$$s_{\mathbf{T}(\mathbf{X})/\kappa} < t_1/\kappa, ..., t_n/\kappa >= t_{\mathbf{T}(\mathbf{X})/\kappa} < t_1/\kappa, ..., t_n/\kappa >,$$

d.h., in $\mathbf{T}(\mathbf{X})/\kappa$ ist die Gleichung $s \approx t$ gültig.

„$\Longleftarrow$": Sei $s \approx t \in Gl_X(\mathbf{T}(\mathbf{X})/\kappa)$. Dann gilt

$$s_{\mathbf{T}(\mathbf{X})/\kappa} < x_1/\kappa, ..., x_n/\kappa >= t_{\mathbf{T}(\mathbf{X})/\kappa} < x_1/\kappa, ..., x_n/\kappa >,$$

womit $(s_{\mathbf{T}(\mathbf{X})}, t_{\mathbf{T}(\mathbf{X})}) \in \kappa$ bzw. $(s, t) \in \kappa$.   ∎

Als Folgerung aus den Lemmata 21.6.2 und 21.6.3 ergibt sich:

Satz 21.6.4 (Zweiter Hauptsatz der Gleichungstheorie; [Bir 35])

Eine Menge $\Sigma \subseteq T(X) \times T(X)$ ist genau dann eine Gleichungstheorie, wenn Σ eine vollinvariante Kongruenz auf $T(X)$ ist.   ∎

Wegen Satz 21.3.1, (6) und Lemma 21.6.1 läßt sich Satz 21.6.4 auch wie folgt aufschreiben:

Satz 21.6.5 (Vollständigkeitssatz der Gleichungslogik; [Bir 35])

Für ein beliebiges Alphabet X und beliebigem $\Sigma \subseteq T(X) \times T(X)$ gilt:

(a) $\Sigma = Fl_X(\Sigma) \Longleftrightarrow D(\Sigma) = \Sigma$;

(b) $D(\Sigma) = Fl_X(\Sigma)$.

Beweis.   (a): „$\Longrightarrow$": Sei $\Sigma = Fl_X(\Sigma)$. Offenbar gilt dann $D(\Sigma) \subseteq Fl_X(\Sigma) = \Sigma$ und $\Sigma \subseteq D(\Sigma)$, woraus $D(\Sigma) = \Sigma$ folgt.
„$\Longleftarrow$": Sei $D(\Sigma) = \Sigma$. Wegen Satz 21.6.1 ist Σ dann eine vollinvariante Kongruenz auf $T(X)$. Mittels Satz 21.6.4 folgt hieraus, daß Σ eine Gleichungstheorie ist. Damit gilt nach Satz 21.3.1, (6) $\Sigma = Fl_X(\Sigma)$.
(b): Sei $\Sigma_1 := D(\Sigma)$. Dann gilt offenbar $D(\Sigma_1) = \Sigma_1$, $\Sigma \subseteq \Sigma_1$ und

$$D(\Sigma) \subseteq Fl_X(\Sigma) \subseteq Fl_X(\Sigma_1). \tag{21.2}$$

Wegen $D(\Sigma_1) = \Sigma_1$ folgt aus (a): $Fl_X(\Sigma_1) = \Sigma_1$. Wegen der Idempotenz von D ergibt sich hieraus:

$$D(\Sigma) = D(D(\Sigma)) = D(\Sigma_1) = Fl_X(\Sigma_1),$$

aus dem wegen (21.2) $D(\Sigma) = Fl_X(\Sigma)$ folgt.   ∎

Zu Anwendungen obiger Sätze siehe z.B. [Ihr 93] (Anhang Abstrakte Datentypen und die dort zitierte Literatur zur Algebraischen Spezifikation).

Funktionenalgebren

In den Mittelpunkt unseres Interesses rücken in diesem Kapitel die über einer endlichen Menge A definierten mehrstelligen Operationen, auf denen wir wiederum Operationen erklären werden. Zur Unterscheidung nennen wir deshalb die über A definierten Operationen in diesem Kapitel *Funktionen*.

22.1 Funktionen über endlichen Mengen

Wenn nicht anders erwähnt, sei A im weiteren stets eine endliche Menge mit mindestens zwei Elementen. Oft wählen wir nachfolgend anstelle von A die Menge

$$E_k := \{0, 1, 2, ..., k - 1\}, \ k \geq 2.$$

Wir nennen f genau dann eine n-**stellige Funktion über** A (bzw. eine n-**stellige Funktion der** $|A|$-**wertigen Logik**[1]), wenn f eine eindeutige Abbildung des n-fachen kartesischen Produktes A^n in A ist, $n \geq 1$. Aus technischen Gründen (siehe 22.3) verzichten wir in diesem Abschnitt i.allg. darauf, auch nullstellige Funktionen zu betrachten. Ansonsten verwenden wir die im Kapitel 14 festgelegten Bezeichnungen wie af, f^n, $D(f)$, ... für Operationen. Die Menge aller n-stelligen Funktionen über A sei mit P_A^n bezeichnet[2], $n \geq 1$. Für $P_{E_k}^n$ schreiben wir auch P_k^n. Weiter seien

---

[1] Eine Begründung für diese Bezeichnung entnehme man dem Abschnitt 22.5.

[2] Verwechslungen mit dem direkten Produkt sind aus inhaltlichen Gründen nicht möglich.

$$P_A := \bigcup_{n \geq 1} P_A^n,$$

$$F^n := F \cap P_A^n \text{ für jede Teilmenge } F \text{ von } P_A,$$

$$P_k := \bigcup_{n \geq 1} P_k^n,$$

$$P_{A,B} := \{f \in P_A \mid W(f) \subseteq B\},$$

$$P_{k,l} := P_{E_k, E_l},$$

$$P_A(l) := \{f \in P_A \mid |W(f)| \leq l\},$$

$$P_k(l) := P_{E_k}(l)$$

$$P_A[l] := \{f \in P_A \mid |W(f)| = l\} \text{ und}$$

$$P_k[l] := P_{E_k}[l] \ (2 \leq l \leq k).$$

Mit $(x_1, ..., x_n)$ kurz $\mathbf{x}^{(n)}$ bzw. $\mathbf{x}$ bezeichnen wir stets ein ganz beliebig wählbares n-Tupel aus A^n bzw. E_k^n und nennen die x_i $(i = 1, 2, ..., n)$ wie üblich **Variable**. Anstelle von $(x_1, ..., x_n)$ schreiben wir für $n = 2$ bzw. $n = 3$ auch (x, y) bzw. (x, y, z). Definieren werden wir nachfolgend spezielle Funktionen f^n aus P_k entweder durch Tabellen der Form

x_1	x_2	...	x_n	$f(x_1, x_2, ..., x_n)$
0	0	...	0	$f(0, 0, ..., 0)$
0	0	...	1	$f(0, 0, ..., 1)$
.	.	...	.	.
a_1	a_2	...	a_n	$f(a_1, a_2, ..., a_n)$
.	.	...	.	.
$k-1$	$k-1$	...	$k-1$	$f(k-1, k-1, ..., k-1)$

Tabelle 22.1

oder durch Ausdrücke (Formeln, Terme) z.B. der Gestalt

$$\forall \mathbf{x} \in E_k^n : \ f(x_1, ..., x_n) := x_1 + ... + x_n \ (mod \, k) \tag{22.1}$$

über dem (Variablen-) Alphabet $\{x, y, z, x_1, x_2, ...\}$. Zumeist schreiben wir anstelle von (22.1) kurz

$$f(x_1, ..., x_n) := x_1 + ... + x_n (mod \, k) \tag{22.2}$$

oder (falls die Stellenzahl von f aus dem Zusammenhang ersichtlich bzw. ohne Belang ist) noch kürzer

$$\text{„} f \text{ sei die durch } x_1 + ... + x_n (mod \, k) \text{ definierte Funktion.“,} \tag{22.3}$$

d.h., wir unterscheiden in diesem Abschnitt nicht zwischen Funktionen und den sie definierenden Ausdrücken. Zwecks genauer Definition des Begriffs „Ausdruck" („Term", „Formel") sei auf Abschnitt 21.2 verwiesen.

Funktionen $f^n, g^m \in P_A$ sind genau dann gleich (Bezeichnung: $f^n = g^m$), wenn $n = m$ und für alle $\mathbf{x} \in A^n$ stets $f(\mathbf{x}) = g(\mathbf{x})$ gilt.

Wir sagen, $f \in P_A$ **hängt wesentlich von der i-ten Stelle bzw. i-ten Variablen ab** ($i \in \{1, 2, ..., af\}$), wenn es af-Tupel

$$\mathbf{a} = (a_1, ..., a_{i-1}, b, a_{i+1}, ..., a_{af}) \text{ und}$$
$$\mathbf{a}' = (a_1, ..., a_{i-1}, c, a_{i+1}, ..., a_{af})$$

mit $b \neq c$ gibt, für die $f(\mathbf{a}) \neq f(\mathbf{a}')$ gilt. Die i-te Stelle bzw. Variable heißt dann **wesentlich** für f. Im entgegengesetzten Fall heißt die i-te Stelle (Variable) **fiktiv**.

Die durch

$$e_i^n(x_1, ..., x_n) = x_i$$

($i \in \{1, ..., n\}$) definierten Funktionen e_i^n nennen wir **Projektionen** oder auch **Selektoren**. Die Menge aller Projektionen aus P_A (bzw. P_k) sei J_A (bzw. J_k).

Als **Konstanten** bezeichnen wir Funktionen c_a^n ($a \in A$), die erklärt sind durch

$$c_a^n(x_1, ..., x_n) = a.$$

Bezeichnungen für gewisse Funktionen der zweiwertigen Logik, den sogenannten **Booleschen Funktionen**, gibt die nachfolgende Tabelle an. Dabei sei wie üblich

$$\circ(x, y) := x \circ y \text{ für } \circ \in \{\wedge, \vee, +, \Rightarrow, \Leftrightarrow\}$$

und

$$^-(x) := \overline{x}$$

vereinbart.

x	$\overline{x}$	x	y	$x \wedge y$	$x \vee y$	$x + y$	$x \Rightarrow y$	$x \Leftrightarrow y$
0	1	0	0	0	0	0	1	1
1	0	0	1	0	1	1	1	0
		1	0	0	1	1	0	0
		1	1	1	1	0	1	1

Tabelle 22.2

Anstelle von $x \wedge y$ schreiben wir auch $x \cdot y$ oder kurz xy. Die im folgenden Satz zusammengestellte Eigenschaften der oben definierten Funktionen hatten wir uns bereits im Band 1 überlegt.

Satz 22.1.1 *Es gilt:*

(a) $\forall \circ \in \{\vee, \wedge, \Leftrightarrow, +\} : x \circ (y \circ z) = (x \circ y) \circ z;$

(b) $x \vee x = x, x \wedge x = x, x \Leftrightarrow x = 1, x \Rightarrow x = 1, x + x = 0,$
$\quad x \vee 0 = x, x \wedge 1 = x, x \vee 1 = 1, x \wedge 0 = 0;$

(c) $\forall \circ \in \{\vee, \wedge, +, \Leftrightarrow\} : x \circ y = y \circ x;$

(d) $x \wedge \overline{x} = 0,\ x \vee \overline{x} = 1, \overline{\overline{x}} = x,$
$\overline{x \vee y} = \overline{x} \wedge \overline{y},\ \overline{x \wedge y} = \overline{x} \vee \overline{y}$ („de Morgansche Regeln“);

(e) $\overline{x \Rightarrow y} = x \wedge \overline{y};$

(f) $x \wedge (y \vee z) = (x \wedge y) \vee (x \wedge z), x \vee (y \wedge z) = (x \vee y) \wedge (x \vee z);$

(g) $x \wedge (x \vee y) = x, x \vee (x \wedge y) = x.$ ■

22.2 Operationen über P_A, Funktionenalgebren

Die „Formelschreibweise“ unserer Funktionen aus 22.1 motiviert folgende Festlegung von Operationen (sogenannte **Superpositionsoperationen**) über P_A:
– Umordnen von Variablen,
– Identifizieren von Variablen,
– Hinzufügen von fiktiven Variablen und
– das Ersetzen von Variablen in Funktionen durch Funktionen,
die sich exakter auf verschiedene Weise beschreiben lassen. Wir geben hier nur zwei Möglichkeiten an.
Zunächst wollen wir die oben grob umrissenen Operationen über P_A durch (unendlich viele) partielle Operationen

$$\pi_s : P_A^n \longrightarrow P_A^n,$$

$$\Delta_t : P_A^n \longrightarrow P_A^r\ (r < n),$$

$$\nabla_q : P_A^n \longrightarrow P_A^u\ (u > n),$$

$$\star_i : P_A^n \times P_A^m \longrightarrow P_A^{n+m-1}$$

beschreiben.
Seien dazu f^n, g^m aus P_A, s eine Permutation über der Menge $\{1, 2, ..., n\}$, t eine Abbildung von $\{1, 2, ..., n\}$ auf $\{1, 2, ..., r\}$ $(r < n)$, q eine injektive Abbildung von $\{1, 2, ..., n\}$ in $\{1, 2, ..., u\}$ $(u > n)$ sowie $i \in \{1, 2, ..., n\}$. Dann seien $\pi_s f \in P_A^n$, $\Delta_t f \in P_A^r$, $\nabla_q f \in P_A^u$, $f \star_i g \in P_A^{m+n-1}$ definiert durch

$$(\pi_s f)(x_1, ..., x_n) := f(x_{s(1)}, x_{s(2)}, ..., x_{s(n)})$$

(„Permutation der Variablen von f“),

$$(\Delta_t f)(x_1, ..., x_r) := f(x_{t(1)}, x_{t(2)}, ..., x_{t(n)})$$

(„Identifikation gewisser Variablen von f“),

$$(\nabla_q f)(x_1, x_2, ..., x_u) := f(x_{q(1)}, x_{q(2)}, ..., x_{q(n)})$$

(„Hinzufügen gewisser fiktiver Variablen“)

und

$$(f \star_i g)(x_1, ..., x_{m+n-1}) :=$$

$$f(x_1, ..., x_{i-1}, g(x_i, ..., x_{i+m-1}), x_{i+m}, ..., x_{m+n-1})$$

(„Ersetzen der i-ten Variablen in f durch die Funktion g und Umbezeichnen der Variablen").

Unsere oben definierten (partiellen) Operationen $\alpha \in \{\pi_s, \Delta_t, \nabla_q, \star_i\}$ lassen sich offenbar zu gewissen Operationen α' auf P_A fortsetzen. Für spätere Untersuchungen ist es jedoch günstiger, die Anzahl der Operationen auf P_A möglichst minimal zu halten. Wir überlegen uns deshalb als nächstes, daß bestimmte Fortsetzungen – welche sind im folgenden uninteressant – der Operationen $\pi_s, \Delta_t, \nabla_q, \star_i$ für beliebige s, t, q, i, n, m durch sogenannte **elementare Operationen** $\zeta, \tau, \Delta, \nabla, \star$ auf P_A ausdrückbar sind. Diese Operationen wurden von A. I. Mal'cev[3] vor ca. 40 Jahren erstmalig angegeben und sind für beliebige $f^n, g^m \in P_A$ wie folgt definiert:

$$\zeta f^n \in P_A^n, \tau f^n \in P_A^n, \Delta f^n \in P_A^{max\{1,n-1\}}, \nabla f^n \in P_A^{n+1}, f^n \star g^m \in P_A^{m+n-1}$$

sowie

$$(\zeta f)(x_1, ..., x_n) := f(x_2, x_3, ..., x_n, x_1),$$

$$(\tau f)(x_1, ..., x_n) := f(x_2, x_1, x_3, ..., x_n),$$

$$(\Delta f)(x_1, ..., x_{n-1}) := f(x_1, x_1, x_2, ..., x_{n-1}) \text{ für } n \geq 2,$$

$$\zeta f = \tau f = \Delta f = f \text{ für } n = 1,$$

$$(\nabla f)(x_1, ..., x_{n+1}) := f(x_2, x_3, ..., x_{n+1}),$$

$$(f \star g)(x_1, ..., x_{m+n-1}) := f(g(x_1, ..., x_m), x_{m+1}, ..., x_{m+n-1}).$$

Für den Nachweis, daß man mittels der Operationen ζ, τ (auf P_A) die Operation π_s (auf P_A^n) ausdrücken kann, hat man sich nur zu überlegen, daß die Menge S_n der Permutationen auf der Menge $\{1, 2, ..., n\}$ durch die Permutationen $(12...n)$, (12) (angegeben in Zyklenschreibweise) erzeugbar ist, d.h., daß $[\{(12...n), (12)\}]_\square = S_n$ gilt. Man überlege sich dies als ÜA.[4]
Mittels π_s, Δ bzw. π_s, ∇ bzw. $\pi_s, \star$ (s durchläuft dabei jeweils ganz S_n) ist dann offenbar (bez. $\square$) Δ_t bzw. ∇_q bzw. $\star_i$ erzeugbar. Wir haben damit das folgende Lemma bewiesen.

Lemma 22.2.1 *Es gilt:*

(a) Für jede Permutation $s \in S_n$ existiert eine Operation $\tilde{\pi} \in [\{\zeta, \tau\}]_\square$ mit $\pi_s f = \tilde{\pi}_s f$ für alle $f \in P_A^n$.

---

[3] Anatolij Ivanovič Mal'cev (1909 – 1967), russischer Mathematiker. Publizierte fundamentale Resultate zu vielen Gebieten der Mathematik (z.B. zur Gruppen- und Ringtheorie, Linearen Algebra, Allgemeinen Algebra, Topologie und Mathematischen Logik).

[4] Eine Anleitung zum Beweis findet man im Kapitel 23, A.14.4.

(b) Für jede Abbildung t von $\{1, 2, ..., n\}$ auf $\{1, 2, ..., r\}$ $(r < n)$ existiert eine Operation $\widetilde{\Delta} \in [\{\zeta, \tau, \Delta\}]_\square$ mit $\Delta_t f = \widetilde{\Delta}_t f$ für beliebiges $f \in P_A^n$.

(c) Für jede injektive Abbildung q von $\{1, 2, ..., n\}$ in $\{1, 2, ..., u\}$ existiert eine Operation $\widetilde{\nabla}_q \in [\{\zeta, \tau, \nabla\}]_\square$ mit $\nabla_q f = \widetilde{\nabla}_q f$ für beliebige $f \in P_A^n$.

(d) Für jedes $i \in \{1, 2, ..., n\}$ existiert eine Operation $\widetilde{\star}_i \in [\{\zeta, \tau, \star\}]_\square$ mit $f \star_i g = f \widetilde{\star}_i g$ für beliebiges $f \in P_A^n$ und beliebiges $g \in P_A^m$. ∎

Mittels der Operationen $\zeta, \tau, \Delta, \nabla, \star$ können wir jetzt *endlich* den Untersuchungsgegenstand dieses Kapitels beschreiben.
P_A zusammen mit den Operationen $e_1^2, \zeta, \tau, \Delta, \star$ bildet eine Algebra

$$(P_A; e_1^2, \zeta, \tau, \Delta, \star)$$

des Typs $(0, 1, 1, 1, 2)$, die **(volle) Funktionenalgebra** über A genannt wird.

Eine etwas abgeschwächte Form der vollen Funktionenalgebra ist die sogenannte **iterative (volle) Funktionenalgebra** $(P_A; \zeta, \tau, \Delta, \nabla, \star)$ des Typs $(1, 1, 1, 1, 2)$. Da jedoch $\nabla f = f \star (\tau e_1^2)$, können beide Algebren in einem gewissen Sinn als gleichwertig angesehen werden. Wir werden uns deshalb (der größeren Allgemeinheit wegen) nachfolgend oft nur mit der Algebra

$$\mathbf{P_A} = (P_A; \zeta, \tau, \Delta, \nabla, \star)$$

befassen.

22.3 Superpositionen, Teilklassen und Klone

Eine Funktion $f \in P_A$ soll eine **Superposition** über F $(\subseteq P_A)$ genannt werden, wenn f aus Funktionen der Menge F durch Anwenden der Operationen $\zeta, \tau, \Delta, \nabla, \star$ in endlich vielen Schritten erhalten werden kann.
Bei der Beschreibung einer Superposition f über F werden wir in den seltensten Fällen f als Formel über gewisse Funktionssymbole (für die Elemente von F), den Zeichen $\zeta, \tau, \Delta, \nabla, \star$ und Klammern angeben, sondern f durch eine Formel über dem Variablenalphabet

$$\{x, y, z, x_1, x_2, ...\},$$

gewissen Funktionssymbolen sowie Kommata und Klammern angeben. In einigen Fällen, wo formal eine Gleichung zur genauen Bestimmung der Funktion notwendig wäre, begnügen wir uns mit der Angabe der rechten Seite der definierenden Gleichung, falls sich die restlichen Angaben zur Funktion aus dem Zusammenhang ergeben.

Die Menge aller Superpositionen über F ($\subseteq P_A$) heißt **Hülle** oder **Abschluß**
von F und wird von uns wie üblich mit $[F]$ bezeichnet.
Offenbar ist [..] ein Hüllenoperator auf der Menge $\mathfrak{P}(P_A)$. Eine Menge $F \subseteq P_A$
nennt man **abgeschlossene Menge** oder **Teilklasse** oder kurz **Klasse** von
P_A, wenn $[F] = F$ gilt. Per definitionem sei $\emptyset = [\emptyset]$. Die Menge $F \subseteq P_A$ heißt
ein **Klon** (engl.: clone) von P_A, wenn F abgeschlossen ist und sämtliche Projektionen (es genügt $e_1^1 \in F$!) von P_A enthält. Teilklassen von P_A sind offenbar
die Trägermengen von Unteralgebren der Algebra $(P_A; \zeta, \tau, \Delta, \nabla, \star)$ und Klone genau die Trägermengen von Unteralgebren der Algebra $(P_A; e_1^2, \zeta, \tau, \Delta, \star)$.
Die Menge aller abgeschlossenen Teilmengen von P_A sei mit $\mathbb{L}_A$ bezeichnet.
Für $\mathbb{L}_{E_k}$ schreiben wir auch

$$\mathbb{L}_k.$$

$\mathbb{L}_A$ bildet zusammen mit der Inklusion einen Verband (zu den Verbandsoperationen $\vee$ und $\wedge$ siehe Kapitel 15).
Weiter seien

$$\mathbb{L}_A^{\downarrow}(F) := \{F' \in \mathbb{L}_A \mid F' \subseteq F\}$$

sowie

$$\mathbb{L}_A^{\uparrow}(F) := \{F' \in \mathbb{L}_A \mid F \subseteq F'\}.$$

Entsprechend definiert seien $\mathbb{L}_k^{\uparrow}(F)$ und $\mathbb{L}_k^{\downarrow}(F)$. Außerdem sei

$$\mathbb{L}_A(F; G) := \mathbb{L}_A^{\uparrow}(F) \cap \mathbb{L}_A^{\downarrow}(G),$$

wobei $F, G \in \mathbb{L}_A$ und $F \subset G$.

Ist $[G] = F$ ($\subseteq P_A$), so heißt G **vollständig in** F. Falls speziell $F = P_A$ gilt,
sagen wir, G ist **vollständig** bzw. G ist eine **vollständige Menge**.
Eine abgeschlossene Menge F heißt **maximale Teilklasse der abgeschlos-
senen Menge** F', wenn $F \subset F'$, jedoch gilt $[F \cup \{f\}] = F'$ für jedes $f \in F' \backslash F$.
Für den Spezialfall $F' = P_A$ nennen wir F kurz nur **maximale Klasse**. Die
maximalen der maximalen Klassen von P_A nennt man auch **submaximale
Klassen**.
Wie üblich nennen wir eine Teilmenge F' von F ein **Erzeugendensystem**
von F, wenn $[F'] = F$ gilt. Ein Erzeugendensystem F' von F heißt **Basis**
der abgeschlossenen Menge F, wenn keine echte Teilmenge von F' ebenfalls
Erzeugendensystem von F ist. Falls eine Teilklasse F von P_A eine endliche
Menge als Erzeugendensystem besitzt, so bezeichnen wir mit

$$ord\, F$$

die **Ordnung** von F und verstehen darunter die kleinste Zahl r mit $[F^r] = F$.
Falls F keine endliches Erzeugendensystem besitzt, schreiben wir $ord\, F = \infty$.

22.4 Erzeugendensysteme für P_A

Zwecks Ermittlung von Erzeugendensystemen für die Menge P_A überlegen wir uns zunächst einige Beschreibungen (sogenannte „**Normalformen**") beliebiger Funktionen $f^n \in P_A$ als Superpositionen über gewisse (einfach zu beschreibende) Funktionen kleiner Stellenzahl. Dabei verwenden wir folgende Bezeichnungen:

$$j_a(x) := \begin{cases} 1 & \text{für} \quad x = a, \\ 0 & \text{sonst} \end{cases}$$

($a \in A$) bzw. etwas allgemeiner:

$$j_{\mathbf{a}}(x_1, ..., x_n) := \begin{cases} 1 & \text{für} \quad (x_1, ..., x_n) = \mathbf{a}, \\ 0 & \text{sonst} \end{cases}$$

($\mathbf{a} \in A^n, n \in \mathbb{N}$).

Satz 22.4.1 (Entwicklungssatz für Funktionen aus P_A)

Seien $0, 1 \in A$ und $\wedge, \vee$ zwei zweistellige, assoziative[5] Operationen auf A mit

$$a \wedge 1 = a, \; 0 \vee a = a \vee 0 = a \; und \; a \wedge 0 = 0 \qquad (22.4)$$

für beliebige $a \in A$. Dann gilt für jede Funktion $f^n \in P_A$:

$$f(\mathbf{x}) = (\bigvee_{i=1}^{m} f_{\mathbf{a_i}}(\mathbf{x}) :=) f_{\mathbf{a_1}}(\mathbf{x}) \vee f_{\mathbf{a_2}}(\mathbf{x}) \vee ... \vee f_{\mathbf{a_m}}(\mathbf{x}), \qquad (22.5)$$

wobei $A^n := \{\mathbf{a_1}, ..., \mathbf{a_m}\}$, $m := |A|^n$ und

$$f_{\mathbf{a_i}}(\mathbf{x}) := c_{f(\mathbf{a_i})}(x_1) \wedge j_{\mathbf{a_i}}(\mathbf{x}) \; (i = 1, ..., m).$$

Außerdem haben wir:

$$j_{\mathbf{a_i}}(\mathbf{x}) = j_{a_{i1}}(x_1) \wedge j_{a_{i2}}(x_2) \wedge ... \wedge j_{a_{in}}(x_n),$$

wobei $\mathbf{a_i} := (a_{i1}, ..., a_{in})$.

Beweis. Von der Richtigkeit der Gleichung (22.5) überzeugt man sich durch direktes Nachprüfen des Fakts, daß sowohl auf der linken als auch auf der rechten Seite der Formel für ein beliebiges Tupel $\mathbf{x}$ derselbe Wert steht. ∎

Im Fall $A = \{0, 1\}$, $\vee, \wedge \, (= \cdot)$ wie in Tabelle 22.2 definiert und $j_0(x) = \overline{x}$ sowie $j_1(x) = x$ erhält man als Folgerung aus (22.5) die sogenannte **disjunktive Normalform** (Bez.: **DNF**) einer beliebigen Booleschen Funktion $f^n \in P_2$:

---

[5] Auf die Assoziativität kann verzichtet werden, wenn in den nachfolgenden Formeln entsprechende Klammern gesetzt werden.

$$f(x_1, ..., x_n) = \bigvee_{a \in E_2^n} f(a_1, ..., a_n) \cdot x_1^{a_1} \cdot x_2^{a_2} \cdot ... \cdot x_n^{a_n}, \qquad (22.6)$$

wobei

$$x^\alpha := \begin{cases} \overline{x} & \text{für } \alpha = 0, \\ x & \text{für } \alpha = 1 \end{cases}$$

$(\alpha \in E_2)$ bzw., falls $f \neq c_0^n$,

$$f(x_1, ..., x_n) = \bigvee_{a \in E_2^n, f(\mathbf{x})=1} x_1^{a_1} \cdot x_2^{a_2} \cdot ... \cdot x_n^{a_n}. \qquad (22.7)$$

Z.B. gilt dann für die durch Tabelle 22.3 definierte Funktion

$$f^3 : f(x, y, z) = \overline{x} \cdot y \cdot \overline{z} \vee x \cdot \overline{y} \cdot \overline{z} \vee x \cdot y \cdot z.$$

x	y	z	$f(x,y,z)$
0	0	0	0
0	0	1	0
0	1	0	1
0	1	1	0
1	0	0	1
1	0	1	0
1	1	0	0
1	1	1	1

Tabelle 22.3

Falls A eine beliebige endliche Menge ist, kann man z.B. $\wedge$ und $\vee$ als Verbandsoperationen wählen, wobei $\bigwedge A = 0$ und $\bigvee A = 1$ ist, d.h., wir haben

$$\vee(x, y) = \sup_\varrho(x, y) \text{ und}$$
$$\wedge(x, y) = \inf_\varrho(x, y),$$

wobei ϱ die zum Verband gehörende partielle Ordnung auf A mit dem größten Element 1 und dem kleinsten Element 0 bezeichnet.
Haben wir $A = E_k$, so erfüllen

$$\vee := + \ (mod \, k) \text{ und } \wedge := \cdot \ (mod \, k)$$

ebenfalls (22.4) und wir erhalten folgende Normalform für eine beliebige Funktion $f^n \in P_k$:

$$f(\mathbf{x}) = \sum_{a \in E_k^n} f(a_1, ..., a_n) \cdot j_{a_1}(x_1) \cdot ... \cdot j_{a_n}(x_n) \ (mod \, k) \qquad (22.8)$$

Als unmittelbare Folgerung aus diesen Überlegungen ergibt sich dann

Satz 22.4.2 *Es gilt:*

(a) Bezeichnen $\vee$ und $\wedge$ zweistelligen Operationen auf A, die (22.4) erfüllen, so ist $\{\vee, \wedge\} \cup \{c_a^1, j_a^1 \mid a \in A\}$ ein Erzeugendensystem für P_A.

Speziell für $A = E_2$ haben wir: $[\{\vee, \wedge, ^-\}] = P_2$ (bzw. unter Beachtung von 22.1.1, (d)) $[\{\vee, ^-\}] = [\{\wedge, ^-\}] = P_2$.

(b) $\operatorname{ord} P_A = 2$. ∎

Satz 22.4.3 *Ist $A = E_k$ und $k = p^m$ eine Primzahlpotenz, so lassen sich – wie im Kapitel 19 gezeigt wurde – auf E_k Operationen $+$ und $\cdot$ so definieren, daß $(E_k; +, \cdot)$ einen Körper mit dem neutralen Element o bez. $+$ und dem Einselement e der Gruppe $(E_k \backslash \{o\}; \cdot)$ bildet.*
Eine beliebige Funktion $f^n \in P_k$ läßt sich dann mit Hilfe dieser Körperoperationen wie folgt darstellen:

$$f(\mathbf{x}) = \sum_{(i_1, \dots, i_n) \in E_k^n} a_{i_1 i_2 \dots i_n} \cdot x_1^{i_1} \cdot x_2^{i_2} \cdot \dots \cdot x_n^{i_n} \qquad (22.9)$$

($x^0 := e;\ a_{i_1 i_2 \dots i_n} \in E_k$). Diese Darstellung ist bis auf die Reihenfolge der Summanden eindeutig, d.h., aus der Gleichheit zweier Funktionen $\in P_k^n$ ergibt sich die Gleichheit der entsprechenden Koeffizienten.

Beweis. Jedes Polynom der Form (22.9) ist durch eine geordnete Angabe ihrer k^n Koeffizienten $a_{i_1 \dots i_n}$ eindeutig bestimmt, womit es $k^{(k^n)}$ verschiedene Formeln der Art (22.9) gibt. Da $|P_k^n| = k^{(k^n)}$, ist unser Satz bewiesen, wenn aus

$$f(\mathbf{x}) = \sum_{(i_1, \dots, i_n) \in E_k^n} a_{i_1 i_2 \dots i_n} x_1^{i_1} x_2^{i_2} \dots x_n^{i_n} \quad \text{und}$$
$$f(\mathbf{x}) = \sum_{(i_1, \dots, i_n) \in E_k^n} b_{i_1 i_2 \dots i_n} x_1^{i_1} x_2^{i_2} \dots x_n^{i_n}$$

stets $a_{i_1 \dots i_n} = b_{i_1 \dots i_n}$ für alle $(i_1, \dots, i_n) \in E_k^n$ folgt. Dies ist für $(i_1, \dots, i_n) = (o, o, \dots, o)$ klar (man bilde $f(o, \dots, o)!$). Für den Nachweis von $a_{i_1 \dots i_n} = b_{i_1 \dots i_n}$ im Fall $(i_1, \dots, i_n) \in E_k^n \backslash \{\mathbf{o}\}$ sei $I := \{x_{i_j} \mid i_j \neq o \wedge j \in \{1, \dots, n\}\}$. Identifiziert man nun in f die Variablen aus I mit x und ersetzt die restlichen Variablen durch $c_0(x)$, so erhält man eine einstellige Funktion f', die dann durch

$$f'(x) = a_0 + a_1 \cdot x + a_2 \cdot x^2 + \dots + a_{r-1} \cdot x^{r-1} \qquad (22.10)$$

bzw.

$$f'(x) = b_0 + b_1 \cdot x + b_2 \cdot x^2 + \dots + b_{r-1} \cdot x^{r-1} \qquad (22.11)$$

mit $r-1 := |I|$, $a_{r-1} = a_{i_1 \dots i_n}$ und $b_{r-1} = b_{i_1 \dots i_n}$ für gewisse $a_0, \dots, a_{r-2}, b_0, \dots, b_{r-2}$ beschrieben werden kann. Bildet man nun in (22.10) und (22.11)

$$f'(\alpha_1),\ f'(\alpha_2),\ ...,\ f'(\alpha_r)$$

für paarweise verschiedene $\alpha_1, \alpha_2, ..., \alpha_r \in E_k$, so sieht man, daß sowohl $(a_0, ..., a_{r-1})^T$ als auch $(b_0, ..., b_{r-1})^T$ Lösungen der Matrixgleichung $\mathfrak{A} \cdot \mathfrak{x} = (f'(\alpha_1), ..., f'(\alpha_r))^T$ mit

$$\mathfrak{A} := \begin{pmatrix} 1 & \alpha_1 & \alpha_1^2 & ... & \alpha_1^{r-1} \\ 1 & \alpha_2 & \alpha_2^2 & ... & \alpha_2^{r-1} \\ \multicolumn{5}{c}{\dotfill} \\ 1 & \alpha_r & \alpha_r^2 & ... & \alpha_r^{r-1} \end{pmatrix}$$

sind, was wegen $det\,\mathfrak{A} \neq o$ nur für $a_0 = b_0, ..., a_{r-1} = b_{r-1}$ möglich sein kann.[6]   ∎

Nachfolgend eine Eigenschaft von Funktionen aus P_k für $k \geq 3$, die sich nicht nur bei der Ermittlung von Erzeugendensystemen für P_k als nützlich erweisen wird. Verwendete Bezeichnungen[7] dabei sind:

$$\iota_k^h := \{(a_1, ..., a_h) \in E_k^h \mid |\{a_1, ..., a_h\}| \leq h - 1\}\ (h \geq 2),$$

$$\delta_{\{\alpha,\beta\}}^3 := \{(a_1, a_2, a_3) \in E_k^3 \mid a_\alpha = a_\beta\}\ (\alpha, \beta \in \{1, 2, 3\})\ \text{und}$$

$$\delta_{\{1,2,3\}}^3 := \{(x, x, x) \mid x \in E_k\}.$$

Außerdem sei für beliebige $\mathbf{r_i} := (r_{1i}, r_{2i}, ..., r_{hi}) \in E_k^h$, $i = 1, 2, .., n$, und $f \in P_k^n$:

$$f(\mathbf{r_1}, ..., \mathbf{r_n}) := (f(r_{11}, r_{12}, ..., r_{1n}), f(r_{21}, r_{22}, ..., r_{2n}), .., f(r_{h1}, r_{h2}, ..., r_{hn})).$$

Satz 22.4.4 *Sei f eine n-stellige Funktion aus P_k, die von mindestens zwei Variablen (o.B.d.A. von x_1 und x_2) wesentlich abhängt und genau q paarweise verschiedene Werte annimmt. Dann gilt:*

(a) $q \geq 3 \implies \exists \mathbf{r_1}, ..., \mathbf{r_n} \in \delta_{\{1,2\}}^3 \cup \delta_{\{2,3\}}^3 : f(\mathbf{r_1}, ..., \mathbf{r_n}) \in E_k^3 \backslash \iota_k^3$

   („Hauptlemma von Jablonskij");

(b) $q \geq 3 \implies \exists \mathbf{r_1}, ..., \mathbf{r_n} \in \iota_k^q : f(\mathbf{r_1}, ..., \mathbf{r_n}) \in E_k^q \backslash \iota_k^q;$

(c) $q = 2 \implies \exists \mathbf{r_1}, ..., \mathbf{r_n} \in \delta_{\{1,2\}}^3 \cup \delta_{\{2,3\}}^3 : f(\mathbf{r_1}, ..., \mathbf{r_n}) \in \delta_{\{1,3\}}^3 \backslash \delta_{\{1,2,3\}}^3.$

Beweis. (a), (c): Da f von x_1 wesentlich abhängt, gibt es ein $\mathbf{a} := (a_2, ..., a_n) \in E_k^{n-1}$, so daß

$$T_\mathbf{a} := \{f(x, a_2, ..., a_n) \mid x \in E_k\}$$

---

[6] Zur Erinnerung: $det\,\mathfrak{A}$ ist eine Vandermondesche Determinante (siehe Band 1).
[7] Siehe dazu auch Abschnitt 22.6.

aus mindestens zwei Elementen besteht. Wir unterscheiden zwei Fälle:

Fall 1: $|T_a| < q$.

In diesem Fall findet man ein Tupel $\mathbf{c} = (c_1, ..., c_n)$ mit $\gamma := f(\mathbf{c}) \notin T_a$. Folglich gilt

$$f\begin{pmatrix} a_1 & a_2 & ... & a_n \\ c_1 & a_2 & ... & a_n \\ c_1 & c_2 & ... & c_n \end{pmatrix} := \begin{pmatrix} f(a_1, a_2, ..., a_n) \\ f(c_1, a_2, ..., a_n) \\ f(c_1, c_2, ..., c_n) \end{pmatrix} = \begin{pmatrix} \alpha \\ \beta \\ \gamma \end{pmatrix}$$

und $|\{\alpha, \beta, \gamma\}| = 3$ für gewisses $a_1 \in E_k$.

Fall 2: $|T_a| = q$.

Da f auch von x_2 wesentlich abhängt, ist $f_1(x_1, ..., x_{n-1}) := f(d, x_1, ..., x_{n-1})$ für gewisses $d \in E_k$ keine Konstante. Sei nun $\beta' := f(d, a_2, ..., a_n)$. Wegen $f_1 \neq c_{\beta'}$ gibt es gewisse $c_2', ..., c_n'$ und ein γ' mit $\gamma' := f(d, c_2', ..., c_n') \neq \beta'$. Da $|T_a| = q$, findet man dann ein $a_1' \in E_k$ mit

$$\alpha' := f(a_1', a_2, ..., a_n) = \begin{cases} \gamma' & \text{für } q = 2, \\ \alpha' \notin \{\beta', \gamma'\} & \text{für } q \geq 3. \end{cases}$$

Folglich haben wir

$$f\begin{pmatrix} a_1' & a_2 & ... & a_n \\ d & a_2 & ... & a_n \\ d & c_2' & ... & c_n' \end{pmatrix} = \begin{pmatrix} \alpha' \\ \beta' \\ \gamma' \end{pmatrix}.$$

(b) folgt leicht aus (a). ∎

Von den vielen Folgerungen aus diesem Satz sei hier nachfolgend zunächst nur eine angegeben.

Lemma 22.4.5 *Sei f^n eine Funktion aus P_k, die von zwei Variablen wesentlich abhängt und $q \geq 3$ verschiedene Werte annimmt. Dann gilt:*

$$P_{k,W(f)} \subseteq [\{f\} \cup P_k(q-1)].$$

Beweis.

O.B.d.A. sei $W(f) = E_q$. Nach Satz 22.4.4, (b) existieren $r_1, ..., r_n \in \iota_k^q$ mit $f(r_1, ..., r_n) = (0, 1, ..., q-1)^T$ und

$$(r_1^T, ..., r_n^T) = \begin{pmatrix} a_{01} & a_{02} & ... & a_{0n} \\ a_{11} & a_{12} & ... & a_{1n} \\ \multicolumn{4}{c}{\dotfill} \\ a_{q-1,1} & a_{q-1,2} & ... & a_{q-1,n} \end{pmatrix}.$$

Für eine beliebige Funktion $g^m \in P_{k,W(f)}$ sei

$$g_j(x_1, ..., x_m) = a_{ij} :\Longleftrightarrow \exists i : g(x_1, ..., x_m) = i,$$

$(j = 1, 2, ..., n)$. Die Funktionen $g_1, ..., g_n$ gehören offenbar zu $P_k(q-1)$ und es gilt:

$$g(x_1, ..., x_m) = f(g_1(x_1, ..., x_m), ..., g_n(x_1, ..., x_m)),$$

womit $g \in [\{f\} \cup P_k(q-1)]$. ∎

22.5 Einige Anwendungen der Funktionenalgebren

22.5.1 Klassifikation von allgemeinen Algebren

Im Kapitel 14 hatten wir den Begriff des Typs einer Algebra eingeführt und im Kapitel 21 Zusammenfassungen (Klassen) von Algebren desselben Typs betrachtet, die gewisse Gleichungen erfüllen. Eine solche Einteilung der Algebren ist jedoch sehr grob. Für die Menge $\mathcal{M}_A$ aller endliche Algebren über derselben Trägermenge A bietet sich die folgende Äquivalenzrelation R_A an: Die Algebren $(A; F)$ und $(A; G)$ mit $F, G \subseteq P_A$ heißen **äquivalent**, wenn $[F] = [G]$ gilt, d.h., wenn die Operationen der einen Algebra als Superpositionen der Operationen der anderen Algebra und umgekehrt dargestellt werden können. Die Äquivalenzklassen dieser Relation liefern dann eine gewisse Unterteilung der Menge $\mathcal{M}_A$, wobei ein Vertretersystem dieser Äquivalenzklassen die Menge aller Teilklassen von P_A ist. Wie wir im Abschnitt 22.7 sehen werden, gelingt damit (auf die oben geschilderte Weise) die Einteilung der Menge $\mathcal{M}_{\{0,1\}}$, die aus kontinuum-vielen Elementen besteht, in abzählbar viele Äquivalenzklassen. Eine Folgerung aus Abschnitt 22.11 ist dagegen, daß für $|A| \geq 3$ die Mächtigkeit von $\mathcal{M}_A$ und die der Menge der Äquivalenzklassen der Relation R_A gleich ist.

22.5.2 Mehrwertige Logiken (mehrwertige Kalküle)

Bereits im Band 1 hatten wir die Booleschen Funktionen als Aussagenverbindungen interpretiert und ihre Anwendungen in der Aussagenlogik kurz erläutert. Dabei wurde jeder Aussage einen der beiden Wahrheitswerte 0 („falsch") oder 1 („wahr") zugeordnet. Sprachlichen Gebilden (Aussagen) lassen sich aber auch Werte aus der Menge E_k $(k \geq 3)$ zuordnen. Wir erhalten dann eine sogenannte k-wertige Logik oder Mehrwertige Logik. Eine ausführliche Einführung in die Mehrwertigen Logiken findet man in [Got 89] oder [Kre-G-S 88]. Auch wenn es für den Einstieg in die Mehrwertige Logiken zunächst ohne Belang ist, welche Intepretationen man den Werten aus E_k gibt, sollen nachfolgend noch einige Deutungen für die Elemente aus E_k angegeben werden. Entsprechend dieser Deutungen lassen sich dann gewisse Funktionen aus P_k auswählen, mit deren Hilfe dann mehrwertige Kalküle aufgebaut werden können. Auf die Angabe dieser Funktionen soll hier aus Platzgründen verzichtet werden. Man findet sie z.B. in [Men 85], wo auch weiterführende Literatur angegeben ist.

22.5.2.1 Die drei Werte eines dreiwertigen Logikkalküls lassen sich z.B. deuten als:

„falsch", „unbestimmt", „wahr" ;

„falsch", „möglich", „wahr";

„falsch", „unentscheidbar", „wahr"

oder

"ungültig", "teilweise gültig", "vollgültig".

Juristisch relevante Handlungen lassen sich einteilen in

"strafbare", "verbotene, aber nicht strafbare", "erlaubte".

22.5.2.2 Der vierwertige Kalkül scheint insbesondere dafür geeignet zu sein, Problembereiche logisch zu analysieren, in denen zwei verschiedene Arten von Wahrheit (bzw. Gültigkeit) und zwei verschiedene Arten von Falschheit (bzw. Ungültigkeit) gegenüber stehen, wie z.B.

"Tatbestandsfalschheit", "Juristische Ungültigkeit", "Juristische Gültigkeit",
"Tatbestandswahrheit" ;
"Wissensfalschheit", "Glaubensfalschheit", "Glaubenswahrheit",
"Wissenswahrheit".

22.5.2.3 Eine juristische Deutung für den sechswertige Kalkül ist:

0: "logisch falsch", 1: "juristisch ungültig",
2: "dem Tatbestand nach falsch", 3: "dem Tatbestand nach wahr",
4: "juristisch gültig", 5: "logisch wahr".

Ein so interpretiertes sechswertiges System könnte z.B. angewandt werden zur logischen Analyse einer Urteilsbegründung. Stellt sich dabei heraus, daß diese auf einer Aussage mit dem Wert 1 oder 0 beruht, wäre nach deutschem Recht ein Revisionsgrund gegeben. Beruht die Begründung auf einer Aussage mit dem Wert 2, wäre ein Berufungsgrund gegeben.

22.5.2.4 Anstelle von E_k kann man auch eine (endliche) Teilmenge von reellen Zahlen x mit $0 \leq x \leq 1$ auswählen. Mit Hilfe einer solchen Menge läßt sich dann eine sogenannte Wahrscheinlichkeitslogik aufbauen:
Der Wert 1 entspricht der Gewißheit der Wahrheit; der Wert 0.5 entspricht der Ungewißheit, ob wahr oder falsch; der Wert 0 entspricht der Gewißheit der Falschheit (bzw. der Unmöglichkeit); Werte zwischen 1 und 0.5 entsprechen Graden höherer Wahrscheinlichkeit; Werte zwischen 0.5 und 0 entsprechen Graden niederer Wahrscheinlichkeit.

Es sei noch erwähnt, daß man anstelle der oben genannten Wahrscheinlichkeitslogik auch die Interpretation der **Fuzzy-Logik** hätte wählen können, über die man sich z.B. in [Ban-G 90] oder [Til 92] näher informieren kann.

Die Probleme sämtlicher oben genannten Kalküle entsprechen i.w. denen der Aussagenlogik.

22.5.3 Informationswandler

Funktionen f^n aus P_A lassen sich als einfache Modelle informationsverarbeitender Systeme (sogenannte **Informationswandler**) – wie in Abbildung 22.1 dargestellt – auffassen. An den Eingängen empfängt dieses System

Informationen $x_1, ..., x_n$ aus der Menge A, die zur „Ausgangsinformation"
$f(x_1, ..., x_n) \in A$ „verarbeitet" werden. Dabei vernachlässigen wir die Zeit,
die zur Verarbeitung benötigt wird.

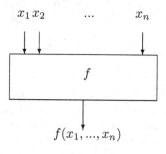

Abb. 22.1

Superpositionen über Funktionen aus P_A entsprechen bei diesem Modell dem
„Zusammenbau" solcher Systeme. Z.B. läßt sich das „Schaltbild"

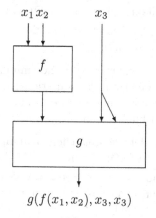

$$g(f(x_1, x_2), x_3, x_3)$$

Abb. 22.2

durch $g(f(x_1, x_2), x_3, x_3)$ beschreiben. Boolesche Funktionen dienen insbesondere zur mathematischen Beschreibung von elektrischen Schaltkreisen bzw.
Bauelementen in Computern. Diese mathematische Beschreibung ist übrigens unabhängig von der konkreten technischen Realisierung (wie z.B. Relais-
Kontakt-Schaltungen oder Transistoren). In natürlicher Weise ergibt sich aus
diesen Interpretationen der Funktionen aus P_A das sogenannte **Vollständigkeitsproblem**:

*Man finde ein (möglichst notwendiges und hinreichendes) Kriterium
zu entscheiden, ob ein System von gewissen ausgewählten Funktionen
(die gewissen Elementarbausteinen entsprechen) sämtliche Funktionen aus P_A mittels Superposition erzeugt.*

Ein möglicher Weg zur Ermittlung eines solchen Kriteriums ist dem nachfolgenden Satz zu entnehmen.

Satz 22.5.3.1 *Sei A eine Teilklasse von P_k mit der Eigenschaft, daß zu jeder echten Teilklasse A' von A eine gewisse maximale Klasse K von A gehört, die A' enthält. Bezeichne außerdem $\mathfrak{M}$ die Menge aller maximalen Klassen von A. Dann gilt für eine beliebige Teilmenge T von A:*

$$[T] = A \iff \forall M \in \mathfrak{M} : T \not\subseteq M. \tag{22.12}$$

Beweis. „$\Longrightarrow$": Sei $[T] = A$. Angenommen, es gibt ein $M \in \mathfrak{M}$ mit $T \subseteq M$. Dann folgt jedoch hieraus sofort ein Widerspruch: $A = [T] \subseteq [M] = M \subset A$. „$\Longleftarrow$": Sei T in keiner maximalen Klasse von A enthalten. Angenommen, $[T] \subset A$. Laut Voraussetzung findet man dann jedoch eine gewisse maximale Klasse $M \in \mathfrak{M}$, die $[T]$ enthält, im Widerspruch zur Annahme. ■

Wir werden später leicht zeigen können, daß jede endlich erzeugte Teilklasse A von P_k die Voraussetzung von 22.5.3.1 erfüllt und außerdem dann nur endlich viele maximale Klassen besitzt, womit (22.12) bei Kenntnis der maximalen Klassen ein Vollständigkeitskriterium der gewünschten Art liefert.

Weitere Aufgaben, die sich aus der Interpretation der Funktionen aus P_A als Informationswandler ergeben, sind:

- Auffinden minimaler Erzeugendensysteme (minimal sowohl im Sinne der Anzahl als auch der Stellenzahl der Funktionen).
- Eindeutige Konstruktionsmethoden für eine beliebige Funktion ($\in P_A$) aus gewissen vorgegebenen Funktionen ($\in P_A$).

Anwendungen, die man zu den theoretischen Grundlagen von Automaten und Automatennetzen rechnen kann, findet man in [Pös-K 79], ab S. 160 erläutert.

In den letzten Jahren sind auch eine Reihe von Artikeln publiziert worden, die Verbindungen zwischen algebraischen Strukturen (speziell den Funktionenalgebren) und kombinatorischen Problemen (u.a. aus der Graphentheorie) herstellen. Mehr dazu (insbesondere auch weitere Literaturhinweise) findet man in z.B. in [Jea 98].

Nachfolgend wollen wir uns zunächst mit den Möglichkeiten der Beschreibung von Teilklassen aus P_k befassen. Eine Möglichkeit besteht darin, die Funktionen der betrachteten Klasse durch gewisse Forderungen an Formeln, die diese Funktionen definieren, zu charakterisieren. Z.B. prüft man leicht nach, daß die Menge

$$\bigcup_{n \geq 1} \{ f^n \in P_k | \exists a_0, ..., a_n \in E_k : f(x_1, ..., x_n) = a_0 + \sum_{i=0}^{n} a_i \cdot x_i \pmod{k} \}$$

abgeschlossen ist.

Sehr oft bedient man sich jedoch bei der Beschreibung von Teilklassen von P_k gewisser Relationen über E_k unter Verwendung des Begriffs des Bewahrens einer Relation. Dieser Begriff und die damit verbundenen Anwendungen werden im nächsten Abschnitt erläutert.

22.6 Die Galois-Beziehung zwischen Funktionen- und Relationenalgebren

Ziel dieses Abschnitts ist die Bereitstellung „geeigneter" Beschreibungsmethoden für Funktionenalgebren bzw. Klone. Geeignet in dem Sinne, daß „große" Funktionenalgebren bzw. Klone mit möglichst geringem „Aufwand" beschrieben werden können. Neben der Angabe von endlichen Erzeugendensystemen (falls vorhanden) hat sich zwecks Beschreibung „großer mathematischer Objekte" in verschiedenen mathematischen Gebieten die Charakterisierung dieser Objekte durch ihre „Invarianten" als sehr nützlich herausgestellt. Erinnert sei hier nur an die Untersuchungen von E. Galois über die Lösbarkeit von algebraischen Gleichungen durch Radikale (siehe Kapitel 20) und an das Erlanger Programm von Felix Klein (siehe Band 1). Grundlage der nachfolgend dargestellten sogenannten **Pol-Inv-Theorie** (bzw. **Galois-Theorie für Funktionen- und Relationenalgebren**) sind zwei Arbeiten von V. G. Bodnarčuk, L. A. Kalužnin, V. N. Kotov und B. A. Romov aus den Jahren 1968 und 1969, die in Anlehnung an Arbeiten von M. Krasner über eine allgemeine Galois-Theorie für Gruppen entstanden und als Folgerungen die Krasnerschen Ergebnisse enthalten.[8]

Wie bei den Permutationsgruppen lassen sich nämlich Funktionenalgebren (bzw. Klone) A durch sogenannte (noch zu definierende) Relationenalgebren (bzw. Ko-Klone) $Inv\,A$ (Menge aller sogenannten Invarianten von A) auf eindeutige Weise charakterisieren, wobei sich die Inklusionsbeziehungen zwischen den Algebren umkehren:

$$
\begin{array}{ccc}
P_k \supseteq A & & Inv\,A' \\
\cup & \times & \cup \\
A' & & Inv\,A
\end{array}
$$

Umgekehrt entsprechen den Relationenalgebren (bzw. Ko-Klonen) Q gewisse Funktionenalgebren (bzw. Klone) $Pol\,Q$ (sogenannte Polymorphismen von Q) mit den entsprechenden Eigenschaften:

$$
\begin{array}{cccc}
Q & & Pol\,Q' & \subseteq P_k \\
\cup & \times & \cup & \\
Q' & & Pol\,Q &
\end{array}
$$

---

[8] Ausführlich findet man dies in [Pös-K 79] erläutert.

Mit anderen Worten: Man kann zeigen, daß der Verband der Funktionenalgebren zum Verband der Relationenalgebren antiisomorph ist. Diese Beziehung ermöglicht es, je nach Bedarf bei bestimmten Untersuchungen entweder die Funktionenalgebren bzw. die ihnen zugeordneten Relationenalgebren zu studieren. Ausnutzen kann man hierbei besonders, daß den „großen" Funktionenalgebren (z.B. den maximalen) die „kleinen" Relationenalgebren entsprechen und umgekehrt (siehe dazu auch Abschnitt 22.9). Eine ausführliche Darstellung dieser Galois-Theorie mit einer Vielzahl von Anwendungen findet man in der Monographie [Pös-K 79] von R. Pöschel und L. A. Kalužnin, wobei Funktionen- und Relationenalgebren „gleichberechtigt" behandelt werden. Da wir uns nachfolgend mehr für die „funktionentheoretische Seite" dieser Galois-Theorie interessieren, werden die „Kernaussagen" dieser Theorie nachfolgend etwas (für unsere Zwecke) modifiziert dargestellt.

22.6.1 Relationen

Unter einer h-**stelligen** (bzw. h-**ären**) **Relation** ϱ über (auf) E_k verstehen wir wie üblich eine Teilmenge des h-fachen kartesischen Produktes E_k^h der Menge E_k, $h \in \mathbb{N}$. Die Elemente $(a_1, a_2, ..., a_h)$ von ϱ (sogenannte „h-**Tupel**") denken wir uns als Spalten

$$\begin{pmatrix} a_1 \\ a_2 \\ ... \\ a_h \end{pmatrix},$$

und wir schreiben dann auch

$$\begin{pmatrix} a_1 \\ a_2 \\ ... \\ a_h \end{pmatrix} \in \varrho.$$

In Beispielen geben wir ϱ oft in Form einer Matrix

$$\begin{pmatrix} a_1 & a_1' & a_1'' & ... \\ ... & ... & ... & ... \\ a_h & a_h' & a_h'' & ... \end{pmatrix}$$

an, deren **Spalten** in irgendeiner Reihenfolge die h-Tupel aus ϱ sind. An diese Matrixdarstellung von ϱ wird auch gedacht, wenn nachfolgend von der **Länge** h und der **Breite** $|\varrho|$ der Relation ϱ sowie von **Zeilen** von ϱ die Rede ist.

R_k^h bezeichne die **Menge aller h-stelligen Relationen über** E_k und es sei

$$R_k := \bigcup_{h \geq 1} R_k^h.$$

Nach Definition gehört übrigens auch die leere Menge zu R_k.
Falls $Q \subseteq R_k$, so sei $Q^h := Q \cap R_k^h$.

22.6.2 Diagonale Relationen

Die (in einem noch zu erläuternden Sinne[9]) einfachsten Relationen sind die sogenannten **diagonalen Relationen** (bzw. **Diagonalen**), die als nächstes definiert werden sollen.
Für eine beliebige Äquivalenzrelation ε auf $\{1, 2, ..., h\}$ sei

$$\delta^h_{k,\varepsilon} := \{(a_1, ..., a_h) \in E^h_k \mid (i,j) \in \varepsilon \implies a_i = a_j\}.$$

Falls sich h und/oder k aus dem Zusammenhang ergeben, verzichten wir auf ihre Angabe und schreiben nur δ_ε bzw. δ^h_ε bzw. $\delta_{k,\varepsilon}$.
Eine **diagonale h-stellige Relation** heißt dann jedes Element der Menge

$$D^h_k := \{\, \delta^h_{k,\varepsilon} \mid \varepsilon \text{ ist Äquivalenzrelation auf } \{1, 2, ..., h\} \,\}.$$

Die **Menge aller diagonalen Relationen** sei

$$D_k := \{\emptyset\} \cup \bigcup_{h \geq 1} D^h_k.$$

Zwecks einfacherer Beschreibung von $\delta^h_{k,\varepsilon}$ geben wir diese Relation später oft in der Form

$$\delta^h_{k;\varepsilon_1,...,\varepsilon_r}$$

bzw. kurz durch $\delta_{\varepsilon_1,...,\varepsilon_r}$ an, wobei $\varepsilon_1, ..., \varepsilon_r$ gerade die aus mindestens zwei Elementen bestehenden Äquivalenzklassen von ε sind. Speziell haben wir

$$\delta^h_{k;} = E^h_k$$

und

$$\delta^h_{k;E_k} = \{(x, x, ..., x) \in E^h_k \mid x \in E_k\}.$$

22.6.3 Elementare Operationen über R_k

Wir geben nachfolgend die Definitionen der Operationen $\zeta, \tau, pr, \wedge$ und $\times$ über R_k an, mit deren Hilfe später (siehe Abschnitt 22.6.5) etwas „komplexere" Operationen über R_k abgeleitet werden können. Wir nennen deshalb die Operationen $\zeta, \tau, pr, \wedge$ und $\times$ **elementare Operationen über R_k**.

Es seien $\varrho \in R^h_k$ und $\varrho' \in R^{h'}_k$, wobei $h, h' \in \mathbb{N}$. Dann sind, falls $\varrho \neq \emptyset$ und $\varrho' \neq \emptyset$, $\zeta\varrho \in R^h_k$, $\tau\varrho \in R^h_k$, $pr\varrho \in R^{h-1}_k$ für $h \geq 2$ und $pr\varrho = \emptyset$ für $h = 1$, $\varrho \times \varrho' \in R^{h+h'}_k$ und $\varrho \wedge \varrho' \in R^h_k$ (nur für $h = h'$), die wie folgt definierten Relationen:

---

[9] Siehe Satz 22.6.5.1.

$$\zeta\varrho \; := \; \{(a_2, a_3, ..., a_h, a_1) \mid (a_1, a_2, ..., a_h) \in \varrho\}$$

(**zyklisches Vertauschen der Zeilen**),

$$\tau\varrho \; := \; \{(a_2, a_1, a_3, ..., a_h) \mid (a_1, a_2, ..., a_h) \in \varrho\}$$

(**Vertauschen der ersten zwei Zeilen**)

für $h \geq 2$ sowie $\zeta\varrho = \tau\varrho = \varrho$ für $h = 1$ oder $\varrho = \emptyset$;

$$pr\,\varrho \; := \; \{(a_2, ..., a_h) \mid \exists a_1 \in E_k : (a_1, a_2, ..., a_h) \in \varrho\}$$

(**Projektion auf die 2.,..., h-te Koordinate bzw.**

Streichen der ersten Zeile) für $h \geq 2$,

$$\varrho \times \varrho' \; := \; \{(a_1, ..., a_h, b_1, ..., b_{h'}) \mid (a_1, a_2, ..., a_h) \in \varrho$$
$$\wedge \; (b_1, b_2, ..., b_{h'}) \in \varrho'\}$$

(**kartesisches Produkt von ϱ und ϱ'**)   und

$$\varrho \wedge \varrho' \; := \; \{(a_1, ..., a_h) \mid (a_1, ..., a_h) \in \varrho \cap \varrho'\}$$

(**Durchschnitt der Relationen ϱ und ϱ'**).

22.6.4 Relationenalgebren, Ko-Klone, Ableiten von Relationen

Die Algebra

$$\mathbf{R_k} := (R_k; \delta^3_{k;\{1,2\}}, \zeta, \tau, pr, \wedge, \times)$$

vom Typ $(0, 1, 1, 1, 2, 2)$ nennen wir **volle Relationenalgebra über** E_k.
Jede Unteralgebra Q von R_k (im Zeichen $Q \leq R_k$) heißt **Relationenalgebra über** E_k.
Die von einer Teilmenge Q von R_k und der Relation $\delta^3_{k;\{1,2\}}$ mittels der elementaren Operationen $\zeta, \tau, pr, \wedge$ und $\times$ erzeugte Teilmenge von R_k (d.h., die Trägermenge der kleinsten Relationenalgebra, die Q enthält) sei mit $[Q]$ bezeichnet.
Ist $[Q] = Q$ ($\subseteq R_k$), so nennen wir Q **abgeschlossen** bzw. einen **Ko-Klon** von R_k.
Wir sagen, **eine Relation ϱ' kann aus der Relation ϱ abgeleitet werden** (bzw. **ϱ' ist ϱ-ableitbar**), wenn $\varrho' \in [\{\varrho\}]$. Wir schreiben in diesem Fall auch

$$\varrho \vdash \varrho'.$$

22.6.5 Aus den elementaren Operationen ableitbare Operationen über R_k

Wir nennen eine Operation über R_k aus den Operationen $\zeta, \tau, pr, \wedge$ und $\times$ **ableitbar** (bzw. **$\{\zeta, \tau, pr, \wedge, \times\}$-ableitbar**), wenn ihre Wirkung auf einem beliebigen $\varrho \in R_k$ durch eine gewisse (endliche) Hintereinanderausführung gewisser Operationen aus $\{\zeta, \tau, pr, \wedge, \times\}$ auf ϱ unter eventueller Verwendung von $\delta^3_{k;\{1,2\}}$ beschrieben werden kann.
Nachfolgend eine kleine Zusammenstellung solcher ableitbaren Operationen.
Dabei bezeichne ϱ stets eine h-äre und ϱ' eine h'-äre Relation aus R_k.

(O$_1$): Umordnen von Zeilen. Bekanntlich (siehe ÜA A.14.4) bilden die Permutationen $(1\,2\dots n)$ und $(1\,2)$ ein Erzeugendensystem für die symmetrische Gruppe $\mathbf{S_h}$ (d.h., für die Menge aller Permutationen auf $\{1, 2, \dots, h\}$ mit der Operation $\square$). Folglich kann man mit Hilfe von ζ und τ sämtliche Umordnungen der Zeilen von ϱ realisieren, womit

$$\sigma_s(\varrho) := \{(a_{s(1)}, \dots, a_{s(h)}) \mid (a_1, \dots, a_h) \in \varrho\}$$

für jedes $s \in S_h$ eine $\{\zeta, \tau, pr, \wedge, \times\}$-ableitbare Operation ist.

(O$_2$): Projektion auf die α_1-te, ..., α_t-te Koordinate. Für $\{\alpha_1, \dots, \alpha_t\} \subseteq \{1, 2, .., h\}$ gilt:

$$pr_{\alpha_1, \dots, \alpha_t}(\varrho) :=$$
$$\{(a_{\alpha_1}, \dots, a_{\alpha_t}) \mid (a_1, .., a_h) \in \varrho\} = \underbrace{pr(pr(\dots(pr(\sigma_s(\varrho)))\dots))}_{h-t \text{ mal}},$$

wobei $s \in S_h$ und $s(\alpha_1) = h - t + 1$, $s(\alpha_2) = h - t + 2$, ..., $s(\alpha_t) = h$. Speziell haben wir $pr_{s(1), \dots, s(n)}(\varrho) = \sigma_s(\varrho)$.

(O$_3$): Identifizieren von Koordinaten. Für $i, j \in \{1, 2, \dots, h\}$ und $i \neq j$ sei

$$\Delta_{i,j}(\varrho) := \{(a_1, \dots, a_{j-1}, a_{j+1}, \dots, a_h) \mid (a_1, \dots, a_{j-1}, a_i, a_{j+1}, \dots, a_h) \in \varrho\}$$

und $\Delta := \Delta_{1,2}$.
$\Delta_{i,j}$ läßt sich wie folgt konstruieren:
Zunächst überlege man sich, daß $pr_1(\delta^3_{k;\{1,2\}}) = E_k$ und
$\delta^h_{k;\{i,j\}} = pr_{1, \dots, i-1, h+1, i+1, \dots, j-1, h+2, j+1, \dots, k}(\varrho_1)$,
wobei $\varrho_1 := \underbrace{E_k \times \dots \times E_k}_{h-2 \text{ mal}} \times pr_{1,2}\delta^3_{k;\{1,2\}}$ und $i < j$. Hieraus ergibt sich
dann die Ableitbarkeit von $\Delta_{i,j}$ aus

$$\Delta_{i,j} = pr_{1, \dots, j-1, j+1, \dots, h}(\varrho \wedge \delta^h_{k, \{i,j\}}).$$

(O$_4$): Verdopplung von Zeilen. Eine Verdopplung der i-ten Zeile von ϱ erhält man durch

$$\nu_i(\varrho) := \{(a_1, \dots, a_{i-1}, a_i, a_i, a_{i+1}, \dots, a_h) \mid (a_1, \dots, a_h) \in \varrho\}$$
$$= pr_{1, \dots, i-1, h, h+1, i, \dots, h-1}(\Delta_{i,h+1}(\varrho \times pr(\delta^3_{k;\{2,3\}}))).$$

(O$_5$): Hinzufügen fiktiver Koordinaten. Sei

$$\nabla \varrho := \{(a_1, ..., a_{h+1}) | a_1 \in E_k \wedge (a_2, ..., a_{h+1}) \in \varrho\}.$$

Die erste Koordinate von $\nabla \varrho$ ist eine sogenannte **fiktive Koordinate**. Mit Hilfe von (O_1) läßt sich dann

$$\nabla_i \varrho :=$$

$$\{(a_1, ..., a_{i-1}, a_i, a_{i+1}, ..., a_{h+1}) \in E_k^{h+1} \,|\, (a_1, ..., a_{i-1}, a_{i+1}, ..., a_{h+1}) \in \varrho\}$$

für $i \in \{1, ..., h+1\}$ ableiten.

(O$_6$) : Verallgemeinerte Komposition (Faltung, Relationenprodukt).
Sei

$$\varrho \circ_t \varrho' := \{(a_1, ..., a_{h-t}, b_{t+1}, ..., b_{h'}) \,|\, \exists u_1, ..., u_t \in E_k :$$

$$(a_1, ..., a_{h-t}, u_1, ..., u_t) \in \varrho \wedge (u_1, ..., u_t, b_{t+1}, ..., b_{h'}) \in \varrho'\}$$

für $t \in \mathbb{N}$ mit $t \le h$ und $t \le h'$.
Speziell sei $\varrho \circ \varrho' := \varrho \circ_1 \varrho'$.
Für $h = h' = 2$ ist $\circ$ das bekannte Relationenprodukt $\square$.

Als Folgerung aus den obigen Überlegungen ergibt sich der

Satz 22.6.5.1 *Ein Ko-Klon Q von R_k enthält sämtliche diagonalen Relationen und ist abgeschlossen gegenüber*
– Umordnen von Zeilen,
– Projektion auf Koordinaten (bzw. Streichen von Zeilen),
– Identifizieren von Koordinaten,
– Verdoppeln von Zeilen,
– Hinzufügen von fiktiven Koordinaten,
– (endlicher) Durchschnittsbildung,
– kartesischen Produkten und
– verallgemeinerter Komposition. ■

22.6.6 Das Bewahren von Relationen; Pol, Inv

Relationen werden wir später zur Definition von Klonen über E_k heranziehen. Von entscheidender Bedeutung ist dabei der nachfolgend definierte Begriff des Bewahrens einer Relation durch eine Funktion.
Wir sagen, eine Funktion $f^n \in P_k$ **bewahrt die Relation** $\varrho \in R_k^h$ (oder ϱ **ist invariant für** f oder ϱ **ist eine Invariante für** f), wenn für alle

$$
\begin{pmatrix} a_{11} \\ a_{21} \\ \dots \\ a_{h1} \end{pmatrix}, \quad \begin{pmatrix} a_{12} \\ a_{22} \\ \dots \\ a_{h2} \end{pmatrix}, \quad \dots, \quad \begin{pmatrix} a_{1n} \\ a_{2n} \\ \dots \\ a_{hn} \end{pmatrix} \in \varrho
$$

stets

$$
f \begin{pmatrix} a_{11} & a_{12} & \dots & a_{1n} \\ a_{21} & a_{22} & \dots & a_{2n} \\ \dots\dots\dots\dots\dots \\ a_{h1} & a_{h2} & \dots & a_{hn} \end{pmatrix} := \begin{pmatrix} f(a_{11}, a_{12}, \dots, a_{1n}) \\ f(a_{21}, a_{22}, \dots, a_{2n}) \\ \dots\dots\dots\dots\dots \\ f(a_{h1}, a_{h2}, \dots, a_{hn}) \end{pmatrix} \in \varrho
$$

gilt. Per definitionem werde die leere Menge von jeder Funktion bewahrt.
Mit

$$
Pol_k\varrho
$$

bzw. kurz $Pol\,\varrho$ bezeichnen wir die Menge aller Funktionen $f \in P_k$, die die
Relation ϱ bewahren. Für $Q \subseteq R_k$ sei außerdem

$$
Pol_k Q := \bigcap_{\varrho \in Q} Pol_k\varrho.
$$

$Pol_k\varrho$ bzw. $Pol_k Q$ ist die Abkürzung für **Polymorphismen** von ϱ bzw. Q.
Die Menge aller Relationen $\varrho \in R_k$, die von der Funktion $f \in P_k$ bewahrt
werden, sei

$$
Inv_k f.
$$

Analog zu oben sei ferner für $A \subseteq P_k$

$$
Inv_k A := \bigcap_{f \in A} Inv_k f
$$

die sogenannte **Menge aller Invarianten von A** und

$$
(Inv_k A)^n := (Inv_k A) \cap R_k^h
$$

die Menge aller n-stelligen Invarianten von A.
Auch bei Inv_k lassen wir den Index k weg, falls er sich aus dem Zusammenhang
ergibt.
Weitere von uns verwendete Bezeichnungen sind

$$
Pol^n Q := (Pol\,Q)^n \ (Q \subseteq R_k \text{ oder } Q \in R_k)
$$

und

$$
Inv^n A := (Inv\,A)^n \ (A \subseteq P_k \text{ oder } A \in P_k)
$$

für $n \in \mathbb{N}$.
Elementare Zusammenhänge von Pol und Inv sind im nachfolgenden Satz
zusammengefaßt.

Satz 22.6.6.1 *Für beliebige $A, B \subseteq P_k$ und beliebige $S, T \subseteq R_k$ gilt*

(a) $A \subseteq B \implies Inv\,B \subseteq Inv\,A$,

   $S \subseteq T \implies Pol\,T \subseteq Pol\,S$;

(b) $A \subseteq Pol\,Inv\,A$,

   $S \subseteq Inv\,Pol\,S$;

*((a) und (b) besagen, daß die Abbildungen Pol und Inv eine sogenann-
te Galois-Korrespondenz (siehe Kapitel 17) zwischen den Halbordnungen
$(\mathfrak{P}(P_k), \subseteq)$ und $(\mathfrak{P}(R_k), \subseteq)$ bilden.)*

(c) $Inv\,Pol\,Inv\,A = Inv\,A$,

   $Pol\,Inv\,Pol\,S = Pol\,S$;

(d) $A \subseteq Pol\,S \iff S \subseteq Inv\,A$;

(e) $Pol\,(S \cup T) = Pol\,S \cap Pol\,T$,

   $Inv\,A \cup B = Inv\,A \cap Inv\,B$.

Beweis. (a), (b), (d) und (e) sind unmittelbare Folgerungen aus den Definitionen von *Pol* und *Inv*.
(c): Sei $S := Inv\,A$. Wegen (b) gilt $S \subseteq Inv\,Pol\,S$. Umgekehrt haben
wir $A \subseteq Pol\,Inv\,A$ und folglich nach (a): $Inv\,Pol\,Inv\,A \subseteq Inv\,A$, womit
$Inv\,Pol\,Inv\,A = Inv\,A$ bewiesen ist. Analog zeigt man $Pol\,Inv\,Pol\,S = Pol\,S$.
∎

Satz 22.6.6.2 *Für jedes $A \subseteq P_k$ und jedes $Q \subseteq R_k$ sind $Inv\,A$ und $Pol\,Q$
(bez. der jeweils zugelassenen Operationen) abgeschlossen, d.h., $Pol\,Q$ ist ein
Klon von P_k und $Inv\,A$ ein Ko-Klon von R_k.
Außerdem gilt:*

$$Inv\,[A] = Inv\,A \quad und \quad Pol\,[Q] = Pol\,Q.$$

Speziell haben wir:

$$Inv\,[\{e_1^2\}] = R_h \quad und \quad Pol\,D_k = P_k.$$

Beweis. Seien $\varrho, \varrho' \in Inv\,A$ und $f \in A$. Die aus ϱ abgeleiteten Relationen
$\zeta\varrho, \tau\varrho, pr\varrho, \varrho \wedge \varrho'$ und $\varrho \times \varrho'$ werden dann offenbar ebenfalls von f bewahrt,
womit $\{\zeta\varrho, \tau\varrho, pr\varrho, \varrho \wedge \varrho', \varrho \times \varrho'\} \subseteq Inv\,A$ und $Inv\,A$ folglich abgeschlossen
ist.
Seien nun $f^n, g^m \in Pol\,Q$ und $\varrho \in Q$. Sicher bewahren dann die Funktionen
$\zeta f, \tau f$ und Δf ebenfalls ϱ. Die Relation ϱ ist aber auch eine Invariante von
$f \star g$, denn $f(g(r_1, ..., r_m), r_{m+1}, ..., r_{m+n-1}) \in \varrho$ gilt für alle $r_1, ..., r_{m+n-1} \in \varrho$,
da $g(r_1, .., r_m) \in \varrho$.
$Inv\,[A] = Inv\,A$ folgt aus

$$Inv\,[A] \subseteq Inv\,A$$

(wegen $A \subseteq [A]$ und Satz 22.6.6.1, (a)) und

$$Inv\,A \subseteq Inv\,[A]$$

(Nach Satz 22.6.6.1, (a) haben wir nämlich $A \subseteq Pol\,Inv\,A$. Da $Pol\,Inv\,A$ abgeschlossen ist, folgt dann hieraus $[A] \subseteq Pol\,Inv\,A$. Nochmals Satz 22.6.6.1, (a) und anschließend 22.6.6.1, (c) angewandt, liefert $Inv\,Pol\,Inv\,A = A \subseteq Inv\,[A]$.).

Analog beweist man $Pol\,[Q] = Pol\,Q$. Die restlichen Aussagen des Satzes prüft man leicht nach (ÜA).   ∎

Eine Folgerung aus Satz 22.6.6.1, (a) und den Vereinbarungen aus Abschnitt 22.6.4 ist außerdem der

Satz 22.6.6.3 *Für beliebige Relationen* $\varrho, \varrho' \in R_k$ *gilt:*

$$\varrho \vdash \varrho' \implies Pol\,\varrho \subseteq Pol\,\varrho'.$$

■

22.6.7 Die Relationen χ_n und G_n

Für beliebiges $n \in \mathbb{N}$ und $k \in \mathbb{N}\backslash\{1\}$ bezeichne $\chi_{k;n}$ bzw. – falls aus dem Zusammenhang k ersichtlich ist – χ_n diejenige k^n-stellige Relation, deren Zeilen gerade sämtliche $(x_1, ..., x_n) \in E_k^n$ sind, die nach folgender Vorschrift (wir sagen „**lexikographisch**") eindeutig angeordnet seien:

Das Tupel $(x_1, ..., x_n)$ komme vor dem Tupel $(y_1, ..., y_n)$, falls die Zahl

$$x_1 \cdot k^{n-1} + x_2 \cdot k^{n-2} + ... + x_{n-1} \cdot k + x_n$$

kleiner als die Zahl

$$y_1 \cdot k^{n-1} + y_2 \cdot k^{n-2} + ... + y_{n-1} \cdot k + y_n$$

ist.

Beispielsweise gilt

$$\chi_{2;3} := \begin{pmatrix} 0 & 0 & 0 \\ 0 & 0 & 1 \\ 0 & 1 & 0 \\ 0 & 1 & 1 \\ 1 & 0 & 0 \\ 1 & 0 & 1 \\ 1 & 1 & 0 \\ 1 & 1 & 1 \end{pmatrix}.$$

Die Spalten von χ_n bezeichnen wir mit

$$\chi(1), ..., \chi(n).$$

Offenbar existiert zu jeder Spalte $r \in E_k^{k^n}$ genau eine Funktion $f_r \in P_k^n$ mit $f(\chi_n) = r$. Die mit Hilfe der Funktionen f_r definierbare Relation

$$G_n(A) := \{ r \in E_k^{k^n} \mid f_r \in A^n \}$$

heißt n-te **Graphik von** $A \subseteq P_k$.

Elementare Eigenschaften der Relation $G_n(A)$ faßt der nachfolgende Satz zusammen.

Satz 22.6.7.1 *Für einen beliebigen Klon* $A \subseteq P_k$ *gilt:*

(a) $\forall n \in \mathbb{N} : G_n(A) \in Inv\,A;$

(b) $f^n \in A^n \iff f^n \in Pol\,G_n(A);$

(c) $A \subseteq ... \subseteq Pol\,G_n(A) \subseteq Pol\,G_{n-1}(A) \subseteq ... \subseteq Pol\,G_2(A) \subseteq Pol\,G_1(A);$

(d) $A = \bigcap_{n \geq 1} Pol\,G_n(A);$

(e) $\forall \varrho \in Inv\,A : \varrho \in [\bigcup_{n \geq 1}\{G_n(A)\}];$

(f) $Inv\,A = [\bigcup_{n \geq 1}\{G_n(A)\}].$

Beweis. (a): Sei $g^m \in A$ und $r_1, ..., r_m \in G_n(A)$. Dann ist $g(r_1, ..., r_m) = g(f_{r_1}, ..., f_{r_m}) = h(\chi_n)$, wobei

$$h(x_1, ..., x_n) := g(f_{r_1}(x_1, ..., x_n), ..., f_{r_m}(x_1, ..., x_n)).$$

Da h zu A^n gehört, erhalten wir folglich $h(\chi_n) \in G_n(A)$.

(b): Falls $f^n \in A$, ist $f^n \in Pol\,\varrho$ für jedes $\varrho \in Inv\,A$. Folglich haben wir $f^n \in Pol\,G_n(A)$ wegen (a). Andererseits folgt aus $f^n \in Pol\,G_n(A)$ die Existenz eines gewissen $r \in G_n(A)$ mit $f^n(\chi_n) = r$, womit $f = f_r \in A^n$ gilt.

(c) und (d) folgen aus (b) und den Kloneigenschaften.

(e): Sei $\varrho \in Inv\,^h A$ und $t := |\varrho|$. Wir zeigen, daß ϱ aus $G_t(A)$ durch Anwendung der Operation $pr_{\alpha_1, ..., \alpha_h}$ abgeleitet werden kann. Da zu A sämtliche Projektionen gehören, ist $\chi_t \subseteq G_t(A)$. Man findet nun für jedes $j \in \{1, ..., h\}$ ein α_j, so daß die j-te Zeile von ϱ mit der α_j-ten Zeile von χ_t übereinstimmt. Da $\varrho \in Inv\,^h A$, gilt dann $pr_{\alpha_1, ..., \alpha_h} G_t(A) = \varrho \in [\{G_t(A)\}]$.

(f): Nach (e) ist $Inv\,A \subseteq [\bigcup_{n \geq 1}\{G_n(A)\}]$. Wegen (a) und Satz 22.6.6.2 haben wir außerdem $[\bigcup_{n \geq 1}\{G_n(A)\}] \subseteq Inv\,A$. Also gilt (f).   ∎

22.6.8 Der Operator Γ_A

Für beliebiges $A \subseteq P_k$ bezeichne Γ_A eine Abbildung von R_k in R_k, die für $\sigma \in R_k^h$ wie folgt definiert ist:

$$\Gamma_A(\sigma) := \bigcap \{\varrho \in R_k \mid \varrho \in Inv \; A \wedge \sigma \subseteq \varrho\}. \tag{22.13}$$

In der Sprache der Allgemeinen Algebra ist $\Gamma_A(\sigma)$ offenbar die von σ erzeugte Unteralgebra des h-fachen direkten Produktes $\mathbf{E_k^h}$ der Algebra $\mathbf{E_k} := (E_k, A)$ bzw. die kleinste Unteralgebra von $\mathbf{E_k^h}$, die σ enthält, womit Γ_A offenbar auch ein Hüllenoperator ist.

Satz 22.6.8.1 *Für einen beliebigen Klon $A \subseteq P_k$ und jedes $n \in \mathbb{N}$ gilt:*

(a) $\Gamma_A(\chi_n) \in Inv \; A$;

(b) $\Gamma_A(\chi_n) = G_n(A)$;

(c) $A^n = \{f_r \mid r \in \Gamma_A(\chi_n)\}$.

Beweis. (a) folgt aus $[Inv \; A] = Inv \; A$ (siehe Satz 22.6.6.2) und der Konstruktion von $\Gamma_A(\chi_n)$.
(b): Da jede Projektion e_i^n zu A^n gehört, haben wir $\chi_n \subseteq G_n(A)$.
Bezeichne nun ϱ eine beliebige k^n-stellige Relation aus R_k mit $\chi_n \subseteq \varrho$. Ist $\varrho \in Inv \; A$, so gilt $f(\chi_n) \in \varrho$ für jedes $f \in A^n$, d.h., $G_n(A) \subseteq \varrho$. Folglich haben wir $G_n(A) \subseteq \Gamma_A(\chi_n)$ gezeigt. $\Gamma_A(\chi_n) \subseteq G_n(A)$ folgt aus $G_n(A) \in Inv \; A$ (siehe Satz 22.6.7.1, (a)).
(c) ergibt sich unmittelbar aus (b) und der Definition von $G_n(A)$. ∎

22.6.9 Die Galois-Theorie für Funktionen- und Relationenalgebren

Satz 22.6.9.1 *Bezeichne A einen beliebigen Klon von P_k. Dann gilt*

$$A = Pol \; Inv \; A.$$

Beweis. Nach Satz 22.6.6.1, (b) haben wir $A \subseteq Pol \; Inv \; A$. Zwecks Beweis von $Pol \; Inv \; A \subseteq A$ sei $f^n \in Pol \; Inv \; A$. Wegen Satz 22.6.7.1, (a) ist dann speziell $f \in Pol \; G_n(A)$ und (wegen Satz 22.6.7.1, (b)) $f \in A^n$. Also ist $A = Pol \; Inv \; A$. ∎

Satz 22.6.9.2 *Bezeichne Q einen Ko-Klon von R_k. Dann gilt*

$$Q = Inv \; Pol \; Q.$$

Beweis. Sei $A := Pol \; Q$. Wegen Satz 22.6.6.1, (b) haben wir $Q \subseteq Inv \; A$. Für den Nachweis von $Inv \; A \subseteq Q$ genügt es, $\Gamma(\chi_t) \in Q$ für beliebiges $t \in \mathbb{N}$ zu zeigen, da $[\bigcup_{t \geq 1}\{\Gamma_A(\chi_t)\}] = Inv \; A$ (siehe Satz 22.6.7.1, (f) und Satz 22.6.8.1, (b)). Sei nun

$$\gamma := \bigcap \{\varrho \in Q \mid \chi_t \subseteq \varrho\}.$$

Wegen $E_k^{k^t} \in Q$ und der Tatsache, daß Q bez. $\cap$ abgeschlossen ist, gilt $\chi_t \subseteq \gamma$ und γ ist die bez. Breite kleinste Relation aus Q^{k^t}, die χ_t enthält. Außerdem haben wir $\Gamma_A(\chi_t) \subseteq \gamma$, da $\gamma \in Q \subseteq Inv \; A$ (siehe (22.13)). Unser Satz ist folglich bewiesen, wenn wir $\Gamma_A(\chi_t) = \gamma$ zeigen können. Angenommen, es ist

$\Gamma_A(\chi_t) \subset \gamma$. Man findet dann eine Spalte $r \in \gamma \backslash \Gamma_A(\chi_t)$. Wegen $A^t = \{f_s | s \in \Gamma_A(\chi_t)\}$ (siehe Satz 22.6.8.1, (c)) gehört f_r nicht zu A^t. Folglich existieren eine m-stellige Relation $\beta \in Inv\,A$ und gewisse Spalten $r_1, ..., r_m \in \beta$ mit $f(r_1, ..., r_m) \notin \beta$. Sämtliche Zeilen der Matrix $(r_1, ..., r_m)$ kommen auch in der Matrix χ_t vor. Bezeichne i_j die Nummer derjenigen Zeile von χ_t, die mit der j-ten Zeile von $(r_1, ..., r_m)$ übereinstimmt $(j = 1, 2, ..., m)$. Sei nun

$$\gamma' := pr_{1,2,...,k^t}(\gamma \times \beta) \cap \delta^{k^t+m}_{\{i_1,k^t+1\},\{i_2,k^t+2\},...,\{i_m,k^t+m\}}.$$

Wegen der Abgeschlossenheit von Q gehört γ' zu Q, und nach Konstruktion von γ' haben wir $\chi_t \subseteq \gamma' \subseteq \gamma$. Außerdem gilt $r \in \gamma \backslash \gamma'$, da $r_1, ..., r_t \in \beta$, $f_r(r_1, ..., r_t) \notin \beta$ und $f_r(\chi_t) = r \in \gamma$. Mit γ' haben wir einen Widerspruch zur Wahl von γ erhalten. Also gilt $\gamma = \Gamma_A(\chi_t)$. ∎

Mit Satz 22.6.9.1 und Satz 22.6.9.2 haben wir die entscheidenden Ausagen bewiesen, aus denen sich die – über Satz 22.6.6.1 hinausgehenden – Zusammenhänge von Pol und Inv folgern lassen.

Satz 22.6.9.3 (Satz von V. G. Bodnarčuk, L. A. Kalužnin, V. N. Kotov und B. A. Romov)

Bezeichne $\mathbb{L}(P_k)$ (bzw. $\mathbb{L}(R_k)$) die Menge aller Klone (bzw. Ko- Klone) von P_k (bzw. R_k). Dann sind die Abbildungen

$$Inv : \mathbb{L}(P_k) \longrightarrow \mathbb{L}(R_k), A \mapsto Inv\,A$$

und

$$Pol : \mathbb{L}(R_k) \longrightarrow \mathbb{L}(P_k), Q \mapsto Pol\,Q$$

bijektive Abbildungen, die die Halbordnung $\subseteq$ „umkehren", d.h., es gilt

$$\forall A, B \in \mathbb{L}(P_k) : A \subseteq B \Longrightarrow Inv\,B \subseteq Inv\,A$$

und

$$\forall S, T \in \mathbb{L}(R_k) : S \subseteq T \Longrightarrow Pol\,T \subseteq Pol\,S.$$

Mit anderen Worten:
Die Verbände $(\mathbb{L}(P_k), \subseteq)$ und $(\mathbb{L}(R_k), \subseteq)$ sind antiisomorph.

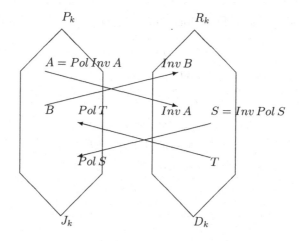

Abb. 22.3

Beweis. Nach Satz 22.6.6.2 sind die im Satz angegebenen Abbildungen Inv und Pol Abbildungen von $\mathbb{L}(P_k)$ (bzw. $\mathbb{L}(R_k)$) in $\mathbb{L}(R_k)$ (bzw. $\mathbb{L}(P_k)$). Die Surjektivität und Injektivität (und damit die Bijektivität) dieser Abbildungen sind dann leichte Folgerungen aus Satz 22.6.9.1 und Satz 22.6.9.2 (unter Beachtung von Satz 22.6.6.2). Die „Umkehreigenschaft" von Pol und Inv (bez. $\subseteq$) wurde bereits im Satz 22.6.6.1, (a) angegeben.   ∎

22.7 Die Teilklassen von P_2

Nachfolgend wird ein kurzer Beweis für den seit der Arbeit [Pos 41] von E. L. Post und danach mehrmals (z.B. in [Jab-G-K 70]) bewiesenen Fakt angegeben, daß es nur abzählbar-unendlich viele abgeschlossene Mengen von Booleschen Funktionen gibt. Neben einem Beweis der Abzählbarkeit wird im folgenden – wie in [Pos 41] – auch die konkrete Bestimmung der Teilklassen von P_2 vorgenommen, sowie deren Basen und Ordnungen bestimmt.

22.7.1 Definitionen der Teilklassen von P_2 und der Satz von Post

Für die Definition der Teilklassen von P_2 und der Beschreibung gewisser Erzeugendensysteme dieser Klassen benötigen wir einige Bezeichnungen Boolescher Funktionen, die zum Teil schon im Abschnitt 22.1 angegeben wurden. Sämtliche Funktionen werden durch Formeln über dem Alphabet $\{x, y, z, x_1, x_2, \ldots\}$ definiert, wobei die üblichen Symbole $\wedge$ („Konjunktion" oder „Multiplikation modulo 2"), $\vee$ („Disjunktion"), $+$ („Addition modulo 2") und $^-$ („Negation") Verwendung finden.
Mit

$$\circ \in \{\wedge, \vee, +\}, \ ^-, \ c_a^n \ (a \in E_2), \ e_i^n \ (1 \leq i \leq n), \ m^3, t^2, q^3, r^3, h_\mu^{\mu+1} \ (\mu \in \mathbb{N})$$

bezeichnen wir dann Funktionen aus P_2, die definiert sind durch

$$\circ(x,y) := x \circ y,$$

$$^-(x) := \overline{x},$$

$$c_a^n(x_1, ..., x_n) := a,$$

$$e_i^n(x_1, ..., x_n) := x_i,$$

$$m(x,y,z) := x \wedge (y \vee z),$$

$$t(x,y) := x \wedge \overline{y},$$

$$q(x,y,z) := x \wedge (y \vee \overline{z}),$$

$$r(x,y,z) := x + y + z,$$

$$h_\mu(x_1, ..., x_{\mu+1}) := \bigvee_{i=1}^{\mu+1}(x_1 \wedge x_2 \wedge ... \wedge x_{i-1} \wedge x_{i+1} \wedge ... \wedge x_{\mu+1})$$

$$= \begin{cases} 1 & \text{für} \quad \exists i \in \{1, ..., \mu+1\} : x_1 = ... = x_{i-1} = x_{i+1} = ... = x_{\mu+1} = 1 \\ 0 & \text{sonst} \end{cases}$$

$(h^1 = \vee)$.

Wir schreiben $\mathbf{x}$ für $(x_1, ..., x_n)$, α für $(\alpha, \alpha, ..., \alpha)$ $(\alpha \in E_2)$ und oft xy anstelle von $x \wedge y$. Außerdem sei

$$x^\sigma := \begin{cases} \overline{x}, & \text{falls} \quad \sigma = 0, \\ x, & \text{falls} \quad \sigma = 1. \end{cases}$$

Die Abbildung

$$\delta : P_2 \longrightarrow P_2, f^n \longrightarrow (f^\delta)^n$$

mit

$$f^\delta(x_1, ..., x_n) := \overline{f(\overline{x_1}, \overline{x_2}, ..., \overline{x_n})}$$

ist ein Automorphismus der Algebra $\mathbf{P_2}$, den wir zur Beschreibung isomorpher Teilklassen von P_2 verwenden werden (siehe auch ÜA A.22.6). Dabei sei $A^\delta := \{f^\delta \mid f \in A\}$.

Nachfolgend sind einige abgeschlossene Mengen Boolescher Funktionen angegeben, mit deren Hilfe unter Verwendung von $\cap$ und $\cup$ sämtliche Teilklassen von P_2 beschreibbar sind:

- $M := Pol \begin{pmatrix} 0 & 0 & 1 \\ 0 & 1 & 1 \end{pmatrix}$

$$= \bigcup_{n \geq 1}\{f^n \in P_2 \mid \forall \mathbf{a}, \mathbf{b} \in E_2^n : \mathbf{a} \leq \mathbf{b} \Longrightarrow f(\mathbf{a}) \leq f(\mathbf{b})\}$$

(Menge aller **monotonen Funktionen**),

- $S := Pol \begin{pmatrix} 0 & 1 \\ 1 & 0 \end{pmatrix}$

  $= \bigcup_{n \geq 1} \{ f^n \in P_2 \mid f(x_1, ..., x_n) = \overline{f(\overline{x_1}, \overline{x_2}, ..., \overline{x_n})} \}$

  (Menge aller **selbstdualen Funktionen**),

- $L := \bigcup_{n \geq 1} \{ f^n \in P_2 \mid \exists a_0, ..., a_n \in E_2 : f(\mathbf{x}) = a_0 + \Sigma_{n=1}^n a_i \cdot x_i \}$

  (Menge aller **linearen Funktionen**),

- $T_{0,\mu} := Pol E_2^\mu \backslash \{1\}$ für $\mu \in \mathbb{N}$

  $(f^n \in T_{0,\mu} \iff (\forall \mathbf{a_1}, ..., \mathbf{a_\mu} \in E_2^\mu :$

  $\qquad\qquad (\forall i \in \{1, ..., \mu\} : f(\mathbf{a_i}) = 1 \land \mathbf{a_i} = (a_{i1}, ..., a_{in})) \implies$

  $\qquad\qquad \exists j \in \{1, ..., n\} : a_{1j} = a_{2j} = ... = a_{\mu j} = 1)$

  $\qquad \iff (\forall \mathbf{a_1}, ..., \mathbf{a_\mu} \in E_2^n \; \exists j \in \{1, ..., n\} :$

  $\qquad\qquad \forall \mathbf{x} \in \{\mathbf{a_1}, ..., \mathbf{a_\mu}\} : f(\mathbf{x}) = x_j \land f(\mathbf{x}))),$

  $T_{1,\mu} := T_{0,\mu}^\delta = Pol E_2^\mu \backslash \{0\},$

  $T_a := T_{a,1}$, wobei $a \in E_2$,

  $T_{0,\infty} := \bigcap_{\mu \geq 1} T_{0,\mu}$

  $\qquad = \bigcup_{n \geq 1} \{ f^n \in P_2 \mid \exists j \in \{1, ..., n\} \exists f' \in P_2 : f(\mathbf{x}) = x_j \land f'(\mathbf{x}) \},$

  $T_{1,\infty} := T_{0,\infty}^\delta,$

- $K := [\land]$ (Menge aller **Konjunktionen**),

- $D := K^\delta = [\lor]$ (Menge aller **Disjunktionen**),

- $C := [c_0, c_1]$ (Menge aller konstanten Funktionen),

- $C_a := [c_a]$, $a \in E_2$,

- $I := [e_1^1]$ (Menge aller Projektionen),

- $\overline{I} := [^-]$.

Satz 22.7.1.1 (Satz von E. L. Post; [Pos 41])

(1) Die Menge aller Teilklassen von P_2 ist abzählbar unendlich.

(2) Die nichtleeren Teilklassen von P_2 sind:

$$P_2,\ S,\ M,\ L,$$
$$T_{a,\mu},\ T_{a,\mu} \cap T_{\overline{a}},\ T_{a,\mu} \cap M,\ T_{a,\mu} \cap M \cap T_{\overline{a}},$$
$$K \cup C, K \cup C_a,\ K,\ D \cup C,\ D \cup C_a,\ D,$$
$$S \cap T_0,\ S \cap M,\ S \cap L, S \cap L \cap T_0,\ L \cap T_a,$$
$$\overline{I} \cup C,\ I \cup C,\ \overline{I},\ I \cup C_a,\ I,\ C,\ C_a,$$

wobei $a \in E_2$ und $\mu \in \{1, 2, ..., \infty\}$.

(Zum Hasse-Diagramm dieser Klassen siehe die nachfolgende Abbildung 22.4.)

(3) In P_2 existieren genau

(a) 9 abgeschlossene Teilmengen der Ordnung 1:

$$[P_2^1],\ I \cup C,\ \overline{I},\ I \cup C_0,\ I \cup C_1,\ I,\ C,\ C_0,\ C_1;$$

(b) 20 abgeschlossene Teilmengen der Ordnung 2:

$$P_2,\ T_0,\ T_1,\ M,\ L,\ M \cap T_0,\ M \cap T_1,\ L \cap T_0,\ L \cap T_1,$$
$$M \cap T_0 \cap T_1,\ K \cup C,\ K \cup C_0,\ K \cup C_1,\ K,\ D \cup C,$$
$$D \cup C_0,\ D \cup C_1,\ D,\ T_{0,\infty},\ T_{1,\infty};$$

(c) 20 abgeschlossene Teilmengen der Ordnung 3:

$$S,\ S \cap T_0,\ S \cap M,\ S \cap L,\ S \cap L \cap T_0,$$
$$T_{0,2},\ T_{1,2},\ T_{0,2} \cap T_1,\ T_{1,2} \cap T_0,\ T_{0,2} \cap M,\ T_{1,2} \cap M,$$
$$T_{0,2} \cap M \cap T_1,\ T_{1,2} \cap T_0 \cap M,$$
$$T_{0,\infty} \cap T_1,\ T_{1,\infty} \cap T_0,\ T_{0,\infty} \cap M,\ T_{1,\infty} \cap M,$$
$$T_{0,\infty} \cap M \cap T_1,\ T_{1,\infty} \cap M \cap T_0,\ T_0 \cap T_1;$$

(d) 8 abgeschlossene Teilmengen der Ordnung $\mu + 1$ ($\mu \geq 3$):

$$T_{a,\mu},\ T_{a,\mu} \cap T_{\overline{a}},\ T_{a,\mu} \cap M,\ T_{a,\mu} \cap M \cap T_{\overline{a}}\ (a \in E_2).$$

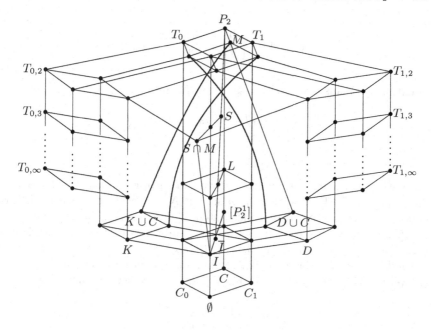

Abb. 22.4 Der Postsche Verband

22.7.2 Ein Beweis des Satzes von Post

Für eine beliebige Teilklasse A von P_2 sind folgende drei Fälle möglich:

Fall 1: $A \not\subseteq L$ und $A \not\subseteq S$,
Fall 2: $A \subseteq L$,
Fall 3: $A \not\subseteq L$ und $A \subseteq S$.

Dieser Fallunterscheidung folgend werden nachfolgend sämtliche Teilklassen von P_2 ermittelt sowie Erzeugendensysteme für diese Klassen bestimmt, aus denen sich als leichte Folgerungen die Ordnungen dieser Klassen ergeben. Wir beginnen mit:

Teilklassen von P_2, die weder in L noch in S enthalten sind.

Satz 22.7.2.1 *Es gilt:*
$P_2 = [\circ, ^-]$ *für* $\circ \in \{\wedge, \vee\}$, $M = [\vee, \wedge, c_0, c_1]$, $T_{0,\mu} = [h_\mu, t]$, $T_{0,\mu} \cap T_1 = [h_\mu, q]$, $T_{0,\mu} \cap M = [h_\mu, m, c_0]$ ($T_0 \cap M = [\vee, \wedge, c_0]$), $T_{0,\mu} \cap M \cap T_1 = [h_\mu, m]$, $T_{0,\infty} = [t]$, $T_{0,\infty} \cap T_1 = [q]$, $T_{0,\infty} \cap M = [m, c_0]$ *und* $T_{0,\infty} \cap M \cap T_1 = [m]$, *wobei* $\mu \in \mathbb{N}$.

Beweis. Bezeichne f^n eine Funktion aus P_2, für die $\mu + 1$ paarweise verschiedene Tupel $\mathbf{a}_1, ..., \mathbf{a}_{\mu+1}$ mit $f(\mathbf{a}_1) = ... = f(\mathbf{a}_{\mu+1}) = 1$ existieren. Dann gilt

$$f(\mathbf{x}) = h_\mu(f_{\mathbf{a}_1}(\mathbf{x}), f_{\mathbf{a}_2}(\mathbf{x}), ..., f_{\mathbf{a}_{\mu+1}}(\mathbf{x})), \qquad (22.14)$$

wobei

$$f_{\mathbf{a}_i}(\mathbf{x}) := \begin{cases} 0 & \text{für} \quad \mathbf{x} = \mathbf{a}_i, \\ f(\mathbf{x}) & \text{sonst} \end{cases}$$

$(i = 1, 2, ..., \mu + 1)$.
Funktionen f^n aus einer Teilklasse A von P_2 mit

$$\{h_\mu, f_{\mathbf{a}_1}, ..., f_{\mathbf{a}_{\mu+1}}\} \subseteq A$$

und

$$f(\mathbf{a}_1) = ... = f(\mathbf{a}_{\mu+1}) = 1$$

für gewisse $\mathbf{a}_1, ..., \mathbf{a}_{\mu+1} \in E_2^n$ wollen wir **zerlegbar** nennen. Die Menge der nicht zerlegbaren Funktionen aus A sei mit N_A bezeichnet. Offensichtlich ist dann $N_A \cup \{h_\mu\}$ ein Erzeugendensystem für A, falls h_μ zu A gehört und $A \cap \{h_1, ..., h_{\mu-1}\} = \emptyset$ ist. Eine leicht nachprüfbare Beschreibung der Mengen $(N_A)^n$ für $A \in \{P_2, T_{0,m}, M, T_{0,m} \cap M, T_{0,m} \cap T_1, T_{0,m} \cap M \cap T_1\}$, $m \in \mathbb{N}$, sowie das für diese Klassen existierende minimale m gibt die Tabelle 22.4 an (Beweis: ÜA[10]). Mit g_J und m_J für $J \subseteq E_2^n$ sind dabei die durch

$$g_J(\mathbf{x}) := \begin{cases} 1 & \text{für} \quad \mathbf{x} \in J, \\ 0 & \text{sonst} \end{cases}$$

und

$$m_J(\mathbf{x}) := \begin{cases} 1 & \text{für} \quad \exists \mathbf{a} \in J : \mathbf{x} \geq \mathbf{a}, \\ 0 & \text{sonst} \end{cases}$$

definierten Funktionen bezeichnet.

A	N_A^n	minimales μ mit $h_\mu \in A$
P_2	$\{g_J \mid \|J\| \leq 1\}$	1
M	$\{m_J \mid \|J\| \leq 1\}$	1
$T_{0,\mu}$	$\{g_J \mid \|J\| \leq \mu \wedge \exists t : g_J(\mathbf{x}) = x_t \wedge g_J(\mathbf{x})\}$	μ
$T_{0,\mu} \cap T_1$	$\{g_J \in N_{T_{0,\mu}}^n \mid \mathbf{1} \in J\}$	μ
$T_{0,\mu} \cap M$	$\{m_J \mid \|J\| \leq \mu \wedge \exists t : m_J(\mathbf{x}) = x_t \wedge m_J(\mathbf{x})\}$	μ
$T_{0,\mu} \cap M \cap T_1$	$\{m_J \in N_{T_{0,\mu} \cap M}^n \mid \mathbf{1} \in J\}$	μ

Tabelle 22.4

---

[10] Ein möglicher Beweis der Aussagen der Tabelle 22.4: Sei f beliebig aus A gewählt. Dann „zerlege" man zunächst f nach Formel (22.14) in die Funktionen $f_{\mathbf{a}_i}$, wiederhole dann diese Konstruktion, indem man $f_{\mathbf{a}_i}$ anstelle von f wählt, falls $f_{\mathbf{a}_i} \notin N_A$, usw. Im Fall $A \subseteq M$ hat man dabei die Tupel $\mathbf{a}_i$ minimal bez. $\leq$ zu wählen, damit $f_{\mathbf{a}_i} \in M$ gilt.

Da $g_\emptyset^n = m_\emptyset^n = c_0^n$, $g_{\{(a_1,\ldots,a_n)\}}^n(\mathbf{x}) = x_1^{\sigma_1} \wedge x_2^{\sigma_2} \wedge \ldots \wedge x_n^{\sigma_n}$, $m_{\{0\}}^n = c_1^n$, $m_{\{(a_1,\ldots,a_n)\}}^n(\mathbf{x}) = x_{i_1} \wedge x_{i_2} \wedge \ldots \wedge x_{i_\nu}$ für $\{i_1,\ldots,i_\nu\} = \{i \mid a_i = 1\} \neq \emptyset$, haben wir $N_{P_2} \subseteq [\wedge,^-]$, $N_{T_0} \subseteq [c_0,\wedge,t] = [t]$, $N_M \subseteq [\wedge,c_0,c_1]$, $N_{M \cap T_0} \subseteq [\wedge,c_0]$ und $N_{M \cap T_0 \cap T_1} \subseteq [\wedge]$. Folglich: $P_2 = [\vee,\wedge,^-]$ (und $P_2 = [\circ,^-]$ für $\circ \in \{\vee,\wedge\}$ nach den deMorganschen Regeln), $T_0 = [\vee,t]$, $M = [\vee,\wedge,c_0,c_1]$, $M \cap T_0 = [\vee,\wedge,c_0]$ und $M \cap T_0 \cap T_1 = [\vee,\wedge]$.

Außerdem folgt aus Tabelle 22.4, falls $A = T_{0,\mu} \cap B$ mit $B \in \{P_2,T_1,M,T_1 \cap M\}$ und $\mu \geq 2$, daß $A = [\{h_\mu\} \cup (T_{0,\infty} \cap B)]$ und $T_{0,\infty} \cap B = \bigcup_{n \geq 1}\{f^n \in P_2 \mid \exists i \in \{1,2,\ldots,n\} \, \exists f' \in B^n : f(\mathbf{x}) = x_i \wedge f'(\mathbf{x})\}$. Damit erhält man aus einem Erzeugendensystem $\{f^n, g^m, \ldots\}$ für B eines der Form $\{\wedge \star f, \wedge \star g, \ldots\}$ für die Klasse $T_{0,\infty} \cap B$. Folglich gilt $T_{0,\infty} = [t]$, da $t(x,t(x,y)) = x \wedge y$ und $P_2 = [\wedge,^-]$. $T_{0,\infty} \cap T_1 = [q]$ ergibt sich aus $T_1 = T_0^\delta = [\wedge,t^\delta]$, $t^\delta(x,y) = x \vee \overline{y}$ und $\wedge \star \wedge$, $\wedge \star t^\delta \in [q]$. Wegen $T_1 \cap M = [\wedge,\vee,c_1]$ und $\{\wedge \star \wedge, \wedge \star \vee, \wedge \star c_1^1 = e_2^2\} \subseteq [m]$ ist $T_{0,\infty} \cap T_1 \cap M = [m]$. Schließlich ist $T_{0,\infty} \cap M = [m,c_0]$, da $T_{0,\infty} \cap M = (T_{0,\infty} \cap M \cap T_1) \cup [c_0]$. ∎

Lemma 22.7.2.2 *Enthält eine Teilklasse A von P_2 eine gewisse Konstante c_a und eine nichtlineare Funktion, dann gehört zu A auch eine zweistellige nichtlineare Funktion.*

Beweis. Wegen $x \circ y + x + y = x \circ' y$ für $\{\circ,\circ'\} = \{\wedge,\vee\}$, $\Delta(+\star c_1) = ^-$ gilt nach Satz 22.4.2: $[\circ,+,c_1] = P_2$ für $\circ \in \{\wedge,\vee\}$, d.h., jede Funktion $g^n \in P_2$ besitzt eine Beschreibung der Form

$$g(\mathbf{x}) = a_0 + \sum_{\{i_1,i_2,\ldots,i_\nu\} \subseteq \{1,2,\ldots,n\}} a_{i_1 i_2 \ldots i_\nu} \circ x_{i_1} \circ x_{i_2} \circ \ldots \circ x_{i_\nu}$$

für gewisse $a_0, a_{i_1 i_2 \ldots i_\nu} \in E_2$ (siehe auch Satz 22.4.3).
Da $A \not\subseteq L$, gibt es folglich in A eine Funktion f^n mit

$$f(\mathbf{x}) = a_0 + x_1 \circ x_2 \circ \ldots \circ x_r + \sum_{i=1}^n a_i \circ x_i + \sum_{\substack{i_1,\ldots,i_\nu \\ \in \{1,2,\ldots,n\}, \, \nu \geq r, \\ \{i_1,\ldots,i_\nu\} \not\subseteq \{1,2,\ldots,r\}}} a_{i_1 \ldots i_\nu} \circ x_{i_1} \circ \ldots \circ x_{i_\nu},$$

wobei $r \geq 2$ und

$$\circ := \begin{cases} \vee & \text{falls } a = 1, \\ \wedge & \text{falls } a = 0 \end{cases}$$

gewählt sei. Hieraus folgt nun

$$f(x, \underbrace{y, y, \ldots, y}_{(r-1)\text{-mal}}, c_a, \ldots, c_a) = b + x \circ y + c \circ x + d \circ y \in A \backslash L$$

für gewisse $b, c, d \in E_2$. ∎

Lemma 22.7.2.3 *Sei A eine Teilklasse von P_2, die keine von L und keine von S ist. Dann gehört zu A die Funktion $\wedge$ oder die Funktion $\vee$.*

Beweis. Leicht kann man sich überlegen (ÜA), daß $\vee$ oder $\wedge$ als Superpositionen über zweistellige nichtlineare Funktionen zu erhalten sind. Folglich haben wir nur $A^2 \not\subseteq L$ zu zeigen. Wegen $A \not\subseteq S$ existiert in A eine Funktion f mit

$$f \begin{pmatrix} 0 & 1 \\ 1 & 0 \end{pmatrix} = \begin{pmatrix} a \\ a \end{pmatrix}$$

$a \in E_2$, d.h., f ist eine der in Tabelle 22.5 angegebenen Funktionen $f_1, f_2, ..., f_8$.

x y	f_1	f_2	f_3	f_4	f_5	f_6	f_7	f_8
0 0	0	1	1	0	0	1	0	1
0 1	0	1	0	1	0	0	1	1
1 0	0	1	0	1	0	0	1	1
1 1	0	1	1	0	1	0	1	0

Tabelle 22.5

Die Funktionen $f_5, ..., f_8$ sind sämtlich nichtlinear. Falls $f \in \{f_1, ..., f_4\}$, ist Δf eine Konstante und $A^2 \not\subseteq L$ folgt aus Lemma 22.7.2.2. ∎

Lemma 22.7.2.4 *Sei A eine Teilklasse von P_2, die die Funktion $\wedge$ enthält. Dann gelten folgende Implikationen:*
(a) $(\exists a \in E_2 : A \not\subseteq T_a) \Longrightarrow c_{\overline{a}} \in A$
(b) $(A \subseteq M \wedge A \not\subseteq K \cup C) \Longrightarrow m \in A$
(c) $A \not\subseteq M \Longrightarrow q \in A$
(d) $(A \not\subseteq K \cup C \wedge A \not\subseteq T_0) \Longrightarrow \vee \in A$
(e) $(\exists \mu \in \mathbb{N} : A \subseteq T_{0,\mu} \wedge A \not\subseteq T_{0,\mu+1}) \Longrightarrow h_\mu \in A.$

Beweis. (a): Wenn $A \not\subseteq T_a$ ist, gibt es in A eine einstellige Funktion g mit $g(a) = \overline{a}$, d.h., $g \in \{c_{\overline{a}}, ^-\}$. $c_{\overline{a}} \in A$ folgt dann aus $\wedge \in A$, $x \wedge \overline{x} = 0$ und $\overline{0} = 1$.
(b): Bezeichne f eine n-stellige Funktion aus $A \setminus (K \cup C)$. Dann existieren zwei Tupel $\mathbf{a} = (a_1, ..., a_n)$ und $\mathbf{b} = (b_1, ..., b_n)$ mit folgenden drei Eigenschaften:

$$f(\mathbf{a}) = f(\mathbf{b}) = 1,$$
$$\mathbf{a} \not\leq \mathbf{b}, \mathbf{b} \not\leq \mathbf{a} \text{ und}$$
$$f(\mathbf{c}) = 0 \text{ für alle } \mathbf{c} \text{ mit } \mathbf{c} < \mathbf{a} \text{ oder } \mathbf{c} < \mathbf{b}.$$

Indem wir

$$g_i(x, y, z) = \begin{cases} x & \text{für } \begin{pmatrix} a_i \\ b_i \end{pmatrix} = \begin{pmatrix} 1 \\ 1 \end{pmatrix}, \\ y & \text{für } \begin{pmatrix} a_i \\ b_i \end{pmatrix} = \begin{pmatrix} 0 \\ 1 \end{pmatrix}, \\ z & \text{für } \begin{pmatrix} a_i \\ b_i \end{pmatrix} = \begin{pmatrix} 1 \\ 0 \end{pmatrix}, \\ yz & \text{für } \begin{pmatrix} a_i \\ b_i \end{pmatrix} = \begin{pmatrix} 0 \\ 0 \end{pmatrix} \end{cases}$$

$(i = 1, 2, ..., n)$ wählen, erhalten wir unter Berücksichtigung von $f \in M$, daß

$$x \wedge f(g_1(x, y, z), ..., g_n(x, y, z)) = m(x, y, z) \in A$$

gilt.

(c): Wegen $A \not\subseteq M$ gibt es eine Funktion h^3 in A mit

$$h \begin{pmatrix} 1 & 0 & 0 \\ 1 & 0 & 1 \end{pmatrix} = \begin{pmatrix} 1 \\ 0 \end{pmatrix}$$

Folglich ist $h'(x, y, z) := x \wedge h(x, y, z) \in A$ und $h'(x, y, z) \in \{x \wedge \overline{y} \wedge \overline{z},$ $x(y+z+1), x \wedge \overline{z}, x(y \vee \overline{z})\}$. Da $x \wedge (\overline{y} \wedge z) = x(y \vee \overline{z})$ und $x(yz+z+1) = x(y \vee \overline{z})$, ist $q \in A$.

(d): Nach (a), (b), (c) und wegen $m(x, y, z) = q(x, y, q(x, y, z))$ ist $\{c_1, m\} \subseteq A$, woraus sich $\Delta(m \star c_1^1) = \vee \in A$ ergibt.

(e): Wenn $A \not\subseteq T_{0, \mu+1}$, gibt es ein $f \in A$ mit $f(E_2^{\mu+1} \backslash \{\mathbf{1}\}) = 1$, d.h., o.B.d.A.:

$$f \begin{pmatrix} 0 & 1 & 1 & ... & 1 & 0 & 0 & 0 & ... & 0 & ...... & 0 \\ 1 & 0 & 1 & ... & 1 & 0 & 1 & 1 & ... & 0 & ...... & 0 \\ 1 & 1 & 0 & ... & 1 & 1 & 0 & 1 & ... & 0 & ...... & 0 \\ \multicolumn{12}{c}{................................} \\ 1 & 1 & 1 & ... & 0 & 1 & 1 & 1 & ... & 1 & ...... & 0 \end{pmatrix} = \begin{pmatrix} 1 \\ 1 \\ 1 \\ \cdot \\ 1 \end{pmatrix}.$$

$$\underbrace{\qquad\qquad\qquad\qquad}_{(\mu+1)\text{-mal}}$$

Da $\wedge \in A$, haben wir

$$f'(x_1, ..., x_{\mu+1}) := f(x_1, ..., x_{\mu+1}, x_1 x_2, x_1 x_3, ..., x_1 x_2 x_3, ..., x_1 x_2 ... x_{\mu+1}) \in A.$$

Wegen $f' \in T_{0, \mu}$ gilt dann

$$f'(\mathbf{x}) = \begin{cases} h_\mu(\mathbf{x}) & \text{für } \mathbf{x} \neq \mathbf{1}, \\ a & \text{für } \mathbf{x} = \mathbf{1} \end{cases}$$

für ein gewisses $a \in E_2$. Falls $a = 1$, ist $f' = h_\mu \in A$. Im Fall $a = 0$ und $\mu \geq 2$ gilt

$$f'(x_1, ..., x_{\mu-1}, x_\mu x_{\mu+1}, f'(x_1, ..., x_{\mu+1})) = h_\mu(\mathbf{x}) \in A.$$

Falls $a = 0$ und $\mu = 1$, haben wir $f' = +$ und $h_1(x, y) = xy + x + z \in A$. ∎

Satz 22.7.2.5 *Die nicht in S oder L enthaltenen Teilklassen von P_2 sind:*

$$P_2, M, T_{a,\mu}, T_{a,\mu} \cap B, K, K \cup C_a, K \cup C, D, D \cup C_a, D \cup C,$$

wobei $a \in E_2$, $\mu \in \{\infty, 1, 2, ...\}$ und $B \in \{T_{\overline{a}}, M, M \cap T_{\overline{a}}\}$.

Beweis. Bezeichne A im folgenden eine Teilklasse von P_2, die keine Teilmenge von S oder L ist. Nach Lemma 22.7.2.3 ist dann entweder K oder D eine Teilmenge von A. Wegen der Isomorphie von K und D können wir o.B.d.A. $K \subseteq A$ annehmen. Ist $A \notin \{K, K \cup C_0, K \cup C_1, K \cup C\}$, so sind für A nur die in Tabelle 22.6 angegebenen 8 Fälle möglich. Mit Hilfe von Lemma 22.7.2.4 kann man dann auf die Existenz gewisser Funktionen in A schließen, die in der vierten Spalte der Tabelle angegeben sind. Hieraus erhält man dann leicht unter Verwendung der Ergebnisse von Satz 22.7.2.1, daß für A nur die in der letzten Spalte der Tabelle angegebenen Klassen in Frage kommen, w.z.b.w.

$\exists \mu \in \{\infty, 1, 2, \ldots\} :$ $A \subseteq T_{0,\mu} \wedge$ $A \nsubseteq T_{0,\mu+1}$	$A \subseteq T_1$	$A \subseteq M$	Folgerungen aus den Voraussetzungen	A
$-$	$-$	$-$	$\{c_1, c_0, q\} \subseteq A$	P_2
$-$	$-$	$+$	$\{c_1, c_0, m\} \subseteq A$	M
$-$	$+$	$-$	$\{c_1, q\} \subseteq A \subseteq T_1$	T_1
$-$	$+$	$+$	$\{c_1, m\} \subseteq A \subseteq T_1 \cap M$	$T_1 \cap M$
$+$	$-$	$-$	$\{h_\mu, c_0, q\} \subseteq A \subseteq T_{0,\mu}$	$T_{0,\mu}$
$+$	$-$	$+$	$\{h_\mu, c_0, m\} \subseteq A \subseteq T_{0,\mu} \cap M$	$T_{0,\mu} \cap M$
$+$	$+$	$-$	$\{h_\mu, q\} \subseteq A \subseteq T_{0,\mu} \cap T_1$	$T_{0,\mu} \cap T_1$
$+$	$+$	$+$	$\{h_\mu, m\} \subseteq A \subseteq T_{0,\mu} \cap T_1 \cap M$	$T_{0,\mu} \cap T_1 \cap M$

Tabelle 22.6

($+$ steht in der Tabelle für die Richtigkeit der Aussage der ersten Zeile, $-$ für die Negation der Aussage aus Zeile 1.
Außerdem seien $T_{0,\infty+1} := \emptyset$ und $h_\infty := e_1^1$) ∎

Die Teilklassen von L

Teilklassen von L sind zunächst einmal sämtliche abgeschlossene Teilmengen von $[P_2^1]$ (Beweis: ÜA):

$$[P_2^1], I \cup C, \overline{I}, I \cup C_0, I \cup C_1, C, C_0, C_1, I, \emptyset.$$

Mit Hilfe dieser Mengen lassen sich dann leicht auch die restlichen Teilklassen von L bestimmen, indem man das nachfolgende Lemma verwendet.

Lemma 22.7.2.6 *Sei $\mathfrak{L}$ eine Teilklasse von L mit $\mathfrak{L} \nsubseteq [P_2^1]$. Dann gilt*

$$\mathfrak{L} = [\mathfrak{L}^1 \cup \{r\}]$$

($r(x, y, z) = x + y + z$).

Beweis. Sei $\mathfrak{L} = [\mathfrak{L}] \subseteq L$ und $\mathfrak{L} \nsubseteq [P_2^1]$. Dann gibt es eine Funktion $g \in \mathfrak{L}$ mit $g(x, y, z) = a + x + y + bz$ für gewisse $a, b \in E_2$. Folglich haben wir $g(g(x, y, z), z, z) = r(x, y, z) \in \mathfrak{L}$. Indem man Funktionen der Form $r \star r \star \ldots \star r$ bildet und anschließend gewisse Variable identifiziert, erhält man als Superpositionen über r sämtliche Funktionen der Form $\sum_{i=1}^n b_i x_i$

mit $b_1 + ... + b_n = 1$. Bezeichne nun f eine beliebige n-stellige Funktion aus $\mathfrak{L}$ und sei $f(\mathbf{x}) = a_0 + \sum_{i=1}^n a_i x_i$. Wie oben begründet, gehört zu $[r]$ die Funktion

$$f'(x, x_1, ..., x_n) := x + (a_2 + ... + a_n)x_1 + \sum_{i=2}^n a_i x_i.$$

Folglich gilt:

$$f(\mathbf{x}) = f'(f(x_1, ..., x_1), x_1, ..., x_n),$$

womit $f \in [\{r\} \cup \mathfrak{L}^1]$ und damit $[\{r\} \cup \mathfrak{L}^1] = \mathfrak{L}$. ∎

Heraussuchen (ÜA) derjenigen Teilklassen von $(P_2^1; \star)$, die auch noch bei Anwendung von r abgeschlossen sind, ergibt als unmittelbare Folgerung aus dem eben bewiesenen Lemma:

Satz 22.7.2.7 *Die Teilklassen von L sind:*
L, $L \cap T_0 = [c_0, +]$, $L \cap T_1$, $L \cap S = [^-, r]$, $L \cap T_0 \cap S = [r]$,
$[P_2^1]$, $I \cup C$, $\overline{I}$, $I \cup C_0$, C, C_0, C_1, $\emptyset$. ∎

Die nicht in L enthaltenen Teilklassen von S

Eine Funktion $f^n \in P_2$ ($n \geq 2$) gehört offenbar genau dann zu S, wenn eine Funktion $F^{n-1} \in P_2$ mit folgender Eigenschaft existiert:

$$f(x_1, ..., x_n) = x_1 F(x_2, ..., x_n) \vee \overline{x_1} \overline{F(\overline{x_2}, ..., \overline{x_n})}, \qquad (22.15)$$

wobei

$$F(x_2, ..., x_n) := f(0, x_2, ..., x_n)$$

ist. Folglich läßt sich eine bijektive Abbildung α von $S' := S \backslash S^1$ auf P_2 definieren:

$$\alpha : f \longrightarrow F.$$

Lemma 22.7.2.8 *Die Abbildung α hat folgende Eigenschaften:*
(a) Für die Operationen $\widehat{\zeta}, \widehat{\tau}, \widehat{\Delta}, \widehat{\nabla}$ und $\widehat{\star}$, die definiert sind durch

$$\begin{aligned}
(\widehat{\zeta}f)(x_1, ..., x_n) &= f(x_1, x_3, x_4, ..., x_n, x_2), \\
(\widehat{\tau}f)(x_1, ..., x_n) &= f(x_1, x_3, x_2, x_4, ..., x_n), \\
(\widehat{\Delta}f)(x_1, ..., x_{n-1}) &= f(x_1, x_2, x_2, x_3, ..., x_{n-1}), \\
(\widehat{\nabla}f)(x_1, ..., x_{n+1}) &= f(x_1, x_3, x_4, ..., x_{n+1}) \text{ und} \\
(f\widehat{\star}g)(x_1, ..., x_{m+n-2}) &= f(x_1, g(x_1, ..., x_m), x_{m+1}, ..., x_{m+n-2})
\end{aligned}$$

$(n, m \geq 2)$,

gilt $\alpha(\widehat{\gamma}f) = \gamma(\alpha(f))$ *für jedes* $\gamma \in \{\zeta, \tau, \Delta, \nabla\}$ *und* $\alpha(f\widehat{\star}g) = \alpha(f) \star \alpha(g)$, *d.h., die Algebra* $(S'; \widehat{\zeta}, \widehat{\tau}, \widehat{\Delta}, \widehat{\nabla}, \widehat{\star})$ *ist isomorph zur Algebra* $(P_2; \zeta, \tau, \Delta, \nabla, \star)$.
(b) Für jede abgeschlossene Teilmenge A ($\neq \emptyset$) von S ist $\alpha(A)$ eine abgeschlossene Teilmenge von P_2, und es gilt $\alpha(A) \not\subseteq S$, $A \subseteq \alpha(A)$ und $\alpha(A) \cap S = A$.

Beweis. Die Behauptung (a) prüft man leicht nach.

(b): Bezeichne A eine Teilklasse von S. Aus (a) folgt dann unmittelbar, daß auch $\alpha(A)$ abgeschlossen ist. Angenommen, $\alpha(A) \subsetneq S$. Dann haben wir $F(x_2, ..., x_n) = \overline{F(\overline{x_2}, ..., \overline{x_n})}$ für jedes $f^n \in A$. Wegen (22.15) folgt hieraus, daß die Variable x_1 für jede Funktion $f^n \in A$ fiktiv ist, was nicht möglich sein kann. Also gilt $\alpha(A) \not\subsetneq S$.

Sei $f^n \in A$. Dann ist $\nabla f \in A$ und folglich $\alpha(\nabla f) = f \in \alpha(A)$, d.h., $A \subseteq \alpha(A)$. Wenn $f^n \in S \cap \alpha(A)$, haben wir $\Delta(\alpha^{-1}f) = f \in A$ und damit $S \cap \alpha(A) \subseteq A$. Hieraus folgt $A = S \cap \alpha(A)$, da $A \subseteq \alpha(A)$ und $A \subseteq S$. ∎

Mit Hilfe des eben bewiesenen Lemmas und mit Satz 22.7.2.5 ist es jetzt nicht weiter schwierig, die noch fehlenden Teilklassen von S zu ermitteln. Es gilt der

Satz 22.7.2.9

(a) *Die Mengen $S \cap M$ und $S \cap T_0$ sind die einzigen nicht in L enthaltenen echten Teilklassen von S.*

(b) *Es gilt*
$$S = [h_2, ^-], \quad S \cap T_0 = [h_2, r], \quad S \cap M = [h_2].$$

Beweis. (a): Bezeichne A eine nicht in L enthaltene Teilklasse von S. Folglich gilt $\alpha(A) \not\subseteq L$, und damit ist nach Lemma 22.7.2.2 und Lemma 22.7.2.3 $\{\vee, \wedge\} \cap \alpha(A) \neq \emptyset$, womit entweder die Funktion h_2 ($= \overline{x}yz \vee x(y \vee z)$) oder die Funktion $g(x, y, z) := \overline{x}(y \vee z) \vee xyz$ zu A gehört. Wegen $g(g(x, y, z), y, z) = h_2(x, y, z)$ ist h_2 in jedem Fall eine Funktion von A. Außerdem haben wir, daß $\alpha(h_2) = \wedge$, $x \wedge h_2(x, y, z) = x(y \vee z)$ und $c_0^1 = \alpha(e_1^2)$ zu $\alpha(A)$ gehören. Also gilt $T_{0,2} \cap M \subseteq \alpha(A)$, womit (wegen Lemma 22.7.2.8, (b)) $T_{0,2} \cap M \cap S \subseteq A$. Für A kommen dann nach Satz 22.7.2.5 nur noch folgende Mengen in Frage: $S \cap T_{0,2}$, $S \cap M = S \cap M \cap T_0$, $S \cap T_0$. Unsere Behauptung (a) folgt damit aus $S \cap T_{0,2} = S \cap M$. (Leicht beweisen läßt sich z.B. $S \cap T_{0,2} = S \cap M$ mit Hilfe des Relationenprodukts $\square$ und der Eigenschaft $Pol\varrho \cap Pol\varrho' \subseteq Pol\varrho\square\varrho'$ wie folgt:

Seien $\varrho_1 = \begin{pmatrix} 1 & 0 \\ 0 & 1 \end{pmatrix}$, $\varrho_2 = \begin{pmatrix} 0 & 0 & 1 \\ 0 & 1 & 0 \end{pmatrix}$ und $\varrho_3 = \begin{pmatrix} 0 & 0 & 1 \\ 0 & 1 & 1 \end{pmatrix}$, Dann gilt $\varrho_2\square\varrho_1 = \varrho_3$ und folglich $S \cap T_{0,2} \subseteq S \cap M$. Umgekehrt gilt $S \cap M \subseteq S \cap T_{0,2}$ wegen $\varrho_3\square\varrho_1 = \varrho_2$.)

(b) ergibt sich ohne Mühe aus Satz 22.7.2.1 und Lemma 22.7.2.8. ∎

22.7.3 Ein Vollständigkeitskriterium für P_2

Als Folgerung aus dem Satz 22.7.1.1 ergibt sich der

Satz 22.7.3.1 (Vollständigkeitskriterium für P_2)
Sei $A \subseteq P_2$. Dann gilt

$$[A] = P_2 \Longleftrightarrow \forall X \in \{T_0, T_1, M, S, L\} : A \nsubseteq X.$$

∎

Ohne Verwendung der Ergebnisse aus Satz 22.7.1.1 erhält man den obigen Satz mit Hilfe von Satz 22.5.3.1 als Folgerung aus

Satz 22.7.3.2 P_2 *besitzt genau fünf maximale Klassen:* T_0, T_1, M, S *und* L.

Beweis. Man überlegt sich leicht (ÜA), daß die Mengen T_0, T_1, M, S, L bez. $\subseteq$ paarweise unvergleichbare echte Teilklassen von P_2 sind. Zum Beweis des Satzes genügt es folglich, die folgende Aussage zu beweisen:

$$\forall A \subseteq P_2 : A \nsubseteq T_0 \wedge A \nsubseteq T_1 \wedge A \nsubseteq M \wedge A \nsubseteq S \wedge A \nsubseteq L \Longrightarrow [A] = P_2.$$

Sei nun $A \subseteq P_2$ mit $\{f_0, f_1, f_M, f_S, f_L\} \subseteq A$, wobei

$$f_0 \notin T_0, f_1 \notin T_1, f_M \notin M, f_S \notin S \text{ und } f_L \notin L.$$

Identifiziert man in f_0 sämtliche Variablen miteinander, so erhält man eine einstellige Funktion $f_0' \in [A]$ mit $f_0'(0) = 1$, d.h., $f_0' \in \{c_1, \overline{e_1^1}\}$.
Fall 1: $f_0' = c_1$.
In diesem Fall gilt $f_1(c_1(x), ..., c_1(x)) = c_0(x) \in [A]$. Da $f_M \in A \backslash M$, gibt es gewisse $(a_i, b_i) \in \{(0,0), (0,1), (1,1)\}$ $(i = 1, 2, ..., n)$ mit $f(a_1, ..., a_n) > f(b_1, ..., b_n)$. Folglich ist $\overline{e_1^1}$ eine Superposition über $\{f_M, c_0, c_1\} \subseteq [A]$. Also gehört P_2^1 zu $[A]$. Die Funktion f_L^n läßt sich nach dem Beweis von Lemma 22.7.2.2 (siehe auch Satz 22.4.3) durch ein sogenanntes Shegalkin-Polynom darstellen. Da f_L nicht zu L gehört, können wir o.B.d.A. annehmen, daß

$$f_L(\mathbf{x}) = a_0 + x_1 \cdot x_2 \cdot ... \cdot x_r + \sum_{i=1}^{n} a_i \cdot x_i + \sum_{\substack{i_1, ..., i_\nu \\ \in \{1, ..., n\}, \nu \geq r, \\ \{i_1, ..., i_\nu\} \nsubseteq \{1, ..., r\}}} a_{i_1...i_\nu} \cdot x_{i_1} \cdot ... \cdot x_{i_\nu},$$

für $r \geq 2$ gilt.
Bildet man nun die Funktion

$$f_L'(x, y) := f_L(x, \underbrace{y, ..., y}_{(r-1)-mal}, c_0(x), ..., c_0(x)),$$

so hat diese Funktion die Gestalt $f'_L(x,y) = a + b \cdot x + c \cdot y + x \cdot y$ für gewisse $a, b, c \in \{0, 1\}$. Man prüft nun leicht nach (ÜA), daß $x \cdot y$ eine Superposition über $\{f'_L\} \cup P_2^1 \; (\subseteq A)$ ist. Folglich haben wir nach Satz 22.4.2 $[A] = P_2$, w.z.b.w.

Fall 2: $f'_0 = \overline{e_1^1}$.

Da $f_S^n \notin S$, existieren gewisse $a_1, ..., a_n \in \{0, 1\}$ mit $f_S(a_1, ..., a_n) = f_S(\overline{a_1}, ..., \overline{a_n})$, womit c_1 eine Superposition über $\{f_S, \overline{e_1^1}\}$ ist und damit der Fall 2 auf den Fall 1 zurückführbar ist. ∎

22.8 Die Teilklassen von P_k, die P_k^1 enthalten

Wir beginnen mit den Definitionen einiger Teilklassen von P_k, von denen später gezeigt wird, daß damit sämtliche Klassen A von P_k mit $P_k^1 \subseteq A$ erfaßt sind.

Sei

$$U_t := P_k(t) \cup [P_k^1]$$

für $t = 2, 3, ..., k$. Speziell gilt $U_k = P_k$.

Ferner sei

$$L_k$$

die Menge

$$[P_k^1] \cup \bigcup_{n \geq 1} \{f^n \in P_k \mid \exists a \in E_2 \; \exists f_0 \in P_k^1 \; \exists f_1, ..., f_n \in P_{k,2}^1 :$$
$$f(\mathbf{x}) = f_0(a + f_1(x_1) + f_2(x_2) + ... + f_n(x_n) \, (mod \, 2))\}.$$

Für $k = 2$ ist L_k die bereits im Abschnitt 22.7 definierte Menge L.

Die Mengen U_t und L_k lassen sich auch mit Hilfe von Relationen beschreiben:

Lemma 22.8.1 *Es sei*

$$\iota_k^h := \{(a_0, ..., a_{h-1}) \in E_k^h \mid \exists i, j \in E_k : i \neq j \wedge a_i = a_j\}$$

und

$$\lambda_k := \{(a, a, b, b), (a, b, a, b), (a, b, b, a) \mid a, b \in E_k\}.$$

Dann gilt

(a) $U_t = Pol \, \iota_k^{t+1}$ *für* $t \in \{2, 3, ..., k-1\}$

und

(b) $L_k = Pol \, \lambda_k$.

Beweis. (a): Offenbar ist U_t eine Teilmenge von $Pol \, \iota_k^{t+1}$. Die Inklusion $U_t \subset Pol \, \iota_k^{t+1}$ (d.h., es existiert in $Pol \, \iota_k^{t+1}$ eine von mindestens zwei Variablen abhängige Funktion, die mindestens $t + 1$ verschiedene Werte annimmt) kann wegen Satz 22.4.4, (b) nicht gelten. Also ist $U_t = Pol \, \iota_k^{t+1}$.

(b): Man prüft leicht nach, daß $L_k \subseteq Pol\,\lambda_k$. Für den Beweis von $Pol\,\lambda_k \subseteq L_k$ bezeichne f^n eine beliebige Funktion aus $P_{k,2} \cap (Pol\,\lambda_k)$. Wir überlegen uns zunächst, daß dann

$$f(x_1, 0, ..., 0) + f(0, x_2, ..., x_n) + f(0, 0, ..., 0) = f(x_1, ..., x_n) \ (mod\,2) \quad (22.16)$$

gilt. Angenommen, für gewisse $x_1 = a_1, ..., x_n = a_n$ ist dies falsch. Dann haben wir jedoch

$$f \begin{pmatrix} a_1 & 0 & ... & 0 \\ 0 & a_2 & ... & a_n \\ 0 & 0 & ... & 0 \\ a_1 & a_2 & ... & a_n \end{pmatrix} \notin \begin{pmatrix} a & a & a \\ a & b & b \\ b & a & b \\ b & b & a \end{pmatrix}$$

für beliebige $a, b \in E_2$, was wegen $f \in Pol\,\lambda_k$ nicht sein kann. Also gilt (22.16) und als Folgerung erhalten wir:

$$f(x_1, ..., x_n) = a + f_1(x_1) + ... + f_n(x_n) \ (mod\,2),$$

wobei $a := (n-1) \cdot f(0, 0, ..., 0) \ (mod\,2)$ und

$$f_i(x) := f(0, ..., 0, \underbrace{x}_{i\text{-te Stelle}}, 0, ..., 0)$$

ist. Wegen $pr_{1,2,3}\lambda_k = \iota_k^3$ kann eine beliebige Funktion g aus $(Pol\,\lambda_k) \backslash [P_k^1]$ nur genau zwei verschiedene Werte annehmen. Folglich existiert eine gewisse Permutation $s \in S_k$ mit $s(W(g)) = \{0, 1\}$, so daß g in der Form $s^{-1} \star (s \star g)$ darstellbar ist und $s \star g$ zu $P_{k,2} \cap Pol\,\lambda_k$ gehört, womit offenbar $g \in L_k$ gilt. ∎

Definition Sei $E \subseteq E_k$ mindestens zweielementig. Dann läßt sich eine Abbildung pr_E von $P_{k,E}$ auf P_E wie folgt definieren:

$$pr_E f^n = g^m :\Longleftrightarrow (n = m \ \wedge \ \forall \mathbf{a} \in E^n : f(\mathbf{a}) = g(\mathbf{a})).$$

Lemma 22.8.2 *Es sei f^2 eine Funktion aus L_k mit*

$$f(x, y) = x + y \ (mod\,2) \text{ für alle } x, y \in E_2,$$

g^m eine Funktion aus $P_{k,2}$ mit $pr_{E_2}g \notin L_2$ und $h \in U_t \backslash U_{t-1}$. Dann gilt:

(a) $L_k = [P_k^1 \cup \{f\}]$,

(b) $U_2 = [P_k^1 \cup \{g\}]$ und

(c) $\forall t \in \{3, 4, ..., k\} : U_t = [U_{t-1} \cup \{h\}]$.

Beweis. (a) folgt unmittelbar aus der Definition von L_k.
(b): Nach Satz 22.7.3.1 ist $[\{pr_{E_2}g\} \cup pr_{E_2}P_{k,2}^1] = P_2$, womit speziell zweistellige Funktionen $\wedge', +'$ mit $pr_{E_2}\wedge' = \wedge$ und $pr_{E_2}+' = +$ zu $[P_k^1 \cup \{g\}]$ gehören, und eine beliebige Funktion u^t aus $P_{k,2}$ eine Superposition über $P_k^1 \cup \{\wedge', +'\}$ ist:

$$u(x_1, ..., x_t) = \sum_{\substack{(a_1, ..., a_t) \\ \in E_k^t}} u(a_1, ..., a_t) \cdot j_{a_1}(x_1) \cdot ... \cdot j_{a_t}(x_t) \pmod 2$$

(siehe auch (22.8) aus Abschnitt 22.4). Hieraus folgt dann leicht (b).
(c) ist eine Folgerung aus Lemma 22.4.5.   ∎

1967 wurde von G. A. Burle der folgende Satz bewiesen.

Satz 22.8.3 (Satz von Burle)

Die einzigen Teilklassen von P_k, die P_k^1 enthalten, sind

$$[P_k^1], L_k, U_2, U_3, ..., U_{k-1}, P_k,$$

die eine nichtverfeinerbare Kette aus $k+1$ Elementen im Verband der Teilklassen von P_k bilden:

$$[P_k^1] \subset L_k \subset U_2 \subset U_3 \subset ... \subset U_{k-1} \subset P_k.$$

Beweis. Angenommen, es existiert eine von den oben genannten Klassen verschiedene Teilklasse A von P_k mit $P_k^1 \subset A$. A enthält dann eine gewisse Funktion f^n, die von mindestens zwei Variablen wesentlich abhängt und mindestens $l \geq 2$ verschiedene Werte annimmt. Folglich existieren nach Satz 22.4.4, (a), (c) gewisse $a_1, ..., a_n, b_1, ..., b_n, \alpha, \beta, \gamma \in E_k$ mit

$$f \begin{pmatrix} a_1 & a_2 & a_3 & ...a_n \\ a_1 & b_2 & b_3 & ...b_n \\ b_1 & b_2 & b_3 & ...b_n \end{pmatrix} = \begin{pmatrix} \alpha \\ \beta \\ \gamma \end{pmatrix},$$

wobei $|\{\alpha, \beta, \gamma\}| = 3$ für $l \geq 3$ und $\alpha = \gamma$ sowie $\alpha \neq \beta$ für $l = 2$.
Eine Superposition über f und geeignet gewählten $g_0, ..., g_n \in P_k^1$ ist dann eine zweistellige Funktion f' mit $f'(x, y) := g_0(f(g_1(x), g_2(y), ..., g_n(y)))$ und

$$f' \begin{pmatrix} 0 & 0 \\ 0 & 1 \\ 1 & 1 \end{pmatrix} = \begin{pmatrix} 0 \\ 1 \\ 0 \end{pmatrix}.$$

Wir unterscheiden zwei Fälle:
Fall 1: $f'(1, 0) = 0$.
Die Funktion $pr_{E_2} f'$ ist dann nichtlinear, womit nach Lemma 22.8.2, (b) $U_2 \subseteq A$ gilt. Da wir jedoch $A \neq U_t$ für alle $t \in \{2, ..., k\}$ angenommen haben, führt dies mittels Lemma 22.8.2, (c) auf einen Widerspruch.
Fall 2: $f'(1, 0) = 1$.
Nach Lemma 22.8.2, (a) ist in diesem Fall L_k eine Teilmenge von A und wegen $A \neq L_k$ gibt es in A eine Funktion g, die λ_k nicht bewahrt. Als Superposition

über g und gewissen Funktionen aus L_k erhält man eine Funktion $g' \in A \cap P_{k,2}$ mit $pr_{E_2}g' \notin L_2$, womit auch Fall 2, wie im Fall 1 gezeigt wurde, auf einen Widerspruch führt.

Also existieren im Verband der Teilklassen von P_k nur die angegebenen $k+1$ verschiedenen Klassen, die sämtliche einstelligen Funktionen von P_k enthalten.

Die behauptete Ketteneigenschaft dieser Mengen ist eine unmittelbare Folgerung aus den Definitionen dieser Mengen.   ∎

22.9 Die maximalen Klassen der k-wertigen Logik

Eine Teilklasse A von P_k ist genau dann **in P_k maximal** (bzw. A heißt **maximale Klasse**)[11], wenn zwischen A und P_k keine weiteren Klassen von P_k liegen. Mit anderen Worten:

$A = [A] \subseteq P_k$ ist genau dann in P_k maximal, wenn $A \neq P_k$ und $[A \cup \{f\}] = P_k$ für jedes $f \in P_k \backslash A$ gilt.

Für die maximalen Klassen interessiert man sich nicht nur aus strukturtheoretischen Gründen, sondern vor allem auch deshalb, weil mit Hilfe dieser Klassen eines der zentralen Probleme der mehrwertigen Logik – das sogenannte Vollständigkeitsproblem – gelöst werden kann (siehe Satz 22.5.3.1).

Mit der Ermittlung bzw. Beschreibung maximaler Klassen befaßten sich eine Reihe von Mathematikern.[12] Die maximalen Klassen von P_2: T_0, T_1, M, S und L (siehe 22.7) kennt man seit den Arbeiten von E. L. Post aus den 40er Jahren des vergangenen Jahrhunderts.

Bemühungen, sämtliche maximalen Klassen von P_k für $k \geq 3$ zu bestimmen, begannen vor über 50 Jahren. So wurden z.B. von S. V. Jablonskij 1953 alle 18 maximale Klassen von P_3 und von A. I. Mal'cev einige Jahre später alle 82 maximalen Klassen von P_4 bestimmt. Die vollständige Beschreibung der maximalen Klassen von P_k für beliebiges $k \geq 3$ gelang erstmalig I. G. Rosenberg in [Ros 65] (Beweis in [Ros 70a]). Er gab 6 Relationenmengen (von uns nachfolgend mit $\mathfrak{U}_k, \mathfrak{M}_k, \mathfrak{S}_k.\mathfrak{L}_k, \mathfrak{C}_k$ und $\mathfrak{B}_k$ bezeichnet) an, für die

$$\{Pol\, \varrho \mid \varrho \in \mathfrak{U}_k \cup \mathfrak{M}_k \cup \mathfrak{S}_k \cup \mathfrak{L}_k \cup \mathfrak{C}_k \cup \mathfrak{B}_k\}$$

gerade die Menge aller maximalen Klassen von P_k ist.

Nachfolgend werden die maximalen Klassen von P_k in der von I. G. Rosenberg gefundenen Weise beschrieben und im Abschnitt 22.10 einige Folgerungen aus dieser Beschreibung gezogen. Auf eine komplette Beweisführung muß hier aus

---

[11] In älteren Arbeiten wurde anstelle von „maximaler Klasse" oft auch die Bezeichnung fastvollständige oder prävollständige Klasse verwendet.

[12] Siehe dazu z.B. [Pös-K 79].

Platzgründen verzichtet und der interessierte Leser auf [Ros 70a], [Qua 82] oder z.B. [Lau 2003] verwiesen werden.

Eine erste Grobbeschreibung der maximalen Klassen liefert der folgende Satz, der i.w. von A. V. Kuznezov bereits 1959 bewiesen wurde.

Satz 22.9.1 *Die Klasse* L_k *für* $k = 2$ *bzw.* U_{k-1} *(= $Pol_k \iota_k^k$) für* $k \geq 3$ *ist die einzige maximale Klasse von* P_k, *die* P_k^1 *enthält. Für jede von* L_2 *bzw.* U_{k-1} *verschiedene maximale Klasse* A *von* P_k *gilt:*

$$A = Pol_k G_1(A).$$

Beweis. Bezeichne A eine beliebige maximale Klasse von P_k. Dann sind folgende zwei Fälle möglich:

Fall 1: $A^1 = P_k^1$.

Nach Satz 22.8.3 kann A dann nur die Menge L_2 für $k = 2$ oder U_{k-1} für $k \geq 3$ sein.

Fall 2: $A^1 \subset P_k^1$.

$(A^1; \star)$ ist in diesem Fall eine echte Unterhalbgruppe von $(P_k^1; \star)$, die $e := e_1^1$ enthält, wie man sich wie folgt überlegen kann:

Angenommen, $e \notin A^1$. Dann ist $A^1 \cap [P_k^1[k]] = \emptyset$, da $s^k = e$ für alle $s \in P_k^1[k]$. Folglich haben wir $A \subset J_k \cup A = [J_k \cup A] \subset P_k$, was der vorausgesetzten Maximalität von A widerspricht.

Also ist A ein Klon, für den nach Satz 22.6.7.1, (c) $A \subseteq Pol_k G_1(A) \subseteq P_k$ gilt. Wegen $A^1 \neq P_k^1$ und der Maximalität von A ist dies nur für $A = Pol_k G_1(A)$ möglich. ∎

Kommen wir nun zur Beschreibung der maximalen Klassen von P_k, die mit Hilfe der Relationenmengen $\mathfrak{M}_k$, $\mathfrak{S}_k$, $\mathfrak{U}_k$, $\mathfrak{L}_k$, $\mathfrak{C}_k$ und $\mathfrak{B}_k$ erfolgt.

Nach Satz 22.9.1 ist nämlich jede maximale Klasse von P_k durch eine gewisse k-stellige Relation ϱ in der Form $Pol\, \varrho$ beschreibbar. Da für jede aus ϱ ableitbaren nichtdiagonalen Relation ϱ' stets $Pol\, \varrho = Pol\, \varrho'$ gilt, kommen als mögliche beschreibende Relationen für die maximalen Klassen auch Elemente aus $\bigcup_{h=1}^{k} R_k^h \backslash D_k^h$ in Frage. Die nachfolgend definierten Relationen aus $\mathfrak{M}_k, \mathfrak{S}_k, \mathfrak{U}_k, \mathfrak{L}_k, \mathfrak{C}_k$ und $\mathfrak{B}_k$ sind (mit wenigen Ausnahmen) in Bezug auf die Arität minimal gewählte Relationen, die zur Beschreibung maximaler Klassen herangezogen werden können.

Wir nennen eine maximale Klasse A auch **Klasse des Typs** $\mathfrak{X}$, falls $A = Pol\, \varrho$ für $\varrho \in \mathfrak{X}_k$ und $\mathfrak{X} \in \{\mathfrak{M}, \mathfrak{S}, \mathfrak{U}, \mathfrak{L}, \mathfrak{C}, \mathfrak{B}\}$.

Maximale Klassen des Typs $\mathfrak{M}$ **(Maximale Klassen aus monotonen Funktionen):** $\mathfrak{M}_k$ bezeichne die Menge aller Halbordnungen auf E_k mit einem größten und einem kleinsten Element. Genauer, eine binäre Relation $\varrho \in R_k$ gehört genau dann zu $\mathfrak{M}_k$, wenn sie folgende vier Eigenschaften hat:
1) ϱ ist reflexiv (d.h., $\iota_k^2 \subseteq \varrho$);

2) ϱ ist antisymmetrisch (d.h., $\varrho \cap \varrho^{-1} = \iota_k^2$);

3) ϱ ist transitiv (d.h., $\varrho \circ \varrho = \varrho$) und

4) es existieren Elemente o_ϱ („**kleinstes Element**") und e_ϱ („**größtes Element**") in E_k mit $\{(o_\varrho, x), (x, e_\varrho) \mid x \in E_k\} \subseteq \varrho$.

Die Elemente o_ϱ und e_ϱ sind übrigens eindeutig bestimmt, wie man sich leicht überlegen kann (ÜA).

Anstelle von $(a, b) \in \varrho$ werden wir oft auch $a \leq_\varrho b$ schreiben und $a <_\varrho b$, falls $(a, b) \in \varrho \backslash \iota_k^2$. Außerdem sei für $\mathbf{a}, \mathbf{b} \in E_k^n$:

$$\mathbf{a} \leq_\varrho \mathbf{b} :\Longleftrightarrow \forall i \in \{1, ..., n\} : a_i \leq_\varrho b_i.$$

Eine Funktion $f^n \in P_k$ bewahrt dann offenbar genau dann die Relation $\varrho \in \mathfrak{M}_k$, wenn

$$\forall \mathbf{a}, \mathbf{b} \in E_k^n : \mathbf{a} \leq_\varrho \mathbf{b} \Longrightarrow f(\mathbf{a}) \leq_\varrho f(\mathbf{b})$$

gilt. Die Funktionen aus $Pol\, \varrho$ sind also sogenannte (nicht fallende) **monotone Funktionen**. Offenbar gilt:

$$\forall \varrho, \varrho' \in \mathfrak{M}_k : (Pol\, \varrho = Pol\, \varrho' \Longleftrightarrow \varrho' = \tau \varrho \vee \varrho = \varrho').$$

Sämtliche Klassen des Typs $\mathfrak{M}$ für $k \in \{2, 3\}$ sind dann

$$M = Pol_2 \begin{pmatrix} 0 & 0 & 1 \\ 0 & 1 & 1 \end{pmatrix},$$

$$Pol_3 \begin{pmatrix} 0 & 1 & 2 & 0 & 0 & 1 \\ 0 & 1 & 2 & 1 & 2 & 2 \end{pmatrix} \quad (0 <_\varrho 1 <_\varrho 2),$$

$$Pol_3 \begin{pmatrix} 0 & 1 & 2 & 0 & 0 & 2 \\ 0 & 1 & 2 & 2 & 1 & 1 \end{pmatrix} \quad (0 <_\varrho 2 <_\varrho 1) \text{ und}$$

$$Pol_3 \begin{pmatrix} 0 & 1 & 2 & 2 & 2 & 0 \\ 0 & 1 & 2 & 0 & 1 & 1 \end{pmatrix} \quad (2 <_\varrho 0 <_\varrho 1).$$

Maximale Klassen des Typs $\mathfrak{S}$ (Maximale Klassen aus autodualen Funktionen): Für Permutationen $s \in S_k$ sei

$$\varrho_s := \{(x, s(x)) \mid x \in E_k\}.$$

Funktionen, die eine Relation der Form ϱ_s bewahrt, bezeichnet man – in Anlehnung an eine übliche Bezeichnung gewisser Boolescher Funktionen – als **autodual** bzw. **selbstdual** (bez. s).

$\mathfrak{S}_k$ sei nun die Menge aller Relationen der Form ϱ_s, wobei s eine beliebig wählbare fixpunktfreie Permutation mit Zyklen ein und derselben Primzahllänge ist.

Beispiele für maximale Klassen des Typs $\mathfrak{S}$ sind:

$$Pol_2 \begin{pmatrix} 0 & 1 \\ 1 & 0 \end{pmatrix},$$

$$Pol_3 \begin{pmatrix} 0 & 1 & 2 \\ 1 & 2 & 0 \end{pmatrix},$$

$$Pol_6 \begin{pmatrix} 0 & 1 & 2 & 3 & 4 & 5 \\ 1 & 0 & 3 & 2 & 5 & 4 \end{pmatrix},$$

$$Pol_6 \begin{pmatrix} 0 & 1 & 2 & 3 & 4 & 5 \\ 1 & 2 & 0 & 4 & 5 & 3 \end{pmatrix}.$$

Ohne Beweis sei erwähnt:

$$\forall \varrho_s, \varrho_{s'} \in \mathfrak{S}_k : (Pol\,\varrho_s = Pol\,\varrho_{s'} \iff \exists i \in \{1, ..., k\} : s^i = s').$$

Maximale Klassen des Typs $\mathfrak{U}$ (Maximale Klassen aus Funktionen, die nichttriviale Äquivalenzrelationen bewahren): Bezeichne $\mathfrak{U}_k$ die Menge aller nichttrivialen Äquivalenzrelationen auf E_k, d.h., für eine beliebige binäre Relation $\varrho \in R_k$ gilt:

$$\varrho \in \mathfrak{U}_k \iff (\iota_k^2 \subseteq \varrho \wedge \varrho^{-1} = \varrho \wedge \varrho \circ \varrho = \varrho \wedge \varrho \notin \{\iota_k^2, E_k^2\}).$$

Für $k = 2$ treten Klassen des Typs $\mathfrak{U}$ nicht auf. Für $k = 3$ gibt es genau drei Klassen der Form $Pol\,\varrho$ mit $\varrho \in \mathfrak{U}_3$:

$$Pol_3 \begin{pmatrix} 0 & 1 & 2 & 0 & 1 \\ 0 & 1 & 2 & 1 & 0 \end{pmatrix},$$

$$Pol_3 \begin{pmatrix} 0 & 1 & 2 & 0 & 2 \\ 0 & 1 & 2 & 2 & 0 \end{pmatrix} \text{ und}$$

$$Pol_3 \begin{pmatrix} 0 & 1 & 2 & 1 & 2 \\ 0 & 1 & 2 & 2 & 1 \end{pmatrix}.$$

Offenbar gilt:

$$\forall \varrho, \varrho' \in \mathfrak{U}_k : (Pol\,\varrho = Pol\,\varrho' \iff \varrho = \varrho').$$

Maximale Klassen des Typs $\mathfrak{L}$ (Maximale Klassen aus quasilinearen Funktionen): Diese Klassen treten nur auf, wenn k eine Primzahlpotenz p^m ist. Sei also nachfolgend (bis zur Definition des nächsten Typs von maximalen Klassen), falls nicht anders angegeben, stets $k = p^m$ mit $p \in \mathbb{P}$.

Es sei $\mathfrak{G}$ die Menge aller abelschen Gruppen der Form $(E_k, \oplus)$, deren Elemente, die vom neutralen Element verschieden sind, alle die Ordnung p haben.[13]

---

[13] Solche Gruppen nennt man auch **elementar abelsche p-Gruppen**.

Bezeichnet man mit o das neutrale Element der Gruppe $(E_k, \oplus) \in \mathfrak{G}$, so gilt für alle $x \in E_k$ bekanntlich:

$$\underbrace{x \oplus x \oplus \ldots \oplus x}_{p \text{ mal}} = o.$$

$\mathfrak{L}_k$ sei die Menge aller Relationen λ_G mit $G := (E_k; \oplus) \in \mathfrak{G}$ und

$$\lambda_G := \{(a, b, c, d) \in E_k^4 \mid a \oplus b = c \oplus d\}.$$

Falls k keine Primzahlpotenz ist, setzen wir $\mathfrak{L}_k = \emptyset$. Die maximalen Klassen der Form $Pol \, \lambda_G$ lassen sich jedoch noch auf ganz andere Weise beschreiben. Dazu sei daran erinnert, daß im Primzahlpotenzfall von k Operationen $+$ und $\cdot$ auf E_k so definierbar sind, daß $GF(p^m) := (E_k; +, \cdot)$ einen Körper bildet, dessen additive Gruppe bekanntlich zu $\mathfrak{G}$ gehört. Wählt man nun zu einem $G := (E_k, \oplus) \in \mathfrak{G}$ einen passenden Körper mit den Operationen $+ := \oplus$ und $\cdot$, so ist nach Satz 22.4.3 jede Funktion f^n aus P_k durch eine Formel der Form

$$f(\mathbf{x}) = \sum_{(i_1, \ldots, i_n) \in E_k^n} a_{i_1 \ldots i_n} \cdot x_1^{i_1} \cdot \ldots \cdot x_n^{i_n}$$

auf eindeutige Weise mit Hilfe der gewählten Körperoperationen definierbar. Funktionen g^n, die durch Formeln der speziellen Form

$$g(\mathbf{x}) = a_0 + \sum_{i=1}^{n} \sum_{j=0}^{m-1} a_{ij} \cdot x_i^{p^j} \tag{22.17}$$

beschrieben werden können, nennt man **quasilinear**. Ist speziell $m = 1$ (also k eine Primzahl), so heißt g wie üblich **lineare** Funktion. Die Menge aller quasilinearen Funktionen g^n ($n = 1, 2, \ldots$) der Form (22.17) ist – wie man sich leicht unter Beachtung der in Körpern $GF(p^m)$ geltenden Regel

$$\forall i \in \{0, 1, \ldots, m\} : (x + y)^{p^i} = x^{p^i} + y^{p^i}$$

(siehe Satz 19.2.3) nachprüfen kann – abgeschlossen. Außerdem gilt: Eine Funktion gehört genau dann zu $Pol \, \lambda_G$, wenn sie quasilinear ist (ohne Beweis). Ebenfalls ohne Beweis sei noch die folgende Eigenschaft der Klassen des Tys $\mathfrak{L}$ erwähnt.

Lemma 22.9.2 *Seien* $G := (E_k; +)$ *und* $G' := (E_k, +')$ *aus* $\mathfrak{G}$. *Folgende Aussagen sind dann äquivalent:*

(a) $Pol \, \lambda_G = Pol \, \lambda'_G$.
(b) Es existiert ein $c \in E_k$, *so daß die Abbildung*

$$\alpha : E_k \longrightarrow E_k, x \mapsto x + c$$

ein Isomorphismus von G' *auf* G *ist.*

(c) $\lambda_G = \lambda'_G$.   ∎

Maximale Klassen des Typs $\mathfrak{C}$ (Maximale Klassen von Funktionen, die zentrale Relationen bewahren): Eine h-äre Relation γ ($1 \leq h \leq k-1$) auf E_k nennen wir **zentral**, wenn γ die folgenden drei Eigenschaften besitzt:

1) γ ist **total reflexiv** und nicht-diagonal, d.h., es gilt $\iota_k^h \subseteq \gamma \neq E_k^h$ ($\iota_k^1 := \emptyset$);

2) γ ist **total symmetrisch**, d.h., für jede Permutation s auf $\{1, 2, ..., h\}$ gilt:

$$(a_1, ..., a_h) \in \gamma \Longrightarrow (a_{s(1)}, ..., a_{s(h)}) \in \gamma;$$

3) es existiert mindestens ein **zentrales Element** $c \in E_k$, d.h., für alle $a_1, ..., a_{h-1} \in E_k$ ist $(a_1, ..., a_{h-1}, c) \in \gamma$.

$\mathfrak{C}_k^h$ sei die Menge aller zentralen h-ären Relationen auf E_k und

$$\mathfrak{C}_k := \bigcup_{h \geq 1} \mathfrak{C}_k^h.$$

Es sei noch bemerkt, daß

$$\mathfrak{C}_k^1 = \{\varrho \mid \emptyset \subset \varrho \subset E_k\}.$$

Beispiele für zentrale Relationen sind:

$Pol_2(0)$, $Pol_2(1)$,

$Pol_3(a)$ ($a \in E_3$), $Pol_3(a\,b)$ für $\{a, b\} \subseteq E_3$ und $a \neq b$,

$$Pol_3 \begin{pmatrix} 0 & 1 & 2 & a & b & a & c \\ 0 & 1 & 2 & b & a & c & a \end{pmatrix} \text{ für } \{a, b, c\} = E_3.$$

Wegen der totalen Reflexivität und Symmetrie der Relationen aus $\mathfrak{C}_k$ gehört $P_{k,\{a_1,...,a_h\}}$ zu $Pol\,\gamma$ für jedes $\gamma \in \mathfrak{C}_k$ und $(a_1, ..., a_h) \in \gamma$. Mit Hilfe dieser Eigenschaft überlegt man sich nun leicht, daß gilt:

$$\forall \gamma, \gamma' \in \mathfrak{C}_k : (Pol\,\gamma = Pol\,\gamma' \Longleftrightarrow \gamma = \gamma').$$

Maximale Klassen vom Typ $\mathfrak{B}$ (Maximale Klassen von Funktionen, die h−universale Relationen bewahren): Jedes $a \in E_{h^m}$ ($h \geq 3$, $m \geq 1$) kann man eindeutig in der Form

$$a = a^{(m-1)} \cdot h^{m-1} + a^{(m-2)} \cdot h^{m-2} + ... + a^{(1)} \cdot h + a^{(0)} \tag{22.18}$$

darstellen, wobei $a^{(m-1)}, a^{(m-2)}, ..., a^{(0)} \in E_h$ passend gewählt sind. Die h-äre Relation $\xi_m^h \subseteq E_{h^m}^h$ heißt h-**adisch elementar**, wenn gilt

$$(a_0, ..., a_{h-1}) \in \xi_m^h :\Longleftrightarrow \forall i \in E_m : (a_0^{(i)}, a_1^{(i)}, ..., a_{h-1}^{(i)}) \in \iota_k^h.$$

Speziell für $m = 1$ ist $\xi_1^h = \iota_k^h$.
Eine h−äre Relation ϱ auf E_k nennt man **homomorphes Urbild** einer

h–ären Relation ϱ' auf $E_{k'}$, wenn eine Abbildung q von E_k auf $E_{k'}$ existiert, so daß für alle $a_1, ..., a_h \in E_k$ gilt:

$$(a_1, a_2, ..., a_h) \in \varrho \iff (q(a_1), q(a_2), ..., q(a_h)) \in \varrho'.$$

Die Menge aller homomorphen Bilder der h–adisch elementaren Relation ξ_m^h sei $\mathfrak{B}_k^h$ und es gelte

$$\mathfrak{B}_k := \bigcup_{h=3}^{k} \mathfrak{B}_k^h.$$

Die Elemente von $\mathfrak{B}_k^h$ nennt man auch h–**universale Relationen**. Für $k = 3$ ist nur die Relation ι_3^3 vom Typ $\mathfrak{B}$.
Aus der Definition der h-universalen Relationen folgt:

$$\forall \varrho, \varrho' \in \mathfrak{B}_k : \; Pol \, \varrho = Pol \, \varrho' \iff \varrho = \varrho'.$$

Eine Beschreibung der Funktionen, die zu $Pol_k\varrho$ mit $\varrho \in \mathfrak{B}_k$ gehören, findet man in [Lau 2003].

Zusammengefaßt:

Satz 22.9.3 (Satz von I. G. Rosenberg; *ohne Beweis*)
Es sei $k \geq 2$ und

$$R_{max} := \mathfrak{M}_k \cup \mathfrak{S}_k \cup \mathfrak{U}_k \cup \mathfrak{L}_k \cup \mathfrak{C}_k \cup \mathfrak{B}_k.$$

Dann ist $\{Pol_k\varrho \,|\, \varrho \in R_{max}\}$ die Menge aller maximalen Klassen von P_k. ∎

Es sei noch bemerkt, daß der Beweis von I. G. Rosenberg wesentlich die $Pol - Inv$-Beziehung zwischen Funktionen- und Relationenalgebren ausnutzt.

22.10 Vollständigkeitskriterien für P_k

Da P_k ein endliches Erzeugendensystem besitzt, ist jede echte Teilklasse von P_k in einer gewissen maximalen Klasse von P_k enthalten, und aus Satz 22.5.3.1 ergibt sich dann, daß eine Teilmenge T von P_k genau dann vollständig ist (d.h., es gilt $[T] = P_k$), wenn T in keiner maximalen Teilklasse von P_k enthalten ist. Aus dem Satz von Rosenberg 22.9.3 folgt dann unmittelbar:

Satz 22.10.1 (Vollständigkeitskriterium für P_k; *[Ros 65], [Ros 70a]*)
Für eine beliebige Teilmenge T von P_k gilt:

$$[T] = P_k \iff \forall \varrho \in \mathfrak{M}_k \cup \mathfrak{U}_k \cup \mathfrak{S}_k \cup \mathfrak{L}_k \cup \mathfrak{C}_k \cup \mathfrak{B}_k : T \nsubseteq Pol\varrho. \qquad (22.19)$$

∎

Aus der Fülle der in der Literatur vorhandenen Arbeiten über in P_k vollständige Mengen, aus denen sich unmittelbar weitere Vollständigkeitskriterien ergeben, seien nachfolgend drei Typen herausgegriffen. Zunächst soll das von G. Rousseau gefundene Kriterium für Shefferfunktionen – dies sind Funktionen, aus denen alle Funktionen aus P_k mittels Superposition gebildet werden können – vorgestellt werden. Anschließend werden wir zeigen, wie man die Bedingungen aus (22.19) reduzieren kann, wenn man nur surjektive Funktionen betrachtet. Abschließend geht es um Kriterien, die Aussagen darüber treffen, wann eine Menge aus gewissen einstelligen Funktionen und einer Funktion, die von mindestens zwei Variablen wesentlich abhängt und k verschiedene Werte annimmt (eine sogenannte Słupecki-Funktion), vollständig in P_k ist.

Definitionen   Man nennt eine Funktion $f \in P_k$ eine **Słupecki-Funktion**, wenn sie nicht zu $Pol_k \iota_k^k$ gehört, d.h., wenn sie von mindestens zwei Variablen wesentlich abhängt und k verschiedene Werte annimmt.
Eine Funktion f heißt **Sheffer-Funktion** von P_k, wenn jedes $g \in P_k$ eine Superposition über f ist, d.h., wenn

$$[f] = P_k \tag{22.20}$$

gilt.
Offenbar ist jede Sheffer-Funktion eine Słupecki-Funktion.
Von H. M. Sheffer wurde im Jahre 1913 die Funktion

$$x \mid y := \overline{x \vee y}$$

publiziert, die (22.20) für $k = 2$ erfüllt. Diese Funktion (der „Sheffer-Strich") und die zu dieser Funktion duale Funktion

$$\overline{x \wedge y}$$

sind übrigens die einzigen zweistelligen Funktionen aus P_2, die P_2 erzeugen, was man sich mit Hilfe des folgenden Satzes leicht überlegen kann (ÜA).

Satz 22.10.2 *Für eine beliebige Funktion* $f^n \in P_2$ *gilt:*

$$[f] = P_2 \iff f \notin T_0 \wedge f \notin T_1 \wedge f \notin S. \tag{22.21}$$

Beweis.   „$\Longrightarrow$" gilt offensichtlich.
„$\Longleftarrow$": Wegen $f(0,...,0) = 1$ und $f(1,...,1) = 0$ gehört f nicht zu M.
Da f auch nicht $\begin{pmatrix} 0 & 1 \\ 1 & 0 \end{pmatrix}$ bewahrt, findet man gewisse $a_1,...,a_n \in E_2$ mit $f(a_1,...,a_n) = f(\overline{a}_1,...,\overline{a}_n)$. Folglich gehört

$$(f(0,...,0), f(a_1,...,a_n), f(\overline{a}_1,...,\overline{a}_n), f(1,...,1))$$

nicht zu

$$\alpha := \{(a, b, c, d) \in E_2^4 \mid a + b = c + d \ (mod\, 2)\},$$

obwohl $(0, a_i, \overline{a}_i, 1) \in \alpha$ für jedes $i \in \{1, ..., n\}$ gilt. Also haben wir auch $f \notin Pol_2\alpha$, woraus sich nach Satz 22.7.3.1 $[f] = P_2$ ergibt.   ∎

Die folgende Verallgemeinerung von Satz 22.10.2 stammt von G. Rousseau.

Satz 22.10.3 (Charakterisierungssatz für Sheffer-Funktionen; [Rou 67]; ohne Beweis)

Sei $f^n \in P_k$. *Dann gilt:*

$$[f] = P_k \iff \forall \varrho \in \mathfrak{C}_k^1 \cup \mathfrak{U}_k \cup \mathfrak{S}_k : f \notin Pol\varrho. \tag{22.22}$$

Satz 22.10.4 ([Sch 69]) *Die Bedingungen aus Satz 22.10.3 lassen sich nicht weiter reduzieren, d.h., sie sind unabhängig voneinander.*

Beweis. Von P. Schofield wurde in [Sch 69] gezeigt, daß jede Klasse der Form $Pol_k\varrho$ mit $\varrho \in \mathfrak{C}_k^1 \cup \mathfrak{S}_k \cup \mathfrak{U}_k$ durch jeweils eine Funktion erzeugt werden kann. Mit Hilfe dieser Eigenschaft kann man sich nun leicht überlegen, daß unsere Behauptung gilt:

Angenommen, (22.22) wäre für eine gewisse Menge $A := Pol_k\varrho$ mit $\varrho \in \mathfrak{C}_k^1 \cup \mathfrak{S}_k \cup \mathfrak{U}_k$ auch ohne A richtig. Außerdem bezeichne f eine Funktion, die A erzeugt. Da A nicht vollständig in P_k ist, liegt f in irgendeiner der anderen maximalen Klassen. Bezeichne B eine solche Klasse. Dann gehört f zu $A \cap B$ und wir erhalten $A = [f] \subseteq A \cap B \subseteq B$. Wegen $A \neq B$ ist dies jedoch ein Widerspruch zur Maximalität von A in P_k.   ∎

Die Literatur über konkrete Sheffer-Funktionen ist sehr umfangreich. Ausführliche Literaturangaben dazu findet man z.B. in [Pös-K 79], S. 135. Der nachfolgende Satz gibt hier nur eines der klassischen Beispiele für Sheffer-Funktionen, das 1935 publiziert wurde, an.

Satz 22.10.5 (Satz von Webb)
Die Funktion

$$f(x, y) := min(x, y) + 1 \ (mod\, k)$$

ist eine Shefferfunktion für P_k.

Beweis. Ein möglicher Beweis ist die Konstruktion eines bekannten Erzeugensystems für P_k aus der Funktion f, die man z.B. in [Pös-K 79] nachlesen kann. Wir beweisen hier die Behauptung unter Verwendung von (22.22). Superpositionen über f sind die Funktionen $f_1 := \Delta f$ mit $f_1(x) = x + 1 \ (mod\, k)$ und $min := \underbrace{f_1 \star f_1 \star ... \star f_1}_{k-1 \ \text{mal}} \star f$.

Offenbar wird keine Relation aus $\mathfrak{C}_k^1$ von f_1 und damit von f bewahrt.

Sei $\varrho \in \mathfrak{S}_k$. Dann gibt es gewisse $a, b \in E_k$ mit $\{(0,a),(b,0)\} \subseteq \varrho$, für die

$$f \begin{pmatrix} 0 & b \\ a & 0 \end{pmatrix} = \begin{pmatrix} 1 \\ 1 \end{pmatrix}$$ gilt. Folglich bewahrt f auch keine Relation aus $\mathfrak{S}_k$.

Nachfolgend sei $\varrho \in \mathfrak{U}_k$ gewählt. Offenbar bewahrt f_1 nicht jedes $\varrho \in \mathfrak{U}_k$. Zum Abschluß des Beweises haben wir also nur noch den Fall $f_1 \in Pol_k\varrho$ zu betrachten. In diesem Fall sind alle Äquivalenzklassen von ϱ gleichmächtig, und es existieren zwei Äquivalenzklassen $[a]_\varrho$, $[a+1]_\varrho$ von ϱ mit den folgenden Eigenschaften:

$$[a]_\varrho \neq [a+1]_\varrho, \ b \in [a]_\varrho, \ a < b, \ k-1 \notin [a]_\varrho.$$

Dann gilt: (a,b), $(a+1, b+1) \in \varrho$ und $min \begin{pmatrix} a & b+1 \\ b & a+1 \end{pmatrix} = \begin{pmatrix} a \\ a+1 \end{pmatrix} \notin \varrho$.

Folglich bewahrt f keine Relation aus $\mathfrak{U}_k$. ∎

Anhand des Satzes 22.10.3 ist bereits erkennbar, daß die Anzahl der Sheffer-Funktionen recht groß ist. Einige Aussagen über konkrete Anzahlen bzw. Konvergenzen faßt der nächste Satz zusammen.

Satz 22.10.6 *Bezeichne $\varphi_n(k)$ die Anzahl der n-stelligen Sheffer-Funktionen von P_k. Dann gilt:*

(a) $\varphi_n(2) = 2^{2^n - 2} - 2^{2^{n-1} - 1}$;

(b) $\lim_{n \to \infty} \frac{\varphi_n(2)}{2^{2^n}} = \frac{1}{4}$;

(c) $\varphi_2(3) = 3774$;

(d) $\lim_{k \to \infty} \frac{\varphi_n(k)}{k^{k^n}} = \lim_{n \to \infty} \frac{\varphi_n(k)}{k^{k^n}} = \frac{1}{e}$ für $k \geq 3$.

(e) Für große k ist die Wahrscheinlichkeit, daß eine nichtidempotente Funktion $f \in P_k^n$ (d.h., $f(x,x,...,x) \neq x$ für alle $x \in E_k$), $n \geq 2$, eine Sheffer-Funktion ist, fast 1.

Beweis. (a) und (b) prüft man leicht nach (ÜA). Beweise für (c) – (e) kann man in [Mar 54] und [Dav 68] nachlesen. ∎

Für den Fall, daß man nur Teilmengen $A \subseteq P_k$ von Funktionen mit dem Wertebereich E_k, d.h., surjektive Funktionen, zuläßt, läßt sich unser allgemeines Vollständigkeitskriterium (22.20) etwas vereinfachen. Es gilt

Satz 22.10.7 *([Ros 70c], [Ros 75]; ohne Beweis)*

Für $k = h^m$ mit $h \geq 3$ und $m \geq 1$ sei

$$\mathfrak{B}_k^* := \{\varrho \in \mathfrak{B}_k \mid \exists n : \varrho \text{ ist isomorph zu } \xi_n\}.$$

Für beliebige $A \subseteq P_k[k]$ gilt dann:

$$[A] = P_k \iff \forall \varrho \in \mathfrak{C}_k^1 \cup \mathfrak{S}_k \cup \mathfrak{U}_k \cup \mathfrak{L}_k \cup \mathfrak{B}_k^* : A \nsubseteq Pol_k\varrho. \qquad (22.23)$$

Nach Abschnitt 22.8 ist die Menge $P_k^1 \cup \{f\}$, wobei f eine Słupecki-Funktion ist, vollständig in P_k. Folglich ist eine Teilmenge A von P_k genau dann in P_k vollständig, wenn $P_k^1 \cup \{f\} \subseteq [A]$ gilt. Man kann nun versuchen, dieses Vollständigkeitskriterium dahingehend zu verbessern, daß P_k^1 durch gewisse Teilmengen von P_k^1 ersetzt wird.

Definitionen   Eine Teilmenge A von P_k^1, die

$$\forall f \in P_k \backslash ([P_k^1] \cup P_k(k-1)) :\,^{14} \; [A \cup \{f\}] = P_k$$

erfüllt, heißt **Fundamentalmenge** in P_k. Ist A speziell eine Gruppe (bzw. eine Halbgruppe) bezüglich $\star$, so wird A auch **Fundamentalgruppe** (bzw. **Fundamentalhalbgruppe**) genannt.

Zur Beschreibung einiger Fundamentalmengen benötigen wir noch die folgende

Definition   Eine Halbgruppe $H \subseteq P_k^1$ heißt t-**fach transitiv**, $t \in \{1, 2, ..., k\}$, wenn für alle paarweise verschiedenen Elemente $a_1, ..., a_t \in E_k$ und (ebenfalls paarweise verschiedenen Elementen) $b_1, ..., b_t \in E_k$ ein $h \in H$ mit $h(a_i) = b_i$ für alle $i \in \{1, 2, ..., t\}$ existiert.

Einige **Beispiele** für Fundamentalmengen sind dem folgenden Satz zu entnehmen.

Satz 22.10.8

(1) Folgende Mengen sind Fundamentalhalbgruppen:

   (a) $P_k^1 \backslash P_k^1[k]$;

   *(b) eine Menge $H \subseteq P_k^1$ mit $k \geq 5$, die $(k-1)$-**fach transitiv** ist ([Mal 67]);*

   (c) eine Menge $H \subseteq P_k^1$ mit $k \in \{3, 4\}$ mit der Eigenschaft, daß H und auch $H \cap P_k^1(k-1)$ $(k-1)$-fach transitiv sind ([Mal 67]).

(2) Fundamentalgruppen gibt es in P_k nur für $k \geq 5$ und Beispiele für Fundamentalgruppen sind

   (a) $P_k^1[k]$;

   (b) die Menge aller Funktionen aus P_k^1, die gerade Permutationen über E_k sind.^{15}

Beweis.   Die Aussagen des Satzes sind leichte Folgerungen aus dem Rosenbergschen Vollständigkeitskriterium (22.19) (siehe dazu auch [Pös-K 79], S. 132 und S. 135). Beweise, die nicht (22.19) benutzen, kann man [Jab-L 80], 1.2.4 – 1.2.6 entnehmen.   ∎

---

^{14} D.h., f ist eine Słupecki-Funktion.

^{15} Zum Begriff gerade Permutation siehe A.14.6 und A.14.7.

22.11 Eigenschaften des Verbandes der Teilklassen der k-wertigen Logik

In diesem kurzen Abschnitt über den Verband $\mathbb{L}_k$ der Teilklassen von P_k sollen im wesentlichen die Unterschiede zwischen $\mathbb{L}_2$, den wir bereits vollständig im Abschnitt 22.7 bestimmt haben, und $\mathbb{L}_k$ für $k \geq 3$ herausgearbeitet werden. Insbesondere geht es um Mächtigkeitsaussagen (sowohl über $\mathbb{L}_k$, als auch über Ketten bzw. Antiketten in $\mathbb{L}_k$) und Einbettungen von $\mathbb{L}_k$ in $\mathbb{L}_{k'}$.

Wir beginnen mit dem Nachweis der Existenz einer Teilklasse $C \subseteq P_k$ für $k \geq 3$, die eine unendliche Basis besitzt. Publiziert wurde dieses Beispiel von J. I. Janov und A. A. Mucnik im Jahre 1959.

Sei

$$
g^n_{I,J}(x_1, ..., x_n) := \begin{cases} 1 & \text{für} \quad \exists i \in I : (x_i \in \{1,2\} \wedge \\ & \qquad (\forall j \in J \cup (I \setminus \{i\}) : x_j = 2)), \\ 0 & \text{sonst,} \end{cases} \qquad (22.24)
$$

wobei I und J gewisse disjunkte Teilmengen von $\{1, 2, ..., n\}$ sind.

Die Funktionen $g^n_{\{1,2,...,n\},\emptyset}$ bezeichnen wir auch mit f_n und bis auf die nachfolgend angegebenen Tupel nimmt diese Funktion nur den Wert 0 an:

$$
f \begin{pmatrix} 1 & 2 & 2 & ... & 2 & 2 \\ 2 & 1 & 2 & ... & 2 & 2 \\ \multicolumn{6}{c}{\dotfill} \\ 2 & 2 & 2 & ... & 1 & 2 \\ 2 & 2 & 2 & ... & 2 & 1 \\ 2 & 2 & 2 & ... & 2 & 2 \end{pmatrix} = \begin{pmatrix} 1 \\ 1 \\ ... \\ 1 \\ 1 \\ 1 \end{pmatrix}. \qquad (22.25)
$$

Es sei

$$
B := \{f_i \mid i \in \mathbb{N}\} \qquad (22.26)
$$

und als C wählen wir die Menge

$$
\bigcup_{n \geq 1} \{g^n_{I,J} \mid I, J \subseteq \{1, 2, ..., n\} \wedge I \cap J = \emptyset\}. \qquad (22.27)
$$

Lemma 22.11.1 *Für die oben definierte Mengen C und B gilt:*
(a) C ist eine Teilklasse von P_k.
(b) $\forall i \in \mathbb{N} : f_i \notin [B \setminus \{f_i\}]$.
(c) B ist eine unendliche Basis von C.

Beweis. Offenbar ist die Menge C bezüglich der Operationen $\zeta, \tau, \delta, \nabla$ abgeschlossen. Die Abgeschlossenheit bezüglich $\star$ erhält man aus

$$
g^n_{I,J} \star g^{n'}_{I',J'} = \begin{cases} g^{n+n'-1}_{\{a+n'-1 \mid a \in I\},\{a+n'-1 \mid a \in J\}} & \text{für } 1 \notin I \cup J \wedge n \geq 2, \\ c^{n+n'-1}_0 = g^{n+n'-1}_{\emptyset,\emptyset} & \text{für } 1 \in J \vee (n = 1 \wedge I = \emptyset), \\ g^{n+n'-1}_{I',J' \cup \{a+n'-1 \mid a \in J \cup (I \setminus \{1\})\}} & \text{für } 1 \in I \wedge n \geq 1. \end{cases}
$$

Aus obigen Formeln ergibt sich außerdem, daß B ein Erzeugendensystem für C bildet, das wegen

$$f_n = g_{I,\emptyset}^n \notin [\{g_{I',J'}^{n'} \in C \mid |I'| \neq |I|\}]$$

nicht weiter reduzierbar ist. Damit sind die oben angegebenen Eigenschaften von C bewiesen.   ∎

Satz 22.11.2 *Bezeichne N eine abzählbare Menge und sei $\mathbf{L}(N) :=$ $(\mathfrak{P}(N); \subseteq)$ der Teilmengenverband dieser Menge. Für $k \geq 3$ ist dann dieser Verband in dem Verband $\mathbb{L}_k$ der Teilklassen von P_k ordnungseinbettbar, d.h., es existiert eine bijektive Abbildung α von $\mathfrak{P}(N)$ in P_k, für die gilt:*

$$\forall A, B \in \mathfrak{P}(N): \ A \subseteq B \Longrightarrow \alpha(A) \subseteq \alpha(B).$$

Speziell ist der Verband $\mathbb{L}_{k'}$ für alle $k' \geq 2$ in P_k ordnungseinbettbar.

Beweis. O.B.d.A. sei $N := \mathbb{N}$. Für jede Teilmenge T von $\mathbb{N}$ läßt sich dann eine Teilklasse $C_T := [\{f_i \mid i \in T\}]$ von der in (22.27) definierten Klasse C bilden. Wegen Lemma 22.11.1 haben wir: $T \neq T' \Longleftrightarrow C_T \neq C_{T'}$. Da außerdem $T \subseteq T' \Longrightarrow C_T \subseteq C_{T'}$ gilt, ist $\alpha : \mathfrak{P}(\mathbb{N}) \longrightarrow P_k$, $T \longmapsto C_T$ eine Ordnungseinbettung von $L(\mathbb{N})$ in L_k.   ∎

Mit Hilfe des eben bewiesenen Satzes ist es jetzt leicht, die Aussagen der folgenden zwei Sätze zu begründen. Insbesondere zeigt der nachfolgende Satz, daß die Sonderrolle, die die 2 in vielen Bereichen der Algebra spielt, auch in den mehrwertigen Logiken nachzuweisen ist. So besitzt P_2 abzählbar-viele Teilklassen, P_k für $k \geq 3$ jedoch bereits kontinuum-viele:

Satz 22.11.3 (Satz über die Mächtigkeit von $\mathbb{L}_k(P_k)$) *Es gilt:*

(a) $|\mathbb{L}_k(P_2)| = \aleph_0$.

(b) $|\mathbb{L}_k(P_k)| = \mathfrak{c}$ für $k \geq 3$.

Beweis. (a) wurde im Abschnitt 22.7 bewiesen.
(b): Offenbar ist die Menge P_k abzählbar unendlich und bekanntlich hat dann die Menge aller Teilmengen von P_k die Mächtigkeit des Kontinuums. Folglich kann es höchstens kontinuum-viele Teilklassen von P_k geben. (b) ergibt sich damit aus Satz 22.11.2, da bekanntlich $|\mathfrak{P}(\mathbb{N})| = \mathfrak{c}$ (siehe Band 1).   ∎

Satz 22.11.4 *([Pös-K 79])*
Für $k \geq 3$ gibt es in $\mathbb{L}_k$ sowohl Ketten als auch Antiketten der Mächtigkeit Kontinuum.

Beweis. Wegen 22.11.2 genügt es, in $\mathbf{L}(N)$, $|N| = \aleph_0$, überabzählbare Ketten bzw. Antiketten nachzuweisen. Für beliebiges $s \in \mathbb{R}$ sei $M_s := \{q \in \mathbb{Q} \mid q \leq s\}$. Dann bildet die Menge $\{M_s \mid s \in \mathbb{R}\}$ eine Kette der Mächtigkeit $\mathfrak{c}$ im Verband $\mathbf{L}(\mathbb{Q})$. Zwecks Konstruktion einer überabzählbaren Antikette seien $H :=$

$\{(m,i) \mid m \in \mathbb{N} \wedge i \in \{0,1\}\}$ und $H_I := \{(m,0) \mid m \in I\} \cup \{(m,1) \mid m \notin I\}$. Offenbar ist $\{H_I \mid I \subseteq \mathbb{N}\}$ eine Antikette der Mächtigkeit $\mathfrak{c}$ im Verband $\mathbf{L}(\mathbf{H})$ $(|H| = \aleph_0)$. ∎

Auf den ersten Blick scheint nach den obigen Aussagen die konkrete Bestimmung des Verbandes $\mathbb{L}_k$ für $k \geq 3$ eine hoffnungslose Aufgabe zu sein. Trotzdem kann man versuchen, „überschaubare" Bereiche von $\mathbb{L}_k$ zu ermitteln bzw. man kann versuchen, sich einen Überblick über die Lage des Kontinuums zu verschaffen. Mehr dazu findet man z.B. in [Pös-K 79] und [Lau 2003], wo auch weitere Eigenschaften der Funktionenalgebren zu finden sind.

Übungsaufgaben zum Teil III

23.1 Übungsaufgaben zum Kapitel 14

A.14.1 Wie lassen sich die nachfolgenden Tabellen ergänzen, damit ∘ eine assoziative Operation auf den Mengen $\{a, b, c\}$ bzw. $\{a, b, c, d\}$ ist ?

∘	a	b	c
a	a	b	c
b	b	a	c
c	c		c

∘	a	b	c	d
a	a	b	c	d
b	b	a	c	d
c	c		c	d
d				

A.14.2 Man sagt, eine Permutation $s \in S_n$ **bewahrt** eine nichtleere Menge $E \subseteq \{1, 2, ..., n\}$, wenn $s(e) \in E$ für alle $e \in E$ gilt. Z.B. bewahrt die Permutation

$$\begin{pmatrix} 1 & 2 & 3 & 4 & 5 & 6 & 7 & 8 & 9 & 10 \\ 2 & 1 & 4 & 5 & 3 & 9 & 7 & 10 & 6 & 8 \end{pmatrix} \qquad (23.1)$$

die Mengen $\{1, 2\}$, $\{3, 4, 5\}$, $\{6, 9\}$, $\{7\}$, $\{8, 10\}$ und sämtliche Mengen, die aus der Vereinigung der genannten Mengen gebildet werden können. Eine Permutation $s \in S_n$, die nur die Menge $\{1, 2, ..., n\}$ bewahrt, heißt **zyklisch**. Eine zyklische Permutation ist z.B.

$$\begin{pmatrix} 1 & 2 & 3 & 4 & 5 & 6 \\ 3 & 6 & 5 & 1 & 2 & 4 \end{pmatrix},$$

die man auch in der Form

$$(1 \; s(1) \; s^2(1) \; s^3(1) \; s^4(1) \; s^5(1)) = (1 \; 3 \; 5 \; 2 \; 6 \; 4)$$

aufschreiben kann, um die Eigenschaft des zyklisch Seins besser zu verdeutlichen. Offenbar läßt sich zu gegebener Permutation $s \in S_n$ die Menge $\{1, 2, ..., n\}$ so in gewisse disjunkte Teilmengen E_i ($i =$

$1, 2, ..., r)$ zerlegen, daß s auf E_i beschränkt, eine zyklische Permutation s_i ist. Z.B. ist

$$\{1, 2, ..., 10\} = \{1, 2\} \cup \{3, 4, 5\} \cup \{6, 9\} \cup \{7\} \cup \{8, 10\},$$

eine solche Zerlegung für die Permutation (23.1), womit (23.1) auch in der sogenannten **Zyklenschreibweise** (bzw. **als Produkt von Zyklen**)

$$(1\ 2)\ (3\ 4\ 5)\ (6\ 9)\ (7)\ (8\ 10)$$

angebbar ist.

Man zeige, daß eine beliebige Permutation als Produkt von Zyklen darstellbar ist, wobei diese Darstellung bis auf die Reihenfolge der Zyklen eindeutig bestimmt ist.

A.14.3 Für welche n ist die symmetrische Gruppe $\mathbf{S_n}$ zyklisch? Für welche n ist $\mathbf{S_n}$ kommutativ?

A.14.4 Seien ζ und τ die wie folgt definierten Permutationen aus S_n:

$$\zeta := \begin{pmatrix} 1 & 2 & 3 & ... & n-1 & n \\ 2 & 3 & 4 & ... & n & 1 \end{pmatrix}, \qquad \tau := \begin{pmatrix} 1 & 2 & 3 & ... & n-1 & n \\ 2 & 1 & 3 & ... & n-1 & n \end{pmatrix},$$

d.h., in Zyklenschreibweise gilt $\zeta = (1\,2\,...\,n)$ und $\tau = (1\,2)$. Man beweise, daß $\{\zeta, \tau\}$ ein Erzeugendensystem für die Gruppe $\mathbf{S_n}$ ist, indem man sich die folgenden Aussagen überlegt:

(a) Jede Permutation $s \in S_n$ kann als Produkt von elementfremden Zyklen dargestellt werden:

$$s = (i_1...i_p)(j_1...j_q)....$$

(b) Jeder Zyklus läßt sich als Produkt von Transpositionen schreiben:

$$(i_1...i_p) = (i_1 i_2)(i_1 i_3)...(i_1 i_p).$$

(c) Es gilt:

$$(ij) = (1i)(1j)(i1) \text{ für beliebige } i > j, i > 1,$$

$$(1i) = (12)(23)...(i-1\ i)(i-1, i-2)...(21) \text{ und}$$

$$(i, i+1) = (12...n)^{n-i+1}(12)(12...n)^{i-1}$$

A.14.5 Sei $\mathbf{G}$ eine endliche Gruppe mit genau n Elementen. Nach dem Satz von Cayley (siehe Band 1) ist $\mathbf{G}$ isomorph zu einer gewissen Untergruppe der symmetrischen Gruppe $\mathbf{S_n}$. Nach Aufgabe A.14.4 besitzt die Gruppe $\mathbf{S_n}$ ein Erzeugendensystem aus zwei Elementen. Folgt hieraus, daß jede endliche Gruppe aus zwei Elementen erzeugt wird?

A.14.6 Eine Permutation $s \in S_n$ heißt **gerade**, wenn ihre Inversionszahl[1] $I(s)$ gerade ist. Ist $I(s)$ ungerade, so heißt s **ungerade**. Beweisen Sie, daß für beliebige $s_1, s_2 \in S_n$ gilt:

---

[1] Siehe Band 1, Kapitel 3.

(a) Sind s_1, s_2 zwei gerade Permutationen oder zwei ungerade Permutationen, so ist $s_1 \square s_2$ gerade.

(b) Falls genau eine der Permutationen s_1, s_2 ungerade ist, ist $s_1 \square s_2$ ungerade.

A.14.7 Man beweise, daß die Menge A_n aller geraden Permutationen aus S_n die Trägermenge einer Untergruppe der Gruppe $\mathbf{S_n}$ ist. Außerdem begründe man, daß A_n aus aller Permutationen der $\mathbf{S_n}$ besteht, die als Produkt einer geraden Anzahl von Transpositionen dargestellt werden können.

A.14.8 Man zerlege die Elemente der $\mathbf{S_4}$ in Zyklen und Transpositionen. Sei A_4 die Menge aller Elemente der Menge S_4, die mit Hilfe einer geraden Anzahl von Transpositionen dargestellt werden können. Man zeige, daß A_4 eine 12-elementige Trägermenge einer Untergruppe der $\mathbf{S_4}$ ist, die keine 6-elementige Untergruppe besitzt.

A.14.9 Sei $\mathbf{K} = (K; +, \cdot, -, 0, 1)$ ein Körper. Eine Algebra

$$\mathbf{A} := (A; +, \cdot, -, (f_k)_{k \in K}, 0)$$

heißt eine **bilineare Algebra über** K, wenn $(A; +, -, (f_k)_{k \in K}, 0)$ ein Vektorraum über $\mathbf{K}$ ist und für beliebige $a, b, c \in A$ und alle $k \in K$ gilt:

$$(a + b) \cdot c = (a \cdot c) + (b \cdot c),$$
$$c \cdot (a + b) = (c \cdot a) + (c \cdot b),$$
$$f_k(a \cdot b) = (f_k(a)) \cdot b = a \cdot f_k(b).$$

Wenn $\cdot$ außerdem noch assoziativ ist, spricht man von einer **assoziativen bilinearen Algebra über** $\mathbf{K}$. Eine **Lie-Algebra** ist eine bilineare Algebra, die zusätzlich noch die folgenden zwei Gleichungen für beliebige $a, b, c \in A$ erfüllt:

$$a \cdot a = 0,$$
$$((a \cdot b) \cdot c) + ((b \cdot c) \cdot a) + ((c \cdot a) \cdot b) = 0.$$

(a) Geben Sie Beispiele für bilineare Algebren an.

(b) Sei $(A; +, \cdot, -, (f_k)_{k \in K}, 0)$ eine assoziative bilineare Algebra über K. Zeigen Sie, daß $(A; +, *, -, (f_k)_{k \in K}, 0)$ mit

$$\forall a, b \in A : a * b := (a \cdot b) + (-(b \cdot a))$$

eine Lie-Algebra bildet.

23.2 Übungsaufgaben zum Kapitel 15

A.15.1 Zeigen Sie, daß die Idempotenzgesetze eines Verbandes aus den restlichen Axiomen folgen.

A.15.2 Seien $\vee$ und $\wedge$ auf $\{0,1\}$ wie folgt definiert:

x	y	$x \vee y$	$x \wedge y$
0	0	0	0
0	1	1	0
1	0	1	1
1	1	1	1

Man zeige, daß $(\{0,1\}; \vee, \wedge)$ mit Ausnahme eines Axioms die Axiome eines Verbandes erfüllt.

A.15.3 Sei **L** ein Verband. Man beweise:

(a) $\forall x, y \in L : x \vee y = y \iff x \wedge y = x.$

(b) $\forall x, y, z \in L : x \le y \implies x \wedge z \le y \wedge z,$

(c) $\forall a, b, c, d \in L :$

$((a \le b$ und $c \le d) \implies (a \vee c \le b \vee d$ und $a \wedge c \le b \wedge d)).$

A.15.4 Man zeige, daß es genau 10 nichtisomorphe Verbände mit höchstens 5 Elementen geben kann und gebe die Hasse-Diagramme dieser Verbände an.

A.15.5 Seien $\mathbf{L_1}$ und $\mathbf{L_2}$ zwei Verbände. Dann lassen sich für die Elemente der Menge $L_1 \times L_2$ mit Hilfe der Verbandsoperationen auf L_1 und L_2 Operationen $\vee$ und $\wedge$ wie folgt definieren:

$$(x_1, y_1) \vee (x_2, y_2) := (x_1 \vee x_2, y_1 \vee y_2),$$
$$(x_1, y_1) \wedge (x_2, y_2) := (x_1 \wedge x_2, y_1 \wedge y_2).$$

Man prüft leicht nach, daß $L_1 \times L_2$ mit den so definierten Operationen ein Verband im Sinne der ersten Definition ist. Man gebe das Hasse-Diagramm für $\mathbf{L_1} \times \mathbf{L_2}$ an, falls das Hasse-Diagramm von $\mathbf{L_1}$ eine dreielementige Kette und das von $\mathbf{L_2}$ ein Viereck ist.

A.15.6 Sei A eine Menge und bezeichne $Eq(A)$ die Menge aller Äquivalenzrelationen über A. Für $R, S \in Eq(A)$ definieren wir:

$$R \wedge S := R \cap S$$

und

$$R \vee S := R \cup (R \square S) \cup (R \square S \square R) \cup (R \square S \square R \square S) \cup \ldots$$
$$\text{(transitiver Abschluß von } R \cup S),$$

wobei $\square$ das Relationenprodukt bezeichnet. Man beweise, daß $(Eq(A); \vee, \wedge)$ ein Verband ist.

A.15.7 Eine Poset $(X; \le)$ heißt $\vee$- (bzw. $\wedge$-)**Halbverband**, falls jede zweielementige Teilmenge $\{x, y\}$ von X ein Supremum (bzw. ein Infimum) besitzt.

Eine kommutative Halbgruppe $(X; \circ)$ wird **HV-Algebra** genannt, falls $x \circ x = x$ für beliebige $x \in X$ gilt. Man beweise:

(a) Für jeden ∨-Halbverband $(X; \leq)$ sei $x \vee y$ das Supremum von x und y. Dann ist $(X; \vee)$ eine HV-Algebra.

(b) Für eine HV-Algebra $(X; \circ)$ sei die Relation $\leq$ auf X definiert durch

$$x \leq y \; :\Longleftrightarrow \; x \circ y = y.$$

Dann ist $(X; \leq)$ ein ∨-Halbverband, und es gilt $\sup(x, y) = x \circ y$.

A.15.8 Die Menge X der natürlichen Zahlen 1 bis 10 ist durch die Teilbarkeitsrelation $|$ halbgeordnet. Man zeichne das Hasse-Diagramm dieser Poset. Ist $(X; |)$ ein ∨- oder ein ∧-Halbverband?

A.15.9 Man zeige anhand eines Beispiels, daß es Posets $(X; |)$ ($X \subseteq \mathbb{N}$, $x | y \; :\Longleftrightarrow \; x$ teilt y) gibt, die weder ∨- noch ∧-Halbverbände sind.

A.15.10 Sei $(L; \wedge, \vee)$ ein Verband. Man beweise:

$(L; \wedge, *)$ Verband $\Longleftrightarrow \forall a, b \in L : a * b = a \vee b$.

A.15.11 Sei $\mathbf{P} := (\{0, 1, 2, ..., k-1\}; \leq)$ ($k \in \mathbb{N}$) eine Poset, die ein kleinstes Element 0 und ein größtes Element $k - 1$ besitzt.

(a) Sind die Elemente 0 und $k - 1$ eindeutig bestimmt?

(b) Man ermittle ein kleinstes $k \in \mathbb{N}$, so daß $\mathbf{P}$ kein Verband ist.

A.15.12 Ein Verband $\mathbf{L} = (L; \vee, \wedge)$ mit $\bigvee L = 1 \in L$ und $\bigwedge L = 0 \in L$ heißt **komplementärer** Verband, wenn es zu jedem $x \in L$ mindestens ein y („**Komplement** zu x") mit

$$x \wedge y = 0, x \vee y = 1$$

gibt. Man beweise:

(a) Der Verband $(\mathfrak{P}(M); \cup, \cap)$ (M nichtleere Menge) ist ein komplementärer Verband und das Komplement zu jedem $x \in \mathfrak{P}(M)$ ist eindeutig bestimmt.

(b) Nicht jedes Element eines Verbandes besitzt ein Komplement.

(c) Das Komplement muß nicht eindeutig bestimmt sein.

(d) Ist $\mathbf{L}$ ein distributiver Verband, so hat jedes $x \in L$ höchstens ein Komplement.

A.15.13 Man beweise:

Ein Verband $\mathbf{L}$ ist genau dann distributiv, wenn für alle $x, y, z \in L$ die sogenannte „Kürzungsregel" gilt:

$$(x \wedge y = x \wedge z \text{ und } x \vee y = x \vee z) \Longrightarrow y = z$$

A.15.14 Man beweise:

Ein Verband $\mathbf{L}$ ist genau dann distributiv, wenn gilt:

$$\forall x, y, z \in L : (x \wedge y) \vee (y \wedge z) \vee (z \wedge x) = (x \vee y) \wedge (y \vee z) \wedge (z \vee x).$$

A.15.15 Man gebe einige Beispiele für Verbände $\mathbf{L}$ an, die folgende Eigenschaften besitzen:

(a) $\mathbf{L}$ ist distributiv;

(b) $\mathbf{L}$ ist modular, aber nicht distributiv;

(c) **L** ist nicht modular;

(d) **L** ist vollständig.

A.15.16 Für beliebige $f, g \in C[a, b]$ [2] sei

$$f \leq g \;:\Longleftrightarrow\; \forall x \in [a, b] : f(x) \leq g(x).$$

Man zeige, daß $(C[a, b); \leq)$ ein Verband, jedoch kein vollständiger Verband ist.

A.15.17 Sei $(L; \vee, \wedge)$ ein modularer Verband. Man beweise, daß für beliebige $a, b \in L$ die zwei Unterverbände mit den Trägermengen

$$[a \wedge b, b] := \{x \in L \mid a \wedge b \leq x \leq b\},$$

$$[a, a \vee b] := \{x \in L \mid a \leq x \leq a \vee b\}$$

isomorph sind.

Hinweis: Man zeige, daß die Abbildungen $\alpha : [a \wedge b, b] \longrightarrow [a, a \vee b]$, $\alpha(x) := x \vee a$ und $\beta : [a, a \vee b] \longrightarrow [a \wedge b, b]$, $\beta(x) := x \wedge b$ Isomorphismen mit den Eigenschaften $\alpha \square \beta = \mathrm{id}_{[a \wedge b, b]}$ und $\beta \square \alpha = \mathrm{id}_{[a, a \vee b]}$ sind.

23.3 Übungsaufgaben zum Kapitel 16

A.16.1 Man überlege sich, daß es sich bei jedem der folgenden Mengensysteme um ein Hüllensystem handelt, und man beschreibe jeweils den zugehörigen Hüllenoperator.

(a) die Potenzmenge $\mathfrak{P}(A)$ von A,

(b) die Menge $Eq(A)$ aller Äquivalenzrelationen auf A,

(c) $\{A\} \cup \{E \subseteq A \mid E \text{ endlich}\}$,

(d) die konvexen Teilmengen des $\mathbb{R}^n$.

A.16.2 Beweisen Sie:

Eine Abbildung $\Gamma : \mathfrak{P}(X) \longrightarrow \mathfrak{P}(X)$ ist genau dann ein Hüllenoperator auf X, wenn

$$Y \subseteq \Gamma(Z) \;\Longleftrightarrow\; \Gamma(Y) \subseteq \Gamma(Z)$$

für alle $Y, Z \subset X$ gilt.

A.16.3 In welchen der folgenden Fälle ist C ein Hüllenoperator auf $\mathbb{N}$?

(a) $C(X) := X \cup (X + 1)$, wobei $X + 1 := \{x + 1 \mid x \in X\}$;

(b)

$$C(X) := \begin{cases} \emptyset, & \text{falls } X \text{ endlich}, \\ \mathbb{N} & \text{sonst}; \end{cases}$$

---

[2] $C[a, b]$ bezeichnet die Menge aller stetigen Funtionen über dem Intervall $[a, b] \subseteq \mathbb{R}$.

(c)

$$C(X) := \begin{cases} X, & \text{falls } X \text{ endlich,} \\ \mathbb{N} & \text{sonst;} \end{cases}$$

(d)

$$C(X) := \begin{cases} X, & \text{falls } 2 \in X, \\ \mathbb{N} & \text{sonst.} \end{cases}$$

23.4 Übungsaufgaben zum Kapitel 17

A.17.1 Man bestimme die Kongruenzen der Verbände $\mathbf{M_5}$, $\mathbf{N_5}$ (siehe Kapitel 15) und des Verbandes $\mathbf{L} := (\{0,1,2,3,4\}; \leq)$ mit dem Hasse-Diagramm

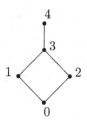

A.17.2 Man bestimme die Kongruenzen der folgenden Gruppen:
   (a) $\mathbb{Z_n} := (\mathbb{Z}_n; + (\mathrm{mod}\ n), -(\mathrm{mod}\ n), 0)$ für $n \in \{2,6,20\}$;
   (b) $\mathbf{S_n}$ für $n \in \{3,4\}$.

A.17.3 Es sei $\mathbf{A} := (A; F)$ eine **unäre** Algebra (d.h., eine Algebra, deren Operationen alle einstellig sind), $\mathbf{B}$ eine Unteralgebra von $\mathbf{A}$ und

$$\kappa_B := \{(x,y) \in A^2 \mid x = y \ \vee \ \{x,y\} \subseteq B\}.$$

Zeigen Sie: κ_B ist eine Kongruenz auf $\mathbf{A}$.

A.17.4 Sei $\mathbf{A} := (A; \vee)$ eine HV-Algebra und $\leq$ wie in A.15.7, (b) definiert. Dann ist $(A; \vee)$ ein $\vee$-Halbverband. Zu einem $x \in A$ sei

$$\kappa_x := \{(a,b) \in A^2 \mid (x \leq a \text{ und } x \leq b) \text{ oder } (x \not\leq a \text{ und } x \not\leq b)\}.$$

Ist κ_x für beliebiges $x \in A$ eine Kongruenz von $\mathbf{A}$?

A.17.5 Es sei $\mathbf{A} := (A; F)$ eine Algebra. Außerdem seien $f^n \in F$ und

$$\mathbf{a} := (a_1, a_2, ..., a_{i-1}, a_{i+1}, ..., a_n) \in A^{n-1}.$$

Eine Abbildung

$$\alpha_{f,\mathbf{a}} : A \longrightarrow A, \ x \mapsto f(a_1, ..., a_{i-1}, x, a_{i+1}, ..., a_n)$$

heißt **Translation** von **A**.

Beweisen Sie:

Für jede Algebra $\mathbf{A} = (A; F)$ gilt: κ gehört genau dann zu Con $\mathbf{A}$, wenn $\kappa \in Eq(A)$ und κ mit allen Translationen von $\mathbf{A}$ verträglich ist.

A.17.6 Es sei $\mathbf{A} := (\{1, 2, 3, 4, 5\}; f, g)$ mit

f	1	2	3	4	5
1	2	2	2	2	2
2	2	2	2	2	2
3	2	2	2	2	2
4	3	3	3	4	1
5	3	3	3	3	5

x	1	2	3	4	5
$g(x)$	2	3	4	2	5

(a) Wie viele Translationen besitzt **A**?

(b) Man ermittle sämtliche Kongruenzrelationen auf **A**.

(c) Man beschreibe die Faktoralgebren durch konkrete Angabe von Verknüpfungstafeln der Operationen.

A.17.7 Zeigen Sie: Jeder Körper ist einfach.

A.17.8 Geben Sie die zwei Isomorphiesätze aus Kapitel 17 unter Verwendung des Begriffs Ideal für Ringe an.

A.17.9 Sei $\mathbb{R}^{n \times 1}$ der Vektorraum aller Spaltenmatrizen über $\mathbb{R}$. Auf $\mathbb{R}^{n \times 1}$ läßt sich das sogenannte Standardskalarprodukt φ definieren:

$$\varphi(\mathfrak{x}, y) := \mathfrak{x}^T \cdot \mathfrak{y}.$$

Für jedes $U \subseteq \mathbb{R}^{n \times 1}$ sei außerdem

$$\sigma(U) := \{\mathfrak{x} \in \mathbb{R}^{n \times 1} \mid \forall \mathfrak{u} \in U : \varphi(\mathfrak{x}, u) = 0\}.$$

(a) Beweisen Sie: Das Paar (σ, σ) ist eine Galois-Verbindung zwischen $\mathbb{R}^{n \times 1}$ und $\mathbb{R}^{n \times 1}$.

(b) Wie sehen die abgeschlossenen Mengen bez. des Hüllenoperator $\sigma\sigma$ aus?

A.17.10 Seien $G := \{D, P, Rh, T, R\}$ und $M := \{4gS, 2PbS, 2PGS, 1PpS, 2PpS\}$, wobei die Elemente der Mengen G und S Abkürzungen für folgende Gegenstände und Merkmale sind:

D	Drachenviereck
P	Parallelogramm
Rh	Rhombus
T	Trapez
R	Rechteck
$4gS$	4 gleich lange Seiten
$2PbS$	2 Paare gleich langer benachbarter Seiten
$2PGS$	2 Paare gleich langer Gegenseiten
$1PpS$	mindestens 1 Paar paralleler Seiten
$2PpS$	2 Paare paralleler Seiten

Man bestimme $I := \{(g, m) \in G \times M \mid g$ hat das Merkmal $m\}$, die Begriffe des Kontextes (G, M, I) und zeichne das Hasse-Diagramm des Begriffsverbandes.

A.17.11 Sei $\mathbf{A} := (A; f)$ eine Algebra vom Typ (3), wobei die Operation f definiert ist durch

$$f(x, y, z) := \begin{cases} z, & \text{falls } x = y, \\ x & \text{sonst.} \end{cases}$$

Man beweise, daß $\mathbf{A}$ einfach ist.

A.17.12 Man bestimme alle Unteralgebren und alle Kongruenzen der Algebra $\mathbf{A} := (\{a, b, c\}, f)$ des Typs (2), wobei $f(x, y) := x \circ y$ und

$\circ$	a	b	c
a	a	a	c
b	a	b	b
c	c	b	c

A.17.13 Seien $\mathbf{A}$ eine Algebra und $Aut\,\mathbf{A}$ die Menge aller Automorphismen der Algebra $\mathbf{A}$. Man beweise: $(Aut\,\mathbf{A}; \square, ^{-1}, \text{id}_A)$ ist eine Gruppe.

A.17.14 Seien $\mathbf{A}$ eine Algebra und α ein Automorphismus von $\mathbf{A}$. Man beweise, daß die Menge aller Fixpunkte von α die Trägermenge einer Unteralgebra von $\mathbf{A}$ ist.

23.5 Übungsaufgaben zum Kapitel 18

A.18.1 Seien $\mathbf{A} := (\{a, b, c\}; f^{\mathbf{A}}, g^{\mathbf{A}})$ und $\mathbf{B} := (\{0.1\}; f^{\mathbf{B}}, g^{\mathbf{B}})$ zwei Algebren des Typs $(2,1)$, wobei

$f^{\mathbf{A}}$	a	b	c
a	b	a	c
b	a	b	c
c	c	c	b

x	a	b	c
$g^{\mathbf{A}}(x)$	a	b	c

$f^{\mathbf{B}}$	0	1
0	0	0
1	0	1

x	0	1
$g^{\mathbf{B}}(x)$	1	0

(a) Geben Sie die Verknüpfungstafeln für die Operationen $f^{\mathbf{A} \times \mathbf{B}}$ und $g^{\mathbf{A} \times \mathbf{B}}$ an.

(b) Ermitteln Sie die Unteralgebren von $\mathbf{A} \times \mathbf{B}$.

(c) Besitzt $\mathbf{A} \times \mathbf{B}$ eine Unteralgebra, die zu $\mathbf{A}$ oder $\mathbf{B}$ isomorph ist?

A.18.2 Zeigen Sie, daß $\mathbf{G} := (\{0, 1, 2, ..., 9\}; +(\text{mod } 10), -(\text{mod } 10), 0)$ nicht direkt irreduzibel ist, indem Sie eine zu $\mathbf{G}$ isomorphe Gruppe konstruieren, die das direkte Produkt einer 2-elementigen Gruppe mit einer 5-elementigen Gruppe ist.

A.18.3 Beweisen Sie:
  (a) Jede zweielementige Algebra ist direkt irreduzibel.
  (b) Jede einfache Gruppe ist direkt irreduzibel.

A.18.4 Zeigen Sie, daß eine 8-elementige Boolesche Algebra **B** nicht direkt irreduzibel ist, indem Sie eine zu **B** isomorphe Algebra konstruieren, die das direkte Produkt einer 2-elementigen und einer 4-elementigen Algebra ist.

A.18.5 Seien **G** $:= (G; \circ, ^{-1}, e)$ eine Gruppe und $\mathbf{N_1}, \mathbf{N_2}$ zwei Normalteiler dieser Gruppe. Gemäß Abschnitt 17.3.1 bestimmt $\mathbf{N_i}$ $(i = 1, 2)$ eine Kongruenz κ_{N_i}. Beweisen Sie:

  (a) $N_1 \cap N_2 = \{e\} \iff \kappa_{N_1} \cap \kappa_{N_2} = \kappa_0$,

  (b) $< N_1 \cap N_2 > = G \iff \kappa_{N_1} \vee \kappa_{N_2} = \kappa_1$.

A.18.6 Bezeichne $\mathbf{L_2}$ bzw. $\mathbf{L_3}$ einen 2-elementigen bzw. 3-elementigen Verband. Bestimmen Sie $\mathbf{L_2} \times \mathbf{L_3}$ und einige subdirekte Produkte von $\mathbf{L_2}, \mathbf{L_3}$.
  Zeigen Sie außerdem, daß $\mathbf{L_3}$ direkt irreduzibel, aber nicht subdirekt irreduzibel ist.

A.18.7 Sei $\mathbf{A} = (A; F)$ eine Algebra und $\mathfrak{M} := Sub\mathbf{A}$ die Menge aller Unteralgebren von **A**. Man beweise, daß dann $\mathfrak{M}$ die Bedingung

$$\forall T \subseteq \mathfrak{M} : ((\forall X, Y \in T \exists Z \in T : X \cup Y \subseteq Z) \implies \bigcup_{X \in T} X \in \mathfrak{M})$$

erfüllt.

A.18.8 Bezeichne $\mathbf{A} := (A; f, g)$ eine Algebra vom Typ $(1,1)$ mit

$$A := \{(a_1, a_2, a_3, ...) \mid \forall i \in \mathbb{N} : a_i \in \{0, 1\}\}$$
$$\forall \mathbf{a} := (a_1, a_2, a_3, ...) \in A : f(\mathbf{a}) := (a_2, a_3, a_4, ...)$$
$$\forall \mathbf{a} := (a_1, a_2, a_3, ...) \in A : g(\mathbf{a}) := (a_1, a_1, a_1, ...).$$

Beweisen Sie, daß **A** subdirekt irreduzibel ist, indem Sie zeigen, daß

$$\kappa' := \{(\mathbf{a}, \mathbf{b}) \in A^2 \mid \mathbf{a} = \mathbf{b} \vee \{\mathbf{a}, \mathbf{b}\} = \{(0, 0, 0, ...), (1, 1, 1, ...)\}\}$$

eine Kongruenz von **A** ist, für die

$$\forall \kappa \in Con\mathbf{A} : \kappa \neq \kappa_0 \implies \kappa' \subseteq \kappa$$

gilt.

23.6 Übungsaufgaben zum Kapitel 19

A.19.1 Es sei **K** ein endlicher Körper der Charakteristik $p \in \mathbb{P}$ und $\alpha : K \longrightarrow K, x \mapsto x^p$ die sogenannte **Frobenius-Abbildung**. Man zeige, daß α ein Automorphismus von **K** ist.

A.19.2 Es sei $\mathbf{K}$ ein Körper, $\alpha : K \longrightarrow K$ ein Automorphismus von $\mathbf{K}$ und $L := \{x \in K \mid \alpha(x) = x\}$. Man beweise:
(a) L ist die Trägermenge eines Unterkörpers von $\mathbf{K}$.
(b) $P(K) \subseteq L$.

A.19.3 Man beweise: Für jeden Körper $\mathbf{K}$ mit char $\mathbf{K} \in \mathbb{P}$ gilt $P(K) = \{x \in K \mid x^p = x\}$.

A.19.4 Man beweise: Für jede Körpererweiterung $\mathbf{E} : \mathbf{K}$ gilt:
(a) $\mathbf{P(E)} = \mathbf{P(K)}$,
(b) char $\mathbf{E}$ = char $\mathbf{K}$.

A.19.5 Es sei $\mathbf{E} : \mathbf{K}$ eine Körpererweiterung mit $|\mathbf{E} : \mathbf{K}| \in \mathbb{N}$ und $\mathbf{K}$ ein endlicher Körper. Man beweise, daß dann $\mathbf{E} : \mathbf{K}$ einfach ist.

A.19.6 Man stelle die folgenden Polynome $f, g \in K[X]$ in der Form $f = q \cdot g + r$ mit $q, r \in K[X]$ und $\operatorname{Grad} g < \operatorname{Grad} f$ dar.

(a) $K := \mathbb{Z}_2$, $f := 1 + X^3 + X^4$, $g := 1 + X^2$;

(b) $K := \mathbb{Z}_3$, $f := 1 + 2X^2 + X^3 + 2X^4$, $g := 1 + X + 2X^2$;

(c) $K := \mathbb{Z}_5$, $f := 2 + 4X^4 + 4X^5 + X^6$, $g := 3 + X + 4X^2 + X^3$.

A.19.7 Es sei $\mathbf{K}$ ein Körper und $r_{-1}, r_0, r_1, ..., r_{t+1}, q_1, q_2, ..., q_{t+1} \in K[X]$ mit

$$\forall i \in \{1, ..., t\} :$$
$$r_{i-2} = q_i \cdot r_{i-1} + r_i \wedge 0 < \operatorname{Grad} r_i < \operatorname{Grad} r_{i-1}$$

und

$$r_{t-1} = q_{t+1} \cdot r_t,$$

d.h., es gilt $r_{-1} \sqcap r_0 = r_t$. Beweisen Sie, daß man dann gewisse $\alpha, \beta \in K[X]$ mit $\alpha \cdot r_{-1} + \beta \cdot r_0 = r_t$ auf folgende Weise berechnen kann:

Seien

$$u_{-1} := 0, \ u_0 := 1,$$

$$v_{-1} := 1, \ v_0 := 0,$$

$$\forall i \in \{1, ..., t\} : \ u_i := q_i \cdot u_{i-1} + u_{i-2} \wedge v_i := q_i \cdot v_{i-1} + v_{i-2}.$$

Dann gilt

$$r_t = \underbrace{((-1)^{t+1} \cdot v_t)}_{=:\alpha} \cdot r_{-1} + \underbrace{((-1)^t \cdot u_t)}_{=:\beta} \cdot r_0.$$

Hinweis: Man beweise durch Induktion über $i \in \{1, 2, ..., t\}$:

$$r_i = (-1)^i \cdot (-v_i \cdot r_{-1} + u_i \cdot r_0).$$

A.19.8 Für die nachfolgend angegebenen Polynome $f, g \in K[X]$ bestimme man $d := f \sqcap g$ und bestimme Polynome $a, b \in K[X]$ mit $d = a \cdot f + b \cdot g$.

(a) $\mathbf{K} = \mathbb{Z}_2$, $f := 1 + X^9 + X^{18}$, $g := 1 + X^3 + X^6$,

(b) $\mathbf{K} = \mathbb{Z}_2$, $f := 1 + X^2 + X^3 + X^4$, $g := 1 + X^3$,

(c) $\mathbf{K} = \mathbb{Z}_3$, $f := 2 + X^2 + X^5 + 2X^7$, $g := 1 + X + 2X^3 + 2X^4$,

(d) $\mathbf{K} = \mathbb{Q}$, $f := 1 + X + X^5 + X^6$, $g := 1 + 2X + X^3$.

A.19.9 Man zeige, daß das folgende Polynom $f \in \mathbb{Z}[X]$ keine Teiler der Form $a + X$ und $a + b \cdot X + X^2$ aus $\mathbb{Z}[X]$ besitzt und untersuche f auf Irreduzibilität über $\mathbb{Q}$.

(a) $f := 1 - X^2 + X^5$,

(b) $f := -5 + 3 \cdot X^2 + 3 \cdot X^3 + X^4$.

A.19.10 Stellen Sie die folgenden Polynome $f \in K[X]$ als Produkte von irreduziblen Polynomen aus $K[X]$ dar.

(a) $\mathbf{K} = \mathbb{Z}_2$, $f := 1 + X^2 + X^3 + X^4 + X^5 + X^7 + X^{12}$,

(b) $\mathbf{K} = \mathbb{Z}_3$, $f := 2 + 2 \cdot X + X^2 + 2 \cdot X^3 + X^5 + X^6 + X^7$.

A.19.11 Man beweise, daß die folgende Faktorisierung des Polynoms $1 + X^n \in \mathbb{Z}_2[X]$ eine Darstellung von $1 + X^n$ als Produkt von irreduziblen Polynomen über $\mathbb{Z}_2$ ist:

n	Faktorisierung
3	$(1+X)(1+X+X^2)$
5	$(1+X)(1+X+X^2+X^3+X^4)$
7	$(1+X)(1+X+X^3)(1+X^2+X^3)$
9	$(1+X)(1+X+X^2)(1+X^3+X^6)$
11	$(1+X)(1+X+X^2+...+X^{10})$
13	$(1+X)(1+X+X^2+...+X^{12})$
15	$(1+X)(1+X+X^2)(1+X+...+X^4)(1+X+X^4)(1+X^3+X^4)$

A.19.12 (a) Man beweise: Sind $\mathbf{K}$ ein Körper, $f := a + b \cdot X \in K[X] \backslash K$ und $g \in K[X] \backslash K$ irreduzibel. Dann ist auch $g(f)$ irreduzibel.

(b) Gilt (a), falls $\mathbf{K}$ nur ein Ring ist?

(c) Gilt (a), falls $\operatorname{Grad} f > 1$ ist?

A.19.13 Es sei $\mathbf{K}$ ein Körper der Charakteristik $p \in \mathbb{P}$ und $\alpha \in K \backslash \{0\}$. Man beweise, daß α und α^p dasselbe Minimalpolynom besitzen.

A.19.14 Geben Sie die Verknüpfungstafeln von $+$ und $\cdot$ für die folgenden Körper an:

(a) $\mathbb{Z}_5 := (\mathbb{Z}_5; +, \cdot)$,

(b) $(\mathbb{Z}_3[X]/(X^2+1); + (\text{mod } (X^2+1), \cdot(\text{mod } (X^2+1)))$.

A.19.15 Ist $(\mathbb{Z}_3[X]/(X^2+2); + (\text{mod } (X^2+2), \cdot(\text{mod } (X^2+2)))$ ein Körper?

A.19.16 Sei

$$\mathfrak{A} := \begin{pmatrix} 0 & 1 & 0 \\ 0 & 0 & 1 \\ 1 & 1 & 0 \end{pmatrix}$$

eine Matrix über dem Körper $\mathbb{Z}_2$. Man beweise, daß

$$(\{\mathfrak{O}_{3,3}, \mathfrak{A}, \mathfrak{A}^2, ..., \mathfrak{A}^7 = \mathfrak{E}_3\}; +, \cdot)$$

ein Körper ist, der zu $\mathbf{K} := \mathbb{Z}_2[X]/(X^3 + X + 1)$ isomorph ist. Außerdem bestimme man für jedes $\alpha \in K$ das zugehörige Minimalpolynom.

A.19.17 Sei $\mathbf{R} := (R; +, \cdot, -, 0, 1)$ ein kommutativer Ring mit dem Einselement 1, d.h., $\mathbf{R}$ ist ein sogenannter **Integritätsbereich**. Auf $K_1 := R \times (R\backslash\{0\})$ seien die Operationen $\oplus$ und $\otimes$ für beliebige $a, b, c, d \in K_1$ wie folgt definiert:

$$(a, b) \oplus (c, d) := (a \cdot d + b \cdot c, b \cdot d),$$

$$(a, b) \otimes (c, d) := (a \cdot c, b \cdot d).$$

(a) Man beweise, daß die Relation

$$\sim := \{(\, (a, b)\ (c, d)\,) \mid a \cdot d = b \cdot d\}$$

eine Äquivalenzrelation auf K_1 ist, die mit den Operationen $\oplus$ und $\otimes$ verträglich ist.

(b) Man beweise, daß die Faktoralgebra $\mathbf{K_1}/\sim$ ein Körper, der sogenannte **Quotientenkörper** von $\mathbf{R}$, ist.

A.19.18 Man beweise, daß es Körper der Charakteristik $p \in \mathbb{P}$ gibt, die nicht endlich sind.

Hinweis: Man benutze das Ergebnis aus A19.17 für $R := K[X]$ mit passend gewähltem Körper $\mathbf{K}$.

A.19.19 Geben Sie das Hasse-Diagramm des Verbandes aller Unterkörper eines Körpers mit

(a) 2^{12} und

(b) 2^{36}

Elementen an.

A.19.20 Man beweise die folgenden Eigenschaften der Eulerschen Funktion φ:

(a) $\forall p \in \mathbb{P}\ \forall n \in \mathbb{N}: \ \varphi(p^n) = p^{n-1} \cdot (p - 1)$,

(b) $\forall p, q \in \mathbb{P}\ (p \neq q \implies \varphi(p \cdot q) = \varphi(p) \cdot \varphi(q))$.

A.19.21 Man beweise, daß $\mathbb{Q}(\sqrt{\mathbf{a}}, \sqrt{\mathbf{b}}) = \mathbb{Q}(\sqrt{\mathbf{a}} + \sqrt{\mathbf{b}})$ für alle $a, b \in \mathbb{Q}$ gilt.

A.19.22 Sei $\mathbf{K} := \mathbb{Q}(\sqrt{\mathbf{2}} + \sqrt{\mathbf{3}} + \sqrt{\mathbf{5}})$. Beweisen Sie, daß dann auch $\mathbf{K} = \mathbb{Q}(\sqrt{\mathbf{2}}, \sqrt{\mathbf{3}}, \sqrt{\mathbf{5}})$ gilt.

A.19.23 Man beweise, daß die folgende Körpererweiterung $\mathbf{E} : \mathbf{K}$ normal sind:

(a) $\mathbf{E}$ endlicher Körper, $\mathbf{K} := \mathbf{P}(\mathbf{E})$ ($\cong \mathbb{Z}_{\mathbf{p}}$ für gewisses $p \in \mathbb{P}$);

(b) $\mathbf{E} : \mathbf{K}$ beliebige Körpererweiterung mit $|\mathbf{E} : \mathbf{K}| = 2$.

A.19.24 Beweisen Sie, daß die folgenden Aussagen i.allg. falsch sind:

Seien $\mathbf{K_1}, \mathbf{K_2}, \mathbf{K_3}$ Körper mit $K_1 \subseteq K_2 \subseteq K_3$. Dann gilt:

(a) $\mathbf{K_3} : \mathbf{K_1}$ normal $\implies \mathbf{K_2} : \mathbf{K_1}$ normal.

(b) ($\mathbf{K_2} : \mathbf{K_1}$ und $\mathbf{K_3} : \mathbf{K_2}$ normal) $\implies \mathbf{K_3} : \mathbf{K_1}$ normal.

Hinweis zu (b): Man wähle $\mathbf{K_1} := \mathbb{Q}$, $\mathbf{K_2} := \mathbb{Q}(\sqrt{\mathbf{2}})$, $\mathbf{K_3} := \mathbb{Q}(\sqrt[4]{\mathbf{2}})$.

A.19.25 Man beweise: Es sei $f = a_0 + a_1 X + \ldots + a_n X^n \in \mathbb{Z}[X]$, $r, s \in \mathbb{N}$, $r \sqcap s = 1$ und $\frac{r}{s}$ eine Nullstelle von f. Dann gilt $r|a_0$ und $s|a_n$.

Wie kann man diese Eigenschaft beim Nachweis der Irreduzibilität von Polynomen 2. und 3. Grades aus $\mathbb{Z}[X]$ über $\mathbb{Q}$ nutzen?

A.19.26 Man beweise, daß für jedes $p \in \mathbb{P}$ und $K \in \{\mathbb{Z}, \mathbb{Q}\}$ das Polynom

$$1 + X^p + (X^p)^2 + \ldots + (X^p)^{p-1} \in K[X]$$

irreduzibel ist.

Hinweis: Siehe den Beweis der Irreduzibilität von $X^{p-1} + X^{p-2} + \ldots + X + 1$ nach Satz 19.7.3.

A.19.27 Ein linearer Code $C \subseteq \mathbb{Z}_2^{1 \times 5}$ sei durch die folgende Generatormatrix

(a)

$$G := \begin{pmatrix} 0 & 1 & 0 & 0 & 1 \\ 0 & 0 & 1 & 0 & 1 \\ 1 & 0 & 0 & 1 & 1 \end{pmatrix}$$

(b)

$$G := \begin{pmatrix} 0 & 1 & 1 & 0 & 1 \\ 1 & 0 & 1 & 0 & 1 \\ 1 & 1 & 0 & 1 & 1 \end{pmatrix}$$

definiert. Berechnen Sie rg$G$, die Elemente von C, den Minimalabstand von C und eine Kontrollmatrix von C.

A.19.28 Es sei $C \subseteq K^n$ ein linearer Code mit der Kontrollmatrix H und $d \in \mathbb{N}$. Man beweise, daß $d \leq d_{\min}(C)$ genau dann gilt, wenn jede Auswahl von $d - 1$ Zeilen von H linear unabhängig ist.

A.19.29 Es sei $K := \mathbb{Z}_2$, $t \in \{1, 2, 3, 4, 5, 6\}$ und $C_t \subseteq K^{10}$ ein t-Fehlererkennender Code. Welche Mächtigkeit kann C_t dann maximal besitzen?

A.19.30 Für $i = 1, 2$ sei $G_i \subseteq K^{k \times n_i}$ die Generatormatrix des linearen (n_i, k)-Codes C_i mit $d_i := d_{\max}(C)$. Man beweise, daß

(a) $G := \begin{pmatrix} G_1 & \mathfrak{O}_{k, n_2} \\ \mathfrak{O}_{k, n_1} & G_2 \end{pmatrix}$ die Generatormatrix eines linearen $(n_1 + n_2, 2 \cdot k)$-Codes mit $d_{\min}(C) = \min\{d_1, d_2\}$;

(b) $G := (G_1 \ G_2)$ die Generatormatrix eines $(n_1 + n_2, k)$-Codes mit $d_{\min}(C) \geq d_1 + d_2$

ist.

A.19.31 Seien $C \subseteq K^n$ und $C' \subseteq K^n$ Codes. C und C' heißen **äquivalent**, wenn es eine Permutation $s \in S_n$ mit der folgenden Eigenschaft gibt:

$$C' = \{(a_{s(1)}, a_{s(2)}, \ldots, a_{s(n)}) \mid (a_1, a_2, \ldots, a_n) \in C\}.$$

Für welche $x \in \{0, 1\}$ sind die linearen Codes $C_i \subseteq \mathbb{Z}_2^4$ ($i = 1, 2$) mit den Generatormatrizen

$$G_1 := \begin{pmatrix} 1 & 1 & 1 & 0 \\ 0 & 1 & 1 & 0 \\ 0 & 0 & 1 & 1 \end{pmatrix} \quad \text{bzw.} \quad G_2 := \begin{pmatrix} 1 & 0 & 0 & 1 \\ 0 & 0 & 1 & 1 \\ 1 & 1 & 0 & x \end{pmatrix}$$

äquivalent?

Auf welche Weise erhält man aus einer Generatormatrix eines linearen Codes C die Generatormatrix eines zu C äquivalentes Codes?

A.19.32 Sei $C \subseteq (\mathbb{Z}_2)_6[X]$ ein zyklischer, linearer Polynomcode mit dem Generatorpolynom $g := X^3 + X + 1$. Man bestimme
  (a) die Anzahl der Elemente von C,
  (b) ein Kontrollpolynom h von C,
  (c) die Generator- und die Kontrollmatrix eines zu C isomorphen Codes $C^\star \subseteq \mathbb{Z}_2^7$.

23.7 Übungsaufgaben zum Kapitel 20

A.20.1 Es sei $\mathbf{E}$ ein Körper und $A(E, E)$ die Menge aller Abbildungen von E in E. Auf $A(E, E)$ lassen sich sich Operationen $+$, $-$, f_e und o wie folgt für beliebige $a_1, a_2 \in A(E, E)$ und $e \in E$ definieren: $(a_1 + a_2)(x) := a_1(x) + a_2(x)$, $(-a_1)(x) := -(a_1(x))$, $(f_e(a))(x) := e \cdot a(x)$, $o(x) := 0$. Beweisen Sie, daß

$$\mathbf{A(E, E)} := (\{a \mid a \text{ ist Abbildung von } E \text{ in } E\}; +, -, (f_e)_{e \in E}, o)$$

ein Vektorraum über dem Körper $\mathbf{E}$ ist.

A.20.2 Bestimmen Sie die Galois-Gruppe $\mathbf{G(f, \mathbb{Q})}$ des folgenden Polynoms $f \in \mathbb{Q}[X]$:
  (a) $f := X^4 - 4$,
  (b) $f := X^4 - 5$,
  (c) $f := X^4 - p$, $p \in \mathbb{P}$.

A.20.3 Sei $f := 2 - 4 \cdot X + X^5 \in \mathbb{Q}[X]$. Beweisen Sie, daß f nur genau drei reelle Nullstellen besitzt und bestimmen Sie die Galois-Gruppe von f.

A.20.4 Seien ζ eine primitive n-te Einheitswurzel, $\mathbf{G} := \mathbf{G}(\mathbb{Q}(\zeta), \mathbb{Q})$ und

$$\mathbb{Z}_n^\star := \{x \in \mathbb{Z}_n \mid x \sqcap n = 1\}.$$

Beweisen Sie:
  (a) Jedes $\alpha \in G$ ist durch $\alpha(\zeta)$ eindeutig bestimmt.
  (b) Für jedes $\alpha \in G$ ist $\alpha(\zeta)$ ebenfalls eine primitive n-te Einheitswurzel.
  (c) $\forall \alpha \in G \; \exists k_\alpha \in \mathbb{Z}_n^\star : \alpha(\zeta) = \zeta^{k_\alpha}$.
  (d) Die Abbildung

$$\varphi : G \longrightarrow \mathbb{Z}_n^\star, \; \alpha \mapsto k_\alpha$$

  ist eine homomorphe Abbildung von der Gruppe $\mathbf{G} = (G; \square)$ in die Gruppe $\mathbb{Z}_\mathbf{n}^\star := (\mathbb{Z}_n^\star; \cdot \pmod{n})$.
  (e) φ ist injektiv.
  (f) $\mathbf{G}$ ist zu einer Untergruppe von $\mathbb{Z}_\mathbf{n}^\star$ isomorph.
  (g) Falls $n \in \mathbb{P}$, gilt $|G| = p - 1$.
  (h) Falls $n \in \mathbb{P}$, ist $\mathbf{G}$ zu $\mathbb{Z}_\mathbf{p}^\star$ isomorph.

A.20.5 Unter der Annahme, daß der Strecke OE die 1 zugeordnet sei, konstruiere man mit Zirkel und Lineal Strecken der Länge $\sqrt{2}$, $\sqrt{3}$ und $\sqrt[4]{5}$.

A.20.6 Beweisen Sie, daß ein Winkel φ genau dann mit Zirkel und Lineal konstruierbar ist, wenn $\cos\varphi$ oder $\sin\varphi$ ZL-konstruierbar sind.

A.20.7 Man beweise, daß sich der Winkel $\frac{2\pi}{3}$ mit Zirkel und Lineal konstruieren läßt.

23.8 Übungsaufgaben zum Kapitel 21

A.21.1 Es sei $\mathbf{A} = (\{a, b\}; f)$ eine Algebra des Typs (1) und $\mathbf{B} = (\{0, 1, 2, 3\}; g)$ eine Algebra des Typs (2) mit

x	a	b
$f(x)$	b	b

g	0	1	2	3
0	0	1	2	1
1	1	2	1	2
2	2	2	1	3
3	1	2	3	0

Beweisen Sie
(a) $IPH(\mathbf{A}) \neq IHP(\mathbf{A})$,
(b) $IPS(\mathbf{A}) \neq ISP(\mathbf{A})$,
a) $SH(\mathbf{B}) \neq HS(\mathbf{B})$.

A.21.2 Gilt $SH(\mathbf{G}) = HS(\mathbf{G})$ für jede endliche abelsche Gruppe $\mathbf{G}$?

A.21.3 Es sei $\mathbf{A} = (A; F)$ eine Algebra. Werden zu F alle $a \in A$ als nullstellige Operationen hinzugefügt, erhält man eine neue Algebra $\mathbf{A}'$. Die Terme der Algebra $\mathbf{A}'$ nennt man **Polynomfunktionen** von $\mathbf{A}$.

Bezeichne $\mathbf{L} = (\{0, a, b, 1\}; \vee, \wedge)$ einen Verband mit dem kleinsten Element 0 und dem größten Element 1, sowie $a \vee b = 1$ und $a \wedge b = 0$. Ist die Abbildung h mit

h	0	a	b	1
0	0	a	0	a
a	a	a	a	a
b	0	a	0	a
1	a	a	a	a

eine Termfunktion bzw. eine Polynomfunktion von $\mathbf{L}$?

A.21.4 Sei X eine Menge („Alphabet"). Auf der Menge der sogenannten Wörter

$$W := \{x_1 x_2 ... x_n \mid n \in \mathbb{N} , \; x_1, x_2, ..., x_n \in X\}$$

läßt sich eine 2-stellige Operation $\circ$ wie folgt definieren: Für $\mathbf{x} := x_1 x_2 ... x_m$ und $\mathbf{y} := y_1 y_2 ... y_n$ mit $x_1, ..., x_m, y_1, ..., y_n \in X$ sei

$$\mathbf{x} \circ \mathbf{y} := x_1 x_2 ... x_m y_1 y_2 ... y_n.$$

Man beweise

(a) Die Algebra $\mathbf{W} = (W; \circ)$ („Wortalgebra über X") ist eine Halbgruppe;

(b) $\mathbf{W}$ ist isomorph zur freien Halbgruppe mit freier Erzeugendenmenge X.

A.21.5 Bezeichne $t < x >$ einen Term aus $T(X)$ und sei $\Sigma \subseteq T(X) \times T(X)$ mit der Eigenschaft

$$\Sigma \models t < x > \approx x \quad \text{und} \quad \Sigma \models t < x > \approx t < y >$$

gewählt. Man beweise

$$\Sigma \models x \approx y.$$

(Folgerung: $Mod\Sigma$ besteht nur aus trivialen Algebren.)

A.21.6 Man beweise: Die einzigen vollinvarianten Kongruenzen auf einem Vektorraum $\mathbf{V}$ über $\mathbf{K}$ sind κ_0 und κ_1.

A.21.7 Läßt sich die Klasse $\mathfrak{K}$ aller Körper durch Gleichungen charakterisieren?

A.21.8 Eine Algebra heißt **kongruenzdistributiv**, wenn der Kongruenzenverband von $\mathbf{A}$ distributiv ist, d.h., wenn gilt:

$$\forall \kappa, \kappa', \kappa'' \in Con\mathbf{A} : \kappa \wedge (\kappa' \vee \kappa'') = (\kappa \wedge \kappa') \vee (\kappa \wedge \kappa'').$$

Eine Klasse $\mathfrak{K}$ von Algebren heißt **kongruenzdistributiv**, wenn alle Algebren aus $\mathfrak{K}$ kongruenzdistributiv sind.

Man beweise:

Sei $\mathfrak{K}$ eine Varietät und m ein dreistelliger Term, so daß für alle Algebren aus $\mathfrak{K}$ die Gleichungen

$$m(x, x, y) \approx m(x, y, x) \approx m(y, x, x) \approx x$$

gelten. Dann ist $\mathfrak{K}$ kongruenzdistributiv.

Unter Verwendung dieser Aussage zeige man, daß die Klasse aller Verbände kongruenzdistributiv ist.

A.21.9 Der folgende Satz wurde von A. I. Mal'cev 1954 bewiesen:

Eine Varietät $\mathbf{K}$ ist genau dann **kongruenzvertauschbar**, *d.h., es gilt:*

$$\forall \mathbf{A} \in K \; \forall \kappa, \kappa' \in Con\mathbf{A} : \kappa \square \kappa' = \kappa' \square \kappa,$$

wenn es einen dreistelligen Term p gibt, der in allen Algebren von $\mathbf{K}$ den Gleichungen

$$p(x, x, y) \approx y \quad \text{und} \quad p(x, y, y) \approx x$$

genügt.

Mit Hilfe dieses Satzes beweise man, daß die Varietät der

(a) Gruppen,

(b) Ringe,

(c) der Quasigruppen

kongruenzvertauschbar ist,
wobei eine **Quasigruppe** eine Algebra der Form $(Q; /, \cdot, \backslash)$ des Typs $(2,2,2)$ ist, die die folgenden vier Gleichungen erfüllt:

$$(Q1) \quad x \backslash (x \cdot y) \approx y, \ (x \cdot y)/y \approx x$$
$$(Q2) \quad x \cdot (x \backslash y) \approx y, \ (x/y) \cdot y \approx x.$$

23.9 Übungsaufgaben zum Kapitel 22

A.22.1 Es seien $f^2, g^4 \in P_k$. Wie sind dann
    (a) $\Delta(f \star g)$
    (b) $\zeta(\zeta(\zeta\tau(\zeta f)))$
    (c) $(\Delta((\nabla g))) \star (\zeta(\Delta(f)))$
    definiert? Man gebe obige Formeln auch als Schaltbilder (siehe Abschnitt 22.5.3) an.

A.22.2 Beschreiben Sie die durch die folgenden Formeln definierten Funktionen als Superpositionen über $\{f^5, g^3, h^2\}$.
    (a) $f_1(x_1, x_2, x_3, x_4) := g(x_2, h(x_2, x_1), x_2)$
    (b) $f_2(x_1, x_2, x_3, x_4, x_5) := f(x_3, x_2, x_1, x_4, x_5)$
    (c) $f_3(x_1, x_2, x_3, x_4, x_5) := f(g(h(x_1, x_1), x_1, x_1), x_1, x_1, x_4)$

A.22.3 Für die Funktion $f(x, y, z) := x \vee y \vee \overline{z}$ bestimme man eine Darstellung der Form (22.9) aus Abschnitt 22.4.

A.22.4 Man bestimme alle
    (a) monotonen
    (b) selbstdualen
    (c) linearen
    Funktionen von P_2^2 und P_2^3.

A.22.5 Wie viele Funktionen aus P_2^2 (bzw. P_2^3) hängen von genau zwei (bzw. drei) Variablen wesentlich ab?

A.22.6 Es sei $s \in P_k^1[k]$ und die Abbildung $\varphi_s : P_k \longrightarrow P_k,\ f^n \mapsto \varphi_s(f^n)$ wie folgt definiert:

$$(\varphi_s(f))(x_1, ..., x_n) := s^{-1}(f(s(x_1), s(x_2), ..., s(x_n))).$$

Man beweise:
    (a) Die Menge $\{f \in P_k \,|\, \varphi_s(f) = f\}$ ist eine Teilklasse von P_k.
    (b) φ_s ist ein Automorphismus der Algebra $\mathbf{P_k}$.

A.22.7 Man bestimme Basen für P_2 mit den Mächtigkeiten 1, 2, 3 und 4.

A.22.8 Man beweise: Eine Basis von P_2 besitzt höchstens vier Elemente.

A.22.9 Für die Teilklasse $A \in \{T_0 \cap T_1, M \cap T_0, S \cap T_0\}$ von P_2 bestimme man, falls möglich, eine zwei- oder dreistellige Relation ϱ mit $Pol_2\varrho = A$.

A.22.10 Man bestimme
    (a) $\varrho_1 := pr_{2,3,4} G_2(A)$ für $A := L \cap T_0,$

(b) $\varrho_2 := pr_{4,6,7}G_3(A)$ für $A := I$,

(c) $\varrho_3 := pr_{1,5,6,7,8}G_3(A)$ für $A := K$

und beweise: $Pol_2\varrho_1 = L \cap T_0$, $Pol_2\varrho_2 = I$ und $Pol_2\varrho_3 = K$.

Hinweis: Man benutze die Sätze 22.6.7.1 und 22.7.1.1.

A.22.11 Welche von den in Satz 22.7.1.1 angegebenen Teilklassen von P_2 läßt sich auch in der Form $Pol_2\varrho$ mit

(a) $\varrho := \begin{pmatrix} 0 & 0 & 0 & 1 \\ 0 & 0 & 1 & 0 \\ 0 & 1 & 1 & 1 \end{pmatrix}$

(b) $\varrho := \begin{pmatrix} 0 & 0 & 1 \\ 0 & 1 & 0 \\ 1 & 1 & 1 \end{pmatrix}$

beschreiben?

A.22.12 Es sei k eine Primzahl und $\lambda := \{(a,b,c,d) \in E_k \mid a + b = c + d \pmod{k}\}$. Man beweise, daß $L_k := Pol_k\lambda$ eine maximale Klasse von P_k ist. Außerdem untersuche man, ob $Pol_k\{(a,b,c) \in E_k^3 \mid a + a = b + c \pmod{k}\} = L_k$ gilt.

Hinweis: Man benutze Satz 22.9.2 und unterscheide die Fälle $p = 2$ und $p \geq 3$.

A.22.13 Es sei $\mu := \delta^3_{\{1,2\}} \cup \delta^3_{\{2,3\}}$ und $\nu := \{(x,y) \in E_k^2 \mid x \neq y\}$. Man beweise $Pol_k\mu = [P_k^1]$ und $Pol_k\mu = [P_k^1[k]]$ für $k \geq 3$.

Hinweis: Man benutze Satz 22.4.4.

A.22.14 Man bestimme alle maximalen Klassen von P_3 und P_4.

A.22.15 Man bestimme eine Basis von P_3 aus drei Elementen.

A.22.16 Es sei ϱ eine Halbordnungsrelation auf E_k mit einem kleinstes Element o und einem größten Element e. Außerdem sei das Supremum bzw. Infimum zweier beliebiger Elemente aus E_k bezüglich ϱ stets eindeutig bestimmt. Man beweise: $[(Pol_k\varrho)^2] = Pol_k\varrho$.

Hinweis: Man zeige, daß eine beliebige n-stellige Funktion $Pol_k\varrho$ eine Superposition der Supremumfunktion bezüglich ϱ ($\sup_\varrho$), der Infimumfunktion bezüglich ϱ ($\inf_\varrho$) und der Funktionen

$$m_{b,a}(x) := \begin{cases} a & \text{für} \quad x \geq_\varrho b, \\ o & \text{sonst} \end{cases}$$

$(a,b \in E_k)$ ist. Dazu überlege man sich, daß für alle $\mathbf{a} := (a_1, a_2, ..., a_n) \in E_k^n$

$$f_{\mathbf{a}}(x_1, ..., x_n) := \begin{cases} f(\mathbf{a}) & \text{für} \quad \mathbf{x} \geq_\varrho \mathbf{a}, \\ o & \text{sonst} \end{cases}$$

$= \inf_\varrho(m_{a_1,f(\mathbf{a})}(\mathbf{x}), m_{a_2,f(\mathbf{a})}(\mathbf{x}), ..., m_{a_n,f(\mathbf{a})}(\mathbf{x})) \in [(Pol_k\varrho)^2]$ gilt, und daß eine beliebige Funktion $f^n \in Pol_k\varrho$ durch

$$f(\mathbf{x}) = \sup_\varrho(f_{\mathbf{a}_1}(\mathbf{x}), f_{\mathbf{a}_2}(\mathbf{x}), ..., f_{\mathbf{a}_{k^n}}(\mathbf{x})),$$

wobei $\{\mathbf{a}_1, ..., \mathbf{a}_{k^n}\} = E_k^n$, darstellbar ist.

A.22.17 Man bestimme Erzeugendensysteme für $Pol_k\{0\}$ und $Pol_k\varrho$, wobei ϱ eine nichttriviale Äquivalenzrelation ist.

A.22.18 Die Relation $\varrho_1 \in \mathfrak{M}_8$ sei durch das folgende Hasse-Diagramm definiert:

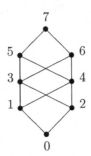

Man beweise, daß es in $Pol_8\varrho_1$ keine zweistellige Funktion f mit den Eigenschaften $f(1,0) = f(0,1) = 1$ und $f(x,x) = x$ für alle $x \in E_8$ gibt.

Bemerkung: Diese Eigenschaft ist einer der Gründe, warum die Beweisidee aus A.22.16 nicht für die Konstruktion eines Erzeugendensystems für $Pol_8\varrho_1$ benutzt werden kann. Von G. Tardos wurde in [Tar 86] übrigens bewiesen, daß $Pol_8\varrho_1$ *nicht* endlich erzeugbar ist.

A.22.19 Man beweise, daß, falls k keine Primzahl ist, die Menge L_k aus A.22.12 eine nichttriviale Äquivalenzrelation bewahrt.

A.22.20 Man beweise: Die h-äre Relation $\varrho \in R_k$ ist genau dann total symmetrisch, wenn $\zeta\varrho = \tau\varrho = \varrho$ gilt.

A.22.21 Sei $\Delta'\varrho := \{(x_1, x_2, ..., x_h) \in \varrho \mid x_1 = x_2\}$ $(\varrho \in R_k^h)$. Offenbar ist Δ' eine aus unseren elementaren Operationen ableitbare Operation. Für beliebige $\alpha, \alpha_1, ..., \alpha_t \in \{\zeta, \tau, \Delta, \Delta', \nabla, pr\}$ werden nachfolgend die folgenden Bezeichnungen verwendet:

$$\alpha^1\varrho := \alpha(\varrho), \ \alpha^i\varrho := \alpha(\alpha^{i-1}\varrho) \ \text{für} \ i \in \mathbb{N},$$

$$\alpha_1\alpha_2...\alpha_t\varrho := \alpha_1(...(\alpha_{t-1}(\alpha_t(\varrho)))...)$$

$$(\varrho \in R_k).$$

Man beweise, daß für beliebige Relationen $\varrho \in R_k^h$, $\varrho' \in R_k^{h'}$ und $\varrho'' \in R_k^{h''}$ gilt:

(a) $\varrho \times \varrho' = (\zeta^{h'} \Delta^{h'} \varrho) \cap (\nabla^h \varrho')$;

(b) $\emptyset = pr^h\varrho$, $\delta_{k;\{1,2\}}^3 = \Delta'\nabla^3\emptyset$;

(c) $\zeta(pr\varrho) = pr(\zeta(\tau(\varrho)))$,

$\quad \tau(pr\varrho) = pr(\zeta^{h-1}(\tau(\zeta(\varrho))))$,

$\quad \Delta'(pr\varrho) = pr(\zeta^{h-1}(\Delta'(\zeta(\varrho))))$,

$\quad \nabla(pr\varrho) = pr(\tau((\nabla(\varrho))))$;

(d) $\zeta(\varrho \wedge \varrho') = (\zeta\varrho) \wedge (\zeta\varrho')$,

$\tau(\varrho \wedge \varrho') = (\tau\varrho) \wedge (\tau\varrho')$,

$\Delta'(\varrho \wedge \varrho') = (\nabla\varrho) \wedge (\nabla\varrho')$, falls $h = h'$;

A.22.22 Mit Hilfe von A.22.21 beweise man, daß für $\Omega := \{\delta^3_{k;\{1,2\}}, \zeta, \tau, pr, \times, \wedge\}$ und alle $Q \subseteq R_k$ gilt:

(a) $[Q]_\Omega = [Q]_{\zeta,\tau,\Delta',\nabla,pr,\wedge}$;

(b) $[Q]_{\zeta,\tau,\Delta',\nabla,pr,\wedge} = [\,[[Q]_{\zeta,\tau,\Delta',\nabla}]_\wedge\,]_{pr}$;

Literaturverzeichnis

[Aig 84] Aigner, M.: Graphentheorie. Teubner, Stuttgart 1984

[Aig 99] Aigner, M.: Diskrete Mathematik. Vieweg, Braunschweig/Wiesbaden 1999

[App-H 89] Appel, K., Haken, W.: Every Planar Map is Four Colorable. American Mathematical Society 1989

[Ban-G 90] Bandemer, H., Gottwald, S.: Einführung in Fuzzy-Methoden. Akademie-Verlag, Berlin 1990

[Bee 77] Beer, K.: Lösung großer linearer Optimierungsaufgaben. DVW, Berlin 1977

[Bie 88] Biess, G.: Graphentheorie. BSB Teubner, Leipzig 1988

[Bir 35] Birkhoff, G.: On the structure of abstract algebras. Proc. Camb. Phil. Soc. **50** (1935), 433 - 454

[Bir 44] Birkhoff, G.: Subdirect unions in universal algebra. Bull. Amer. Math. Soc. **50** (1944), 764 - 768

[Bir 48] Birkhoff, G.: Lattice theory. New York 1948 (siehe auch: AMS Colloquium Publications vol 25, Providence, R.I., dritte Ausgabe, zweite Auflage, 1973)

[Bla 77] Bland, R. G.: New finite pivoting rules for the simplex method. Mathematics of Operations Research 2 (1977), 103–107

[Böh-B-H-K-M-S 74] Böhm, J., Börner, W., Hertel, E., Krötenheerdt, O., Mögling, W., Stammler, L.: Geometrie II. Analytische Darstellung der euklidischen Geometrie, Abbildungen als Ordnungsprinzip in der Geometrie, geometrische Konstruktionen. DVW, Berlin 1975

[Bör 2003] Börner, F.: Graphen, Algorithmen und Anwendungen beim Schaltkreisentwurf. Vorlesungsbegleitendes Material. Universität Potsdam 2003

[Bur-S 81] Burris, S., Sankappanavar, H.P.: A course in universal algebra. Springer, New York 1981

[Cig 95] Cigler, J.: Körper, Ringe, Gleichungen. Spektrum Akademischer Verlag, Heidelberg, Berlin, Oxford 1995

[Coh 65] Cohn, P.M.: Universal Algebra. Harper & Row, New York, 1965

[Col-D 96] Colbourn, C.J., Dinitz, J.H.: The CRC handbook of combinatorial designs. CRC Press. Boca Raton, New York, London, Tokyo 1996

[Con-C-N-P-W 85] Conway, J.H., Curtis, R.T., Norton, S.P., Parker, R.A., Wilson, R.A.: Atlas of finite groups. Clarendon Press, Oxford 1985

[Coo 71] Cook, S.A.: The complexity of theorem proving procedures. Proc. 3rd ACM Symp. on the Theory of Computing. 151 - 158 (1971)

478   Literaturverzeichnis

[Dan 66] Dantzig, G. B.: Lineare Programmierung und Erweiterungen. Springer, Berlin 1966

[Dav 68] Davies, R.O.: On n-valued Sheffer functions. (Leicester 1968), Preprint Université de Montréal 1974

[Dav-P 90] Davey, B.A., Priestley, H.A.: Introduction to lattices and order. Cambridge University Press, Cambridge 1990

[Den-T 96] Denecke, K., Todorov, K.: Allgemeine Algebra und Anwendungen. Shaker Verlag, Aachen 1996

[Die 2000] Diestel, R.: Graphentheorie. Springer 2000

[Dor-M 84] Dorninger, D., Müller, W.: Allgemeine Algebra und Anwendungen. Teubner, Stuttgart 1984

[Eme-K-K 85] Emelicev, V. A., Kovalev, M. M., Kravcov, M. K.: Polyeder, Graphen, Optimierung. DVW, Berlin 1985

[Ern 82] Erné, M.: Einführung in die Ordnungstheorie. B.I.-Wissenschaftsverlag, Mannheim 1982

[For-F 62] Ford, L. R., Fulkerson, D. R.: Flows in Networks. Princeton University Press, Princeton 1962

[Gom 58] Gomory, R. E.: Outline of an Algorithm for Integer Solutions to Linear Programs. Bull.Amer.Math.Soc. **64** (1958), 275 - 278

[Got 89] Gottwald, S.: Mehrwertige Logik. Eine Einführung in Theorie und Praxis. Akademie-Verlag, Berlin 1989

[Grä 68] Grätzer, G.: Universal algebra. D. van Nostrand & Co., Princeton N.Y., 1968

[Gro-T 93] Großmann, C., Terno, J.: Numerik der Optimierung. Teubner, Stuttgart 1993

[Häm-H 91] Hämmerlin, G., Hoffmann, K.-H.: Numerische Mathematik. Springer, Berlin-Barcelona 1991

[Hal 89] Halin, R.: Graphentheorie. Akademie-Verlag, Berlin 1989

[Her 55] Hermes, H.: Einführung in die Verbandstheorie. Springer, Berlin 1955

[Hof-L-L-P-R-W 92] Hoffmann, D.G., Leonard, D.A., Lindner, C.C., Phelps, K.T., Rodger, C.A., Wall, J.R.: Coding theory, the essentials. Marcel Dekker, Inc., New York, Basel, Hong Kong 1992

[Ihr 93] Ihringer, Th.: Allgemeine Algebra. B.G. Teubner Stuttgart 1993

[Ihr 94] Ihringer, Th.: Diskrete Mathematik. B.G. Teubner Stuttgart 1994

[Jab-G-K 70] Jablonski, S.W., Gawrilow, G.P. und W.B. Kudrjawzew: Boolesche Funktionen und Postsche Klassen. Akademie-Verlag, Berlin 1970

[Jab-L 80] Jablonski, S.W., Lupanow, O.B.: Diskrete Mathematik und mathematische Fragen der Kybernetik. Akademie-Verlag, Berlin 1980

[Jea 98] Jeavons, P.: On the algebraic structure of combinatorial problems. Theoretical Computer Science 200 (1998), 185 - 204

[Jun 94] Jungnickel, D.: Graphen, Netzwerke und Algorithmen. BI-Wiss.-Verl., Mannheim, Leipzig, Wien, Zürich 1994

[Kar 72] Karp, R.M.: Reducibility among combinatorial problems. In: Complexity of computer computation (Eds. R.E. Miller und J.W. Thatcher). Plenum Press, New York, 85 - 103 (1972)

[Kla-M 99] Klauck, Ch., Maas, Ch.: Graphentheorie und Operations Research für Studierende der Informatik. Wißner, Augsburg 1999

[Koc 74] Kochendörffer, R.: Einführung in die Algebra. DVW, Berlin 1974

[Kot-S 78] Kotiak, T. C. T., Steinberg, D. I.: On the possibility of cycling with the simplex method. Operations Research 26 (1978), S. 374–376

[Kra 83] Krabs, W.: Einführung in die lineare und nichtlineare Optimierung für Ingenieure. Teubner, Leipzig 1983

[Kre-G-S 88] Kreiser, L., Gottwald, S., Stelzner, W.: Nichtklassische Logik. Eine Einführung. Akademie-Verlag Berlin 1988

[Läu 91] Läuchli, P.: Algorithmische Graphentheorie. Birkhäuser Verlag, Basel/Bosten/Berlin 1091

[Lau 2003] Lau, D.: Funktionenalgebren über endlichen Mengen. Buchmanuskript, Universität Rostock 2003

[Lem 54] Lemke, C. E.: The Dual Method of Solving the Linear Programming Problem. Nav. Res. Log. Quart. 1 (1954), 36 - 47

[Lid-P 82] Lidl, R., Pilz, G.: Angewandte abstrakte Algebra I, II. Bibliographisches Institut, Mannheim 1982

[Lid-N 87] Lidl, R., Niederreiter, H.: Finite fields. Cambridge University Press, Cambridge 1987

[Lov-P 86] Lovász, L., Plummer, M. D.: Matching Theory. Ann. Discrete Math. **29**, North-Holland, Amsterdam, New York, Oxford, Tokyo 1986

[Lug-W 67] Lugowski, H., Weinert, H.J.: Grundzüge der Algebra, Teil I - III, Leipzig 1967/68

[McW-S 92] MacWilliams, F.J., Sloane, N.J.: The theory of error-correcting codes. North-Holland, Amsterdam 1992

[Mal 73] Mal'cev, A.I.: Algebraic Systems. Akademie-Verlag Berlin 1973

[Mar 54] Martin, N.M.: The Sheffer functions of 3-valued logic. J. Symbolic Logic **19** (1954), 45 - 51

[McK-M-T 87] McKenzie, R., McNulty, G.F., Taylor, W.: Algebras, Lattices, Varieties, vol. 1. Wadsworth, Belmont (Cal.), 1987

[Men 85] Menne, A.: Einführung in die formale Logik. Wissenschaftliche Buchgesellschaft, Darmstadt 1985

[Mey 76] Meyberg, K.: Algebra, Teil I und II. Carl Hanser Verlag, München, Wien 1976

[Neu 75] Neumann, K.: Operations Research Verfahren. Band I. Carl Hanser Verlag, München-Wien 1975

[Pie 62] Piehler, J.: Einführung in die lineare Optimierung. Teubner, Leipzig 1962

[Ple-H 98] Pless, V.S., Huffman, W.C. (editors): Handbook of coding theory I, II. Elseviar Science B.V., 1998

[Pös-K 79] Pöschel, R. und Kalužnin, L.A.: Funktionen- und Relationenalgebren. Berlin 1979

[Pos 20] Post, E. L.: Determination of all closed systems of truth tables. Bull. Amer. Math. Soc. **26** (1920), 427

[Pos 21] Post, E. L.: Introductions to a general theory of elementary propositions. Amer. J. Math. **43** (1921), 163 - 185

[Pos 41] Post, E. L.: The two-valued iterative systems of mathematical logic. Ann. Math. Studies 5, Princeton Univ. Press 1941

[Qua 82] Quackenbush, R.W.: A new proof of Rosenberg's primal algebra characterizations theorem. In: Finite Algebra and Multiple-valued Logic. (Proc. Conf. Szeged, 1979), Colloq. Math. Soc. J. Bolyai, vol. 28, North-Holland, Amsterdam, 603 - 634

[Rob-S-S-T 97] Robertson, N., Sanders, S., Seymour, P.D., Thomas, R.: The four-colour theorem. J. Combin. Theory B **70**, 1997

[Ros 65] Rosenberg, I.G.: La structure des fonctions de plusieeurs variables sur un ensemble fini. C. R. Acad. Sci. Paris, Ser. A - B, **260** (1965), 3817 - 3819

[Ros 66] Rosenberg, I.G.: Zu einigen Fragen der Superpositionen von Funktionen mehrerer Veränderlicher. Bul. Inst. Politehn. Iasi, **12** (**16**) (1966), 7 - 15

[Ros 69] Rosenberg, I.G.: Über die Verschiedenheit maximaler Klassen in P_k. Rev. Roumaine Math. Pures Appl. **14** (1969), 431 - 438

[Ros 70a] Rosenberg, I.G.: Über die funktionale Vollständigkeit in den mehrwertigen Logiken. Rozpravy Československe Akad. Ved. Řada Mat. Přirod. Věd **80**, 3 - 93 (1970)

[Ros 70b] Rosenberg, I.G.: Algebren und Relationen. Elektron. Informationsverarbeit. Kybernetik. EIK **6** (1970), 115 - 124

[Ros 70c] Rosenberg, I.G.: Complete sets for finite algebras. Math. Nachr. **44** (1970), 1 - 6

[Ros 75] Rosenberg, I.G.: Composition of functions on finite sets, completeness and relations: A short survey. Univ. Montréal, Preprint CRM-529 (1975) (siehe auch [Ros 77])

[Ros 77] Rosenberg, I.G.: Completeness properties of multiple-valued logic algebras. In: Rine, D.C. (ed.): Computer science and multiple-valued logic, theory and applications. North-Holland Publ. Comp., Amsterdam 1977, 144 - 186

[Rou 67] Rousseau, G.: Completeness in finite algebras with a single operation. Proc. Amer. Math. Soc. **18** (1967), 1009 - 1013

[Sac 70] Sachs, H.: Einführung in die Theorie der endlichen Graphen, Teil I. Teubner, Leipzig 1970

[Sac 72] Sachs, H.: Einführung in die Theorie der endlichen Graphen, Teil II. BSB Teubner, Leipzig 1972

[Sch 74] Schmidt, J.: Mengenlehre, Band 1: Grundbegriffe. B.I.-Wissenschaftsverlag, Mannheim/Wien/Zürich 1974

[Sch 69] Schofield, P.: Independent conditions for completeness of finite algebras with a single generator. J. London Math. Soc. **44** (1969), 413 - 423

[Sei-M 72] Seiffart, E., Manteuffel, K.: Lineare Optimierung. Teubner, Leipzig 1972

[Sko 73] Skornjakow, L.A.: Elemente der Verbandstheorie. Akademie-Verlag, Berlin 1973

[Spe 93] Spellucci, P.: Numerische Verfahren der nichtlinearen Optimierung. Birkhäuser Verlag, Basel-Berlin 1993

[Ste 2001] Steger, A.: Diskrete Strukturen 1. Kombinatorik, Graphentheorie, Algebra. Springer 2001

[Tar 86] Tardos, G.: A maximal clone of monotone operations which is not finitely generated. Order **3** (1986), 211 - 218

[Til 92] Tilli, T.: Fuzzy-Logik. Franzis-Verlag, München 1992

[Vaj 62] Vajda, S.: Theorie der Spiele und Linearprogrammierung, Berlin 1962

[Vie 72] Vierecke, H.: Einführung in die klassische Algebra. DVW, Berlin 1972

[Vog 67] Vogel, W.: Lineares Optimieren. Akademische Verlagsgesellschaft Geest & Portig K.-G., Leipzig 1967

[Vol 96] Volkmann, L.: Fundamente der Graphentheorie. Springer 1996

[Wae 55] van der Waerden: Algebra I, II. Springer, Berlin Götingen Heidelberg 1955

[Web 35] Webb, D.L.: Generation of any n-valued logic by one binary operator. Proc. Nat. Acad. Sci. **21** (1935), 252 - 254

[Web 36] Webb, D.L.: Definition of Post's generalized negative and maximum in terms of one binary operation. Amer. J. Math. **58** (1936), 193 - 194

[Wer 78] Werner, H.: Einführung in die Allgemeine Algebra. B.I. Wissenschaftsverlag, Mannheim 1978

[Wil 87] Wille, R.: Bedeutungen von Begriffsverbänden. In: B. Ganter, R. Wille, K.E. Wolff (Hrg.), Beiträge zur Begriffsanalyse, Bibliographisches Institut, Mannheim 1987

[Wil 76] Wilson, R. J.: Einführung in die Graphentheorie. Vanderhoeck und Ruprecht, Göttingen 1976

Index

Glossar

Druck und Bindung: Strauss GmbH, Mörlenbach